21世纪普通高等教育核心课程经典辅导·数学系列

高等代数题解精粹

第3版

钱吉林 等主编

西北工业大学出版社
西安

【内容提要】 本书是针对数学系专业学生专门编写的学习辅导题集。全书共分 9 章，每节又分若干个考点，涉及近 100 所全国重点高校的考研真题。

本书可作为理科、工科、经济学类专业学生学习"线性代数"与"高等代数"课程的参考书，也是高校数学教师的教学参考资料。

图书在版编目(CIP)数据

高等代数题解精粹/ 钱吉林，郭金海，熊骏主编. —西安：西北工业大学出版社，2019.3 (2022.7 重印)
　ISBN 978-7-5612-6379-2

　Ⅰ.①高… Ⅱ.①钱… ②郭… ③熊… Ⅲ.①高等代数—高等学校—题解 Ⅳ.①O15-44

中国版本图书馆 CIP 数据核字(2018)第 288937 号

策划编辑: 李　萌　　方雨薇
责任编辑: 王　静

出版发行: 西北工业大学出版社
通信地址: 西安市友谊西路 127 号　　邮编:710072
电　　话: (029)88493844　 88491757
网　　址: www.nwpup.com
印 刷 者: 武汉珞珈山学苑印刷有限公司
开　　本: 880 mm×1230 mm　 1/32
印　　张: 15.375
字　　数: 591 千字
版　　次: 2019 年 3 月第 1 版　　2022 年 7 月第 3 次印刷
定　　价: 39.00 元

前　　言

　　《高等代数题解精粹》是高校经典教材配套辅导系列丛书中的一本精品教学参考书，该书旨在帮助学生对教材中的考点融会贯通，给考研考生更丰富更实用的解题信息，其中不少试题一题多解，多题融会贯通，特别在解题方法和解题思路等方面具有权威指导作用。本书特点有：

　　(1) **秘而不宣的试题**：本书所列试题很多没对外发表过，诸多考生常常为获取这些试题而煞费苦心。本书试题涉及北京大学、清华大学、复旦大学、南京大学、武汉大学和中国科学院等100多所名牌权威学府。此外，还有美国、俄罗斯、日本、澳大利亚等国的试题及解答。

　　(2) **经典的解析**：本书依据作者数十年高校教学生涯的经验积累，对各种考题做了双向归纳。一向是对考题的题型做了归纳；另一向是对考题的解法做了归纳。希望达到抛砖引玉的效果，使学生或考生能由此及彼，举一反三，从而在考试时挥洒自如。

　　(3) **便捷的结构**：全书共分9章，每节又分若干个考点。这对于考研人员是一本精美完整的综合复习资料。学生可通过章节，迅速找到自己所需要的考题，思路明晰，重点突出。

　　由于本书集知识性、资料性、方法性和应考性于一体，它不仅是考研人员的良师益友，更是理科、工科、经济学科学生学习"线性代数"和"高等代数"课程的参考书，也是高校数学教师的教学参考资料。

　　本书是由华中师范大学钱吉林老师编写，武汉大学刘丁酉老师参与修订，长江大学数学与信息学院的郭金海老师进行了再次修订及勘误。

　　本书的目标是：提供信息，帮您领先一步！

编者

目 录

第一章 多项式 ... 1
  1.1 概念、根 ... 1
  1.2 因式、最大公因式、不可约多项式 ... 8
  1.3 多元多项式 ... 18

第二章 行列式 ... 23
  2.1 定义与性质 ... 23
  2.2 n 阶行列式的计算方法 ... 29

第三章 线性方程组 ... 52
  3.1 概念与解法 ... 52
  3.2 向量的线性相关性 ... 71
  3.3 线性方程组解的结构 ... 88

第四章 矩阵 ... 111
  4.1 矩阵及其运算、几种常见的矩阵 ... 111
  4.2 伴随矩阵与逆矩阵 ... 127
  4.3 矩阵的秩 ... 148
  4.4 分块阵 ... 159
  4.5 矩阵分解 ... 171

第五章 二次型 ... 183
  5.1 概念、标准形 ... 183
  5.2 正交阵、实对称阵的正交化标准形 ... 195
  5.3 正定二次型 ... 221

第六章　线性空间 ··· 253
6.1　线性空间的概念、基、维数、坐标 ·· 253
6.2　子空间、运算、直和 ··· 271

第七章　线性变换 ··· 286
7.1　线性变换及其矩阵表示 ··· 286
7.2　特征值与特征向量 ··· 308
7.3　值域、核、不变子空间 ··· 358

第八章　λ-矩阵 ··· 393
8.1　不变因子、行列式因子、初等因子和最小多项式 ································· 393
8.2　凯莱定理、若当标准形、与对角阵相似的条件 ··································· 405

第九章　欧氏空间、双线性函数 ··· 444
9.1　欧氏空间的概念、标准正交基 ··· 444
9.2　正交变换、酉变换 ··· 458
9.3　双线性函数 ··· 478

参考文献 ·· 483

> 耕也,馁在其中矣;学也,禄在其中矣。
> ——《论语》

第一章 多项式

1.1 概念、根

扫码获取本书资源

【考点综述】

1. 数域

(1)设 P 是复数集的子集,若 $0,1\in P$,且 P 中任意两个数的和、差、积、商(除数不为零)的运算结果仍然是 P 中的数,则称 P 是一个数域.

(2)任何数域都包含有理数域,从而数域是无限集.

(3)数域有无穷多个,其中最重要的有复数域 C,实数域 R 和有理数域 Q.

2. 多项式的概念

(1)设 x 是一个文字,P 是数域,形如
$$a_n x^n + a_{n-1} x^{n-1} + \cdots + a_1 x + a_0 \quad (a_i \in P, n \text{ 是非负整数}) \quad ①$$
的表达式,称为数域 P 上的一元多项式,记为 $f(x)$. P 上一元多项式的全体则记为 $P[x]$.

(2)若 $a_n \neq 0$,则称式①为 n 次多项式,特别,零多项式不定义次数(或规定为 $-\infty$). 多项式 $f(x)$ 的次数记为 $\partial(f(x))$ 或 $\deg(f(x))$ 等.

3. 根

(1)设 $f(x) \in P[x]$,若 $\beta \in P$ 使 $f(\beta) = 0$,则称 β 为 $f(x)$ 的根或零点.

(2)β 是多项式 $f(x)$ 的根 $\Leftrightarrow (x-\beta) \mid f(x)$.

(3)$n(n \geqslant 1)$ 次复系数多项式在复数域中必有 n 个复根(重根按重数计).

一般地,数域 P 上的 $n(n \geqslant 1)$ 次多项式在 P 中根的个数不超过 n.

(4)n 次多项式
$$x^n - 1 = (x-\varepsilon)(x-\varepsilon^2)\cdots(x-\varepsilon^{n-1})(x-1)$$
其中 $\varepsilon = \cos\dfrac{2\pi}{n} + \mathrm{i}\sin\dfrac{2\pi}{n}, \varepsilon^n = 1.$

(5)设 $f(x) = a_n x^n + a_{n-1} x^{n-1} + \cdots + a_1 x + a_0$,其中 $a_i \in \mathbf{Z}$. 若 $f(x)$ 有一个有理根

$\frac{r}{s}$（其中 r,s 互素），则 $s|a_n, r|a_0$.

特别，当 $a_n=1$ 时，$f(x)$ 的有理根都是整数，而且是 a_0 的因数.

4. 设 $f(x) \in P[x]$，则
$$f(x) \text{ 无重根} \Leftrightarrow (f(x), f'(x))=1$$
$$f(x) \text{ 有重根} \Leftrightarrow (f(x), f'(x)) \neq 1$$

【经典题解】

1.（中国人民大学） 多项式 $f(x)$ 除以 $ax-b(a \neq 0)$ 所得余式为 _____.

答 $f(\frac{b}{a})$.

解 设
$$f(x)=(ax-b)q(x)+A$$
将 $x=\frac{b}{a}$ 代入上式，得 $f(\frac{b}{a})=A$. 由商式和余式的唯一性即得.

2.（河南大学） 设 $f(x)$ 为一多项式，若
$$f(x+y)=f(x) \cdot f(y), \qquad x,y \in \mathbf{R}$$
则 $f(x)=0$ 或 $f(x)=1$.

证 若 $f(x)=0$，则结论成立.

若 $f(x) \neq 0$，由 $f(2x)=f^2(x)$，知 $f(x)$ 只能是零次多项式，令 $f(x)=A$，则
$$A=f(0)=f(0+0)=f^2(0)=A^2, A \neq 0,$$
故 $A=1$. 此即 $f(x)=1$.

3.（自编） 设 P 是一个数集，有一个非零数 $a \in P$，且 P 关于减法与除法（除数不为 0）封闭，证明 P 是一个数域.

证 因为 $a \in P$，所以 $0=a-a \in P, 1=\frac{a}{a} \in P$.

$\forall x, y \in P$，有
$$x+y=x-(0-y) \in P$$
即证加法封闭.

$\forall x, y \in P$，若 x, y 中有一为 0，则 $xy=0 \in P$. 若 $xy \neq 0$，则
$$xy=\frac{x}{\frac{1}{y}} \in P$$
即证乘法封闭.

综上可知：P 关于加法、减法、乘法、除法都封闭，所以 P 是一个数域.

4.（北京大学） 试就实数域和复数域的两种情况，求
$$f(x)=x^n+x^{n-1}+\cdots+x+1$$
的标准分解式.

解 令 $g(x)=(x-1)f(x)$，则 $g(x)=x^{n+1}-1$. 那么

$$g(x)=(x-\varepsilon)(x-\varepsilon^2)\cdots(x-\varepsilon^n)(x-1) \qquad ①$$

其中 $\varepsilon=\cos\dfrac{2\pi}{n+1}+\mathrm{i}\sin\dfrac{2\pi}{n+1}$.

(1)因为 $\overline{\varepsilon^k}=\varepsilon^{n+1-k}(0<k<n+1)$,则 $(x-\varepsilon)^k(x-\varepsilon^{n+1-k})=x^2-2x\cdot\cos\dfrac{2k\pi}{n+1}+1$
由式①知,$f(x)$ 在实数域的标准分解式可分为两种情况:

(ⅰ)当 $n=2k$ 时,有
$$f(x)=(x^2-2x\cos\dfrac{2\pi}{n+1}+1)(x^2-2x\cos\dfrac{4\pi}{n+1}+1)\cdots(x^2-2x\cos\dfrac{2k\pi}{n+1}+1)$$

(ⅱ)当 $n=2k+1$ 时,有
$$f(x)=(x+1)(x^2-2x\cos\dfrac{2\pi}{n+1}+1)\cdots(x^2-2x\cos\dfrac{2k\pi}{n+1}+1)$$

(2)由式①可知,$f(x)$ 在复数域上的标准分解式为
$$f(x)=(x-\varepsilon)(x-\varepsilon^2)\cdots(x-\varepsilon^n)$$

5.(中山大学) 设 a,b 是正整数,$p(\geqslant 3)$ 为素数,$\varepsilon=\cos\dfrac{2\pi}{p}+\mathrm{i}\sin\dfrac{2\pi}{p}$ 为 p 次单位根,证明:
$$(a+b)(a+\varepsilon b)(a+\varepsilon^2 b)\cdots(a+\varepsilon^{p-1}b)=a^p+b^p$$

证 把 a 看成一个文字,那么 a^p+b^p 在复数域中有 p 个根,它们分别为 $-b,-\varepsilon b,\cdots,-\varepsilon^{p-1}b$. 故
$$a^p+b^p=(a+b)(a+\varepsilon b)(a+\varepsilon^2 b)\cdots(a+\varepsilon^{p-1}b)$$

6.(华中科技大学) 设不可约的有理分数 $\dfrac{p}{q}$ 是整系数多项式
$$f(x)=a_0 x^n+a_1 x^{n-1}+\cdots+a_{n-1}x+a_n$$
的根,证明:$q|a_0,p|a_n$.

证 因为 $\dfrac{p}{q}$ 是 $f(x)$ 的根,所以 $\left(x-\dfrac{p}{q}\right)|f(x)$,从而 $(qx-p)|f(x)$. 又因为 p,q 互素,所以 $qx-p$ 是本原多项式(即多项式的系数没有异于 ± 1 的公因子),且
$$f(x)=(qx-p)(b_{n-1}x^{n-1}+\cdots+b_0),\quad b_i\in\mathbf{Z}$$
比较两边系数,得
$$a_0=qb_{n-1},a_n=-pb_0 \Rightarrow q\,|\,a_0,p\,|\,a_n$$

7.(上海交通大学) 假设
$$f_0(x^5)+xf_1(x^{10})+x^2 f_2(x^{15})+x^3 f_3(x^{20})+x^4 f_4(x^{25})$$
被 x^5-1(否则式①第一个等式不成立)整除,证明:
$$f_i(x)(i=0,1,2,3,4)$$
被 $x-1$ 整除.

证 设 x^5-1 的 5 个根为 $1,\varepsilon,\varepsilon^2,\varepsilon^3,\varepsilon^4$,其中
$$\varepsilon=\cos\dfrac{2\pi}{5}+\mathrm{i}\sin\dfrac{2\pi}{5},\quad \varepsilon^5=1$$

则
$$x^4+x^3+x^2+x+1=(x-\varepsilon)(x-\varepsilon^2)(x-\varepsilon^3)(x-\varepsilon^4)$$
$1,\varepsilon,\varepsilon^2,\varepsilon^3,\varepsilon^4$ 互不相同,且记为 $\varepsilon=\varepsilon_1,\varepsilon^2=\varepsilon_2,\varepsilon^3=\varepsilon_3,\varepsilon^4=\varepsilon_4$.

由假设可得
$$\left.\begin{aligned}f_0(1)+f_1(1)+f_2(1)+f_3(1)+f_4(1)=0\\ f_0(1)+\varepsilon_1 f_1(1)+\varepsilon_1^2 f_2(1)+\varepsilon_1^3 f_3(1)+\varepsilon_1^4 f_4(1)=0\\ f_0(1)+\varepsilon_2 f_1(1)+\varepsilon_2^2 f_2(1)+\varepsilon_2^3 f_3(1)+\varepsilon_2^4 f_4(1)=0\\ f_0(1)+\varepsilon_3 f_1(1)+\varepsilon_3^2 f_2(1)+\varepsilon_3^3 f_3(1)+\varepsilon_3^4 f_4(1)=0\\ f_0(1)+\varepsilon_4 f_1(1)+\varepsilon_4^2 f_2(1)+\varepsilon_4^3 f_3(1)+\varepsilon_4^4 f_4(1)=0\end{aligned}\right\} \quad ①$$

由范德蒙行列式可知齐次方程组①的系数行列式不等于 0.

故 $f_i(1)=0(i=0,1,2,3,4)$,即得证.

8.(西南交通大学) 设 $f(x),g(x)$ 是两多项式,且 $f(x^3)+xg(x^3)$ 可被 x^2+x+1 整除,则 $f(1)=g(1)=0$.

证 设 x^2+x+1 的两个复根为 α,β. 则 $x^2+x+1=(x-\alpha)(x-\beta)$,且 $\alpha^3=\beta^3=1$. 又因为
$$(x-\alpha)(x-\beta)\mid [f(x^3)+xg(x^3)]$$
所以
$$\begin{cases}f(\alpha^3)+\alpha g(\alpha^3)=0\\ f(\beta^3)+\beta g(\beta^3)=0\end{cases} \Rightarrow \begin{cases}f(1)+\alpha g(1)=0\\ f(1)+\beta g(1)=0\end{cases}$$
解之得
$$f(1)=g(1)=0$$

9.(清华大学) $f(x)=x^3+6x^2+3px+8$,试确定 p 的值,使 $f(x)$ 有重根,并求其根.

解法 1 $f'(x)=3(x^2+4x+p)$. 且 $(f(x),f'(x))\neq 1$,则

$$\begin{array}{c|cccc|cc}
 & 1 & 6 & 3p & 8 & 1 & 4 & p \\
 & 1 & 4 & p \\
\hline
 & & 2 & 2p & 8 \\
 & & 1 & p & 4 \\
\hline
 & & 1 & 4 & p \\
\hline
 & & & p-4 & 4-p
\end{array}$$

(1)当 $p=4$ 时,有
$$(f(x),f'(x))=x^2+4x+4$$
所以 $x+2$ 是 $f(x)$ 的三重因式,即 $f(x)=(x+2)^3$,这时 $f(x)$ 的三个根为 $-2,-2,-2$.

(2)若 $p\neq 4$,则继续辗转相除,即

$$\begin{array}{r|rrr} & 1 & 4 & p \\ 1 & & 1 & -1 \\ \hline & & 5 & p \\ 1 & & & 5 & -5 \\ \hline & & & & p+5 \end{array}$$

$$\begin{array}{r|rr} 1 & -1 \\ \end{array}$$

当 $p=-5$ 时,有
$$(f(x),f'(x))=x-1$$
即 $x-1$ 是 $f(x)$ 的二重因式,再用 $(x-1)^2$ 除 $f(x)$ 得商式 $x+8$. 故
$$f(x)=x^3+bx^2-15x+8=(x-1)^2(x+8)$$
这时 $f(x)$ 的三个根为 $1,1,-8$.

解法 2 由于 p 未知,能消去 p 最好,因为
$$f(x)-xf'(x)=-2x^3-6x^2+8=-2(x-1)(x+2)^2$$
$$(f(x),f'(x))=(f(x)-xf'(x),f'(x))$$
$f(x)$ 要有重根,则重根 λ 为 1 或 -2,代入得 $\lambda=1$ 时,$p=-5$;$\lambda=-2$ 时,$p=4$.

由根与系数的关系,三个根之积为 -8,则 $p=-5$ 时,根为 $1,1,-8$;$p=4$ 时,根为 $-2,-2,-2$.

10. (武汉大学) 问多项式
$$f(x)=1+\frac{x}{1!}+\frac{x^2}{2!}+\cdots+\frac{x^n}{n!}$$
有无重根?

解 因为 $f(x)=f'(x)+\frac{x^n}{n!}$,若 α 是 $f(x)$ 的重根,则
$$\frac{1}{n!}\alpha^n=f(\alpha)-f'(\alpha)=0. \Rightarrow \alpha=0$$
但 0 不是 $f(x)$ 的根,故 $f(x)$ 无重根.

11. (俄罗斯大学生数学竞赛题) 设 $f(x)$ 是整系数多项式,若 $f(0)$ 与 $f(1)$ 都是奇数,求证:$f(x)$ 无整数根.

证 设 $f(x)=a_n x^n+\cdots+a_1 x+a_0$,其中 $a_i \in \mathbf{Z}$. 因为
$$f(0)=a_0, f(1)=a_n+\cdots+a_1+a_0$$
是奇数. 所以 $f(x)$ 无偶数根. 事实上设 $2d \in Z$,则
$$f(2d)=a_n(2d)^n+\cdots+a_1(2d)+a_0$$
是奇数,故 $f(2d) \neq 0$.

再证 $f(x)$ 无奇数根. 因为
$$f(2d+1)=a_n(2d+1)^n+\cdots+a_1(2d+1)+a_0$$
所以
$$f(2d+1)-f(1)=a_n[(2d+1)^n-1]+\cdots+a_1[(2d+1)-1]$$
由上式右端知

$$f(2d+1)-f(1)=2s\in \mathbf{Z}$$

故 $f(2d+1)=f(1)+2s$ 是奇数,即 $f(2d+1)\neq 0$. 从而 $f(x)$ 无整数根.

12. (北京师范大学) 证明:一个非零复数 α 是某一有理系数非零多项式的根必要而且只要存在一个有理系数多项式 $f(x)$, 使得 $\dfrac{1}{\alpha}=f(\alpha)$.

证 先证充分性. 设 $f(x)=b_n x^n+\cdots+b_1 x+b_0$, 其中 b_i 是有理数 $(i=0,1,\cdots,n)$, 且 $\dfrac{1}{\alpha}=f(\alpha)$, 即 $\dfrac{1}{\alpha}=b_n \alpha^n+\cdots+b_1\alpha+b_0$, 所以

$$b_n\alpha^{n+1}+\cdots+b_1\alpha^2+b_0\alpha-1=0$$

只要令

$$g(x)=b_n x^{n+1}+\cdots+b_1 x^2+b_0 x-1$$

则 $g(x)\in \mathbf{Q}[x]$, 且 $g(\alpha)=0$.

再证必要性. 设 α 是某一有理系数非零多项式 $h(x)$ 的根.

(1) 若 $h(x)=c_m x^m+\cdots+c_1 x+c_0$, 其中 $c_0\neq 0, c_i\in \mathbf{Q}(i=0,1\cdots,m)$, 则 $0=h(\alpha)=c_m\alpha^m+\cdots c_1\alpha+c_0$,

即

$$\dfrac{1}{\alpha}=-\dfrac{c_m}{c_0}\alpha^{m-1}-\cdots-\dfrac{c_2}{c_0}\alpha-\dfrac{c_1}{c_0}.$$

于是只要令 $f(x)=-\dfrac{c_m}{c_0}x^{m-1}-\cdots-\dfrac{c_2}{c_0}x-\dfrac{c_1}{c_0}$, 就有 $\dfrac{1}{\alpha}=f(\alpha)$.

(2) 若 $h(x)=c_m x^m+\cdots+c_s x^s. (c_s\neq 0, s\geqslant 1), c_i\in \mathbf{Q}(i=s,s+1,\cdots,m)$, 则

$$c_m\alpha^m+\cdots+c_s\alpha^s=0 \qquad ①$$

由于 $\alpha\neq 0$, 由①有 $c_m\alpha^{m-s}+\cdots c_{s+1}\alpha+c_s=0$. 从而也有

$$\dfrac{1}{\alpha}=-\dfrac{c_m}{c_s}\alpha^{m-s-1}-\cdots-\dfrac{c_{s+2}}{c_s}\alpha-\dfrac{c_{s+1}}{c_s} \qquad ②$$

只要令 $f(x)=-\dfrac{c_m}{c_s}x^{m-s-1}-\cdots-\dfrac{c_{s+2}}{c_s}x-\dfrac{c_{s+1}}{c_s}$. 则由②即有 $\dfrac{1}{\alpha}=f(\alpha)$.

13. (湖北大学) 判断(对填"Y", 错填"N")

(1) $P=\{a+b\sqrt{2}\mid a,b\in \mathbf{Q}\}$ 是一个数域. ( )

(2) 数域 P 上任何多项式的次数都大于或等于零. ( )

(3) 设 $f(x)=a_n x^n+\cdots+a_1 x+a_0$ 是整系数多项式, $x=b$ 是 $f(x)$ 的整数根, 则 $b\mid a_0$. ( )

答 (1) Y. (2) N. (因为零多项式没有次数.) (3) Y.

14. (湖北大学) 令

$$f(x)=(x^{10}-x^9+x^8-x^7+\cdots-x+1)(x^{10}+x^9+\cdots x+1)$$

求 $f(x)$ 的奇次项系数之和.

解 因为 $f(-x)=f(x)$, 即 $f(x)$ 是偶函数, 于是 $f(x)$ 奇次项系数全为 0. 故 $f(x)$ 的奇次项系数之和等于 0.

注 设奇数项系数之和为 a, 偶数项系数之和为 b, 则 $f(1)=a+b, f(-1)=-a+b$,

$a=\dfrac{f(1)-f(-1)}{2}, b=\dfrac{f(1)+f(-1)}{2}$ $f(1)=11, f(-1)=11, a=0, b=11$,奇数项系数之和为 $a=0$.

15.(北京大学) 设
$$f(x)=6x^4+3x^3+ax^2+bx-1, g(x)=x^4-2ax^3+\dfrac{3}{4}x^2-5bx-4$$
其中 a,b 是整数,试求出使 $f(x),g(x)$ 有公共有理根的全部 a,b,并求出相应的有理根.

解 令 $h(x)=4g(x)$,则
$$h(x)=4x^4-8ax^3+3x^2-20bx-16$$
由于 $h(x)$ 与 $g(x)$ 有相同的根. 从而可求 $f(x)$ 与 $h(x)$ 的公共有理根.

$f(x)$ 可能的有理根为 $\pm 1, \pm\dfrac{1}{2}, \pm\dfrac{1}{3}, \pm\dfrac{1}{6}$.

$h(x)$ 可能的有理根为 $\pm 1, \pm 2, \pm 4, \pm 8, \pm 16, \pm\dfrac{1}{2}, \pm\dfrac{1}{4}$.

因此它们公共有理根的可能范围是 $\pm 1, \pm\dfrac{1}{2}$.

(1)若 $f(1)=0, h(1)=0$ 时,有
$$\begin{cases} a+b=-8 \\ 8a+20b=-9 \end{cases} \Rightarrow \begin{cases} a=-\dfrac{151}{12} \\ b=\dfrac{55}{12} \end{cases}$$

因为 a,b 不是整数,所以 1 不是 $f(x)$ 与 $g(x)$ 的公共有理根.

(2)若 $f(-1)=0, h(-1)=0$ 时,有
$$\begin{cases} a-b=-2 \\ 8a+20b=9 \end{cases} \Rightarrow \begin{cases} a=-\dfrac{31}{28} \\ b=\dfrac{25}{28} \end{cases}$$

故 -1 也不是 $f(x)$ 与 $g(x)$ 的公共有理根.

(3)若 $f(-\dfrac{1}{2})=0, h(-\dfrac{1}{2})=0$ 时,有
$$\begin{cases} a-2b=4 \\ a+10b=15 \end{cases} \Rightarrow \begin{cases} a=\dfrac{35}{6} \\ b=\dfrac{11}{12} \end{cases}$$

故 $-\dfrac{1}{2}$ 也不是 $f(x)$ 与 $g(x)$ 的公共有理根.

(4)若 $f(\dfrac{1}{2})=0, h(\dfrac{1}{2})=0$ 时,有
$$\begin{cases} a+2b=1 \\ a+10b=-15 \end{cases} \Rightarrow \begin{cases} a=5 \\ b=-2 \end{cases}$$

故仅有 $\dfrac{1}{2}$ 是 $f(x)$ 与 $g(x)$ 的公共有理根,此时 $a=5, b=-2$.

16. (美国数学竞赛题) 设 k 是正整数,求一切实系数多项式
$$f(x)=a_0+a_1x+\cdots+a_nx^n$$
满足等式
$$f[f(x)]=[f(x)]^k \qquad ①$$

解 (1)若 $f(x)=0$. 显然满足式①.
(2)若 $f(x)\neq 0$. 设 $\partial(f(x))=n$. 则
$$\partial[f(f(x))]=n^2, \quad \partial[f(x)]^k=nk$$
由式①知 $n^2=nk$. 故 $n=0$ 或 $n=k$.
(ⅰ)当 $n=0$ 时,有 $f(x)=a_0, a_0\neq 0$. 代入式①得
$$a_0=a_0^k \qquad ②$$
当 $k=1$ 时,$f(x)=a_0$,其中 a_0 可以为任意非零实数.
当 $k>1$ 时,若 k 为奇数,则 $a_0=\pm 1$,若 k 为偶数,则 $a_0=1$.
(ⅱ)当 $n=k$ 时,$f(x)=a_kx^k+\cdots+a_1x+a_0$,则有
$$f[f(x)]=a_k(a_kx^k+\cdots+a_1x+a_0)^k+a_{k-1}(a_kx^k+\cdots+a_1x+a_0)^{k-1}$$
$$+\cdots+a_1(a_kx^k+\cdots a_1x+a_0)+a_0$$
$$[f(x)]^k=(a_kx^k+\cdots a_1x+a_0)^k$$
比较两式的首项系数,得
$$a_k^{k+1}=a_k^k, \Rightarrow a_k=1$$
于是
$$a_{k-1}(a_kx^k+\cdots a_1x+a_0)^{k-1}+a_1(a_kx^k+\cdots+a_0)+a_0=0$$
故
$$a_{k-1}=a_{k-2}=\cdots=a_1=a_0=0 \Rightarrow f(x)=x^k$$

综上可知,$f(x)$ 有以下几种可能:
(ⅰ) $f(x)=0$,
(ⅱ)当 $n=0, k=1$ 时,$f(x)=a_0, a_0$ 为任意实数.
(ⅲ)当 $n=0, k$ 为偶数时,$f(x)=1$.
(ⅳ)当 $n=0, k$ 为大于 1 的奇数时,$f(x)=-1$.
(ⅴ)当 $n=k$ 时,$f(x)=x^k$.

1.2 因式、最大公因式、不可约多项式

【考点综述】

1. 整除和因式
(1)设 $f(x), g(x)\in P[x]$,若存在 $h(x)\in P[x]$,使 $f(x)=g(x)h(x)$,则称 $g(x)$ 整除 $f(x)$,记为 $g(x)|f(x)$,否则称为 $g(x)$ 不能整除 $f(x)$,记为 $g(x)\nmid f(x)$.
(2)若 $g(x)|f(x)$,则称 $g(x)$ 是 $f(x)$ 的一个因式,或称 $f(x)$ 是 $g(x)$ 的倍式.
(3)若 $g(x)\neq 0$,则 $g(x)|f(x) \Leftrightarrow g(x)$ 除 $f(x)$ 的余式为零多项式.

2. 整除的性质
(1) $g(x)|f(x) \Rightarrow c\cdot g(x)|d\cdot f(x)$,其中 $c, d\in P$,且 $cd\neq 0$.

(2) $g(x)|f(x) \Rightarrow g(x)|f(x)h(x)$,其中 $h(x)$ 是 $P[x]$ 中任意多项式.
(3) $f(x)|g(x),g(x)|h(x) \Rightarrow f(x)|h(x)$.
(4) $f(x)$ 与 $g(x)$ 可以互相整除 $\Rightarrow f(x)=cg(x)$,其中 c 为非零常数.
(5) $f(x)|g_i(x)(i=1,2\cdots,m)$,则
$$f(x)\Big|\sum_{i=1}^{m}u_i(x)g_i(x)$$
其中 $u_i(x)(i=1,2,\cdots,m)$ 是 $P[x]$ 中的任意多项式.

3. 最大公因式

(1) 设 $f(x),g(x) \in P[x]$,若存在 $d(x) \in P[x]$,使得 $d(x)|f(x),d(x)|g(x)$,且 $\forall \varphi(x)|f(x),\varphi(x)|g(x)$ 都有 $\varphi(x)|d(x)$,则称 $d(x)$ 为 $f(x)$ 与 $g(x)$ 的最大公因式.

(2) 若 $d(x)$ 是 $f(x),g(x)$ 的最大公因式,则 $c \cdot d(x)$ 也是 $f(x)$ 与 $g(x)$ 的最大公因式,其中 c 为非零常数.

(3) $(f(x),g(x))$ 是首项系数为 1 的 $f(x)$ 与 $g(x)$ 的最大公因式.

(4) 若 $f(x)=g(x)q(x)+r(x),g(x) \neq 0$,则
$$(f(x),g(x))=(g(x),r(x))$$

(5) $f(x),g(x) \in P[x],g(x) \neq 0$,则存在 $u(x),v(x) \in P[x]$,使得
$$(f(x),g(x))=u(x)f(x)+v(x)g(x)$$

4. 互素(或互质)

(1) $f(x),g(x) \in P[x]$,如果 $(f(x),g(x))=1$,则称 $f(x)$ 与 $g(x)$ 互素.
(2) $(f(x),g(x))=1 \Leftrightarrow \exists u(x),v(x)$ 使得
$$u(x)f(x)+v(x)g(x)=1$$
(3) $f(x)|g(x)h(x),(f(x),g(x))=1 \Rightarrow f(x)|h(x)$.
(4) $f_1(x)|g(x),f_2(x)|g(x),(f_1(x),f_2(x))=1$
$$\Rightarrow f_1(x)f_2(x)|g(x)$$

扫码获取本书资源

5. 不可约多项式

(1) $f(x) \in P[x]$,且 $\partial f(x) \geq 1$,如果 $f(x)$ 只可能有两类因式,c 和 $cf(x)$,其中 c 为非零常数,则称 $f(x)$ 在 P 上是不可约的.否则称为可约的.

(2) 在复数域上,不可约多项只能是一次式:$ax+b$.

(3) 在实数域上,不可约多项式只能是一次式 $ax+b$ 或判别式小于零的二次式 ax^2+bx+c,其中 $\Delta=b^2-4ac<0$.

(4) 在有理数域上存在任意高次不可约多项式.

(5) Eisenstein 判别法(有理不可约多项式) 设
$$f(x)=a_nx^n+a_{n-1}x^{n-1}+\cdots+a_1x+a_0$$
是一个整系数多项式,若存在一个素数 p,使得:
(i) $p \nmid a_n$, (ii) $p|a_i(0 \leq i \leq n-1)$, (iii) $p^2 \nmid a_0$.
则 $f(x)$ 在有理数域上不可约.

【经典题解】

17.(北京大学) 设 $h(x),k(x),f(x),g(x)$ 是实系数多项式,且
$$(x^2+1)h(x)+(x+1)f(x)+(x-2)g(x)=0 \qquad ①$$
$$(x^2+1)k(x)+(x-1)f(x)+(x+2)g(x)=0 \qquad ②$$
则 $f(x),g(x)$ 能被 x^2+1 整除.

证法 1 $(x-1)\times①-(x+1)\times②$,整理有
$$(x^2+1)[(x-1)h(x)-(x+1)k(x)]=6xg(x)$$
故 $(x^2+1)|6x\cdot g(x)$,但 $((x^2+1),6x)=1$,则
$$(x^2+1)|g(x)$$
类似可证 $(x^2+1)|f(x)$.

证法 2 $x=i$ 代入式①,②得
$$\begin{cases}(i+1)f(i)+(i-2)g(i)=0\\(i-1)f(x)+(i+2)g(i)=0\end{cases}$$
解得 $f(i)=g(i)=0$,故 $(x-i)|f(x),(x-i)|g(x)$.

类似将 $x=-i$ 代入,可得 $f(-i)=g(-i)=0$,故
$$(x+i)|f(x),\quad (x+i)|g(x)$$
$$\Rightarrow(x^2+1)|f(x),\quad (x^2+1)|g(x)$$

18.(中国人民大学) 若 $(x-1)|f(x^n)$,问是否必有 $(x^n-1)|f(x^n)$,若不成立,举出反例,若成立,请说明理由.

解 成立.因为 $(x-1)|f(x^n)$,所以 $f(1)=0$,即 $(x-1)|f(x)$,那么存在 $g(x)$,使得
$$f(x)=(x-1)g(x),\Rightarrow f(x^n)=(x^n-1)g(x^n)$$
此即有 $(x^n-1)|f(x^n)$.

19.(浙江大学) 设 $f(x)$ 和 $g(x)$ 是数域 P 上两个一元多项式,k 为给定的正整数.求证:$f(x)|g(x)$ 的充要条件是 $f^k(x)|g^k(x)$.

证 (1)先证必要性.设 $f(x)|g(x)$,则 $g(x)=f(x)h(x)$,其中 $h(x)\in P[x]$,两边 k 次方得 $g^k(x)=f^k(x)h^k(x)$,故 $f^k(x)|g^k(x)$.

(2)再证充分性.设 $f^k(x)|g^k(x)$.

(i)若 $f(x)=g(x)=0$,则 $f(x)|g(x)$.

(ii)若 $f(x),g(x)$ 不全为 0,则令 $d(x)=(f(x),g(x))$.那么
$$f(x)=d(x)f_1(x),g(x)=d(x)g_1(x),且(f_1(x),g_1(x))=1 \text{ 可得} \qquad ①$$
故 $f^k(x)=d^k(x)f_1^k(x),g^k(x)=d^k(x)g_1^k(x)$.
因为 $f^k(x)|g^k(x)$,∴存在 $h(x)\in P[x]$,使得 $g^k(x)=f^k(x)\cdot h(x)$.
所以 $d^k(x)g_1^k(x)=d^k(x)f_1^k(x)\cdot h(x)$.

两边消去 $d^k(x)$,得
$$g_1^k(x)=f_1^k(x)h(x) \qquad ②$$
由②得 $f_1(x)|g_1^k(x)$,但 $(f_1(x),g_1(x))=1$,故 $f_1(x)|g_1^{k-1}(x)$.

这样继续下去,有
$$f_1(x)|g_1(x), 但 (f_1(x), g_1(x))=1$$
故 $f_1(x)=c$,其中 c 为非零常数.
　　故 $\quad f(x)=d(x)f_1(x)=cd(x)\Rightarrow f(x)|g(x)$

20. **(南京大学)** 设 n 为正整数,$f_1(x), f_2(x), \cdots, f_n(x)$ 都是多项式,并且 $x^n+x^{n-1}+\cdots+x^2+x+1|f_1(x^{n+1})+xf_2(x^{n+1})+\cdots+x^{n-1}f_n(x^{n+1})$,证明:
$$(x-1)^n|f_1(x)f_2(x)\cdots f_n(x)$$

证　令 $\varepsilon_1, \varepsilon_2, \cdots, \varepsilon_n$ 为 $x^n+x^{n-1}+\cdots+x+1=0$ 的解,则
$$\varepsilon_i^{n+1}-1=0 \, (i=1,2,\cdots,n)$$
因为 $x^n+x^{n-1}+\cdots+x^2+x+1|f_1(x^{n+1})+xf_2(x^{n+1})+\cdots+x^{n-1}f_n(x^{n+1})$,所以 $\varepsilon_1, \varepsilon_2, \cdots, \varepsilon_n$ 必然是 $f_1(x^{n+1})+xf_2(x^{n+1})+\cdots+x^{n-1}f_n(x^{n+1})=0$ 的解,即
$$\begin{cases} f_1(1)+\varepsilon_1 f_2(1)+\cdots+\varepsilon_1^{n-1}f_n(1)=0 \\ \cdots\cdots \\ f_1(1)+\varepsilon_n f_2(2)+\cdots+\varepsilon_n^{n-1}f_n(1)=0 \end{cases}$$
而该方程组的系数行列式为范德蒙行列式且 $\varepsilon_i\neq\varepsilon_j(i\neq j)$,故系数矩阵的行列式不为零.根据 Cramer 法则知 $f_1(1)=f_2(1)=\cdots=f_n(1)=0$,所以
$$(x-1)|f_i(x)(i=1,2,\cdots,n)\Leftrightarrow (x-1)^n|f_1(x)f_2(x)\cdots f_n(x)$$

21. **(自编)** (1) 多项式 $f(x)$ 没有重因式的充要条件是
$$(f(x), f'(x))=1$$
(2) 如果 $f'(x)|f(x)$,则 $f(x)$ 有 n 重根,其中 $n=\partial(f(x))$.

证　(1) 先证必要性.设 $f(x)=c(x-a_1)(x-a_2)\cdots(x-a_n)$,其中 $a_1, a_2, \cdots, a_n$ 互不相同. 则
$$f'(x)=c[(x-a_2)\cdots(x-a_n)+\cdots+(x-a_1)\cdots(x-a_{n-1})]$$
可证 $(x-a_i)\nmid f'(x)(i=1,2,\cdots,n)$. 从而 $f(x)$ 与 $f'(x)$ 无一次和一次以上的公因式,即 $f(x)$ 与 $f'(x)$ 只有非常数公因式,故 $(f(x), f'(x))=1$.

再证充分性. 设 $(f(x), f'(x))=1$,用反证法,若 $f(x)$ 有某一个重因式 $(x-b)^k$ $(k\geq 2)$. 那么 $(x-b)^{k-1}|f'(x)$,这样 $(x-b)^{k-1}|(f(x), f'(x))$,这与 $(f(x), f'(x))=1$ 矛盾.

(2) (ⅰ) 当 $f'(x)=c(c\neq 0)$,命题显然成立.

(ⅱ) 若 $\partial(f'(x))>0$. 并设 $f'(x)=(x-a_1)^{k_1}(x-a_2)^{k_2}\cdots(x-a_s)^{k_s}$. 由于 $\partial(f'(x))=n-1$. 因此
$$k_1+k_2+\cdots k_s=n-1 \qquad\qquad ①$$
而 $f'(x)|f(x)$,则 a_i 为 $f(x)$ 的 k_i+1 重根,可设 $f(x)=(x-a_1)^{k_1+1}\cdots(x-a_s)^{k_s+1}\cdot g(x)$ 则
$$(k_1+1)+(k_2+1)+\cdots+(k_s+1)+\partial(g(x))=n \qquad ②$$
将式①代入式②,可得
$$(n-1)+s+\partial(g(x))=n, 故\, s=1, \partial(g(x))=0$$

这就是说，$f'(x)$ 只可能有根 a_1 且重数为 $n-1$. 所以 $f(x)$ 有 n 重根 a_1.

注 由 21 题之证明过程可证：

(中国科学院)设 f 为 N 次多项式，$f'|f \Leftrightarrow f$ 有 N 重根.

22. (华中师范大学) 设 p 是素数，a 是整数，$f(x)=ax^p+px+1$，且 $p^2|(a+1)$，证明：$f(x)$ 没有有理根.

证 令 $x=y+1$，则
$$g(y)=f(y+1)=a(y+1)^p+p(y+1)+1$$
$$=ay^p+p(ay^{p-1}+\cdots+ay+y)+(a+p+1)$$
$$=b_p y^p+b_{p-1}y^{p-1}+\cdots+b_1 y+b_0$$

其中 $b_p=a$，$b_{p-1}=ap$，$\cdots$，$b_1=(a+1)p$，$b_0=(a+1)+p$.

(1) $p|b_{p-1},b_{p-2},\cdots b_1,b_0$.

(2) $p \nmid b_p$. 事实上，若 $p|b_p$，即 $p|a$，则
$$a=ps \qquad\qquad\qquad ①$$

而 $p^2|(a+1)$，故
$$(a+1)=p^2 t \qquad\qquad\qquad ②$$

式 ② $-$ ①，得 $1=p^2t-ps=p(pt-s)$，矛盾. 故 $p \nmid b_p$.

(3) $p^2 \nmid b_0$，否则 $p^2|b_0$，即 $p^2|(a+1)+p$，$p^2|(a+1)$. 故 $p^2|p$，矛盾.

由艾森斯坦因判别法知，$g(y)$ 在 Q 上不可约. 但 $g(y)$ 与 $f(x)$ 在 Q 上有相同的可约性，故 $f(x)$ 在有理数域上不可约.

23. (南京大学) 判断题

(1) 设 Q 是有理数域，则 $P=\{\alpha+\beta i|\alpha,\beta\in Q\}$ 也是数域，其中 $i=\sqrt{-1}$.

答 正确. 首先 $0,1\in P$，故 P 非空；其次令 $a=\alpha_1+\beta_1 i,b=\alpha_2+\beta_2 i$，其中 α_1,α_2，β_1,β_2 为有理数，故
$$a\pm b=(\alpha_1+\beta_1 i)\pm(\alpha_2+\beta_2 i)=(\alpha_1\pm\alpha_2)+(\beta_1\pm\beta_2)i\in P,$$
$$ab=(\alpha_1+\beta_1 i)(\alpha_2+\beta_2 i)=(\alpha_1\alpha_2-\beta_1\beta_2)+(\alpha_1\beta_2+\alpha_2\beta_1)i\in P,$$

又令 $c=\alpha_3+\beta_3 i,d=\alpha_4+\beta_4 i$ 其中 $\alpha_3,\alpha_4,\beta_3,\beta_4$ 为有理数且 $d\neq 0$ 即 $\alpha_4\neq 0,\beta_4\neq 0$，有
$$c/d=(\alpha_3+\beta_3 i)/(\alpha_4+\beta_4 i)=\frac{(\alpha_3\alpha_4+\beta_3\beta_4)+(\beta_3\alpha_4-\alpha_3\beta_4)i}{\alpha_4^2+\beta_4^2}\in P$$

综上所述得 P 为数域.

(2) 设 $f(x)$ 是数域 P 上的多项式，$a\in P$. 如果 a 是 $f(x)$ 的三阶导数 $f'''(x)$ 的 k 重根 ($k\geq 1$) 并且 $f(a)=0$，则 a 是 $f(x)$ 的 $k+3$ 重根.

答 错误. 反例是 $f(x)=(x-a)^{k+3}+(x-a)^2$，这里 $f(a)=0$，并且 $f'''(x)=(k+3)(k+2)(k+1)(x-a)^k$ 满足 a 是 $f(x)$ 的三阶导数 $f'''(x)$ 的 k 重根 ($k\geq 1$).

(3) 设 $f(x)=x^4+4x-3$，则 $f(x)$ 在有理数域上不可约.

答 正确，令 $x=y+1$，则 $f(y)=y^4+4y^3+6y^2+8y+2$，故由艾森斯坦因判别法知，它在有理数域上不可约.

24. (云南大学) 假设 $f(x)$ 是复数域中的 n 次多项式，且 $f(0)=0$. 令

$g(x)=xf(x)$,证明:如果 $f(x)$ 的导数 $f'(x)$ 能够整除 $g(x)$ 的导数 $g'(x)$. 则 $g(x)$ 有 $n+1$ 重零根.

证 因为 $f(0)=0, g(x)=xf(x)$, 所以 $g'(x)=f(x)+xf'(x)$.

由题设知 $f'(x)|g'(x)$. 从而可得 $f'(x)|f(x)$. 由第 21 题中的(2)知 $f(x)$ 有 n 重根,再由已知,0 是 $f(x)$ 的根,这样 0 必为 $f(x)$ 的 n 重根,即 $f(x)=cx^n(c\neq 0)$. 故
$$g(x)=xf(x)=cx^{n+1}$$
即证 $g(x)$ 有 $n+1$ 重零根.

25. (浙江大学) 设 $f(x), g(x)$ 都是 $P[x]$ 中的非零多项式,且 $g(x)=s^m(x)$. $g_1(x)$,这里 $m\geq 1$. 又若 $(s(x),g_1(x))=1, s(x)|f(x)$. 证明:不存在 $f_1(x), r(x)\in P[x]$,且 $r(x)\neq 0, \partial(r(x))<\partial(s(x))$ 使
$$\frac{f(x)}{g(x)}=\frac{r(x)}{s^m(x)}+\frac{f_1(x)}{s^{m-1}(x)g_1(x)} \qquad ①$$

证 用反证法,若存在 $f_1(x),r(x)$ 使式①成立,则用 $g(x)$ 乘式①两端,得
$$f(x)=r(x)g_1(x)+f_1(x)s(x) \qquad ②$$
因为 $s(x)|f(x), s(x)|f_1(x)s(x)$,由式②有 $s(x)|r(x)g_1(x)$.
但 $(s(x),g_1(x))=1$,所以 $s(x)|r(x)$. 这与 $\partial(r(x))<\partial(s(x))$ 矛盾.

26. (华中师范大学) 设复系数非零多项式 $f(x)$ 没有重因式,证明: $(f(x)+f'(x), f(x))=1$.

证 因为 $1|(f(x)+f'(x)), 1|f(x), f(x)$ 无重因式,所以
$$(f(x), f'(x))=1 \qquad ①$$
于是 $\forall \varphi(x)|(f(x)+f'(x)), \varphi(x)|f(x)$,有
$$\varphi(x)|[(f(x)+f'(x))-f(x)] \Rightarrow \varphi(x)|f'(x)$$
由①知 $\varphi(x)|1$. 即证 $(f(x)+f'(x), f(x))=1$.

27. (南京师范大学) 设 $f(x), g(x)$ 是数域 P 上的两个多项式, $a,b,c,d\in P$, $f_1(x)=af(x)+bg(x), g_1(x)=cf(x)+dg(x), ad\neq bc, (f(x),g(x))=1$,证明: $(f_1(x), f_1(x)+g_1(x))=1$.

解 由 $(f(x),g(x))=1$ 知,存在 $u(x), v(x)\in P[x]$ 使得 $u(x)f(x)+v(x)g(x)=1$. 为了证明 $(f_1(x), f_1(x)+g_1(x))=1$. 只需证明 $(f_1(x), g_1(x))=1$.

令 $u_1(x)f_1(x)+v_1(x)g_1(x)=1$. 即 $u_1(x)(af(x)+bg(x))+v_1(x)(cf(x)+dg(x))=1$. 化简后有 $au_1(x)+cv_1(x)f(x)+bu_1(x)+dv_1(x)g(x)=1$.

令 $au_1(x)+cv_1(x)=u(x), au_1(x)+cv_1(x)=v(x)$,解之可得
$$v_1(x)=\frac{av(x)-bu(x)}{ad-bc}, u_1(x)=\frac{du(x)-cv(x)}{ad-bc}\in P[x]$$

也就是存在 $u_1(x), v_1(x)$ 使得 $u_1(x)f_1(x)+v_1(x)g_1(x)=1$,故而 $(f_1(x), g_1(x))=1$. 从而
$$(f_1(x), f_1(x)+g_1(x))=1$$

28. (湖北大学,辽宁大学) 证明: $(x^d-1)|(x^n-1)$ 当且仅当 $d|n$.

证 (1)设 $d|n$,则 $n=ds$,其中 $s\in \mathbf{N}$. 所以
$$x^n-1=(x^d)^s-1=(x^d-1)[(x^d)^{s-1}+(x^d)^{s-2}+\cdots+(x^d)+1]$$
$$\Rightarrow (x^d-1)|(x^n-1).$$

(2)已知 $(x^d-1)|(x^n-1)$,下证 $d|n$. 用反证法,设 d 不能整除 n,则 $n=dq+r$,其中 $0<r<d$,于是
$$d|(n-r) \qquad ①$$
$$x^n-1=x^r x^{n-r}-x^r+x^r-1=x^r(x^{n-r}-1)+(x^r-1) \qquad ②$$

故 $(x^d-1)|(x^n-1),(x^d-1)|(x^{n-r}-1)$ (由式①知). 所以由式②知
$$(x^d-1)|(x^r-1)$$

矛盾. 即证 $d|n$.

29. **(复旦大学)** 设 $f_1(x),\cdots,f_m(x),g_1(x),\cdots,g_n(x)\in P[x]$,则
$$(f_1(x)\cdots f_m(x),g_1(x)\cdots g_n(x))=1$$
$$\Leftrightarrow (f_i(x),g_j(x))=1 (i=1,2,\cdots,m;j=1,2,\cdots,n)$$

证 先证必要性. 因为
$$(f_1(x)\cdots f_m(x),g_1(x)\cdots g_n(x))=1$$
所以存在 $u(x),v(x)\in P[x]$,使得
$$u(x)f_1(x)\cdots f_m(x)+v(x)g_1(x)\cdots g_n(x)=1$$
$$\Rightarrow f_i(x)[u(x)f_1(x)\cdots f_{i-1}(x)f_{i+1}(x)\cdots f_m(x)]+$$
$$g_j(x)[v(x)g_1(x)\cdots g_{j-1}(x)g_{j+1}(x)\cdots g_n(x)]=1$$

此即 $(f_i(x),g_j(x))=1,(i=1,2,\cdots,m;j=1,2,\cdots,n)$.

再证充分性.

因为 $(f_1(x),g_j(x))=1 (j=1,2,\cdots,n)$,所以
$$(f_1(x),g_1(x)\cdots g_n(x))=1$$
同理 $(f_2(x),g_1(x)\cdots g_n(x))=1,\cdots,(f_m(x),g_1(x)\cdots g_n(x))=1$
故 $(f_1(x)f_2(x)\cdots f_m(x),g_1(x)g_2(x)\cdots g_n(x))=1$.

30. **(四川师范大学)** $f(x),g(x)$ 不全为 0,求证:
$$(f,g)^n=(f^n,g^n)(n \text{ 为正整数}) \qquad ①$$

证法 1 令 $d(x)=(f(x),g(x))$,则式①改为
$$d^n(x)=(f^n(x),g^n(x)) \qquad ②$$
且 $d(x)|f(x),d(x)|g(x)$,于是
$$f(x)=d(x)f_1(x),g(x)=d(x)g_1(x)$$
且
$$(f_1(x),g_1(x))=1 \qquad ③$$
故 $f^n(x)=d^n(x)f_1^n(x),g^n(x)=d^n(x)g_1^n(x)$. 此即
$$d^n(x)|f^n(x),d^n(x)|g^n(x) \qquad ④$$

再由式③有
$$(f_1^n(x),g_1^n(x))=1 \qquad ⑤$$

从而存在 $u(x),v(x)$ 使 $u(x)f_1^n(x)+v(x)g_1^n(x)=1$. 两边乘 $d^n(x)$ 有
$$u(x)f^n(x)+v(x)g^n(x)=d^n(x) \qquad ⑥$$
进而, $\forall \varphi(x)|f^n(x), \varphi(x)|g^n(x)$, 由⑥知
$$\varphi(x)|d^n(x) \qquad ⑦$$
由式④,⑦得证①.

证法 2 令 $d(x)=(f(x),g(x))$. 则
$$f(x)=d(x)f_1(x), g(x)=d(x)g_1(x), (f_1(x),g_1(x))=1$$
故 $(f_1^n(x),g_1^n(x))=1$. 从而
$$(f^n(x),g^n(x))=d^n(x)(f_1^n(x),g_1^n(x))=d^n(x)$$

31. (华中师范大学) 设 **R** 是实数域, $i^2=-1, f_1(x), f_2(x) \in \mathbf{R}[x], f(x)=f_1(x)+\mathrm{i}f_2(x)$, 并且 $(f_1(x),f_2(x))=d(x)\neq 1$. 证明: $f(x)$ 与 $d(x)$ 有相同的实根集.

证 因为 $d(x)=(f_1(x),f_2(x))$. 设
$$f_1(x)=d(x)h_1(x), f_2(x)=d(x)h_2(x), (h_1(x),h_2(x))=1.$$
则
$$f(x)=d(x)[h_1(x)+\mathrm{i}h_2(x)] \qquad ①$$
故 $d(x)$ 的根必为 $f(x)$ 的根. 任取 $f(x)$ 的一个实根 x_0, 即 $f(x_0)=0$. 由①有
$$d(x_0)[h_1(x_0)+\mathrm{i}h_2(x_0)]=0 \qquad ②$$
若 x_0 不是 $d(x)$ 的根. 则由式②有
$$h_1(x_0)=h_2(x_0)=0 \Rightarrow (x-x_0)|h_1(x), (x-x_0)|h_2(x)$$
这与 $(h_1(x),h_2(x))=1$ 矛盾. 从而 x_0 也是 $d(x)$ 的实根. 综上两步即证.

32. (四川大学) 设 $f(x)$ 是数域 F 上的 2008 次多项式, 证明 $\sqrt[2009]{2}$ 不可能是 $f(x)$ 的根.

证 因为 $x^{2009}-2$, 由艾森斯坦因判别法, 取 $P=2$, 知 $x^{2009}-2$ 不可约. 而 $\sqrt[2009]{2}$ 是 $x^{2009}-2$ 的根, 又
$$(x^{2009}-2, f(x))=1$$
故它们无公共根. 即证 $\sqrt[2009]{2}$ 不是 $f(x)$ 的根.

33. (北京大学) 设 $f(x)$ 是有理数域 **Q** 上的一个 m 次多项式($m \geqslant 0$), n 是大于 m 的正整数, 证明: $\sqrt[n]{2}$ 不是 $f(x)$ 的实根.

证 用反证法, 若 $\sqrt[n]{2}$ 是 $f(x)$ 的实根, 那么 $x-\sqrt[n]{2}$ 可以整除 $f(x)$ (在 $\mathbf{R}[x]$ 内).

但 $(x-\sqrt[n]{2})|(x^n-2)$, 且由艾森斯坦因判别法可知 x^n-2 在 $\mathbf{Q}[x]$ 中不可约. 即 x^n-2 是以 $\sqrt[n]{2}$ 为根的最低的有理系数的不可约多项式, 所以
$$(x^n-2)|f(x)$$
因而 $\partial(f(x)) \geqslant n > m$. 这与 $\partial(f(x))=m$ 矛盾. 故 $\sqrt[n]{2}$ 不是 $f(x)$ 的实根.

34. (苏州大学) 设 P 是一个数域, $p(x)$ 是 $P[x]$ 中次数大于零的多项式, 证明: 如果对任意的 $f(x), g(x)$, 都有
$$p(x)|f(x)g(x) \Rightarrow p(x)|f(x) \text{ 或者 } p(x)|g(x)$$

那么 $p(x)$ 是不可约多项式.

证 采用反证法.假设 $p(x)$ 可约,不妨设 $p(x)=p_1(x)p_2(x)$,其中
$$0<\partial(p_1(x),p_2(x))<\partial(p(x))$$
这时显然有 $p(x)|p_1(x)p_2(x)$,但不可能有 $p(x)|p_1(x)$ 或者 $p(x)|p_2(x)$.这与题设矛盾,故假设错误.因而 $p(x)$ 不可约.

35.(四川大学) 证明多项式
$$f(x)=x^5-5x+1$$
在有理数域 Q 上不可约.

反例:
$$f(x)=(x^2+1)^2=x^4+2x^2+1.$$

证 因为 $f(x)=x^5-5x+1$,所以可令 $x=y-1$,得
$$g(y)=f(y-1)=y^5-5y^4+10y^3-10y^2+5y-1-5y+5+1$$
$$=y^5-5y^4+10^3-10y^2+5$$
由艾森斯坦因判别法,取 $p=5$,即证 $g(y)$ 在有理数域 Q 上不可约,因而 $f(x)$ 也在有理数域上不可约.

36.(华中师范大学) 设 $n\geq 2$,且 $a_1,a_2,\cdots,a_n$ 是互不相同的整数,求证:$f(x)=(x-a_1)(x-a_2)\cdots(x-a_n)-1$ 不能分成两个次数都大于零的整系数多项式之积.

证 用反证法.若 $f(x)=g(x)\cdot h(x)$,其中 $g(x),h(x)$ 都是次数大于零的整系数多项式.那么
$$g(a_i)h(a_i)=f(a_i)=-1,(i=1,2\cdots,n)\qquad ①$$
由于 $g(a_i),h(a_i)$ 都是整数,由式①知 $g(a_i),h(a_i)$ 都只能等于 ± 1,且两个反号,此即有
$$g(a_i)+h(a_i)=0(i=1,2,\cdots,n)\qquad ②$$
现令 $F(x)=g(x)+h(x)$,那么或者 $F(x)=0$,或者 $\partial(F(x))<n$.

当 $\partial(F(x))<n$ 时,由式②有
$$F(a_i)=0(i=1,2,\cdots,n)$$
矛盾.即证 $F(x)=0$,从而有 $g(x)=-h(x)$.故
$$f(x)=g(x)h(x)=-h^2(x)\qquad ③$$
由于 $f(x)$ 的首项系数为 1,而 $-h^2(x)$ 的首项系数为负数,这与式③矛盾.从而得证.

37.(东北师范大学) 令 $f(x)=x^n+a_1x^{n-1}+\cdots+a_n$ 是整系数多项式.如果 $\alpha_1,\cdots,\alpha_n$ 是 n 个两两不同的整数,且使
$$f(\alpha_i)=-1(i=1,2,\cdots,n)$$
证明:$f(x)$ 是有理数域上的不可约多项式.

证 将 $f(x)$ 可改写为
$$f(x)=(x-\alpha_1)(x-\alpha_2)\cdots(x-\alpha_n)-1$$
再由第 36 题即证.

38. (中国科学院) 试求以 $\sqrt{2}+\sqrt{3}$ 为根的有理系数的不可约多项式.

解法 1 设 $f(x)\in \mathbf{Q}[x]$,且以 $\sqrt{2}+\sqrt{3}$ 为根,则根式 $\sqrt{2}-\sqrt{3}$,$-(\sqrt{2}+\sqrt{3})$,$-\sqrt{2}+\sqrt{3}$ 也一定是 $f(x)$ 的根. 这时令
$$f(x)=[x-\sqrt{2}+\sqrt{3}][x-\sqrt{2}-\sqrt{3}][x+\sqrt{2}+\sqrt{3}][x+\sqrt{2}-\sqrt{3}]$$
$$=x^4-10x^2+1$$

现证 $f(x)$ 在 $\mathbf{Q}[x]$ 上不可约. 由于 $f(x)$ 如果有有理根,必为 ± 1,但 ± 1 都不是 $f(x)$ 的根. 故 $f(x)$ 不可能分解为一一次式与一个三次式之积.

如果 $f(x)$ 在 $\mathbf{Q}[x]$ 上分解为两个二次式之积,那么必可在 $Z[x]$ 上分解为两个二次式之积,即
$$f(x)=x^4-10x^2+1=(x^2+ax+b)(x^2+cx+d) \qquad ①$$
其中 $a,b,c,d\in \mathbf{Z}$. 比较式①两边系数得
$$\begin{cases} a+c=0 & ② \\ b+d+ac=-10 & ③ \\ ad+bc=0 & ④ \\ bd=1 & ⑤ \end{cases}$$

由⑤知 $b=d=1$,或 $b=d=-1$.

当 $b=d=1$ 时,由②得 $a=-c$. 再由③得 $-c^2=-12$,即 $c^2=12$. 矛盾.

当 $b=d=-1$ 时,得 $-c^2=-8$,故 $c^2=8$ 也不可能.

因此 x^4-10x^2+1 不可能分解为两个二次式之积.

综上可知 $f(x)=x^4-10x^2+1$ 在 $\mathbf{Q}[x]$ 上不可约,即为所求.

解法 2 设 $f(x)\in Q(x)$,考虑数域 $Q(\sqrt{2})$,$\sqrt{2}+x\in Q(\sqrt{2})[x]$,则 $f(\sqrt{2}+x)\in Q(\sqrt{2})[x]$,在数域 $Q(\sqrt{2})$ 上做带余除法:
$$f(\sqrt{2}+x)=g(x)(x^2-3)+ax+b \qquad ①$$

$\sqrt{2}+\sqrt{3}$ 为 $f(x)$ 的根,则 $\sqrt{3}$ 为 $f(\sqrt{2}+x)$ 的根,带入①得
$$a\sqrt{3}+b=0, a,b\in Q(\sqrt{2})$$

则 $a=b=0$,代入①得
$$f(\sqrt{2}+x)=g(x)(x^2-3) \qquad ②$$

$x=-\sqrt{3}$ 代入②得
$$f(\sqrt{2}-\sqrt{3})=g(x)((\sqrt{3})^2-3)=0$$

则 $\sqrt{2}-\sqrt{3}$ 为 $f(x)$ 的根.

同理在数域 $Q(\sqrt{3})$ 上考虑,$f(x-\sqrt{3})\in Q(\sqrt{3})[x]$,$\sqrt{2}-\sqrt{3}$ 为根,则 $-\sqrt{2}-\sqrt{3}$ 为根;在数域 $Q(\sqrt{2})$ 上考虑,$f(x-\sqrt{2})\in Q(\sqrt{2})[x]$,$-\sqrt{2}-\sqrt{3}$ 为根,则 $-\sqrt{2}+\sqrt{3}$ 为根. 因此 $\sqrt{2}+\sqrt{3}$,$\sqrt{2}-\sqrt{3}$,$-\sqrt{2}-\sqrt{3}$,$-\sqrt{2}+\sqrt{3}$ 都为 $f(x)\in Q(x)$ 的根,
$$f(x)=(x-\sqrt{2}-\sqrt{3})(x-\sqrt{2}+\sqrt{3})(x+\sqrt{2}+\sqrt{3})(x+\sqrt{2}-\sqrt{3})=x^4-10x^2+1.$$

$f(x) \in Q(x)$ 为以 $\sqrt{2}+\sqrt{3}$ 为根的次数最小的多项式,则 $f(x)=x^4-10x^2+1$ 不可约,即为所求.

(参考:张三霞,郭金海.数域在多项式整除和求根中的应用[J].高等数学研究,2010,13(1):83-84.)

39. **(南开大学)** 设 $f(x)$ 是有理数域上 n 次 $(n \geqslant 2)$ 多项式,并且它在有理数域上不可约,但知 $f(x)$ 的一根的倒数也是 $f(x)$ 的根.证明:$f(x)$ 每一根的倒数也是 $f(x)$ 的根.

证 设 b 是 $f(x)$ 的一根,$\frac{1}{b}$ 也是 $f(x)$ 的根.再设 c 是 $f(x)$ 的任一根.下证 $\frac{1}{c}$ 也是 $f(x)$ 的根.

令 $g(x)=\frac{1}{d}f(x)$,其中 d 为 $f(x)$ 的首项系数,不难证明:$g(x)$ 与 $f(x)$ 有相同的根,其中 $g(x)$ 是首项系数为 1 的有理系数不可约多项式.

设 $g(x)=x^n+a_{n-1}x^{n-1}+\cdots+a_1x+a_0,(a_0 \neq 0)$. 由于
$$b^n+a_{n-1}b^{n-1}+\cdots+a_1b+a_0=0 \qquad ①$$
$$(\frac{1}{b})^n+a_{n-1}(\frac{1}{b})^{n-1}+\cdots+a_1(\frac{1}{b})+a_0=0$$
$$\Rightarrow a_0b^n+a_1b^{n-1}+\cdots+a_{n-1}b+1=0$$
$$\Rightarrow b^n+(\frac{a_1}{a_0})b^{n-1}+\cdots+\frac{a_{n-1}}{a_0}b+\frac{1}{a_0}=0 \qquad ②$$

由 $g(x)$ 不可约及①,②两式可得 $\frac{1}{a_0}=a_0, \frac{a_i}{a_0}=a_{n-i}(i=1,2,\cdots n-1)$. 故
$$a_0=\pm 1, \quad a_i=\pm a_{n-i}(i=1,2,\cdots n-1) \qquad ③$$

由式③可知,当 $f(c)=0$ 时,有 $g(c)=0$,且 $g(\frac{1}{c})=0$,从而 $f(\frac{1}{c})=0$.

1.3 多元多项式

【考点综述】

1. 多元多项式的概念

(1)设 P 是一个数域,$x_1,x_2,\cdots,x_n$ 是 n 个文字,(也可称为变量).形式为
$$a_{k_1k_2\cdots k_n}x_1^{k_1}x_2^{k_2}\cdots x_n^{k_n}$$
的式子,其中 $a_{k_1k_2\cdots k_n} \in P, k_1,k_2,\cdots,k_n$ 是非负整数,称为一个单项式,$a_{k_1k_2\cdots k_n}$ 称为此单项式的系数,$k_1+k_2+\cdots k_n$ 称为此单项式的次数.

(2)系数为零的单项式称为零单项式.简记为 0,其次数规定为 $-\infty$.

(3)一些单项式的和
$$f(x_1,x_2,\cdots,x_n)=\sum_{k_1,k_2,\cdots,k_n}a_{k_1k_2\cdots k_n}x_1^{k_1}x_2^{k_2}\cdots x_n^{k_n}$$

就称为 n 元多项式,或者简称多项式,多项式中系数不为零的单项式的最高次数就称为该多项式的次数.

(4) 所有系数在数域 P 中的 n 元多项式的全体,称为数域 P 上的 n 元多项式环,记为 $P[x_1, x_2, \cdots, x_n]$.

2. 字典排序法

(1) 每一个单项式中各个文字的幂都对应一个 n 元有序数组
$$(k_1, k_2, \cdots, k_n)$$
其中 k_i 为非负整数,这个对应是 1—1 的,该有序数组就称为这个单项式的指数.

(2) 若多项式中两个单项式的指数 $(k_1, k_2, \cdots, k_n)$ 与 $(l_1, l_2, \cdots, l_n)$ 满足:
$$k_1 - l_1 = 0, \cdots, k_{i-1} - l_{i-1} = 0, k_i - l_i > 0$$
则称指数 $(k_1, k_2, \cdots, k_n)$ 先于 $(l_1, l_2, \cdots, l_n)$,并记为
$$(k_1, k_2, \cdots, k_n) > (l_1, l_2, \cdots, l_n)$$
由此确定多项式中每一个单项式的先后顺序,称为字典序(或字典排列法).

(3) 按字典排列法写出的第一个系数不为零的单项式称为该多项式的首项.

3. 对称多项式

(1) 若 n 元多项式 $f(x_1, x_2, \cdots, x_n)$ 对于任意的 $i, j (1 \leqslant i < j \leqslant n)$,都有
$$f(x_1 \cdots, x_i, \cdots, x_j, \cdots, x_n) = f(x_1, \cdots, x_j, \cdots, x_i, \cdots, x_n)$$
则称此多项式为对称多项式.

(2) n 个 n 元对称多项式
$$\begin{cases} \sigma_1 = x_1 + x_2 + \cdots + x_n \\ \sigma_2 = x_1 x_2 + x_1 x_3 + \cdots + x_{n-1} x_n \\ \cdots \cdots \\ \sigma_n = x_1 x_2 \cdots x_n \end{cases}$$

扫码获取本书资源

称为初等对称多项式.

4. 根与系数关系

(1) 设
$$f(x) = a_n x^n + a_{n-1} x^{n-1} + \cdots + a_1 x + a_0 \ (n \geqslant 1, a_n \neq 0)$$
若它的 n 个根记为 $x_1, x_2, \cdots, x_n$,则
$$\begin{cases} x_1 + x_2 + \cdots + x_n = -\dfrac{a_{n-1}}{a_n} \\ x_1 x_2 + x_1 x_3 + \cdots + x_{n-1} x_n = \dfrac{a_{n-2}}{a_n} \\ \cdots \cdots \\ x_1 x_2 \cdots x_n = (-1)^n \dfrac{a_0}{a_n} \end{cases}$$

(2) 关于 $x_1, \cdots, x_n$ 的任意对称多项式都可表示为初等对称多项式的多项式.

【经典题解】

40. **(南京大学)** 判断题. 设 $f(x), g(x)$ 都是整系数多项式,$h(x)$ 是有理系数多

项式,且它们满足 $f(x)=g(x)h(x)$,则 $h(x)$ 也是整系数多项式.

答 错误. 反例是 $f(x)=(x+1)(x+2), g(x)=2x+2, h(x)=\frac{1}{2}x+1$,则 h 为有理系数多项式而不是整系数多项式.

41. (**澳大利亚数学竞赛题**) 设 x_1, x_2, x_3 为方程 $x^3-6x^2+ax+a=0$ 的三个根,使
$$(x_1-1)^3+(x_2-2)^3+(x_3-3)^3=0 \qquad ①$$
的所有实数 a,并对每个这样的 a,求出相应的 x_1, x_2, x_3.

解 令 $y=x-2$,代入原方程得
$$y^3+(a-12)y+(3a-16)=0 \qquad ②$$
因为 x_1, x_2, x_3 为原方程的三个根,所以
$$y_1=x_1-2, y_2=x_2-2, y_3=x_3-2 \qquad ③$$
为式②的三个根. 于是
$$0=y_1+y_2+y_3=(y_1+1)+y_2+(y_3-1) \qquad ④$$
在代数中有公式
$$x^3+y^3+z^3=(x+y+z)^3-3(x+y+z)(xy+xz+yz)+3xyz \qquad ⑤$$
在式⑤中令 $x=y_1+1, y=y_2, z=y_3-1$,并注意式④,那么式①变为
$$0=(y_1+1)^3+y_2^3+(y_3-1)^3=3(y_1+1)y_2(y_3-1)$$
故 $y_1=-1$ 或 $y_2=0$,或 $y_3=1$.

(1) 当 $y_1=-1$ 时,$x_1=y_1+2=1$. 由于 x_1 为原方程的根,将 $x_1=1$ 代入方程,得 $1-6+a+a=0$. 解之,得 $a=\frac{5}{2}$. 所以
$$x^3-6x^2+ax+a=(x-1)(x^2-5x-\frac{5}{2})$$
由此可得
$$x_1=1, \quad x_2=\frac{1}{2}(5+\sqrt{35}), \quad x_3=\frac{1}{2}(5-\sqrt{35})$$

(2) 当 $y_2=0$ 时,则 $x_2=y_2+2=2$,代入原方程,可解得 $a=\frac{16}{3}$. 所以
$$x^3-6x^2+ax+a=(x-2)(x-x_1)(x-x_3)$$
由此可得
$$x_1=2+\frac{2}{3}\sqrt{15}, \quad x_2=2, \quad x_3=2-\frac{2}{3}\sqrt{15}$$

(3) 当 $y_3=1$ 时,则 $x_3=y_3+2=3$. 代入方程,可求得 $a=\frac{27}{4}$. 这时有
$$x_1=\frac{3}{2}(1+\sqrt{2}), \quad x_2=\frac{3}{2}(1-\sqrt{2}), \quad x_3=3$$

42. (**四川大学**) 用代数基本定理证明 $\mathbf{R}$ 上的不可约多项式只有一次多项式或者满足 $b^2-ac<0$ 的二次多项式:ax^2+bx+c.

证 设 $f(x)$ 在 **R** 上不可约,则

(1)当 $f(x)$ 为一次因式时,显然不可约.

(2)当 $f(x)$ 为二次式 ax^2+bx+c 且 $b^2-4ac\geqslant 0$ 时,$f(x)$ 必有 **R** 上的根 x_1,x_2,此时 $f(x)=a(x-x_1)(x-x_2)$,与 $f(x)$ 不可约矛盾,故必有 $b^2-4ac<0$.

(3)当 $f(x)$ 为至少 3 次时,由代数基本定理知 $f(x)$ 至少有一对根 x_1 与 $\bar{x}_1$,且 $x_1\in\mathbf{R}$(否则 $f(x)$ 可约),于是 $f(x)=f_1(x)(x-x_1)(x-\bar{x}_1)=f(x)(x^2+ax+b)$,且 $a,b\in\mathbf{R}$. 即证 $f(x)$ 可约.

43.(华中师范大学) 设 $f(x_1,x_2,x_3,)=\begin{vmatrix} x_1 & x_2 & x_3 \\ x_3 & x_1 & x_2 \\ x_2 & x_3 & x_1 \end{vmatrix}$,计算此 3 级行列式,并将它表成初等对称多项式的多项式.

解 $f=x_1^3+x_2^3+x_3^3-3x_1x_2x_3$

指数组	对应 σ 的方幂乘积
3 0 0	σ_1^3
2 1 0	$\sigma_1\sigma_2$
1 1 1	σ_3

其中 $\sigma_1=x_1+x_2+x_3,\sigma_2=x_1x_2+x_1x_3+x_2x_3,\sigma_3=x_1x_2x_3$. 所以
$$f=\sigma_1^3+A\sigma_1\sigma_2+B\sigma_3 \qquad ①$$

令 $x_1=0,x_2=x_3=1$,由①得 $2=8+2A$,所以 $A=-3$. 即
$$f=\sigma_1^3-3\sigma_1\sigma_2+B\sigma_3 \qquad ②$$

令 $x_1=x_2=1,x_3=-1$,由②得 $4=1+3-B$. 所以 $B=0$. 即
$$f=\sigma_1^3-3\sigma_1\sigma_2$$

44.(湖北大学) 设 α,β,γ 是方程 $x^3+px+q=0$ 的三个根,则行列式 $\begin{vmatrix} \alpha & \beta & \gamma \\ \gamma & \alpha & \beta \\ \beta & \gamma & \alpha \end{vmatrix}=$ _____.

答 0. 由上题知,
$$\text{原行列式}=\alpha^3+\beta^3+\gamma^3-3\alpha\beta\gamma=\sigma_1^3-3\sigma_1\sigma_2=0$$
其中 $\sigma_1=\alpha+\beta+\gamma=0,\sigma_2=\alpha\beta+\alpha\gamma+\beta\gamma=p$.

45.(美国大学生数学竞赛题) 求三次方程,使其三个根分别是三次方程 $x^3+ax^2+bx+c=0$ 的三个根的立方.

解 设 x_1,x_2,x_3 是 $x^3+ax^2+bx+c=0$ 的三个根. 那么
$$x_1^3+x_2^3+x_3^3$$
$$=(x_1+x_2+x_3)^3-3(x_1+x_2+x_3)(x_1x_2+x_2x_3+x_1x_3)+3x_1x_2x_3$$
$$=-a^3+3ab-3c.$$

$$x_1^3x_2^3+x_1^3x_3^3+x_2^3x_3^3$$
$$=(x_1x_2+x_1x_3+x_2x_3)^3-3x_1x_2x_3(x_1+x_2+x_3)(x_1x_2+x_1x_3+x_2x_3)$$
$$=b^3-3abc+3c^2.$$
$$x_1^3x_2^3x_3^3=-c^3$$

从而以 x_1^3, x_2^3, x_3^3 为根的三次方程是
$$y^3+(a^3-3ab+3c)y^2+(b^3-3abc+3c^2)y+c^3=0$$

46.(美国大学生数学竞赛题) 求方程组
$$\begin{cases} x+y+z=a & \text{①} \\ \dfrac{1}{x}+\dfrac{1}{y}+\dfrac{1}{z}=\dfrac{1}{a} & \text{②} \end{cases}$$

的所有实数解.

解 设
$$xy+yz+zx=b \qquad \text{③}$$

由②、③得
$$xyz=ab \qquad \text{④}$$

以 x,y,z 为根作三次方程
$$t^3-at^2+bt-ab=0 \qquad \text{⑤}$$
$$0=t^3-at^2+bt-ab=(t-a)(t^2+b) \qquad \text{⑥}$$

由⑥知,x,y,z 中有一个等于 a,再由①知另外两个互为相反数,因此原方程组的解为
$$\begin{cases} x=a \\ y=k \\ z=-k \end{cases}$$

或
$$\begin{cases} x=k \\ y=a \\ z=-k \end{cases}$$

或
$$\begin{cases} x=k \\ y=-k \\ z=a \end{cases}$$

其中 k 为一切非零实数.

> 不登峻岭，不知天之高；不瞰深谷，不知地之厚；不施六艺，不知知之深。
>
> ——北齐·刘昼

第二章 行列式

2.1 定义与性质

扫码获取本书资源

【考点综述】

1. 定义

(1) n 阶行列式

$$A=\begin{vmatrix} a_{11} & \cdots & a_{1n} \\ \vdots & & \vdots \\ a_{n1} & \cdots & a_{nn} \end{vmatrix}=\sum_{j_1\cdots j_n}(-1)^{\tau(j_1j_2\cdots j_n)}a_{1j_1}a_{2j_2}\cdots a_{nj_n} \qquad ①$$

有时也简记为 $|A|$ 或 $\det(A)$ 或 $|a_{ij}|_{n\times n}$. 其中 $\tau(j_2\cdots j_n)$ 为排列 $j_1j_2\cdots j_n$ 的逆序数.

(2) 等价定义

$$\begin{vmatrix} a_{11} & \cdots & a_{1n} \\ \vdots & & \vdots \\ a_{n1} & \cdots & a_{nn} \end{vmatrix}=\sum_{i_1i_2\cdots i_n}(-1)^{\tau(i_1i_2\cdots i_n)}a_{i_11}a_{i_22}\cdots a_{i_nn} \qquad ②$$

2. 性质

(1) 三角形行列式的值.

(i) 上（或下）三角形行列式

$$\begin{vmatrix} a_{11} & a_{12} & \cdots & a_{1n} \\ 0 & a_{22} & \cdots & a_{2n} \\ \vdots & \vdots & & \vdots \\ 0 & 0 & \cdots & a_{nn} \end{vmatrix}=a_{11}a_{22}\cdots a_{nn}=\begin{vmatrix} a_{11} & 0 & \cdots & 0 \\ a_{21} & a_{22} & \cdots & 0 \\ \vdots & \vdots & & \vdots \\ a_{n1} & a_{n2} & \cdots & a_{nn} \end{vmatrix} \qquad ③$$

(ⅱ)非主对角的三角形行列式

$$\begin{vmatrix} 0 & 0 & \cdots & 0 & a_{1n} \\ 0 & 0 & \cdots & a_{2,n-1} & a_{2n} \\ \vdots & \vdots & & \vdots & \vdots \\ 0 & a_{n-1,2} & \cdots & a_{n-1,n-1} & a_{n-1,n} \\ a_{n1} & a_{n2} & \cdots & a_{n,n-1} & a_{nn} \end{vmatrix} = (-1)^{\frac{n(n-1)}{2}} a_{1n} a_{2,n-1} \cdots a_{n1}$$

$$= \begin{vmatrix} a_{11} & a_{12} & \cdots a_{1,n-1} & a_{1n} \\ a_{21} & a_{22} & \cdots a_{2,n-1} & 0 \\ \vdots & \vdots & \vdots & \vdots \\ a_{n-1,1} & a_{n-1,2} \cdots & 0 & 0 \\ a_{n1} & 0 & \cdots & 0 & 0 \end{vmatrix} \qquad ④$$

(2)行列互换,行列式不变,即行列式与其转置行列式相等.

(3)一个数乘行列式的一行(或列)等于用这个数乘此行列式.

(4)如果行列式的某一行(或列)是两组数的和,那么该行列式就等于两个行列式的和,而这两个行列式除这一行(或列)以外的各行(或列)全与原行列式的对应行(或列)一样.

(5)若某行列式满足下列条件之一,则该行列式为零.

(ⅰ)两行(或列)成比例;

(ⅱ)两行(或列)元素相同;

(ⅲ)一行(或列)元素全为0.

(6)对换行列式两行(或列),行列式反号.

(7)把一行(或列)的倍数加到另一行(或列),行列式不变.

(8)设 $D = \begin{vmatrix} a_{11} & \cdots & a_{1n} \\ \vdots & & \vdots \\ a_{n1} & \cdots & a_{nn} \end{vmatrix}$,则 D 可按某一行(或列)展开,即

$$D = a_{k1} A_{k1} + a_{k2} A_{k2} + \cdots + a_{kn} A_{kn} \quad (k=1,2,\cdots,n)$$

$$D = a_{1k} A_{1k} + a_{2k} A_{2k} + \cdots + a_{nk} A_{nk} \quad (k=1,2,\cdots,n)$$

其中 A_{ij} 表示元素 a_{ij} 的代数余子式.

【经典题解】

47.(湖北大学) 计算 $D = \begin{vmatrix} 738 & 427 & 327 \\ 3\,042 & 543 & 443 \\ -972 & 721 & 621 \end{vmatrix}$.

解 将第3列乘(-1)加到第2列,再提出公因子100得

$$D = 100 \times \begin{vmatrix} 738 & 1 & 327 \\ 3\,042 & 1 & 443 \\ -972 & 1 & 621 \end{vmatrix} = 100 \begin{vmatrix} 738 & 1 & 327 \\ 2\,304 & 0 & 116 \\ -1\,710 & 0 & 294 \end{vmatrix}$$

$$= -100 \times \begin{vmatrix} 2\,304 & 116 \\ -1\,710 & 294 \end{vmatrix} = -87\,573\,600$$

48.（中山大学） 证明

$$(a_1-c_1)\begin{vmatrix} a_1 & b_1 & c_1 \\ a_2 & b_2 & c_2 \\ a_3 & b_3 & c_3 \end{vmatrix} = \begin{vmatrix} a_1 & b_1 \\ a_2 & b_2 \end{vmatrix}\begin{vmatrix} a_1 & c_1 \\ a_3 & c_3 \end{vmatrix} - \begin{vmatrix} a_1 & b_1 \\ a_3 & b_3 \end{vmatrix}\begin{vmatrix} a_1 & c_1 \\ a_2 & c_2 \end{vmatrix}$$

证 右端 $= \begin{vmatrix} a_1 & b_1 \\ a_2 & b_2 \end{vmatrix}(a_1c_3-a_3c_1) - \begin{vmatrix} a_1 & b_1 \\ a_3 & b_3 \end{vmatrix}(a_1c_2-a_2c_1)$

$$= a_1\left[\begin{vmatrix} a_1 & b_1 \\ a_2 & b_2 \end{vmatrix}c_3 - \begin{vmatrix} a_1 & b_1 \\ a_3 & b_3 \end{vmatrix}c_2 + \begin{vmatrix} a_2 & b_2 \\ a_3 & b_3 \end{vmatrix}c_1\right]$$

$$-c_1\left[\begin{vmatrix} a_1 & b_1 \\ a_2 & b_2 \end{vmatrix}a_3 - \begin{vmatrix} a_1 & b_1 \\ a_3 & b_3 \end{vmatrix}a_2 + \begin{vmatrix} a_2 & b_2 \\ a_3 & b_3 \end{vmatrix}a_1\right]$$

$$= a_1\begin{vmatrix} a_1 & b_1 & c_1 \\ a_2 & b_2 & c_2 \\ a_3 & b_3 & c_3 \end{vmatrix} - c_1\begin{vmatrix} a_1 & b_1 & c_1 \\ a_2 & b_2 & c_2 \\ a_3 & b_3 & c_3 \end{vmatrix} = 左端$$

49.（武汉大学） 证明：

$$\begin{vmatrix} x & y & z \\ z & x & y \\ y & z & x \end{vmatrix} = (x+y+z)(x+\omega y+\omega^2 z)(x+\omega^2 y+\omega z)$$

其中 ω 是 1 的立方根 $\dfrac{-1+\sqrt{-3}}{2}$.

证 $\begin{vmatrix} x & y & z \\ z & x & y \\ y & z & x \end{vmatrix}\begin{vmatrix} 1 & 1 & 1 \\ 1 & \omega & \omega^2 \\ 1 & \omega^2 & \omega \end{vmatrix}$

$$= \begin{vmatrix} x+y+z & x+\omega y+\omega^2 z & x+\omega^2 y+\omega z \\ x+y+z & z+\omega x+\omega^2 y & z+\omega^2 x+\omega y \\ x+y+z & y+\omega z+\omega^2 x & y+\omega^2 z+\omega x \end{vmatrix}$$

$$= (x+y+z)(x+\omega y+\omega^2 z)(x+\omega^2 y+\omega z)\begin{vmatrix} 1 & 1 & 1 \\ 1 & \omega & \omega^2 \\ 1 & \omega^2 & \omega \end{vmatrix} \qquad ①$$

由于

$$\begin{vmatrix} 1 & 1 & 1 \\ 1 & \omega & \omega^2 \\ 1 & \omega^2 & \omega \end{vmatrix} \neq 0$$

将式①两边消去该行列式，即证.

50.（农学类数学） 设 $\alpha_1,\alpha_2,\alpha_3$ 为 3 维向量，矩阵

$$A=(\alpha_1,\alpha_2,\alpha_3), B=(\alpha_2, 2\alpha_1+\alpha_2, \alpha_3)$$

若行列式 $|A|=3$，则行列式 $|B|=$ _____.

(A) 6　　(B) 3　　(C) -3　　(D) -6

答(D)

51.(数学四) 若 $\alpha_1,\alpha_2,\alpha_3,\beta_1,\beta_2$ 都是 4 维列向量,且 4 阶行列式 $|\alpha_1\alpha_2\alpha_3\beta_1|=m$,$|\alpha_1\alpha_2\beta_2\alpha_3|=n$,则 $|\alpha_3\alpha_2\alpha_1(\beta_1+\beta_2)|=(\quad)$.

(A) $m+n$　　(B) $-(m+n)$　　(C) $n-m$　　(D) $m-n$

答:(C). 由于第 4 列是两组数的和,由性质得
$|\alpha_3\alpha_2\alpha_1(\beta_1+\beta_2)|=|\alpha_3\alpha_2\alpha_1\beta_1|+|\alpha_3\alpha_2\alpha_1\beta_2|$
$\qquad=-|\alpha_1\alpha_2\alpha_3\beta_1|+|\alpha_1\alpha_2\alpha_3\beta_2|$
$\qquad=n-m$

故选(C).

52.(湖北大学) 设 A 为 3×3 矩阵,$|A|=-2$,把 A 按列分块为 (A_1,A_2,A_3),其中 $A_j(j=1,2,3)$ 是 A 的第 j 列,则
$$|A_3-2A_1,3A_2,A_1|=\underline{\qquad}.$$

答 $\underline{6}$. $|A_3-2A_1,3A_2,A_1|=3|A_3A_2A_1|+|-2A_1,3A_2,A_1|=6.$

53.(武汉大学)
$$\begin{vmatrix} x & 1 & 1 & 1 \\ 1 & y & 0 & 0 \\ 1 & 0 & z & 0 \\ 1 & 0 & 0 & t \end{vmatrix}=\underline{\qquad}.$$

答　$txyz-yz-tz-ty$.

$$原式=\begin{vmatrix} 0 & 0 & 0 & 1 \\ 1 & y & 0 & 0 \\ 1 & 0 & z & 0 \\ 1-tx & -t & -t & t \end{vmatrix}=-\begin{vmatrix} 1 & y & 0 \\ 1 & 0 & z \\ 1-tx & -t & -t \end{vmatrix}$$
$$=-[yz(1-tx)+tz+ty]$$
$$=txyz-yz-tz-ty$$

54.(华中师范大学) 计算行列式
$$\Delta=\begin{vmatrix} a & b & 0 & 0 & 0 \\ c & a & b & 0 & 0 \\ 0 & c & a & b & 0 \\ 0 & 0 & c & a & b \\ 0 & 0 & 0 & c & a \end{vmatrix}$$

解　按第 1 行展开得
$$\Delta=a\begin{vmatrix} a & b & 0 & 0 \\ c & a & b & 0 \\ 0 & c & a & b \\ 0 & 0 & c & a \end{vmatrix}-bc\begin{vmatrix} a & b & 0 \\ c & a & b \\ 0 & c & a \end{vmatrix}$$
$$=a^2\begin{vmatrix} a & b & 0 \\ c & a & b \\ 0 & c & a \end{vmatrix}-abc\begin{vmatrix} a & b \\ c & a \end{vmatrix}-bc\begin{vmatrix} a & b & 0 \\ c & a & b \\ 0 & c & a \end{vmatrix}$$

$$=(a^2-bc)\begin{vmatrix} a & b & 0 \\ c & a & b \\ 0 & c & a \end{vmatrix}-abc(a^2-bc)$$

$$=(a^2-bc)(a^3-2abc)-a^3bc+ab^2c^2$$

$$=a^5-4a^3bc+3ab^2c^2$$

55. **(数学二)** 设行列式

$$\begin{vmatrix} x-2 & x-1 & x-2 & x-3 \\ 2x-2 & 2x-1 & 2x-2 & 2x-3 \\ 3x-3 & 3x-2 & 4x-5 & 3x-5 \\ 4x & 4x-3 & 5x-7 & 4x-3 \end{vmatrix}$$

为 $f(x)$,则方程 $f(x)=0$ 的根的个数为( )

(A)1   (B)2   (C)3   (D)4

答 (B). 因为将原行列式的第 1 列乘(-1)分别加到其他 3 列得

$$f(x)=\begin{vmatrix} x-2 & 1 & 0 & -1 \\ 2x-2 & 1 & 0 & -1 \\ 3x-3 & 1 & x-2 & -2 \\ 4x & -3 & x-7 & -3 \end{vmatrix} = \begin{vmatrix} x-2 & 1 & 0 & 0 \\ 2x-2 & 1 & 0 & 0 \\ 3x-3 & 1 & x-2 & -1 \\ 4x & -3 & x-7 & -6 \end{vmatrix}$$

$$=\begin{vmatrix} x-2 & 1 \\ 2x-2 & 1 \end{vmatrix}\begin{vmatrix} x-2 & -1 \\ x-7 & -6 \end{vmatrix}=5x(x-1)$$

故 $f(x)$ 有两个根 $x_1=0, x_2=1$ 故选(B).

56. **(武汉大学)** 设

$$A=\begin{bmatrix} a_1 & b_1 & c_1 \\ a_2 & b_2 & c_2 \\ a_3 & b_3 & c_3 \end{bmatrix}, B=\begin{bmatrix} a_1 & b_1 & d_1 \\ a_2 & b_2 & d_2 \\ a_3 & b_3 & d_3 \end{bmatrix}, |A|=2, |B|=3$$

则 $|2A-B|=$ _____.

答 1. 因为

$$|2A-B|=\begin{vmatrix} a_1 & b_1 & 2c_1-d_1 \\ a_2 & b_2 & 2c_2-d_2 \\ a_3 & b_3 & 2c_3-d_3 \end{vmatrix}=2\begin{vmatrix} a_1 & b_1 & c_1 \\ a_2 & b_2 & c_2 \\ a_3 & b_3 & c_3 \end{vmatrix}-\begin{vmatrix} a_1 & b_1 & d_1 \\ a_2 & b_2 & d_2 \\ a_3 & b_3 & d_3 \end{vmatrix}$$

$$=2|A|-|B|=1$$

57. **(华东石油学院)** 设 x 为任意实数,证明行列式 $\begin{vmatrix} x-2 & x \\ 2x-3 & x-7 \end{vmatrix}$ 的值不大于 23.

证 $\begin{vmatrix} x-2 & x \\ 2x-3 & x-7 \end{vmatrix}=-(x+3)^2+23\leqslant 23.$

58. **(华中师范大学)** 证明:

$$\begin{vmatrix} a_1{}^3 & a_2{}^3 & a_3{}^3 & a_4{}^3 \\ a_1{}^2 b_1 & a_2{}^2 b_2 & a_3{}^2 b_3 & a_4{}^2 b_4 \\ a_1 b_1{}^2 & a_2 b_2{}^2 & a_3 b_3{}^2 & a_4 b_4{}^2 \\ b_1{}^3 & b_2{}^3 & b_3{}^3 & b_4{}^3 \end{vmatrix} = \begin{matrix} (a_1 b_2 - a_2 b_1)(a_1 b_3 - a_3 b_1)(a_1 b_4 - a_4 b_1) \cdot \\ (a_2 b_3 - a_3 b_2)(a_2 b_4 - a_4 b_2)(a_3 b_4 - a_4 b_3) \end{matrix} \quad ①$$

证 (1)当 a_1, a_2, a_3, a_4 中有两个或两个以上为零时,比如 $a_1 = a_2 = 0$(其他类似可证)

式①左端 $= 0$, 式①右端 $= 0$, 故左 $=$ 右.

(2)当 a_1, a_2, a_3, a_4 中有且仅有一个为 0,比如 $a_1 = 0, a_2, a_3, a_4 \neq 0$(其他类似可证)

$$式①左端 = \begin{vmatrix} 0 & a_2{}^3 & a_3{}^3 & a_4{}^3 \\ 0 & a_2{}^2 b_2 & a_3{}^2 b_3 & a_4{}^2 b_4 \\ 0 & a_2 b_2{}^2 & a_3 b_3{}^2 & a_4 b_4{}^2 \\ b_1{}^3 & b_2{}^3 & b_3{}^3 & b_4{}^3 \end{vmatrix} = -a_2 a_3 a_4 b_1{}^3 \begin{vmatrix} a_2{}^2 & a_3{}^2 & a_4{}^2 \\ a_2 b_2 & a_3 b_3 & a_4 b_4 \\ b_2{}^2 & b_3{}^2 & b_4{}^2 \end{vmatrix}$$

$$= -a_2{}^3 a_3{}^3 a_4{}^3 b_1{}^3 \begin{vmatrix} 1 & 1 & 1 \\ \dfrac{b_2}{a_2} & \dfrac{b_3}{a_3} & \dfrac{b_4}{a_4} \\ \left(\dfrac{b_2}{a_2}\right)^2 & \left(\dfrac{b_3}{a_3}\right)^2 & \left(\dfrac{b_4}{a_4}\right)^2 \end{vmatrix}$$

$$= -a_2{}^3 a_3{}^3 a_4{}^3 b_1{}^3 \left(\dfrac{b_3}{a_3} - \dfrac{b_2}{a_2}\right)\left(\dfrac{b_4}{a_4} - \dfrac{b_2}{a_2}\right)\left(\dfrac{b_4}{a_4} - \dfrac{b_3}{a_3}\right)$$

$$= -a_1 a_2 a_3 b_1{}^3 (a_2 b_3 - a_3 b_2)(a_2 b_4 - a_4 b_2)(a_3 b_4 - a_4 b_3)$$

$$= 式①右端$$

(3)当 $a_1, a_2, a_3, a_4 \neq 0$ 时,则

$$①式左端 = a_1{}^3 a_2{}^3 a_3{}^3 a_4{}^3 \begin{vmatrix} 1 & 1 & 1 & 1 \\ \dfrac{b_1}{a_1} & \dfrac{b_2}{a_2} & \dfrac{b_3}{a_3} & \dfrac{b_4}{a_4} \\ \left(\dfrac{b_1}{a_1}\right)^2 & \left(\dfrac{b_2}{a_2}\right)^2 & \left(\dfrac{b_3}{a_3}\right)^2 & \left(\dfrac{b_4}{a_4}\right)^2 \\ \left(\dfrac{b_1}{a_1}\right)^3 & \left(\dfrac{b_2}{a_2}\right)^3 & \left(\dfrac{b_3}{a_3}\right)^3 & \left(\dfrac{b_4}{a_4}\right)^3 \end{vmatrix}$$

$$= a_1{}^3 a_2{}^3 a_3{}^3 a_4{}^3 \prod_{1 \leq i < j \leq 4} \left(\dfrac{b_j}{a_j} - \dfrac{b_i}{a_i}\right) = 式①右端$$

59. (吉林工业大学) 已知 $xyz \neq 0$,不展开行列式而证明下述恒等式:

$$\begin{vmatrix} 0 & x & y & z \\ x & 0 & z & y \\ y & z & 0 & x \\ z & y & x & 0 \end{vmatrix} = \begin{vmatrix} 0 & 1 & 1 & 1 \\ 1 & 0 & z^2 & y^2 \\ 1 & z^2 & 0 & x^2 \\ 1 & y^2 & x^2 & 0 \end{vmatrix} + \begin{vmatrix} x & y & z & 1 \\ y & z & x & 1 \\ z & x & y & 1 \\ y+z & z+x & x+y & 2 \end{vmatrix} \quad ①$$

证 式①右端第二行列式中,只要将第 2 行和第 3 行的(-1)倍统统加到第 4 行可得行列式等于 0,在式①右端第 1 行列式中,第 2 行提出 z,第 3 行提出 x,第 4 行提出 y,有

$$\begin{vmatrix} 0 & 1 & 1 & 1 \\ 1 & 0 & z^2 & y^2 \\ 1 & z^2 & 0 & x^2 \\ 1 & y^2 & x^2 & 0 \end{vmatrix} = xyz \begin{vmatrix} 0 & 1 & 1 & 1 \\ \frac{1}{z} & 0 & z & \frac{y^2}{z} \\ \frac{1}{x} & \frac{z^2}{x} & 0 & x \\ \frac{1}{y} & y & \frac{x^2}{y} & 0 \end{vmatrix} = \begin{vmatrix} 0 & x & y & z \\ \frac{1}{z} & 0 & yz & y^2 \\ \frac{1}{x} & z^2 & 0 & xz \\ \frac{1}{y} & xy & x^2 & 0 \end{vmatrix}$$

$$= xyz \begin{vmatrix} 0 & x & y & z \\ \frac{1}{zy} & 0 & z & y \\ \frac{1}{xz} & z & 0 & x \\ \frac{1}{xy} & y & x & 0 \end{vmatrix} = \begin{vmatrix} 0 & x & y & z \\ x & 0 & z & y \\ y & z & 0 & x \\ z & y & x & 0 \end{vmatrix}$$

故式①得证.

2.2 n 阶行列式的计算方法

【考点综述】

(1)化三角形法.即把已知行列式通过行列式的性质化为上(或下)三角形,以及化为阶梯形.

(2)利用行列式的性质.

(3)加边法.把 n 阶行列式增加一行一列变为 $n+1$ 阶的行列式,再通过性质化简算出结果.

(4)把各行(或列)统统加到某一行(或列),再通过性质化简得到结果.

(5)逐行(或列)相加减.

(6)将某一行(或列)的倍数分别加到其它各行(或列).

(7)展开.

1)按某一行(或列)展开.

2)按拉普拉斯定理展开.即在 n 阶行列式 D 中任取 k 行(或 k 列,$1 \leqslant k \leqslant n-1$),由这 k 行(或列)所组成的一切 k 阶子式与它们的代数余子式的乘积之和等于行列式 D.

(8)利用已知公式.

1)三角形公式.见 2.1 考点综述公式④与⑤.

2)利用范德蒙公式,即

$$\begin{vmatrix} 1 & 1 & \cdots & 1 \\ a_1 & a_2 & \cdots & a_n \\ \vdots & \vdots & & \vdots \\ a_1^{n-1} & a_2^{n-1} & \cdots & a_n^{n-1} \end{vmatrix} = \prod_{i<j}(a_j - a_i) \quad \text{①}$$

3)ab 型行列式公式,即 n 阶行列式

$$\begin{vmatrix} a & b & \cdots & b \\ b & a & \cdots & b \\ \vdots & \vdots & & \vdots \\ b & b & \cdots & a \end{vmatrix} = (a-b)^{n-1}[a+(n-1)b] \quad \text{②}$$

4)爪型行列式公式,设 $b_2 \cdots b_n \neq 0$

$$\begin{vmatrix} a_1 & a_2 & \cdots & a_n \\ c_2 & b_2 & & \\ \vdots & & \ddots & \\ c_n & & & b_n \end{vmatrix} = \left[a_1 - \frac{a_2 c_2}{b_2} - \cdots - \frac{a_n c_n}{b_n}\right] b_2 \cdots b_n \quad \text{③}$$

其中空格处皆为 0(下同). 将式③的第 2 列乘 $\left(-\frac{c_2}{b_2}\right)$, $\cdots$, 第 n 列乘 $\left(-\frac{c_n}{b_n}\right)$ 统统加到第 1 列,从而化成三角形,即得结果.

(9)数学归纳法.

(10)递推法. 若 n 阶行列式 D_n 满足关系式:

$$aD_n + bD_{n-1} + cD_{n-2} = 0.$$

则作特征方程

$$ax^2 + bx + c = 0 \quad \text{④}$$

1)若 $\Delta \neq 0$,则方程④有两不等复根 x_1, x_2,则 $D_n = Ax_1^{n-1} + Bx_2^{n-1}$,其中 A, B ⑤ 为待定系数,可令 $n=1$ 和 $n=2$ 得出.

2)若 $\Delta = 0$,则方程④有重根 $x_1 = x_2$,则

$$D_n = (A + nB)x_1^{n-1} \quad \text{⑥}$$

其中 A, B 为待定系数,可令 $n=1, 2$ 算出.

(11)拆项法. 把某一行(或列)分裂成两项和,再按行列式性质拆开. 再进行计算.

(12)构造法. 根据题设条件构造一个新行列式,再进行计算.

【经典题解】

60. (北京航空航天大学,华中师范大学)若 n 阶方阵 A 与 B 只是第 j 列不同,试证 $2^{1-n}|A+B| = |A| + |B|$.

证 设 $A = \begin{bmatrix} a_{11} & \cdots & x_1 & \cdots & a_{1n} \\ \vdots & & \vdots & & \vdots \\ a_{n1} & \cdots & x_n & \cdots & a_{nn} \end{bmatrix}$, $B = \begin{bmatrix} a_{11} & \cdots & y_1 & \cdots & a_{1n} \\ \vdots & & \vdots & & \vdots \\ a_{n1} & \cdots & y_n & \cdots & a_{nn} \end{bmatrix}$

则 $A+B=\begin{bmatrix} 2a_{11} & \cdots & x_1+y_1 & \cdots & 2a_{1n} \\ \vdots & & \vdots & & \vdots \\ 2a_{n1} & \cdots & x_n+y_n & \cdots & 2a_{nn} \end{bmatrix}$,于是

$$\Rightarrow |A+B| = 2^{n-1} \begin{vmatrix} a_{11} & \cdots & (x_1+y_1) & \cdots & a_{1n} \\ \vdots & & \vdots & & \vdots \\ a_{n1} & \cdots & (x_n+y_n) & \cdots & a_{nn} \end{vmatrix}$$
$$= 2^{n-1}(|A|+|B|)$$

故 $|A|+|B| = 2^{1-n}|A+B|$.

61.(天津师范大学) 计算
$$D_n = \begin{vmatrix} x_1-m & x_2 & \cdots & x_n \\ x_1 & x_2-m & \cdots & x_n \\ \vdots & \vdots & & \vdots \\ x_1 & x_2 & \cdots & x_n-m \end{vmatrix}$$

解 将各列统统加到第1列,并提出公因子得

$$D_n = (\sum_{i=1}^n x_i - m) \begin{vmatrix} 1 & x_2 & \cdots & x_n \\ 1 & x_2-m & \cdots & x_n \\ \vdots & \vdots & & \vdots \\ 1 & x_2 & \cdots & x_n-m \end{vmatrix} = (\sum_{i=1}^n x_i - m) \begin{vmatrix} 1 & x_2 & \cdots & x_n \\ 0 & -m & \cdots & 0 \\ \vdots & \vdots & & \vdots \\ 0 & 0 & \cdots & -m \end{vmatrix}$$
$$= (\sum_{i=1}^n x_i - m)(-m)^{n-1}$$

62.(郑州大学,河北师范大学) 计算
$$\Delta_n = \begin{vmatrix} 1+a_1 & 1 & \cdots & 1 \\ 2 & 2+a_2 & \cdots & 2 \\ \vdots & \vdots & & \vdots \\ n & n & \cdots & n+a_n \end{vmatrix}$$

其中 $a_1 a_2 \cdots a_n \neq 0$.

解 加边得

$$\Delta_n = \begin{vmatrix} 1 & 1 & 1 & \cdots & 1 \\ 0 & 1+a_1 & 1 & \cdots & 1 \\ 0 & 2 & 2+a_2 & \cdots & 2 \\ \vdots & \vdots & \vdots & & \vdots \\ 0 & n & n & \cdots & n+a_n \end{vmatrix} = \begin{vmatrix} 1 & 1 & 1 & \cdots & 1 \\ -1 & a_1 & 0 & \cdots & 0 \\ -2 & 0 & a_2 & \cdots & 0 \\ \vdots & \vdots & \vdots & & \vdots \\ -n & 0 & 0 & \cdots & a_n \end{vmatrix}$$

$$= \begin{vmatrix} 1+\dfrac{1}{a_1}+\cdots+\dfrac{n}{a_n} & 1 & 1 & \cdots & 1 \\ 0 & a_1 & 0 & \cdots & 0 \\ 0 & 0 & a_2 & \cdots & 0 \\ \vdots & \vdots & \vdots & & \vdots \\ 0 & 0 & 0 & \cdots & a_n \end{vmatrix}$$

$$= (1+\dfrac{1}{a_1}+\dfrac{1}{a_2}+\cdots+\dfrac{1}{a_n}) a_1 a_2 \cdots a_n$$

63.（安徽大学） 计算 n 阶行列式

$$D_n = \begin{vmatrix} x & y & y & \cdots & y \\ z & x & y & \cdots & y \\ z & z & x & \cdots & y \\ \vdots & \vdots & \vdots & & \vdots \\ z & z & z & \cdots & x \end{vmatrix}$$

解 （1）当 $y=z$ 时，可得

$$D_n = (x-y)^{n-1}[x+(n-1)y]$$

（2）当 $y \neq z$ 时，将第 n 列写成两项和，有

$$y = y+0, \quad x = y+(x-y)$$

那么 D_n 可拆成两个行列式之和，即

$$D_n = (x-y)D_{n-1} + C \qquad ①$$

其中

$$C = \begin{vmatrix} x & y & \cdots & y & y \\ z & x & \cdots & y & y \\ \vdots & \vdots & & \vdots & \vdots \\ z & z & \cdots & x & y \\ z & z & \cdots & z & y \end{vmatrix} = y \begin{vmatrix} x-z & y-z & \cdots & y-z & 1 \\ 0 & x-z & \cdots & y-z & 1 \\ \vdots & \vdots & & \vdots & \vdots \\ 0 & 0 & \cdots & x-z & 1 \\ 0 & 0 & \cdots & 0 & 1 \end{vmatrix}$$

$$= y(x-z)^{n-1} \qquad ②$$

将式②代入式①得

$$D_n = (x-y)D_{n-1} + y(x-z)^{n-1} \qquad ③$$

由 y, z 对称性，类似可得

$$D_n = (x-z)D_{n-1} + z(x-y)^{n-1} \qquad ④$$

$(x-z) \times ③ - (x-y) \times ④$，得 $(y-z)D_n = y(x-z)^n - z(x-y)^n$，所以

$$D_n = \frac{y(x-z)^n - z(x-y)^n}{y-z}$$

64.（广西大学，兰州大学） 计算 n 阶行列式

$$D_n = \begin{vmatrix} \cos\theta & 1 & 0 & \cdots & 0 & 0 \\ 1 & 2\cos\theta & 1 & \cdots & 0 & 0 \\ 0 & 1 & 2\cos\theta & \cdots & 0 & 0 \\ \vdots & \vdots & \vdots & & \vdots & \vdots \\ 0 & 0 & 0 & \cdots & 2\cos\theta & 1 \\ 0 & 0 & 0 & \cdots & 1 & 2\cos\theta \end{vmatrix}$$

解 由于 $D_1 = \cos\theta, D_2 = 2\cos^2\theta - 1 = \cos 2\theta$，因而猜想

$$D_n = \cos n\theta \qquad ①$$

现在用第二数学归纳法来证明。当 $n=1$ 时结论成立.

归纳假设结论对 $\leqslant n-1$ 都成立，再证 n 时，对 D_n 按最后一行展开得

$$D_n = 2\cos\theta D_{n-1} - D_{n-2}$$
$$= 2\cos\theta\cos(n-1)\theta - \cos(n-2)\theta$$
$$= \{\cos[\theta+(n-1)\theta]+\cos[(n-1)\theta-\theta]\}-\cos(n-2)\theta$$
$$= \cos n\theta$$

即证结论对 n 也成立,从而得证式①.

65.(兰州大学) 计算 $n+1$ 阶行列式:

$$D_{n+1} = \begin{vmatrix} a^n & (a-1)^n & \cdots & (a-n)^n \\ a^{n-1} & (a-1)^{n-1} & \cdots & (a-n)^{n-1} \\ \vdots & \vdots & & \vdots \\ a & a-1 & \cdots & a-n \\ 1 & 1 & \cdots & 1 \end{vmatrix}$$

解 将第 $n+1$ 行与上面各行作两两对换,将它换到第 1 行,需经 n 次对换,再将第 n 行作两两对换,换到第 2 行需经 $(n-1)$ 次对换,$\cdots$ 直至第 2 行作一次对换放在第 n 行. 得

$$D_{n+1} = (-1)^{n+(n-1)+\cdots+2+1} \begin{vmatrix} 1 & 1 & \cdots & 1 \\ a & a-1 & \cdots & a-n \\ \vdots & \vdots & & \vdots \\ a^{n-1} & (a-1)^{n-1} & \cdots & (a-n)^{n-1} \\ a^n & (a-1)^n & \cdots & (a-n)^n \end{vmatrix}$$

再对列作类似变换,所以

$$D_{n+1} = (-1)^{\frac{n(n+1)}{2}}(-1)^{\frac{n(n+1)}{2}} \begin{vmatrix} 1 & 1 & \cdots & 1 & 1 \\ a-n & a-(n-1) & \cdots & a-1 & a \\ \vdots & \vdots & & \vdots & \vdots \\ (a-n)^{n-1} & [a-(n-1)]^{n-1} & \cdots & (a-1)^{n-1} & a^{n-1} \\ (a-n)^n & [a-(n-1)]^n & \cdots & (a-1)^n & a^n \end{vmatrix}$$

再由范德蒙行列式可得

$$D_n = (n!)(n-1)!\cdots 2!$$

66.(天津师范大学) 计算

$$D_n = \begin{vmatrix} 1 & a_1 & a_1^2 & \cdots & a_1^{n-2} & a_1^n \\ 1 & a_2 & a_2^2 & \cdots & a_2^{n-2} & a_2^n \\ \vdots & \vdots & \vdots & & \vdots & \vdots \\ 1 & a_n & a_n^2 & \cdots & a_n^{n-2} & a_n^n \end{vmatrix}$$

解法 1 用构造法. 构作线性方程组

$$\left.\begin{array}{l} x_1+a_1 x_2+a_1^2 x_3+\cdots+a_1^{n-1}x_n = a_1^n \\ x_1+a_2 x_2+a_2^2 x_3+\cdots+a_2^{n-1}x_n = a_2^n \\ \cdots\cdots \\ x_1+a_n x_2+a_n^2 x_3+\cdots+a_n^{n-1}x_n = a_n^n \end{array}\right\}$$ ①

（ⅰ）当 $a_1, a_2, \cdots, a_n$ 中有两个相等时,显然 $D_n = 0$.

（ⅱ）当 $a_1, a_2, \cdots, a_n$ 互不相等时. 由范德蒙行列式知,方程组①的系数行列式
$$\Delta = \prod_{i<j}(a_j - a_i) \neq 0$$
所以方程组有唯一解,其中
$$x_n = \frac{D_n}{\Delta}, \quad \Rightarrow D_n = x_n \Delta \qquad ②$$

再作 n 次方程
$$t^n - x_n t^{n-1} - x_{n-1} t^{n-2} - \cdots - x_2 t - x_1 = 0 \qquad ③$$
由①知,方程③有 n 个不同根 $a_1, a_2, \cdots, a_n$. 由根与系数关系知
$$x_n = a_1 + a_2 + \cdots + a_n \qquad ④$$
将④代入②得
$$D_n = (a_1 + a_2 + \cdots + a_n) \prod_{i<j}(a_j - a_i)$$

解法 2 （ⅰ）当 $a_1, a_2, \cdots, a_n$ 有两个相等时, $D_n = 0$.

（ⅱ）当 $a_1, a_2, \cdots, a_n$ 互不相等时,在 D_n 中加一行加一列,配成范德蒙行列式,即

$$D_{n+1}(y) = \begin{vmatrix} 1 & a_1 & a_1^2 & \cdots & a_1^{n-2} & a_1^{n-1} & a_1^n \\ 1 & a_2 & a_2^2 & \cdots & a_2^{n-2} & a_2^{n-1} & a_2^n \\ 1 & a_3 & a_3^2 & \cdots & a_3^{n-2} & a_3^{n-1} & a_3^n \\ \vdots & \vdots & \vdots & & \vdots & \vdots & \vdots \\ 1 & a_n & a_n^2 & \cdots & a_n^{n-2} & a_n^{n-1} & a_n^n \\ 1 & y & y^2 & \cdots & y^{n-2} & y^{n-1} & y^n \end{vmatrix}$$

$$= (y - a_1)(y - a_2) \cdots (y - a_n) \prod_{i<j}(a_j - a_i) \qquad ⑤$$

由于 D_n 是多项式 $D_{n+1}(y)$ 中 y^{n-1} 的系数的相反数,由式⑤右端知 y^{n-1} 的系数为 $(-\sum_{i=1}^{n} a_i) \prod_{i<j}(a_j - a_i)$. 所以
$$D_n = (\sum_{i=1}^{n} a_i) \prod_{i<j}(a_j - a_i).$$

67. (华中师范大学) 计算下面的行列式
$$\Delta = \begin{vmatrix} x & a_2 & a_3 & \cdots & a_n \\ a_1 & x & a_3 & \cdots & a_n \\ a_1 & a_2 & x & \cdots & a_n \\ \vdots & \vdots & \vdots & & \vdots \\ a_1 & a_2 & a_3 & \cdots & x \end{vmatrix}$$

解 用第 1 行的 (-1) 倍分别加到其他各行得
$$\Delta = \begin{vmatrix} x & a_2 & a_3 & \cdots & a_n \\ a_1 - x & x - a_2 & 0 & \cdots & 0 \\ a_1 - x & 0 & x - a_3 & \cdots & 0 \\ \vdots & \vdots & \vdots & & \vdots \\ a_1 - x & 0 & 0 & \cdots & x - a_n \end{vmatrix}$$

再按第 1 列展开得

$$\Delta = x \begin{vmatrix} x-a_2 & & & \\ & \ddots & & \\ & & & x-a_n \end{vmatrix} - (a_1-x) \begin{vmatrix} a_2 & a_3 & \cdots & a_n \\ & x-a_3 & & \\ & & \ddots & \\ & & & x-a_n \end{vmatrix} + \cdots$$

$$+ (-1)^{n+1}(a_1-x) \begin{vmatrix} a_2 & \cdots & a_{n-1} & a_n \\ x-a_2 & \cdots & \cdots & \cdots \\ & \ddots & \vdots & \vdots \\ & & x-a_{n-1} & 0 \end{vmatrix}$$

$$= x(x-a_2)(x-a_3)\cdots(x-a_n) + a_2(x-a_1)(x-a_3)\cdots(x-a_n)$$
$$+ \cdots + a_n(x-a_1)(x-a_2)\cdots(x-a_{n-1}).$$

68.(兰州大学) 计算下面行列式

$$\Delta_{n+1} = \begin{vmatrix} x & a_1 & a_2 & \cdots & a_n \\ a_1 & x & a_2 & \cdots & a_n \\ a_1 & a_2 & x & \cdots & a_n \\ \vdots & \vdots & \vdots & & \vdots \\ a_1 & a_2 & a_3 & \cdots & x \end{vmatrix}$$

扫码获取本书资源

解 将其他各列统统加到第 1 列,并提出公因子 $(x+\sum_{i=1}^{n}a_i)$ 可得

$$\Delta = (x+\sum_{i=1}^{n}a_i) \begin{vmatrix} 1 & a_1 & a_2 & \cdots & a_n \\ 1 & x & a_2 & \cdots & a_n \\ 1 & a_2 & x & \cdots & a_n \\ \vdots & \vdots & \vdots & & \vdots \\ 1 & a_2 & a_3 & \cdots & x \end{vmatrix}$$

$$= (x+\sum_{i=1}^{n}a_i) \begin{vmatrix} 1 & a_1 & a_2 & \cdots & a_n \\ 0 & x-a_1 & 0 & \cdots & 0 \\ 0 & a_2-a_1 & x-a_2 & \cdots & 0 \\ \vdots & \vdots & \vdots & & \vdots \\ 0 & a_2-a_1 & a_3-a_2 & \cdots & x-a_n \end{vmatrix}$$

$$= (x+\sum_{i=1}^{n}a_i)\prod_{i=1}^{n}(x-a_i).$$

69.(西安交通大学) 计算

$$\Delta = \begin{vmatrix} 1 & 1 & 1 & 1 \\ 1+\sin\varphi_1 & 1+\sin\varphi_2 & 1+\sin\varphi_3 & 1+\sin\varphi_4 \\ \sin\varphi_1+\sin^2\varphi_1 & \sin\varphi_2+\sin^2\varphi_2 & \sin\varphi_3+\sin^2\varphi_3 & \sin\varphi_4+\sin^2\varphi_4 \\ \sin^2\varphi_1+\sin^3\varphi_1 & \sin^2\varphi_2+\sin^3\varphi_2 & \sin^2\varphi_3+\sin^3\varphi_3 & \sin^2\varphi_4+\sin^3\varphi_4 \end{vmatrix}$$

解 从第 1 行开始,依次用上一行的 (-1) 倍加到下一行,进行逐行相加可得

$$\Delta = \begin{vmatrix} 1 & 1 & 1 & 1 \\ \sin\varphi_1 & \sin\varphi_2 & \sin\varphi_3 & \sin\varphi_4 \\ \sin^2\varphi_1 & \sin^2\varphi_2 & \sin^2\varphi_3 & \sin^2\varphi_4 \\ \sin^3\varphi_1 & \sin^3\varphi_2 & \sin^3\varphi_3 & \sin^3\varphi_4 \end{vmatrix} = \prod_{1\leqslant i<j\leqslant 4}(\sin\varphi_j - \sin\varphi_i)$$

70. (湖北大学) 设

$$V = \begin{vmatrix} 1 & 1 & \cdots & 1 \\ 1 & 2 & \cdots & 20 \\ 1 & 2^2 & \cdots & 20^2 \\ \vdots & \vdots & & \vdots \\ 1 & 2^{19} & \cdots & 20^{19} \end{vmatrix}$$

(1) 求 V 写成阶乘形式的值;

(2) V 的值的末位有多少个零.

解 (1) 由范德蒙公式得

$V = [(2-1)(3-1)\cdots(20-1)][(3-2)(4-2)\cdots(20-2)]\cdots(20-19)$

$= (19!)(18!)(17!)\cdots(2!)$.

(2) 由于 $(19!)(18!)\cdots(6!)(5!)(4!)(3!)(2!)$ 中有 15 个 5,5 个 15,10 个 10, 从而 V 的值的末位有 30 个零.

71. (南京师范大学) 设 $P_i(x) = x^i + x^{i-1} + \cdots + x + 1 (i=0,1,2,\cdots,n-1)$,求行列式

$$D_n = \begin{vmatrix} P_0(1) & P_0(2) & \cdots & P_0(n) \\ P_1(1) & P_1(2) & \cdots & P_1(n) \\ \vdots & \vdots & & \vdots \\ P_{n-1}(1) & P_{n-1}(2) & \cdots & P_{n-1}(n) \end{vmatrix}$$

解 易知 $P_i(x) - P_{i-1}(x) = x^i, 0 < i < n$

$$D_n = \begin{vmatrix} P_0(1) & P_0(2) & \cdots & P_0(n) \\ P_1(1) & P_1(2) & \cdots & P_1(n) \\ \vdots & \vdots & & \vdots \\ P_{n-1}(1) & P_{n-1}(2) & \cdots & P_{n-1}(n) \end{vmatrix}$$

$$= \begin{vmatrix} P_0(1) & P_0(2) & \cdots & P_0(n) \\ P_1(1) - P_0(1) & P_1(2) - P_0(2) & \cdots & P_1(n) - P_0(n) \\ \vdots & \vdots & & \vdots \\ P_{n-1}(1) - P_0(1) & P_{n-1}(2) - P_0(2) & \cdots & P_{n-1}(n) - P_0(n) \end{vmatrix}$$

$$= \begin{vmatrix} 1 & 1 & \cdots & 1 \\ 1 & 2 & \cdots & n \\ \vdots & \vdots & & \vdots \\ 1 & 2^{n-1} & \cdots & n^{n-1} \end{vmatrix} = \prod_{1\leqslant i<j\leqslant n}(j-i)$$

72. (华中师范大学) 设 n 阶行列式

$$D=\begin{vmatrix} 1 & -1 & -1 & \cdots & -1 & -1 \\ 1 & 1 & -1 & \cdots & -1 & -1 \\ 1 & 1 & 1 & \cdots & -1 & -1 \\ \vdots & \vdots & \vdots & & \vdots & \vdots \\ 1 & 1 & 1 & \cdots & 1 & -1 \\ 1 & 1 & 1 & \cdots & 1 & 1 \end{vmatrix}$$

求 D 展开式的正项总数.

解 由于 D 中元素都是 ± 1,因此 D 的展开式 $n!$ 项中,每一项不是 1 就是 -1,设展开式中正项总数为 p,负项总数为 q,则有

$$D=p-q \qquad ①$$
$$n! = p+q \qquad ②$$

由①+②,得

$$p=\frac{1}{2}(D+n!). \qquad ③$$

下面计算 D,用第 n 行分别加到其他各行得

$$D=\begin{vmatrix} 2 & 0 & 0 & \cdots & 0 & 0 \\ 2 & 2 & 0 & \cdots & 0 & 0 \\ 2 & 2 & 2 & \cdots & 0 & 0 \\ \vdots & \vdots & \vdots & \ddots & \vdots & \vdots \\ 2 & 2 & 2 & \cdots & 2 & 0 \\ 1 & 1 & 1 & \cdots & 1 & 1 \end{vmatrix}=2^{n-1}. \qquad ④$$

将式④代入式③得 $p=\frac{1}{2}(2^{n-1}+n!)$.

73. (中山大学) 计算

$$A_n=\begin{vmatrix} 2 & 1 & 0 & \cdots & 0 & 0 \\ 1 & 2 & 1 & \cdots & 0 & 0 \\ 0 & 1 & 2 & \cdots & 0 & 0 \\ \vdots & \vdots & \vdots & & \vdots & \vdots \\ 0 & 0 & 0 & \cdots & 2 & 1 \\ 0 & 0 & 0 & \cdots & 1 & 2 \end{vmatrix}$$

解 按第一行展开得 $D_n=2D_{n-1}-D_{n-2}$,即

$$D_n-D_{n-1}=D_{n-1}-D_{n-2}$$
$$\Rightarrow D_n-D_{n-1}=D_{n-1}-D_{n-2}=D_{n-2}-D_{n-3}=\cdots$$
$$=D_{n-(n-2)}-D_{n-n-1}=D_2-D_1=3-2=1$$

故 $D_n=1+D_{n-1}=1+(D_{n-2}+1)=\cdots=1+1+\cdots+(1+D_{n-(n-1)})$
$=(n-1)+2=n+1.$

74. (武汉大学) 求 n 阶行列式的值.

$$D_n = \begin{vmatrix} 0 & 1 & & & & \\ 1 & 0 & 1 & & & \\ & 1 & 0 & 1 & & \\ & & \ddots & \ddots & \ddots & \\ & & & 1 & 0 & 1 \\ & & & & 1 & 0 \end{vmatrix}$$

解 按第1行展开得 $D_n = -D_{n-2}$,即 $D_n + D_{n-2} = 0$.
作特征方程 $x^2 + 1 = 0$,故 $x_1 = i, x_2 = -i$,于是 $D_n = ai^{n-1} + b(-i)^{n-1}$.
当 $n=1$ 时,有
$$a+b=0 \qquad ①$$
当 $n=2$ 时,有
$$ia - ib = -1 \qquad ②$$
由 $i \times ① + ②$,解得 $a = \dfrac{-1}{2i} = \dfrac{1}{2}i$,代入得 $b = -\dfrac{1}{2}i$. 故
$$D_n = \frac{1}{2}[i^n + (-i)^n].$$

75. (湖北大学) 计算 n 阶行列式

$$D_n = \begin{vmatrix} 9 & 5 & 0 & \cdots & 0 & 0 \\ 4 & 9 & 5 & \cdots & 0 & 0 \\ 0 & 4 & 9 & \cdots & 0 & 0 \\ \vdots & \vdots & \vdots & & \vdots & \vdots \\ 0 & 0 & 0 & \cdots & 9 & 5 \\ 0 & 0 & 0 & \cdots & 4 & 9 \end{vmatrix}$$

解 按第1行展开 $D_n = 9D_{n-1} - 20D_{n-2}, \Rightarrow D_n - 9D_{n-1} + 20 = 0$.
作特征方程 $x^2 - 9x + 20 = 0$,得 $x_1 = 4, x_2 = 5$. 即
$$D_n = a4^{n-1} + b5^{n-1} \qquad ①$$
当 $n=1$ 时
$$9 = a+b \qquad ②$$
当 $n=2$ 时
$$61 = 4a + 5b \qquad ③$$
$5 \times ② - ③$,解得 $a = -16$,代入②得 $b=25$. 所以
$$D_n = 5^{n+1} - 4^{n+1}.$$

76. (湖北大学) 计算 n 阶行列式

$$D_n = \begin{vmatrix} x & -1 & 0 & \cdots & 0 & 0 \\ 0 & x & -1 & \cdots & 0 & 0 \\ 0 & 0 & x & \cdots & 0 & 0 \\ \vdots & \vdots & \vdots & & \vdots & \vdots \\ 0 & 0 & 0 & \cdots & x & -1 \\ a_n & a_{n-1} & a_{n-2} & \cdots & a_2 & a_1 \end{vmatrix}$$

解 按最后一行展开得
$$D_n = a_1 x^{n-1} + a_2 x^{n-2} + \cdots + a_{n-1} x + a_n$$

77. （中南财经大学） 计算 n 阶行列式
$$\Delta_n = \begin{vmatrix} x & a & a & \cdots & a \\ a & x & a & \cdots & a \\ a & a & x & \cdots & a \\ \vdots & \vdots & \vdots & \ddots & \vdots \\ a & a & a & \cdots & x \end{vmatrix}$$

解 将其他各列统统加到第 1 列，并提出公因子 $x+(n-1)a$ 得
$$\Delta_n = [x+(n-1)a] \begin{vmatrix} 1 & a & \cdots & a \\ 1 & x & \cdots & a \\ \vdots & \vdots & \ddots & \vdots \\ 1 & a & \cdots & x \end{vmatrix}$$
$$= [x+(n-1)a] \begin{vmatrix} 1 & a & \cdots & a \\ 0 & x-a & & \\ \vdots & & \ddots & \\ 0 & & & x-a \end{vmatrix}$$
$$= [x+(n-1)a](x-a)^{n-1}$$

注 行列式这一结果，对于计算其他行列式可带来很大方便，最好把它作为公式记熟.

78. （中国科技大学） 设 $A=(a_{ij})$ 是 n 阶方阵，$a_{ij}=a^{i-j}, a \neq 0, i, j = 1, 2, \cdots, n$. 求 $\det A$.

解 当 $n=1$ 时，$|A|=1$，当 $n>1$ 时，$|A| = \begin{vmatrix} 1 & a^{-1} & a^{-2} & \cdots & a^{-(n-1)} \\ a & 1 & a^{-1} & \cdots & a^{-(n-2)} \\ a^2 & a & 1 & \cdots & a^{-(n-3)} \\ \vdots & \vdots & \vdots & & \vdots \\ a^{n-1} & a^{n-2} & a^{n-3} & \cdots & 1 \end{vmatrix}$

用第 1 列的 $(-a^{-1})$ 倍加到第 2 列，使第 2 列的元素全变为 0，故 $|A|=0$.

79. （中山大学） 计算 $n+1$ 阶行列式的值.

$$D_{n+1} = \begin{vmatrix} 1 & 0 & 0 & 0 & \cdots & 0 & 1 \\ 1 & \binom{1}{1} & 0 & 0 & \cdots & 0 & x \\ 1 & \binom{2}{1} & \binom{2}{2} & 0 & \cdots & 0 & x^2 \\ 1 & \binom{3}{1} & \binom{3}{2} & \binom{3}{3} & \cdots & 0 & x^3 \\ \vdots & \vdots & \vdots & \vdots & & \vdots & \vdots \\ 1 & \binom{n}{1} & \binom{n}{2} & \binom{n}{3} & \cdots & \binom{n}{n-1} & x^n \end{vmatrix}$$

其中 $\binom{n}{k} = \dfrac{n!}{k!(n-k)!}$.

解 $\binom{n}{k} = C_n^k$,且由组合公式知 $C_n^k = C_{n-1}^k + C_{n-1}^{k-1}$,将 D_{n+1} 的第 1 行乘 (-1) 倍,分别加到其他各行得

$$D_{n+1} = \begin{vmatrix} 1 & 0 & 0 & \cdots & 0 & 1 \\ 0 & 1 & 0 & \cdots & 0 & x-1 \\ 0 & 1 & C_2^1 & \cdots & 0 & x^2-x \\ \vdots & \vdots & \vdots & & \vdots & \vdots \\ 0 & 1 & C_{n-1}^1 & \cdots & C_{n-1}^{n-2} & x^n-x^{n-1} \end{vmatrix}$$

$$= (x-1) \begin{vmatrix} 1 & 0 & 0 & \cdots & 0 & 1 \\ 1 & C_1^1 & 0 & \cdots & 0 & x \\ 1 & C_2^1 & C_2^2 & \cdots & 0 & x^2 \\ \vdots & \vdots & \vdots & & \vdots & \vdots \\ 1 & C_{n-1}^1 & C_{n-1}^2 & \cdots & C_{n-1}^{n-2} & x^{n-1} \end{vmatrix} = (x-1) D_n$$

$$= (x-1)^2 D_{n-1} = \cdots = (x-1)^{n-1} D_2 = (x-1)^{n-1} \begin{vmatrix} 1 & 1 \\ 1 & x \end{vmatrix} = (x-1)^n$$

80.（成都地质学院） 计算 $n(n \geqslant 2)$ 阶行列式.

$$D = \begin{vmatrix} 1 & \omega^{-1} & \omega^{-2} & \cdots & \omega^{-n+1} \\ \omega^{-n+1} & 1 & \omega^{-1} & \cdots & \omega^{-n+2} \\ \omega^{-n+2} & \omega^{-n+1} & 1 & \cdots & \omega^{-n+3} \\ \vdots & \vdots & \vdots & & \vdots \\ \omega^{-1} & \omega^{-2} & \omega^{-3} & \cdots & 1 \end{vmatrix}$$

的值,其中 ω 是 $x^n = 1$ 的任一根.

解 因为 $\omega^n = 1$,所以
$$1 + \omega + \omega^2 + \cdots + \omega^{n-1} = 0 \qquad ①$$

先将 D 改写为

$$D = \begin{vmatrix} 1 & \omega^{n-1} & \omega^{n-2} & \cdots & \omega \\ \omega & 1 & \omega^{n-1} & \cdots & \omega^2 \\ \omega^2 & \omega & 1 & \cdots & \omega^3 \\ \vdots & \vdots & \vdots & & \vdots \\ \omega^{n-1} & \omega^{n-2} & \omega^{n-3} & \cdots & 1 \end{vmatrix}$$

将其他各行统统加到第 1 行,并注意式①,这时 D 的第 1 行全为 0,故 $D=0$。

81. (华中师范大学) 计算 n 阶行列式.

$$\Delta_n = \begin{vmatrix} x+1 & x & x & \cdots & x \\ x & x+\frac{1}{2} & x & \cdots & x \\ x & x & x+\frac{1}{3} & \cdots & x \\ \vdots & \vdots & \vdots & & \vdots \\ x & x & x & \cdots & x+\frac{1}{n} \end{vmatrix}$$

解 利用加边法得

$$\Delta_n = \begin{vmatrix} 1 & x & x & \cdots & x \\ 0 & x+1 & x & \cdots & x \\ 0 & x & x+\frac{1}{2} & \cdots & x \\ \vdots & \vdots & \vdots & & \vdots \\ 0 & x & x & \cdots & x+\frac{1}{n} \end{vmatrix} = \begin{vmatrix} 1 & x & x & \cdots & x \\ -1 & 1 & & & \\ -1 & & \frac{1}{2} & & \\ \vdots & & & \ddots & \\ -1 & & & & \frac{1}{n} \end{vmatrix}$$

再利用爪型行列式计算法.即第 2 列乘 1,第 3 列乘 2,$\cdots$,第 $n+1$ 列乘 n,统统加到第 1 列得

$$\Delta_n = \begin{vmatrix} 1+x+2x+\cdots+nx & x & x & \cdots & x \\ & 1 & & & \\ & & \frac{1}{2} & & \\ & & & \ddots & \\ & & & & \frac{1}{n} \end{vmatrix}$$

$$= \left[1 + \frac{n(n+1)}{2}x\right] \cdot \frac{1}{n!}$$

82. (成都电讯工程学院) 计算 n 阶行列式

$$D_n = \begin{vmatrix} 1 & 2 & 3 & \cdots & n-1 & n \\ 2 & 3 & 4 & \cdots & n & 1 \\ 3 & 4 & 5 & \cdots & 1 & 2 \\ \vdots & \vdots & \vdots & & \vdots & \vdots \\ n-1 & n & 1 & \cdots & n-3 & n-2 \\ n & 1 & 2 & \cdots & n-2 & n-1 \end{vmatrix}$$

解 从第 $n-1$ 行开始,直至第 1 行,每行乘 (-1) 加到下一行得

$$D_n = \begin{vmatrix} 1 & 2 & 3 & \cdots & n-1 & n \\ 1 & 1 & 1 & \cdots & 1 & 1-n \\ 1 & 1 & 1 & \cdots & 1-n & 1 \\ \vdots & \vdots & \vdots & & \vdots & \vdots \\ 1 & 1 & 1-n & \cdots & 1 & 1 \\ 1 & 1-n & 1 & \cdots & 1 & 1 \end{vmatrix}$$

再将其他各列统统加到第 1 列得

$$D_n = \begin{vmatrix} \frac{n(n+1)}{2} & 2 & 3 & \cdots & n-1 & n \\ 0 & 1 & 1 & \cdots & 1 & 1-n \\ 0 & 1 & 1 & \cdots & 1-n & 1 \\ \vdots & \vdots & \vdots & & \vdots & \vdots \\ 0 & 1 & 1-n & \cdots & 1 & 1 \\ 0 & 1-n & 1 & \cdots & 1 & 1 \end{vmatrix}$$

$$= \frac{n(n+1)}{2} \begin{vmatrix} 1 & 1 & \cdots & 1 & 1-n \\ 1 & 1 & \cdots & 1-n & 1 \\ \vdots & \vdots & & \vdots & \vdots \\ 1 & 1-n & \cdots & 1 & 1 \\ 1-n & 1 & \cdots & 1 & 1 \end{vmatrix}$$

从第 $(n-1)$ 列(即最后一列)开始,两两对换,换到第 1 列,第 $n-2$ 列两两对换,换到第 2 列,$\cdots$第 $n-3$ 列两两对换,换到第三列,$\cdots$,直至第 1 列换到第 $n-1$ 列为止. 则有

$$D_n = \frac{n(n+1)}{2} (-1)^{(n-2)+(n-3)+\cdots+1} \begin{vmatrix} 1-n & 1 & 1 & \cdots & 1 \\ 1 & 1-n & 1 & \cdots & 1 \\ 1 & 1 & 1-n & \cdots & 1 \\ \vdots & \vdots & \vdots & & \vdots \\ 1 & 1 & 1 & \cdots & 1-n \end{vmatrix}$$

再由第 77 题,可得

$$D_n = \frac{n(n+1)}{2} (-1)^{\frac{(n-1)(n-2)}{2}} [(1-n)-1]^{n-2} [(1-n)+(n-2)]$$

$$= \frac{n(n+1)}{2} (-1)^{\frac{(n-1)(n-2)}{2}} (-n)^{n-2} (-1)$$

$$= (-1)^{\frac{n(n-1)}{2}} \frac{n^{n-1}(n+1)}{2}$$

83.(中国人民大学) 证明:

$$\begin{vmatrix} 1+x_1 & 1+x_1^2 & \cdots & 1+x_1^n \\ 1+x_2 & 1+x_2^2 & \cdots & 1+x_2^n \\ \vdots & \vdots & & \vdots \\ 1+x_n & 1+x_n^2 & \cdots & 1+x_n^n \end{vmatrix} = \prod_{1 \leqslant j < k \leqslant n}(x_k - x_j)\left[2\prod_{1 \leqslant i \leqslant n} x_i - \prod_{1 \leqslant i \leqslant n}(x_i - 1)\right] \quad \text{①}$$

证 设式①左端为 Δ_n,先加边,则

式①左端 $= \Delta_n$

$$= \begin{vmatrix} 1 & 0 & 0 & \cdots & 0 \\ 1 & 1+x_1 & 1+x_1^2 & \cdots & 1+x_1^n \\ 1 & 1+x_2 & 1+x_2^2 & \cdots & 1+x_2^n \\ \vdots & \vdots & \vdots & & \vdots \\ 1 & 1+x_n & 1+x_n^2 & \cdots & 1+x_n^n \end{vmatrix} = \begin{vmatrix} 1 & -1 & -1 & \cdots & -1 \\ 1 & x_1 & x_1^2 & \cdots & x_1^n \\ 1 & x_2 & x_2^2 & \cdots & x_2^n \\ \vdots & \vdots & \vdots & & \vdots \\ 1 & x_n & x_n^2 & \cdots & x_n^n \end{vmatrix}$$

$$= 2x_1\cdots x_n \prod_{1\leqslant j\leqslant k\leqslant n}(x_k-x_j) - \prod_{i=1}^{n}(x_i-1)\prod_{1\leqslant j\leqslant k\leqslant n}(x_k-x_j)$$

$$= \prod_{1\leqslant j\leqslant k\leqslant n}(x_k-x_j)\left[2\prod_{i=1}^{n}x_i-\prod_{i=1}^{n}(x_i-1)\right]$$

=式①右端.

84.（华中师范大学） 计算 n 阶行列式

$$D_n = \begin{vmatrix} x & a & a & \cdots & a & a \\ -a & x & a & \cdots & a & a \\ -a & -a & x & \cdots & a & a \\ \vdots & \vdots & \vdots & & \vdots & \vdots \\ -a & -a & -a & \cdots & x & a \\ -a & -a & -a & \cdots & -a & x \end{vmatrix}$$

解 将第 n 行拆成两项和：$-a=0+(-a)$，$x=(x-a)+a$，所以 D_n 可写成两个行列式之和，即

$$D_n = \begin{vmatrix} x & a & a & \cdots & a & a \\ -a & x & a & \cdots & a & a \\ -a & -a & x & \cdots & a & a \\ \vdots & \vdots & \vdots & & \vdots & \vdots \\ -a & -a & -a & \cdots & x & a \\ 0 & 0 & 0 & \cdots & 0 & x-a \end{vmatrix} + \begin{vmatrix} x & a & a & \cdots & a & a \\ -a & x & a & \cdots & a & a \\ -a & -a & x & \cdots & a & a \\ \vdots & \vdots & \vdots & & \vdots & \vdots \\ -a & -a & -a & \cdots & x & a \\ -a & -a & -a & \cdots & -a & a \end{vmatrix}$$

$$= (x-a)D_{n-1} + \begin{vmatrix} x+a & a & 2a & \cdots & 2a & 2a \\ & x+a & 2a & \cdots & 2a & 2a \\ & & x+a & \cdots & 2a & 2a \\ & & & \ddots & \vdots & \vdots \\ & & & & \ddots & x+a & 2a \\ & & & & & & a \end{vmatrix}$$

$$= (x-a)D_{n-1} + a(x+a)^{n-1} \quad \text{①}$$

取转置，由对称性得

$$D_n = (x+a)D_{n-1} - a(x-a)^{n-1} \quad \text{②}$$

再由 $(x+a)\times$①$-(x-a)\times$②，可解得

$$D_n = \frac{1}{2}[(x+a)^n + (x-a)^n]$$

85.（华中师范大学） 计算

$$\Delta_n = \begin{vmatrix} a_1+b_1 & b_1 & b_1 & \cdots & b_1 \\ b_2 & a_2+b_2 & b_2 & \cdots & b_2 \\ b_3 & b_3 & a_3+b_3 & \cdots & b_3 \\ \vdots & \vdots & \vdots & & \vdots \\ b_n & b_n & b_n & \cdots & a_n+b_n \end{vmatrix}, 其中 a_i \neq 0(i=1,2,\cdots,n)$$

解 加边,得

$$\Delta_n = \begin{vmatrix} 1 & 0 & 0 & \cdots & 0 \\ b_1 & a_1+b_1 & b_1 & \cdots & b_1 \\ b_2 & b_2 & a_2+b_2 & \cdots & b_2 \\ \vdots & \vdots & \vdots & & \vdots \\ b_n & b_n & b_n & \cdots & a_n+b_n \end{vmatrix} = \begin{vmatrix} 1 & -1 & -1 & \cdots & -1 \\ b_1 & a_1 & & & \\ b_2 & & a_2 & & \\ \vdots & & & \ddots & \\ b_n & & & & a_n \end{vmatrix}$$

$$= \begin{vmatrix} 1+\dfrac{b_1}{a_1}+\dfrac{b_2}{a_2}+\cdots+\dfrac{b_n}{a_n} & -1 & -1 & \cdots & -1 \\ & a_1 & & & \\ & & a_2 & & \\ & & & \ddots & \\ & & & & a_n \end{vmatrix}$$

$$= (1+\dfrac{b_1}{a_1}+\dfrac{b_2}{a_2}+\cdots+\dfrac{b_n}{a_n})a_1 a_2 \cdots a_n$$

86.（华中师范大学） 计算 $n+1$ 阶行列式

$$D_{n+1} = \begin{vmatrix} a & -1 & 0 & \cdots & 0 \\ ax & a & -1 & \cdots & 0 \\ ax^2 & ax & a & \cdots & 0 \\ \vdots & \vdots & \vdots & & \vdots \\ ax^n & ax^{n-1} & ax^{n-2} & \cdots & a \end{vmatrix}$$

解法 1 将第 2 列乘 a 加到第 1 列得

$$D_{n+1} = \begin{vmatrix} 0 & -1 & 0 & 0 & \cdots & 0 \\ a(x+a) & a & -1 & 0 & & 0 \\ ax(x+a) & ax & a & -1 & \cdots & 0 \\ \vdots & \vdots & \vdots & \vdots & & \vdots \\ ax^{n-1}(x+a) & ax^{n-1} & ax^{n-2} & ax^{n-3} & \cdots & a \end{vmatrix}$$

按第 1 行展开,可得

$$D_{n+1} = (x+a)D_n = (x+a)^2 D_{n-1} = \cdots = (x+a)^{n-1} D_2$$

$$= (x+a)^{n-1} \begin{vmatrix} a & -1 \\ ax & a \end{vmatrix} = a(x+a)^n$$

解法 2 做列运算：$c_i + (-x) \times c_{i+1}, i=1, \cdots, n-1,$

$$D_{n+1}=\begin{vmatrix} a+x & -1 & 0 & \cdots & 0 \\ 0 & a+x & -1 & \cdots & 0 \\ 0 & 0 & a+x & \cdots & 0 \\ \vdots & \vdots & \vdots & & \vdots \\ 0 & 0 & 0 & \cdots & a \end{vmatrix}=a(a+x)^n$$

87.(华中师范大学) 计算行列式

$$D=\begin{vmatrix} a_1 & a_2 & \cdots & a_n & 0 \\ 1 & 0 & \cdots & 0 & b_1 \\ 0 & 1 & \cdots & 0 & b_2 \\ \vdots & \vdots & & \vdots & \vdots \\ 0 & 0 & \cdots & 1 & b_n \end{vmatrix}$$

解 将第 i 列乘 $(-b_i)(i=1,2,\cdots n)$ 统统加到最后一列得

$$D=\begin{vmatrix} a_1 & a_2 & \cdots & a_n & -\sum_{i=1}^{n}a_ib_i \\ 1 & 0 & \cdots & 0 & 0 \\ 0 & 1 & \cdots & 0 & 0 \\ & & \ddots & \vdots & \vdots \\ & & & 1 & 0 \end{vmatrix}=(-1)^{n+2}\left(-\sum_{i=1}^{n}a_ib_i\right)$$

$$=(-1)^{n+1}\sum_{i=1}^{n}a_ib_i$$

88.(华中师范大学) 计算行列式

$$D=\begin{vmatrix} n & n-1 & n-2 & \cdots & 2 & 1 \\ -1 & x & 0 & \cdots & 0 & 0 \\ 0 & -1 & x & \cdots & 0 & 0 \\ \vdots & \vdots & \vdots & & \vdots & \vdots \\ 0 & 0 & 0 & \cdots & x & 0 \\ 0 & 0 & 0 & \cdots & -1 & x \end{vmatrix}$$

解 按第 1 行展开得

$$D=nx^{n-1}+(n-1)x^{n-2}+\cdots+2x+1$$

89.(武汉大学) 计算 n 阶行列式

$$D_n=\begin{vmatrix} 1+x & y & & & \\ z & 1+x & & & \\ & \ddots & \ddots & & \\ & & \ddots & \ddots & y \\ & & & z & 1+x \end{vmatrix},\text{其中 }x=yz$$

解 按第 1 行展开得

$$D_n=(1+x)D_{n-1}-yzD_{n-2}=(1+x)D_{n-1}-xD_{n-2}$$
$$\Rightarrow D_n-D_{n-1}=x(D_{n-1}-D_{n-2})=\cdots=x^{n-2}(D_2-D_1)$$

$$= x^{n-2} \left[\begin{vmatrix} 1+x & y \\ z & 1+x \end{vmatrix} - (1+x) \right]$$
$$= x^n \qquad ①$$

由式①得
$$D_n = D_{n-1} + x^n = (D_{n-2} + x^{n-1}) + x^n$$
$$= \cdots = (D_2 + x^3) + x^4 + \cdots + x^{n-1} + x^n$$
$$= 1 + x + x^2 + \cdots + x^{n-1} + x^n$$

注 利用89题解答,同理可得

(中国科学院) 计算行列式
$$D_n = \begin{vmatrix} x+y & x & \cdots & 0 \\ y & x+y & \cdots & 0 \\ \vdots & \vdots & & \vdots \\ 0 & 0 & \cdots & x \\ 0 & 0 & y & x+y \end{vmatrix}$$

解 同理可得
$$D_n = \begin{cases} (n+1)x^n, & x=y \\ \dfrac{x^{n+1}-y^{n+1}}{x-y}, & x \neq y \end{cases}$$

90.(武汉大学,西安交通大学) 设 $n \geqslant 2$,且 $f_1(x), f_2(x), \cdots, f_n(x)$ 是关于 x 的次数 $\leqslant n-2$ 的多项式,$a_1, a_2, \cdots, a_n$ 为任意数,证明行列式
$$\begin{vmatrix} f_1(a_1) & f_2(a_1) & \cdots & f_n(a_1) \\ f_1(a_2) & f_2(a_2) & \cdots & f_n(a_2) \\ \vdots & \vdots & & \vdots \\ f_1(a_n) & f_2(a_n) & \cdots & f_n(a_n) \end{vmatrix} = 0 \qquad ①$$

并举例说明条件"次数 $\leqslant n-2$"是不可缺少的.

证 (1)当 $a_1, a_2, \cdots, a_n$ 中有两个数相同时,式①显然成立(因为有两行相同).

(2)当 $a_1, a_2, \cdots, a_n$ 互不相同时. 令
$$F(x) = \begin{vmatrix} f_1(x) & f_2(x) & \cdots & f_n(x) \\ f_1(a_2) & f_2(a_2) & \cdots & f_n(a_2) \\ \vdots & \vdots & & \vdots \\ f_1(a_n) & f_n(a_n) & \cdots & f_n(a_n) \end{vmatrix} \qquad ②$$

由于 $f_i(x)$ 的次数 $\leqslant n-2 (i=1,2,\cdots,n)$. 因此 $F(x)$ 只有两种可能.

(ⅰ)若 $F(x) \neq 0$,则 $\partial(F(x)) \leqslant n-2$,此时 $F(x)$ 最多只有 $n-2$ 个不同根但由式②,将 $a_2, \cdots, a_n$ 代入均有 $F(a_i) = 0 (i=2, \cdots, n)$,即有 $n-1$ 个根,矛盾,即 $F(x) = 0$.

(ⅱ) $F(x) = 0$. 再将 $x = a_1$ 代入,即证式①.

(3)条件"次数 $\leqslant n-2$"是不可缺少的,比如设 $n = 3$,且
$$f_1(x) = 1, f_2(x) = x+2, f_3(x) = x^2 + 1$$

再取 $a_1=0, a_2=1, a_3=-1$，这时式①左端为

$$\begin{vmatrix} f_1(0) & f_2(0) & f_3(0) \\ f_1(1) & f_2(1) & f_3(1) \\ f_1(-1) & f_2(-1) & f_3(-1) \end{vmatrix} = \begin{vmatrix} 1 & 2 & 1 \\ 1 & 3 & 2 \\ 1 & 1 & 2 \end{vmatrix} = 2 \neq 0$$

即式①不成立.

91.（中山大学） 设 x 是 $n \times 1$ 矩阵，y 是 $1 \times n$ 矩阵，a 是实数，证明：
$$\det(E - axy) = 1 - ayx$$

证 设 $x = (x_1, x_2, \cdots, x_n)'$，$y = (y_1, y_2, \cdots, y_n)$，则

$$|E - axy| = \begin{vmatrix} 1 - ax_1y_1 & -ax_1y_2 & \cdots & -ax_1y_n \\ -ax_2y_1 & 1 - ax_2y_2 & \cdots & -ax_2y_n \\ \vdots & \vdots & & \vdots \\ -ax_ny_1 & -ax_ny_2 & \cdots & 1 - ax_ny_n \end{vmatrix}$$

$$= \begin{vmatrix} 1 & y_1 & y_2 & \cdots & y_n \\ 0 & 1 - ax_1y_1 & -ax_1y_2 & \cdots & -ax_1y_n \\ 0 & -ax_2y_1 & 1 - ax_2y_2 & \cdots & -ax_2y_n \\ \vdots & \vdots & \vdots & & \vdots \\ 0 & -ax_ny_1 & -ax_ny_2 & \cdots & 1 - ax_ny_n \end{vmatrix}$$

$$= \begin{vmatrix} 1 & y_1 & y_2 & \cdots & y_n \\ ax_1 & 1 & & & \\ ax_2 & & 1 & & \\ \vdots & & & \ddots & \\ ax_n & & & & 1 \end{vmatrix}$$

$$= \begin{vmatrix} 1 - (ax_1y_1 + ax_2y_2 + \cdots + ax_ny_n) & y_1 & y_2 & \cdots & y_n \\ & 1 & & & \\ & & 1 & & \\ & & & \ddots & \\ & & & & 1 \end{vmatrix}$$

$$= 1 - a\sum_{i=1}^{n} x_i y_i = 1 - ayx$$

92.（西安交通大学） 计算

$$\Delta_n = \begin{vmatrix} x_1 & \alpha & \alpha & \cdots & \alpha \\ \beta & x_2 & \alpha & \cdots & \alpha \\ \beta & \beta & x_2 & \cdots & \alpha \\ \vdots & \vdots & \vdots & & \vdots \\ \beta & \beta & \beta & \cdots & x_n \end{vmatrix}$$

解 （1）当 $\alpha = \beta$ 时，用第 1 行的 (-1) 倍分别加到其他各行得

$$\Delta_n = \begin{vmatrix} x_1 & \alpha & \alpha & \cdots & \alpha \\ \alpha - x_1 & x_2 - \alpha & 0 & \cdots & 0 \\ \alpha - x_1 & 0 & x_3 - \alpha & \cdots & 0 \\ \vdots & \vdots & \vdots & \ddots & \vdots \\ \alpha - x_1 & 0 & 0 & \cdots & x_n - \alpha \end{vmatrix}$$

按第 1 行展开得

$\Delta = x_1(x_2-\alpha)(x_3-\alpha)\cdots(x_n-\alpha) + \alpha(x_1-\alpha)(x_3-\alpha)\cdots(x_n-\alpha)$
$\quad + \cdots + \alpha(x_1-\alpha)(x_2-\alpha)\cdots(x_{n-1}-\alpha)$

(2) 当 $\alpha \neq \beta$ 时,将最后一列拆成两项和,所以

$$\Delta_n = \begin{vmatrix} x_1 & \alpha & \alpha & \cdots & \alpha \\ \beta & x_2 & \alpha & \cdots & \alpha \\ \beta & \beta & x_3 & \cdots & \alpha \\ \vdots & \vdots & \vdots & & \vdots \\ \beta & \beta & \beta & \cdots & \beta \end{vmatrix} + \begin{vmatrix} x_1 & \alpha & \alpha & \cdots & \alpha & 0 \\ \beta & x_2 & \alpha & \cdots & \alpha & 0 \\ \beta & \beta & x_3 & \cdots & \alpha & 0 \\ \vdots & \vdots & \vdots & & \vdots & \vdots \\ \beta & \beta & \beta & \cdots & \beta & x_n - \alpha \end{vmatrix}$$

$$= \alpha \prod_{i=1}^{n-1}(x_i - \beta) + (x_n - \alpha)\Delta_{n-1} \quad \text{①}$$

由对称性,又有

$$\Delta_n = \beta \prod_{i=1}^{n-1}(x_i - \alpha) + (x_n - \beta)\Delta_{n-1} \quad \text{②}$$

再由 $(x_n - \beta) \times ① - (x_n - \alpha) \times ②$,可解得

$$\Delta_n = \frac{1}{\alpha - \beta}\left[\alpha \prod_{i=1}^{n}(x_i - \beta) - \beta \prod_{i=1}^{n}(x_i - \alpha)\right]$$

93. (武汉大学) 计算 n 阶行列式

$$D = \begin{vmatrix} a_1^2 - \mu & a_1 a_2 & \cdots & a_1 a_n \\ a_2 a_1 & a_2^2 - \mu & \cdots & a_2 a_n \\ \vdots & \vdots & & \vdots \\ a_n a_1 & a_n a_2 & \cdots & a_n^2 - \mu \end{vmatrix} \quad (\text{其中 } \mu \neq 0).$$

解 (方法 1) 利用升阶法.

$$D = \begin{vmatrix} 1 & a_1 & a_2 & \cdots & a_n \\ 0 & a_1^2 - \mu & a_1 a_2 & \cdots & a_1 a_n \\ 0 & a_2 a_1 & a_2^2 - \mu & \cdots & a_2 a_n \\ \vdots & \vdots & \vdots & & \vdots \\ 0 & a_n a_1 & a_n a_2 & \cdots & a_n^2 - \mu \end{vmatrix} \xrightarrow[i=1,2,\cdots,n]{r_{i+1} - a_i \times r_1} \begin{vmatrix} 1 & a_1 & a_2 & \cdots & a_n \\ -a_1 & -\mu & 0 & \cdots & 0 \\ -a_2 & 0 & -\mu & \cdots & 0 \\ \vdots & \vdots & \vdots & & \vdots \\ -a_n & 0 & 0 & \cdots & -\mu \end{vmatrix}$$

$$\xrightarrow[j=1,2,\cdots,n]{a_1-\frac{a_i}{\mu}\times a_{j+1}} \begin{vmatrix} 1-\sum_{k=1}^{n}\frac{a_k^2}{\mu} & a_1 & a_2 & \cdots & a_n \\ 0 & -\mu & 0 & \cdots & 0 \\ 0 & 0 & -\mu & \cdots & 0 \\ \vdots & \vdots & \vdots & & \vdots \\ 0 & 0 & 0 & \cdots & -\mu \end{vmatrix} = (-a)^n\mu^{n-1}\left(\mu-\sum_{k=1}^{n}a_k^2\right)$$

(方法 2) 利用公式 $|\mu E_m - A_{m\times n}B_{n\times m}| = \mu^{m-n}|\mu E_n - B_{n\times m}A_{m\times n}|$. 记 $\alpha = (a_1,a_2,\cdots,a_n)^{\mathrm{T}}$,则

$$D = |\alpha\alpha^{\mathrm{T}} - \mu E_n| = (-1)^n\mu^{n-1}|\mu E_1 - \alpha^{\mathrm{T}}\alpha| = (-1)^n\mu^{n-1}\left(\mu - \sum_{k=1}^{n}a_k^2\right)$$

94. (厦门大学) 设多项式

$$f(x) = a_0 x^n + a_1 x^{n-1} + \cdots + a_{n-1}x + a_n \quad (a_0 \neq 0) \qquad ①$$

的 n 个根为 $\alpha_1, \alpha_2, \cdots, \alpha_n$,得

$$D(f) = a_0^{2n-2} \prod_{1\leqslant j<i\leqslant n}(\alpha_i - \alpha_j)^2 \qquad ②$$

为 $f(x)$ 的判别式. 证明:$f(x)$ 有重根的重要条件是

$$N = \begin{vmatrix} s_0 & s_1 & \cdots & s_{n-1} \\ s_1 & s_2 & \cdots & s_n \\ \vdots & \vdots & & \vdots \\ s_{n-1} & s_n & \cdots & s_{2n-2} \end{vmatrix} = 0 \qquad ③$$

其中

$$s_k = \alpha_1^k + \alpha_2^k + \cdots + \alpha_n^k \quad (k=0,1,\cdots) \qquad ④$$

证 因为

$$N = \begin{vmatrix} 1 & 1 & \cdots & 1 \\ \alpha_1 & \alpha_2 & \cdots & \alpha_n \\ \vdots & \vdots & & \vdots \\ \alpha_1^{n-1} & \alpha_2^{n-1} & \cdots & \alpha_n^{n-1} \end{vmatrix} \begin{vmatrix} 1 & \alpha_1 & \cdots & \alpha_1^{n-1} \\ 1 & \alpha_2 & \cdots & \alpha_2^{n-1} \\ \vdots & \vdots & & \vdots \\ 1 & \alpha_n & \cdots & \alpha_n^{n-1} \end{vmatrix} = \prod_{1\leqslant j<i\leqslant n}(\alpha_i-\alpha_j)^2 \qquad ⑤$$

故 f 有重根 $\Leftrightarrow D(f)=0 \Leftrightarrow a_0^{2n-2}N=0 \Leftrightarrow N=0$.

95. (南开大学) 计算

$$d = \begin{vmatrix} a_1+b_1c_1 & a_2+b_1c_2 & \cdots & a_n+b_1c_n \\ a_1+b_2c_1 & a_2+b_2c_2 & \cdots & a_n+b_2c_n \\ \vdots & \vdots & & \vdots \\ a_1+b_nc_1 & a_2+b_nc_2 & \cdots & a_n+b_nc_n \end{vmatrix} \quad (n\geqslant 3)$$

解法 1 在原行列式上加一行,加一列,得

$$d_1 = \begin{vmatrix} 1 & a_1 & a_2 & \cdots & a_n \\ 0 & a_1+b_1c_1 & a_2+b_1c_2 & \cdots & a_n+b_1c_n \\ 0 & a_1+b_2c_1 & a_2+b_2c_2 & \cdots & a_n+b_2c_n \\ \vdots & \vdots & \vdots & & \vdots \\ 0 & a_1+b_nc_1 & a_2+b_nc_2 & \cdots & a_n+b_nc_n \end{vmatrix} = \begin{vmatrix} 1 & a_1 & a_2 & \cdots & a_n \\ -1 & b_1c_1 & b_1c_2 & \cdots & b_1c_n \\ -1 & b_2c_1 & b_2c_2 & \cdots & b_2c_n \\ \vdots & \vdots & \vdots & & \vdots \\ -1 & b_nc_1 & b_nc_2 & \cdots & b_nc_n \end{vmatrix}$$

$$= (b_1 b_2 \cdots b_n) \begin{vmatrix} 1 & a_1 & a_2 & \cdots & a_n \\ -\dfrac{1}{b_1} & c_1 & c_2 & \cdots & c_n \\ -\dfrac{1}{b_2} & c_1 & c_2 & \cdots & c_n \\ \vdots & \vdots & \vdots & & \vdots \\ -\dfrac{1}{b_n} & c_1 & c_2 & \cdots & c_n \end{vmatrix}$$

$$= (b_1 b_2 \cdots b_n) \begin{vmatrix} 1 & a_1 & a_2 & \cdots & a_n \\ -\dfrac{1}{b_1} & c_1 & c_2 & \cdots & c_n \\ -\dfrac{1}{b_2}+\dfrac{1}{b_1} & 0 & 0 & \cdots & 0 \\ \vdots & \vdots & \vdots & & \vdots \\ 0 & 0 & 0 & \cdots & 0 \end{vmatrix} = 0$$

因为 $n \geq 3$, 所以 $d_1 = 0 \Rightarrow d = 0$.

解法 2 运用矩阵乘法分解

$$d = \begin{vmatrix} 1 & b_1 & 0 & \cdots & 0 \\ 1 & b_2 & 0 & \cdots & 0 \\ 1 & b_3 & 0 & \cdots & 0 \\ \vdots & \vdots & \vdots & & \vdots \\ 1 & b_n & 0 & \cdots & 0 \end{vmatrix} \begin{vmatrix} a_1 & a_2 & a_3 & \cdots & a_n \\ c_1 & c_2 & c_3 & \cdots & c_n \\ 0 & 0 & 0 & \cdots & 0 \\ \vdots & \vdots & \vdots & & \vdots \\ 0 & 0 & 0 & \cdots & 0 \end{vmatrix} = 0$$

96.(上海交通大学) 求下面行列式的所有根:

$$f(x) = \begin{vmatrix} x-3 & -a_2 & -a_3 & \cdots & -a_n \\ -a_2 & x-2-a_2^2 & -a_2a_3 & \cdots & -a_2a_n \\ -a_3 & -a_3a_2 & x-2-a_3^2 & \cdots & -a_3a_n \\ \vdots & \vdots & \vdots & & \vdots \\ -a_n & -a_na_2 & -a_na_3 & \cdots & x-2-a_n^2 \end{vmatrix}$$

解 由加边法,在原行列式上加一行,加一列,则 $f(x)$ 变为

$$f(x)=\begin{vmatrix} 1 & 0 & 0 & 0 & \cdots & 0 \\ 1 & x-3 & -a_2 & -a_3 & \cdots & -a_n \\ a_2 & -a_2 & x-2-a_2^2 & -a_2 a_3 & \cdots & -a_n a_2 \\ a_3 & -a_3 & -a_3 a_2 & x-2-a_3^2 & \cdots & -a_n a_3 \\ \vdots & \vdots & \vdots & \vdots & & \vdots \\ a_n & -a_n & -a_n a_2 & -a_n a_3 & \cdots & x-2-a_n^2 \end{vmatrix}$$

$$=\begin{vmatrix} 1 & 1 & a_2 & a_3 & \cdots & a_n \\ 1 & x-2 & 0 & 0 & \cdots & 0 \\ a_2 & 0 & x-2 & 0 & \cdots & 0 \\ a_3 & 0 & 0 & x-2 & \cdots & 0 \\ \vdots & \vdots & \vdots & \vdots & & \vdots \\ a_n & 0 & 0 & 0 & \cdots & x-2 \end{vmatrix}$$

再按行列式的第一列展开得

$$f(x)=(x-2)^n-(x-2)^{n-1}+a_2\begin{vmatrix} 1 & a_2 & a_3 & \cdots & a_n \\ x-2 & 0 & 0 & \cdots & 0 \\ 0 & 0 & x-2 & \cdots & 0 \\ \vdots & \vdots & \vdots & & \vdots \\ 0 & 0 & 0 & \cdots & x-2 \end{vmatrix}$$

$$+\cdots+(-1)^{n+1}a_n\begin{vmatrix} 1 & a_2 & a_3 & \cdots & a_{n-1} & a_n \\ x-2 & 0 & 0 & \cdots & 0 & 0 \\ 0 & x-2 & 0 & \cdots & 0 & 0 \\ \vdots & \vdots & \vdots & & \vdots & \vdots \\ 0 & 0 & 0 & \cdots & 0 & 0 \\ 0 & 0 & 0 & \cdots & x-2 & 0 \end{vmatrix}$$

$$=(x-2)^n-(x-2)^{n-1}-(a_2^2+\cdots+a_n^2)(x-2)^{n-1}$$

$$f(x)=(x-2)^{n-1}\left(x-3-\sum_{i=2}^{n}a_i^2\right)$$

$f(x)$ 的根为 $x_1=x_1=\cdots=x_{n-1}=2, x_n=3+\sum_{i=2}^{n}a_i^2.$

扫码获取本书资源

> 生命的路是进步的，总是沿着无限的精神三角形的斜面向上走，什么都阻止他不得。
>
> ——鲁迅

第三章 线性方程组

3.1 概念与解法

【考点综述】

1. 矩阵

(1) 由 mn 个数排成 m 行 n 列的表：

$$\begin{bmatrix} a_{11} & a_{12} & \cdots & a_{1n} \\ a_{21} & a_{22} & \cdots & a_{2n} \\ \vdots & \vdots & & \vdots \\ a_{m1} & a_{m2} & \cdots & a_{mn} \end{bmatrix} \text{或} \begin{pmatrix} a_{11} & a_{12} & \cdots & a_{1n} \\ a_{21} & a_{22} & \cdots & a_{2n} \\ \vdots & \vdots & & \vdots \\ a_{m1} & a_{m2} & \cdots & a_{mn} \end{pmatrix}$$

称为一个 $m \times n$ 矩阵.

(2) 数域 P 上一切 $m \times n$ 矩阵组成的集合，记为 $P^{m \times n}$.

(3) 当 $m=n$ 时，$P^{n \times n}$ 称为 n 阶方阵组成的集合.

(4) $P^{n \times 1}$ 或 $P^{1 \times n}$ 中元素都称为 n 维向量.

(5) 元素全为 0 的 $m \times n$ 矩阵，称为零矩阵，记为 $O_{m \times n}$，有时简记为 O.

(6) 对角线元素都是 1，其余元素都是 0 的方阵称为单位阵，记为 E_n(或 I_n). 有时简记为 E(或 I).

(7) 阶梯形矩阵. 它们的任一行从第一个元素起至该行的第一个非零元素所在下方及左下方全为零；如果某一行全为零，则它的下面各行全为零，这样的 $m \times n$ 矩阵称为阶梯形矩阵.

(8) A 的转置矩阵记为 A'(或 A^T)，若 A 是 $m \times n$ 矩阵，则 A' 是 $n \times m$ 矩阵.

2. 矩阵的秩

(1) 设非零矩阵 $A=(a_{ij})_{m \times n}$，A 中若存在一个 s 阶子式不等于零，一切 $s+1$ 阶子式都等于零，则称 A 的秩为 s，记为秩 $A=s$ 或 $r(A)=s$.

(2)若 $A=O_{m\times n}$,规定秩 $A=0$,则秩 $A=0\Leftrightarrow A=O$.

3. 初等变换

(1)$A\in P^{m\times n}$,A 的行(或列)初等变换是指下列三种之一:

(ⅰ)交换 A 的两行(或列);

(ⅱ)用 P 中一个非零数 k 乘 A 的某一行(或列);

(ⅲ)把 A 中某一行(或列)的 k 倍加到 A 的另一行(或列),其中 $k\in P$.

(2)A 的行初等变换或列初等变换,统称为 A 的初等变换.

(3)A 经过若干次初等变换得到矩阵 B,称 A 与 B 等价,记为 $A\simeq B$.

(4)若 $A\simeq B,B\simeq C$,则 $A\simeq C$.

(5)任何矩阵 A 都可通过若干次行初等变换化为阶梯形矩阵.

4. 线性方程组

(1)线性方程组有 4 种表述:

(ⅰ)标准型.

$$\left.\begin{array}{l} a_{11}x_1+a_{12}x_2+\cdots+a_{1n}x_n=b_1 \\ a_{21}x_1+a_{22}x_2+\cdots+a_{2n}x_n=b_2 \\ \cdots\cdots \\ a_{m1}x_1+a_{m2}x_2+\cdots+a_{mn}x_n=b_m \end{array}\right\} \quad ①$$

(ⅱ)矩阵型. 令 $A=[a_{ij}]_{m\times n},x=(x_1,x_2,\cdots,x_n)',B=(b_1,b_2,\cdots b_m)'$,则方程组 ①可表述为

$$Ax=B \quad ②$$

(ⅲ)列向量型. 令

$$\alpha_1=\begin{bmatrix} a_{11} \\ a_{21} \\ \vdots \\ a_{m1} \end{bmatrix},\alpha_2=\begin{bmatrix} a_{12} \\ a_{22} \\ \vdots \\ a_{m2} \end{bmatrix},\cdots,\alpha_n=\begin{bmatrix} a_{1n} \\ a_{2n} \\ \vdots \\ a_{mn} \end{bmatrix}$$

则方程组①又可表述为

$$x_1\alpha_1+x_2\alpha_2+\cdots+x_n\alpha_n=B$$

(ⅳ)行向量型. 方程组①还可表述为

$$x_1\alpha'_1+x_2\alpha'_2+\cdots+x_n\alpha'_n=B'$$

(2)在方程组②中,若 $B=0$,即 $Ax=0$,称为齐次线性方程组,若 $B\neq 0$,称为非齐次线性方程组.

(3)称 $Ax=0$ 为 $Ax=B$ 的导出组.

(4)在方程组②中,称 $\overline{A}=(A,B)$ 为②的增广矩阵.

(5)在方程组②中,若 $Ax_0=B$,则称 x_0 为它的一个解.

(6)在方程组②中,若 A 为 $m\times n$ 矩阵,则方程组②的解的情况如下:

(ⅰ)秩 $\overline{A}=$秩 $A=n$,方程组②有唯一解;

(ⅱ)秩 $\overline{A}=$秩 $A<n$,方程组②有无穷多个解;

扫码获取本书资源

(ⅲ)秩 $\overline{A}\ne$秩 A,方程组②无解;

(7)在齐次线性方程组 $Ax=0$ 中,A 为 $m\times n$ 矩阵,其解的情况如下:

(ⅰ)秩 $A=n$,方程组 $Ax=0$ 有唯一零解;

(ⅱ)秩 $A<n$,方程组 $Ax=0$ 有无穷多个解,从而有非零解.

5. 克莱姆法则

设 A 是 $n\times n$ 矩阵,线性方程组
$$Ax=B \qquad ⑤$$
若 $|A|\ne 0$,则方程组③有唯一解,且有:
$$x_1=\frac{\Delta_1}{\Delta},x_2=\frac{\Delta_2}{\Delta},\cdots,x_n=\frac{\Delta_n}{\Delta}$$
其中 $\Delta=|A|$,Δ_i 为 $|A|$ 中第 i 列换为 B,其他各列与 $|A|$ 相同的 n 阶行列式($i=1,2,\cdots,n$).

6. 解线性方程组 $Ax=B$ 的步骤:

(1)列出增广矩阵 $\overline{A}=(A,B)$;

(2)将 $\overline{A}$ 通过行初等变换化为阶梯形矩阵(此时原方程组与阶梯形矩阵表示的线性方程组同解);

(3)判断线性方程组 $Ax=B$ 有无解;

(4)在线性方程组 $Ax=B$ 有解的情况下,得出其通解(或一般解).

【经典题解】

97.(中山大学) 判断方程组
$$\begin{cases} x_1-2x_2+x_3+x_4=1 \\ x_1-2x_2+x_3-x_4=-1 \\ x_1-2x_2+x_3+5x_4=5 \end{cases}$$
的可解性并求其解.

解 $\overline{A}=\begin{pmatrix} 1 & -2 & 1 & 1 & 1 \\ 1 & -2 & 1 & -1 & -1 \\ 1 & -2 & 1 & 5 & 5 \end{pmatrix} \to \begin{pmatrix} 1 & -2 & 1 & 1 & 1 \\ 0 & 0 & 0 & -2 & -2 \\ 0 & 0 & 0 & 4 & 4 \end{pmatrix} \to \begin{pmatrix} 1 & -2 & 1 & 0 & 0 \\ 0 & 0 & 0 & 1 & 1 \\ 0 & 0 & 0 & 0 & 0 \end{pmatrix}$

所以秩 $\overline{A}=$秩 $A=2<4$,此方程组有无穷多个解,其通解为
$$\begin{cases} x_1=2k_1-k_2 \\ x_2=k_1 \\ x_3=k_2 \\ x_4=1 \end{cases}$$
其中 k_1,k_2 为任意常数.

注 此方程组的通解还可表示为
$$\begin{cases} x_1=2x_2-x_3 \\ x_4=1 \end{cases}$$
其中 x_2,x_3 为自由未知量(即任意常数).

98.(东北师范大学) 用行列式求方程组中的 z 值.

$$\begin{cases} 3x+y-2z=-2 \\ x-2y+3z=9 \\ 2x+3y+z=1 \end{cases}$$

解　因为

$$\Delta = \begin{vmatrix} 3 & 1 & -2 \\ 1 & -2 & 3 \\ 2 & 3 & 1 \end{vmatrix} = -42, \quad \Delta_3 = \begin{vmatrix} 3 & 1 & -2 \\ 1 & -2 & 9 \\ 2 & 3 & 1 \end{vmatrix} = -84$$

所以由克莱姆法则知 $z=2$.

99. **(华东水利学院)**　解线性方程组

$$\begin{cases} x_1+x_2+2x_3+x_4=3 \\ x_1+2x_2+x_3-x_4=2 \\ 2x_1+x_2+5x_3+4x_4=7 \end{cases}$$

解　$\overline{A} = \begin{pmatrix} 1 & 1 & 2 & 1 & 3 \\ 1 & 2 & 1 & -1 & 2 \\ 2 & 1 & 5 & 4 & 7 \end{pmatrix} \rightarrow \begin{pmatrix} 1 & 1 & 2 & 1 & 3 \\ 0 & 1 & -1 & -2 & -1 \\ 0 & -1 & 1 & 2 & 1 \end{pmatrix} \rightarrow \begin{pmatrix} 1 & 0 & 3 & 3 & 4 \\ 0 & 1 & -1 & -2 & -1 \\ 0 & 0 & 0 & 0 & 0 \end{pmatrix}$

可得秩 A = 秩 $\overline{A} = 2 < 4$, 此方程组有无穷多解, 且其通解为

$$\begin{cases} x_1 = 4 - 3k_1 - 3k_2 \\ x_2 = -1 + k_1 + 2k_2 \\ x_3 = k_1 \\ x_4 = k_2 \end{cases}$$

其中 k_1, k_2 为任意常数.

100. **(数学三)**　已知方程组 $\begin{pmatrix} 1 & 2 & 1 \\ 2 & 3 & a+2 \\ 1 & a & -2 \end{pmatrix} \begin{pmatrix} x_1 \\ x_2 \\ x_3 \end{pmatrix} = \begin{pmatrix} 1 \\ 3 \\ 0 \end{pmatrix}$ 无解, 则 $a = $ ＿＿＿.

答　-1.

因为　$\overline{A} = \begin{pmatrix} 1 & 2 & 1 & 1 \\ 2 & 3 & a+2 & 3 \\ 1 & a & -2 & 0 \end{pmatrix} \rightarrow \begin{pmatrix} 1 & 2 & 1 & 1 \\ 0 & 1 & -a & -1 \\ 0 & 0 & a^2-2a-3 & a-3 \end{pmatrix}$

且已知原方程组无解, 所以秩 $A = 2 <$ 秩 $\overline{A} = 3$, 此即

$$\begin{cases} a^2-2a-3=0 \\ a-3 \neq 0 \end{cases} \Rightarrow \begin{cases} a=3 \text{ 或 } a=-1 \\ a \neq 3 \end{cases}$$

所以 $a = -1$.

101. **(四川大学)**　叙述并证明线性方程组的 Grammer 法则.

证　详见陈志杰主编的《高等代数与解析几何》教材 P_{121} 定理 7.1 及其证明.

102. **(华中师范大学)**　解线性方程组

$$\begin{cases} x_1 + ax_2 + a^2 x_3 = a^3 \\ x_1 + bx_2 + b^2 x_3 = b^3 \\ x_1 + cx_2 + c^2 x_3 = c^3 \end{cases}$$

其中 a,b,c 是互不相等的常数.

解法 1 设系数行列式为 Δ,则

$$\Delta = \begin{vmatrix} 1 & a & a^2 \\ 1 & b & b^2 \\ 1 & c & c^2 \end{vmatrix} = (b-a)(c-a)(c-b) \neq 0$$

由克莱姆法则此方程组有唯一解,且由

$$\Delta_1 = \begin{vmatrix} a^3 & a & a^2 \\ b^3 & b & b^2 \\ c^3 & c & c^2 \end{vmatrix} = abc \begin{vmatrix} a^2 & 1 & a \\ b^2 & 1 & b \\ c^2 & 1 & c \end{vmatrix}$$

$$= abc\Delta$$

$$\Delta_2 = \begin{vmatrix} 1 & a^3 & a^2 \\ 1 & b^3 & b^2 \\ 1 & c^3 & c^2 \end{vmatrix} = \begin{vmatrix} 1 & a^3 & a^2 \\ 0 & b^3-a^3 & b^2-a^2 \\ 0 & c^3-a^3 & c^2-a^2 \end{vmatrix}$$

$$= (b^3-a^3)(c^2-a^2) - (b^2-a^2)(c^3-a^3)$$

$$\Delta_3 = \begin{vmatrix} 1 & a & a^3 \\ 1 & b & b^3 \\ 1 & c & c^3 \end{vmatrix}$$

$$= (b-a)(c^3-a^3) - (c-a)(b^3-a^3)$$

可得此方程组的唯一解为

$$\begin{cases} x_1 = \dfrac{\Delta_1}{\Delta} = abc \\ x_2 = \dfrac{\Delta_2}{\Delta} = -(ab+ac+bc) \\ x_3 = a+b+c \end{cases}$$

解法 2 (同 66 题)构造 3 次多项式,设

$$f(x) = x^3 - x_3 x^2 - x_2 x - x_1$$

由题中方程组,则 $f(a)=f(b)=f(c)=0$,而 a,b,c 互不相等,则

$$f(x) = (x-a)(x-b)(x-c)$$

由根与系数的关系,得 $\begin{cases} x_1 = abc \\ x_2 = -(ab+ac+bc) \\ x_3 = a+b+c \end{cases}$

103.(华中师范大学) 讨论 λ 取什么值时,方程组

$$\begin{cases} (1+\lambda)x_1 + x_2 + x_3 = 1 \\ x_1 + (1+\lambda)x_2 + x_3 = \lambda \\ x_1 + x_2 + (1+\lambda)x_3 = \lambda^2 \end{cases}$$

有解,并求解.

解 系数行列式 $\Delta = \lambda^2(\lambda+3)$. 所以

(1) 当 $\lambda \neq 0$ 且 $\lambda \neq -3$ 时,方程组有唯一解,且其唯一解为
$$x_1 = \frac{2-\lambda^2}{\lambda(\lambda+3)}, \quad x_2 = \frac{2\lambda-1}{\lambda(\lambda+3)}, \quad x_3 = \frac{\lambda^3+2\lambda^2-\lambda-1}{\lambda(\lambda+3)}$$

(2) 当 $\lambda = -3$ 时,原方程组变为
$$\begin{cases} -2x_1 + x_2 + x_3 = 1 \\ x_1 - 2x_2 + x_3 = -3 \\ x_1 + x_2 - 2x_3 = 9 \end{cases}$$

此时方程组无解.

(3) 当 $\lambda = 0$ 时,原方程组为
$$\begin{cases} x_1 + x_2 + x_3 = 1 \\ x_1 + x_2 + x_3 = 0 \\ x_1 + x_2 + x_3 = 0 \end{cases}$$

此时,方程组也无解.

104.(兰州大学,华中师范大学) 设
$$\begin{cases} (1+\lambda)x_1 + x_2 + x_3 = \lambda^2 + 2\lambda \\ x_1 + (1+\lambda)x_2 + x_3 = \lambda^3 + 2\lambda^2 \\ x_1 + x_2 + (1+\lambda)x_3 = \lambda^4 + 2\lambda^2 \end{cases}$$

当 λ 为何值时方程组有解,并求解.

解 因为系数行列式 $\Delta = \lambda^2(\lambda+3)$,所以

(1) 当 $\lambda \neq 0$ 且 $\lambda \neq -3$ 时,原方程组有唯一解
$$\begin{cases} x_1 = \dfrac{(\lambda+2)(2-\lambda^2)}{\lambda+3} \\ x_2 = \dfrac{(\lambda+2)(2\lambda-1)}{\lambda+3} \\ x_3 = \dfrac{(\lambda+2)(\lambda^3+2\lambda^2-\lambda-1)}{\lambda+3} \end{cases}$$

(2) 当 $\lambda = 0$ 时,原方程组同解于 $x_1 + x_2 + x_3 = 0$,因此所求通解为
$$x_1 = -x_2 - x_3$$

其中 x_2, x_3 为自由未知量.

(3) 当 $\lambda = -3$ 时,原方程组无解.

105.(数学二) λ 取何值时,方程组
$$\begin{cases} 2x_1 + \lambda x_2 - x_3 = 1 \\ \lambda x_1 - x_2 + x_3 = 2 \\ 4x_1 + 5x_2 - 5x_3 = -1 \end{cases}$$

无解,有唯一解或有无穷多解? 并在有无穷多解时,写出方程组的通解.

解 因为方程组的系数行列式 $\Delta = (\lambda-1)(5\lambda+4)$,所以

(1) 当 $\lambda \neq 1$ 且 $\lambda \neq -\dfrac{4}{5}$ 时,方程组有唯一解.

(2)当 $\lambda = -\dfrac{4}{5}$ 时,原方程组可变为
$$\begin{cases} 10x_1 - 4x_2 - 5x_3 = 5 \\ 4x_1 + 5x_2 - 5x_3 = -10 \\ 4x_1 + 5x_2 - 5x_3 = -1 \end{cases}$$
从后两个方程知原方程组无解.

(3)当 $\lambda = 1$ 时,原方程组的增广矩阵为
$$\overline{A} \to \begin{pmatrix} 1 & -1 & 1 & 2 \\ 2 & 1 & -1 & 1 \\ 4 & 5 & -5 & -1 \end{pmatrix} \to \begin{pmatrix} 1 & -1 & 1 & 2 \\ 0 & 3 & -3 & -3 \\ 0 & 9 & -9 & -9 \end{pmatrix} \to \begin{pmatrix} 1 & 0 & 0 & 1 \\ 0 & 1 & -1 & -1 \\ 0 & 0 & 0 & 0 \end{pmatrix}$$
故秩 $A =$ 秩 $\overline{A} = 2 < 3$,原方程组有无穷多解,其通解为
$$\begin{cases} x_1 = 1 \\ x_2 = k - 1 \\ x_3 = k \end{cases},\text{其中 } k \text{ 为任意常数}$$

106.(数学三,华中师范大学) 设有线性方程组
$$\begin{cases} x_1 + a_1 x_2 + a_1^2 x_3 = a_1^3 \\ x_1 + a_2 x_2 + a_2^2 x_3 = a_2^3 \\ x_1 + a_3 x_2 + a_3^2 x_3 = a_3^3 \\ x_1 + a_4 x_2 + a_4^2 x_3 = a_4^3 \end{cases}$$

(1)证明:若 a_1, a_2, a_3, a_4 两两不相等时,则此线性方程组无解;

(2)设 $a_1 = a_3 = k, a_2 = a_4 = -k(k \neq 0)$,且已知 $\beta_1 = (-1, 1, 1)^T$ 和 $\beta_2 = (1, 1, -1)^T$ 是该方程组的两个解,写出此方程组的通解.

解 (1)设原方程组的增广矩阵为 $\overline{A}$,则由 a_1, a_2, a_3, a_4 两两不等,得
$$|\overline{A}| = \prod_{i<j}(a_j - a_i) \neq 0.$$
故秩 $\overline{A} = 4$,而秩 $A = 3$,故秩 $A \neq$ 秩 $\overline{A}$,原方程组无解.

(2)当 $a_1 = a_3 = k, a_2 = a_4 = -k$ 时,原方程组的增广矩阵为
$$\overline{A} = \begin{pmatrix} 1 & k & k^2 & k^3 \\ 1 & -k & k^2 & -k^3 \\ 1 & k & k^2 & k^3 \\ 1 & -k & k^2 & -k^3 \end{pmatrix} \to \begin{pmatrix} 1 & 0 & k^2 & 0 \\ 0 & 1 & 0 & k^2 \\ 0 & 0 & 0 & 0 \\ 0 & 0 & 0 & 0 \end{pmatrix}$$
故秩 $A =$ 秩 $\overline{A} = 2 < 3$,原方程组有无穷多解,其通解为
$$\begin{cases} x_1 = -ck^2 \\ x_2 = k^2 \\ x_3 = c \end{cases},\text{其中 } c \text{ 为任意常数}$$

注 也可把通解表示为
$$x = \beta_1 + c(\beta_2 - \beta_1) = \begin{pmatrix} -1 \\ 1 \\ 1 \end{pmatrix} + c \begin{pmatrix} 2 \\ 0 \\ -2 \end{pmatrix},\text{其中 } c \text{ 为任意常数}$$

107. (**数学三**) 设 A 是 n 阶矩阵，α 是 n 维向量，若

$$秩\begin{pmatrix} A & \alpha \\ \alpha^T & 0 \end{pmatrix} = 秩\, A$$

则线性方程组 （　　）

(A) $AX=\alpha$ 有无穷多解　　　　(B) $AX=\alpha$ 必有唯一解

(C) $\begin{pmatrix} A & \alpha \\ \alpha^T & 0 \end{pmatrix}\begin{pmatrix} x \\ y \end{pmatrix}=0$ 仅有零解　　(D) $\begin{pmatrix} A & \alpha \\ \alpha^T & 0 \end{pmatrix}\begin{pmatrix} x \\ y \end{pmatrix}=0$ 必有非零解

答 (D). 因为 $\begin{pmatrix} A & \alpha \\ \alpha^T & 0 \end{pmatrix}$ 是 $n+1$ 阶方阵，且秩 $\begin{pmatrix} A & \alpha \\ \alpha^T & 0 \end{pmatrix}=$ 秩 $A \leq n$，

故 $\begin{vmatrix} A & \alpha \\ \alpha^T & 0 \end{vmatrix}=0$，故选(D).

注 $R(A) \leq R(A,\alpha) \leq R\begin{pmatrix} A & \alpha \\ \alpha^T & 0 \end{pmatrix} = R(A)$

则 $R(A)=R(A,\alpha)$，$AX=\alpha$ 有解.

108. (**华中师范大学**) 设 $r_1, r_2, \cdots, r_t$ 是线性方程组 $AX=b\,(b\neq 0)$ 的任意多个解. 证明：

(1) 若 $k_1 r_1 + k_2 r_2 + \cdots + k_t r_t = 0$，则 $\sum_{i=1}^{t} k_i = 0$；

(2) 若 $k_1 r_1 + k_2 r_2 + \cdots + k_t r_t$ 是 $AX=b$ 的解，则 $\sum_{i=1}^{t} k_i = 1$.

证 (1) 已知 $k_1 r_1 + k_2 r_2 + \cdots + k_t r_t = 0$. 两边左乘 A，得

$$0 = k_1 A r_1 + k_2 A r_2 + \cdots + k_t A r_t = (\sum_{i=1}^{t} k_i) b$$

因为 $b \neq 0$，所以 $\sum_{i=1}^{t} k_i = 0$.

(2) 由题设知

$$b = A(k_1 r_1 + \cdots + k_t r_t) = (\sum_{i=1}^{t} k_i) b \Rightarrow (\sum_{i=1}^{t} k_i - 1) b = 0$$

因为 $b \neq 0$，所以 $\sum_{i=1}^{t} k_i - 1 = 0$，此即 $\sum_{i=1}^{t} k_i = 1$.

109. (**北京大学**) 讨论 a, b 满足什么条件时，数域 K 上的下述线性方程组有唯一解，无穷多解，无解？当有解时，求出该方程组的全部解.

$$\begin{cases} ax_1 + 3x_2 + 3x_3 = 3 \\ x_1 + 4x_2 + x_3 = 1 \\ 2x_1 + 2x_2 + bx_3 = 2 \end{cases}$$

解 $\begin{bmatrix} a & 3 & 3 & 3 \\ 1 & 4 & 1 & 1 \\ 2 & 2 & b & 2 \end{bmatrix} \rightarrow \begin{bmatrix} 1 & 4 & 1 & 1 \\ 2 & 2 & b & 2 \\ a & 3 & 3 & 3 \end{bmatrix} \rightarrow \begin{bmatrix} 1 & 4 & 1 & 1 \\ 0 & -6 & b-2 & 0 \\ 0 & 3-4a & 3-a & 3-a \end{bmatrix}$

$$\rightarrow \begin{pmatrix} 1 & 4 & 1 & 1 \\ 0 & 1 & \dfrac{2-b}{6} & 0 \\ 0 & 0 & (3-a)-\dfrac{(2-b)}{6}(3-4a) & 3-a \end{pmatrix}$$

(1) 当 $(3-a)-\dfrac{(2-b)}{6}(3-4a) \neq 0$,原方程有唯一解,其解为

$$\begin{cases} x_3 = \dfrac{3-a}{(3-a)-\dfrac{2-b}{6}(3-4a)} \\ x_2 = \dfrac{(b-2)(3-a)}{6(3-a)-(2-b)(3-4a)} \\ x_1 = 1-\dfrac{(4b-2)(3-a)}{6(3-a)-(2-b)(3-4a)} \end{cases}$$

(2) 当 $3-a-\dfrac{(2-b)(3-4a)}{6}=0$,且 $a \neq 3$ 时,原方程无解.

(3) 当 $a=3, b=2$ 时,原方程组同解于方程组:

$$\begin{cases} x_1+4x_2+x_3=1 \\ x_2 =0 \end{cases}$$

其全部解为

$$\begin{cases} x_1=1-k \\ x_2=0 \\ x_3=k \end{cases}, \text{其中 } k \text{ 为任意常数}$$

110.(华中师范大学,北京师范大学) 设 A 是 $m \times n$ 实矩阵,证明:
$$\text{秩}(AA') = \text{秩}(A'A) = \text{秩} A$$

证 先证明秩$(A'A)=$秩 A. 因为
$$AX=0 \Rightarrow A'AX=0 \Rightarrow X'A'AX=0$$
$$\Rightarrow (AX)'AX=0 \Rightarrow AX=0$$

故 $A'AX=0$ 与 $AX=0$ 同解,从而它们基础解系所含向量个数彼此相等.
$$n-\text{秩}(A'A)=n-\text{秩} A \Rightarrow \text{秩}(A'A)=\text{秩} A$$

类似有:秩$(AA')=$秩 A',但秩 $A=$秩 A'. 故
$$\text{秩}(AA')=\text{秩}(A'A)=\text{秩} A$$

注 在复数域中有:秩$A\overline{A}'=$秩$(A\overline{A}')=$秩 A. 证明方法同上类似.

111.(清华大学) 设 $A=\begin{pmatrix} 1 & 1 & -1 \\ 2 & a+2 & -b-2 \\ 0 & -3a & a+2b \end{pmatrix}$, $B=\begin{pmatrix} 1 \\ 3 \\ -3 \end{pmatrix}$, $x=\begin{pmatrix} x_1 \\ x_2 \\ x_3 \end{pmatrix}$.

试就 a,b 的各种取值情况,讨论非齐次方程组 $AX=B$ 的解,如有解,并求出解.

解 因为系数行列式为 $|A|=a(a-b)$,所以

(1) 当 $a \neq 0$, 且 $b \neq a$ 时, 方程组有唯一解:
$$x_1 = \frac{a-1}{a}, \quad x_2 = \frac{1}{a}, \quad x_3 = 0$$

(2) 当 $a = 0$ 时, 原方程组无解.

(3) 当 $a = b \neq 0$ 时, 原方程组有无穷多解, 其通解为
$$\begin{cases} x_1 = \dfrac{a-1}{a} \\ x_2 = \dfrac{1}{a} + k \\ x_3 = k \end{cases}$$

其中 k 为任意常数.

112. (清华大学) 设 $\begin{cases} x_1 + x_2 - 2x_3 + 3x_4 = 0 \\ 2x_1 + x_2 - 6x_3 + 4x_4 = -1 \\ 3x_1 + 2x_2 + px_3 + 7x_4 = -1 \\ x_1 - x_2 - 6x_3 - x_4 = t + 2 \end{cases}$

试讨论 p, t 取什么值时, 方程组有解或无解, 并在有解时, 求其全部解.

解 $\begin{bmatrix} 1 & 1 & -2 & 3 & 0 \\ 2 & 1 & -6 & 4 & 1 \\ 3 & 2 & p & 7 & -1 \\ 1 & -1 & -6 & -1 & t+2 \end{bmatrix} \rightarrow \begin{bmatrix} 1 & 0 & -4 & 1 & -1 \\ 0 & 1 & 2 & 2 & 1 \\ 0 & 0 & p+8 & 0 & 0 \\ 0 & 0 & 0 & 0 & t+2 \end{bmatrix}$

(1) 当 $t \neq -2$ 时, 原方程组无解.

(2) 当 $t = -2$ 时:

(ⅰ) 当 $p = -8$ 时, 原方程组有无穷多个解, 其通解为
$$\begin{cases} x_1 = -1 + 4k_1 - k_2 \\ x_2 = 1 - 2k_1 - 2k_2 \\ x_3 = k_1 \\ x_4 = k_2 \end{cases}, \text{其中 } k_1, k_2 \text{ 为任意常数.}$$

(ⅱ) 当 $p \neq -8$ 时, 原方程组也有无穷多个解, 其通解为
$$\begin{cases} x_1 = -1 - k \\ x_2 = 1 - 2k \\ x_3 = 0 \\ x_4 = k \end{cases}, \text{其中 } k \text{ 为任意常数}$$

113. (武汉大学) 设 A 是 $m \times n$ 矩阵, $AX = b$ 为一非齐次线性方程组, 则必有 ( )

(A) 如果 $m < n$, 则 $AX = b$, 有非零解

(B) 如果秩 $A = m$, 则 $AX = 0$, 有非零解

(C) 如果 A 有 n 阶子式不为零,则 $AX=b$ 有唯一解

(D) 如果 A 有 n 阶子式不为零,则 $Ax=0$ 只有零解

答　(D). 因为秩 $A=n=$ 未知量个数,所以 $AX=$ 有零解.

114. (华中师范大学)　设数域 P 上 n 元 $(n>2)$ 齐次方程组有

$$\begin{cases} ax_1+x_2+x_3+\cdots+x_n=0 \\ x_1+ax_2+x_3+\cdots+x_n=0 \\ x_1+x_2+ax_3+\cdots+x_n=0 \\ \cdots\cdots \\ x_1+x_2+x_3+\cdots+ax_n=0 \end{cases}$$

(1) a 取何值时,方程组有非零解;

(2) 当方程组有非零解时,求一般解.

解　(1)　此方程组系数行列式

$$\Delta=(a-1)^{n-1}(a+n-1).$$

所以当 $a=1$ 或 $a=1-n$ 时,原方程组有非零解.

(2) (ⅰ) 当 $a=1$ 时,原方程组同解于 $x_1+x_2+\cdots+x_n=0$. 其通解为

$$\begin{cases} x_1=-(k_2+\cdots+k_n) \\ x_i=k_i \end{cases} (i=2,\cdots,n)$$

其中 $k_2,\cdots,k_n$ 为任意常数.

(ⅱ) 当 $a=1-n$ 时,秩 $A=n-1$,其通解为

$$x_i=k(i=1,2,\cdots,n) \quad 其中 k 为任意常数$$

115. (吉林工业大学)　已知 $|a|\neq|b|$,求解方程组

$$\begin{cases} ax_1+bx_{2n}=1 \\ ax_2+bx_{2n-1}=1 \\ \cdots\cdots \\ ax_n+bx_{n+1}=1 \\ bx_n+ax_{n+1}=1 \\ \cdots\cdots \\ bx_1+ax_{2n}=1 \end{cases}$$

(计算过程应有必要的说明).

解　可以把原方程组的方程两两配对

$$\begin{cases} ax_i+bx_{2n-i+1}=1 \\ bx_i+ax_{2n-i+1}=1 \end{cases} (i=1,2,\cdots n)$$

且每一对可得其解为

$$x_i=\frac{1}{a+b}=x_{2n-i+1} \quad (i=1,2,\cdots,n)$$

所以原方程组的解为

$$x_k = \frac{1}{a+b} \quad (k=1,2,\cdots,2n)$$

116.（云南大学） 证明：方程组

$$\begin{cases} \dfrac{1}{2}x_1 = a_{11}x_1 + \cdots + a_{1n}x_n \\ \dfrac{1}{2^2}x_2 = a_{21}x_1 + \cdots + a_{2n}x_n \\ \cdots\cdots \\ \dfrac{1}{2^n}x_n = a_{n1}x_1 + \cdots + a_{nn}x_n \end{cases}$$

有唯一零解，其中 a_{ij} 都是整数 $(i,j=1,2,\cdots,n)$.

证　令

$$f(x) = \begin{vmatrix} 2a_{11}-x & 2a_{12} & \cdots & 2a_{1n} \\ 4a_{21} & 4a_{22}-x & \cdots & 4a_{2n} \\ \vdots & \vdots & & \vdots \\ 2^n a_{n1} & 2^n a_{n2} & \cdots & 2^n a_{nn}-x \end{vmatrix} \quad \text{①}$$

再设方程组系数行列式为 Δ，不难验证

$$f(1) = 2^{\frac{n(n+1)}{2}} \Delta \quad \text{②}$$

但由式①可得

$$f(x) = (-1)^n x^n + b_1 x^{n-1} + \cdots + b_n \quad \text{③}$$

其中，$b_1,\cdots,b_n$ 都是偶数，由式③知 $f(1)=(-1)^n+(b_1+\cdots+b_n)$ 总是奇数，从式②知 $\Delta \neq 0$，所以原方程组只有唯一零解．

117.（中国科学院） 试证象棋盘上的马，从任一位置出发，只能经过偶数步才能跳回原处（马跳法是沿相邻的方格组成的矩形的对角线）．

证　设此定点为坐标原点，建立直角坐标系（如图），马的跳法有 8 种类型：

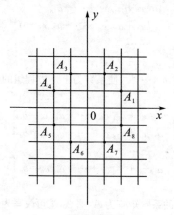

题 117 图

第 i 种是跳往 A_i 的位置(见图),用反证法,怎么出去,怎么回来,即沿路返回,则马一定能跳回原位,跳的步数分奇数步和偶数步,下面设第 i 种类型共跳 x_i 次($i=1,2,\cdots,8$),且其跳 $2m+1$ 步回到原处,则有

$$\begin{cases} x_1(2,1)+x_2(1,2)+x_3(-1,2)+x_4(-2,1)+x_5(-2,-1) \\ +x_6(-1,-2)+x_7(1,-2)+x_8(2,-1)=(0,0) \\ x_1+x_2+\cdots+x_8=2m+1 \end{cases}$$

或

$$\begin{cases} 2x_1+x_2-x_3-2x_4-2x_5-x_6+x_7+2x_8=0 \\ x_1+2x_2+2x_3+x_4-x_5-2x_6-2x_7-x_8=0 \\ x_1+x_2+x_3+x_4+x_5+x_6+x_7+x_8=2m+1 \end{cases} \quad ①$$

方程组①的增广矩阵为

$$\begin{bmatrix} 2 & 1 & -1 & -2 & -2 & -1 & 1 & 2 & 0 \\ 1 & 2 & 2 & 1 & -1 & -2 & -2 & -1 & 0 \\ 1 & 1 & 1 & 1 & 1 & 1 & 1 & 1 & 2m+1 \end{bmatrix}$$

$$\rightarrow \begin{bmatrix} 1 & 2 & 2 & 1 & -1 & -2 & -2 & 1 & 0 \\ 0 & -3 & -5 & -4 & 0 & 3 & 5 & 4 & 0 \\ 0 & -1 & -1 & 0 & 2 & 3 & 3 & 2 & 2m+1 \end{bmatrix}$$

$$\rightarrow \begin{bmatrix} 1 & 2 & 2 & 1 & -1 & -2 & -2 & 1 & 0 \\ 0 & -3 & -5 & -4 & 0 & 3 & 5 & 4 & 0 \\ 0 & -4 & -6 & -4 & 2 & 6 & 8 & 6 & 2m+1 \end{bmatrix}$$

由于最后一个方程为

$$-4x_2-6x_3-4x_4+2x_5+6x_6+8x_7+6x_8=2m+1 \quad ②$$

而 x_i 是整数,式②左端为偶数,式②右端为奇数,矛盾.所以只能偶数步才能跳回原处.

118. (内蒙古大学) 已知齐次线性方程组

$$\begin{rcases} a_{11}x_1+a_{12}x_2+\cdots+a_{1n}x_n=0 \\ a_{21}x_1+a_{22}x_2+\cdots+a_{2n}x_n=0 \\ \cdots\cdots \\ a_{n1}x_1+a_{n2}x_2+\cdots+a_{nn}x_n=0 \end{rcases} \quad ①$$

有非零解,问能否找到 $b_1,b_2,\cdots,b_n$,使系数为上述方程组的系数矩阵之转置,右端为 $b_1,b_2,\cdots,b_n$ 之方程组

$$\begin{rcases} a_{11}x_1+a_{21}x_2+\cdots+a_{n1}x_n=b_1 \\ a_{12}x_1+a_{22}x_2+\cdots+a_{n2}x_n=b_2 \\ \cdots\cdots \\ a_{1n}x_1+a_{2n}x_2+\cdots+a_{nn}x_n=b_n \end{rcases} \quad ②$$

有唯一解?试述理由.

解 不能. 先设①的系数矩阵为 A,那么,①可改写为

$$AX=0 \quad ③$$

且②可改写为
$$A'X=B \quad ④$$
其中 $B=(b_1,b_2,\cdots,b_n)'$.

因为③有非零解,所以 $|A|=0$,秩 $A \leqslant n-1$. 而秩 $A'=$ 秩 $A \leqslant n-1$.

对于④中的增广矩阵 $\overline{A}=(A',B)$,有两种可能:

(1) 秩 $\overline{A} \neq$ 秩 A', 此时方程组②无解.

(2) 秩 $\overline{A}=$ 秩 $A' \leqslant n-1<n$, 此时方程组②有无穷多解.

综上可知②不可能有唯一解.

119. (**南京大学**) 解方程组:
$$\begin{cases} 9xy-2xz-2yz=0 \\ 36xy-12xz-5yz=xyz \\ 9xy-8xz-3yz=-4xyz \end{cases}$$

解 显然 $x=y=z=0$ 是一个解.

当 $x \neq 0, y=0$ 时,解得 $z=0$.

当 $x=0, y \neq 0$ 时,解得 $z=0$.

当 $z \neq 0, x=0$ 时,解得 $y=0$.

当 $xyz \neq 0$ 时,原方程组可改写为
$$\begin{cases} 9\frac{1}{z}-2\frac{1}{y}-2\frac{1}{x}=0 \\ 36\frac{1}{z}-12\frac{1}{y}-5\frac{1}{x}=1 \\ 9\frac{1}{z}-8\frac{1}{y}-3\frac{1}{x}=-4 \end{cases}$$

解得 $\frac{1}{x}=1, \frac{1}{y}=\frac{1}{2}, \frac{1}{z}=\frac{1}{3}$,即 $x=1, y=2, z=3$.

综上可知,原方程组的一切解为 $(0,0,z),(x,0,0),(0,y,0)$ 和 $(1,2,3)$,其中 x,y,z 为任意常数.

120. (**华中师范大学**) 设 A 为 $m \times n$ 实矩阵,证明:线性方程组 $Ax=0$ 与 $A^T Ax=0$ 同解.

证 设 $Ax=0$ 有解 x_0,则 $Ax_0=0$,故 $A^T Ax_0=0$,即 x_0 也是 $A^T Ax=0$ 的解. 反之,设 y_0 是 $A^T Ax=0$ 的解,则 $A^T Ay_0=0$,故 $y_0^T A^T Ay_0=0$,即
$$(Ay_0)^T Ay_0=0, \quad ①$$

令 $Ay_0=(b_1,b_2,\cdots b_m)^T \in \mathbf{R}^{n \times 1}$,由①有
$$b_1^2+b_2^2+\cdots+b_m^2=0 \Rightarrow b_1=\cdots=b_m=0$$

此即 $Ay_0=0$,即 y_0 是 $Ax=0$ 的解. 综上两步得证.

121. (**数学三**) 设 A 为 n 阶实矩阵,则对于线性方程组(Ⅰ): $AX=0$ 和(Ⅱ): $A^T AX=0$,必有 ( )

(A)(Ⅱ)的解是(Ⅰ)的解,(Ⅰ)的解也是(Ⅱ)的解.

(B) (Ⅱ)的解是(Ⅰ)的解,(Ⅰ)的解不是(Ⅱ)的解.
(C) (Ⅰ)的解不是(Ⅱ)的解,(Ⅱ)的解也不是(Ⅰ)的解.
(D) (Ⅰ)的解是(Ⅱ)的解,(Ⅱ)的解不是(Ⅰ)的解.

答 (A). 由上题可得.

122.(自编) 设 A,B 都是 n 阶方阵,证明:线性方程组 $ABX=0$ 与线性方程组 $BX=0$ 同解的充要条件是秩$(AB)=$秩 B.

证 先证必要性,设 $ABX=0$ 与 $BX=0$ 同解,则
$$n-秩(AB)=n-秩(B) \Rightarrow 秩(AB)=秩 B$$
再证充分性,设 W_1 与 W_2 分别为 $ABX=0$ 与 $BX=0$ 的解空间,显然 $W_2 \subseteq W_1$,又 $\dim W_1 = n-秩(AB) = n-秩 B = \dim W_2$. 故 $W_2=W_1$,此即 $ABX=0$ 与 $BX=0$ 同解.

123.(吉林大学) 矩阵 A 是 $m \times n$ 矩阵,证明:$AX=b$ 有解的充要条件是 $A^T z=0$,则 $b^T z=0$.

证 先证必要性,设 $Ax_0=b$,且 $A^T z=0$,那么 $b^T = x_0^T A^T$,右乘 z,得
$$b^T z = x_0^T A^T z = 0.$$
再证充分性,由充分性假设知 $\begin{pmatrix} A^T \\ b^T \end{pmatrix} z=0$ 与 $A^T z=0$,同解. 可得
$$秩 A = 秩 A^T = 秩 \begin{pmatrix} A^T \\ b^T \end{pmatrix} = 秩(A,b)^T = 秩(A,b) = 秩 \overline{A}$$
即证 $Ax=b$ 有解.

124.(厦门大学) 证明:对任意 n 阶实方阵 A,$A^T A x = A^T B$ 一定有解,其中 $x=(x_1,\cdots,x_n)^T$,$B=(b_1,\cdots b_n)^T$.

证 秩$(A^T A) \leq$秩$(A^T A, A^T B) = 秩[A^T(A,B)] \leq 秩 A^T = 秩(A^T A)$
$$\Rightarrow 秩(A^T A) = 秩(A^T A, A^T B)$$
即原方程组的增广矩阵之秩等于系数矩阵之秩,从而线性方程组一定有解.

125.(中国科学院) 实系数线性方程组 $Ax=b$,A 为 $m \times n$,$m \geq n$,b 为某一给定的 m 维向量,若已知 x 有唯一解,求证:$A'A$ 非奇异,且唯一解为
$$x=(A'A)^{-1}A'b$$

证 因为 $Ax=b$,有唯一解 $\Rightarrow$ 秩 $A = 秩(A,b) = n$. 所以 $n=秩 A = 秩 A'A$,即 $A'A$ 可逆,所以 $|A'A| \neq 0$,即 $A'A$ 非奇异.

再用 $(A'A)^{-1}A'$ 乘 $Ax=b$ 两边,即得 $x=(A'A)^{-1}A'b$.

126.(南开大学) 证明:(1)线性方程组 $ABx=0$ 与 $Bx=0$ 的解相同的充要条件是秩$(AB)=$秩 B;

(2)它们解空间正交的充要条件是 $|B| \neq 0$(这里 A,B 是 n 阶方阵,x 为一列 n 行向量).

证 (1)由第122题可得.

(2)先证必要性, 设 $ABx=0$ 与 $Bx=0$ 的解空间分别为 W_1,W_2. 设 $W_1 \perp W_2$,

因为 $W_2 \subseteq W_1 \Rightarrow W_2 \perp W_2$. 所以 $W_2 = 0$, 即 $Bx = 0$ 只有零解, 故 $|B| \neq 0$.

再证充分性, 因为 $|B| \neq 0$, 所以 $W_2 = 0$, 故 $W_1 \perp W_2$.

127. (北京大学) 给定复系数线性方程组

$$\left.\begin{aligned}(a_{11}+ib_{11})x_1+\cdots+(a_{1n}+ib_{1n})x_n &= c_1+id_1 \\ \cdots\cdots \\ (a_{s1}+ib_{s1})x_1+\cdots+(a_{sn}+ib_{sn})x_n &= c_s+id_s\end{aligned}\right\} \quad ①$$

其中 $i = \sqrt{-1}, a_{ij}, b_{ij}, c_i, d_i (1 \leqslant i \leqslant s, 1 \leqslant j \leqslant n)$ 都是实数. 证试明

(1) 方程组①有实数解 $\Leftrightarrow$ 下面两个矩阵:

$$A = \begin{bmatrix} a_{11} & \cdots & a_{1n} \\ \vdots & & \vdots \\ a_{s1} & \cdots & a_{sn} \\ b_{11} & \cdots & b_{1n} \\ \vdots & & \vdots \\ b_{s1} & \cdots & b_{sn} \end{bmatrix}, \quad B = \begin{bmatrix} a_{11} & \cdots & a_{1n} & c_1 \\ \vdots & & \vdots & \vdots \\ a_{s1} & \cdots & a_{sn} & c_s \\ b_{11} & \cdots & b_{1n} & d_1 \\ \vdots & & \vdots & \vdots \\ b_{s1} & \cdots & b_{sn} & d_s \end{bmatrix}$$

的秩相同;

(2) 当①有实数解时, 则它只有实数解时 $\Leftrightarrow$ 它只有唯一解.

证 (1) 由①可作方程组

$$\begin{cases} a_{11}x_1+\cdots+a_{1n}x_n = c_1 \\ \cdots\cdots \\ a_{s1}x_1+\cdots+a_{sn}x_n = c_s \\ b_{11}x_1+\cdots+b_{1n}x_n = d_1 \\ \cdots\cdots \\ b_{s1}x_1+\cdots+b_{sn}x_n = d_s \end{cases} \quad ②$$

那么①有实数根 $\Leftrightarrow$ ②有实数解 $\Leftrightarrow$ 秩 $A =$ 秩 B.

(2) 先证充分性. 它只有唯一解, 又知①有实数解, 从而唯一解必为实数, 即只有实数解.

再证必要性. 设①只有实数解, 下证唯一性, 用反证法, 若①有两个实数解 $(x_1, \cdots, x_n)'$ 和 $(y_1, \cdots, y_n)'$, 且至少有一个 $x_i \neq y_i$, 则

$$\begin{cases}(a_{11}+ib_{11})(x_1-y_1)+\cdots+(a_{1n}+ib_{1n})(x_n-y_n) = 0 \\ \cdots\cdots \\ (a_{s1}+ib_{s1})(x_1-y_1)+\cdots+(a_{sn}+ib_{sn})(x_n-y_n) = 0 \end{cases} \quad ③$$

令 $z_k = x_k + i(x_k - y_k)$, 且 $(z_1, \cdots, z_n) \neq 0$, 不是实向量, 则由 ①$-i$③ 知

$$\begin{cases}(a_{11}+ib_{11})z_1+\cdots+(a_{1n}+ib_{1n})z_n = c_1+id_1 \\ \cdots\cdots \\ (a_{s1}+ib_{s1})z_1+\cdots+(a_{sn}+ib_{sn})z_n = c_s+id_s. \end{cases}$$

从而①有非实数解, 这与必要性假设矛盾, 即证它只有唯一解.

128. (中南矿冶学院) 解下面矩阵方程组

$$\begin{cases} Az+By=P \\ Cz+Dy=Q \end{cases}$$

其中 $A=\begin{bmatrix} 2 & 1 \\ 1 & 1 \end{bmatrix}$, $B=\begin{bmatrix} 3 & 2 \\ 1 & 1 \end{bmatrix}$, $P=\begin{bmatrix} 9 & 4 \\ 4 & 3 \end{bmatrix}$

$C=\begin{bmatrix} 0 & -1 \\ 1 & 3 \end{bmatrix}$, $D=\begin{bmatrix} 2 & 3 \\ -6 & -13 \end{bmatrix}$, $Q=\begin{bmatrix} 1 & -2 \\ 5 & 4 \end{bmatrix}$

解 由原方程组可得

$$\begin{cases} z+A^{-1}By=A^{-1}P \\ z+C^{-1}Dy=C^{-1}Q \end{cases} \qquad ①$$

两式相减得 $(A^{-1}B-C^{-1}D)y=A^{-1}P-C^{-1}Q$. 又因为

$$A^{-1}B-C^{-1}D=\begin{bmatrix} 2 & 5 \\ 1 & 3 \end{bmatrix}, A^{-1}P-C^{-1}Q=\begin{bmatrix} -3 & 3 \\ 0 & 0 \end{bmatrix}$$

故

$$y=(A^{-1}B-C^{-1}D)^{-1}(A^{-1}P-C^{-1}Q)$$

$$=\begin{bmatrix} 2 & 5 \\ 1 & 3 \end{bmatrix}^{-1}\begin{bmatrix} -3 & 3 \\ 0 & 0 \end{bmatrix}=\begin{bmatrix} 3 & -5 \\ -1 & 2 \end{bmatrix}\begin{bmatrix} -3 & 3 \\ 0 & 0 \end{bmatrix}$$

$$=\begin{bmatrix} -9 & 9 \\ 3 & -3 \end{bmatrix}$$

将 y 代入①得 $z=A^{-1}P-A^{-1}By=\begin{bmatrix} 20 & -14 \\ -10 & 11 \end{bmatrix}$

129.(数学一,数学二) 已知平面上三条不同直线的方程分别为

$$l_1: ax+2by+3c=0$$
$$l_2: bx+2cy+3a=0$$
$$l_3: cx+2ay+3b=0$$

试证这三条直线交于一点的充分必要条件为 $a+b+c=0$.

证法 1 先证必要性. 设三直线 l_1, l_2, l_3 交于一点,则线性方程组

$$\left.\begin{matrix} ax+2by=-3c \\ bx+2cy=-3a \\ cx+2ay=-3b \end{matrix}\right\} \qquad ①$$

有唯一解,若记系数矩阵与增广矩阵分别为

$$A=\begin{pmatrix} a & 2b \\ b & 2c \\ c & 2a \end{pmatrix}$$

$$\overline{A}=\begin{pmatrix} a & 2b & -3c \\ b & 2c & -3a \\ c & 2a & -3b \end{pmatrix}$$

则秩 $A=$ 秩 $B=2$,于是 $|\overline{A}|=0$.

由于

$$|\overline{A}| = \begin{vmatrix} a & 2b & -3c \\ b & 2c & -3a \\ c & 2a & -3b \end{vmatrix}$$
$$= 6(a+b+c)[a^2+b^2+c^2-ab-ac-bc]$$
$$= 3(a+b+c)[(a-b)^2+(b-c)^2+(c-a)^2]$$

但 $(a-b)^2+(b-c)^2+(c-a)^2 \neq 0$, 故
$$a+b+c=0$$

再证充分性. 由必要性的证明知 $|\overline{A}|=0$, 故秩 $\overline{A} < 3$.

由于
$$\begin{vmatrix} a & 2b \\ b & 2c \end{vmatrix} = 2(ac-b^2) = -2[a(a+b)+b^2]$$
$$= -2[(a+\frac{1}{2}b)^2+\frac{3}{4}b^2] \neq 0$$

因此秩 $A=2$. 于是
$$秩 A = 秩 \overline{A} = 2$$

从而方程组①有唯一解, 即三直线 l_1, l_2, l_3 交于一点.

证法 2 先证必要性. 设三直线交于一点 (x_0, y_0), 则 $\begin{pmatrix} x_0 \\ y_0 \\ 1 \end{pmatrix}$ 为 $Ax=0$ 的非零解, 其中

$$A = \begin{pmatrix} a & 2b & 3c \\ b & 2c & 3a \\ c & 2a & 3b \end{pmatrix}$$

于是 $|A|=0$. 而
$$|A| = \begin{vmatrix} a & 2b & 3c \\ b & 2c & 3a \\ c & 2a & 3b \end{vmatrix}$$
$$= -6(a+b+c)[a^2+b^2+c^2-ab-bc-ac]$$
$$= -3(a+b+c)[(a-b)^2+(b-c)^2+(c-a)^2]$$

但 $(a-b)^2+(b-c)^2+(c-a)^2 \neq 0$, 故
$$a+b+c=0$$

再证充分性. 将方程组①的三个方程相加, 并由 $a+b+c=0$ 可知, 方程组①等价于方程组

$$\begin{cases} ax+2by = -3c \\ bx+2cy = -3a \end{cases} \quad ②$$

因为
$$\begin{vmatrix} a & 2b \\ b & 2c \end{vmatrix} = 2(ac-b^2) = -2[a(a+b)+b^2]$$

$$=-[a^2+b^2+(a+b)^2]\neq 0$$

所以②有唯一解,从而①也有唯一解,即三角线 l_1, l_2, l_3 交于一点.

130.(李政道问题) 一堆苹果要分给 5 只猴子,第一只猴子来了,把苹果分成 5 堆,还多一个扔了,自己拿走一堆,第二只猴子来了,又把苹果分成 5 堆,又多一个扔了,自己拿走一堆.以后每只猴子来了都如此办理,问原来至少有多少苹果?最后至少有多少个苹果?

解 设原来有 x_1 个苹果,5 只猴子分得的苹果数依次为 x_2, x_3, x_4, x_5, x_6,则依题意有

$$\begin{cases} x_1=5x_2+1 \\ 4x_2=5x_3+1 \\ 4x_3=5x_4+1 \\ 4x_4=5x_5+1 \\ 4x_5=5x_6+1 \end{cases}$$

将后四个方程两端分别加 4,可解得.

$$\begin{cases} x_2+1=\frac{5}{4}(x_3+1) \\ x_3+1=\frac{5}{4}(x_4+1) \\ x_4+1=\frac{5}{4}(x_5+1) \\ x_5+1=\frac{5}{4}(x_6+1) \end{cases}$$

逐次往上代入得

$$x_2+1=(\frac{5}{4})^4(x_6+1)$$

从中解出 x_2,再代入 $x_1=5x_2+1$ 得

$$x_1=\frac{5^5}{4^4}(x_6+1)-4$$

因 4^4 与 5^5 互素,要使 x_1 为正整数,必须 $x_6+1>0$,且 x_6 可被 4^4 整除,即

$$x_6+1=4^4 m(\text{其中 } m \text{ 为正整数})$$

当 $m=1$ 时,x_6, x_1 有最小正整数解,且

$$x_6=4^4-1=255(\text{个}) \quad x_1=5^5-4=3\ 121(\text{个})$$

因此原来至少有苹果 3121 个,最后至少有苹果 $4x_6=1\ 020$ 个.

3.2 向量的线性相关性

【考点综述】

1. 设 $\alpha_1, \alpha_2, \cdots, \alpha_s \in P^n$, 若方程组
$$x_1\alpha_1 + x_2\alpha_2 + \cdots + x_s\alpha_s = 0 \qquad ①$$
在 P 中有非零解, 则称 $\alpha_1, \alpha_2, \cdots, \alpha_s$ 线性相关. 否则称它们线性无关.

注 令 $A = (\alpha_1, \alpha_2, \cdots, \alpha_s)$, 其中 A 是 $n \times s$ 矩阵, α_i 为 n 维列向量, 且 $x = (x_1, x_2, \cdots, x_s)'$, 那么上面方程组①可改为 $Ax = 0$. 因此

$\alpha_1, \cdots, \alpha_s$ 线性相关 $\Leftrightarrow Ax = 0$ 有非零解 $\Leftrightarrow$ 秩 $A < s$.

$\alpha_1, \cdots, \alpha_s$ 线性无关 $\Leftrightarrow Ax = 0$ 只有零解 $\Leftrightarrow$ 秩 $A = s$.

2. (1) α 线性相关 $\Leftrightarrow \alpha = 0$;

   α 线性无关 $\Leftrightarrow \alpha \neq 0$.

   (2) α, β 线性相关 $\Leftrightarrow$ 它们对应的分量成比例.

   α, β 线性无关 $\Leftrightarrow$ 它们对应的分量不成比例.

3. 设 $A = \begin{bmatrix} a_{11} & \cdots & a_{1n} \\ \vdots & & \vdots \\ a_{n1} & \cdots & a_{nn} \end{bmatrix} \alpha_i = (a_{i1}, \cdots, a_{in})(i = 1, 2, \cdots, n)$, 则

$\alpha_1, \alpha_2, \cdots, \alpha_n$ 线性相关 $\Leftrightarrow |A| = 0$

$\alpha_1, \alpha_2, \cdots, \alpha_n$ 线性无关 $\Leftrightarrow |A| \neq 0$

4. (1) 若 $\alpha_1, \cdots, \alpha_s$ 线性相关 $\Rightarrow \alpha_1, \cdots, \alpha_s, \beta_1, \cdots, \beta_m$ 也线性相关.

   (2) 若 $\alpha_1, \cdots, \alpha_s, \beta_1, \cdots, \beta_m$ 线性无关 $\Rightarrow \alpha_1, \cdots, \alpha_s$ 也线性无关.

5. 设 $\alpha_i = (a_{i1}, \cdots, a_{in}), (i = 1, 2, \cdots, s)$,

   $\beta_i = (a_{i1}, \cdots, a_{in}, b_{i1} \cdots b_{it}), (i = 1, 2, \cdots, s)$,

(1) 若 $\beta_1, \cdots, \beta_s$ 线性相关 $\Rightarrow \alpha_1, \cdots, \alpha_s$ 也线性相关.

(2) 若 $\alpha_1, \cdots, \alpha_s$ 线性无关 $\Rightarrow \beta_1, \cdots, \beta_s$ 也线性无关.

6. (1) 设 $\beta, \alpha_1, \cdots, \alpha_m \in P^n$, 存在 $k_1, \cdots, k_m \in P$, 使 $\beta = k_1\alpha_1 + \cdots + k_m\alpha_m$, 则称 β 可由 $\alpha_1, \cdots, \alpha_m$ 线性表出(或线性表示或是线性组合).

(2) 设

(Ⅰ): $\alpha_1, \cdots, \alpha_m$. (Ⅱ): $\beta_1, \cdots, \beta_s$,

若(Ⅰ)中任一 α_i 都可由(Ⅱ)线性表出, 则称(Ⅰ)可由(Ⅱ)线性表出.

(3) 上述记号中, 若(Ⅰ)可由(Ⅱ)线性表出, (Ⅱ)也可由(Ⅰ)线性表出, 则称(Ⅰ)与(Ⅱ)等价.

(4) 若 $\alpha_1, \cdots, \alpha_m$ 线性无关, $\alpha_1, \cdots, \alpha_m, \beta$ 线性相关, 则 β 可由 $\alpha_1, \cdots, \alpha_m$ 线性表出.

7. (1) (Ⅰ): $\alpha_1, \cdots, \alpha_m$, 若在(Ⅰ)中存在 r 个线性无关的向量 $\alpha_1, \cdots, \alpha_r$, 且 $\forall \beta \in$ (Ⅰ)都可由 $\alpha_1, \cdots, \alpha_r$ 线性表出, 则称 $\alpha_1, \cdots, \alpha_r$ 是(Ⅰ)的一个极大线性无关组, 且称秩(Ⅰ) $= r$.

(2) 两个等价的向量组具有相同的秩.

(3) 若 $(\beta_1,\cdots,\beta_m)=(\alpha_1,\cdots,\alpha_s)A$,其中 A 是 $s\times m$ 矩阵,若 $\alpha_1,\cdots,\alpha_s$ 线性无关,则秩$\{\beta_1,\cdots,\beta_m\}=$秩 A.

【经典题解】

131. (武汉大学) 设 $\alpha_1=(1,2,3),\alpha_2=(2,-1,0),\alpha_3=(1,1,1),\beta=(-3,8,7)$,将 β 表示成 $\alpha_1,\alpha_2,\alpha_3$ 的线性组合.

解 设 $\beta=x_1\alpha_1+x_2\alpha_2+x_3\alpha_3$,则
$$\begin{cases} x_1+2x_2+x_3=-3 \\ 2x_1-x_2+x_3=8 \\ 3x_1\quad\ \ +x_3=7 \end{cases}$$
解得 $x_1=2,\ x_2=-3,\ x_3=1,\ $ 故 $\beta=2\alpha_1-3\alpha_2+\alpha_3$.

132. (上海交通大学,天津大学,华南理工大学,西安交通大学,浙江大学,南京工学院,哈尔滨工业大学) 设向量组 $A=(a_1,a_2,a_3),B=(b_1,b_2,b_3),C=(c_1,c_2,c_3)$ 线性无关,证明:$D=(a_1,a_2,a_3,a_4),E=(b_1,b_2,b_3,b_4),F=(c_1,c_2,c_3,c_4)$ 也线性无关.

证 令 $k_1(a_1,a_2,a_3,a_4)+k_2(b_1,b_2,b_3,b_4)+k_3(c_1,c_2,c_3,c_4)=0$
$$\Rightarrow k_1(a_1,a_2,a_3)+k_2(b_1,b_2,b_3)+k_3(c_1,c_2,c_3)=0 \qquad ①$$
已知 A,B,C 线性无关,由①知,$k_1=k_2=k_3=0$,此即证 D,E,F 线性无关.

133. (数学二) 确定常数 a,使向量组 $\alpha_1=(1,1,a)',\alpha_2=(1,a,1)',\alpha_3=(a,1,1)'$ 可由向量组 $\beta_1=(1,1,a)',\beta_2=(-2,a,4)',\beta_3=(-2,a,a)'$ 线性表示,但向量组 β_1,β_2,β_3 不能由向量组 $\alpha_1,\alpha_2,\alpha_3$ 线性表示.

解法 1 记 $A=(\alpha_1,\alpha_2,\alpha_3),B=(\beta_1,\beta_2,\beta_3)$,由于 β_1,β_2,β_3 不能由 $\alpha_1,\alpha_2,\alpha_3$ 线性表示,因此秩 $A<3$,从而
$$|A|=-(a-1)^2(a+2)=0$$
所以 $a=1$ 或 $a=-2$.

当 $a=1$ 时,$\alpha_1=\alpha_2=\alpha_3=\beta_1=(1,1,1)'$,故 $\alpha_1,\alpha_2,\alpha_3$ 可由 β_1,β_2,β_3 线性表示,但 $\beta_2=(-2,1,4)'$ 不能由 $\alpha_1,\alpha_2,\alpha_3$ 线性表示,所以 $a=1$ 符合题意.

当 $a=-2$ 时,由于
$$(B\vdots A)=\begin{pmatrix} 1 & -2 & -2 & \vdots & 1 & 1 & -2 \\ 1 & -2 & -2 & \vdots & 1 & -2 & 1 \\ -2 & 4 & -2 & \vdots & -2 & 1 & 1 \end{pmatrix}$$
$$\rightarrow \begin{pmatrix} 1 & -2 & -2 & \vdots & 1 & 1 & -2 \\ 0 & 0 & -6 & \vdots & 0 & 3 & -3 \\ 0 & 0 & 0 & \vdots & 0 & -3 & 3 \end{pmatrix}$$

考虑线性方程组 $Bx=\alpha_2$,因为秩 $B=2$,秩$(B\vdots\alpha_2)=3$,所以方程组 $Bx=\alpha_2$ 无解,即 α_2 不能由 β_1,β_2,β_3 线性表示,与题设矛盾.

综上所述,可得 $a=1$.

解法 2 记 $A=(\alpha_1,\alpha_2,\alpha_3),\beta=(\beta_1,\beta_2,\beta_3)$,对矩阵$(A\vdots B)$作初等行变换:

$$(A \vdots B) = \begin{pmatrix} 1 & 1 & a & \vdots & 1 & -2 & -2 \\ 1 & a & 1 & \vdots & 1 & a & a \\ a & 1 & 1 & \vdots & a & 4 & a \end{pmatrix}$$

$$\rightarrow \begin{pmatrix} 1 & 1 & a & \vdots & 1 & -2 & -2 \\ 0 & a-1 & 1-a & \vdots & 0 & a+2 & a+2 \\ 0 & 1-a & 1-a^2 & \vdots & 0 & 4+2a & 3a \end{pmatrix}$$

$$\rightarrow \begin{pmatrix} 1 & 1 & a & \vdots & 1 & -2 & -2 \\ 0 & a-1 & 1-a & \vdots & 0 & a+2 & a+2 \\ 0 & 0 & -(a-1)(a+2) & \vdots & 0 & 3a+6 & 4a+2 \end{pmatrix}$$

由于 β_1,β_2,β_3 不能由 $\alpha_1,\alpha_2,\alpha_3$ 线性表示,故秩 $A<3$,因此可得 $a=1$ 或 $a=-2$.

当 $a=1$ 时,有

$$(A \vdots B) = \begin{pmatrix} 1 & 1 & 1 & \vdots & 1 & -2 & -2 \\ 1 & 1 & 1 & \vdots & 1 & 1 & 1 \\ 1 & 1 & 1 & \vdots & 1 & 4 & 1 \end{pmatrix}$$

$$\rightarrow \begin{pmatrix} 1 & 1 & 1 & \vdots & 1 & -2 & -2 \\ 0 & 0 & 0 & \vdots & 0 & 3 & 3 \\ 0 & 0 & 0 & \vdots & 0 & 0 & -3 \end{pmatrix}$$

考虑线性方程组 $Ax=\beta_2$.由于秩 $A=1$,秩$(A \vdots \beta_2)=2$,故方程组 $Ax=\beta_2$ 无解,所以 β_2 不能由 $\alpha_1,\alpha_2,\alpha_3$ 线性表示.

另一方面,由于 $|B|=-9\neq 0$,故 $Bx=\alpha_i(i=1,2,3)$ 有唯一解,即 $\alpha_1,\alpha_2,\alpha_3$ 可由 β_1,β_2,β_3 线性表示,所以 $a=1$ 符合题意.

当 $a=-2$ 时,有

$$(A \vdots B) = \begin{pmatrix} 1 & 1 & -2 & \vdots & 1 & -2 & -2 \\ 1 & -2 & 1 & \vdots & 1 & -2 & -2 \\ -2 & 1 & 1 & \vdots & -2 & 4 & -2 \end{pmatrix}$$

$$\rightarrow \begin{pmatrix} 1 & 1 & -2 & \vdots & 1 & -2 & -2 \\ 0 & -3 & 3 & \vdots & 0 & 0 & 0 \\ 0 & 0 & 0 & \vdots & 0 & 0 & -6 \end{pmatrix}$$

考虑线性方程组 $Bx=\alpha_2$.则有

$$(B \vdots \alpha_2) = \begin{pmatrix} 1 & -2 & -2 & \vdots & 1 \\ 1 & -2 & -2 & \vdots & -2 \\ -2 & 4 & -2 & \vdots & 1 \end{pmatrix}$$

$$\rightarrow \begin{pmatrix} 1 & -2 & -2 & \vdots & 1 \\ 0 & 0 & 0 & \vdots & -3 \\ 0 & 0 & -6 & \vdots & 0 \end{pmatrix}$$

由于秩 $B=2$,秩$(B\vdots \alpha_2)=3$,故方程组 $Bx=\alpha_2$ 无解,即 α_2 不能由 β_1,β_2,β_3 线性表示,与题设矛盾. 综上所述可得 $a=1$.

134. (**数学一,数学二,数学三,数学四**) 设向量组 $\alpha_1,\alpha_2,\alpha_3$ 线性无关,则下列向量组线性相关的是( ).

(A) $\alpha_1-\alpha_2,\alpha_2-\alpha_3,\alpha_3-\alpha_1$

(B) $\alpha_1+\alpha_2,\alpha_2+\alpha_3,\alpha_3+\alpha_1$

(C) $\alpha_1-2\alpha_2,\alpha_2-2\alpha_3,\alpha_3-2\alpha_1$

(D) $\alpha_1+2\alpha_2,\alpha_2+2\alpha_3,\alpha_3+2\alpha_1$

答(A). 因为
$$(\alpha_1-\alpha_2)+(\alpha_2-\alpha_3)+(\alpha_3-\alpha_1)=0$$
所以向量组 $\alpha_1-\alpha_2,\alpha_2-\alpha_3,\alpha_3-\alpha_1$ 线性相关,故选(A).

135. (**农学类数学**) 已知向量组 $\alpha_1,\alpha_2,\alpha_3$ 线性无关,则下列向量组中线性无关的是( ).

(A) $\alpha_1+2\alpha_2,2\alpha_2+\alpha_3,\alpha_3-\alpha_1$

(B) $\alpha_1-2\alpha_2,\alpha_2-\alpha_3,2\alpha_3-\alpha_1$

(C) $2\alpha_1-\alpha_2,\alpha_2+2\alpha_3,\alpha_3-\alpha_1$

(D) $\alpha_1-\alpha_2,\alpha_2+2\alpha_3,2\alpha_3+\alpha_1$

答 (C)

136. (**数学三**) 设 $\alpha_1=(1,2,0)',\alpha_2=(1,a+2,-3a)',\alpha_3=(-1,-b-2,a+2b)'$, $\beta=(1,3,-3)'$. 试讨论当 a,b 为何值时,

(1) β 不能由 $\alpha_1,\alpha_2,\alpha_3$ 线性表示;

(2) β 可由 $\alpha_1,\alpha_2,\alpha_3$ 唯一地线性表示,并求出表示式;

(3) β 可由 $\alpha_1,\alpha_2,\alpha_3$ 线性表示,但表示式不唯一,并求出表示式.

解 设有数 k_1,k_2,k_3,使得
$$k_1\alpha_1+k_2\alpha_2+k_3\alpha_3=\beta \qquad ①$$

记 $A=(\alpha_1,\alpha_2,\alpha_3)$. 对矩阵 $(A\vdots\beta)$ 作初等行变换,有

$$(A\vdots\beta)=\begin{pmatrix} 1 & 1 & -1 & \vdots & 1 \\ 2 & a+2 & -b-2 & \vdots & 3 \\ 0 & -3a & a+2b & \vdots & -3 \end{pmatrix} \rightarrow \begin{pmatrix} 1 & 1 & -1 & \vdots & 1 \\ 0 & a & -b & \vdots & 1 \\ 0 & 0 & a-b & \vdots & 0 \end{pmatrix}$$

(1) 当 $a=0$,b 为任意常数时,有
$$(A\vdots\beta)=\rightarrow \begin{pmatrix} 1 & 1 & -1 & \vdots & 1 \\ 0 & 0 & -b & \vdots & 1 \\ 0 & 0 & 0 & \vdots & -1 \end{pmatrix}$$

可知秩 $A\neq$秩$(A\vdots\beta)$. 故方程组①无解,β 不能由 $\alpha_1,\alpha_2,\alpha_3$ 线性表示.

(2) 当 $a\neq0$,且 $a\neq b$ 时,秩 $A=$秩$(A\vdots\beta)=3$,故方程组①有唯一解
$$k_1=1-\frac{1}{a},\quad k_2=\frac{1}{a},\quad k_3=0$$

因此 β 可由 $\alpha_1,\alpha_2,\alpha_3$ 唯一地线性表示,且有
$$\beta=(1-\frac{1}{a})\alpha_1+\frac{1}{a}\alpha_2$$

(3) 当 $a=b\neq 0$ 时,对 $(A\mathrel{\vdots}\beta)$ 作初等行变换,有
$$(A\mathrel{\vdots}\beta)\rightarrow\begin{pmatrix}1 & 0 & 0 & \vdots & 1-\dfrac{1}{a}\\ 0 & 1 & -1 & \vdots & \dfrac{1}{a}\\ 0 & 0 & 0 & \vdots & 0\end{pmatrix}$$

可知秩 $A=$ 秩 $(A\mathrel{\vdots}\beta)=2$,故方程组①有无穷多解,其全部解为

扫码获取本书资源

$$\begin{cases}k_1=1-\dfrac{1}{a}\\ k_2=\dfrac{1}{a}+c\\ k_3=c\end{cases},\text{其中 }c\text{ 为任意常数}$$

即 β 可由 $\alpha_1,\alpha_2,\alpha_3$ 线性表示,但表示式不唯一,其表示式为
$$\beta=(1-\frac{1}{a})\alpha_1+(\frac{1}{a}+c)\alpha_2+c\alpha_3$$

137. (中山大学) 设 $\alpha_1,\alpha_2,\cdots,\alpha_n$ 为数域 P 上线性空间 V 中一组线性无关向量组,讨论向量组 $\alpha_1+\alpha_2,\alpha_2+\alpha_3,\cdots,\alpha_n+\alpha_1$ 的线性相关性.

解 设 $x_1,\cdots,x_n\in P$,且
$$x_1(\alpha_1+\alpha_2)+x_2(\alpha_2+\alpha_3)+\cdots+x_n(\alpha_n+\alpha_1)=0$$
即
$$(x_1+x_2)\alpha_2+(x_2+x_3)\alpha_3+\cdots+(x_{n-1}+x_n)\alpha_n+(x_n+x_1)\alpha_1=0$$
因为 $\alpha_1,\cdots,\alpha_n$ 线性无关,所以 $x_1+x_2=x_2+x_3=\cdots=x_n+x_1=0$. 即有
$$\begin{cases}x_1+x_2=0\\ x_2+x_3=0\\ x_3+x_4=0\\ \cdots\cdots\\ x_{n-1}+x_n=0\\ x_n+x_1=0\end{cases}$$

其系数矩阵为
$$A=\begin{pmatrix}1 & 1 & 0 & \cdots & 0 & 0\\ 0 & 1 & 1 & \cdots & 0 & 0\\ 0 & 1 & 1 & \cdots & 0 & 0\\ \vdots & \vdots & \vdots & & \vdots & \vdots\\ 0 & 0 & 0 & \cdots & 1 & 1\\ 1 & 0 & 0 & \cdots & 0 & 1\end{pmatrix}_{n\times n}$$

则将 $|A|$ 按第 n 行展开,有

$$|A| = \begin{vmatrix} 1 & 1 & 0 & \cdots & 0 & 0 \\ 0 & 1 & 1 & \cdots & 0 & 0 \\ 0 & 0 & 1 & \cdots & 0 & 0 \\ \vdots & \vdots & \vdots & & \vdots & \vdots \\ 0 & 0 & 0 & \cdots & 1 & 1 \\ 0 & 0 & 0 & \cdots & 0 & 1 \end{vmatrix} + (-1)^{n+1} \begin{vmatrix} 1 & 0 & 0 & \cdots & 0 & 0 \\ 1 & 1 & 0 & \cdots & 0 & 0 \\ 0 & 1 & 1 & \cdots & 0 & 0 \\ \vdots & \vdots & \vdots & & \vdots & \vdots \\ 0 & 0 & 0 & \cdots & 1 & 0 \\ 0 & 0 & 0 & \cdots & 1 & 1 \end{vmatrix} = 1 + (-1)^{n+1}$$

若 n 为奇数,则 $|A|=1+1=2\neq 0$. 故原方程组只有零解,从而 $\alpha_1+\alpha_2, \alpha_2+\alpha_3, \cdots, \alpha_n+\alpha_1$ 线性无关;

若 n 为偶数,则 $|A|=0$, 故原方程组有非零解,从而 $\alpha_1+\alpha_2, \alpha_2+\alpha_3, \cdots, \alpha_n+\alpha_1$ 线性相关.

138. (中山大学) 设向量组 $\alpha_1, \alpha_2, \cdots, \alpha_m$ 线性无关, 向量 β_1 可由它线性表示, 而向量 β_2 不能由它线性表示. 证明 $\alpha_1, \alpha_2, \cdots, \alpha_m, \beta_1+\beta_2$ 线性无关.

证 假设 $\alpha_1, \alpha_2, \cdots, \alpha_m, \beta_1+\beta_2$ 线性相关, 则存在一组不全为零的数 $k_1, k_2, \cdots, k_m, k_{m+1}$, 使

$$k_1\alpha_1 + \cdots + k_m\alpha_m + k_{m+1}(\beta_1+\beta_2) = 0 \qquad ①$$

由 $\alpha_1, \cdots, \alpha_m$ 线性无关知 $k_{m+1}\neq 0$ (若 $k_{m+1}=0$, 则 $k_1\alpha_1+\cdots+k_m\alpha_m=0$, 而 $k_1, \cdots, k_m$ 不全为 0, 从而 $\alpha_1, \cdots, \alpha_m$ 线性相关, 矛盾). 所以由式①知

$$\beta_2 = -\beta_1 - \frac{k_1}{k_{m+1}}\alpha_1 - \cdots - \frac{k_m}{k_{m+1}}\alpha_m$$

又因为 β_1 可由 $\alpha_1, \cdots, \alpha_m$ 线性表出, 所以 β_2 也可由 $\alpha_1, \cdots, \alpha_m$ 线性表出, 与题设矛盾, 因此, $\alpha_1, \cdots, \alpha_m, \beta_1+\beta_2$ 线性无关.

139. (数学二) 已知向量组 $\beta_1=(0,1,-1)', \beta_2=(a,2,1)', \beta_3=(b,1,0)'$ 与向量组 $\alpha_1=(1,2,-3)', \alpha_2=(3,0,1)', \alpha_3=(9,6,-7)'$ 具有相同的秩, 且 β_3 可由 $\alpha_1, \alpha_2, \alpha_3$ 线性表示, 求 a, b 的值.

解 由 $|\alpha_1, \alpha_2, \alpha_3| = \begin{vmatrix} 1 & 3 & 9 \\ 2 & 0 & 6 \\ -3 & 1 & -7 \end{vmatrix} = 0$, 知 $\alpha_1, \alpha_2, \alpha_3$ 线性相关.

但 α_1, α_2 线性无关, 故秩 $\{\alpha_1, \alpha_2, \alpha_3\}=2 \Rightarrow$ 秩 $\{\beta_1, \beta_2, \beta_3\}=2$. 即 $\beta_1, \beta_2, \beta_3$ 线性相关, 于是

$$0 = |\beta_1, \beta_2, \beta_3| = \begin{vmatrix} 0 & a & b \\ 1 & 2 & 1 \\ -1 & 1 & 0 \end{vmatrix} = 3b-a \Rightarrow a=3b \qquad ①$$

因为, β 可由 $\alpha_1, \alpha_2, \alpha_3$ 线性表示, α_1, α_2 是 $\alpha_1, \alpha_2, \alpha_3$ 的一个极大线性无关组, 所以 β 可由 α_1, α_2 线性表示, 故 $\alpha_1, \alpha_2, \beta$ 线性相关. 从而

$$0 = |\alpha_1, \alpha_2, \beta| = \begin{vmatrix} 1 & 2 & b \\ 2 & 0 & 1 \\ -3 & 1 & 0 \end{vmatrix} = 2b-10 \Rightarrow b=5$$

将 $b=5$ 代入①,得 $a=15$,故 $a=15, b=5$.

140. (武汉大学) 设 $\beta_1 = \alpha_2 + \alpha_3 + \cdots + \alpha_r, \beta_2 = \alpha_1 + \alpha_3 + \cdots + \alpha_r, \cdots, \beta_{r-1} = \alpha_1 + \cdots + \alpha_{r-2} + \alpha_r, \beta_r = \alpha_1 + \cdots + \alpha_{r-1}$,则 $\alpha_1, \cdots, \alpha_r$ 之秩 s 与 $\beta_1, \cdots, \beta_r$ 之秩 t 的关系是_____.

答 $t=s$. 由已知等式可知 $\beta_1, \cdots, \beta_r$ 可由 $\alpha_1, \cdots, \alpha_r$ 线性表示. 将这些等式统统相加有 $\beta_1 + \cdots + \beta_r = (n-1)(\alpha_1 + \cdots + \alpha_r)$,所以

$$\alpha_1 + \cdots + \alpha_r = \frac{1}{n-1}(\beta_1 + \cdots + \beta_r) \qquad ①$$

将式①两端分别减去 $\beta_1, \beta_2, \cdots, \beta_r$,得

$$\begin{cases} \alpha_1 = -\frac{n-2}{n-1}\beta_1 + \frac{1}{n-1}\beta_2 + \cdots + \frac{1}{n-1}\beta_r \\ \alpha_2 = \frac{1}{n-1}\beta_1 - \frac{n-2}{n-1}\beta_2 + \frac{1}{n-1}\beta_3 + \cdots + \frac{1}{n-1}\beta_r \\ \cdots\cdots \\ \alpha_r = \frac{1}{n-1}\beta_1 + \cdots + \frac{1}{n-1}\beta_{r-1} - \frac{n-2}{n-1}\beta_r \end{cases}$$

此即 $\alpha_1, \cdots, \alpha_r$ 可由 $\beta_1, \cdots, \beta_r$ 线性表示,从而两向量组等价,而等价向量组具有相同的秩,故 $t=s$.

141. (日本山梨大学) 给定下列 3 维向量
$$\alpha_1 = (3, -1, 1), \alpha_2 = (1, 1, 2), \alpha_3 = (1, -3, -3), \alpha_4 = (4, 0, 5)$$
(1)证明: $\alpha_1, \alpha_2, \alpha_3, \alpha_4$ 线性相关;
(2)证明: $\alpha_1, \alpha_2, \alpha_4$ 线性无关.

证 (1) 因为 $n+1$ 个 n 维向量一定线性相关,所以, $\alpha_1, \alpha_2, \alpha_3, \alpha_4$ 线性相关.

(2) $|\alpha'_1, \alpha'_2, \alpha'_4| = \begin{vmatrix} 3 & 1 & 4 \\ -1 & 1 & 0 \\ 1 & 2 & 5 \end{vmatrix} = 8 \neq 0 \Rightarrow \alpha_1, \alpha_2, \alpha_4$ 线性无关.

142. (同济大学) 设向量组 $\alpha_1, \alpha_2, \alpha_3$ 线性无关,向量组 $\alpha_2, \alpha_3, \alpha_4$ 线性相关,试证: α_1 不能由 $\alpha_2, \alpha_3, \alpha_4$ 线性表示.

证法 1 用反证法,若 α_1 可以由 $\alpha_2, \alpha_3, \alpha_4$ 线性表示,即

$$\alpha_1 = k_2\alpha_2 + k_3\alpha_3 + k_4\alpha_4 \qquad ①$$

则 $k_4 \neq 0$(否则若 $k_4 = 0$,则由①知 $\alpha_1, \alpha_2, \alpha_3$ 线性相关,矛盾). 由①可解得

$$\alpha_4 = \frac{1}{k_4}\alpha_1 - \frac{k_2}{k_4}\alpha_2 - \frac{k_3}{k_4}\alpha_3 \qquad ②$$

再由 $\alpha_2, \alpha_3, \alpha_4$ 线性相关,存在不全为零的数 l_2, l_3, l_4 使

$$l_2\alpha_2 + l_3\alpha_3 + l_4\alpha_4 = 0 \qquad ③$$

类似可证 $l_4 \neq 0$(否则 α_2, α_3 线性相关,这与 $\alpha_1, \alpha_2, \alpha_3$ 线性无关矛盾).
由③解得

$$\alpha_4 = -\frac{l_2}{l_4}\alpha_2 - \frac{l_3}{l_4}\alpha_3 = 0\alpha_1 - \frac{l_2}{l_4}\alpha_2 - \frac{l_3}{l_4}\alpha_3 \qquad ④$$

但 $\alpha_1,\alpha_2,\alpha_3$ 线性无关,表示法唯一,由②,④可得 $\frac{1}{k_4}=0$,矛盾,即证 α_1 不能由 α_2,α_3, α_4 线性表示.

证法 2 $\alpha_1,\alpha_2,\alpha_3$ 线性无关,则 $R(\alpha_1,\alpha_2,\alpha_3)=3$;$\alpha_2,\alpha_3,\alpha_4$ 线性相关,则 $R(\alpha_2,\alpha_3,\alpha_4)<3$;而 $R(\alpha_1,\alpha_2,\alpha_3,\alpha_4)\geqslant R(\alpha_1,\alpha_2,\alpha_3)=3$,

若 α_1 能由 $\alpha_2,\alpha_3,\alpha_4$ 线性表示,则 $R(\alpha_1,\alpha_2,\alpha_3,\alpha_4)=R(\alpha_2,\alpha_3,\alpha_4)$,矛盾.

143. (山东大学) 设 $\alpha_1=(2,1,2,2,-4),\alpha_2=(1,1,-1,0,2),\alpha_3=(0,1,2,1,-1),\alpha_4=(-1,-1,-1,-1,1),\alpha_5=(1,2,1,1,1)$,试确定向量组 $\alpha_1,\alpha_2,\alpha_3,\alpha_4,\alpha_5$ 的秩和一个极大线性无关组.

解 将 $\alpha_1,\alpha_2,\cdots,\alpha_5$ 写成列向量,拼成一个矩阵,并进行初等行变换,将此矩阵化为阶梯形. 有

$$\begin{bmatrix} 2 & 1 & 0 & -1 & 1 \\ 1 & 1 & 1 & -1 & 2 \\ 2 & -1 & 2 & -1 & 1 \\ 2 & 0 & 1 & -1 & 1 \\ -4 & 2 & -1 & 1 & 1 \end{bmatrix} \rightarrow \begin{bmatrix} 1 & 1 & 1 & -1 & 2 \\ 0 & -1 & -2 & 1 & -3 \\ 0 & -2 & 2 & 0 & 0 \\ 0 & 0 & 1 & 0 & 0 \\ 0 & 2 & -1 & -1 & 3 \end{bmatrix}$$

$$\rightarrow \begin{bmatrix} 1 & 1 & 1 & -1 & 2 \\ 0 & 1 & -1 & 0 & 0 \\ 0 & 0 & 3 & 1 & -3 \\ 0 & 0 & -3 & 1 & -3 \\ 0 & 0 & 0 & 0 & 0 \end{bmatrix} \rightarrow \begin{bmatrix} 1 & 1 & 1 & -1 & 2 \\ 0 & 1 & -1 & 0 & 0 \\ 0 & 0 & 3 & 1 & -3 \\ 0 & 0 & 0 & 0 & 0 \\ 0 & 0 & 0 & 0 & 0 \end{bmatrix} \quad ①$$

故秩 $\{\alpha_1,\alpha_2,\alpha_3,\alpha_4,\alpha_5\}=3$,且 $\alpha_1,\alpha_2,\alpha_3$ 为其一个极大线性无关组.

注 从①式看出 $\alpha_1,\alpha_2,\alpha_4$ 以及 $\alpha_1,\alpha_2,\alpha_5$ 等都是此向量组的一个极大线性无关组,此即:一个向量组的极大线性无关组不是唯一的.

144. (数学三,数学四) 设向量组

$$\alpha_1=(a,2,10)',\alpha_2=(-2,1,5)',\alpha_3=(-1,1,4)',\beta=(1,b,c)'$$

试问:当 a,b,c 满足什么条件时,

(1) β 可由 $\alpha_1,\alpha_2,\alpha_3$ 线性表出,且表示法唯一?

(2) β 不能由 $\alpha_1,\alpha_2,\alpha_3$ 线性表出?

(3) β 可由 $\alpha_1,\alpha_2,\alpha_3$ 线性表出,但表示法不唯一? 并求出一般表达式.

解 (1) β 可由 $\alpha_1,\alpha_2,\alpha_3$ 表示,且表示法唯一 $\Leftrightarrow \alpha_1,\alpha_2,\alpha_3$ 线性无关

$$\Leftrightarrow 0\neq |\alpha_1,\alpha_2,\alpha_3|=\begin{vmatrix} a & -2 & -1 \\ 2 & 1 & 1 \\ 10 & 5 & 4 \end{vmatrix}=-a-4\Leftrightarrow a\neq -4$$

(2) 当 $a=-4$ 时,令

$$x_1\alpha_1+x_2\alpha_2+x_3\alpha_3=\beta \quad ①$$

则线性方程组①的增广矩阵为

$$\begin{pmatrix} -4 & -2 & -1 & 1 \\ 2 & 1 & 1 & b \\ 10 & 5 & 4 & c \end{pmatrix} \rightarrow \begin{pmatrix} 2 & 1 & 1 & b \\ 0 & 0 & 1 & 2b+1 \\ 0 & 0 & 0 & c-3b+1 \end{pmatrix} \quad ②$$

故当 $\begin{cases} c-3b+1 \neq 0 \\ a=-4 \end{cases}$ 时,秩 $A \neq$ 秩 $\overline{A}$,方程组①无解,即 β 不能由 $\alpha_1, \alpha_2, \alpha_3$ 线性表出.

(3)当 $a=-4$ 且 $c-3b+1=0$ 时,秩 $A=$ 秩 $\overline{A}=2<3$,方程组①有无穷多解,此时 β 的表示法不唯一.

由②知方程组①与下面方程组同解
$$\begin{cases} 2x_1 + x_2 + x_3 = b \\ x_3 = 2b+1 \end{cases}$$

令 $x_1 = k$,则 $x_2 = -2k-b-1, x_3 = 2b+1$,所以 β 的表达式为
$$\beta = k\alpha_1 - (2k+b+1)\alpha_2 + (2b+1)\alpha_3$$
其中 k 为任意常数.

145.(四川大学) 证明:当 a 为任一实数时,向量组 $\alpha_1=(a,a,a,a), \alpha_2=(a,a+1, a+2, a+3), \alpha_3=(a,2a,3a,4a)$ 线性相关.

证 (1)当 $a=0$ 时,$\alpha_1=0$,故 $\alpha_1, \alpha_2, \alpha_3$ 线性相关.

(2)当 $a \neq 0$ 时,有
$$\begin{bmatrix} a & a & a \\ a & a+1 & 2a \\ a & a+2 & 3a \\ a & a+3 & 4a \end{bmatrix} \rightarrow \begin{bmatrix} a & a & a \\ 0 & 1 & a \\ 0 & 2 & a \\ 0 & 3 & a \end{bmatrix} \rightarrow \begin{bmatrix} a & a & a \\ 0 & 1 & a \\ 0 & 0 & 0 \\ 0 & 0 & 0 \end{bmatrix}$$

即秩 $\{\alpha_1, \alpha_2, \alpha_3\}=2$,故 $\alpha_1, \alpha_2, \alpha_3$ 线性相关.

146.(湖北大学) 把 β 写成 $\alpha_1, \alpha_2, \alpha_3, \alpha_4$ 的线性组合,其中
$$\beta=(2,4,2,2), \alpha_1=(1,1,1,1), \alpha_2=(1,1,-1,-1)$$
$$\alpha_3=(1,-1,1,-1), \alpha_4=(1,-1,-1,1)$$

解 设 $\beta = x_1\alpha_1 + x_2\alpha_2 + x_3\alpha_3 + x_3\alpha_4$,则此方程组的增广矩阵为
$$\begin{pmatrix} 1 & 1 & 1 & 1 & 2 \\ 1 & 1 & -1 & -1 & 4 \\ 1 & -1 & 1 & -1 & 2 \\ 1 & -1 & -1 & 1 & 2 \end{pmatrix} \rightarrow \begin{pmatrix} 1 & 0 & 0 & 1 & 2 \\ 0 & 1 & 0 & 1 & 0 \\ 0 & 0 & 1 & -1 & 0 \\ 0 & 0 & 0 & 2 & -1 \end{pmatrix}$$

解得 $x_1 = \dfrac{5}{2}, x_2 = \dfrac{1}{2}, x_3 = -\dfrac{1}{2}, x_4 = -\dfrac{1}{2}$. 故
$$\beta = \frac{5}{2}\alpha_1 + \frac{1}{2}\alpha_2 - \frac{1}{2}\alpha_3 - \frac{1}{2}\alpha_4$$

147.(湖北大学) 设向量 β 可由向量组 $\alpha_1, \cdots, \alpha_r$ 线性表示,但不能由向量组 $\alpha_1, \cdots, \alpha_{r-1}$ 线性表示,证明:α_r 不能由向量组 $\alpha_1, \cdots, \alpha_{r-1}$ 线性表示.

证 用反证法,若
$$a_r = k_1\alpha_1 + \cdots + k_{r-1}\alpha_{r-1} \qquad ①$$
又已知
$$\beta = l_1\alpha_1 + \cdots + l_{r-1}\alpha_{r-1} + l_r\alpha_r \qquad ②$$
将②代入①,整理得
$$\beta = (l_1 + k_1 l_r)\alpha_1 + \cdots + (l_{r-1} + k_{r-1} l_r)\alpha_{r-1}$$
这与 β 不能由 $\alpha_1, \cdots, \alpha_{r-1}$ 线性表示的假设矛盾,所以得证 α_r 不能由 $\alpha_1, \cdots, \alpha_{r-1}$ 线性表示.

148. (**数学一**) 设 n 维列向量组 $\alpha_1, \cdots, \alpha_m (m < n)$ 线性无关,则 n 维列向量组 $\beta_1, \cdots, \beta_m$ 线性无关的充分必要条件为 (   )

(A) 向量组 $\alpha_1, \cdots, \alpha_m$ 可由向量组 $\beta_1, \cdots, \beta_m$ 线性表出.

(B) 向量组 $\beta_1, \cdots, \beta_m$ 可由向量组 $\alpha_1, \cdots, \alpha_m$ 线性表出.

(C) 向量组 $\alpha_1, \cdots, \alpha_m$ 与向量组 $\beta_1, \cdots, \beta_m$ 等价.

(D) 矩阵 $A = (\alpha_1, \cdots, \alpha_m)$ 与矩阵 $B = (\beta_1, \cdots, \beta_m)$ 等价.

答 (D). 用排除法,设
$$n = 3, \quad m = 1, \quad \alpha_1 = (1, 0, 0), \quad \beta_1 = (0, 1, 0)$$
从而否定(A),(B),(C),故选(D).

149. (**武汉大学**) 设向量组 $u_1, \cdots, u_r$ 与向量组 $v_1, \cdots, v_s$ 等价,且 $u_1, \cdots, u_r$ 线性无关.

(1) 说明 $v_1, \cdots, v_s$ 不一定线性无关;

(2) 找出 $v_1, \cdots, v_s$ 线性无关的充要条件,并证明之.

解 (1) $u_1, \cdots, u_r$ 与 $u_1, \cdots, u_r, 0$ 等价,但后者作为 $v_1, \cdots, v_s$ 线性相关.

(2) 可证 $v_1, \cdots, v_s$ 线性无关的充要条件是 $s = r$. 先证必要性. 因为 $v_1, \cdots, v_s$ 线性无关. 又两向量组等价,那么等价向量组,具有相同的秩.

又秩$\{v_1, \cdots, v_s\} = s$,秩$\{u_1, \cdots, u_r\} = r$,所以 $s = r$.

再证充分性,设 $r = s$,则
$$秩\{v_1, \cdots, v_s\} = 秩\{u_1, \cdots, u_r\} = r = s$$
故 $v_1, \cdots, v_s$ 线性无关.

150. (**武汉大学,新疆工学院**) 请证明:如果向量 β 可由 $\alpha_1, \cdots, \alpha_r$ 线性表示,则表示法唯一的充要条件是 $\alpha_1, \cdots, \alpha_r$ 线性无关.

证 先证必要性,若
$$\beta = l_1\alpha_1 + \cdots + l_r\alpha_r \qquad ①$$
且表示法唯一,用反证法. 若 $\alpha_1, \cdots, \alpha_r$ 线性相关,则存在一组不全为零的数 $k_1, \cdots, k_r$ (不失一般设 $k_j \neq 0$),使
$$0 = k_1\alpha_1 + \cdots + k_r\alpha_r \qquad ②$$
由①+②有
$$\beta = (k_1 + l_1)\alpha_1 + \cdots + (k_r + l_r)\alpha_r \qquad ③$$
那么必存在 k_j,使 $k_j + l_j \neq l_j$,因此①、③是 β 的两种表示法. 这与假设矛盾,故 $\alpha_1, \cdots,$

α_r 线性无关.

再证充分性,设 $\alpha_1,\cdots,\alpha_r$ 线性无关,β 的一种表示法如式①所得,此外若 β 还有另一种表示法,即

$$\beta = s_1\alpha_1 + \cdots + s_r\alpha_r \qquad ④$$

由①-④得

$$0 = (l_1 - s_1)\alpha_1 + \cdots + (l_r - s_r)\alpha_n$$

但 $\alpha_1,\cdots,\alpha_r$ 线性无关,于是

$$l_i - s_i = 0(i=1,2,\cdots,r) \Rightarrow s_i = l_i(i=1,2,\cdots,r)$$

即证表示法唯一.

151. (清华大学) 已知 m 个向量 $\alpha_1,\alpha_2,\cdots,\alpha_m$ 线性相关,但其中任意 $m-1$ 个都线性无关,证明:

(1)如果等式 $k_1\alpha_1 + k_2\alpha_2 + \cdots + k_m\alpha_m = 0$,则这些 $k_1,k_2,\cdots,k_m$ 或者全为 0,或者全不为 0;

(2)如果存在两个等式

$$k_1\alpha_1 + k_2\alpha_2 + \cdots + k_m\alpha_m = 0 \qquad ①$$
$$l_1\alpha_1 + l_2\alpha_2 + \cdots + l_m\alpha_m = 0 \qquad ②$$

其中 $l_1 \neq 0$,则

$$\frac{k_1}{l_1} = \frac{k_2}{l_2} = \cdots = \frac{k_m}{l_m} \qquad ③$$

证 (1)若 $k_1 = k_2 = \cdots = k_m = 0$,则证毕. 否则总有一个 k 不等于 0,不失一般设 $k_1 \neq 0$,那么其余的 k_i 都不能等于 0,否则有 $k_i = 0$. 即 $\sum_{j\neq i} k_j\alpha_j = 0$,其中 $k_1 \neq 0$,这与任意 $m-1$ 个都线性无关的假设矛盾,从而得证 $k_1,k_2,\cdots,k_m$ 全不为 0.

(2)由于 $l_1 \neq 0$,由上面(1)知,$l_1,l_2,\cdots,l_m$ 全不为 0.

再看 k,如果 $k_1 = \cdots = k_m = 0$,则式③成立. 若 $k_1,\cdots,k_m$ 全不为 0,则由 $l_1 \times ① - k_1 \times ②$ 得

$$(l_1k_2 - k_1l_2)\alpha_1 + (l_1k_3 - k_1l_3)\alpha_3 + \cdots + (l_1k_m - k_1l_m)\alpha_m = 0$$

故 $0 = l_1k_2 - k_1l_2 = \cdots = l_1k_m - k_1l_m \Rightarrow \frac{k_1}{l_1} = \frac{k_2}{l_2} = \cdots = \frac{k_m}{l_m}$.

152. (北京化工学院) 设 A 为 n 阶方阵,$\alpha_1,\cdots,\alpha_n$ 为 n 个线性无关的 n 维向量,证明:秩 $A = n$ 的充要条件是 $A\alpha_1, A\alpha_2, \cdots, A\alpha_n$ 线性无关.

证 令 $B = (\alpha_1,\alpha_2,\cdots,\alpha_n)$,那么 $|B| \neq 0$.

先证必要性. 设秩 $A = n$. 故 $|A| \neq 0$. 令

$$k_1(A\alpha_1) + \cdots + k_n(A\alpha_n) = 0 \qquad ①$$

用 A^{-1} 左乘式①得 $k_1\alpha_1 + \cdots + k_n\alpha_n = 0$. 故 $k_1 = \cdots = k_n = 0$,即证必要性.

再证充分性,因为 $A\alpha_1,\cdots,A\alpha_n$ 线性无关.

所以 $|A\alpha_1, A\alpha_2,\cdots,A\alpha_n| = |AB| \neq 0$,从而 $|A| \neq 0$,即证秩 $A = n$.

153. (武汉大学) 设 $A = (\alpha_1,\alpha_2,\cdots,\alpha_n)$ 与 $B = (\beta_1,\beta_2,\cdots,\beta_n)$ 都是 $m \times n$ 矩阵,且

满足
$$\text{rank}(A) < \text{rank}(B) = n$$
对于下述 4 个选项,若正确则给予证明,若不正确请给出反例.

(A) 向量组 $\alpha_1, \cdots, \alpha_n, \beta_1, \cdots, \beta_n$ 必线性相关.
(B) 向量组 $\alpha_1, \cdots, \alpha_n, \beta_1, \cdots, \beta_n$ 必线性无关.
(C) 向量组 $\alpha_1 + \beta_1, \cdots, \alpha_n + \beta_n, \alpha_1 - \beta_1, \cdots, \alpha_n - \beta_n$ 必线性相关.
(D) 向量组 $\alpha_1 + \beta_1, \cdots, \alpha_n + \beta_n, \alpha_1 - \beta_1, \cdots, \alpha_n - \beta_n$ 必线性无关.

解 选项 (A),(C) 正确, (B),(D) 不正确,现证明或举例如下:

(1) 因为 $\text{rank}(A) < n$, 所以 $\alpha_1, \cdots, \alpha_n$ 线性相关,从而 $\alpha_1, \cdots, \alpha_n, \beta_1, \cdots, \beta_n$ 线性相关.

(2) 矩阵 $A = \begin{pmatrix} 1 & 0 \\ 0 & 0 \end{pmatrix}, B = \begin{pmatrix} 1 & 0 \\ 0 & 1 \end{pmatrix}$ 满足 $\text{rank}(A) < \text{rank}(B) = 2$, 但 $\begin{pmatrix} 1 \\ 0 \end{pmatrix}, \begin{pmatrix} 0 \\ 0 \end{pmatrix}, \begin{pmatrix} 1 \\ 0 \end{pmatrix}, \begin{pmatrix} 0 \\ 1 \end{pmatrix}$ 是线性相关的,故 (B) 不正确.

(3) 易知 $(A+B, A-B) = (A, B)\begin{pmatrix} E & E \\ E & -E \end{pmatrix}$, 其中 E 是 n 阶单位矩阵. 因为 $\begin{vmatrix} E & E \\ E & -E \end{vmatrix} = (-2)^n \neq 0$, 所以 $\begin{pmatrix} E & E \\ E & -E \end{pmatrix}$ 是可逆矩阵,故
$$\text{rank}(A,B) = \text{rank}(A+B, A-B)$$
由 (1) 知 (A,B) 的列向量组线性相关,因此,$(A+B, A-B)$ 的列向量组线性相关.

(4) 利用 (2) 的例子,可说明 (D) 不正确.

154. (自编) (1) $\alpha_1, \alpha_2, \cdots, \alpha_m$ 线性无关, $\alpha_1, \alpha_2, \cdots, \alpha_m, \beta$ 线性相关,则 β 可由 $\alpha_1, \cdots, \alpha_m$ 线性表示;

(2) $\alpha_1, \alpha_2, \cdots, \alpha_m$ 线性无关,且 β 不能由 $\alpha_1, \cdots, \alpha_m$ 线性表出,则 $\alpha_1, \cdots, \alpha_m, \beta$ 线性无关.

证 (1) 由假设知存在不全为 0 的一组数 $k_1, \cdots, k_m, k$ 使
$$k_1\alpha_1 + \cdots + k_m\alpha_m + k\beta = 0 \qquad ①$$
由于 $\alpha_1, \cdots, \alpha_m$ 线性无关,因此 $k \neq 0$, 再由 ① 知 $\beta = \frac{1}{k}(k_1\alpha_1 + \cdots + k_m\alpha_m)$.

(2) 用反证法. 若 $\alpha_1, \cdots, \alpha_m, \beta$ 线性相关,而 $\alpha_1, \cdots, \alpha_m$ 线性无关,由上面 (1) 知 β 可由 $\alpha_1, \cdots, \alpha_m$ 线性表出,矛盾. 故 $\alpha_1, \cdots, \alpha_m, \beta$ 线性无关.

155. (成都科技大学) 设向量组 $\alpha_1, \alpha_2, \cdots, \alpha_m$ 线性无关,向量 β_1 可由这向量组线性表示,而 β_2 不能由这向量组线性表示,证明:向量组 $\alpha_1, \alpha_2, \cdots, \alpha_m, l\beta_1 + \beta_2$ 必线性无关 (其中 l 为常数).

证 令
$$k_1\alpha_1 + \cdots + k_m\alpha_m + k(l\beta_1 + \beta_2) = 0 \qquad ①$$
由于 β_1 可由 $\alpha_1, \cdots, \alpha_m$ 线性表示,设为
$$\beta_1 = s_1\alpha_1 + \cdots + s_m\alpha_m \qquad ②$$

将②代入①,再整理得
$$(k_1+kls_1)\alpha_1+\cdots+(k_m+kls_m)\alpha_m+k\beta_2=0 \qquad ③$$
由假设及第154题知,$\alpha_1,\cdots,\alpha_m,\beta_2$ 线性无关. 故
$$\begin{cases} k_i+kls_i=0(i=1,2,\cdots,m) \\ k=0 \end{cases} \Rightarrow k_1=\cdots=k_m=k=0$$
即证 $\alpha_1,\alpha_2,\cdots,\alpha_m,l\beta_1+\beta_2$ 线性无关.

156.(自编) 设 $\alpha_1,\cdots,\alpha_m$ 线性无关,且 $\beta_1,\cdots,\beta_m$ 可由 $\alpha_1,\cdots,\alpha_m$ 线性表出,即
$$(\beta_1,\cdots,\beta_s)=(\alpha_1,\cdots,\alpha_m)A \qquad ①$$
其中 A 是 $m\times s$ 矩阵,令 $A=(A_1,\cdots,A_s)$,其中 A_i 为 A 的列向量,求证:

(1)若 $A_{i1},\cdots,A_{ir}$ 为 $A_1,A_2,\cdots,A_s$ 的一个极大线性无关组,则 $\beta_{i1},\cdots,\beta_{ir}$ 为 $\beta_1,\cdots,\beta_s$ 的一个极大线性无关组;

(2)秩$\{\beta_1,\cdots,\beta_s\}=$秩$A$.

证 (1)先证 $\beta_{i1},\cdots,\beta_{ir}$ 线性无关,由式①知
$$(\beta_{i1},\cdots,\beta_{ir})=(\alpha_1,\cdots,\alpha_m)(A_{i1},\cdots,A_{ir}) \qquad ②$$
令 $k_1\beta_{i1}+\cdots+k_r\beta_{ir}=0$,那么
$$0=(\beta_{i1},\cdots,\beta_{ir})\begin{pmatrix} k_1 \\ \vdots \\ k_r \end{pmatrix}=[(\alpha_{i1},\cdots,\alpha_{ir})(A_{i1},\cdots,A_{ir})]\begin{pmatrix} k_1 \\ \vdots \\ k_r \end{pmatrix} \qquad ③$$
因为 $\alpha_{i1},\cdots,\alpha_{ir}$ 线性无关,由式③知
$$k_1A_{i1}+\cdots+k_rA_{ir}=0$$
但 $A_{i1},\cdots,A_{ir}$ 线性无关,故 $k_1=\cdots=k_r=0$. 即 $\beta_{i1},\cdots,\beta_{ir}$ 线性无关.

任取 β_k,可证 β_k 可由 $\beta_{i1},\cdots,\beta_{ir}$ 线性表示,由①知
$$\beta_k=(\alpha_1,\cdots,\alpha_m)A_k \qquad ④$$
而 A_k 可由 $A_{i1},\cdots,A_{ir}$ 线性表示,设为
$$A_k=l_1A_{i1}+\cdots+l_rA_{ir} \qquad ⑤$$
将⑤代入④得
$$\begin{aligned} \beta_k &=(\alpha_1,\cdots,\alpha_m)(l_1A_{i1}+\cdots+l_rA_{ir}) \\ &=l_1(\alpha_1,\cdots,\alpha_m)A_{i1}+\cdots+l_r(\alpha_1,\cdots,\alpha_m)A_{ir} \\ &=l_1\beta_{i1}+\cdots+l_r\beta_{ir} \end{aligned}$$
综上两步,得证 $\beta_{i1},\cdots,\beta_{ir}$ 是 $\beta_1,\cdots,\beta_s$ 的一个极大线性无关组.

(2)由(1)知秩 $A=r$. 可得秩$\{\beta_1,\cdots,\beta_s\}=r$,故秩$\{\beta_1,\cdots,\beta_s\}=$秩 A.

157.(南京大学) 设向量 $\alpha_1=(-1,2,0,4),\alpha_2=(5,0,3,1),\alpha_3=(3,-1,4,-2)$,$\alpha_4=(-2,4,-5,9),\alpha_5=(1,3,-1,7)$

(1)求向量组 $\alpha_1,\alpha_2,\alpha_3,\alpha_4,\alpha_5$ 的秩;

(2)求向量组 $\alpha_1,\alpha_2,\alpha_3,\alpha_4,\alpha_5$ 的一个极大线性无关组;

(3)将向量组 $\alpha_1,\alpha_2,\alpha_3,\alpha_4,\alpha_5$ 中其余向量表为极大线性无关组的线性组合.

解 (1)将 $\alpha_1,\alpha_2,\alpha_3,\alpha_4,\alpha_5$ 按行排成 5×4 矩阵,并对其作初等行变换(非行交

换),有

$$\begin{pmatrix} -1 & 2 & 0 & 4 \\ 5 & 0 & 3 & 1 \\ 3 & -1 & 4 & -2 \\ -2 & 4 & -5 & 9 \\ 1 & 3 & -1 & 7 \end{pmatrix} \Rightarrow \begin{pmatrix} 1 & -2 & 0 & -4 \\ 0 & 5 & -1 & 11 \\ 0 & 0 & 5 & -1 \\ 0 & 0 & 0 & 0 \\ 0 & 0 & 0 & 0 \end{pmatrix}$$

故向量组 $\alpha_1, \alpha_2, \alpha_3, \alpha_4, \alpha_5$ 的秩为 3.

(2)由上述得知 $\alpha_1, \alpha_2, \alpha_5$ 为向量组 $\alpha_1, \alpha_2, \alpha_3, \alpha_4, \alpha_5$ 的极大线性无关组.

(3)由初等变换过程易知: $\alpha_3 = \alpha_1 + \alpha_2 - \alpha_5, \alpha_4 = -\alpha_1 - \alpha_2 + 2\alpha_5$.

158.(数学一,数学二,数学三) 设 $\alpha_1, \alpha_2, \cdots, \alpha_s$ 均为 n 维列向量,A 是 $m \times n$ 矩阵,下列选项正确的是( )

(A)若 $\alpha_1, \alpha_2, \cdots, \alpha_s$ 线性相关,则 $A\alpha_1, A\alpha_2, \cdots, A\alpha_s$ 线性相关

(B)若 $\alpha_1, \alpha_2, \cdots, \alpha_s$ 线性相关,则 $A\alpha_1, A\alpha_2, \cdots, A\alpha_s$ 线性无关

(C)若 $\alpha_1, \alpha_2, \cdots, \alpha_s$ 线性无关,则 $A\alpha_1, A\alpha_2, \cdots, A\alpha_s$ 线性相关

(D)若 $\alpha_1, \alpha_2, \cdots, \alpha_s$ 线性无关,则 $A\alpha_1, A\alpha_2, \cdots, A\alpha_s$ 线性无关

答 (A). 因为当 $\alpha_1, \alpha_2, \cdots, \alpha_s$ 线性无关时,若秩 $r(A) = n$,则 $A\alpha_1, A\alpha_2, \cdots, A\alpha_s$ 线性无关,否则 $A\alpha_1, A\alpha_2, \cdots, A\alpha_s$ 线性相关.由此可否定(C),(D).又由

$$(A\alpha_1, A\alpha_2, \cdots, A\alpha_s) = A(\alpha_1, \alpha_2, \cdots, \alpha_s)$$

有

$$r(A\alpha_1, A\alpha_2, \cdots, A\alpha_s) \leqslant r(\alpha_1, \alpha_2, \cdots, \alpha_s)$$

由上述知 $\alpha_1, \alpha_2, \cdots, \alpha_s$ 线性相关,所以 $r(\alpha_1, \alpha_2, \cdots, \alpha_s) < s$,于是

$$r(A\alpha_1, A\alpha_2, \cdots, A\alpha_s) < s$$

因此 $A\alpha_1, A\alpha_2, \cdots, A\alpha_s$ 线性相关,故选(A).

159.(数学一) 设 $A = \begin{pmatrix} 1 & -1 & -1 \\ -1 & 1 & 1 \\ 0 & -4 & -2 \end{pmatrix}, \xi_1 = \begin{pmatrix} -1 \\ 1 \\ -2 \end{pmatrix}$.

(Ⅰ)求满足 $A\xi_2 = \xi_1, A^2\xi_3 = \xi_1$ 的所有向量 ξ_2, ξ_3;

(Ⅱ)对(Ⅰ)中的任意向量 ξ_2, ξ_3,证明 ξ_1, ξ_2, ξ_3 线性无关.

解 (Ⅰ)对矩阵 $(A \vdots \xi_1)$ 作初等行变换,有

$$(A \vdots \xi_1) = \begin{pmatrix} 1 & -1 & -1 & \vdots & -1 \\ -1 & 1 & 1 & \vdots & 1 \\ 0 & -4 & -2 & \vdots & -2 \end{pmatrix} \rightarrow \begin{pmatrix} 1 & 0 & -\frac{1}{2} & \vdots & -\frac{1}{2} \\ 0 & 1 & \frac{1}{2} & \vdots & \frac{1}{2} \\ 0 & 0 & 0 & \vdots & 0 \end{pmatrix}$$

解之,得

$$\xi_2 = \begin{pmatrix} -\frac{1}{2} + \frac{k}{2} \\ \frac{1}{2} - \frac{k}{2} \\ k \end{pmatrix}$$

其中 k 为任意常数.

又因为 $A^2 = \begin{pmatrix} 2 & 2 & 0 \\ -2 & -2 & 0 \\ 4 & 4 & 0 \end{pmatrix}$,再对矩阵 $(A^2 \vdots \xi_1)$ 作初等行变换,得

$$(A^2 \vdots \xi_1) = \begin{pmatrix} 2 & 2 & 0 & \vdots & -1 \\ -2 & -2 & 0 & \vdots & 1 \\ 4 & 4 & 0 & \vdots & -2 \end{pmatrix} \to \begin{pmatrix} 1 & 1 & 0 & \vdots & -\frac{1}{2} \\ 0 & 0 & 0 & \vdots & 0 \\ 0 & 0 & 0 & \vdots & 0 \end{pmatrix}$$

解之,得

$$\xi_3 = \begin{pmatrix} -\frac{1}{2} - a \\ a \\ b \end{pmatrix}$$

其中 a,b 为任意常数.

(Ⅱ) 证法 1 由(Ⅰ)知

$$|\xi_1,\xi_2,\xi_3| = \begin{vmatrix} -1 & -\frac{1}{2}+\frac{k}{2} & -\frac{1}{2}-a \\ 1 & \frac{1}{2}-\frac{k}{2} & a \\ -2 & k & b \end{vmatrix} = -\frac{1}{2} \neq 0$$

即证 ξ_1,ξ_2,ξ_3 线性无关.

证法 2 由题设可得 $A\xi_1 = 0$. 设存在数 k_1, k_2, k_3,使得

$$k_1\xi_1 + k_2\xi_2 + k_3\xi_3 = 0 \qquad ①$$

上式两端左乘 A,得 $k_2 A\xi_2 + k_3 A\xi_3 = 0$,即

$$k_2\xi_1 + k_3 A\xi_3 = 0 \qquad ②$$

上式两端再左乘 A,得 $k_3 A^2 \xi_3 = 0$,即 $k_3\xi_1 = 0$. 于是 $k_3 = 0$,代入式②,可得 $k_2\xi_1 = 0$,故 $k_2 = 0$. 将 $k_2 = k_3 = 0$ 代入式①,可得 $k_1 = 0$,即证 ξ_1,ξ_2,ξ_3 线性无关.

160. (**武汉工业大学**) 已知向量组 $\alpha_1, \cdots, \alpha_r$ 线性无关,且能由向量组 $\beta_1, \cdots, \beta_s$ 线性表出,证明:$r \leqslant s$.

证 设秩 $\beta_1, \cdots, \beta_s = t(\leqslant s)$,不妨设 $\beta_1, \cdots, \beta_t$ 为它的一个极大线性无关组. 由于 $\alpha_1, \cdots, \alpha_r$ 可由 $\beta_1, \cdots, \beta_t$ 线性表出,从而 $\alpha_1, \cdots, \alpha_r$ 可由 $\beta_1, \cdots, \beta_s$ 线性表出,即

$$(\alpha_1, \cdots, \alpha_r) = (\beta_1, \cdots, \beta_t) A \qquad ①$$

其中 A 为 $t \times r$ 矩阵. 由 156 知,$r = $秩$\{\alpha_1, \cdots, \alpha_r\} = $秩$A \leqslant t \leqslant s$.

161. (**数学一**) 设 A 是 n 阶方阵,若存在正整数 k,使线性方程组 $A^k x = 0$ 有解向量 α,且 $A^{k-1}\alpha \neq 0$. 证明:$\alpha, A\alpha, \cdots, A^{k-1}\alpha$ 是线性无关的.

证 因为 $A^k \alpha = 0, A^{k-1}\alpha \neq 0$. 令

$$l_0 \alpha + l_1(A\alpha) + \cdots + l_{k-1}(A^{k-1}\alpha) = 0 \qquad ①$$

用 A^{k-1} 左乘式①两边,并注意 $A^m \alpha = 0 (m \geqslant k)$,故 $l_0 (A^{k-1}\alpha) = 0$

由于 $A^{k-1}\alpha \neq 0$. 因此 $l_0=0$,代入①得
$$l_1(A\alpha)+\cdots+l_{k-1}(A^{k-1}\alpha)=0 \qquad ②$$
再用 A^{k-2} 左乘式②两端,可得 $l_1=0$. 继续下去,可得 $l_0=l_1=\cdots=l_{k-1}=0$. 故 $\alpha,A\alpha,\cdots,A^{k-1}\alpha$ 线性无关.

162. (数学一) 设 A 是 $m \times n$ 矩阵,B 是 $m \times n$ 矩阵,其中 $m>n$,I 是 n 阶单位阵,若 $AB=I$,证明:B 的列向量线性无关.

证 秩 $B \geqslant$ 秩 $AB=$ 秩 $I=n$,又秩 $B \leqslant n$. 故秩 $B=n$,即 $B_1,B_2,\cdots,B_n$ 线性无关.

163. (数学一,数学二) 已知 4 阶方阵 $A=(\alpha_1,\alpha_2,\alpha_3,\alpha_4)$,$\alpha_1,\alpha_2,\alpha_3,\alpha_4$ 均为 4 维列向量,其中 $\alpha_2,\alpha_3,\alpha_4$ 线性无关,$\alpha_1=2\alpha_2-\alpha_3$. 如果 $\beta=\alpha_1+\alpha_2+\alpha_3+\alpha_4$,求线性方程组 $Ax=\beta$ 的通解.

解法 1 令 $x=\begin{pmatrix} x_1 \\ x_2 \\ x_3 \\ x_4 \end{pmatrix}$,由 $Ax=(\alpha_1,\alpha_2,\alpha_3,\alpha_4)\begin{pmatrix} x_1 \\ x_2 \\ x_3 \\ x_4 \end{pmatrix}=\beta$ 得

$$x_1\alpha_1+x_2\alpha_2+x_3\alpha_3+x_4\alpha_4=\alpha_1+\alpha_2+\alpha_3+\alpha_4$$

将 $\alpha_1=2\alpha_2-\alpha_3$ 代入上式,整理后得

$$(2x_1+x_2-3)\alpha_2+(-x_1+x_3)\alpha_3+(x_4-1)\alpha_4=0.$$

由 $\alpha_2,\alpha_3,\alpha_4$ 线性无关,知

$$\begin{cases} 2x_1+x_2-3=0 \\ -x_1+x_3=0 \\ x_4-1=0 \end{cases}$$

解此方程组得

$$x=\begin{pmatrix} 0 \\ 3 \\ 0 \\ 1 \end{pmatrix}+k\begin{pmatrix} 1 \\ -2 \\ 1 \\ 0 \end{pmatrix}$$

其中 k 为任意常数.

解法 2 由 $\alpha_2,\alpha_3,\alpha_4$ 线性无关和 $\alpha_1=2\alpha_2-\alpha_3+0\alpha_4$,故 A 的秩为 3,因此 $Ax=0$ 的基础解系中只包含一个向量.由

$$\alpha_1-2\alpha_2+\alpha_3+0\alpha_4=0$$

知 $\begin{pmatrix} 1 \\ -2 \\ 1 \\ 0 \end{pmatrix}$ 为齐次线性方程组 $Ax=0$ 的一个解,所以其通解为

$$x=k\begin{pmatrix} 1 \\ -2 \\ 1 \\ 0 \end{pmatrix},k \text{ 为任意常数}$$

再由
$$\beta = \alpha_1 + \alpha_2 + \alpha_3 + \alpha_4 = (\alpha_1, \alpha_2, \alpha_3, \alpha_4)\begin{pmatrix}1\\1\\1\\1\end{pmatrix} = A\begin{pmatrix}1\\1\\1\\1\end{pmatrix}$$

知 $\begin{pmatrix}1\\1\\1\\1\end{pmatrix}$ 为非齐次线性方程组 $Ax=\beta$ 的一个特解,于是 $Ax=\beta$ 的通解为

$$x = \begin{pmatrix}1\\1\\1\\1\end{pmatrix} + k\begin{pmatrix}1\\-2\\1\\0\end{pmatrix}$$

扫码获取本书资源

其中 k 为任意常数.

164. (清华大学) 设 n 阶矩阵 A 的 n 个列向量为
$$\alpha_i = (\alpha_{1i}, \alpha_{2i}, \cdots, \alpha_{ni})' \quad (i=1,2,\cdots,n),$$
n 阶矩阵 B 的 n 个列向量为 $\alpha_1 + \alpha_2, \alpha_2 + \alpha_3, \cdots, \alpha_{n-1} + \alpha_n, \alpha_n + \alpha_1$,试问:当秩 $A=n$ 时,线性方程组 $Bx=0$ 是否有非零解? 并证明你的结论.

解 $B = (\alpha_1 + \alpha_2, \alpha_2 + \alpha_3, \cdots, \alpha_{n-1} + \alpha_n, \alpha_n + \alpha_1) = (\alpha_1, \alpha_2, \cdots, \alpha_n)D$

其中 $|D| = \begin{vmatrix} 1 & 0 & 0 & \cdots & 0 & 1 \\ 1 & 1 & 0 & \cdots & 0 & 0 \\ 0 & 1 & 1 & \cdots & 0 & 0 \\ \vdots & \vdots & \vdots & & \vdots & \vdots \\ 0 & 0 & 0 & \cdots & 1 & 0 \\ 0 & 0 & 0 & \cdots & 1 & 1 \end{vmatrix} = 1 + (-1)^{n+1}$,所以

$$|D| = \begin{cases} 0, & n \text{ 为偶数} \\ 2, & n \text{ 为奇数} \end{cases} \Rightarrow \text{秩} B = \text{秩} D = \begin{cases} n-1, & n \text{ 为偶数} \\ n, & n \text{ 为奇数} \end{cases}$$

故当 n 为奇数时,$Bx=0$ 仅有零解,n 为偶数时,$Bx=0$ 有非零解.注:同 137 题.

165. (北京大学) 设 A,B 都是 $m \times n$ 矩阵,线性方程组 $AX=0$ 与 $BX=0$ 同解,问 A 与 B 的列向量组是否等价? 行向量组是否等价? 若是,给出证明;若否,举出反例.

答 第 1 个结论不成立,反例如下:若
$$A = \begin{pmatrix}1 & 0\\0 & 0\end{pmatrix}, B = \begin{pmatrix}1 & 0\\1 & 0\end{pmatrix}$$
则线性方程组 $AX=0$ 与 $BX=0$ 同解,但 A 与 B 的列向量组显然不等价.

第 2 个结论成立. 证明如下:

依题意,线性方程组 $AX=0$ 与 $BX=0$ 同解,所以
$$\text{rank}(A) = \text{rank}(B)$$

记 $r=n-\mathrm{rank}(A)$,任取 $AX=0$ 的一个基础解系(当然也是 $BX=0$ 的基础解系)构成 $n\times r$ 矩阵 C,则
$$\mathrm{rank}(C)=r, AC=O, BC=O$$

考虑齐次线性方程组 $C^{\mathrm{T}}X=0$,其解空间 S 的维数 $\dim(S)=n-r=\mathrm{rank}(A)$.因为 $C^{\mathrm{T}}A^{\mathrm{T}}=O$,所以 A 的行向量都是 $C^{\mathrm{T}}X=0$ 的解,因此 A 的行空间 W_A 是 S 的一个子空间,即 $W_A\subseteq S$.注意到 $\dim(W_A)=\mathrm{rank}(A)\dim(S)$,故 $W_A=S$.

同理可证:B 的行空间 $W_B=S$.于是有 $W_A=W_B$,这就表明 A 与 B 的行向量组等价.

注 若 $AX=0$ 与 $BX=0$ 都仅有零解,则 $\mathrm{rank}(A)=\mathrm{rank}(B)=n$,此时仍有第 1 个结论不成立(反例从略),且第 2 个结论成立.

事实上,此时存在 m 阶可逆矩阵 P_1,P_2,使得
$$P_1A=\begin{pmatrix}E_n\\O\end{pmatrix},\ P_1B=\begin{pmatrix}E_n\\O\end{pmatrix}$$

令 $P=P_2^{-1}P_1$,则 P 是可逆矩阵,且 $PA=B$.由此即可证明:A 与 B 的行向量组等价.

166.(北京大学) 把实数域 $\mathbf{R}$ 看成有理数域 $\mathbf{Q}$ 上的线性空间,$b=p^3q^2r$,这里的 $p,q,r\in\mathbf{Q}$ 是互不相同的素数.判断向量组 $1,\sqrt[n]{b},\sqrt[n]{b^2},\cdots,\sqrt[n]{b^{n-1}}$ 是否线性相关?说明理由.

答 向量组 $1,\sqrt[n]{b},\sqrt[n]{b^2},\cdots,\sqrt[n]{b^{n-1}}$ 是线性无关的,可用数学归纳法证之.

当 $n=1$ 时,结论显然成立;假设结论对于 $n-1$ 成立,下证对于 n 结论也正确.

为此,设有 $k_1,k_2,k_3,\cdots,k_n,k\in\mathbf{Q}$,使得
$$k_11+k_2\sqrt[n]{b}+k_3\sqrt[n]{b^2}+k_n\sqrt[n]{b^{n-1}}=0$$

若 $k_n\neq 0$,则有
$$\sqrt[n]{b^{n-1}}=-\frac{k_1}{k_n}1-\frac{k_2}{k_n}\sqrt[n]{b}-\frac{k_3}{k_n}\sqrt[n]{b^2}-\cdots-\frac{k_{n-1}}{k_n}\sqrt[n]{b^{n-2}}$$

这是不可能的.

若 $k_n=0$,则有
$$k_11+k_2\sqrt[n]{b}+k_3\sqrt[n]{b^2}+\cdots+k_{n-1}\sqrt[n]{b^{n-2}}=0$$

根据归纳假设,知 $k_1=k_2=\cdots=k_{n-1}=0$.故向量组 $1,\sqrt[n]{b},\sqrt[n]{b^2},\cdots,\sqrt[n]{b^{n-1}}$ 是线性无关的.这就证得:对于任意正整数 n,结论均成立.

3.3 线性方程组解的结构

【考点综述】

1. 解的性质

设 $Ax=0$ 的解集为 M_0,$Ax=B$ 的解集为 M.

(1) $\forall x_1,x_2\in M_0\Rightarrow ax_1+bx_2\in M_0$,其中 a,b 为任意常数.

(2) $\forall y_1, y_2 \in M \Rightarrow y_1 - y_2 \in M_0$.
(3) $\forall x \in M_0, \forall y \in M$,则 $kx + y \in M$ 其中 k 为任意常数.

2. 齐次线性方程组的基础解系

设 A 是 $m \times n$ 矩阵,M_0 是 $AX = 0$ 的解集(解向量集合),秩 $A = r$.
(1) M_0 中的一个极大线性无关组,称为 M_0 的一个基础解系,其含义是
(ⅰ) 存在 $y_1, \cdots, y_s \in M_0$,即 $Ay_i = 0$;
(ⅱ) $y_1, \cdots, y_s$ 线性无关;
(ⅲ) $\forall y \in M_0, y$ 均可由 $y_1, \cdots, y_s$ 线性表出.
(ⅳ) $s = n - r$.
(2) 当 $r = n$ 时,$M_0 = \{0\}$,此时无基础解系.
(3) 当 $r < n$ 时,有
$$M_0 = \{k_1 y_1 + \cdots + k_{n-r} y_{n-r} | k_i \text{ 为任意常数}\}$$
其中 $y_1, \cdots, y_{n-r}$ 是 M_0 的一个基础解系,那么,若
$$(\beta_1, \cdots, \beta_{n-r}) = (y_1, \cdots, y_{n-r}) B, \text{其中} |B| \neq 0.$$
则 $\beta_1, \cdots, \beta_{n-r}$ 也是 M_0 的一个基础解系,其中 B 是任意 $n-r$ 阶可逆阵.

【经典题解】

167. (华中师范大学) 设线性方程组为
$$\begin{cases} 2x_1 - x_2 + 3x_3 + 2x_4 = 0 \\ 9x_1 - x_2 + 14x_3 + 2x_4 = 1 \\ 3x_1 + 2x_2 + 5x_3 - 4x_4 = 1 \\ 4x_1 + 5x_2 + 7x_3 - 10x_4 = 2 \end{cases}$$

(1) 求方程组的导出组的一个基础解系;
(2) 用特解和导出组的基础解系表示方程组的所有解.

解 (1) 化简可得
$$\bar{A} = \begin{pmatrix} 2 & -1 & 3 & 2 & 0 \\ 9 & -1 & 14 & 2 & 1 \\ 3 & 2 & 5 & -4 & 1 \\ 4 & 5 & 7 & -10 & 2 \end{pmatrix} \rightarrow \begin{pmatrix} 1 & 3 & 2 & -6 & 1 \\ 0 & 7 & 1 & -14 & 2 \\ 0 & 0 & 0 & 0 & 0 \\ 0 & 0 & 0 & 0 & 0 \end{pmatrix} \quad ①$$

由①可知,导出组 $Ax = 0$ 与下面齐次方程组同解
$$\begin{cases} x_1 + 3x_2 + 2x_3 - 6x_4 = 0 \\ 7x_2 + x_3 - 14x_4 = 0 \end{cases} \quad ②$$

由②得原方程组的导出组的基础解系为
$$\alpha_1 = (-11, -1, 7, 0)', \quad \alpha_2 = (0, 2, 0, 1)'$$

(2) 由①得原方程组与下面方程组同解
$$\begin{cases} x_1 + 3x_2 + 2x_3 - 6x_4 = 1 \\ 7x_2 + x_3 - 14x_4 = 2 \end{cases} \quad ③$$

在③中令 $x_3=x_4=0$,得原方程组的特解为 $\beta=(\frac{1}{7},\frac{2}{7},0,0)'$. 所以原方程组的一切解为

$$x=(\frac{1}{7},\frac{2}{7},0,0)'+k_1(-11,-1,7,0)'+k_2(0,2,0,1)'$$

其中 k_1,k_2 为任意常数.

168.(中国人民大学) 已知 $\alpha_1=(7,-10,1,1,1),\alpha_2=(6,-8,-2,3,1),\alpha_3=(5,-6,-5,5,1),\alpha_4=(1,-2,3,-2,0)$ 都是线性方程组

$$\left.\begin{aligned}x_1+x_2+x_3+x_4+x_5&=0\\3x_1+2x_2+x_3+x_4+x_5&=0\\x_2+2x_3+2x_4+6x_5&=0\\5x_1+4x_2+3x_3+3x_4-x_5&=0\end{aligned}\right\} \quad ①$$

的解向量,试问方程组①的解是否都能用 $\alpha_1,\alpha_2,\alpha_3,\alpha_4$ 线性表出? 并求出方程组①的一组包含 $\alpha_1,\alpha_2,\alpha_3,\alpha_4$ 的一个极大线性无关组的基础解系.

解 设方程组①的系数矩阵为 A,将 A 用初等行变换化为阶梯形矩阵

$$A=\begin{pmatrix}1&1&1&1&1\\3&2&1&1&-3\\0&1&2&2&6\\5&4&3&3&-1\end{pmatrix}\rightarrow\begin{pmatrix}1&1&1&1&1\\0&1&2&2&6\\0&0&0&0&0\\0&0&0&0&0\end{pmatrix} \quad ②$$

所以秩 $A=2$,基础解系所含向量个数为 $5-2=3$.

再求 $\alpha_1,\alpha_2,\alpha_3,\alpha_4$ 的一个极大线性无关组,将它们写成列向量,再作行初等变换化为阶梯形矩阵

$$\begin{pmatrix}7&6&5&1\\-10&-8&-6&-2\\1&-2&-5&3\\1&3&5&-2\\1&1&1&0\end{pmatrix}\rightarrow\begin{pmatrix}1&0&-1&1\\0&1&2&-1\\0&0&0&0\\0&0&0&0\\0&0&0&0\end{pmatrix}$$

所以 α_1,α_2 为 $\alpha_1,\alpha_2,\alpha_3,\alpha_4$ 的一个极大线性无关组,且为方程组①的两个解向量,由此可知方程组①的解不能都用 $\alpha_1,\alpha_2,\alpha_3,\alpha_4$ 线性表出.

再令 $\alpha_5=(1,-2,1,0,0)$,它也是①的解,且 $\alpha_1,\alpha_2,\alpha_5$ 线性无关,从而它是方程组①的一个基础解系,即为所求.

169.(数学一) 设 β_1,β_2 是非齐次线性方程组 $Ax=b$ 的两个不同解,α_1,α_2 是 $Ax=0$ 的基础解系,k_1,k_2 为任意常数,则 $Ax=b$ 的通解为 ( )

(A) $k_1\alpha_1+k_2(\alpha_1+\alpha_2)+\dfrac{(\beta_1-\beta_2)}{2}$

(B) $k_1\alpha_1+k_2(\alpha_1-\alpha_2)+\dfrac{(\beta_1+\beta_2)}{2}$

(C) $k_1\alpha_1 + k_2(\beta_1 - \beta_2) + \dfrac{(\beta_1 - \beta_2)}{2}$

(D) $k_1\alpha_1 + k_2(\beta_1 - \beta_2) + \dfrac{(\beta_1 + \beta_2)}{2}$

答 (B). 因为 $A\beta_1 = b, A\beta_2 = b$,所以 $A\left(\dfrac{\beta_1 - \beta_2}{2}\right) = 0$,因此 $\dfrac{\beta_1 - \beta_2}{2}$ 不是 $Ax = b$ 的特解,从而否定(A),(C).

但(D)中 $\alpha_1, \beta_1 - \beta_2$ 不一定线性无关. 而

$$(\alpha_1, \alpha_1 - \alpha_2) = (\alpha_1, \alpha_2)\begin{pmatrix} 1 & 1 \\ 0 & -1 \end{pmatrix}$$

由于 $\begin{vmatrix} 1 & 1 \\ 0 & -1 \end{vmatrix} \neq 0$,因此 $\alpha_1, \alpha_1 - \alpha_2$ 线性无关,且都是 $Ax = 0$ 的解.

故 $\alpha_1, \alpha_1 - \alpha_2$ 是 $Ax = 0$ 的基础解系. 又由 $A\left(\dfrac{\beta_1 + \beta_2}{2}\right) = b$ 知 $\dfrac{\beta_1 + \beta_2}{2}$ 是 $Ax = b$ 的特解,因此选(B).

170. (**数学一**) 设 $\alpha_1, \cdots, \alpha_s$ 为线性方程组 $Ax = 0$ 的一个基础解系,$\beta_1 = t_1\alpha_1 + t_2\alpha_2, \beta_2 = t_1\alpha_2 + t_2\alpha_3, \cdots, \beta_s = t_1\alpha_s + t_2\alpha_1$,其中 t_1, t_2 为实常数,试问 t_1, t_2 满足什么关系时,$\beta_1, \cdots, \beta_s$ 也为 $Ax = 0$ 的一个基础解系.

解 若规定 $\alpha_{s+1} = \alpha_1$,那么

$$A\beta_i = A(t_1\alpha_i + t_2\alpha_{i+1}) = t_1 A\alpha_i + t_2 A\alpha_{i+1} = 0 \quad (i = 1, 2, \cdots, s)$$

即证 $\beta_1, \cdots, \beta_s$ 都是 $Ax = 0$ 的解. 又

$$(\beta_1 \cdots \beta_s) = (\alpha_1 \cdots \alpha_s)\begin{pmatrix} t_1 & 0 & \cdots & t_2 \\ t_2 & t_1 & \cdots & 0 \\ 0 & t_2 & \cdots & 0 \\ \vdots & \vdots & & \vdots \\ 0 & 0 & \cdots & t_1 \end{pmatrix}$$

那么 $\beta_1, \cdots, \beta_s$ 为 $Ax = 0$ 的一个基础解系 $\Leftrightarrow \beta_1, \cdots, \beta_s$ 线性无关

$$\Leftrightarrow \begin{vmatrix} t_1 & 0 & \cdots & t_2 \\ t_2 & t_1 & \cdots & 0 \\ 0 & t_2 & \cdots & 0 \\ \vdots & \vdots & & \vdots \\ 0 & 0 & \cdots & t_1 \end{vmatrix} = t_1^s + (-1)^{1+s} t_2^s \neq 0 \qquad ①$$

$$\Leftrightarrow t_1 \neq \begin{cases} \pm t_2, \text{当 } s \text{ 为偶数时} \\ -t_2, \text{当 } s \text{ 为奇数时} \end{cases}$$

即当 t_1, t_2 满足式①时,$\beta_1, \cdots, \beta_s$ 就是 $Ax = 0$ 的一个基础解系. 注:类似 164 题.

171. (**数学三**) 设齐次线性方程组

$$\begin{cases} ax_1+bx_2+bx_3+\cdots+bx_n=0 \\ bx_1+ax_2+bx_3+\cdots+bx_n=0 \\ \cdots\cdots \\ bx_1+bx_2+bx_3+\cdots+ax_n=0 \end{cases}$$

其中 $a\neq 0, b\neq 0, n\geq 2$. 试论论 a,b 为何值时, 方程组仅有零解、有无穷多组解? 在有无穷多组解时, 求出全部解, 并用基础解系表示全部解.

解 方程组①的系数行列式

$$|A|=\begin{vmatrix} a & b & b & \cdots & b \\ b & a & b & \cdots & b \\ b & b & a & \cdots & b \\ \vdots & \vdots & \vdots & & \vdots \\ b & b & b & \cdots & a \end{vmatrix}=[a+(n-1)b](a-b)^{n-1}$$

(1) 当 $a\neq b$ 且 $a\neq(1-n)b$ 时, 方程组①仅有零解.

(2) 当 $a=b$ 时, 对系数矩阵 A 作行初等变换, 有

$$A=\begin{pmatrix} a & a & a & \cdots & a \\ a & a & a & \cdots & a \\ a & a & a & \cdots & a \\ \vdots & \vdots & \vdots & & \vdots \\ a & a & a & \cdots & a \end{pmatrix} \rightarrow \begin{pmatrix} 1 & 1 & 1 & \cdots & 1 \\ 0 & 0 & 0 & \cdots & 0 \\ 0 & 0 & 0 & \cdots & 0 \\ \vdots & \vdots & \vdots & & \vdots \\ 0 & 0 & 0 & \cdots & 0 \end{pmatrix}$$

原方程组的同解方程组为 $x_1+x_2+\cdots+x_n=0$, 其基础解系为

$$\alpha_1=(-1,1,0,\cdots,0)'$$
$$\alpha_2=(-1,0,1,\cdots,0)'$$
$$\cdots\cdots$$
$$\alpha_{n-1}=(-1,0,0,\cdots,1)'$$

故方程组①的全部解是

$$x=c_1\alpha_1+c_2\alpha_2+\cdots+c_{n-1}\alpha_{n-1}$$

其中 $c_1,c_2,\cdots,c_{n-1}$ 为任意常数.

(3) 当 $a=(1-n)b$ 时, 对系数矩阵 A 作行初等变换, 有

$$A=\begin{pmatrix} (1-n)b & b & b & \cdots & b \\ b & (1-n)b & b & \cdots & b \\ b & b & (1-n)b & \cdots & b \\ \vdots & \vdots & \vdots & & \vdots \\ b & b & b & \cdots & (1-n)b \end{pmatrix}$$

$$\rightarrow \begin{pmatrix} 1-n & 1 & 1 & \cdots & 1 \\ 1 & 1-n & 1 & \cdots & 1 \\ 1 & 1 & 1-n & \cdots & 1 \\ \vdots & \vdots & \vdots & & \vdots \\ 1 & 1 & 1 & \cdots & 1-n \end{pmatrix} \rightarrow \begin{pmatrix} 1 & 0 & 0 & \cdots & 0 & -1 \\ 0 & 1 & 0 & \cdots & 0 & -1 \\ 0 & 0 & 1 & \cdots & 0 & -1 \\ \vdots & \vdots & \vdots & & \vdots & \vdots \\ 0 & 0 & 0 & \cdots & 1 & -1 \\ 0 & 0 & 0 & \cdots & 0 & 0 \end{pmatrix}$$

原方程组的同解方程组为

$$\begin{cases} x_1 = x_n \\ x_2 = x_n \\ \cdots \cdots \\ x_{n-1} = x_n \end{cases}$$

其基础解系为

$$\beta = (1,1,\cdots,1)'$$

故方程组①的全部解是

$$x = c\beta \quad (c \text{ 为任意常数})$$

172. (数学三,数学四) 已知齐次线性方程组

$$\left. \begin{array}{r} x_1 + 2x_2 + 3x_3 = 0 \\ 2x_1 + 3x_2 + 5x_3 = 0 \\ x_1 + x_2 + ax_3 = 0 \end{array} \right\} \quad ①$$

和

$$\left. \begin{array}{r} x_1 + bx_2 + cx_3 = 0 \\ 2x_1 + b^2 x_2 + (c+1)x_3 = 0 \end{array} \right\} \quad ②$$

同解,求 a,b,c 的值.

解 因为线性方程组②的未知量个数大于方程的个数,故②有无穷多解. 又因为线性方程组①与②同解,所以①的系数矩阵的秩小于 3.

对方程组①的系数矩阵 A 作行初等变换

$$A = \begin{pmatrix} 1 & 2 & 3 \\ 2 & 3 & 5 \\ 1 & 1 & a \end{pmatrix} \rightarrow \begin{pmatrix} 1 & 0 & 1 \\ 0 & 1 & 1 \\ 0 & 0 & a-2 \end{pmatrix}$$

从而 $a = 2$.

此时,线性方程组①的系数矩阵 A 可化为

$$\begin{pmatrix} 1 & 2 & 3 \\ 2 & 3 & 5 \\ 1 & 1 & 2 \end{pmatrix} \rightarrow \begin{pmatrix} 1 & 0 & 1 \\ 0 & 1 & 1 \\ 0 & 0 & 0 \end{pmatrix}$$

故 $(-1,-1,1)'$ 是线性方程组①的一个基础解系.

将 $x_1=-1, x_2=-1, x_3=1$ 代入②可得 $b=1, c=2$ 或 $b=0, c=1$.

当 $b=1, c=2$ 时,对②的系数矩阵 B 作初等行变换,有
$$B=\begin{pmatrix} 1 & 1 & 2 \\ 2 & 1 & 3 \end{pmatrix} \rightarrow \begin{pmatrix} 1 & 0 & 1 \\ 0 & 1 & 1 \end{pmatrix}$$

故①与②同解.

当 $b=0, c=1$ 时,②的系数矩阵 B 可化为
$$\begin{pmatrix} 1 & 0 & 1 \\ 2 & 0 & 2 \end{pmatrix} \rightarrow \begin{pmatrix} 1 & 0 & 1 \\ 0 & 0 & 0 \end{pmatrix}$$

故①与②不同解.

综上所述,当 $a=2, b=1, c=2$ 时,线性方程组①与②同解.

173.(**数学一,数学二,数学三,数学四**) 设线性方程组
$$\left.\begin{aligned} x_1+x_2+x_3&=0 \\ x_1+2x_2+ax_3&=0 \\ x_1+4x_2+a^2x_3&=0 \end{aligned}\right\} \qquad ①$$

与方程
$$x_1+2x_2+x_3=a-1 \qquad ②$$

有公共解,求 a 的值及所有公共解.

解 将方程组①与②联立,并对其增广矩阵作初等行变换,有
$$\overline{A}=\begin{pmatrix} 1 & 1 & 1 & \cdots & 0 \\ 1 & 2 & a & \cdots & 0 \\ 1 & 4 & a^2 & \cdots & 0 \\ 1 & 2 & 1 & \cdots & a-1 \end{pmatrix} \rightarrow \begin{pmatrix} 1 & 1 & 1 & \cdots & 0 \\ 0 & 1 & a-1 & \cdots & 0 \\ 0 & 3 & a^2-1 & \cdots & 0 \\ 0 & 1 & 0 & \cdots & a-1 \end{pmatrix}$$

$$\rightarrow \begin{pmatrix} 1 & 1 & 1 & \cdots & 0 \\ 0 & 1 & a-1 & \cdots & 0 \\ 0 & 0 & (a-1)(a-2) & \cdots & 0 \\ 0 & 0 & 1-a & \cdots & a-1 \end{pmatrix}.$$

于是当 $a=1$ 时,有 $\overline{A} \rightarrow \begin{pmatrix} 1 & 1 & 1 & \cdots & 0 \\ 0 & 1 & 0 & \cdots & 0 \\ 0 & 0 & 0 & \cdots & 0 \\ 0 & 0 & 0 & \cdots & 0 \end{pmatrix}$,从而方程组的通解为 $k(1,0,-1)^{\mathrm{T}}$,即是方程组①与②的公共解;

当 $a=2$ 时,有 $\overline{A} \rightarrow \begin{pmatrix} 1 & 1 & 1 & \vdots & 0 \\ 0 & 1 & 1 & \vdots & 0 \\ 0 & 0 & -1 & \vdots & 1 \\ 0 & 0 & 0 & \vdots & 0 \end{pmatrix}$,从而方程组的通解为 $(0,1,-1)^{\mathrm{T}}$,即是

第三章 线性方程组

方程组①与②的公共解.

174. (华中师范大学,数学三) 设向量组 $\alpha_1,\alpha_2,\cdots,\alpha_t$ 是齐次线性方程组 $Ax=0$ 的一个基础解系,向量 β 不是 $Ax=0$ 的解,即 $A\beta\neq 0$,试证明:向量组 $\beta,\beta+\alpha_1,\cdots,\beta+\alpha_t$ 线性无关.

证 令 $k_0\beta+k_1(\beta+\alpha_1)+\cdots+k_t(\beta+\alpha_t)=0$,即
$$(k_0+k_1+\cdots+k_t)\beta+k_1\alpha_1+\cdots+k_t\alpha_t=0 \qquad ①$$
用 A 乘①,并由 $A\alpha_i=0, A\beta\neq 0$ 可得
$$k_0+k_1+\cdots+k_t=0 \qquad ②$$
将②代入①得 $k_1\alpha_1+\cdots+k_t\alpha_t=0$. 由于 $\alpha_1,\cdots,\alpha_t$ 线性无关,因此
$$k_1=\cdots=k_t=0 \qquad ③$$
再将③代入②得 $k_0=0$,从而得证命题.

175. (北京师范大学) 设 $A=(a_{ij})_{n\times n}$ 的秩为 n,求齐次线性方程组 $Bx=0$ 的一个基础解系,其中 $B=(a_{ij})_{r\times n}, r<n$.

解 秩 $A=n$,即 $|A|\neq 0$,故秩 $B=r$. 因此 $Bx=0$ 的基础解系所含向量个数为 $n-r$. 由秩 $A=n$,可得秩 $A^*=n$,令
$$\begin{cases} \eta_{r+1}=(A_{r+1,1},A_{r+1,2},\cdots,A_{r+1,n})' \\ \cdots\cdots \\ \eta_n=(A_{n1},A_{n2},\cdots,A_{nn})' \end{cases}$$
由于秩 $A^*=n$,因此有
$$\text{秩}\{\eta_{r+1},\cdots,\eta_n\}=n-r \qquad ①$$
而 $B=\begin{pmatrix} a_{11} & \cdots & a_{1n} \\ \vdots & & \vdots \\ a_{r1} & \cdots & a_{rn} \end{pmatrix}$,所以
$$B\eta_i=0 \quad (i=r+1,\cdots,n) \qquad ②$$
由①,②知 $\eta_{r+1},\cdots,\eta_n$ 是 $Bx=0$ 的一个基础解系.

176. (四川大学,湖北大学) 设方程组
$$\left.\begin{matrix} a_{11}x_1+a_{12}x_2+\cdots a_{1n}x_n=0 \\ a_{21}x_1+a_{22}x_2+\cdots a_{2n}x_n=0 \\ \cdots\cdots \\ a_{n1}x_1+a_{n2}x_2+\cdots a_{nn}x_n=0 \end{matrix}\right\} \qquad ①$$
的系数行列式 $|A|=0$,而 A 中的某元素 a_{ij} 的代数余子式 $A_{ij}\neq 0$.
证明:$(A_{i1},A_{i2},\cdots,A_{in})$ 是该方程组的一个基础解系.

证 因为 $|A|=0$,而 A 中存在一个 $n-1$ 阶子式 $A_{ij}\neq 0$. 所以秩 $A=n-1$. 从而方程组①的基础解系所含向量个数 $=n-(n-1)=1$. 又已知
$$a_{k1}A_{i1}+a_{k2}A_{i2}+\cdots+a_{kn}A_{in}=\begin{cases} 0, & i\neq k \\ |A|, & i=k \end{cases}$$

但 $|A|=0$,所以
$$a_{k1}A_{i1}+a_{k2}A_{i2}+\cdots+a_{kn}A_{in}=0$$
即 $\alpha=(A_{i1},A_{i2},\cdots,+A_{in})$ 是方程组①的一个解,且 $\alpha=(A_{i1},\cdots,A_{in})\neq 0$,故 α 是方程组①的一个基础解系.

177.(数学一,数学二) 已知 3 阶矩阵 A 的第一行是 (a,b,c),a,b,c 不全为零,矩阵
$$B=\begin{pmatrix}1 & 2 & 3\\ 2 & 4 & 6\\ 3 & 6 & k\end{pmatrix}\quad (k \text{ 为常数})$$
且 $AB=O$,求线性方程组 $Ax=0$ 的通解.

解 由于 $AB=O$,因此秩 A+秩 $B\leq 3$,又因为 a,b,c 不全为零,所以有秩 $A\geq 1$.

当 $k\neq 9$ 时,秩 $B=2$,于是秩 $A=1$;所以由 $AB=O$ 可得
$$A\begin{pmatrix}1\\2\\3\end{pmatrix}=0 \quad \text{和} \quad A\begin{pmatrix}3\\6\\k\end{pmatrix}=0 \qquad ①$$

由于 $\eta_1=(1,2,3)'$,$\eta_2=(3,6,k)'$ 线性无关,因此 η_1,η_2 为 $Ax=0$ 的一个基础解系,故 $Ax=0$ 的通解为
$$x=c_1\eta_1+c_2\eta_2$$
其中 c_1,c_2 为任意常数.

当 $k=9$ 时,秩 $B=1$,于是秩 $A=1$ 或秩 $A=2$.

若秩 $A=2$,则 $Ax=0$ 的基础解系由一个向量构成.因此由①得 $Ax=0$ 的通解为
$$x=c_1(1,2,3)'$$
其中 c_1 为任意常数.

若秩 $A=1$,则 $Ax=0$ 的基础解系由两个向量构成,又因为 A 的第一行为 (a,b,c) 且 a,b,c 不全为零,所以 $Ax=0$ 等价于 $ax_1+bx_2+cx_3=0$.不妨设 $a\neq 0$,则
$$\eta_1=(-b,a,0)',\eta_2=(-c,0,a)'$$
是 $Ax=0$ 的两个线性无关的解,故 $Ax=0$ 的通解为
$$x=c_1\eta_1+c_2\eta_2$$
其中 c_1,c_2 为任意常数.

178.(数学一,数学二,数学三,数学四) 设 n 元线性方程组 $Ax=b$,其中
$$A=\begin{pmatrix}2a & 1 & & & & \\ a^2 & 2a & 1 & & & \\ & a^2 & 2a & 1 & & \\ & & \ddots & \ddots & \ddots & \\ & & & a^2 & 2a & 1\\ & & & & a^2 & 2a\end{pmatrix}_{n\times n}, x=\begin{pmatrix}x_1\\x_2\\\vdots\\x_n\end{pmatrix}, b=\begin{pmatrix}1\\0\\\vdots\\0\end{pmatrix}$$

(1)证明行列式$|A|=(n+1)a^n$;
(2)当 a 为何值时,该方程组有唯一解,并求 x_1;
(3)当 a 为何值时,该方程组有无穷多解,并求通解.

证 (1)证法 1. 记

$$D_n=|A|=\begin{vmatrix} 2a & 1 & & & & \\ a^2 & 2a & 1 & & & \\ & a^2 & 2a & 1 & & \\ & & \ddots & \ddots & \ddots & \\ & & & a^2 & 2a & 1 \\ & & & & a^2 & 2a \end{vmatrix}_n$$

以下用数学归纳法证明 $D_n=(n+1)a^n$.

当 $n=1$ 时,$D_1=2a$,结论成立.

当 $n=2$ 时,$D_2=\begin{vmatrix} 2a & 1 \\ a^2 & 2a \end{vmatrix}=3a^2$,结论成立.

假设结论对小于 n 的情况成立. 将 D_n 按第 1 行展开得

$$D_n=2aD_{n-1}-\begin{vmatrix} 2a & 1 & & & & \\ a^2 & 2a & 1 & & & \\ & a^2 & 2a & 1 & & \\ & & \ddots & \ddots & \ddots & \\ & & & a^2 & 2a & 1 \\ & & & & a^2 & 2a \end{vmatrix}_{n-1}$$

$$=2aD_{n-1}-a^2D_{n-2}=2ana^{n-1}-a^2(n-1)a^{n-2}$$
$$=(n+1)a^n$$

故
$$|A|=(n+1)a^n$$

证法 2

$$|A|=\begin{pmatrix} 2a & 1 & & & & \\ a^2 & 2a & 1 & & & \\ & a^2 & 2a & 1 & & \\ & & \ddots & \ddots & \ddots & \\ & & & a^2 & 2a & 1 \\ & & & & a^2 & 2a \end{pmatrix}_n$$

$$\xrightarrow{r_2-\frac{1}{2}ar_1}\begin{Vmatrix} 2a & 1 & & & & \\ 0 & \frac{3}{2}a & 1 & & & \\ & a^2 & 2a & 1 & & \\ & & \ddots & \ddots & \ddots & \\ & & & a^2 & 2a & 1 \\ & & & & a^2 & 2a \end{Vmatrix}$$

$$\xrightarrow{r_3-\frac{2}{3}ar_2} \begin{vmatrix} 2a & 1 & & & & & \\ 0 & \frac{3}{2}a & 1 & & & & \\ & 0 & \frac{4}{3}a & 1 & & & \\ & & a^2 & 2a & 1 & & \\ & & & \ddots & \ddots & \ddots & \\ & & & & a^2 & 2a & 1 \\ & & & & & a^2 & 2a \end{vmatrix}_n$$

$= \cdots$

$$\xrightarrow{r_n-\frac{n-1}{n}ar_{n-1}} \begin{vmatrix} 2a & 1 & & & & \\ 0 & \frac{3}{2}a & 1 & & & \\ & 0 & \frac{4}{3}a & 1 & & \\ & & \ddots & \ddots & \ddots & \\ & & & 0 & \frac{n}{n-1}a & 1 \\ & & & & 0 & \frac{n+1}{n}a \end{vmatrix}_n$$

$= (n+1)a^n$.

(2) 当 $a \neq 0$ 时，方程组系数列行式 $D_n \neq 0$，故方程组有唯一解. 由克莱姆法则，将 D_n 第1列换成 b，得列式为

$$D_n = \begin{vmatrix} 1 & 1 & & & & \\ 0 & 2a & 1 & & & \\ & a^2 & 2a & 1 & & \\ & & \ddots & \ddots & \ddots & \\ & & & a^2 & 2a & 1 \\ & & & & a^2 & 2a \end{vmatrix}_n$$

$$= \begin{vmatrix} 2a & 1 & & & \\ a^2 & 2a & 1 & & \\ & \ddots & \ddots & \ddots & \\ & & a^2 & 2a & 1 \\ & & & a^2 & 2a \end{vmatrix}_{n-1} = na^{n-1}$$

所以，$x_1 = \dfrac{D_{n-1}}{D_n} = \dfrac{n}{(n+1)a}$.

(3) 当 $a = 0$ 时，方程组为

$$\begin{pmatrix} 0 & 1 & & & \\ & 0 & 1 & & \\ & & \ddots & \ddots & \\ & & & 0 & 1 \\ & & & & 0 \end{pmatrix} \begin{pmatrix} x_1 \\ x_2 \\ \vdots \\ x_{n-1} \\ x_n \end{pmatrix} = \begin{pmatrix} 1 \\ 0 \\ \vdots \\ 0 \\ 0 \end{pmatrix}$$

此时系数矩阵的秩与增广矩阵的秩均为 $n-1$,所以方程组有无穷多解,其通解为 $x=(0,1,0,\cdots,0)^T + k(1,0,0,\cdots,0)^T$,其中 k 为任意常数.

179. (数学一,数学二,数学三) 设

$$A = \begin{pmatrix} \lambda & 1 & 1 \\ 0 & \lambda-1 & 0 \\ 1 & 1 & \lambda \end{pmatrix}, b = \begin{pmatrix} a \\ 1 \\ 1 \end{pmatrix}$$

扫码获取本书资源

已知线性方程组 $Ax=b$ 存在 2 个不同的解,

(Ⅰ) 求 λ, a;

(Ⅱ) 求方程组 $Ax=b$ 的通解.

解 (Ⅰ) 设 η_1, η_2 为 $Ax=b$ 的 2 个不同的解,则 $\eta_1 - \eta_2$ 是 $Ax=0$ 的一个非零解,故

$$|A| = (\lambda-1)^2(\lambda+1) = 0.$$

于是 $\lambda = 1$ 或 $\lambda = -1$.

当 $\lambda = 1$ 时,因为 $r(A) \neq r(A \vdots b)$,所以 $Ax=b$ 无解,舍去.

当 $\lambda = -1$ 时,对 $Ax=b$ 的增广矩阵作初等行变换,有

$$(A \vdots b) = \begin{pmatrix} -1 & 1 & 1 & | & a \\ 0 & -2 & 0 & | & 1 \\ 1 & 1 & -1 & | & 1 \end{pmatrix} \rightarrow \begin{pmatrix} 1 & 0 & -1 & | & \frac{3}{2} \\ 0 & 1 & 0 & | & -\frac{1}{2} \\ 0 & 0 & 0 & | & a+2 \end{pmatrix} = B$$

因为 $Ax=b$ 有解,所以 $a = -2$.

(Ⅱ) 当 $\lambda = -1, a = -2$ 时,有

$$B = \begin{pmatrix} 1 & 0 & -1 & | & \frac{3}{2} \\ 0 & 1 & 0 & | & -\frac{1}{2} \\ 0 & 0 & 0 & | & 0 \end{pmatrix}$$

故 $Ax=b$ 的解为 $x = \frac{1}{2}\begin{pmatrix} 3 \\ -1 \\ 0 \end{pmatrix} + k\begin{pmatrix} 1 \\ 0 \\ 1 \end{pmatrix}$,其中 k 为任意常数.

180. (数学一) 设有齐次线性方程组

$$\begin{cases}(1+a)x_1+x_2+\cdots+x_n=0\\ 2x_1+(2+a)x_2+\cdots+2x_n=0\\ nx_1+nx_2+\cdots+(n+a)x_n=0\end{cases}\quad (n\geqslant 2)$$

试问 a 取何值时,该方程组有非零解,并求出其通解.

解法 1 对方程组的系数矩阵 A 作初等行变换,有

$$A=\begin{pmatrix}1+a & 1 & 1 & \cdots & 1\\ 2 & 2+a & 2 & \cdots & 2\\ 3 & 3 & 3+a & \cdots & 3\\ \vdots & \vdots & \vdots & & \vdots\\ n & n & n & \cdots & n+a\end{pmatrix}\to\begin{pmatrix}1+a & 1 & 1 & \cdots & 1\\ -2a & a & 0 & \cdots & 0\\ -3a & 0 & a & \cdots & 0\\ \vdots & \vdots & \vdots & & \vdots\\ -na & 0 & 0 & \cdots & a\end{pmatrix}$$

当 $a=0$ 时,秩 $A=1<n$,故方程组有非零解,其同解方程组为

$$x_1+x_2+\cdots+x_n=0$$

由此可得基础解系为

$$\eta_1=(-1,1,0,\cdots,0)'$$
$$\eta_2=(-1,0,1,\cdots,0)'$$
$$\cdots\cdots$$
$$\eta_{n-1}=(-1,0,0,\cdots,1)'$$

于是方程组的通解为

$$x=k_1\eta_1+\cdots+k_{n-1}\eta_{n-1},\text{其中 } k_1,\cdots,k_{n-1}\text{ 为任意常数}$$

当 $a\neq 0$ 时,对矩阵 B 作初等行交换,有

$$B\to\begin{pmatrix}1+a & 1 & 1 & \cdots & 1\\ -2 & 1 & 0 & \cdots & 0\\ -3 & 0 & 1 & \cdots & 0\\ \vdots & \vdots & \vdots & & \vdots\\ -n & 0 & 0 & \cdots & 1\end{pmatrix}\to\begin{pmatrix}a+\dfrac{n(n+1)}{2} & 0 & 0 & \cdots & 0\\ 2 & 1 & 0 & \cdots & 0\\ -3 & 0 & 1 & \cdots & 0\\ \vdots & \vdots & \vdots & & \vdots\\ -n & 0 & 0 & \cdots & 1\end{pmatrix}$$

当 $a=-\dfrac{n(n+1)}{2}$ 时,秩 $A=n-1<n$,故方程组也有非零解,其同解方程组为

$$\begin{cases}-2x_1+x_2=0\\ -3x_1+x_3=0\\ -nx_1+x_n=0\end{cases}$$

由此得基础解系为 $\eta=(1,2,\cdots,n)'$,于是方程组的通解为

$$x=k\eta,\quad \text{其中 } k \text{ 为任意常数}$$

解法 2 方程组的系数行列式为

$$|A| = \begin{vmatrix} 1+a & 1 & 1 & \cdots & 1 \\ 2 & 2+a & 2 & \cdots & 2 \\ 3 & 3 & 3+a & \cdots & 3 \\ \vdots & \vdots & \vdots & & \vdots \\ n & n & n & \cdots & n+a \end{vmatrix} = \left(a + \frac{n(n+1)}{2}\right)a^{n-1}$$

当 $|A|=0$,即 $a=0$ 或 $a=-\frac{n(n+1)}{2}$ 时,方程组有非零解.

当 $a=0$ 时,对系数矩阵 A 作初等行变换,有

$$A = \begin{pmatrix} 1 & 1 & 1 & \cdots & 1 \\ 2 & 2 & 2 & \cdots & 2 \\ 3 & 3 & 3 & \cdots & 3 \\ \vdots & \vdots & \vdots & & \vdots \\ n & n & n & \cdots & n \end{pmatrix} \rightarrow \begin{pmatrix} 1 & 1 & 1 & \cdots & 1 \\ 0 & 0 & 0 & \cdots & 0 \\ 0 & 0 & 0 & \cdots & 0 \\ \vdots & \vdots & \vdots & & \vdots \\ 0 & 0 & 0 & \cdots & 0 \end{pmatrix}$$

故方程组的同解方程组为 $x_1+x_2+\cdots+x_n=0$,由此得基础解系为

$$\eta_1 = (-1,1,0,\cdots,0)'$$
$$\eta_2 = (-1,0,1,\cdots,0)'$$
$$\cdots$$
$$\eta_{n-1} = (-1,0,0,\cdots,1)'$$

于是方程组的通解为

$$x = k_1\eta_1 + \cdots + k_{n-1}\eta_{n-1},\text{其中 } k_1,\cdots,k_{n-1} \text{ 为任意常数}$$

当 $a=-\frac{n(n+1)}{2}$ 时,对系数矩阵 A 作初等行变换,有

$$A = \begin{pmatrix} 1+a & 1 & 1 & \cdots & 1 \\ 2 & 2+a & 2 & \cdots & 2 \\ 3 & 3 & 3+a & \cdots & 3 \\ \vdots & \vdots & \vdots & & \vdots \\ n & n & n & \cdots & n+a \end{pmatrix} \rightarrow \begin{pmatrix} 1+a & 1 & 1 & \cdots & 1 \\ -2a & a & 0 & \cdots & 0 \\ -3a & 0 & a & \cdots & 0 \\ \vdots & \vdots & \vdots & & \vdots \\ -na & 0 & 0 & \cdots & a \end{pmatrix}$$

$$\rightarrow \begin{pmatrix} 1+a & 1 & 1 & \cdots & 1 \\ -2 & 1 & 0 & \cdots & 0 \\ -3 & 0 & 1 & \cdots & 0 \\ \vdots & \vdots & \vdots & & \vdots \\ -n & 0 & 0 & \cdots & 1 \end{pmatrix} \rightarrow \begin{pmatrix} 0 & 0 & 0 & \cdots & 0 \\ -2 & 1 & 0 & \cdots & 0 \\ -3 & 0 & 1 & \cdots & 0 \\ \vdots & \vdots & \vdots & & \vdots \\ -n & 0 & 0 & \cdots & 1 \end{pmatrix}$$

故方程组的同解方程组为

$$\begin{cases} -2x_1 + x_2 = 0 \\ -3x_1 + x_3 = 0 \\ \quad\vdots \\ -nx_1 + x_n = 0 \end{cases}$$

由此得基础解系为 $\eta=(1,2,\cdots,n)'$,于是方程组的通解为

$x = k\eta$，其中 k 为任意常数

181. (农学类数学) 对于线性方程组
$$\begin{cases} x_1 + x_2 + x_3 = 2 \\ x_1 + 2x_2 + ax_3 = -1 \\ 2x_1 + 3x_2 = b \end{cases}$$

讨论 a, b 取何值时，方程组无解、有唯一解和无穷多解时，并在方程组有无穷多解时，求出通解.

解法 1 方程组系数行列式

$$D = \begin{vmatrix} 1 & 1 & 1 \\ 1 & 2 & a \\ 2 & 3 & 0 \end{vmatrix} = -1 - a$$

当 $D \neq 0$ 时，即 $a \neq -1$ 时，由克莱姆法则知方程组有唯一解.

当 $a = -1$ 时，对方程组的增广矩阵施行初等行变换得

$$B = \begin{pmatrix} 1 & 1 & 1 & 2 \\ 1 & 2 & -1 & -1 \\ 2 & 3 & 0 & b \end{pmatrix} \rightarrow \begin{pmatrix} 1 & 1 & 1 & 2 \\ 0 & 1 & -2 & -3 \\ 0 & 0 & 0 & b-1 \end{pmatrix}$$

当 $b \neq 1$ 时，$r(A) = 2, r(B) = 3, r(A) \neq r(B)$，线性方程组无解.

当 $b = 1$ 时，$r(A) = r(B) = 2 < 3$，线性方程组有无穷多解，其通解为

$$\begin{pmatrix} x_1 \\ x_2 \\ x_3 \end{pmatrix} = \begin{pmatrix} 5 \\ -3 \\ 0 \end{pmatrix} + k \begin{pmatrix} -3 \\ 2 \\ 1 \end{pmatrix}$$，其中 k 为任意常数

解法 2 对方程组的增广矩阵施行初等行变换得

$$B = \begin{pmatrix} 1 & 1 & 1 & 2 \\ 1 & 2 & a & -1 \\ 2 & 3 & 0 & b \end{pmatrix} \rightarrow \begin{pmatrix} 1 & 1 & 1 & 2 \\ 0 & 1 & a-1 & -3 \\ 0 & 0 & -a-1 & b-1 \end{pmatrix}$$

当 $a = -1, b \neq 1$ 时，$r(A) = 2, r(B) = 3, r(A) \neq r(B)$，线性方程组无解；

当 $a \neq -1, b$ 为任意时，$r(A) = r(B) = 3$，线性方程组有唯一解；

当 $a = -1, b = 1$ 时，$r(A) = r(B) = 2 < 3$，方程组有无穷多解，其通解为

$$\begin{pmatrix} x_1 \\ x_2 \\ x_3 \end{pmatrix} = \begin{pmatrix} 5 \\ -3 \\ 0 \end{pmatrix} + k \begin{pmatrix} -3 \\ 2 \\ 1 \end{pmatrix}$$，其中 k 为任意常数

182. (武汉大学) 设 A, B 是数域 K 上的 n 阶方阵，X 是未知量 $x_1, x_2, \cdots, x_n$ 所构成的 $n \times 1$ 矩阵. 已知齐次线性方程组 $AX = 0$ 和 $BX = 0$ 分别有 l, m 个线性无关的解向量，这里 $l \geq 0, m \geq 0$. 证明：

(1) 方程组 $(AB)X=0$ 至少有 $\max(l,m)$ 个线性无关的解向量；

(2) 如果 $l+m>n$，那么 $(A+B)X=0$ 必有非零解；

(3) 如果 $AX=0$ 和 $BX=0$ 无公共的非零解向量，且 $l+m=n$，那么 K^n 中任一向量 α 都可唯一地表示成 $\alpha=\beta+\gamma$，这里 β,γ 分别是 $AX=0$ 和 $BX=0$ 的解向量.

解 (1)由题设，$l\leqslant n-\mathrm{rank}(A)$，$m\leqslant n-\mathrm{rank}(B)$，而 $\mathrm{rank}(AB)\leqslant\min(\mathrm{rank}A,\mathrm{rank}B)$，所以另一方面，方程组 $(AB)X=0$ 有 $n-\mathrm{rank}(AB)$ 个线性无关的解向量. 故所证结论成立.

(2)因 $l+m>n$，所以 $\mathrm{rank}(A+B)\leqslant\mathrm{rank}(A)+\mathrm{rank}(B)\leqslant(n-l)+(n-m)<n$，因此齐次方程组 $(A+B)X=0$ 必有非零解.

(3)设 $AX=0$ 和 $BX=0$ 的解空间分别为 V_1 和 V_2，则 $\dim V_1\geqslant l$，$\dim V_2\geqslant m$. 据题设，$V_1\cap V_2=\{0\}$，所以 V_1 与 V_2 的和是直和，故
$$\dim(V_1+V_2)=\dim V_1+\dim V_2\geqslant l+m=n=\dim K^n$$
又 $\dim(V_1+V_2)\leqslant\dim K^n$，所以 $\dim(V_1+V_2)=\dim K^n$. 从而有 $K^n=V_1\oplus V_2$，所证结论成立.

183. (华中师范大学) 设 $\eta_1,\cdots,\eta_s$ 是线性方程组 $Ax=0$ 的一个基础解系. $r_0,r_1,\cdots,r_t$ 是线性方程组 $Ax=b$ (其中 $b\neq 0$) 的线性无关的解，则向量组 $r_1-r_0,\cdots,r_t-r_0$ 与 $\eta_1,\cdots,\eta_s$ 等价.

证 因为 $A(r_i-r_0)=b-b=0$，所以 r_i-r_0 是 $Ax=0$ 的解，而 $\eta_1,\cdots,\eta_s$ 是 $Ax=0$ 的基础解系. 所以 $r_1-r_0,\cdots,r_t-r_0$ 可由 $\eta_1,\cdots,\eta_s$ 线性表出.

令 $k_1(r_1-r_0)+\cdots+k_t(r_t-r_0)=0$，则
$$-(k_1+\cdots+k_t)r_0+k_1r_1+\cdots+k_tr_t=0 \quad \text{①}$$

因为 $r_0,r_1,\cdots,r_t$ 线性无关，所以由①可得 $k_1=\cdots=k_t=0$.

由 $r_1-r_0,\cdots,r_t-r_0$ 线性无关，从而它们也是 $Ax=0$ 的一个基础解系. 因此 $\eta_1,\cdots,\eta_s$ 也可是由 $r_1-r_0,\cdots,r_t-r_0$ 线性表示，即证它们彼此等价.

184. (数学一) 设
$$\alpha_1=(a_1,a_2,a_3)', \alpha_2=(b_1,b_2,b_3)', \alpha_3=(c_1,c_2,c_3)'$$
则 3 条直线
$$\left.\begin{array}{l} a_1x+b_1y+c_1=0 \\ a_2x+b_2y+c_2=0 \\ a_3x+b_3y+c_3=0 \end{array}\right\} \quad \text{①}$$
(其中 $a_i^2+b_i^2\neq 0, i=1,2,3$) 交于一点的充要条件是 ( )

(A) $\alpha_1,\alpha_2,\alpha_3$ 线性相关 (B) $\alpha_1,\alpha_2,\alpha_3$ 线性无关

(C) 秩$\{\alpha_1,\alpha_2,\alpha_3\}=$秩$\{\alpha_1,\alpha_2\}$ (D) $\alpha_1,\alpha_2,\alpha_3$ 线性相关，α_1,α_2 线性无关

答 (D). 令 $A=(\alpha_1,\alpha_2)$，则方程组①可改写为

$$AZ = -\alpha_3 \qquad ②$$

其中 $Z=(x,y)'$,则

  3 条直线交于一点 $\Leftrightarrow$方程组①有唯一解

           $\Leftrightarrow$方程组②有唯一解

           $\Leftrightarrow$秩 $A=$秩 $\bar{A}=2$

  由秩 $A=2$,可知 α_1,α_2 线性无关,由秩 $\bar{A}=2$,可知 $\alpha_1,\alpha_2,-\alpha_3$ 线性相关,即 $-\alpha_3$ 可由 α_1,α_2 线性表出,从而 α_3 可由 α_1,α_2 线性表出. 故 $\alpha_1,\alpha_2,\alpha_3$ 线性相关,故选(D).

  185.(内蒙古大学) 直线
$$\begin{cases} A_1x+B_1y+C_1Z+D_1=0 \\ A_2x+B_2y+C_2Z+D_2=0 \end{cases} \text{和} \begin{cases} A_3x+B_3y+C_3Z+D_3=0 \\ A_3x+B_3y+C_3Z+D_3=0 \end{cases}$$
有唯一交点的充要条件是什么? 试证明之.

  证 令 $A=\begin{pmatrix} A_1 & B_1 & C_1 \\ A_2 & B_2 & C_2 \\ A_3 & B_3 & C_3 \\ A_4 & B_4 & C_4 \end{pmatrix}$, $\bar{A}=(A,D)$,其中 $D=\begin{pmatrix} -D_1 \\ -D_2 \\ -D_3 \\ -D_4 \end{pmatrix}$. 则

  两条直线有唯一交点

$\Leftrightarrow AZ=D$ 有唯一解,其中 $Z=(x,y,z)'$

$\Leftrightarrow$秩 $A=$秩 $\bar{A}=3$

$\Leftrightarrow \begin{pmatrix} A_1 \\ A_2 \\ A_3 \\ A_4 \end{pmatrix},\begin{pmatrix} B_1 \\ B_2 \\ B_3 \\ B_4 \end{pmatrix},\begin{pmatrix} C_1 \\ C_2 \\ C_3 \\ C_4 \end{pmatrix}$ 线性无关,且 $\begin{pmatrix} -D_1 \\ -D_2 \\ -D_3 \\ -D_4 \end{pmatrix}$ 可由它们线性表出.

  186.(长春地质学院) 设有平面上的 n 条直线
$$\left.\begin{matrix} a_1x+b_1y+c_1=0 \\ a_2x+b_2y+c_2=0 \\ \cdots\cdots \\ a_nx+b_ny+c_n=0 \end{matrix}\right\} \qquad ①$$
试给出它们有唯一公共交点的充分必要条件,并证明之.

  证 令 $A=(\alpha_1,\alpha_2)$,其中
$$\alpha_1=(a_1,a_2,\cdots,a_n)', \alpha_2=(b_1,b_2,\cdots,b_n)', \beta=(c_1,c_2,\cdots,c_n)'.$$
则方程组①可改写为
$$AZ=-\beta \qquad ②$$

其中 $Z=(x,y)'$,故得

n 条直线有唯一公共交点 $\Leftrightarrow$ 方程组①有唯一解
$\Leftrightarrow$ 方程组②有唯一解 $\Leftrightarrow$ 秩 $A=$ 秩 $(A,\beta)=2$
$\Leftrightarrow \begin{cases} \alpha_1,\alpha_2 \text{ 线性无关} \\ \alpha_1,\alpha_2,-\beta \text{ 线性相关} \end{cases} \Leftrightarrow \begin{cases} \alpha_1,\alpha_2 \text{ 线性无关} \\ \beta \text{ 可由 } \alpha_1,\alpha_2 \text{ 线性表出} \end{cases}$

187. (华中师范大学) 设 $A \in P^{m \times n}$, $\eta_1,\cdots,\eta_{n-r}$ 是线性方程组 $AX=0$ 的基础解系, $B=(\eta_1,\cdots,\eta_{n-r})$. 证明: 如果 $AC=0$, 那么存在唯一的矩阵 D, 使 $C=BD$ (其中 $C \in P^{n \times t}$).

证 先证存在性 令 $C=(C_1,C_2,\cdots,C_t)$, 其中 C_i 为 C 的第 i 个列向量, 因为 $AC=0$, 所以
$$AC_i = 0 \quad (i=1,2,\cdots,t)$$
且 $\eta_1,\cdots,\eta_{n-r}$ 为 $AX=0$ 的基础解系, 因此 C_i 可由 $\eta_1,\cdots,\eta_{n-r}$ 线性表出, 即
$$C_i = (\eta_1,\cdots,\eta_{n-r})D_i = BD_i \quad (i=1,2,\cdots,t)$$
其中 $D_i \in P^{(n-r) \times 1}$, 再令 $D=(D_1,D_2,\cdots,D_t)$, 所以
$$C = BD \qquad \qquad ①$$
再证唯一性, 若还有 H, 使
$$C = BH \qquad \qquad ②$$
由①－②得
$$B(D-H) = 0. \qquad \qquad ③$$
由于 B 是列满秩的, 因此 $D-H=0$, 即 $D=H$.

188. (武汉大学) 设 $m \times n$ 矩阵 A 的秩为 r, 证明: 对 $p \geq n-r$, 存在一个秩为 $n-r$ 的 $n \times p$ 矩阵, 使 $AB=0$.

证 作齐次线性方程组 $AX=0$, 由于秩 $A=r$, 则该方程组存在一个基础解系 $\eta_1,\cdots,\eta_{n-r}$, 令
$$B = (\eta_1,\cdots,\eta_{n-r},0,\cdots 0) \in P^{n \times p}$$
则 $AB=0$, 且秩 $B=n-r$.

注 这样的 B 一般不是唯一的, 比如还可令
$$B_1 = (\eta_1,\cdots,\eta_{n-r},\eta_1 \cdots \eta_1) \in P^{n \times p}$$
等, 也有 $AB_1=0$, 秩 $B_1=n-r$.

189. (数学二) 已知 $\alpha_1,\alpha_2,\alpha_3,\alpha_4$ 是线性方程组 $AX=0$ 的一个基础解系, 若 $\beta_1=\alpha_1+t\alpha_2, \beta_2=\alpha_2+t\alpha_3, \beta_3=\alpha_3+t\alpha_4, \beta_4=\alpha_4+t\alpha_1$, 讨论实数 t 满足什么条件时, $\beta_1, \beta_2, \beta_3, \beta_4$ 也是 $AX=0$ 的一个基础解系.

解 由 $A\alpha_i=0 (i=1,2,3,4)$, 可得 $A\beta_i=0 (i=1,2,3,4)$. 而

$$(\beta_1,\beta_2,\beta_3,\beta_4)=(\alpha_1,\alpha_2,\alpha_3,\alpha_4)\begin{pmatrix}1&0&0&t\\t&1&0&0\\0&t&1&0\\0&0&t&1\end{pmatrix}$$

则当

$$\begin{vmatrix}1&0&0&t\\t&1&0&0\\0&t&1&0\\0&0&t&1\end{vmatrix}=1-t^4\neq 0$$

即 $t\neq\pm 1$ 时,$\beta_1,\beta_2,\beta_3,\beta_4$ 线性无关,从而也是 $AX=0$ 的一个基础解系.

190.(数学三) 齐次线性方程组

$$\lambda x_1+x_2+\lambda^2 x_3=0$$
$$x_1+\lambda x_2+x_3=0$$
$$x_1+x_2+\lambda x_3=0$$

的系数矩阵为 A,若存在 3 阶矩阵 $B\neq O$,使 $AB=O$,则( )

(A)$\lambda=-2$ 且 $|B|=0$ (B)$\lambda=-2$ 且 $|B|\neq 0$
(C)$\lambda=1$ 且 $|B|=0$ (D)$\lambda=1$ 且 $|B|\neq 0$

答 (C). 若 $|B|\neq 0$,由 $AB=0$,用 B^{-1} 右乘两边,可得 $A=O$,这与 $A\neq O$ 矛盾,从而否定(B),(D).

当 $\lambda=-2$ 时,$|A|=\begin{vmatrix}-2&1&4\\1&-2&1\\1&1&-2\end{vmatrix}\neq 0$,由 $AB=0$,左乘 A^{-1} 可得 $B=O$,矛盾,从而否定(A),故选(C).

191.(数学一) 已知线性方程组

(Ⅰ) $\begin{cases}a_{11}x_1+a_{12}x_2+\cdots a_{1,2n}x_{2n}=0\\ a_{21}x_1+a_{22}x_2+\cdots a_{2,2n}x_{2n}=0\\ \cdots\cdots\\ a_{n1}x_1+a_{n2}x_2+\cdots a_{n,2n}x_{2n}=0\end{cases}$

的一个基础解系为

$$(b_{11},b_{12},\cdots,b_{1,2n})',(b_{21},b_{22},\cdots,b_{2,2n})',\cdots,(b_{n1},b_{n2},\cdots,b_{n,2n})'$$

试写出线性方程组

$$(\text{II})\begin{cases} b_{11}y_1 + b_{12}y_2 + \cdots + b_{1,2n}y_{2n} = 0, \\ b_{21}y_1 + b_{22}y_2 + \cdots + b_{2,2n}y_{2n} = 0, \\ \cdots\cdots \\ b_{n1}y_1 + b_{n2}y_2 + \cdots + b_{n,2n}y_{2n} = 0. \end{cases}$$

的通解,并说明理由.

解 令 $\alpha_i = (a_{i1}, a_{i2}, \cdots, a_{i,2n}), (i=1,2,\cdots,n)$

$\beta_i = (b_{i1}, b_{i2}, \cdots, b_{i,2n}), (i=1,2,\cdots,n)$

$$A = \begin{pmatrix} \alpha_1 \\ \alpha_2 \\ \vdots \\ \alpha_n \end{pmatrix} \qquad B = \begin{pmatrix} \beta_1 \\ \beta_2 \\ \vdots \\ \beta_n \end{pmatrix}$$

则(I)可写为(III):$AX = 0$. (II)可写为(IV):$BX = 0$. 由题意知

$$A(\beta_1', \beta_2', \cdots, \beta_n') = 0 \Rightarrow AB' = 0 \Rightarrow BA' = 0,$$

此即

$$B(\alpha_1', \alpha_2', \cdots, \alpha_n') = 0$$

故 $\alpha_1', \cdots, \alpha_n'$ 是 $BX = 0$ 的 n 个解.

再由假设知

$2n -$ 秩 $A =$ 方程 $AX = 0$ 的基础解系所含向量个数 $= n$

因而秩 $A = n$. 故 $\alpha_1', \cdots, \alpha_n'$ 线性无关. 而

方程 $BX = 0$ 的基础解系所含向量个数 $= 2n -$ 秩 $B = 2n - n = n$

于是 $\alpha_1', \cdots, \alpha_n'$ 是 $BX = 0$ 的一个基础解系,故 $BX = 0$ 的通解为

$$X = k_1\alpha_1' + \cdots + k_n\alpha_n', \quad \text{其中 } k_1, \cdots, k_n \text{ 为任意常数}$$

192. (数学一,数学二) 已知非齐次线性方程组

$$\begin{cases} x_1 + x_2 + x_3 + x_4 = -1 \\ 4x_1 + 3x_2 + 5x_3 - x_4 = -1 \\ ax_1 + x_2 + 3x_3 + bx_4 = 1 \end{cases}$$

有 3 个线性无关的解.

(1)证明方程组系数矩阵 A 的秩 $A = 2$;

(2)求 a, b 的值及方程组的通解.

解 (1)设 $\alpha_1, \alpha_2, \alpha_3$ 是非齐次线性方程组的 3 个线性无关的解,则

$$\alpha_1 - \alpha_2, \alpha_1 - \alpha_3$$

是导出组 $Ax = 0$ 的线性无关的解,所以 $n -$ 秩 $A \geqslant 2$,从而秩 $A \leqslant 2$.

显然矩阵 A 中存在不为零的 2 阶子式,又有秩 $A \geqslant 2$,从而秩 $A = 2$.

(2)对线性方程组的增广矩阵作初等行变换,有

$$\overline{A} = \begin{bmatrix} 1 & 1 & 1 & 1 & -1 \\ 4 & 3 & 5 & -1 & -1 \\ a & 1 & 3 & b & 1 \end{bmatrix} \to \begin{bmatrix} 1 & 1 & 1 & 1 & -1 \\ 0 & -1 & 1 & -5 & 3 \\ 0 & 1-a & 3-a & b-a & a+1 \end{bmatrix}$$

$$\to \begin{bmatrix} 1 & 1 & 1 & 1 & -1 \\ 0 & 1 & -1 & 5 & -3 \\ 0 & 0 & 4-2a & b+4a-5 & 4-2a \end{bmatrix}$$

于是秩 $A=$ 秩 $\overline{A}=2$,故

$$a=2, b=-3$$

又因为 $\alpha=(2,-3,0,0)^T$ 是 $Ax=b$ 的解,且

$$\eta_1=(-2,1,1,0)^T, \eta_2=(4,-5,0,1)^T$$

是 $Ax=0$ 的基础解系,所以方程组的通解是

$$\alpha+k_1\eta_1+k_2\eta_2 (k_1,k_2 \text{ 为任意常数})$$

193. (**华中科技大学**) 设向量 $\alpha_1=(1,-1,1,0)'$, $\alpha_2=(1,1,0,1)'$, $\alpha_3=(2,0,1,1)'$,它们生成的子空间为 $W=L(\alpha_1,\alpha_2,\alpha_3)$,试构造一个齐次线性方程组,使它的解空间为 W.

解 因为 $\alpha_3=\alpha_1+\alpha_2$,又 α_1,α_2 线性无关,所以 α_1,α_2 为 W 的一组基 $\Rightarrow$ 维 $W=2$ 且 $W=L(\alpha_1,\alpha_2)$.

令 $A=\begin{pmatrix}\alpha_1^T\\\alpha_2^T\end{pmatrix}=\begin{pmatrix}1 & -1 & 1 & 0\\1 & 1 & 0 & 1\end{pmatrix}$,作齐次线性方程组 $AX=0$,即

$$\begin{cases} x_1 - x_2 + x_3 = 0 \\ x_1 - x_2 + x_4 = 0 \end{cases} \qquad ①$$

得基础解系为

$$\beta_1'=(1,0,-1,-1), \quad \beta_2'=(0,1,1,-1)$$

因为 $A\beta_1=0, A\beta_2=0 \Rightarrow \alpha_i'\beta_j=0(i,j=1,2)$,所以

$$\beta_i'\alpha_j=0(i,j=1,2) \qquad ②$$

令 $B=\begin{pmatrix}\beta_1'\\\beta_2'\end{pmatrix}$,再作齐次方程组 $BX=0$,即

$$\begin{cases} y_1 - y_3 - y_4 = 0 \\ y_2 + y_3 - y_4 = 0 \end{cases} \qquad ③$$

由②知 $B\alpha_i=0(i=1,2)$,而秩 $B=2$. 所以 α_1,α_2 为 $BX=0$ 的基础解系,从而 W 是 $BX=0$ 的解空间. 这就是说方程组③即为所求.

194. (**湘潭大学**) 设 P^n 是数域 P 上全体 n 维列向量组成的线性空间. 证明: P^n 的任一子空间 V_1,必至少是一个 n 元齐次线性方程组的解空间.

证 设 $\dim V_1=s$,取 V_1 的一组基 $\alpha_1,\cdots\alpha_s$,则 $V_1=L(\alpha_1,\alpha_2,\cdots,\alpha_s)$,其中 α_i 为 n 维列向量.

令 $A = \begin{bmatrix} \alpha_1' \\ \vdots \\ \alpha_m' \end{bmatrix}$,秩 $A = s$. 作齐次线性方程组

$$AX = 0 \qquad ①$$

可得它的一个基础解系 $\beta_1, \cdots, \beta_{n-s}$(其中 β_i 为 n 维列向量). 那么

$$\alpha_i' \beta_i = 0 \, (i = 1, 2, \cdots, m; j = 1, 2, \cdots n - m)$$
$$\Rightarrow \beta_j \alpha_i = 0 \, (i = 1, 2, \cdots, m; j = 1, 2, \cdots n - m) \qquad ②$$

令 $B = \begin{bmatrix} \beta_1 \\ \vdots \\ \beta_{n-s} \end{bmatrix}$,作

$$BX = 0. \qquad ③$$

因为秩 $B = n - s$. W 是③的解空间,所以 $\dim W = s$,再由②知 $\alpha_1, \cdots, \alpha_s$ 为 n 元齐次线性方程组③的解空间的一组基. 故

$$W = L(\alpha_1, \cdots, \alpha_s)$$

195.(北京航空航天大学) 设 A 是 $m \times n$ 矩阵,B 是 $m \times p$ 矩阵,试给出 $Ax = B$ 有解的充要条件,并证明之. 又若秩 $A = r$,及 x_0 是上述方程的一个特解,试求出其通解.

解 设 $x = (x_1, x_2, \cdots x_p)$,其中 x_i 是 $n \times 1$ 矩阵,再令 $B = (B_1, \cdots B_p)$,其中 B_i 是 B 的列向量. 那么

$$Ax = B \text{ 有解} \Leftrightarrow Ax_i = B_i (i = 1, 2, \cdots, p) \text{ 都有解}$$
$$\Leftrightarrow 秩 A = 秩(A, B_i)(i = 1, 2, \cdots, p)$$
$$\Leftrightarrow 秩 A = 秩(A, B).$$

其次,设秩 $A = r$,作齐次线性方程组 $Ax = 0$,并设 $\eta_1, \cdots \eta_{n-r}$ 为 $Ax = 0$ 的一个基础解系.

令 $x_0 = (c_1, \cdots, c_p)$,且 $Ax_0 = B$,那么 $Ax = B$ 的通解为

$$x = (c_1 + k_1 \eta_1 + \cdots + k_{n-r} \eta_{n-r}, \cdots, c_p + l_1 \eta_1 + \cdots + l_{n-r} \eta_{n-r})$$

其中 $k_i, \cdots, l_i (i = 1, 2, \cdots, n - r)$ 都是任意常数.

196.(湖北大学) 设整系数线性方程组

$$\sum_{j=1}^{n} a_{ij} x_j = b_j \quad (i = 1, 2, \cdots, n) \qquad ①$$

对任意 $b_1, b_2, \cdots, b_n$ 均有整数解. 证明:系数行列式的绝对值为 1.

证 设 $A = (a_{ij})_{n \times n}, B = (b_1, b_2, \cdots, b_n)^T, X = (x_1, x_2, \cdots, x_n)^T$,则方程组①可改写为

$$AX = B \qquad ②$$

在式②中分别令

$$B_1 = (1, 0, \cdots, 0)^T, B_2 = (0, 1, \cdots, 0)^T, \cdots, B_n = (0, 0, \cdots, 1)^T$$

由题设,存在整数列向量 $C_1, C_2, \cdots, C_n$,使
$$AC_i = B_i \quad (i=1,2,\cdots,n) \qquad ③$$
令 $C = (C_1, \cdots, C_n)$, $D = (B_1, \cdots, B_n)$,由③知
$$AC = D = E \qquad ④$$
$$\Rightarrow |A||C| = 1 \qquad ⑤$$
由于 A, C 都是整系数矩阵,因此 $|A|, |C|$ 都是整数,由式⑤知
$$|A| = |C| = 1$$
或
$$|A| = |C| = -1$$
故 $|\det A| = 1$.

197.(北京航空航天大学) 若 A 为 r 阶方阵,B 为 $r \times n$ 矩阵,且秩 $B = r$,试证:

(1)若 $AB = 0$,则 $A = O$;

(2)若 $AB = B$,则 $A = I$.

证 (1) 因为
$$AB = 0 \Rightarrow B'A' = 0 \qquad ①$$
令 $A' = (\alpha_1, \cdots, \alpha_r)$,其中 α_i 为 A' 的列向量.
$$B'x = 0 \qquad ②$$
秩 $B' = $ 秩 $B = r$. 所以方程组②仅有零解. 而由①知
$$B'(\alpha_1, \cdots, \alpha_r) = 0 \Rightarrow B'\alpha_i = 0.$$
故 $\alpha_i = 0 (i=1,2,\cdots,r)$. 所以 $A' = O$,从而 $A = O$.

(2)因为
$$AB = B$$
所以
$$(A-I)B = 0$$
由上题得
$$A - I = O \Rightarrow A = I$$
其中 I 为 r 阶单位阵.

第四章 矩 阵

4.1 矩阵及其运算、几种常见的矩阵

【考点综述】

1. 矩阵的加法、减法与数乘矩阵

(1)设 $A=(a_{ij})_{m\times n}, B=(b_{ij})_{m\times n}$ 规定：

$A+B=(c_{ij})_{m\times n}$，其中 $c_{ij}=a_{ij}+b_{ij}(i=1,2,\cdots,m;j=1,2,\cdots,n)$；

$A-B=(d_{ij})_{m\times n}$，其中 $d_{ij}=a_{ij}-b_{ij}(i=1,2,\cdots,m;j=1,2,\cdots,n)$；

$kA=(e_{ij})_{m\times n}$，其中 $e_{ij}=ka_{ij}(i=1,2,\cdots,m;j=1,2,\cdots,n)$，且 k 为常数. 特别 $-A=(-a_{ij})_{m\times n}$

(2)加法性质：

设 $A,B,C\in P^{m\times n}$，加法满足下述性质

（ⅰ）交换律 $A+B=B+A$.

（ⅱ）结合律 $(A+B)+C=A+(B+C)$.

（ⅲ）有零元 $O+A=A$.

（ⅳ）有负元 $(-A)+A=O$.

（ⅴ）$A-B=A+(-B)$.

(3)数乘矩阵性质：

设 $A,B\in P^{m\times n},k,l\in P$，则

（ⅰ）1乘不变律 $1\cdot A=A$.

（ⅱ）结合律 $k(lA)=(kl)A$.

（ⅲ）分配律 $k(A+B)=kA+kB$； $(k+l)A=kA+lA$.

（ⅳ）$kA=O\Leftrightarrow k=0$ 或 $A=O$.

2. 矩阵的乘法

(1)设 $A=(a_{ij})_{m\times n}, B=(b_{ij})_{n\times s}$，规定
$$AB=(c_{ij})_{m\times s}$$
其中 $c_{ij}=a_{i1}b_{1j}+a_{i2}b_{2j}+\cdots+a_{in}b_{nj}$ $(i=1,2,\cdots,m;j=1,2,\cdots,s)$.

(2)矩阵乘法的性质：
设 $A=(a_{ij})_{m\times n}, B=(b_{ij})_{n\times s}, C=(c_{ij})_{n\times s}, D=(d_{ij})_{s\times r}, k\in P$，则

(i)结合律 $(AB)D=A(BD)$.

(ii)左分配律 $A(B+C)=AB+AC$,
   右分配律 $(B+C)D=BD+CD$.

(iii)有单位元 $E_mA=A=AE_n$，有时简记为 $EA=A=AE$.

(iv)$k(AB)=A(kB)=(kA)B$.

(v)矩阵乘法与数乘矩阵的不同之处：

1)不可交换，一般 $AB\neq BA$.

2)有零因子，即 $A\neq O, B\neq O$，但可能 $AB=O$.

3)消去律不成立，即 $AB=O, A\neq O$，不一定有 $B=O$.

3. 转置矩阵

(1)设 $A=(a_{ij})_{m\times n}$ 规定 $A'=(b_{ij})_{n\times m}$，其中
$$b_{ij}=a_{ji} \quad (i=1,2,\cdots,n;j=1,2,\cdots,m)$$
称 A' 为 A 的转置矩阵，有些书上转置矩阵记为 A^T.

(2)转置矩阵的性质

(i)$(A+B)'=A'+B'$.

(ii)$(kA)'=kA'$.

(iii)穿脱律 $(AB)'=B'A'$.

(iv)对合律 $(A')'=A$.

(3)对称阵与反对称阵.

(i)设 $A=(a_{ij})_{n\times n}$，若 $A'=A$，称 A 为对称阵.

(ii)设 $A=(a_{ij})_{n\times n}$，若 $A'=-A$，称 A 为反对称阵.

4. 幂与矩阵多项式

(1)设 A 是 n 阶方阵，规定
$$A^m=\begin{cases}E, m=0\\ A\cdots A(m\text{个}), m\in \mathbf{N}\end{cases}$$
并称 A^m 为 A 的 m 次幂.

(2)幂的性质，设 m,l 为非负整数，则

(i)$A^m\cdot A^l=A^{m+l}$.

(ii)$(A^m)^l=A^{ml}$.

(iii)与数的乘方不同之处，一般 $(AB)^m\neq A^m\cdot B^m$.

(3)矩阵多项式

(i)设 $f(x)=a_mx^m+\cdots+a_1x+a_0\in P[x]$. A 是 n 阶方阵，规定

$$f(A)=a_mA^m+\cdots+a_1A+a_0E$$

称 $f(A)$ 为矩阵 A 的多项式.

(ⅱ)若 $f(x),g(x)\in P[x],A\in P^{n\times n}$,则
$$f(A)+g(A)=g(A)+f(A),\quad f(A)g(A)=g(A)f(A)$$

5. 几种常见的矩阵

(1)对角阵.

(ⅰ)除主对角元外,其他元素均为 0 的 n 阶方阵,称为对角阵.

(ⅱ)主对角元皆为 1 的对角阵是 n 阶单位矩阵 E_n.

(ⅲ)主对角元皆为 k 的对角阵是数量矩阵 kE_n.

(2)上(或下)三角阵.

设 $A=(a_{ij})_{n\times n}$

(ⅰ)若 $a_{ij}=0\quad (i<j)$,称 A 为下三角阵.

(ⅱ)若 $a_{ij}=0\quad (i>j)$,称 A 为上三角阵.

(ⅲ)上(或下)三角阵之积为上(或下)三角阵.

(ⅳ)上(或下)三角阵之逆为上(或下)三角阵.

(3)初等阵.

(ⅰ)下面 3 种 n 阶方阵都称为初等阵:

$$P(i,j)=\begin{bmatrix}1&&&&&&&\\&\ddots&&&&&&\\&&0&&1&&&\\&&&1&&&&\\&&&&\ddots&&&\\&&&&&1&&\\&&1&&0&&&\\&&&&&&1&\\&&&&&&&\ddots\\&&&&&&&&1\end{bmatrix}\begin{matrix}(i)\\\\(j)\end{matrix}$$

$$P(i(k))=\begin{bmatrix}1&&&\\&\ddots&&\\&&k&\\&&&\ddots\\&&&&1\end{bmatrix}(i),\quad 其中\ k\neq 0$$

$$P(i,j(k))=\begin{bmatrix}1&&&&&\\&\ddots&&&&\\&&1&\cdots&k&\\&&&\ddots&\vdots&\\&&&&1&\\&&&&&\ddots\\&&&&&&1\end{bmatrix}\begin{matrix}(i)\\\\(j)\end{matrix}$$

(ⅱ)初等阵的性质.

1)一个初等阵左(或右)乘矩阵 A,相当于对 A 作一次初等行(或列)变换.

2)初等阵均可逆.且逆矩阵是同一类型初等阵.

【经典题解】

198. **(华中科技大学)** 设 $A=\begin{bmatrix} -1 & 1 & 1 & -1 \\ 1 & -1 & -1 & 1 \\ 1 & -1 & -1 & 1 \\ -1 & 1 & 1 & -1 \end{bmatrix}$,计算 A^6.

解 因为 $A^2=-4A, A^6=(-4)^5 A=-1024A$.

注 用数学归纳法可证
$$A^k=(-4)^{k-1}A, k\in \mathbf{N} \qquad ①$$

199. **(中国科技大学,华中师范大学)** 设 $A=\begin{bmatrix} 1 & \alpha & \beta \\ 0 & 1 & \alpha \\ 0 & 0 & 1 \end{bmatrix}$,试求 A^2, A^3,并进而求 A^n.

解法 1 $A^2=\begin{bmatrix} 1 & 2\alpha & \alpha^2+2\beta \\ 0 & 1 & 2\alpha \\ 0 & 0 & 1 \end{bmatrix} \Rightarrow A^3=\begin{bmatrix} 1 & 3\alpha & 3\alpha^2+3\beta \\ 0 & 1 & 3\alpha \\ 0 & 0 & 1 \end{bmatrix}$

今猜想
$$A^n=\begin{bmatrix} 1 & n\alpha & \dfrac{n(n-1)}{2}\alpha^2+n\beta \\ 0 & 1 & n\alpha \\ 0 & 0 & 1 \end{bmatrix} (n\in \mathbf{N}) \qquad ①$$

用数学归纳法证明如下:当 $n=1$ 时结论成立.归纳假设结论对 $n=k$ 成立,即
$$A^k=\begin{bmatrix} 1 & k\alpha & \dfrac{k(k-1)}{2}\alpha^2+k\beta \\ 0 & 1 & k\alpha \\ 0 & 0 & 1 \end{bmatrix}$$

再当 $n=k+1$ 时,有
$$A^{k+1}=\begin{bmatrix} 1 & k\alpha & \dfrac{k(k-1)}{2}\alpha^2+k\beta \\ 0 & 1 & (k+1)\alpha \\ 0 & 0 & 1 \end{bmatrix}\begin{bmatrix} 1 & \alpha & \beta \\ 0 & 1 & \alpha \\ 0 & 0 & 1 \end{bmatrix}$$
$$=\begin{bmatrix} 1 & (k+1)\alpha & \dfrac{k(k+1)}{2}\alpha^2+(k+1)\beta \\ 0 & 1 & (k+1)\alpha \\ 0 & 0 & 1 \end{bmatrix}$$

即当 $n=k+1$ 时,式①也成立,从而证明式①对一切自然数皆成立.

解法 2: 设 $C=\begin{bmatrix} 0 & 1 & 0 \\ 0 & 0 & 1 \\ 0 & 0 & 0 \end{bmatrix}$,则 $C^2=\begin{bmatrix} 0 & 0 & 1 \\ 0 & 0 & 0 \\ 0 & 0 & 0 \end{bmatrix}, C^3=0$,

有 $A=E+\alpha C+\beta C^2$,为矩阵 C 的多项式,由二项展开式得

$$A^n = (E+\alpha C+\beta C^2)^n = E+\binom{n}{1}(\alpha C+\beta C^2)+\binom{n}{2}(\alpha C+\beta C^2)^2$$

$$= E+n(\alpha C+\beta C^2)+\binom{n}{2}\alpha^2 C^2 = E+n\alpha C+\left(n\beta+\frac{n(n-1)}{2}\alpha^2\right)C^2$$

$$= \begin{bmatrix} 1 & n\alpha & n\beta+\frac{n(n-1)}{2}\alpha^2 \\ 0 & 1 & n\alpha \\ 0 & 0 & 1 \end{bmatrix}.$$

200.(上海机械学院) 设 A,B 均为 n 阶方阵,试问下列结论中哪些正确?哪些不正确?

(1)若 $AB=O$,则 $A=O$ 或 $B=O$.

(2)$(A+B)^2 = A^2+2AB+B^2$.

(3)$(AB)' = A'B'$.

(4)$(AB)^{-1} = B^{-1}A^{-1}$(当 $|A|\neq 0, |B|\neq 0$ 时).

(5)$|kA| = k|A|$(k 为常数).

答 (1)不正确. 比如 $A=\begin{bmatrix}1 & 0 \\ 0 & 0\end{bmatrix}, B=\begin{bmatrix}0 & 0 \\ 0 & 1\end{bmatrix}$ 则 $AB=O$,但 $A\neq O$ 且 $B\neq O$.

(2)不正确. 比如 $A=\begin{bmatrix}1 & 1 \\ 0 & 1\end{bmatrix}, B=\begin{bmatrix}1 & 1 \\ 1 & 0\end{bmatrix}$,则

$$(A+B)^2 = \begin{bmatrix}6 & 6 \\ 3 & 3\end{bmatrix} \neq \begin{bmatrix}7 & 5 \\ 3 & 2\end{bmatrix} = A^2+2AB+B^2$$

(3)不正确. 一般应为 $(AB)' = B'A'$.

(4)正确. $(AB)(B^{-1}A^{-1}) = E$.

(5)不正确. 比如 $A=E_3, k=2$,则

$$|kA|=8, k|A|=2 \Rightarrow |kA|\neq k|A|$$

一般应为

$$|kA| = k^n |A|$$

其中 A 为 n 阶方阵.

201.(湖北大学) 判断(对填"Y",错填"N")

(1)在矩阵的初等变换之下行列式的值不变.   ( )

(2)矩阵 $A\neq O$,则 $A^2\neq O$.   ( )

(3)n 阶方阵 A 与一切 n 级方阵可交换,则 A 是对角阵.   ( )

(4)A 是 n 级反称阵,则 $|A|=0$.   ( )

答 (1)N. 比如交换两行,则行列式的值反号.

(2)N. 比如 $A=\begin{bmatrix}0 & 1 \\ 0 & 0\end{bmatrix}\neq O$,但 $A^2=O$.

(3) Y.

(4) N. 比如 $A = \begin{bmatrix} 0 & -1 \\ 1 & 0 \end{bmatrix}, A' = -A,$ 但 $|A| = 1.$

202. (长春地质学院) 证明或计算下列各题:

(1) 如果矩阵 A, B, C 有如下关系: $AC = CB$, 试证明: A, B 必为方阵. 并举例说明 C 不必为方阵;

(2) 试证明: 两个下三角正线矩阵(对角元素皆为正数)的乘积仍为下三角正线矩阵;

(3) 设 A 为 n 阶矩阵, P 为 n 阶正交矩阵, 证明:
$$(P^{\mathrm{T}}AP)^m = P^{\mathrm{T}}A^m P$$
取定
$$A = \begin{bmatrix} 1 & 1 \\ 0 & 1 \end{bmatrix}, P = \begin{bmatrix} \cos\theta & \sin\theta \\ -\sin\theta & \cos\theta \end{bmatrix}$$

试计算 $(P^{\mathrm{T}}AP)^m$ (m 为正整数).

解 (1) 设 A 为 $n \times m$ 矩阵, C 为 $m \times t$ 矩阵, 则 AC 为 $n \times t$ 矩阵. 再设 B 为 $t \times r$ 矩阵, 则 CB 为 $m \times r$ 矩阵, 再由 $AC = CB$, 知 $n = m$, $t = r$. 即证 A 是 n 阶方阵, B 是 t 阶方阵.

设 $A = E_2, B = E_3,$ 而 $C = O \in \mathbf{R}^{2\times 3}.$ 于是
$$AC = \begin{bmatrix} 1 & 0 \\ 0 & 1 \end{bmatrix} \begin{bmatrix} 0 & 0 & 0 \\ 0 & 0 & 0 \end{bmatrix} = \begin{bmatrix} 0 & 0 & 0 \\ 0 & 0 & 0 \end{bmatrix}$$

$$CB = \begin{bmatrix} 0 & 0 & 0 \\ 0 & 0 & 0 \end{bmatrix} \begin{bmatrix} 1 & 0 & 0 \\ 0 & 1 & 0 \\ 0 & 0 & 1 \end{bmatrix} = \begin{bmatrix} 0 & 0 & 0 \\ 0 & 0 & 0 \end{bmatrix}$$

故 $AC = CB$, 但 C 不是方阵.

(2) 设
$$A = \begin{bmatrix} a_{11} & 0 & 0 & \cdots & 0 \\ a_{21} & a_{22} & 0 & \cdots & 0 \\ a_{31} & a_{32} & a_{33} & \cdots & 0 \\ \vdots & \vdots & \vdots & & \vdots \\ a_{n1} & a_{n2} & a_{n3} & \cdots & a_{nn} \end{bmatrix}$$

其中 $a_{ii} > 0 (i = 1, 2, \cdots, n).$
$$B = \begin{bmatrix} b_{11} & 0 & 0 & \cdots & 0 \\ b_{21} & b_{22} & 0 & \cdots & 0 \\ b_{31} & b_{32} & b_{33} & \cdots & 0 \\ \vdots & \vdots & \vdots & & \vdots \\ b_{n1} & b_{n2} & b_{n3} & \cdots & b_{nn} \end{bmatrix}$$

其中 $b_{ii} > 0 (i = 1, 2, \cdots n).$ 那么

第四章 矩阵

$$AB = \begin{bmatrix} a_{11}b_{11} & 0 & 0 & \cdots & 0 \\ * & a_{22}b_{22} & 0 & \cdots & 0 \\ * & * & a_{33}b_{33} & \cdots & 0 \\ \vdots & \vdots & \vdots & & \vdots \\ * & * & * & \cdots & a_{nn}b_{nn} \end{bmatrix}$$

由于 $a_{ii}b_{ii} > 0$ $(i=1,2,\cdots,n)$. 即证结论.

(3) $(P^{T}AP)^m = (P^{-1}AP)^m = (P^{-1}AP)(P^{-1}AP)\cdots(P^{-1}AP)$
$$= P^{-1}A^mP = P^{T}A^mP \qquad ①$$

特别当 $A = \begin{bmatrix} 1 & 1 \\ 0 & 1 \end{bmatrix}$ 时,由式①有

$(P^{T}AP)^m = P^{T}A^mP = \begin{bmatrix} \cos\theta & -\sin\theta \\ \sin\theta & \cos\theta \end{bmatrix}\begin{bmatrix} 1 & m \\ 0 & 1 \end{bmatrix}\begin{bmatrix} \cos\theta & \sin\theta \\ -\sin\theta & \cos\theta \end{bmatrix}$

$= \begin{bmatrix} 1 - m\sin\theta\cos\theta & m\cos^2\theta \\ -m\sin^2\theta & 1 + m\sin\theta\cos\theta \end{bmatrix}$

203.(**华东师范大学**) 在数域 P 上 n 阶方阵的全体 $P^{n \times n}$ 中,求出所有仅与自己相似的方阵.

解 任给 $A \sim A$,存在 n 阶可逆阵 T,使 $T^{-1}AT = A$,此即 $AT = TA$,可证 $A = a_{11}E$. 这就是说:只有数量矩阵仅与自己相似.

204.(**武汉科技大学**) 若 $A^2 = A$,求证:
$$(A+E)^k = E + (2^k - 1)A \quad (k \text{ 为任意自然数}) \qquad ①$$

证 用数学归纳法证明. 当 $k=1$ 时,式①显然成立,归纳假设结论对 $k=m$ 成立. 即
$$(A+E)^m = E + (2^m - 1)A \qquad ②$$

于是,当 $k=m+1$ 时有
$(A+E)^{m+1} = [E + (2^m - 1)A](A+E)$
$= A + (2^m - 1)A^2 + E + (2^m - 1)A$
$= A + (2^m - 1)A + E + (2^m - 1)A$
$= [2(2^m - 1) + 1]A + E$
$= E + (2^{m+1} - 1)A$

从而式①对 $k=m+1$ 也成立,即证式①对一切自然数 k 都成立.

205.(**北京邮电学校**) n 阶矩阵 A 的各行各列只有一个元素是 1 或 -1,其余元素均为 0. 求证:有正整数 k,使 $A^k = E$.

证 由于 A 每行每列都只有一个非零元素为 1 或 -1. 从而使得矩阵列
$$A, A^2, A^3, \cdots, A^m, \cdots$$
中的每一个矩阵 A^m 仍具有这一性质,即每行每列有且仅有一个元素为 1 或 -1. 然而这样的 A^m 只能作出有限个 $(2n)!! = 2^n \cdot n!$ 不同的来. 所以一定存在两个不同的

自然数 $m_1 > m_2$，使得
$$A^{m_1} = A^{m_2} \qquad ①$$

另外，由 A 的性质知 $|A|$ 的值等于 1 或 -1，即 A^{-1} 存在．用 A^{-m_2} 右乘式①两端得 $A^{m_1-m_2} = E$，即证．

206.（数学一，数学二） 设 $A = I - \zeta\zeta^T$，其中 I 是 n 阶单位矩阵，ζ 是 n 维非零列向量，ζ^T 是 ζ 的转置，证明：

(1) $A^2 = A$ 的充要条件是 $\zeta^T\zeta = 1$；
(2) 当 $\zeta^T\zeta = 1$ 时，A 是不可逆矩阵．

证 (1) $A^2 = A \Leftrightarrow (I - \zeta\zeta^T)(I - \zeta\zeta^T) = I - \zeta\zeta^T$
$\Leftrightarrow I - 2\zeta\zeta^T + \zeta(\zeta^T\zeta)\zeta^T = I - \zeta\zeta^T$
$\Leftrightarrow I - 2\zeta\zeta^T + (\zeta^T\zeta)(\zeta\zeta^T) = I - \zeta\zeta^T$
$\Leftrightarrow I - (2 - \zeta^T\zeta)\zeta\zeta^T = I - \zeta\zeta^T$
$\Leftrightarrow (1 - \zeta^T\zeta)(\zeta\zeta^T) = 0 \qquad ①$

因为 ζ 是非零列向量，所以 $\zeta\zeta^T \neq 0$．由式①有
$$A^2 = A \Leftrightarrow 1 - \zeta^T\zeta = 0 \Leftrightarrow \zeta^T\zeta = 1$$

(2) 用反证法．若 A 可逆，当 $\zeta^T\zeta = 1$ 时，由上面(1)有 $A^2 = A$，即 $A = I$．但 $A = I - \zeta\zeta^T$，故 $I = I - \zeta\zeta^T \Rightarrow \zeta\zeta^T = 0, \zeta = 0$，矛盾，所以 A 是不可逆矩阵．

207.（武汉大学，华中师范大学，中山大学） 设
$$A = \begin{bmatrix} 1 & 0 & 0 \\ 1 & 0 & 1 \\ 0 & 1 & 0 \end{bmatrix}$$

(1)证明：
$$A^n = A^{n-2} + A^2 - E \quad (n \geq 3) \qquad ①$$
(2)求 A^{100}．

证 (1)用数学归纳法，当 $n = 3$ 时，有

式①左端 $= \begin{bmatrix} 1 & 0 & 0 \\ 2 & 0 & 1 \\ 1 & 1 & 0 \end{bmatrix}$, 式①右端 $= \begin{bmatrix} 1 & 0 & 0 \\ 2 & 0 & 1 \\ 1 & 1 & 0 \end{bmatrix}$

$$\Rightarrow A^3 = A + A^2 - E \qquad ②$$

即式①对 $n = 3$ 成立．

归纳假设结论对 $n = k$ 成立，即
$$A^k = A^{k-2} + A^2 - E \qquad ③$$

式③两边同乘 A，并注意式②，则有
$$A^{k+1} = A^{k-1} + A^3 - A = A^{k-1} + (A + A^2 - E) - A = A^{k-1} + A^2 - E$$

即式①对 $n = k+1$ 也成立，从而得证式①成立．

(2)由式①
$$A^{100} = A^{98} + A^2 - E$$
$$= (A^{96} + A^2 - E) + A^2 - E = A^{96} + 2A^2 - 2E$$

$$=\cdots=A^2+49A^2-49E=50A^2-49E$$
$$=\begin{bmatrix}1&0&0\\50&1&0\\50&0&1\end{bmatrix}$$

208.(上海交通大学) 设 $A=\begin{bmatrix}1&0&0\\2&-1&0\\1&2&1\end{bmatrix}$,求 A^{100}.

解法 1 记 $B=\begin{bmatrix}0&0&0\\2&-2&0\\1&2&0\end{bmatrix}$,则 $A=E+B$,从而

$$A^{100}=(E+B)^{100}=E^{100}+C_{100}^1 E^{99}B+\cdots+C_{100}^{99}EB^{99}+B^{100}$$
$$=E+C_{100}^1 B+\cdots+C_{100}^{99}B^{99}+B^{100}$$
$$=\begin{bmatrix}1&0&0\\0&1&0\\0&0&1\end{bmatrix}+C_{100}^1\begin{bmatrix}0&0&0\\2&-2&0\\1&2&0\end{bmatrix}+C_{100}^2\begin{bmatrix}0&0&0\\-2^2&2^2&0\\2^2&-2^2&0\end{bmatrix}$$
$$+C_{100}^3\begin{bmatrix}0&0&0\\2^3&-2^3&0\\-2^3&2^3&0\end{bmatrix}+\cdots+\begin{bmatrix}0&0&0\\-2^{100}&2^{100}&0\\2^{100}&-2^{100}&0\end{bmatrix}$$
$$=\begin{bmatrix}0&0&0\\1-(2-1)^{100}&(2-1)^{100}&0\\299+(2-1)^{100}&1-(2-1)^{100}&0\end{bmatrix}$$
$$=\begin{bmatrix}1&0&0\\0&1&0\\300&0&1\end{bmatrix}$$

解法 2 $A^2=\begin{bmatrix}1&0&0\\0&1&0\\6&0&1\end{bmatrix}=E+\begin{bmatrix}0&0&0\\0&0&0\\6&0&0\end{bmatrix}$,设 $C=\begin{bmatrix}0&0&0\\0&0&0\\6&0&1\end{bmatrix}$,则 $C^2=0$,

$$A^{100}=(A^2)^{50}=(E+C)^{50}=E+50C=\begin{bmatrix}1&0&0\\0&1&0\\300&0&1\end{bmatrix}$$

209.(华中师范大学) 设 M 是一些 n 阶方阵组成的集合,$\forall A,B\in M$,都有 $AB\in M$ 和 $(AB)^3=BA$,证明:

(1) $\forall A,B\in M$,有
$$(A+B)^k=A^k+C_k^1 A^{k-1}B+\cdots+C_k^{k-1}AB^{k-1}+B^k(k\geqslant 2,k\in\mathbf{N}) \qquad ①$$

(2) $\forall A\in M$,有 $|A|=0$ 或 $|A|=1$ 或 $|A|=-1$.

证 (1)先证 M 中元素满足交换律.$\forall z,y\in M$,有
$$yz=(zy)^3=(zy)(zy)^2=[(zy)^2(zy)]^3=(zy)^9$$

$$zy = (yz)^3 = [(zy)^3]^3 = (zy)^9$$

即证 $zy=yz$. 由于 M 的元素关于乘法具有交换律，从而由二项式定理及数学归纳法可证式①成立.

(2) $A = AE = (EA)^3 = A^3$，两边取行列式得 $|A| = |A|^3$，即
$$|A|(|A|^2-1) = 0 \Rightarrow |A| = 0 \text{ 或 } |A| = \pm 1$$

210.（华北电力学院，水电部南京自动化所） 设 A, B 为对称矩阵，试证：

(1) $AB + BA$ 为对称矩阵；

(2) $AB - BA$ 为反对称矩阵.

证 (1) 因为 $(AB+BA)' = (AB)' + (BA)' = B'A' + A'B' = BA + AB$.

所以 $AB+BA$ 是对称矩阵.

(2) 因为 $(AB-BA)' = (AB)' - (BA)' = B'A' - A'B' = BA - AB$
$$= -(AB - BA)$$

所以 $AB-BA$ 是反对称矩阵.

211.（中国科学院） 设 A 为实对称阵. 证明：若 $A^2 = O$，则 $A = O$.

证 设 $A = (a_{ij})_{n \times n}$，其中 $a_{ij} \in \mathbf{R}(i,j=1,2,\cdots,n)$，且 $A' = A$. 则

$$O = A^2 = AA' = \begin{bmatrix} \sum_{i=1}^n a_{1i}^2 & * & \cdots & * \\ * & \sum_{i=1}^n a_{2i}^2 & \cdots & * \\ \vdots & \vdots & & \vdots \\ * & * & \cdots & \sum_{i=1}^n a_{ni}^2 \end{bmatrix} \qquad ①$$

由①中对角元素都等于 0. 可得
$$\begin{cases} a_{11}^2 + a_{12}^2 + \cdots + a_{1n}^2 = 0 \\ a_{21}^2 + a_{22}^2 + \cdots + a_{2n}^2 = 0 \\ \cdots\cdots \\ a_{n1}^2 + a_{n2}^2 + \cdots + a_{nn}^2 = 0 \end{cases}$$

因为 $a_{ij} \in \mathbf{R}$，所以可得 $a_{ij} = 0 \quad (i,j=1,2\cdots n)$，此即证 $A = O$.

注 ①此命题可改为：当 A 是实对称阵，$A^2 = O \Leftrightarrow A = O$.

②还可改为：设 $A \in \mathbf{R}^{n \times n}$，则 $A'A = O \Leftrightarrow A = O$.

212.（安徽大学） 设 A, B 为实对称阵，C 为实反对称阵，且 $A^2 + B^2 = C^2$. 证明：$A = B = C = O$.

证 设 A, B, C 均为 n 阶实方阵，且 $A' = A, B' = B, C' = -C$.

由上题知 A^2 的 (i,i) 元，为 $\sum_{j=1}^n a_{ij}^2$，B^2 的 (i,i) 元，为 $\sum_{j=1}^n b_{ij}^2$，类似 C^2 的 (i,i) 元为 $(-\sum_{j \neq i} c_{ji}^2)$. 从而由 $A^2 + B^2 = C^2$ 有

$$\sum_{j=i}^n (a_{ij}^2 + b_{ij}^2) = -\sum_{j \neq i} c_{ij}^2 \Rightarrow \sum_{j=i}^n a_{ij}^2 + \sum_{j=i}^n b_{ij}^2 + \sum_{j \neq i} c_{ji}^2 = 0 \qquad ①$$

由于 $a_{ij}, b_{ij}, c_{ij} \in \mathbf{R}$，从而由式①有
$$a_{ij}=b_{ij}=0(i,j=1,2,\cdots,n) \qquad ②$$
$$c_{ji}=0(j\neq i) \qquad ③$$

由②，③即证 $A=B=C=O$.

213. (暨南大学) 任一方阵可表成一纯量矩阵与迹为 0 的矩阵之和.

证 设 $A=(a_{ij})$ 是任意一个 n 阶方阵，设
$$\mathrm{tr}A=a_{11}+a_{22}+\cdots+a_{nn}=b$$
再令 $B=A-\dfrac{b}{n}E$，那么
$$A=\dfrac{b}{n}E+B \qquad ①$$
其中 $\dfrac{a}{n}E$ 是纯量矩阵. 再由
$$b=\mathrm{tr}A=\mathrm{tr}\left(\dfrac{b}{n}E+B\right)=\mathrm{tr}\dfrac{b}{n}E+\mathrm{tr}B=b+\mathrm{tr}B$$
故 $\mathrm{tr}B=0$. ②结合①即证结论.

214. (武汉大学) 求所有的与 $\begin{bmatrix} 1 & \alpha \\ 0 & 1 \end{bmatrix}$ 相乘可交换的 2×2 实矩阵，这里 α 是非零实数.

解 设 $\begin{bmatrix} x_1 & x_2 \\ x_3 & x_4 \end{bmatrix} \in \mathbf{R}^{2\times 2}$，且
$$\begin{bmatrix} x_1 & x_2 \\ x_3 & x_4 \end{bmatrix}\begin{bmatrix} 1 & \alpha \\ 0 & 1 \end{bmatrix}=\begin{bmatrix} 1 & \alpha \\ 0 & 1 \end{bmatrix}\begin{bmatrix} x_1 & x_2 \\ x_3 & x_4 \end{bmatrix}$$

于是，由
$$\begin{cases} x_1=x_1+\alpha x_3 \\ \alpha x_1+x_2=x_2+\alpha x_4 \\ x_3=x_3 \\ \alpha x_3+x_4=x_4 \end{cases}$$

解得 $x_3=0, x_1=x_4, x_2$ 为任意实数，所以与 $\begin{bmatrix} 1 & \alpha \\ 0 & 1 \end{bmatrix}$ 可交换的实矩阵为 $\begin{bmatrix} a & b \\ 0 & a \end{bmatrix}$，其中 a,b 为任意实数.

215. (中国科技大学) 设 $A=\begin{bmatrix} a & b \\ 0 & c \end{bmatrix}$，其中 a,b,c 为实数，试求 a,b,c 的一切可能值，使 $A^{100}=\begin{bmatrix} 1 & 0 \\ 0 & 1 \end{bmatrix}$.

解 A 是上三角阵，它的乘方还是上三角阵，所以
$$A^{100}=\begin{bmatrix} a^{100} & f(a,b,c) \\ 0 & c^{100} \end{bmatrix}=\begin{bmatrix} 1 & 0 \\ 0 & 1 \end{bmatrix} \qquad ①$$

其中 $f(a,b,c)$ 是 a,b,c 的整系数多项式. 由式①有

$$a^{100}=1, \quad c^{100}=1, a=\pm 1, c=\pm 1$$

现在分别讨论:

(1)当 $a=c=1$ 时,则
$$A^{100} = \begin{bmatrix} 1 & b \\ 0 & 1 \end{bmatrix}^{100} = \begin{bmatrix} 1 & 100b \\ 0 & 1 \end{bmatrix} = \begin{bmatrix} 1 & 0 \\ 0 & 1 \end{bmatrix}$$

故 $b=0$. 这时 $A = \begin{bmatrix} 1 & 0 \\ 0 & 1 \end{bmatrix}$.

(2)当 $a=c=-1$ 时,可得 $A = \begin{bmatrix} -1 & 0 \\ 0 & -1 \end{bmatrix}$.

(3)当 $a=-c=1$ 或 $a=-c=-1$ 时,这时 b 可以为任何实数.

综上可知 A 有 4 种可能:
$$\begin{bmatrix} 1 & 0 \\ 0 & 1 \end{bmatrix}, \begin{bmatrix} -1 & 0 \\ 0 & -1 \end{bmatrix}, \begin{bmatrix} 1 & b \\ 0 & -1 \end{bmatrix}, \begin{bmatrix} -1 & b \\ 0 & 1 \end{bmatrix}$$

其中 b 为任意实数.

216.(北京化工学院) 试写出满足条件 $A^2=E$ 的一切 2 阶矩阵
$$A = \begin{bmatrix} a & b \\ c & d \end{bmatrix}$$

解 因为
$$A^2 = \begin{bmatrix} a^2+bc & b(a+d) \\ c(a+d) & d^2+bc \end{bmatrix} = \begin{bmatrix} 1 & 0 \\ 0 & 1 \end{bmatrix},$$

所以
$$\begin{cases} a^2+bc=1, & \text{①} \\ b(a+d)=0, & \text{②} \\ c(a+d)=0, & \text{③} \\ d^2+bc=1. & \text{④} \end{cases}$$

(1)当 $a+d \neq 0$ 时,由②,③得
$$b=c=0.$$

代入①,④可解得
$$a=\pm 1, d=\pm 1$$

但 $a+d \neq 0$. 所以
$$A = \begin{bmatrix} 1 & 0 \\ 0 & 1 \end{bmatrix} \text{ 或 } A = \begin{bmatrix} -1 & 0 \\ 0 & -1 \end{bmatrix}$$

(2)当 $a+d=0$ 时,则 $d=-a$.

(ⅰ)当 $b \neq 0$ 时,由①有 $c = \dfrac{1-a^2}{b}$,这时
$$A = \begin{bmatrix} a & b \\ \dfrac{1-a^2}{b} & -a \end{bmatrix} \quad \text{⑤}$$

(ⅱ)当 $c \neq 0$ 时,类似有

$$A=\begin{bmatrix} a & \dfrac{1-a^2}{c} \\ c & -a \end{bmatrix} \qquad ⑥$$

(ⅲ)当 $b=0$ 时,$a^2=1\Rightarrow a=\pm 1,d=-a=\mp 1$,这时

$$A=\begin{bmatrix} 1 & 0 \\ c & -1 \end{bmatrix} \quad 或 \quad A=\begin{bmatrix} -1 & 0 \\ c & 1 \end{bmatrix} \qquad ⑦$$

其中 c 为任意常数.

(ⅳ)当 $c=0$ 时,类似有

$$A=\begin{bmatrix} 1 & b \\ 0 & -1 \end{bmatrix} \quad 或 \quad A=\begin{bmatrix} -1 & b \\ 0 & 1 \end{bmatrix} \qquad ⑧$$

其中 b 为任意常数.

但⑦,⑧含在⑤,⑥之中(即 $a=1$ 或 $a=-1$).

综上可知 A 有 4 种可能,即

$$\begin{bmatrix} 1 & 0 \\ 0 & 1 \end{bmatrix},\begin{bmatrix} -1 & 0 \\ 0 & -1 \end{bmatrix},\begin{bmatrix} a & b \\ \dfrac{1-a^2}{b} & a \end{bmatrix},\begin{bmatrix} a & \dfrac{1-a^2}{c} \\ c & -a \end{bmatrix}$$

其中 a 为任意常数,b 和 c 是任意非零常数.

217.(**北方交通大学**) A 为二阶实矩阵,求出使 $A^2=O$ 的各种形式的 A.

解 设 $A=\begin{bmatrix} a & b \\ c & d \end{bmatrix}$,其 a,b,c,d 为实数,由 $A^2=O$ 可得

$$\begin{cases} a^2+bc=0 & ① \\ b(a+d)=0 & ② \\ c(a+d)=0 & ③ \\ d^2+bc=0 & ④ \end{cases}$$

(1)当 $b=c=0$ 时,可解得 $a=d=0$. 这时 $A=O$.

(2)当 $b\neq 0$ 时,由②得 $a+d=0$,即 $d=-a$. 这时 $c=-\dfrac{a^2}{b}$,从而

$$A=\begin{bmatrix} a & b \\ -\dfrac{a^2}{b} & -a \end{bmatrix}$$

(3)当 $c\neq 0$ 时,类似有

$$A=\begin{bmatrix} a & -\dfrac{a^2}{c} \\ c & -a \end{bmatrix}$$

因此 A 有 3 种可能:

$$\begin{bmatrix} 0 & 0 \\ 0 & 0 \end{bmatrix},\begin{bmatrix} a & b \\ -\dfrac{a^2}{b} & -a \end{bmatrix},\begin{bmatrix} a & -\dfrac{a^2}{c} \\ c & -a \end{bmatrix}$$

其中 a 为任意常数,b,c 为任意非零常数.

218.(**农学类数学**)设 3 阶矩阵 X 满足等式 $AX=B+2X$,其中

$$A = \begin{pmatrix} 3 & 1 & 1 \\ 0 & 1 & 2 \\ 0 & 0 & 4 \end{pmatrix}, B = \begin{pmatrix} 1 & 1 & 0 \\ 1 & 0 & 2 \\ 2 & 0 & 2 \end{pmatrix}$$

求矩阵 X.

解 由 $AX = B + 2X$,得 $(A - 2E)X = B$,其中 E 为单位矩阵.

$$A - 2E = \begin{pmatrix} 1 & 1 & 1 \\ 0 & -1 & 2 \\ 0 & 0 & 2 \end{pmatrix}$$

因为 $|A - 2E| = -1 \neq 0$,所以 $A - 2E$ 可逆. 从而

$$X = (A - 2E)^{-1} B = \begin{pmatrix} -1 & 1 & -1 \\ 1 & 0 & 0 \\ 1 & 0 & 1 \end{pmatrix}$$

219.（数学二） 设

$$\alpha = (1, 2, 1)', \beta = (1, \frac{1}{2}, 0)', \gamma = (0, 0, 8)', A = \alpha\beta', B = \beta'\alpha$$

求解方程

$$2B^2 A^2 x = A^4 x + B^4 x + \gamma \qquad \text{①}$$

解 由已知条件可得

$$A = \alpha\beta' = \begin{bmatrix} 1 & \frac{1}{2} & 0 \\ 2 & 1 & 0 \\ 1 & \frac{1}{2} & 0 \end{bmatrix}, A^2 = 2A, A^4 = 8A, B = \beta'\alpha = 2$$

由方程组①可得 $(2B^2 A^2 - A^4 - B^4 E)x = \gamma$,所以

$$8(A - 2E)x = \gamma \qquad \text{②}$$

若记 $x = (x_1, x_2, x_3)^T$,则由②得

$$\begin{cases} -x_1 + \frac{1}{2} x_2 = 0 \\ 2x_1 - x_2 = 0 \\ x_1 + \frac{1}{2} x_2 - 2x_3 = 1 \end{cases}$$

$$\overline{A} = \begin{bmatrix} -1 & \frac{1}{2} & 0 & 0 \\ 2 & -1 & 0 & 0 \\ 1 & \frac{1}{2} & -2 & 1 \end{bmatrix} \longrightarrow \begin{bmatrix} 1 & 0 & -1 & \frac{1}{2} \\ 0 & 1 & -2 & 1 \\ 0 & 0 & 0 & 0 \end{bmatrix}$$

故原方程的通解为

$$\begin{cases} x_1 = \frac{1}{2} + k \\ x_2 = 1 + 2k \\ x_3 = k \end{cases}$$

其中 k 为任意常数.

220. (数学一, 数学二) 设 A 为 n 阶矩阵,满足 $AA'=I$(I 是 n 阶单位矩阵). $|A|<0$,求 $|A+I|$.

解 由 $AA'=I$,两边取行列式得 $|A|^2=1$. 但 $|A|<0$. 得 $|A|=-1$. 故
$$|A+I|=|A+AA'|=|A||I+A'|=-|I+A'|=-|I+A|$$
移项后,解得 $|A+I|=0$.

221. (华南理工大学) 证明元素为 0 或 1 的三阶行列式之值只能是 $0, \pm 1, \pm 2$.

证法 1 设
$$A=\begin{bmatrix} a_{11} & a_{12} & a_{13} \\ a_{21} & a_{22} & a_{23} \\ a_{31} & a_{32} & a_{33} \end{bmatrix}$$

若 $a_{11}=a_{21}=a_{31}=0$,那么 $|A|=0$,否则,不失一般性,可设 $a_{11}\neq 0$(如果 $a_{11}=0$, a_{21},a_{31} 中有一不为 0 时,交换 A 的两行,可使 a_{11} 的位置不为 0,而值只相差一个符号),这时 $a_{11}=1$,然后,由行列式的性质得到

$$|A|=\begin{vmatrix} 1 & a_{12} & a_{13} \\ 0 & b_{22} & b_{23} \\ 0 & b_{32} & b_{33} \end{vmatrix}=\begin{vmatrix} b_{22} & b_{23} \\ b_{32} & b_{33} \end{vmatrix}=b_{22}b_{33}-b_{23}b_{32} \qquad ①$$

其中 $b_{22},b_{23},b_{32},b_{33}$ 的值只能为 0 或 ± 1,从而由式①,可知 $|A|$ 的值只可能是 $0, \pm 1$ 或 ± 2.

解法 2 A 的二阶子式只能为 $\pm 1, 0$, A 按第一行展开,为 3 个二阶子式带正负号的和,因此结果只能取 $0, \pm 1, \pm 2$.

222. (华中师范大学) 设 $f(x)=a_0+a_1x+\cdots+a_{n-1}x^{n-1}$,且 $1, \varepsilon_2, \cdots, \varepsilon_n$ 是 x^n-1 的 n 个不同复根.

$$A=\begin{bmatrix} a_0 & a_1 & a_2 & \cdots & a_{n-1} \\ a_{n-1} & a_0 & a_1 & \cdots & a_{n-2} \\ a_{n-2} & a_{n-1} & a_0 & \cdots & a_{n-3} \\ \vdots & \vdots & \vdots & & \vdots \\ a_1 & a_2 & a_3 & \cdots & a_0 \end{bmatrix}, T=\begin{bmatrix} 1 & 1 & 1 & \cdots & 1 \\ 1 & \varepsilon_2 & \varepsilon_3 & \cdots & \varepsilon_n \\ 1 & \varepsilon_2^2 & \varepsilon_3^2 & \cdots & \varepsilon_n^2 \\ \vdots & \vdots & \vdots & & \vdots \\ 1 & \varepsilon_2^{n-1} & \varepsilon_3^{n-1} & \cdots & \varepsilon_n^{n-1} \end{bmatrix}$$

证明:

(1) $AT=T\begin{bmatrix} f(1) & & & \\ & f(\varepsilon_2) & & \\ & & \ddots & \\ & & & f(\varepsilon_n) \end{bmatrix}$ ①

(2) $|A|=f(1)f(\varepsilon_2)\cdots f(\varepsilon_n)$.

证 (1) $AT=\begin{bmatrix} f(1) & f(\varepsilon_2) & \cdots & f(\varepsilon_n) \\ f(1) & \varepsilon_2 f(\varepsilon_2) & \cdots & \varepsilon_n f(\varepsilon_n) \\ \vdots & \vdots & & \vdots \\ f(1) & \varepsilon_2^{n-1} f(\varepsilon_2) & \cdots & \varepsilon_n^{n-1} f(\varepsilon_n) \end{bmatrix}$

$$T\begin{bmatrix} f(1) & & & \\ & f(\varepsilon_2) & & \\ & & \ddots & \\ & & & f(\varepsilon_n) \end{bmatrix} = \begin{bmatrix} f(1) & f(\varepsilon_2) & \cdots & f(\varepsilon_n) \\ f(1) & \varepsilon_2 f(\varepsilon_2) & \cdots & \varepsilon_n f(\varepsilon_n) \\ \vdots & \vdots & \ddots & \vdots \\ f(1) & \varepsilon_2^{n-1} f(\varepsilon_2) & \cdots & \varepsilon_n^{n-1} f(\varepsilon_n) \end{bmatrix}$$

即证①.

(2) 在式①两边取行列式得
$$|A||T| = |T| f(1) f(\varepsilon_2) \cdots f(\varepsilon_n) \qquad ②$$

再由范德蒙行列式知(并令 $\varepsilon_1 = 1$) $|T| = \prod_{1 \leqslant i < j \leqslant n} (\varepsilon_j - \varepsilon_i) \neq 0$. 因此在式④两边消去 $|T|$, 可得 $|A| = f(1) f(\varepsilon_2) \cdots f(\varepsilon_n)$.

注 本题中矩阵 A 称为循环矩阵, 本题给出了 n 阶循环矩阵的行列式的公式.

223. (河南大学) A 为实矩阵, 若对任意实矩阵 M, 有 $\mathrm{tr}(AM) = 0$. 则 $A = \mathbf{O}$.

证 设 $A = (a_{ij}) \in \mathbf{R}^{n \times m}$. 取 E_{ij} 是 (i,j) 为 1, 其余均为 0 的 $m \times n$ 矩阵, 由假设有
$$\mathrm{tr}(A E_{ij}) = a_{ji} = 0 \, (i = 1, 2, \cdots, m; j = 1, 2, \cdots n)$$

此即 $A = \mathbf{O}$.

224. (日本东京工业大学) 设 $A, B, x_n (n = 0, 1, \cdots)$ 都是 3 阶方阵, $x_{n+1} = A x_n + B$, 当
$$A = \begin{bmatrix} 0 & 1 & 0 \\ 0 & 0 & 1 \\ 1 & 0 & 0 \end{bmatrix}, B = \begin{bmatrix} 1 & 0 & 0 \\ 0 & 1 & 0 \\ 0 & 0 & 1 \end{bmatrix}, x_0 = \begin{bmatrix} 0 & 0 & 0 \\ 0 & 0 & 0 \\ 0 & 0 & 0 \end{bmatrix}$$

时, 求 x_n.

解 由
$$\begin{cases} x_k = A x_{k-1} + B & ① \\ x_{k-1} = A x_{k-2} + B & ② \end{cases}$$

式①-②得
$$x_k - x_{k-1} = A(x_{k-1} - x_{k-2}) = A^2 (x_{k-2} - x_{k-3})$$
$$= \cdots = A^{k-1} (x_1 - x_0) = A^{k-1} x_1 \qquad ③$$

而 $Z_1 = A x_0 + B = B = E$. 由③得 $x_k - x_{k-1} = A^{k-1}$. 所以
$$x_k = x_{k-1} + A^{k-1} = (x_{k-2} + A^{k-2}) + A^{k-1}$$
$$= \cdots = (x_1 + A) + A^2 + \cdots + A^{k-1}$$
$$= E + A + A^2 \cdots + A^{k-1}$$
$$\Rightarrow x_n = E + A + A^2 + \cdots + A^{n-1} \qquad ④$$

但 $A^3 = E$. 所以由式④可得
$$x_n = \begin{cases} mJ, & \text{当 } n = 3m \text{ 时} \\ mJ + E, & n = 3m+1 \text{ 时} \\ mJ + E + A, & \text{当 } n = 3m+2 \text{ 时} \end{cases}$$

其中 $J = \begin{bmatrix} 1 & 1 & 1 \\ 1 & 1 & 1 \\ 1 & 1 & 1 \end{bmatrix}$.

第四章 矩阵

225. (数学二,数学三) 设 A,P 均为 3 阶矩阵,P^T 为 P 的转置矩阵,且 $P^TAP = \begin{pmatrix} 1 & 0 & 0 \\ 0 & 1 & 0 \\ 0 & 0 & 2 \end{pmatrix}$. 若 $P=(\alpha_1,\alpha_2,\alpha_3)$,$Q=(\alpha_1+\alpha_2,\alpha_2,\alpha_3)$,则 Q^TAQ 为( )

(A) $\begin{pmatrix} 2 & 1 & 0 \\ 1 & 1 & 0 \\ 0 & 0 & 2 \end{pmatrix}$.　　(B) $\begin{pmatrix} 1 & 1 & 0 \\ 1 & 2 & 0 \\ 0 & 0 & 2 \end{pmatrix}$.

(C) $\begin{pmatrix} 2 & 0 & 0 \\ 0 & 1 & 0 \\ 0 & 0 & 2 \end{pmatrix}$.　　(D) $\begin{pmatrix} 1 & 0 & 0 \\ 0 & 2 & 0 \\ 0 & 0 & 2 \end{pmatrix}$.

答 (A)

226. (数学一,数学二,数学三,数学四) 设 A 为 3 阶矩阵,将 A 的第 2 行加到第 1 行得 B,再将 B 的第 1 列的 -1 倍加到第 2 列得 C,记 $P = \begin{pmatrix} 1 & 1 & 0 \\ 0 & 1 & 0 \\ 0 & 0 & 1 \end{pmatrix}$,则( )

(A) $C = P^{-1}AP$　　　(B) $C = PAP^{-1}$
(C) $C = P^TAP$　　　(D) $C = PAP^T$

答 (B). 由已知,有
$$B = \begin{pmatrix} 1 & 1 & 0 \\ 0 & 1 & 0 \\ 0 & 0 & 1 \end{pmatrix} A, \quad C = B \begin{pmatrix} 1 & -1 & 0 \\ 0 & 1 & 0 \\ 0 & 0 & 1 \end{pmatrix}$$

于是
$$C = \begin{pmatrix} 1 & 1 & 0 \\ 0 & 1 & 0 \\ 0 & 0 & 1 \end{pmatrix} A \begin{pmatrix} 1 & -1 & 0 \\ 0 & 1 & 0 \\ 0 & 0 & 1 \end{pmatrix} = PAP^{-1}$$

故选(B).

4.2 伴随矩阵与逆矩阵

【考点综述】

1. 伴随矩阵

(1)设 $A = (A_{ij})_{n \times n}$,则它的伴随矩阵 $A^* = (b_{ij})_{n \times n}$ 其中 $b_{ij} = A_{ji}$ ($i,j = 1,2,\cdots,n$),A_{ij} 为 $|A|$ 中 a_{ij} 的代数余子式.

(2) $AA^* = AA^* = |A|E$.

(3) $|A^*| = |A|^{n-1}$,其中 A 是 n 阶方阵($n \geqslant 2$).

(4)秩 $A^* = \begin{cases} n, & \text{当秩 } A = n \text{ 时} \\ 1, & \text{当秩 } A = n-1 \text{ 时}. \\ 0, & \text{当秩 } A \leqslant n-2 \text{ 时} \end{cases}$

2. 逆矩阵

(1) 设 $A=(a_{ij})_{n\times n}$,若存在 n 阶方阵 B,使 $AB=BA=E$,则 B 是 A 的逆矩阵,设为 A^{-1},并称 A 可逆.

(2) 性质

(i) 当 A 可逆时,$|A^{-1}|=\dfrac{1}{|A|}A^*$.

(ii) $(A')^{-1}=(A^{-1})'$.

(iii) $(A^{-1})^{-1}=A$.

(iv) $(AB)^{-1}=B^{-1}A^{-1}$,其中 A,B 均为 n 阶可逆阵.

(v) $(kA)^{-1}=\dfrac{1}{k}A^{-1}$,其中 A 可逆,$k\neq 0$.

3. 求逆矩阵的方法

(1) 定义法.

(2) 公式 $A^{-1}=\dfrac{1}{|A|}A^*$.

(3) 初等变换法.

(4) 解方程组.

【经典题解】

227.(北京邮电学院) 设 A 为 n 阶方阵$(n\geqslant 2)$,E 为 n 阶单位矩阵,A^* 为 A 的伴随矩阵,$|A|$ 为 A 的行列式.

(1) 试证:$AA^*=|A|E$;

(2) 如 A 为非奇异,试证:$A^{-1}=\dfrac{1}{|A|}A^*$;

(3) 试证:$(aA)^*=a^{n-1}A^*$(a 实数);

(4) 如 A 的秩为 n,试证:A^* 的秩也为 n;

(5) (天津大学) 如 A 为非奇异,试证:$(A^{-1})^*=(A^*)^{-1}$;

(6) 如 A 为非奇异,试证:$(A^*)^*=(A)^{n-2}A$.

证 (1) 设 $A=(a_{ij})_{n\times n}$,则

$$A^*=\begin{bmatrix} A_{11} & A_{21} & \cdots & A_{n1} \\ A_{12} & A_{22} & \cdots & A_{n2} \\ \vdots & \vdots & & \vdots \\ A_{1n} & A_{2n} & \cdots & A_{nn} \end{bmatrix}$$

由于 $a_{i1}A_{j1}+a_{i2}A_{j2}+\cdots+a_{in}A_{jn}=\begin{cases} |A|, & (i=j) \\ 0, & (i\neq j) \end{cases}$,因此

$$AA^*=\begin{bmatrix} a_{11} & a_{12} & \cdots & a_{1n} \\ a_{21} & a_{22} & \cdots & a_{2n} \\ \vdots & \vdots & & \vdots \\ a_{n1} & a_{n2} & \cdots & a_{nn} \end{bmatrix}\begin{bmatrix} A_{11} & A_{21} & \cdots & A_{n1} \\ A_{12} & A_{22} & \cdots & A_{n2} \\ \vdots & \vdots & & \vdots \\ A_{1n} & A_{2n} & \cdots & A_{nn} \end{bmatrix}$$

$$= \begin{bmatrix} |A| & & & \\ & |A| & & \\ & & \ddots & \\ & & & |A| \end{bmatrix} = |A|E \qquad ①$$

(2) 仿(1)还可证 $A^* A = |A|E$,所以
$$A\left(\frac{1}{|A|}A^*\right) = \frac{1}{|A|}AA^* = E, \quad \left(\frac{1}{|A|}A^*\right)A = E$$

由定义得
$$A^{-1} = \frac{1}{|A|}A^* \qquad ②$$

(3) 设 $A=(a_{ij})_{n\times n}$,再设 $(aA)^* = (b_{ij})_{n\times n}$,那么 b_{ij} 为行列式 $|aA|$ 中划去第 j 行和第 i 列的代数余子式($n-1$ 阶行列式),其中每行提出公因子 a 后,可得
$$b_{ij} = a^{n-1}A_{ji} \quad (i,j=1,2,\cdots,n)$$
由此即证 $(aA)^* = a^{n-1}A^*$.

(4) 若秩 $A=n \Rightarrow |A|\neq 0$,那么由上面式①有
$$|AA^*| = ||A|E| = |A|^n \neq 0$$
所以 $|A^*|\neq 0$,即秩 $A^* = n$.

(5) 因为 $(kA)^{-1} = \frac{1}{k}A^{-1}$,由上面式②两边取逆可得
$$A = |A|(A^*)^{-1} \Rightarrow (A^*)^{-1} = \frac{1}{|A|}A \qquad ③$$

另一方面式②中,用 A^{-1} 换 A 得
$$(A^{-1})^{-1} = \frac{1}{|A^{-1}|}(A^{-1})^* = |A|(A^{-1})^* \Rightarrow (A^{-1})^* = \frac{1}{|A|}A \qquad ④$$

由式③,④即证 $(A^*)^{-1} = (A^{-1})^*$.

(6)(天津师范大学) 可以证明对一切 $A_{n\times n}$(不一定 A 非奇异)都有
$$(A^*)^* = |A|^{n-2}A \qquad ⑤$$
事实上,由于 $|A^*| = |A|^{n-1}$,因此

(i) 当秩 $A=n$ 时,$|A|\neq 0$,A 可逆,用 A^{-1} 左乘式①两边可得
$$A^* = |A|A^{-1} \qquad ⑥$$
在式⑥中用 A 换 A^* 得
$$(A^*)^* = |A^*|(A^*)^{-1} = |A|^{n-1}\left(\frac{1}{|A|}A\right) = |A|^{n-2}A \qquad ⑦$$

(ii) 当秩 $A\leqslant n-1$ 时,则秩 $A^*\leqslant 1$,$|A|=0$,从而秩 $(A^*)^* = 0$. 故
$$(A^*)^* = 0 = |A|^{n-2}A \qquad ⑧$$
综合⑦,⑧两式,即证式⑤成立.

228.(中山大学) (1) 证明:$|A^*|=|A|^{n-1}$,其中 A^* 为可逆方阵 A 的伴随矩阵;
(2)设 A 为实对称阵,A 的秩为 r,证明:A 可表为 r 个秩为 1 的对称方阵之和.

证 (1) 本题中假设 A 为可逆方阵，实际上对任意 n 阶方阵 A 都有
$$|A^*|=|A|^{n-1} \qquad ①$$
(i) 当 A 可逆时，由于 $A^*=|A|A^{-1}$，两边取行列得
$$|A|^*=|A|^n|A^{-1}|=|A|^{n-1}$$
(ii) 当 A 不可逆时，$|A|=0$，这时秩 $A^*\leqslant 1$，故 $|A^*|=0$. 从而也有
$$|A^*|=|A|^{n-1}$$
(2) $A'=A\in \mathbf{R}^{n\times n}$，从而存在正交阵 $T(T^{-1}=T')$ 使
$$A=T^{-1}\begin{bmatrix}\lambda_1 & & \\ & \ddots & \\ & & \lambda_n\end{bmatrix}T \qquad ②$$
其中 $\lambda_1,\cdots,\lambda_n$ 为 A 的全部特征值.

因为秩 $A=r$，不妨设 $\lambda_1\cdots\lambda_r\neq 0$，而 $\lambda_{r+1}=\cdots=\lambda_n=0$. 所以

$$A=T^{-1}\begin{bmatrix}\lambda_1 & & & & \\ & \ddots & & & \\ & & \lambda_r & & \\ & & & 0 & \\ & & & & \ddots \\ & & & & & 0\end{bmatrix}T$$

$$=T^{-1}\begin{bmatrix}\lambda_1 & & \\ & 0 & \\ & & \ddots \\ & & & 0\end{bmatrix}T+T^{-1}\begin{bmatrix}0 & & & \\ & \lambda_2 & & \\ & & 0 & \\ & & & \ddots \\ & & & & 0\end{bmatrix}T+\cdots+T^{-1}\begin{bmatrix}0 & & & \\ & 0 & & \\ & & \ddots & \\ & & & \lambda_r & \\ & & & & \ddots \\ & & & & & 0\end{bmatrix}T$$

$$=B_1+B_2+\cdots+B_r.$$

其中 $B_i=T^{-1}\begin{bmatrix}0 & & & & \\ & \ddots & & & \\ & & 0 & & \\ & & & \lambda_i & \\ & & & & 0 \\ & & & & & \ddots \\ & & & & & & 0\end{bmatrix}T$，则 $B_i'=B_i$，秩 $B_i=1(i=1,2,\cdots,r)$.

229.（武汉大学）设 A 为 $n(n\geqslant 3)$ 阶矩阵，则 $(A^*)^*$ 为（　）

(A) A 　　(B) $|A|^{n-1}A$ 　　(C) $|A|^{n-2}A$ 　　(D) E

答 (C). 由第 227 题(6)可得.

230.（安徽工学院）(1) 若 A 为正交阵，那么 $|A|=\pm 1$；

(2) 若 A 为 n 阶非奇异阵，A^* 为伴随矩阵，试证
$$A^{-1}=\frac{A^*}{|A|};$$

(3) $A^2=E$，则 A 的特征值只能是 ± 1.

第四章 矩阵

证 (1) 因为 $A'A=E$,所以 $1=|A'A|=|A|^2 \Rightarrow |A|=\pm 1$.

(2) 因为 $AA^*=A^*A=|A|E$. 且 A 非奇异,所以 $|A|\neq 0$,则
$$A\left(\frac{1}{|A|}A^*\right) = \left(\frac{1}{|A|}A^*\right)A = E$$

由定义知
$$A^{-1} = \frac{1}{|A|}A^*$$

(3) 设 λ 是 A 是任一特征值,α 是相应的特征向量,则 $A\alpha=\lambda\alpha$,所以
$$\alpha=E\alpha=A^2\alpha=A(\lambda\alpha)=\lambda A\alpha=\lambda^2\alpha \Rightarrow (\lambda^2-1)\alpha=0$$

但 $\alpha\neq 0$,所以 $\lambda^2-1=0$,即 $\lambda=\pm 1$.

231.(数学三) 设 A,B 为同阶可逆矩阵,则( )

(A) $AB=BA$ (B) 存在可逆阵 P,使 $P^{-1}AP=B$

(C) 存在可逆阵 C 使 $C^TAC=B$ (D) 存在可逆阵 P,Q,使 $PAQ=B$

答 (D). $BAA^{-1}=B$,其中 $P=B, Q=A^{-1}$,则 $PAQ=B$.

232.(湖北大学) 设 A,B 为 3 阶矩阵,E 是 3 阶单位阵,满足 $AB+E=A^2+B$,已知
$$A = \begin{bmatrix} 1 & 0 & 1 \\ 0 & 2 & 0 \\ -1 & 0 & 1 \end{bmatrix}$$

则 $B=$ _____.

答 $\begin{bmatrix} 2 & 0 & 1 \\ 0 & 3 & 0 \\ -1 & 0 & 2 \end{bmatrix}$.

$AB+E=A^2+B \Rightarrow (A-E)B=A^2-E=(A-E)(A+E)$

又因为 $(A-E)$ 可逆. 故
$$B=A+E=\begin{bmatrix} 2 & 0 & 1 \\ 0 & 3 & 0 \\ -1 & 0 & 2 \end{bmatrix}$$

233.(湖北大学) 设
$$A = \begin{bmatrix} -1 & -2 & -1 & -2 \\ -2 & -3 & -2 & 3 \\ -1 & -2 & 1 & 2 \\ -2 & -3 & 2 & -3 \end{bmatrix}$$

求 A^{-1}.

解法 1 $\begin{bmatrix} -1 & -2 & -1 & -2 & 1 & 0 & 0 & 0 \\ -2 & -3 & -2 & 3 & 0 & 1 & 0 & 0 \\ -1 & -2 & 1 & 2 & 0 & 0 & 1 & 0 \\ -2 & -3 & 2 & -3 & 0 & 0 & 0 & 1 \end{bmatrix} \rightarrow \begin{bmatrix} -1 & 0 & -1 & 12 & -3 & 2 & 0 & 0 \\ 0 & 1 & 0 & 7 & -2 & 1 & 0 & 0 \\ 0 & 0 & 2 & 4 & -1 & 0 & 1 & 0 \\ 0 & 0 & 0 & -14 & 2 & -1 & -2 & 1 \end{bmatrix}$

$\rightarrow \begin{bmatrix} -1 & 0 & 0 & 0 & -\frac{3}{2} & 1 & -\frac{3}{2} & 1 \\ 0 & 1 & 0 & 7 & -2 & 1 & 0 & 0 \\ 0 & 0 & 1 & 2 & -\frac{1}{2} & 0 & \frac{1}{2} & 0 \\ 0 & 0 & 0 & 1 & -\frac{1}{7} & \frac{1}{14} & \frac{1}{7} & -\frac{1}{14} \end{bmatrix} \rightarrow \begin{bmatrix} 1 & 0 & 0 & 0 & \frac{3}{2} & -1 & \frac{3}{2} & -1 \\ 0 & 1 & 0 & 0 & -1 & \frac{1}{2} & -1 & \frac{1}{2} \\ 0 & 0 & 1 & 0 & -\frac{3}{14} & -\frac{1}{7} & \frac{3}{14} & \frac{1}{7} \\ 0 & 0 & 0 & 1 & -\frac{1}{7} & \frac{1}{14} & \frac{1}{7} & -\frac{1}{14} \end{bmatrix}$

故 $A^{-1} = \frac{1}{14}\begin{bmatrix} 21 & -14 & 21 & -14 \\ -14 & 7 & -14 & 7 \\ -3 & -2 & 3 & 2 \\ -2 & 1 & 2 & -1 \end{bmatrix}$

解法 2 令 $B = \begin{bmatrix} -1 & -2 \\ -2 & -3 \end{bmatrix}$, $C = \begin{bmatrix} -1 & -2 \\ -2 & 3 \end{bmatrix}$, 由求逆公式可得

$$\begin{bmatrix} a & b \\ c & d \end{bmatrix}^{-1} = \frac{1}{|A|}A^* = \frac{1}{ad-bc}\begin{bmatrix} d & -b \\ -c & a \end{bmatrix}(ad-bc \neq 0) \qquad ①$$

故 $B^{-1} = \begin{bmatrix} 3 & -2 \\ -2 & 1 \end{bmatrix}$, $C^{-1} = \frac{1}{7}\begin{bmatrix} -3 & -2 \\ -2 & 1 \end{bmatrix}$

用广义初等变换求 A^{-1}, 有

$(A, E) = \begin{bmatrix} B & C & E & O \\ B & -C & O & E \end{bmatrix} \rightarrow \begin{bmatrix} B & C & E & O \\ O & -2C & -E & E \end{bmatrix}$

$\rightarrow \begin{bmatrix} B & O & \frac{1}{2}E & \frac{1}{2}E \\ O & C & \frac{1}{2}E & -\frac{1}{2}E \end{bmatrix} \rightarrow \begin{bmatrix} E & O & \frac{1}{2}B^{-1} & \frac{1}{2}B^{-1} \\ O & E & \frac{1}{2}C^{-1} & -\frac{1}{2}C^{-1} \end{bmatrix}$

故 $A^{-1} = \frac{1}{2}\begin{bmatrix} B^{-1} & B^{-1} \\ C^{-1} & C^{-1} \end{bmatrix} = \begin{bmatrix} \frac{3}{2} & -1 & \frac{3}{2} & -1 \\ -1 & \frac{1}{2} & -1 & \frac{1}{2} \\ -\frac{3}{14} & -\frac{1}{7} & \frac{3}{14} & \frac{1}{7} \\ -\frac{1}{7} & \frac{1}{14} & \frac{1}{7} & -\frac{1}{14} \end{bmatrix}$

解法 3 用解方程组,令 $B=\begin{bmatrix}-1&-2\\-2&-3\end{bmatrix}, C=\begin{bmatrix}-1&-2\\-2&-3\end{bmatrix}$,则

$$A=\begin{bmatrix}B&C\\B&-C\end{bmatrix}$$

再令 $A^{-1}=\begin{bmatrix}Z_1&Z_2\\Z_3&Z_4\end{bmatrix}$,由 $AA^{-1}=E$ 可得

$$\begin{cases}BZ_1+CZ_3=E\\BZ_1+CZ_4=0\\BZ_1-CZ_3=0\\BZ_2-CZ_4=E\end{cases}$$

扫码获取本书资源

解之,得

$$Z_1=\frac{1}{2}B^{-1}, Z_3=\frac{1}{2}C^{-1}, Z_4=-\frac{1}{2}C^{-1}$$

故

$$A^{-1}=\frac{1}{2}\begin{bmatrix}B^{-1}&B^{-1}\\C^{-1}&-C^{-1}\end{bmatrix}=\begin{bmatrix}\frac{3}{2}&-1&\frac{3}{2}&-1\\-1&\frac{1}{2}&-1&\frac{1}{2}\\-\frac{3}{14}&\frac{1}{7}&\frac{3}{14}&\frac{1}{7}\\-\frac{1}{7}&\frac{1}{14}&\frac{1}{7}&-\frac{1}{14}\end{bmatrix}$$

234.(数学一,数学二,数学三,数学四) 设矩阵 $A=\begin{pmatrix}2&1\\-1&2\end{pmatrix}$,$E$ 为 2 阶单位矩阵,矩阵 B 满足 $BA=B+2E$,则 $|B|=$ _____.

答 $|B|=2.$ 由

$$BA=B+2E\Rightarrow B(A-E)=2E$$

上式两边取行列式,有 $|B||A-E|=4$,因为 $|A-E|=\begin{vmatrix}1&1\\-1&1\end{vmatrix}=2$,所以 $|B|=2.$

235.(数学一) 设矩阵 A 的伴随矩阵

$$A^*=\begin{bmatrix}1&0&0&0\\0&1&0&0\\1&0&1&0\\0&-3&0&8\end{bmatrix}$$

且 $ABA^{-1}=BA^{-1}+3E$,其中 E 是 4 阶单位矩阵,求矩阵 B.

解 用 A^{-1} 左乘同时用 A 右乘等式 $ABA^{-1}=BA^{-1}+3E$,得

$$B=A^{-1}B+3E\Rightarrow(E-A^{-1})B=3E$$

①

再由已知 A^*,可得 $|A^*|=8=|A|^3$,故 $|A|=2.$ 又因为

$$A^{-1} = \frac{1}{|A|}A^* = \frac{1}{2}A^*$$

$$\Rightarrow E - A^{-1} = E - \frac{1}{2}A^* = \begin{bmatrix} \frac{1}{2} & 0 & 0 & 0 \\ 0 & \frac{1}{2} & 0 & 0 \\ -\frac{1}{2} & 0 & \frac{1}{2} & 0 \\ 0 & \frac{3}{2} & 0 & -3 \end{bmatrix}$$

即 $|E - A^{-1}| \neq 0$,所以 $E - A^{-1}$ 可逆,从而由式①可解得

$$B = 3(E - A^{-1})^{-1} = \begin{bmatrix} 6 & 0 & 0 & 0 \\ 0 & 6 & 0 & 0 \\ 6 & 0 & 6 & 0 \\ 0 & 3 & 0 & -1 \end{bmatrix}$$

236. (武汉大学,数学一,数学二) 设 A 为 n 阶非零实方阵,A^* 是 A 的伴随矩阵,A' 是 A 的转置矩阵,当 $A' = A^*$ 时,证明:

$$|A| \neq 0$$

证 用反证法. 若 $|A| = 0$,则

$$AA' = AA^* = |A|E = O \qquad ①$$

另一方面,设 $A = (a_{ij}) \in \mathbf{R}^{n \times n}$,则

$$O = AA^* = \begin{bmatrix} \sum_{i=1}^{n} a_{1i}^2 & * & \cdots & * \\ * & \sum_{i=1}^{n} a_{2i}^2 & \cdots & * \\ \vdots & \vdots & & \vdots \\ * & * & \cdots & \sum_{i=1}^{n} a_{ni}^2 \end{bmatrix} \qquad ②$$

由式②中一切主对角元均等于 0,可得

$$a_{ij} = 0 \quad (i, j = 1, 2, \cdots, n)$$

此即 $A = O$,这与 A 为非零矩阵的假设矛盾. 故 $|A| \neq 0$.

注 条件 A 是实方阵中"实"字不能少,否则,比如设 $A = \begin{bmatrix} i & 1 \\ -1 & i \end{bmatrix}$,则 $A' = A^*$,但 $|A| = 0$.

237. (华中师范大学)

(1) $A = \begin{bmatrix} 1 & 1 & 1 \\ 0 & 1 & 1 \\ 0 & 0 & 1 \end{bmatrix}$,求 A^{-1};

(2) $B = \begin{bmatrix} 1 & 1 & \cdots & 1 & 1 \\ 0 & 1 & \cdots & 1 & 1 \\ \vdots & \vdots & & \vdots & \vdots \\ 0 & 0 & \cdots & 1 & 1 \\ 0 & 0 & \cdots & 0 & 1 \end{bmatrix}$ 是 n 阶方阵,求 B^{-1}.

解法 1 (1) 用初等变换法可得

$$A^{-1} = \begin{bmatrix} 1 & -1 & 0 \\ 0 & 1 & -1 \\ 0 & 0 & 1 \end{bmatrix}.$$

(2) 类似用初等变换法,在 B 的右边拼一个 n 阶单位阵,作如下初等变换. 从第 2 行开始,直至第 n 行,每一行乘(-1)加到上一行,可求得

$$B^{-1} = \begin{bmatrix} 1 & -1 & 0 & \cdots & 0 & 0 \\ 0 & 1 & -1 & \cdots & 0 & 0 \\ 0 & 0 & 1 & \cdots & 0 & 0 \\ \vdots & \vdots & \vdots & & \vdots & \vdots \\ 0 & 0 & 0 & \cdots & 1 & -1 \\ 0 & 0 & 0 & \cdots & 0 & 1 \end{bmatrix}.$$

解法 2 (1) 设 $C = \begin{bmatrix} 0 & 1 & 0 \\ 0 & 0 & 1 \\ 0 & 0 & 0 \end{bmatrix}$,则 $C^2 = \begin{bmatrix} 0 & 0 & 1 \\ 0 & 0 & 0 \\ 0 & 0 & 0 \end{bmatrix}$, $C^3 = 0$,

有 $A = E + C + C^2$,且

$$A(E-C) = (E + C + C^2)(E - C) = E - C^3 = E,$$

则矩阵 A 可逆,且 $A^{-1} = E - C = \begin{bmatrix} 1 & -1 & 0 \\ 0 & 1 & -1 \\ 0 & 0 & 1 \end{bmatrix}.$

(2) 类似(1)的解法,设 $D = \begin{bmatrix} 0 & 1 & 0 & \cdots & 0 \\ 0 & 0 & 1 & & \vdots \\ \vdots & \vdots & \vdots & & \vdots \\ 0 & 0 & 0 & \cdots & -1 \\ 0 & 0 & 0 & \cdots & 0 \end{bmatrix}$

有 $B = E + D + D^2 + \cdots + D^{n-1}$,且

$$B(E-D) = (E + D + D^2 + \cdots + D^{n-1})(E - D) = E - D^n = E,$$

则矩阵 B 可逆,且 $B^{-1} = E - D = \begin{bmatrix} 0 & -1 & 0 & \cdots & 0 \\ 0 & 1 & -1 & \cdots & 0 \\ \vdots & \vdots & & & \vdots \\ 0 & 0 & 0 & & -1 \\ 0 & 0 & 0 & \cdots & -1 \end{bmatrix}$

238.(数学二) 已知 A,B 为 3 阶矩阵,且 $2A^{-1}B=B-4E$,其中 E 是 3 阶单位矩阵.

(1) 证明:矩阵 $A-2E$ 可逆;

(2) 若 $B=\begin{pmatrix} 1 & -2 & 0 \\ 1 & 2 & 0 \\ 0 & 0 & 2 \end{pmatrix}$,求矩阵 A.

解 (1) 由 $2A^{-1}B=B-4E$ 知 $AB-2B-4A=O$,因此
$$(A-2E)(B-4E)=8E$$
或
$$(A-2E)\cdot\frac{1}{8}(B-4E)=E$$

故 $A-2E$ 可逆,且 $(A-2E)^{-1}=\frac{1}{8}(B-4E)$.

(2) 由(1)知 $A=2E+8(B-4E)^{-1}$,而

$$(B-4E)^{-1}=\begin{pmatrix} -3 & -2 & 0 \\ 1 & -2 & 0 \\ 0 & 0 & -2 \end{pmatrix}^{-1}=\begin{pmatrix} -\frac{1}{4} & \frac{1}{4} & 0 \\ -\frac{1}{8} & -\frac{3}{8} & 0 \\ 0 & 0 & -\frac{1}{2} \end{pmatrix}$$

故
$$A=\begin{pmatrix} 0 & 2 & 0 \\ -1 & -1 & 0 \\ 0 & 0 & -2 \end{pmatrix}$$

239.(吉林工业大学) 求矩阵 X,已知
$$X\begin{bmatrix} 1 & 1 & -1 \\ 0 & 2 & 2 \\ 1 & -1 & 0 \end{bmatrix}=\begin{bmatrix} 1 & -1 & 1 \\ 1 & 1 & 0 \\ 2 & 1 & 1 \end{bmatrix}$$

解 $X=\begin{bmatrix} 1 & -1 & 1 \\ 1 & 1 & 0 \\ -2 & 1 & 1 \end{bmatrix}\begin{bmatrix} 1 & 1 & -1 \\ 0 & 2 & 2 \\ 1 & -1 & 0 \end{bmatrix}^{-1}=\frac{1}{6}\begin{bmatrix} -2 & 2 & 8 \\ 4 & 2 & 2 \\ 4 & 5 & 8 \end{bmatrix}$

240.(武汉大学) 设 $A=\begin{bmatrix} 1 & -3 & 0 \\ 2 & 1 & 0 \\ 0 & 0 & 2 \end{bmatrix}$,求矩阵 X,使
$$X+A=XA$$

解 将已知等式改写为 $X(A-E)=A$,故

$$X = A(A-E)^{-1}$$
$$= \begin{bmatrix} 1 & -3 & 0 \\ 2 & 1 & 0 \\ 0 & 0 & 2 \end{bmatrix} \begin{bmatrix} 0 & -3 & 0 \\ 2 & 0 & 0 \\ 0 & 0 & 1 \end{bmatrix}^{-1} = \begin{bmatrix} 1 & \frac{1}{2} & 0 \\ -\frac{1}{3} & 1 & 0 \\ 0 & 0 & 2 \end{bmatrix}$$

241. (华中师范大学) 设 $=\begin{bmatrix} 3 & 3 & \cdots & 3 \\ 3 & 3 & \cdots & 3 \\ \vdots & \vdots & & \vdots \\ 3 & 3 & \cdots & 3 \end{bmatrix}$ 是 n 阶方阵,证明：

$A+3nE$ 是可逆矩阵(其中 E 是 n 阶单位阵).

解 $|A+3nE| = \begin{vmatrix} 3(n+1) & 3 & \cdots & 3 \\ 3 & 3(n+1) & \cdots & 3 \\ \vdots & \vdots & & \vdots \\ 3 & 3 & \cdots & 3(n+1) \end{vmatrix}$

$= [3(n+1)-3]^{n-1}[3(n+1)+(n-1)3]$
$= 6n(3n)^{n-1} \neq 0.$

故 $A+3nE$ 是可逆矩阵.

242. (北方交通大学) (1)等价向量组所包含向量个数是否必须相等？举例说明；
(2)试证：如果 $A^k = O$ (k 为正整数)那么
$$(E-A)^{-1} = E+A+A^2+\cdots+A^{k-1}$$

解 (1)两个向量组等价,它们包含向量个数不一定相等,比如 $\alpha \neq 0$,向量组(Ⅰ):α,向量组(Ⅱ):α,0. 那么(Ⅰ)与(Ⅱ)等价,但向量个数并不相等.

(2)因为 $(E-A)(E+A+A^2+\cdots+A^{k-1}) = E-A^k = E$,
所以 $(E-A)^{-1} = E+A+A^2+\cdots+A^{k-1}$.

注 ①(2)还是华东化工学院的试题.
②当 $n=3$ 时,(2)还是北京工业学院的试题.

243. (武汉大学) 证明:实矩阵 $A = \begin{bmatrix} a & b \\ -b & a \end{bmatrix}$ 可逆当且仅当 A 不是零矩阵. 在 $A \neq O$ 时,求出 A^{-1}.

证 (1) A 可逆 $\Leftrightarrow |A| = a^2+b^2 \neq 0 \Leftrightarrow a,b$ 中至少有一不为 $0 \Leftrightarrow A \neq O$.
(2)当 $A \neq O$ 时,有 $|A| \neq 0$,故
$$A^{-1} = \frac{1}{|A|} A^* = \frac{1}{a^2+b^2} \begin{bmatrix} a & -b \\ b & a \end{bmatrix}$$

244. (天津大学) (1)设 $A = \begin{bmatrix} 2x & 0 & 0 \\ 0 & \cos\frac{\pi}{123} & -\sin\frac{\pi}{123} \\ 0 & \sin\frac{\pi}{123} & \cos\frac{\pi}{123} \end{bmatrix}$

问:(ⅰ)x 为何值时,A 为可逆矩阵;
(ⅱ)x 为何值时,A 为正交矩阵;
(2)$A=(a_{ij})_{n\times n}$ 是 n 阶可逆矩阵,A^* 是 A 的伴随矩阵,即

$$A^* = \begin{bmatrix} A_{11} & A_{21} & \cdots & A_{n1} \\ A_{12} & A_{22} & \cdots & A_{n2} \\ \vdots & \vdots & & \vdots \\ A_{1n} & A_{2n} & \cdots & A_{nn} \end{bmatrix}$$

其中 A_{ij} 表示 A 的元素 a_{ij} 的代数余子式$(i,j=1,2,\cdots,n)$,试证明:A^* 是可逆矩阵,并且 $(A^*)^{-1}=(A^{-1})^*$.

解 (1)因为 $|A|=2x(\cos^2\frac{\pi}{123}+\sin^2\frac{\pi}{123})=2x$.

(ⅰ)当 $x\neq 0$ 时,$|A|\neq 0$,即 A 为可逆矩阵.

(ⅱ)当 $A'A=E$ 时,A 为正交矩阵. 即当 $x=\pm\frac{1}{2}$ 时,A 为正交阵.

(2)已知 $|A|\neq 0$,所以 $|A^*|=|A|^{n-1}\neq 0$,即 A^* 是可逆矩阵. 关于 $(A^{-1})^*=(A^*)^{-1}$ 的证明,详见第227(5)题.

245.(北京科技大学) 设 $AXB+3C-D=O$,求 X,其中

$$A=\begin{bmatrix} 2 & 1 & -1 \\ 1 & 1 & 1 \\ 3 & 2 & 1 \end{bmatrix},\ B=\begin{bmatrix} 1 & 0 & 0 \\ 0 & 0 & 1 \\ 0 & 1 & 0 \end{bmatrix}$$

$$C=\begin{bmatrix} -1 & 0 & -\sqrt{2} \\ 0 & 2 & -1 \\ \sqrt{3} & -\frac{2}{3} & -3 \end{bmatrix},\ D=\begin{bmatrix} -2 & 0 & -3\sqrt{2} \\ 0 & 7 & -3 \\ 3\sqrt{3} & -2 & -8 \end{bmatrix}$$

解 $X=A^{-1}(D-3C)B^{-1}$

$$=\begin{bmatrix} -1 & -3 & 2 \\ 2 & 5 & -3 \\ -1 & -1 & 1 \end{bmatrix}\begin{bmatrix} 1 & & \\ & 1 & \\ & & 1 \end{bmatrix}\begin{bmatrix} 1 & 0 & 0 \\ 0 & 0 & 1 \\ 0 & 1 & 0 \end{bmatrix}$$

$$=\begin{bmatrix} -1 & 2 & -3 \\ 2 & -3 & 5 \\ -1 & 1 & -1 \end{bmatrix}$$

246.(数学二) 设 $A=\begin{bmatrix} 1 & 0 & 0 & 0 \\ -2 & 3 & 0 & 0 \\ 0 & -4 & 5 & 0 \\ 0 & 0 & -6 & 7 \end{bmatrix}$,$E$ 是 4 阶单位矩阵. $B=(E+A)^{-1}(E-A)$,则 $(E+B)^{-1}=$ _____ .

答 $\begin{bmatrix} 1 & 0 & 0 & 0 \\ -1 & 2 & 0 & 0 \\ 0 & -2 & 3 & 0 \\ 0 & 0 & -3 & 4 \end{bmatrix}.$

因为 $B=(E+A)^{-1}(E-A) \Rightarrow (E+A)B=E-A$
$\Rightarrow AB+A+B+E=2E \Rightarrow (A+E)(B+E)=2E$

所以 $(E+B)^{-1}=\dfrac{1}{2}(A+E)=\begin{bmatrix} 1 & 0 & 0 & 0 \\ -1 & 2 & 0 & 0 \\ 0 & -2 & 3 & 0 \\ 0 & 0 & -3 & 4 \end{bmatrix}$

247.(**清华大学**) 设 $A=\begin{bmatrix} 1 & 0 & 0 \\ -1 & 2 & 0 \\ 1 & 4 & 3 \end{bmatrix}$,求

$$A^{-1}, \quad A'A, \quad |(4I-A)'(4I-A)|$$

其中 I 为 3 阶单位阵,A' 为 A 的转置.

解 (1) $A^{-1}=\begin{bmatrix} 1 & 0 & 0 \\ \dfrac{1}{2} & \dfrac{1}{2} & 0 \\ -1 & -\dfrac{2}{3} & \dfrac{1}{3} \end{bmatrix}$

(2) $A'A=\begin{bmatrix} 3 & 2 & 3 \\ 2 & 20 & 12 \\ 3 & 12 & 9 \end{bmatrix}$

(3) $|(4I-A)'(4I-A)|=|(4I-A)'||4I-A|=|4I-A|^2=36$

248.(**数学二**) 设 $(2E-C^{-1}B)A'=C^{-1}$,其中 E 是 4 阶单位矩阵,A' 是 4 阶矩阵 A 的转置矩阵,

$$B=\begin{bmatrix} 1 & 2 & -3 & -2 \\ 0 & 1 & 2 & -3 \\ 0 & 0 & 1 & 2 \\ 0 & 0 & 0 & 1 \end{bmatrix}, \quad C=\begin{bmatrix} 1 & 2 & 0 & 1 \\ 0 & 1 & 2 & 0 \\ 0 & 0 & 1 & 2 \\ 0 & 0 & 0 & 1 \end{bmatrix}$$

求 A.

解 已知 $(2E-C^{-1}B)A'=C^{-1}$,两边左乘 C 得 $(2C-B)A'=E$. 故

$$A'=(2C-B)^{-1}=\begin{bmatrix} 1 & -2 & 1 & 0 \\ 0 & 1 & -2 & 1 \\ 0 & 0 & 1 & -2 \\ 0 & 0 & 0 & 1 \end{bmatrix}$$

$$\Rightarrow A = \begin{bmatrix} 1 & 0 & 0 & 0 \\ -2 & 1 & 0 & 0 \\ 1 & -2 & 1 & 0 \\ 0 & 1 & -2 & 1 \end{bmatrix}$$

249. (数学一,数学二,数学三,数学四) 设 A 为 n 阶非零矩阵,E 为 n 阶单位矩阵. 若 $A^3 = O$,则( )

(A)$E-A$ 不可逆,$E+A$ 不可逆

(B)$E-A$ 不可逆,$E+A$ 可逆

(C)$E-A$ 可逆,$E+A$ 可逆

(C)$E-A$ 可逆,$E+A$ 不可逆

答 (C)因为 $(E-A)(E+A+A^2)=E-A^3=E$,$(E+A)(E-A+A^2)=E+A^3=E$,则 $(E-A)^{-1}=E+A+A^2$,$(E+A)^{-1}=E-A+A^2$.

250. (华中师范大学) 设 $A^2-A-6E=O$,证明:$A+3E$,$A-2E$ 都是可逆矩阵,并将它们的逆矩阵表为 A 的多项式.

证 因为 $A^2-A-6E=O$ ①

所以 $A^2-A-12E=-6E \Rightarrow (A-4E)(A+3E)=-6E$ ②

由式②知 $A+3E$ 可逆,且

$$(A+3E)^{-1}=-\frac{1}{6}(A-4E)=-\frac{1}{6}A+\frac{2}{3}E$$

由式①还可得

$$A^2-A-2E=4E \Rightarrow (A-2E)(A+E)=4E \quad ③$$

由式③可知 $A-2E$ 可逆,且

$$(A-2E)^{-1}=\frac{1}{4}A+\frac{1}{4}E$$

251. (数学一) 设矩阵 A,满足 $A^2+A-4E=O$,其中 E 是单位矩阵,则 $(A-E)^{-1}=$ _____.

答 $\frac{1}{2}(A+2E)$. 因为 $A^2+A-4E=O$,

$$A^2+A-2E=2E \Rightarrow (A+2E)(A-E)=2E$$

故

$$(A-E)^{-1}=\frac{1}{2}(A+2E)$$

252. (南京师范大学) 设矩阵 A 满足 $A^4-2E=O$,设 $B=A+2E$,其中 E 为单位矩阵,问矩阵 B 是否可逆,若可逆,求出 B^{-1},若不可逆,说明理由.

解 B 可逆. 事实上,由 $B=A+2E$ 可得 $A=B-2E$,代入 $A^4-2E=O$ 可得

$$(B-2E)^4-2E=B^4+8B^3+24B^2+32B+14E=O$$

从而有 $B\left(\dfrac{-1}{14}\right)(B^3+8B^2+24B+32E)=E$,得到

$$B^{-1}=\frac{-1}{14}(B^3+3B^2+24B+32E)$$

第四章 矩阵

253. (华中师范大学) 设

$$A = \begin{bmatrix} -1 & 0 & 0 \\ 1 & -1 & 0 \\ 1 & 1 & -1 \end{bmatrix}$$

求 $(A+2E)(A^2-4E)^{-1}$.

解 $(A+2E)(A^2-4E)^{-1}$
$= (A+2E)[(A-2E)(A+2E)]^{-1} = (A-2E)^{-1}$

$$= \begin{bmatrix} -3 & 0 & 0 \\ 1 & -3 & 0 \\ 1 & 1 & -3 \end{bmatrix}^{-1} = \frac{1}{27}\begin{bmatrix} -9 & 0 & 0 \\ -3 & -9 & 0 \\ -4 & -3 & -9 \end{bmatrix}$$

254. (数学二) 已知矩阵 $A = \begin{bmatrix} 1 & 0 & 0 \\ 1 & 1 & 0 \\ 1 & 1 & 1 \end{bmatrix}, B = \begin{bmatrix} 0 & 1 & 1 \\ 1 & 0 & 1 \\ 1 & 1 & 0 \end{bmatrix}$, 且矩阵 X 满足 $AXA + BXB = AXB + BXA + E$, 其中 E 是 3 阶单位阵, 求 X.

解 由已知等式可得
$$AX(A-B) - BX(A-B) = E \Rightarrow (A-B)X(A-B) = E$$
由于 $A-B$ 可逆, 故

$$X = [(A-B)^{-1}]^2 = \left\{\begin{bmatrix} 1 & -1 & -1 \\ 0 & 1 & -1 \\ 0 & 0 & 1 \end{bmatrix}^{-1}\right\}^2$$

$$= \begin{bmatrix} 1 & 1 & 2 \\ 0 & 1 & 1 \\ 0 & 0 & 1 \end{bmatrix}^2 = \begin{bmatrix} 1 & 2 & 5 \\ 0 & 1 & 2 \\ 0 & 0 & 1 \end{bmatrix}$$

255. (华中师范大学) P 是数域, $A, B, E \in P^{n \times n}, E$ 是单位阵, 且 $AB = A - B$, 证明:

(1) $(A+E)^{-1} = E - B$;
(2) $AB = BA$.

证 (1) 因为 $(A+E)(E-B) = A - AB + E - B = A - (A-B) + E - B = E$,
所以 $(A+E)^{-1} = E - B$.

(2) 由上一问题得
$$E = (E-B)(A+E) = (A-B) - BA + E = AB - BA + E$$
两边消去 E 得 $AB = BA$.

256. (数学三, 数学四) 设

$$A = \begin{bmatrix} a_{11} & a_{12} & a_{13} & a_{14} \\ a_{21} & a_{22} & a_{23} & a_{24} \\ a_{31} & a_{32} & a_{33} & a_{34} \\ a_{41} & a_{42} & a_{43} & a_{44} \end{bmatrix}, B = \begin{bmatrix} a_{14} & a_{13} & a_{12} & a_{11} \\ a_{24} & a_{23} & a_{22} & a_{21} \\ a_{34} & a_{33} & a_{32} & a_{31} \\ a_{44} & a_{43} & a_{42} & a_{41} \end{bmatrix}$$

$$P_1 = \begin{bmatrix} 0 & 0 & 0 & 1 \\ 0 & 1 & 0 & 0 \\ 0 & 0 & 1 & 0 \\ 1 & 0 & 0 & 0 \end{bmatrix}, \quad P_2 = \begin{bmatrix} 1 & 0 & 0 & 0 \\ 0 & 0 & 1 & 0 \\ 0 & 1 & 0 & 0 \\ 0 & 0 & 0 & 1 \end{bmatrix}$$

其中 A 可逆,则 $B^{-1}=($ $)$
(A) $A^{-1}P_1P_2$ (B) $P_1A^{-1}P_2$ (C) $P_1P_2A^{-1}$ (D) $P_2A^{-1}P_1$

答 (C). 因为 $B=AP_2P_1$,而 $P_1^{-1}=P_1$,$P_2^{-1}=P_2$,所以
$$B^{-1}=P_1^{-1}P_2^{-1}A^{-1}=P_1P_2A^{-1}$$
故选(C).

257.（数学一） 已知 3 阶矩阵 A 与 3 维向量 x,使得向量 x,Ax,A^2x 线性无关,且满足 $A^3x=3Ax-2A^2x$.
(1) 记 $P=(x,Ax,A^2x)$,求 3 阶矩阵 B,使 $A=PBP^{-1}$;
(2) 计算行列式 $|A+E|$.

解 (1) 由 $A=PBP^{-1}$,可得 $AP=PB$,且
$$AP=A(x,Ax,A^2x)=(Ax,A^2x,A^3x)$$
$$=(Ax,A^2x,3Ax-2A^2x)$$
$$=(x,Ax,A^2x)\begin{bmatrix} 0 & 0 & 0 \\ 1 & 0 & 3 \\ 0 & 1 & -2 \end{bmatrix}=P\begin{bmatrix} 0 & 0 & 0 \\ 1 & 0 & 3 \\ 0 & 1 & -2 \end{bmatrix}$$

由唯一性,则所求 3 阶矩阵为
$$B=\begin{bmatrix} 0 & 0 & 0 \\ 1 & 0 & 3 \\ 0 & 1 & -2 \end{bmatrix}$$

(2) $|A+E|=|PBP^{-1}+E|=|P||B+E||P^{-1}|=|B+E|$
$$=\begin{vmatrix} 1 & 0 & 0 \\ 1 & 1 & 3 \\ 0 & 1 & -1 \end{vmatrix}=-4$$

258.（甘肃大学） 证明:$(A+B)^{-1}=A^{-1}-A^{-1}(A^{-1}+B^{-1})^{-1}A^{-1}$.

证 因为 $(A+B)[A^{-1}-A^{-1}(A^{-1}+B^{-1})^{-1}A^{-1}]$
$$=(A+B)A^{-1}[E-(A^{-1}+B^{-1})^{-1}A^{-1}]$$
$$=(E+BA^{-1})[E-(A^{-1}+B^{-1})^{-1}A^{-1}]$$
$$=B(B^{-1}+A^{-1})[E-(A^{-1}+B^{-1})^{-1}A^{-1}]$$
$$=B[(B^{-1}+A^{-1})-A^{-1}]=BB^{-1}=E.$$

所以 $(A+B)^{-1}=A^{-1}-A^{-1}(A^{-1}+B^{-1})^{-1}A^{-1}$.

259.（南京大学） 设 $A^3=2E$,$B=A^2-2A+2E$,求 B^{-1}.

解 因为 $B=A^2-2A+2E=A^2-2A+A^3=A(A+2E)(A-E)$,所以
$$B^{-1}=(A-E)^{-1}(A+2E)^{-1}A^{-1}$$

①

由 $A^3=2E$,知 $A(\frac{1}{2}A^2)=E$,即
$$A^{-1}=\frac{1}{2}A^2 \qquad ②$$
仍由 $A^3=2E$ 知 $A^3+8E=10E \Rightarrow (A+2E)(A^2-2A+4E)=10E$,所以
$$(A+2E)^{-1}=\frac{1}{10}(A^2-2A+4E) \qquad ③$$
再由 $A^3=2E$ 有 $A^3-E=E \Rightarrow (A-E)(A^2+A+E)=E$,所以
$$(A-E)^{-1}=A^2+A+E \qquad ④$$
将式②~④统统代入式①,并利用 $A^3=2E$ 化简,可得
$$B^{-1}=\frac{1}{10}(A^2+3A+4E)$$

260.(厦门大学) 如果非奇异 n 阶方阵 A 的每行元素和均为 a,试证明:A^{-1} 的行元素和必为 a^{-1}.

证 由假设有
$$A\begin{bmatrix}1\\1\\\vdots\\1\end{bmatrix}=\begin{bmatrix}a\\a\\\vdots\\a\end{bmatrix} \quad (\text{其中 } a\neq 0) \qquad ①$$

由 A 非奇异,从而 A 可逆,用 A^{-1} 左乘式①两端得
$$A^{-1}\begin{bmatrix}a\\a\\\vdots\\a\end{bmatrix}=\begin{bmatrix}1\\1\\\vdots\\1\end{bmatrix} \Rightarrow aA^{-1}\begin{bmatrix}1\\1\\\vdots\\1\end{bmatrix}=\begin{bmatrix}1\\1\\\vdots\\1\end{bmatrix}$$

所以 $A^{-1}\begin{bmatrix}1\\1\\\vdots\\1\end{bmatrix}=\begin{bmatrix}\frac{1}{a}\\\vdots\\\frac{1}{a}\end{bmatrix}$,此即 A^{-1} 的行元素和为 $\frac{1}{a}$.

261.(北京航空航天大学) 设方阵 A,$A^P=O$,其中 P 是正整数,试证:A 的逆阵不存在.

证 因为 $A^P=O$,两边取行列式得 $|A|^P=0$,所以 $|A|=0$,即 A 不可逆.

262.(武汉科技大学) 当 $A=\begin{bmatrix}\frac{1}{2} & -\frac{\sqrt{3}}{2}\\\frac{\sqrt{3}}{2} & \frac{1}{2}\end{bmatrix}$ 时,$A^6=E$,求 A^{11}.

解 因为 $A^6=E$, 所以 $A^{12}=E$,即 $A^{11}A=E$. 故

$$A^{11}=A^{-1}=\frac{1}{2}\begin{bmatrix} 1 & \sqrt{3} \\ -\sqrt{3} & 1 \end{bmatrix}$$

263.(清华大学) 设 A 为主对角线为零的 4 阶实对称可逆矩阵,E 为 4 阶单位阵

$$B=\begin{bmatrix} 0 & 0 & 0 & 0 \\ 0 & 0 & 0 & 0 \\ 0 & 0 & k & 0 \\ 0 & 0 & 0 & l \end{bmatrix}(k>0,l>0)$$

(1)试计算 $E+AB$,并指出 A 中元素满足什么条件时,$E+AB$ 为可逆矩阵;

(2)当 $E+AB$ 可逆时,试证明 $(E+AB)^{-1}A$ 为对称矩阵.

解 (1) 设

$$A=\begin{bmatrix} 0 & a_{12} & a_{13} & a_{14} \\ a_{12} & 0 & a_{23} & a_{24} \\ a_{13} & a_{23} & 0 & a_{34} \\ a_{14} & a_{24} & a_{34} & 0 \end{bmatrix} \Rightarrow E+AB=\begin{bmatrix} 1 & 0 & ka_{13} & la_{14} \\ 0 & 1 & ka_{23} & la_{24} \\ 0 & 0 & 1 & la_{34} \\ 0 & 0 & ka_{34} & 1 \end{bmatrix}$$

则 $|E+AB|=1-kla_{34}^2$. 即当 $1-kla_{34}^2\neq 0$ 时,$E+AB$ 为可逆矩阵.

(2)化简可得

$$(E+AB)^{-1}A=[A^{-1}(E+AB)]^{-1}=(A^{-1}+B)^{-1} \qquad ①$$

由于 $A'=A, B'=B$,因此

$$[(A^{-1}+B)^{-1}]'=[(A^{-1}+B)']^{-1}$$
$$=[((A^{-1})'+B')]^{-1}=[(A')^{-1}+B]^{-1}$$
$$=(A^{-1}+B)^{-1}$$

即 $(A^{-1}+B)^{-1}$ 是对称矩阵. 由式①知,$(E+AB)^{-1}A$ 是对称矩阵.

264.(中国科技大学) 设 A 是 n 阶方阵,$A+E$ 可逆,且

$$f(A)=(E-A)(E+A)^{-1}$$

试证明:

(1)$[E+f(A)][E+A]=2E$;

(2)$f[f(A)]=A$.

证 (1)$[E+f(A)](E+A)=[E+(E-A)(E+A)^{-1}](E+A)$

$$=E+A+E-A=2E \qquad ①$$

(2)$f[f(A)]=[E-f(A)][E+f(A)]^{-1} \qquad ②$

由式①得

$$[E+f(A)]^{-1}=\frac{1}{2}(E+A) \qquad ③$$

将式③代入式②得

第四章 矩阵

$$f[f(A)] = [E-(E-A)(E+A)^{-1}]\frac{1}{2}(E+A)$$
$$= \frac{1}{2}[(E+A)-(E-A)] = A$$

265. (自编) 设 $A=(a_{ij})\in \mathbf{R}^{n\times n}$，证明：

(1) 如果
$$|a_{ii}| > \sum_{j\neq i}|a_{ij}| \quad (i=1,2,\cdots,n) \qquad \text{①}$$
则 A 为可逆阵，即 $|A|\neq 0$；

(2) 如果
$$a_{ii} > \sum_{j\neq i}|a_{ij}| \quad (i=1,2,\cdots,n) \qquad \text{②}$$
则 $|A|>0$.

证 (1) 设 $A=(\alpha_1,\alpha_2,\cdots,\alpha_n)$，其中 α_i 为 A 的列向量.

用反证法，若 A 不可逆，则 $\alpha_1,\alpha_2,\cdots,\alpha_n$ 线性相关，即存在一组不全为零的数 $k_1,\cdots,k_n$，使
$$k_1\alpha_1 + k_2\alpha_2 + \cdots + k_n\alpha_n = 0 \qquad \text{③}$$

令 $k=\max(|k_1|,|k_2|,\cdots|k_n|)$，显然 $k>0$，不妨设 $k=|k_i|$，那么由式③有
$$\alpha_i = \sum_{j\neq i}(-\frac{k_j}{k_i})\alpha_j \Rightarrow \alpha_{ii} = \sum_{j\neq i}(-\frac{k_j}{k_i})\alpha_{ij}$$
$$\Rightarrow |\alpha_{ii}| \leq \sum_{j\neq i}|\frac{k_j}{k_i}||\alpha_{ij}| \leq \sum_{j\neq i}|\alpha_{ij}|$$

这与式①的假设矛盾，故 $|A|\neq 0$，即 A 可逆.

(2) 设 $0\leq t\leq 1$，用 A 作新行列式：
$$D(t) = \begin{vmatrix} a_{11} & a_{12}t & \cdots & a_{1n}t \\ a_{21}t & a_{22} & \cdots & a_{2n}t \\ \vdots & \vdots & & \vdots \\ a_{n1}t & a_{n2}t & \cdots & a_{nn} \end{vmatrix}$$

显然对任意 $t\in[0,1]$，行列式 $D(t)$ 仍满足式①条件，所以 $D(t)\neq 0$.

其次，$D(t)$ 展开以后，$D(t)$ 是 t 的连续函数（因为 $D(t)$ 是关于 t 的多项式），且
$$D(0) = a_{11}a_{22}\cdots a_{nn} > 0, \quad D(1) = |A|$$

用反证法，若 $|A|<0$，即 $D(1)<0$，而 $D(0)>0$，由连续函数性质，存在一点 $t_1\in(0,1)$，使 $D(t_1)=0$，这与上面 $D(t)\neq 0$ 矛盾，故 $|A|>0$.

注 满足式①的 n 阶方阵 A 称为**严格对角占优矩阵**.

266. (西南师范大学) A 为实 n 级矩阵，它的每列恰有两个非零元素，且对角线上元素大于 1，不在对角线上的非零元素等于 1，试问 A 是否为可逆阵？并证明之.

证 A 可逆. 因为 A 严格对角占优.

267. (吉林工业大学) 已知 n 阶实矩阵 A 的每行恰有两个非零元素，并且主对角线上元素全大于 1，而不在主对角线上的非零元素都是大于 0 小于 1 的数，问矩

A 是否非奇异？为什么？

答 A 是非奇异的．因为 A 严格对角占优．

268.（东北师范大学） 设 n 阶方阵 $A=(a_{ij})$，满足条件：$a_{ii}=1(i=1,2,\cdots,n)$，$|a_{ij}|<\dfrac{1}{n-1}(i\neq j)$，证明 A 有逆矩阵．

证 由已知有
$$\sum_{i\neq j}|a_{ij}|<(n-1)\times\frac{1}{n-1}=1=|a_{ii}|$$
所以 A 为严格对角占优矩阵，从而 A 可逆．

269.（南开大学） 设 A_1,A_2,B_1,B_2 是 n 阶方阵，其中 A_2,B_2 是可逆的，试证：存在可逆阵 P,Q 使
$$PA_iQ=B_i(i=1,2)$$
成立的充要条件是 $A_1A_2^{-1}$ 和 $B_1B_2^{-1}$ 相似．

证 先证必要性．由于 $PA_1Q=B_1$，$PA_2Q=B_2$，因此
$$B_1B_2^{-1}=(PAQ)(Q^{-1}A_2^{-1}P^{-1})=P(A_1A_2^{-1})P^{-1}$$
再证充分性．设 $B_1B_2^{-1}=Z^{-1}(A_1A_2^{-1})Z$，则
$$B_1=Z^{-1}A_1(A_2^{-1}ZB_2)$$
令 $Z^{-1}=P,Q=A_2^{-1}ZB_2$，则 P,Q 均为可逆阵，且
$$\begin{cases}B_1=PA_1Q\\PA_2Q=Z^{-1}A_2(A_2^{-1}ZB_2)=B_2\end{cases}$$

270.（浙江大学） 求证：$|A+UV'|=|A|+V'A^*U$，其中 A 为 n 阶矩阵，U,V 为 n 维列向量．

证 设 $A=(a_{ij})_{n\times n}, U=(u_1,\cdots,u_n)', V=(V_1,\cdots,V_n)'$，则
$$|A+UV'|=\begin{vmatrix}a_{11}+u_1V_1 & a_{12}+u_1V_2 & \cdots & a_{1n}+u_1V_n\\ \vdots & \vdots & & \vdots \\ a_{n1}+u_nV_1 & a_{n2}+u_nV_2 & \cdots & a_{nn}+u_nV_n\end{vmatrix} \quad ①$$

这时，将式①右端拆成 2^n 个 n 阶行列式之和，但其中有许多行列式等于 0（比如有两列都取 u_iV_j 时），因此
$$|A+UV'|=\begin{vmatrix}a_{11} & \cdots & a_{1n}\\ \vdots & & \vdots \\ a_{n1} & \cdots & a_{nn}\end{vmatrix}+\begin{vmatrix}u_1V_1 & a_{12} & \cdots & a_{1n}\\ \vdots & \vdots & & \vdots \\ u_1V_1 & a_{n2} & \cdots & a_{nn}\end{vmatrix}$$
$$+\begin{vmatrix}a_{11} & u_1V_2 & \cdots & a_{1n}\\ \vdots & \vdots & & \vdots \\ a_{n1} & u_nV_2 & \cdots & a_{nn}\end{vmatrix}+\cdots+\begin{vmatrix}a_{11} & \cdots & a_{1,n-1} & u_1V_n\\ \vdots & & \vdots & \vdots \\ a_{n1} & \cdots & a_{n,n-1} & u_nV_n\end{vmatrix}$$
$$=|A|+(u_1V_1A_{11}+\cdots+u_nV_1A_{n1})+(u_1V_2A_{12}+\cdots+u_nV_2A_{n2})$$
$$+\cdots+(u_1V_nA_{1n}+\cdots+u_nV_nA_{nn})=|A|+V'A^*U$$

271.（吉林工业大学,吉林大学） 设 A,B 均为 n 阶方阵，求证

$$(AB)^* = B^* A^*$$

证 (1) 当 $|AB| \neq 0$ 时,这时 $|A| \neq 0, |B| \neq 0$,由公式 $A^* = |A| A^{-1}$,可得
$$(AB)^* = |AB|(AB)^{-1} = |B| B^{-1} |A| A^{-1} = B^* A^*$$
结论成立.

(2) 当 $|AB| = 0$ 时,考虑矩阵 $A(\lambda) = A - \lambda E, B(\lambda) = B - \lambda E$,由于 A 和 B 都最多只有有限个特征值,因为存在无穷多个 λ,使
$$|A(\lambda)| \neq 0, \ |B(\lambda)| \neq 0 \quad \text{①}$$
那么由上面(1)的结论有
$$(A(\lambda) B(\lambda))^* = B^*(\lambda) A^*(\lambda) \quad \text{②}$$
令 $(A(\lambda) B(\lambda))^* = (f_{ij}(\lambda))_{n \times n}, \ B^*(\lambda) A^*(\lambda) = (g_{ij}(\lambda))_{n \times n}$.则由式②有
$$f_{ij}(\lambda) = g_{ij}(\lambda) \ (i,j = 1,2,\cdots,n) \quad \text{③}$$
由于有无穷多个 λ 使式①成立,从而有无穷多个 λ 使式③成立,但 $f_{ij}(\lambda), g_{ij}(\lambda)$ 都是多项式,从而式③对一切 λ 都成立. 特别令 $\lambda = 0$,这时有
$$(AB)^* = (A(0) B(0))^* = B^*(0) A^*(0) = B^* A^*$$

272.(**南京大学**) 设 $f(\lambda)$ 为 λ 的复系数多项式,n 阶复矩阵 A 的特征根都不是 $f(\lambda)$ 的零点. 试证:$f(A)$ 为满秩矩阵,且 $f(A)$ 的逆矩阵可表示为 A 的多项式.

证 设
$$f(\lambda) = a_m \lambda^m + a_{m-1} \lambda^{m-1} + \cdots + a_1 \lambda + a_0 \quad \text{①}$$
且 A 的 n 个特征值为 $\lambda_1, \cdots, \lambda_n$,则 $f(A)$ 的 n 个特征值为 $f(\lambda_1), \cdots, f(\lambda_n)$,由假设可知
$$|f(A)| = f(\lambda_1) f(\lambda_2) \cdots f(\lambda_n) \neq 0 \quad \text{②}$$
所以 $f(A)$ 可逆. 又因为
$$|\lambda E - f(A)| = (\lambda - f(\lambda_1))(\lambda - f(\lambda_2)) \cdots (\lambda - f(\lambda_n))$$
$$= \lambda^n + b_{n-1} \lambda^{n-1} + \cdots + b_1 \lambda + b_0 \quad \text{③}$$
其中 $b_0 = |f(A)| \neq 0$,由凯莱定理,知
$$[f(A)]^n + b_{n-1} [f(A)]^{n-1} + \cdots + f(A) + b_0 E = 0$$
$$\Rightarrow f(A) \left\{ -\frac{1}{b_0} [f(A)]^{n-1} - \cdots - \frac{b_1}{b_0} E \right\} = E$$
$$\Rightarrow [f(A)]^{-1} = -\frac{1}{b_0} [f(A)]^{n-1} - \frac{b_{n-1}}{b_0} [f(A)]^{n-2} - \cdots - \frac{b_1}{b_0} E$$
$$= g(A)$$
即 $f(A)$ 的逆矩阵可表示为 A 的多项式 $g(A)$.

4.3 矩阵的秩

【考点综述】

1. 秩

(1) 设 $A = (a_{ij})_{n \times m}$,秩 A 为 A 中一切不等于 0 的子式的最高阶数.

(2) $A = \begin{pmatrix} \alpha_1 \\ \vdots \\ \alpha_n \end{pmatrix}$,其中 α_i 为 A 的行向量,则秩 $A = A$ 的行秩.

(3) $A = (\beta_1, \cdots, \beta_m)$,其中 β_i 为 A 的列向量,则秩 $A = A$ 的列秩.

2. 矩阵的运算对秩的影响

(1) 秩 $A =$ 秩 A'.

(2) 秩 $(kA) =$ 秩 A,其中 k 为非零常数.

(3) 秩 $A^* \leqslant$ 秩 A.

(4) 秩 $(A \pm B) \leqslant$ 秩 $A +$ 秩 B.

(5) 设 A,B 分别为 $n \times m$ 与 $m \times s$ 矩阵,则
$$\text{秩}(AB) \leqslant \min\{\text{秩 } A, \text{秩 } B, n, m, s\}$$

3. 初等变换不改变矩阵的秩

【经典题解】

273. (吉林大学) 若矩阵 $A - E$ 和 $B - E$ 的秩分别为 p 和 q,则矩阵 $AB - E$ 的秩不大于 $p + q$,其中 E 是单位阵.

证 因为 $AB - E = A(B - E) + A - E$,所以
$$\text{秩}(AB - E) \leqslant \text{秩 } A(B - E) + \text{秩}(A - E)$$
$$\leqslant \text{秩}(B - E) + \text{秩}(A - E) = p + q$$

274. (南京师范大学) 设矩阵 $A, B \in P^{n \times m}$,证明: $R(A + B) \leqslant R\begin{pmatrix} A \\ B \end{pmatrix} \leqslant R(A) + R(B)$. 其中 $R(.)$ 表示矩阵的秩.

证 先证 $R(A + B) \leqslant R\begin{pmatrix} A \\ B \end{pmatrix}$

对矩阵作变换: $\begin{pmatrix} E_n & E_n \\ O & E_n \end{pmatrix} \begin{pmatrix} A \\ B \end{pmatrix} = \begin{pmatrix} A + B \\ B \end{pmatrix}$,而 $\begin{pmatrix} E_n & E_n \\ O & E_n \end{pmatrix}$ 满秩,从而有

$$R\left(\begin{pmatrix} E_n & E_n \\ O & E_n \end{pmatrix} \begin{pmatrix} A \\ B \end{pmatrix}\right) = R\begin{pmatrix} A \\ B \end{pmatrix} = R\begin{pmatrix} A + B \\ B \end{pmatrix} \geqslant R(A + B)$$

再证 $R\begin{pmatrix} A \\ B \end{pmatrix} \leqslant R(A) + R(B)$.

作矩阵 $\begin{pmatrix} A & O \\ O & B \end{pmatrix}$ 同样作变换: $\begin{pmatrix} E_n & O \\ E_n & E_n \end{pmatrix} \begin{pmatrix} A & O \\ O & B \end{pmatrix} = \begin{pmatrix} A & O \\ B & B \end{pmatrix}$.同样地也有

第四章 矩阵

$$R\left(\begin{pmatrix} E_n & O \\ E_n & E_n \end{pmatrix}\begin{pmatrix} A & O \\ O & B \end{pmatrix}\right) = R\begin{pmatrix} A & O \\ O & B \end{pmatrix} = R\begin{pmatrix} A & O \\ B & B \end{pmatrix} \geqslant R\begin{pmatrix} A \\ B \end{pmatrix}$$

由此可知命题成立.

275.(自编) 证明：秩$(A+B) \leqslant$ 秩$A +$ 秩B.

证法1 用广义初等变换可得

$$\begin{bmatrix} A & O \\ O & B \end{bmatrix} \to \begin{bmatrix} A & B \\ O & B \end{bmatrix} \to \begin{bmatrix} A & A+B \\ O & B \end{bmatrix}$$

$$\Rightarrow 秩\begin{bmatrix} A & O \\ O & B \end{bmatrix} = 秩\begin{bmatrix} A & A+B \\ O & B \end{bmatrix} \geqslant 秩(A+B) \qquad ①$$

但

$$秩\begin{bmatrix} A & O \\ O & B \end{bmatrix} = 秩A + 秩B \qquad ②$$

由式①,②即证

$$秩(A+B) \leqslant 秩A + 秩B$$

证法2 设 $A, B \in \mathbf{R}^{m \times n}$，令 $A=(\alpha_1, \cdots, \alpha_n)$，$B=(\beta_1, \cdots, \beta_n)$，其中 α_i 为 A 的列向量，β_i 为 B 的列向量. 则

$$A+B = (\alpha_1+\beta_1, \cdots, \alpha_n+\beta_n)$$

再设秩$A=r$，秩$B=s$. 设 $\alpha_{i_1}, \cdots, \alpha_{i_r}$ 为 $\alpha_1, \cdots, \alpha_n$ 的一个极大线性无关组. $\beta_{j_1}, \cdots, \beta_{j_s}$ 为 $\beta_1, \cdots, \beta_n$ 的一个极大线性无关组. 作向量组

(Ⅰ)$\alpha_1+\beta_1, \alpha_2+\beta_2, \cdots, \alpha_n+\beta_n$.

(Ⅱ)$\alpha_{i_1}, \cdots, \alpha_{i_r}, \beta_{j_1}, \cdots, \beta_{j_s}$.

那么(Ⅰ)可由(Ⅱ)线性表出. 故

$$秩(A+B) = 秩(Ⅰ) \leqslant 秩(Ⅱ) \leqslant r+s = 秩A + 秩B$$

276.(云南大学) 假设 A, B 都是 $n \times n$ 矩阵，$AB=O$，证明：

(1) 秩$A +$ 秩$B \leqslant n$；

(2) 对给定矩阵 A，必定存在矩阵 B，使

$$秩A + 秩B = k$$

其中 k 满足秩$A \leqslant k \leqslant n$.

证 (1) **证法1** 构造分块阵 $\begin{bmatrix} B & E \\ O & A \end{bmatrix}$，那么

$$\begin{bmatrix} B & E \\ O & A \end{bmatrix} \to \begin{bmatrix} B & E \\ -AB & O \end{bmatrix} = \begin{bmatrix} B & E \\ O & O \end{bmatrix} \to \begin{bmatrix} O & E \\ O & O \end{bmatrix}$$

$$\Rightarrow 秩\begin{bmatrix} B & E \\ O & A \end{bmatrix} = 秩\begin{bmatrix} O & E \\ O & O \end{bmatrix} = n \qquad ①$$

但

$$秩\begin{bmatrix} B & E \\ O & A \end{bmatrix} \geqslant 秩A + 秩B \qquad ②$$

由式①,②即证 $n \geqslant$ 秩 $A +$ 秩 B.

证法 2 设秩 $A = r$,构造齐次线性方程组
$$Ax = 0 \qquad ③$$
并设式③的解空间为 W,那么
$$\dim W = n - r. \; \beta_1, \cdots, \beta_n \in W$$
其中 $\beta_1, \cdots, \beta_n$ 为 B 的列向量. 所以
$$\text{秩 } B = \text{秩}\{\beta_1, \cdots, \beta_n\} \leqslant \dim W = n - r = n - \text{秩 } A$$
移项后即证
$$\text{秩 } A + \text{秩 } B \leqslant n$$

(2) 设秩 $A = r$,由矩阵的等价标准形知,存在 n 阶可逆阵 P, Q,使
$$PAQ = \begin{bmatrix} E_r & O \\ O & O \end{bmatrix} \Rightarrow A = P^{-1} \begin{bmatrix} E_r & O \\ O & O \end{bmatrix} Q^{-1}$$
对 $r \leqslant k \leqslant n$,令 n 阶矩阵 B 如下:
$$B = P^{-1} \begin{bmatrix} 0 & & \\ & E_{k-r} & \\ & & 0 \end{bmatrix} Q^{-1}$$
则秩 $A +$ 秩 $B = r + (k - r) = k$.

注 本题(1)还可推广为 A, B 分别为 $m \times n, n \times s$ 矩阵,且 $AB = O$,则秩 $A +$ 秩 $B \leqslant n$,读者可用证法 2 证明之.

277.（武汉理工大学） 设 A 的秩为 r 的 $m \times r$ 矩阵($m > r$),B 是 $r \times s$ 矩阵,证明:

(1) 存在非奇异矩阵为 P,使 PA 的后 $m - r$ 行全为 0;

(2) 秩 $AB =$ 秩 B.

证 (1) 因为秩 $A = r$,所以存在 m 阶可逆阵 P 和 r 阶可逆阵 Q,使
$$PAQ = \begin{bmatrix} E_r \\ O \end{bmatrix} \Rightarrow PA = \begin{bmatrix} E_r \\ O \end{bmatrix} Q^{-1} = \begin{bmatrix} Q^{-1} \\ O \end{bmatrix}$$
其中 Q^{-1} 为 r 阶方阵. 即证.

(2) 秩 $(AB) =$ 秩 $(PAB) =$ 秩 $\begin{bmatrix} Q^{-1} \\ O \end{bmatrix} B =$ 秩 $Q^{-1} B =$ 秩 B

278.（江西大学） 设 A, B 分别为 $s \times n$ 与 $n \times m$ 矩阵. 则
$$\text{秩 } A + \text{秩 } B - n \leqslant \text{秩 } AB \qquad ①$$

证 $\begin{bmatrix} E_n & O \\ -A & E_s \end{bmatrix} \begin{bmatrix} E_n & B \\ A & O \end{bmatrix} \begin{bmatrix} E_n & -B \\ O & E_m \end{bmatrix} = \begin{bmatrix} E_n & O \\ O & -AB \end{bmatrix}$

$\Rightarrow$ 秩 $\begin{bmatrix} E_n & B \\ A & O \end{bmatrix} =$ 秩 $\begin{bmatrix} E_n & O \\ O & -AB \end{bmatrix} =$ 秩 $E_n +$ 秩 $(-AB)$
$= n +$ 秩 AB

但

$$秩\begin{bmatrix} E & B \\ A & O \end{bmatrix} \geqslant 秩 A + 秩 B$$

故 $n + 秩(AB) \geqslant 秩 A + 秩 B \Rightarrow 秩 AB \geqslant 秩 A + 秩 B - n$

注 代数中称式①为 Sylvester(薛尔佛斯特)公式.

279.(中国科技大学,厦门大学) 设 A, B, C 是任意 3 个矩阵,乘积 ABC 有意义,证明:

$$秩(ABC) \geqslant 秩 AB + 秩 BC - 秩 B$$

证法 1 设 B 是 $n \times m$ 矩阵,秩 $B = r$,那么存在 n 阶可逆阵 P,m 阶可逆阵 Q,使

$$B = P \begin{bmatrix} E_r & O \\ O & O \end{bmatrix} Q \qquad ①$$

把 P, Q 适当分块 $P = [M, S]$,$Q = \begin{bmatrix} N \\ T \end{bmatrix}$,由式①有

$$B = [M, S] \begin{bmatrix} E_r & O \\ O & O \end{bmatrix} \begin{bmatrix} N \\ T \end{bmatrix} = MN$$

故 $秩(ABC) = 秩\, AMNC \geqslant 秩(AM) + 秩(NC) - r$
$\geqslant 秩(AMN) + 秩(MNC) - 秩 B$
$= 秩(AB) + 秩(BC) - 秩 B$

注 本题的公式也称 Frobenius(佛罗扁尼斯)公式.

证法 2 因为 $\begin{bmatrix} E & -A \\ O & E \end{bmatrix} \begin{bmatrix} AB & O \\ B & BC \end{bmatrix} \begin{bmatrix} E & -C \\ O & E \end{bmatrix} = \begin{bmatrix} O & -ABC \\ B & O \end{bmatrix}$

则 $R \begin{bmatrix} AB & O \\ B & BC \end{bmatrix} = R \begin{bmatrix} O & -ABC \\ B & O \end{bmatrix} = R(B) + R(ABC)$

而 $R \begin{bmatrix} AB & O \\ B & BC \end{bmatrix} \geqslant R(AB) + R(BC)$

则有 $R(B) + R(ABC) \geqslant R(AB) + R(BC)$.

280.(北京大学) 设 n 阶矩阵 A, B 可交换,证明

$$\text{rank}(A+B) \leqslant \text{rank}(A) + \text{rank}(B) - \text{rank}(AB)$$

解 利用分块初等变换,有

$$\begin{pmatrix} A & O \\ O & B \end{pmatrix} \to \begin{pmatrix} A & B \\ O & B \end{pmatrix} \to \begin{pmatrix} A+B & B \\ B & B \end{pmatrix}$$

因为 $AB = BA$,所以

$$\begin{pmatrix} E & O \\ B & -A-B \end{pmatrix} \begin{pmatrix} A+B & B \\ B & B \end{pmatrix} = \begin{pmatrix} A+B & B \\ O & -AB \end{pmatrix}$$

于是,有

$$\text{rank}(A) + \text{rank}(B) = \text{rank}\begin{pmatrix} A+B & B \\ B & B \end{pmatrix} \geqslant \text{rank}\begin{pmatrix} A+B & B \\ O & -AB \end{pmatrix}$$

$$\geqslant \text{rank}(A+B) + \text{rank}(AB)$$

即 $\operatorname{rank}(A+B) \leqslant \operatorname{rank}(A) + \operatorname{rank}(B) - \operatorname{rank}(AB)$.

281. (武汉大学) 设 A 是 $n \times n$ 矩阵,这里 n 是正整数.

证明:A 的秩等于 1 的充要条件是有不全为零的 n 个数 $a_1, \cdots, a_n$,不全为零的 n 个数 $b_1, \cdots, b_n$ 使

$$A = \begin{bmatrix} a_1b_1 & a_1b_2 & \cdots & a_1b_n \\ a_2b_1 & a_2b_2 & \cdots & a_2b_n \\ \vdots & \vdots & & \vdots \\ a_nb_1 & a_nb_2 & \cdots & a_nb_n \end{bmatrix} \qquad ①$$

证 先证充分性,设 A 为式①所给,其中 $a_1, \cdots, a_n$ 不全为零,$b_1, \cdots, b_n$ 不全为零,令

$$B' = (a_1, \cdots, a_n), \quad C = (b_1, \cdots, b_n)$$

则 $A = BC$. 那么

$$秩 A \leqslant 秩 B = 1 \qquad ②$$

设 $a_l \neq 0, b_j \neq 0$,那么 $a_l b_j \neq 0$,故

$$秩 A \geqslant 1 \qquad ③$$

由式②,③得证秩 $A = 1$.

再证必要性,设秩 $A = 1$,令 $A = (\alpha_1, \cdots, \alpha_n)$,设 α_i 为 $\alpha_1, \cdots, \alpha_n$ 的极大线性无关组,那么可设

$$A = \begin{bmatrix} k_1 a_1 & \cdots & a_1 & \cdots & k_n a_1 \\ \vdots & \vdots & \vdots & \vdots & \vdots \\ k_1 a_n & \cdots & a_n & \cdots & k_n a_n \end{bmatrix} \qquad ④$$

其中 $\alpha_i = (a_1, \cdots, a_n)'$,且 $\alpha_i \neq 0$. 那么在式②中 $b_1 = k_1, b_2 = k_2, \cdots, b_i = 1, \cdots, b_n = k_n$,所以 $b_1, \cdots, b_n$ 不全为零,即证等式①成立.

282. (数学一,数学二) 设 A 是 4×3 矩阵,且 A 的秩 $r(A) = 2$,而 $B = \begin{bmatrix} 1 & 0 & 2 \\ 0 & 2 & 0 \\ -1 & 0 & 3 \end{bmatrix}$,则 $r(AB) = $ _____.

答 2. 因为 $|B| = 10 \neq 0$,B 是可逆阵,所以 $r(AB) = r(A) = 2$.

283. (数学一) 设 $A = \begin{bmatrix} 1 & 2 & -2 \\ 4 & t & 3 \\ 3 & -1 & 1 \end{bmatrix}$,$B$ 为 3 阶非零矩阵,且 $AB = O$,则 $t = $ _____.

答 -3. 因为 $AB = O$,所以秩 A + 秩 $B \leqslant 3$,而秩 $B \geqslant 1$,秩 $A \leqslant 2$,所以 $|A| = 0$,即

$$0 = |A| = \begin{vmatrix} 1 & 2 & -2 \\ 4 & t & 3 \\ 3 & -1 & 1 \end{vmatrix} = 7(t+3) \Rightarrow t = -3$$

第四章 矩阵

284. (武汉大学) 已知矩阵 $A=\begin{pmatrix} 1 & 0 & 3 \\ 1 & 4 & 5 \\ 0 & 0 & 2 \end{pmatrix}, B=\begin{pmatrix} 1 & 2 & 1 \\ 3 & 5 & a \\ 2 & 5 & 7 \end{pmatrix}$,且矩阵 Q 满足 $AQA^*=B$, $\text{rank}(Q)=2$,其中 A^* 是 A 的伴随矩阵,试确定 a 的值.

解 因为 $|A|=8\neq 0$,所以 $\text{rank}(A)=3$,从而 $\text{rank}(A^*)=3$,得 $\text{rank}(B)=\text{rank}(AQA^*)=\text{rank}(Q)=2$. 而

$$B=\begin{pmatrix} 1 & 2 & 1 \\ 3 & 5 & a \\ 2 & 5 & 7 \end{pmatrix} \xrightarrow[r_3-2r_1]{r_2-3r_1} \begin{pmatrix} 1 & 2 & 1 \\ 0 & -1 & a-3 \\ 0 & 1 & 5 \end{pmatrix} \xrightarrow{r_3+r_2} \begin{pmatrix} 1 & 2 & 1 \\ 0 & -1 & a-3 \\ 0 & 0 & a+2 \end{pmatrix}$$

故, $a=-2$.

285. (数学三) 设 $n(n\geq 3)$ 阶矩阵.

$$A=\begin{bmatrix} 1 & a & a & \cdots & a \\ a & 1 & a & \cdots & a \\ a & a & 1 & \cdots & a \\ \vdots & \vdots & \vdots & & \vdots \\ a & a & a & \cdots & 1 \end{bmatrix}$$

若矩阵 A 的秩为 $n-1$,则 a 必为 ( )

(A) 1   (B) $\dfrac{1}{1-n}$ (C) -1 (D) $\dfrac{1}{n-1}$

答 (B). 因为秩 $A=n-1$,所以 $|A|=(1-a)^{n-1}[1+(n-1)a]=0$. 故

$$a=1, \text{或} a=\frac{1}{1-n}$$

但当 $a=1$ 时,因为秩 $A=1\neq n-1$,所以 $a=\dfrac{1}{1-n}$,故选(B).

286. (数学一,数学二,数学三,数学四) 设矩阵

$$A=\begin{bmatrix} 0 & 1 & 0 & 0 \\ 0 & 0 & 1 & 0 \\ 0 & 0 & 0 & 1 \\ 0 & 0 & 0 & 0 \end{bmatrix}$$

则 A^3 的秩为_____

答 $r(A^3)=1$. 由

$$A^2=\begin{bmatrix} 0 & 0 & 1 & 0 \\ 0 & 0 & 0 & 1 \\ 0 & 0 & 0 & 0 \\ 0 & 0 & 0 & 0 \end{bmatrix}, A^3=\begin{bmatrix} 0 & 0 & 0 & 1 \\ 0 & 0 & 0 & 0 \\ 0 & 0 & 0 & 0 \\ 0 & 0 & 0 & 0 \end{bmatrix}$$

可知,秩为 $r(A^3)=1$

287. (数学一) 设 A 为 $m\times n$ 矩阵, B 为 $n\times m$ 矩阵, E 为 m 阶单位矩阵. 若 $AB=E$,则

(A)秩 $r(A)=m$,秩 $r(B)=m$ (B)秩 $r(A)=m$,秩 $r(B)=n$
(C)秩 $r(A)=n$,秩 $r(B)=m$ (D)秩 $r(A)=n$,秩 $r(B)=n$
答 （A）

288.（吉林大学） 证明:秩(A^3)+秩$(A)\geqslant 2$秩(A^2)

证 由第279题可得
$$秩(A^3)=秩(AAA)\geqslant 秩(A^2)+秩(A^2)-秩 A$$
移项后即证.

289.（北京大学） 设 $A=(a_{ij})$ 为 $n\times n$ 实矩阵,已知 $a_{ii}>0, (i=1,2,\cdots,n)$, $a_{ij}<0 (i\neq j, i,j=1,2,\cdots,n)$,且
$$\sum_{j=1}^{n} a_{ij}=0 \quad (i=1,2,\cdots,n) \qquad ①$$

证明:秩 $A=n-1$.

证 把所有各列都加到第一列上去,并注意到式①,那么 $|A|=0$,得
$$秩 A\leqslant n-1$$

考虑 a_{11} 的代数余子式
$$A_{11}=\begin{vmatrix} a_{22} & \cdots & a_{2n} \\ \vdots & & \vdots \\ a_{n2} & \cdots & a_{nn} \end{vmatrix} \qquad ②$$

因为 $a_{ii}=-\sum_{j\neq i} a_{ij}$ 所以 $|a_{ii}|=\sum_{j\neq i}|a_{ij}| \ (i=1,2,\cdots n)$. 故在行列式②中满足 $|a_{ii}|>|a_{i2}|+|a_{i3}|+\cdots+|a_{i,i-1}|+|a_{i,i+1}|+\cdots+|a_{in}| \quad (i=2,\cdots,n)$ 即主对角严格占优. 所以 $A_{11}\neq 0$,即秩 $A\geqslant n-1$. 从而秩 $A=n-1$.

290.（吉林大学） 对任意方阵 A,必存在正整数 m,使得矩阵 A^m 之秩等于矩阵 A^{m+1} 的秩.

证 由于
$$秩 A\geqslant 秩 A^2\geqslant 秩 A^3\geqslant\cdots\geqslant 秩(A^k)\geqslant\cdots$$
而秩 A 是有限数,上面不等式不可能无限不等下去,因而存在正整数 m,使秩 $A^m=$ 秩 A^{m+1}.

291.（四川大学） 设 A 为 n 阶方阵,且 $A^2+A=2E$,其中 E 为 n 阶单位矩阵. 证明 $r(A-E)+r(A+2E)=n$. 其中 $r(A)$ 表示矩阵 A 的秩.

证 由 $A^2+A=2E$ 可得 $(A-E)(A+2E)=O$. 故 $A+2E$ 可看成以 $A-E$ 为系数的线性方程组的解向量,从而
$$r(A-E)+r(A+2E)\leqslant n$$

又
$$r(A-E)+r(A+2E)\geqslant r[(A-E)-(A+2E)]=r(-3E)=n$$
即证 $r(A-E)+r(A+2E)=n$.

292.（上海交通大学） n 阶方阵 A 满足 $A=A^2$,当且仅当
$$n=r(A)+r(E-A)$$

证　先证必要性. 由 $A=A^2$ 知, A 相似于形如

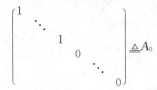

的对角阵, 其中 1 的个数为 A 的秩, 又 $E-A$ 与 $E-A$ 相似, 从而有相同的秩, 而

$$E-A_0 = \begin{pmatrix} 0 & & & & & \\ & \ddots & & & & \\ & & 0 & & & \\ & & & 1 & & \\ & & & & \ddots & \\ & & & & & 1 \end{pmatrix},$$

其中 0 的个数为 A 的秩, 1 的个数为 $n-r(A)$. 所以
$$r(A)+r(E-A)=r(A)+r(E-A_0)=r(A)+n-r(A)=n$$

再证充分性只要证 $\forall X\in \mathbf{R}^n$, 均有 $A^2X=AX$ 即可.

由已知 $n=r(A)+r(E-A)$ 说明, $AX=0$ 的解空间 V_1 与 $(E-A)X=0$ 的解空间 V_2 满足 $V_1\oplus V_2=\mathbf{R}^n$. 从而 $\forall X\in \mathbf{R}^n$, 存在唯一分解:
$$X=X_1+X_2, \text{其中} X_1\in V_1, X_2\in V_2$$

故 $A^2X=A^2(X_1+X_2)=A^2X_1+A^2X_2=A(AX_1)+A(AX_2)$
$$=A_0+AX_2=X_2=0+X_2=AX_1+AX_2$$
$$=A(X_1+X_2)=AX$$

综上即证 $A^2=A$.

293. **(中国科技大学)** 设 $A_1, A_2, \cdots A_k$ 是 k 个实对称方阵, $1\leqslant k\leqslant n$ 而且 $A_1+A_2+\cdots+A_k=E$. 证明: 下述两条件等价:

(1) $A_1, A_2, \cdots A_k$ 都是幂等方阵.

(2) 秩 A_1+ 秩 $A_2+\cdots+$ 秩 $A_k=n$.

证 (1)⇒(2). ∵ $A_i^2=A_i$ ⇒ 秩 $A_i=\text{tr}A_i$　$(i=1,2,\cdots,k)$

所以 $\sum_{i=1}^{n}$ 秩 $A_i=\sum_{i=1}^{k}\text{tr}A_i=\text{tr}(\sum_{i=1}^{k}A_i)=\text{tr}E=n$.

(2)⇒(1). 设秩 $A_i=r_i(i=1,2,\cdots,k)$, 再令
$$B=A_1+\cdots+A_{i-1}+A_{i+1}+\cdots+A_k.$$

由于 A_i 是实对称阵, 所以存在正交阵 T, 使

$$A_i=T\begin{bmatrix} \lambda_1 & & & & & \\ & \ddots & & & & \\ & & \lambda_{r_i} & & & \\ & & & 0 & & \\ & & & & \ddots & \\ & & & & & 0 \end{bmatrix}T' \qquad ①$$

但

$$E = A_i + B = T \begin{bmatrix} \lambda_1 & & & & & \\ & \ddots & & & & \\ & & \lambda_{r_i} & & & \\ & & & 0 & & \\ & & & & \ddots & \\ & & & & & 0 \end{bmatrix} T' + B \qquad ②$$

$$= T \left\{ \begin{bmatrix} \lambda_1 & & & & & \\ & \ddots & & & & \\ & & \lambda_{r_i} & & & \\ & & & 0 & & \\ & & & & \ddots & \\ & & & & & 0 \end{bmatrix} + B_1 \right\} T'$$

其中 $B_1 = T'BT$. 再用 T' 左乘, T 右乘式②两边,得

$$\begin{bmatrix} \lambda_1 & & & & & \\ & \ddots & & & & \\ & & \lambda_{r_i} & & & \\ & & & 0 & & \\ & & & & \ddots & \\ & & & & & 0 \end{bmatrix} + B_1 = E$$

$$\Rightarrow B_1 = \begin{bmatrix} 1-\lambda_1 & & & & & \\ & \ddots & & & & \\ & & 1-\lambda_{r_i} & & & \\ & & & 1 & & \\ & & & & \ddots & \\ & & & & & 1 \end{bmatrix} \qquad ③$$

所以秩 B = 秩 $B_1 \geqslant n - r_i$.

另一方面

$$\text{秩 } B = \text{秩}(A_1 + \cdots + A_{i-1} + A_{i+1} + \cdots + A_k)$$
$$\leqslant \text{秩 } A_1 + \cdots + \text{秩 } A_{i-1} + \text{秩 } A_{i+1} + \cdots + \text{秩 } A_k$$
$$= n - r_i$$

从而秩 B = 秩 $B_1 = n - r_i$.

再由式③,④得

$$1 - \lambda_1 = \cdots = 1 - \lambda_{r_i} = 0, \Rightarrow \lambda_1 = \cdots = \lambda_{r_i} = 1$$

将它们代入式①得

$$A_i = T \begin{bmatrix} 1 & & & & & \\ & \ddots & & & & \\ & & 1 & & & \\ & & & 0 & & \\ & & & & \ddots & \\ & & & & & 0 \end{bmatrix} T' \Rightarrow A_i^2 = A_i$$

由 i 的任意性,即证 A_i 都是幂等阵.

294.(清华大学) $A_1,A_2,\cdots,A_p$ 都是 n 阶矩阵,$A_1A_2\cdots A_p=O$. 证明:这 p 个矩阵之秩之和 $\leqslant (p-1)n$.

证 由本节 Sylvester 公式(第 279 题)得
$$0 = 秩(A_1A_2\cdots A_p) \geqslant 秩 A_1 + 秩(A_2\cdots A_p) - n$$
$$\geqslant 秩 A_1 + 秩 A_2 + 秩(A_3\cdots A_p) - 2n$$
$$\geqslant \cdots \geqslant 秩 A_1 + 秩 A_2 + \cdots + 秩 A_p - (p-1)n$$

故 $秩(A_1) + \cdots + 秩(A_p) \leqslant (p-1)n$.

295.(湖北大学) 填空

(1) 线性方程组 $Ax=b$ 有解的充分必要条件是 ＿＿＿.

(2) 若 A 是 $m\times n$ 矩阵,秩 $A=r$,秩 $B=s$,$AB=O$,则 n,r,s 的关系是 ＿＿＿.

(3) 设 n 维向量 $\alpha_1,\alpha_2,\cdots,\alpha_{10}$ 由向量组 $\beta_1,\beta_2,\cdots,\beta_9$ 线性表示,则 $\alpha_1,\alpha_2,\cdots,\alpha_{10}$ 一定＿＿＿.

(4) 秩 $A=r$,则 A 的所有 $r+2$ 级子式 = ＿＿＿. 而 A 的所有 r 级子式 ＿＿＿;

(5) 令 $A=P\begin{bmatrix}E_r & O \\ O & O\end{bmatrix}Q$,$P,Q$ 为可逆阵,则 A 的广义逆 G 必是形式为 ＿＿＿ 的矩阵;

(6) 两个 n 级方阵 A 与 B 是合同的,则 $B=$ ＿＿＿;

(7) 设 V_1,V_2 是 V 的子空间,维 $V_1=$ 维 $V_2=m$,维$(V_1\cap V_2)=m-1$,则维$(V_1+V_2)=$ ＿＿＿;

(8) 在空间 $P[x]_n$ 中,线性变换 $D(f(x))=f'(x)$,则 D 的特征值是 ＿＿＿,D 的核是 ＿＿＿.

答 (1) 秩 $A=$ 秩(A,b).

(2) $r+s\leqslant n$.

(3) 线性相关. 因为 $\alpha_1,\cdots,\alpha_{10}$ 可由 $\beta_1,\cdots,\beta_9$ 线性表出,所以
$$秩\{\alpha_1,\cdots,\alpha_{10}\}\leqslant 秩\{\beta_1,\cdots,\beta_9\}\leqslant 9$$
此即 $\alpha_1,\cdots,\alpha_{10}$ 线性相关.

(4) 0;至少有一个不为 0.

(5) $Q^{-1}\begin{bmatrix}E_r & D \\ M & H\end{bmatrix}P^{-1}$. 令 $G=Q^{-1}\begin{bmatrix}E_r & D \\ M & H\end{bmatrix}P^{-1}$,那么
$$AGA = P\begin{bmatrix}E_r & O \\ O & O\end{bmatrix}QQ^{-1}\begin{bmatrix}E_r & D \\ M & H\end{bmatrix}P^{-1}P\begin{bmatrix}E_r & O \\ O & O\end{bmatrix}Q$$
$$= P\begin{bmatrix}E_r & O \\ O & O\end{bmatrix}\begin{bmatrix}E_r & D \\ M & H\end{bmatrix}\begin{bmatrix}E_r & O \\ O & O\end{bmatrix}Q = P\begin{bmatrix}E_r & O \\ O & O\end{bmatrix}Q = A$$

(6) $T'AT$,其中 T 为 n 级可逆阵.

(7) $m+1$; 因为 维$(V_1+V_2)=$ 维 V_1+ 维 V_2- 维 $V_1\cap V_2$
$$=2m-(m-1)=m+1$$

(8) 0；P 取 $P[x]_n$ 的一组基为 $1,x,\cdots,x^{n-1}$，则

$$D(1,x,\cdots,x^{n-1})=(1,x,\cdots,x^{n-1})\begin{bmatrix}0&1&0&\cdots&0&0\\0&0&2&\cdots&0&0\\0&0&0&\cdots&0&0\\\vdots&\vdots&\vdots& &\vdots&\vdots\\0&0&0&\cdots&0&n-1\\0&0&0&\cdots&0&0\end{bmatrix}$$

故 D 的特征值全为 0，且 $D^{-1}(0)=P$（因为常数的导数等于 0）.

296.（浙江大学） 设

$$A=\begin{bmatrix}1&0&0\\0&2&0\\0&0&-1\end{bmatrix},\quad B=\begin{bmatrix}1&-1&0\\-1&2&0\\0&0&3\end{bmatrix}$$

$$C=\begin{bmatrix}-2&0&0\\0&1&0\\0&0&1\end{bmatrix}\quad D=\begin{bmatrix}0&1&0\\1&0&0\\0&0&2\end{bmatrix}$$

问：B,C,D（要说明理由）

(1) 哪些与 A 等价；

(2) 哪些与 A 合同；

(3) 哪些与 A 相似.

解 (1) 两个矩阵等价的充要条件是秩相等. 计算可得

$$\text{秩 } A=3=\text{秩 } B=\text{秩 } C=\text{秩 } D$$

所以 B,C,D 均与 A 等价.

(2)（ⅰ）两个复对称阵合同（在复数范围）的充要条件也是秩相等，因而从复合同的意义上说，B,C,D 与 A 合同.

（ⅱ）两实对称阵合同的充要条件是正惯性指数与负惯性指数分别相等.

因为 A 的正惯性指数 $=2$，A 的负惯性指数 $=1$，且由

$$|\lambda E-B|=(\lambda-3)(\lambda^2-3\lambda+1)$$

知 B 的特征值为

$$\lambda_1=3,\lambda_2=\frac{3+\sqrt{5}}{2},\lambda_3=\frac{3-\sqrt{5}}{2}$$

所以 B 的正惯性指数 $=3$，B 的负惯性指数 $=0$. 故 B 与 A 不合同.

又因为 C 的正惯性指数 $=2$，C 的负惯性指数 $=1$. 所以 C 与 A 合同.

由 $|\lambda E-D|=(\lambda-2)(\lambda^2-1)$，知 $\lambda_1=2,\lambda_2=1,\lambda_3=-1$，故 D 的正惯性指数 $=2$，D 的负惯性指数 $=1$. 因此 D 与 A 也合同.

综上知在实数范围内，C,D 与 A 合同，B 与 A 不合同.

(3) 两个实对称阵相似的充要条件具有相同的特征值，因此只有 D 与 A 相似，B，

C 都不与 A 相似.

注 要注意两个一般矩阵,若特征值相同,不一定相似,比如
$$A=\begin{bmatrix} 1 & 1 \\ 0 & 1 \end{bmatrix} 和 E=\begin{bmatrix} 1 & 0 \\ 0 & 1 \end{bmatrix}$$

但如果是实对称阵,若特征值相同一定相似,比如 A 和 B 是两个实对称阵,它们具有相同的特征值 $\lambda_1,\cdots,\lambda_n$,可证 $A \sim B$,因为存在两个还逆阵 T_1, T_2,使

$$T_1^{-1}AT_1 = \begin{bmatrix} \lambda_1 & & \\ & \ddots & \\ & & \lambda_u \end{bmatrix} = T_2^{-1}BT_2$$

所以 $T_2T_1^{-1}AT_1T_2^{-1}=B$,此即 $(T_1T_2^{-1})^{-1}A(T_1T_2^{-1})=B$. 从而 $A \sim B$.

297.(北京大学) 设 $m \times n$ 矩阵 A 的秩为 r,任取 A 的 r 个线性无关的行向量,再取 A 的 r 个线性无关的列向量,组成的 r 阶子式是否一定不为 0? 若是,给出证明;若否,举出反例.

答 是. 不妨考虑 A 的后 r 个线性无关的行向量及后 r 个线性无关的列向量,由它们所组成的 r 阶子式记为 D. 假设 $D=0$,则仅对 A 的后 r 行施行初等行变换,可得

$$A \to \begin{pmatrix} B & C \\ \alpha & 0 \end{pmatrix} = H$$

其中 B 是 $(m-1) \times (n-r)$ 矩阵,C 是 $(m-1) \times r$ 矩阵,α 是 $n-r$ 维行向量. 根据初等行变换不改变矩阵的秩且不改变列向量之间的线性相关性,知 $\text{rank}(C)=r$,且 $\alpha \neq 0$. 于是有

$$\text{rank}(A) = \text{rank}(H) \geqslant \text{rank}(C) + \text{rank}(\alpha) = r+1$$

与假设矛盾. 所以 $D \neq 0$.

4.4 分 块 阵

【考点综述】

1. 矩阵分块

(1)矩阵分块不是唯一的,它要根据问题的不同进行不同的分块.

(2)最常用的有 4 种分块方法:设 A 为 $m \times n$ 矩阵,则

(ⅰ)列向量分法,即 $A=(\alpha_1,\cdots,\alpha_n)$,其中 α_i 为 A 的列向量.

(ⅱ)行向量分法,即 $A=\begin{bmatrix} \beta_1 \\ \vdots \\ \beta_m \end{bmatrix}$,其中 β_j 为 A 的行向量.

(ⅲ)分两块,即 $A=(A_1,A_2)$,其中 A_1,A_2 分别为 A 的各若干列作成. 或 $A=$

$\begin{pmatrix} B_1 \\ B_2 \end{pmatrix}$,其中 B_1, B_2 分别为 A 的若干行作成.

(ⅳ)分四块,即 $A = \begin{pmatrix} C_1 & C_2 \\ C_3 & C_4 \end{pmatrix}$.

2. 分块阵的广义初等变换. 广义初等阵

(1)广义初等变换分三类.

(ⅰ)交换分块阵的两行(或列);

(ⅱ)用一可逆阵乘分块阵的某一行(或列);

(ⅲ)用某一矩阵乘某一行(或列)加到另一行(或列)上去.

(2)广义初等阵分三类.

(ⅰ) $\begin{pmatrix} O & E_m \\ E_n & O \end{pmatrix}$;

(ⅱ) $\begin{pmatrix} D & O \\ O & E \end{pmatrix}, \begin{pmatrix} E & O \\ O & G \end{pmatrix}$,

其中 D, G 均为可逆阵;

(ⅲ) $\begin{pmatrix} E & O \\ M & E \end{pmatrix}, \begin{pmatrix} E & H \\ O & E \end{pmatrix}$.

(3)用广义初等阵左(或右)乘某一分块矩阵,相当于对此矩阵作一次广义行(或列)初等变换.

(4)对矩阵 A 作若干广义初等变换,其秩不变.

(5)对矩阵 A 只作第(ⅲ)种广义初等变换,其行列式值不变.

3. 分块阵求逆的方法.

(1)定义法. 比如 $A = \begin{bmatrix} A_1 & & \\ & \ddots & \\ & & A_m \end{bmatrix}$,其中 A_i 均为可逆阵 $(i=1,2,\cdots m)$,则

$$A^{-1} = \begin{bmatrix} A_1^{-1} & & \\ & \ddots & \\ & & A_m^{-1} \end{bmatrix} (因为 \begin{bmatrix} A_1 & & \\ & \ddots & \\ & & A_m \end{bmatrix} \begin{bmatrix} A_1^{-1} & & \\ & \ddots & \\ & & A_m^{-1} \end{bmatrix} = E)$$

(2)广义初等变换法.

(3)解方程组法.

4. 分块阵的秩.

(1)秩 $\begin{bmatrix} A_1 & & & \\ & A_2 & & \\ & & \ddots & \\ & & & A_m \end{bmatrix}$ = 秩 A_1 + 秩 A_2 + $\cdots$ + 秩 A_m

特别,秩 $\begin{pmatrix} A & O \\ O & B \end{pmatrix}$ =秩 $\begin{pmatrix} O & A \\ B & O \end{pmatrix}$ =秩 A+秩 B.

(2) 秩 $\begin{pmatrix} A_{11} & \cdots & A_{1s} \\ \vdots & & \vdots \\ A_{r1} & \cdots & A_{rs} \end{pmatrix}$ ≥秩 A_{ij} ($i=1,2,\cdots,r;j=1,2,\cdots,s$).

(3) 秩 $\begin{pmatrix} A & O \\ C & B \end{pmatrix}$ ≥秩 A+秩 B.

【经典题解】

298.(南京大学) 设 A 为 n 阶可逆矩阵,U,V 为 $n \times m$ 矩阵,E_m 是 m 阶单位矩阵,若秩 $(V'A^{-1}U+E_m)<m$,则秩 $(A+UV')<n$,其中 V' 表示 V 的转置.

证 构造方程
$$(V'A^{-1}U+E_m)X=0, (A+UV')X=0$$
则 $(V'A^{-1}U+E_m)X=0$ 解的个数为 m-秩 $(V'A^{-1}U+E_m)$,$(A+UV')X=0$ 解的个数为 n-秩 $(A+UV')$,而
$$(V'A^{-1}U+E_m)X=0 \Leftrightarrow V'A^{-1}UX+X=0$$
$$(A+UV')X=0 \Leftrightarrow A^{-1}UV'X+X=0$$
于是由 312 题的结论,知 $V'A^{-1}U$ 与 $A^{-1}UV'$ 有相同的特征值(只是特征值 0 的重数不同而已!),从而 $V'A^{-1}U+E_m$ 与 $A^{-1}UV'+E_n$ 也有相同的特征值(只是特征值 1 的重数相差 $m-n$ 个!),因此有
$$m-秩(V'A^{-1}U+E_m)=n-秩(A+UV')$$
所以当秩 $(V'A^{-1}U+E_m)<m$ 时有秩 $(A+UV')<n$.

299.(数学一,数学二,数学三) 设 A,B 均为 2 阶矩阵,A^*,B^* 分别为 A,B 的伴随矩阵.若 $|A|=2,|B|=3$,则分块矩阵 $\begin{pmatrix} O & A \\ B & O \end{pmatrix}$ 的伴随矩阵为(   ).

(A) $\begin{pmatrix} O & 3B^* \\ 2A^* & O \end{pmatrix}$ (B) $\begin{pmatrix} O & 2B^* \\ 3A^* & O \end{pmatrix}$

(C) $\begin{pmatrix} O & 3A^* \\ 2B^* & O \end{pmatrix}$ (D) $\begin{pmatrix} O & 2A^* \\ 3B^* & O \end{pmatrix}$

答 (B)

300.(武汉大学) 设
$$D=\begin{bmatrix} \lambda_1 E_1 & & & \\ & \lambda_2 E_2 & & \\ & & \ddots & \\ & & & \lambda_k E_k \end{bmatrix}$$

其中 $\lambda_1, \lambda_2, \cdots, \lambda_k$ 互异,试证:凡与 D 相乘可交换的矩阵必为且仅为

$$X = \begin{bmatrix} C_1 & & & \\ & C_2 & & \\ & & \ddots & \\ & & & C_k \end{bmatrix}$$

的形状,再证明:当两个实对称阵 A, B 可交换时,必可找到同一个正交阵 Q,使 $Q^{-1}AQ$ 和 $Q^{-1}BQ$ 同时为对角阵.

证 (1)设 $X = \begin{bmatrix} B_{11} & B_{12} & \cdots & B_{1k} \\ B_{21} & B_{22} & \cdots & B_{2k} \\ \vdots & \vdots & & \vdots \\ B_{k1} & B_{k2} & \cdots & B_{kk} \end{bmatrix}$,其中 B_{ii} 与 $E_i(i=1,2,\cdots,k)$ 是同阶方阵,

那么由 $DX = XD$,可得

$$\lambda_i E_i B_{ij} = B_{ij}(\lambda_j E_j) \quad (i, j = 1, 2, \cdots, k) \qquad ①$$

当 $i \neq j$ 时,由式①有 $(\lambda_i - \lambda_j)B_{ij} = 0$,及 $\lambda_i - \lambda_j \neq 0$,得

$$B_{ij} = 0 \quad (i \neq j, i, j = 1, 2, \cdots, k) \qquad ②$$

将式②代入 X,知

$$X = \begin{bmatrix} B_{11} & & & \\ & B_{22} & & \\ & & \ddots & \\ & & & B_{kk} \end{bmatrix}$$

即证.

(2)由于 A 是 n 阶实对称阵,从而存在正交阵 T_1,使

$$T_1^{-1}AT_1 = \begin{bmatrix} \lambda_1 E_1 & & & \\ & \lambda_2 E_2 & & \\ & & \ddots & \\ & & & \lambda_k E_k \end{bmatrix} \qquad ③$$

又因为 $AB = BA$,所以

$$(T_1^{-1}AT_1)(T_1^{-1}BT_1) = (T_1^{-1}BT_1)(T_1^{-1}AT_1) \qquad ④$$

由上面(1)及式④可知,$T_1^{-1}BT_1$ 只能为下面准对角阵形状

$$T_1^{-1}BT_1 = \begin{bmatrix} B_1 & & & \\ & B_2 & & \\ & & \ddots & \\ & & & B_k \end{bmatrix} \qquad ⑤$$

由 B 是实对称阵及式⑤可得 $B_i(i=1,2,\cdots,k)$ 都是实对称阵.故对每个 B_i,都存在正交阵 R_i,使 $R_i^{-1}B_iR_i$ 为对角阵.

再令 $T_2 = \begin{bmatrix} R_1 & & & \\ & R_2 & & \\ & & \ddots & \\ & & & R_k \end{bmatrix}$,则 T_2 是正交阵,且

$$T_2^{-1}\begin{bmatrix} B_1 & & & \\ & B_2 & & \\ & & \ddots & \\ & & & B_k \end{bmatrix}T_2 = \begin{bmatrix} a_1 & & & \\ & a_2 & & \\ & & \ddots & \\ & & & a_n \end{bmatrix} \qquad ⑥$$

为对角阵,由⑤,⑥两式知

$$T_2^{-1}(T_2^{-1}BT_1)T_2 = \begin{bmatrix} a_1 & & \\ & \ddots & \\ & & a_n \end{bmatrix} \qquad ⑦$$

为对角阵,令 $Q = T_1 T_2$,则 Q 为正交阵,由式⑦知

$$Q^{-1}BQ = \begin{bmatrix} a_1 & & & \\ & a_2 & & \\ & & \ddots & \\ & & & a_n \end{bmatrix}$$

为对角阵,且

$$Q^{-1}AQ = T_2^{-1}(T_1^{-1}AT_1)T_2$$

$$= \begin{bmatrix} R_1^{-1} & & \\ & \ddots & \\ & & R_k^{-1} \end{bmatrix}\begin{bmatrix} \lambda_1 E_1 & & \\ & \ddots & \\ & & \lambda_1 E_1 \end{bmatrix}\begin{bmatrix} R_1 & & \\ & \ddots & \\ & & R_k \end{bmatrix} = \begin{bmatrix} \lambda_1 E_1 & & \\ & \ddots & \\ & & \lambda_k E_k \end{bmatrix}$$

也是对角阵.

301. (清华大学,华中师范大学) 设 A, B 是 n 阶方阵,若 $A+B$ 与 $A-B$ 可逆,试证明:$\begin{bmatrix} A & B \\ B & A \end{bmatrix}$ 可逆,并求其逆矩阵.

证 令 $D = \begin{bmatrix} A & B \\ B & A \end{bmatrix}$,由假设知 $|A+B| \neq 0, |A-B| \neq 0$. 那么

$$|D| = \begin{vmatrix} A & B \\ B & A \end{vmatrix} = \begin{vmatrix} A+B & B \\ B+A & A \end{vmatrix} = \begin{vmatrix} A+B & B \\ O & A-B \end{vmatrix}$$

$$= |A+B||A-B| \neq 0$$

即 D 可逆. 再令 $D^{-1} = \begin{bmatrix} D_1 & D_2 \\ D_3 & D_4 \end{bmatrix}$,由 $DD^{-1} = E$,即

$$\begin{bmatrix} A & B \\ B & A \end{bmatrix}\begin{bmatrix} D_1 & D_2 \\ D_3 & D_4 \end{bmatrix} = \begin{bmatrix} E & O \\ O & E \end{bmatrix}$$

可得

$$\begin{cases} AD_1 + BD_3 = E & ① \\ BD_1 + AD_3 = O & ② \\ AD_2 + BD_4 = O & ③ \\ BD_2 + AD_4 = E & ④ \end{cases}$$

由式①+②和①-②可解得

$$\begin{cases} D_1+D_3=(A+B)^{-1} \\ D_1-D_3=(A-B)^{-1} \end{cases} \quad ⑤$$

解之得

$$D_1=\frac{1}{2}[(A+B)^{-1}+(A-B)^{-1}], D_3=\frac{1}{2}[(A+B)^{-1}-(A-B)^{-1}]$$

类似地,由式③,④可解得 $D_2=D_3, D_4=D_1$,所以

$$\begin{bmatrix} A & B \\ B & A \end{bmatrix}^{-1} = \frac{1}{2}\begin{bmatrix} (A+B)^{-1}+(A-B)^{-1} & (A+B)^{-1}-(A-B)^{-1} \\ (A+B)^{-1}-(A-B)^{-1} & (A+B)^{-1}+(A-B)^{-1} \end{bmatrix}$$

302.(武汉大学) 设 A,B,C,D 都是 n 阶方阵,并且 $AC=CA$,试证明:

$$\begin{bmatrix} A & B \\ C & D \end{bmatrix} = |AD-CB|$$

证 (1)当 A 可逆时,有

$$\begin{bmatrix} E & O \\ CA^{-1} & E \end{bmatrix}\begin{bmatrix} A & B \\ C & D \end{bmatrix} = \begin{bmatrix} A & B \\ O & D-CA^{-1}B \end{bmatrix} \quad ①$$

对式①两边取行列式得

$$\begin{vmatrix} A & B \\ C & D \end{vmatrix} = |A||D-CA^{-1}B|$$

$$= |A(D-CA^{-1}B)| = |AD-ACA^{-1}B|$$

$$= |AD-CAA^{-1}B| = |AD-CB|$$

(2)当 A 不可逆时,(即 $|A|=0$). 由于 A 至多有 n 个不同特征值,从而存在 λ,使 $|(-\lambda)E-A|\neq 0$,即有 $|\lambda E+A|\neq 0$,那么由 $AC=CA$,有

$$(A+\lambda E)C=C(A+\lambda E)$$

再由上面(1)有

$$\begin{vmatrix} A+\lambda E & B \\ C & D \end{vmatrix} = |(A+\lambda E)D-CB| \quad ②$$

所以式②两端都是关于 λ 的有限次多项式,且有无穷多个 λ 使上式成立,从而式②是 λ 的恒等式. 再令 $\lambda=0$,代入式②得

$$\begin{vmatrix} A & B \\ C & D \end{vmatrix} = |AD-CB|$$

303.(中国科技大学) 设有分块阵 $\begin{bmatrix} A & B \\ C & D \end{bmatrix}$,其中 A,D 可逆,证明:

(1) $\begin{vmatrix} A & B \\ C & D \end{vmatrix} = |A-BD^{-1}C||D|$;

(2) $(A-BD^{-1}C)^{-1} = A^{-1}-A^{-1}B(CA^{-1}-D)^{-1}CA^{-1}$.

证 (1) $\begin{bmatrix} E & -BD^{-1} \\ O & E \end{bmatrix}\begin{bmatrix} A & B \\ C & D \end{bmatrix} = \begin{bmatrix} A-BD^{-1}C & O \\ C & D \end{bmatrix}$

两边取行列式,即证
$$\begin{vmatrix} A & B \\ C & D \end{vmatrix} = |A - BD^{-1}C| \cdot |D|.$$

(2) $(A - BD^{-1}C)[A^{-1} - A^{-1}B(CA^{-1}B - D)^{-1}CA^{-1}]$
$= E - B(CA^{-1}B - D)^{-1}CA^{-1} - BD^{-1}CA^{-1}$
$\quad + BD^{-1}CA^{-1}B(CA^{-1}B - D)^{-1}CA^{-1}.$

因为 $BD^{-1}CA^{-1}B(CA^{-1}B - D)^{-1}CA^{-1} - B(CA^{-1}B - D)^{-1}CA^{-1}$
$= BD^{-1}(CA^{-1}B - D)(CA^{-1}B - D)^{-1}CA^{-1}$
$= BD^{-1}CA^{-1}.$

即
$$(A - BD^{-1}C)[A^{-1} - A^{-1}B(CA^{-1}B - D)^{-1}CA^{-1}] = E$$
$$\Rightarrow (A - BD^{-1}C)^{-1} = A^{-1} - A^{-1}B(CA^{-1}B - D)^{-1}CA^{-1}.$$

304.(南京大学) 如果拟高三角阵(或称标准上三角阵)
$$A = \begin{bmatrix} A_1 & & & * \\ & A_2 & & \\ & & \ddots & \\ 0 & & & A_s \end{bmatrix}$$

中,各对角线子块 A_i 可逆 $(i=1,2,\cdots,s)$,则 A 可逆,并且 A^{-1} 也是拟高三角阵.

证 因为 $|A| = |A_1||A_2|\cdots|A_s| \neq 0$,所以 A 可逆.令
$$A^{-1} = \begin{bmatrix} Z_{11} & Z_{12} & \cdots & Z_{1s} \\ Z_{21} & Z_{22} & \cdots & Z_{2s} \\ \vdots & \vdots & & \vdots \\ Z_{s1} & Z_{s2} & \cdots & Z_{ss} \end{bmatrix}$$

其中 Z_{ii} 与 A_i 为同阶方阵 $(i=1,2,\cdots,s)$,那么,由 $A^{-1}A = E$,可得
(1) $Z_{11}A_1 = E \Rightarrow Z_{11} = A_1^{-1}$;
(2) $Z_{i1}A_1 = O(i=2,\cdots,s) \Rightarrow Z_{i1} = O(i=2,\cdots,s).$
类似可证
$$Z_{ii} = A_i^{-1}(i=2,3,\cdots,s), Z_{ij} = 0(i > j, i,j = 1,2,\cdots,s).$$

这样得
$$A^{-1} = \begin{bmatrix} A_1^{-1} & & & * \\ & A_2^{-1} & & \\ & & \ddots & \\ 0 & & & A_s^{-1} \end{bmatrix}$$

即 A^{-1} 也是拟高三角阵.

305.(华中师范大学) 设 A,B 都是 n 阶方阵,E 是 n 阶单位阵.
(1) 证明:$|E - AB| = 0$ 的充要条件是 $|E - BA| = 0$;

(2)若 $E-AB$ 可逆,且 $C=(E-AB)^{-1}$,求 $(E-BA)^{-1}$.

证 (1)由 $\begin{bmatrix} E & O \\ -A & E \end{bmatrix}\begin{bmatrix} E & B \\ A & E \end{bmatrix} = \begin{bmatrix} E & B \\ O & E-AB \end{bmatrix}$,两边取行列式得

$$\begin{vmatrix} E & B \\ A & E \end{vmatrix} = |E-AB|$$

再由 $\begin{bmatrix} E & B \\ A & E \end{bmatrix}\begin{bmatrix} E & O \\ -A & E \end{bmatrix} = \begin{bmatrix} E-BA & B \\ A & E \end{bmatrix}$ 两边取行列式得

$$\begin{vmatrix} E & B \\ O & E \end{vmatrix} = |E-BA|$$

故 $|E-AB|=|E-BA|$.从而

$$|E-AB|=0 \Leftrightarrow |E-BA|=0.$$

(2)因为 $C(E-AB)=(E-AB)C=E \Rightarrow C=ABC+E=CAB+E$,但

$$(E-BA)(E+BCA)=E-BA+BCA+BABCA$$
$$=E+BCA-B(E+ABC)A$$
$$=E+BCA-BCA=E$$

所以 $(E-BA)^{-1}=E+BCA=E+B(E-AB)^{-1}A$.

306.(数学三,数学四) 设 A 为 n 阶非奇异矩阵,α 为 n 维列向量,b 为常数,记分块阵

$$P=\begin{bmatrix} I & O \\ -\alpha^T A^* & |A| \end{bmatrix}, Q=\begin{bmatrix} A & \alpha \\ \alpha^T & b \end{bmatrix}$$

其中 A^* 为 A 的伴随矩阵,I 为 n 阶单位矩阵.

(1)计算并化简 PQ;

(2)证明:Q 可逆的充分必要条件是 $\alpha^T A^{-1} \alpha \neq b$.

解 (1)计算可得

$$PQ=\begin{bmatrix} A & \alpha \\ -\alpha^T A^* A+|A|\alpha^T & -\alpha^T A^* \alpha + b|A| \end{bmatrix} \quad ①$$

因为 $A^* A=|A|I$,所以 $A^*=|A|A^{-1}$.因此式①可改写为

$$PQ=\begin{bmatrix} A & \alpha \\ O & |A|(b-\alpha^T A^{-1} \alpha) \end{bmatrix} \quad ②$$

(2)由上面式②得

$$|P||Q|=|A||A|(b-\alpha^T A^{-1}\alpha)=|A|^2(b-\alpha^T A^{-1}\alpha) \quad ③$$

因为 $|A|\neq 0, |P|=|A|$,由式③得

$$|Q|=|A|(b-\alpha^T A^{-1}\alpha)$$

所以 Q 可逆 $\Leftrightarrow |Q|\neq 0 \Leftrightarrow b-\alpha^T A^{-1}\alpha \neq 0 \Leftrightarrow b\neq \alpha^T A^{-1}\alpha$.

307.(武汉大学) 已知分块形矩阵 $M=\begin{bmatrix} A & B \\ C & O \end{bmatrix}$ 可逆,其中 B 为 $p\times p$ 块,C 为 $q\times q$ 求证:B 与 C 都可逆,并求 M^{-1}.

第四章 矩阵

证 (1) 因为 $0 \neq |M| = (-1)^{pq}|B||C|$,所以 $|B| \neq 0, |C| \neq 0$,即证 B, C 都可逆.

(2) 解法 1 令 $M^{-1} = \begin{bmatrix} Z_1 & Z_2 \\ Z_3 & Z_4 \end{bmatrix}$,其中 Z_3 为 $q \times q$ 块,Z_2 为 $p \times p$ 块. 那么由 $MM^{-1} = E$,可得

$$\begin{cases} AZ_1 + BZ_3 = E & \text{①} \\ AZ_2 + BZ_4 = O & \text{②} \\ CZ_1 = O & \text{③} \\ CZ_2 = E & \text{④} \end{cases}$$

所以 C 可逆,由式③,④解得 $Z_1 = O, Z_2 = C^{-1}$,将它们代入式①,②,又 B 可逆,可解得 $Z_3 = B^{-1}, Z_4 = -B^{-1}AC^{-1}$. 故

$$M^{-1} = \begin{bmatrix} O & C^{-1} \\ B^{-1} & -B^{-1}AC^{-1} \end{bmatrix}.$$

解法 2 用广义行初等变换

$$\begin{bmatrix} A & B & E_p & O \\ C & O & O & E_q \end{bmatrix} \to \begin{bmatrix} A & B & E & O \\ E & O & O & C^{-1} \end{bmatrix} \to \begin{bmatrix} O & B & E & -AC^{-1} \\ E & O & O & E^{-1} \end{bmatrix}$$

$$\to \begin{bmatrix} O & E & B^{-1} & -B^{-1}AC^{-1} \\ E & O & O & C^{-1} \end{bmatrix} \to \begin{bmatrix} E & O & O & C^{-1} \\ O & E & B^{-1} & -B^{-1}AC^{-1} \end{bmatrix}$$

故 $M^{-1} = \begin{bmatrix} O & C^{-1} \\ B^{-1} & -B^{-1}AC^{-1} \end{bmatrix}.$

308. (**华中师范大学**) 设 B, C 分别是 m 级与 n 级方阵,B 可逆,令 $G = \begin{bmatrix} A & C \\ B & D \end{bmatrix}$. 证明:$G$ 可逆的充要条件是 $C - AB^{-1}D$ 可逆.

证 因为 $\begin{bmatrix} E & -AB^{-1} \\ 0 & E \end{bmatrix}\begin{bmatrix} A & C \\ B & D \end{bmatrix} = \begin{bmatrix} 0 & C - AB^{-1}D \\ B & D \end{bmatrix}.$

两边取行列式得

$$|G| = (-1)^{mn}|B||C - AB^{-1}D| \qquad \text{①}$$

又因为 $|B| \neq 0$,所以

G 可逆 $\Leftrightarrow |G| \neq 0 \Leftrightarrow |C - AB^{-1}D| \neq 0 \Leftrightarrow C - AB^{-1}D$ 可逆

309. (**华中师范大学**) 设 P 是数域,$A, B, C \in P^{n \times n}$,且 $AC = CB$,秩 $C = r$. 证明:存在可逆阵 P, Q,使 $P^{-1}AP$ 和 QBQ^{-1} 有相同的 r 阶顺序主子式.

证 因为秩 $C = r$,所以存在可逆阵 P, Q 使

$$C = P\begin{bmatrix} E_r & O \\ O & O \end{bmatrix}Q$$

又因为 $AC = CB$,所以

$$AP\begin{bmatrix} E_r & O \\ O & O \end{bmatrix}Q = P\begin{bmatrix} E_r & O \\ O & O \end{bmatrix}QB.$$

$$\Rightarrow [P^{-1}AP]\begin{bmatrix} E_r & O \\ O & O \end{bmatrix} = \begin{bmatrix} E_r & O \\ O & O \end{bmatrix}[QBQ^{-1}] \qquad ①$$

令

$$P^{-1}AP = \begin{bmatrix} A_1 & A_2 \\ A_3 & A_4 \end{bmatrix}, \quad QBQ^{-1} = \begin{bmatrix} B_1 & B_2 \\ B_3 & B_4 \end{bmatrix} \qquad ②$$

其中 A_1, B_1 都是 r 阶方阵, A_4, B_4 都是 $n-r$ 阶方阵, 将它们代入式①得

$$\begin{bmatrix} A_1 & A_2 \\ A_3 & A_4 \end{bmatrix}\begin{bmatrix} E_r & O \\ O & O \end{bmatrix} = \begin{bmatrix} E_r & O \\ O & O \end{bmatrix}\begin{bmatrix} B_1 & B_2 \\ B_3 & B_4 \end{bmatrix}$$

故

$$\begin{bmatrix} A_1 & O \\ A_3 & O \end{bmatrix} = \begin{bmatrix} B_1 & B_2 \\ O & O \end{bmatrix}$$

此即

$$A_1 = B_1, \quad A_3 = O, \quad B_2 = O \qquad ③$$

将式③代入式②得

$$P^{-1}AP = \begin{bmatrix} A_1 & O \\ O & A_4 \end{bmatrix}, \quad QBQ^{-1} = \begin{bmatrix} A_1 & O \\ O & B_4 \end{bmatrix} \qquad ④$$

由式④即证结论.

310. (复旦大学) 设 A 是 $s \times n$ 实矩阵, 求证:

$$秩(E_n - A'A) - 秩(E_s - AA') = n - s$$

证 因为 $\begin{bmatrix} E_s & -A \\ O & E_n \end{bmatrix}\begin{bmatrix} E_s & A \\ A' & E_n \end{bmatrix}\begin{bmatrix} E_s & O \\ -A' & E_n \end{bmatrix} = \begin{bmatrix} E_s - AA' & O \\ O & E_n \end{bmatrix}$

所以 秩$\begin{bmatrix} E_s & A \\ A' & E_n \end{bmatrix} = \begin{bmatrix} E_s - AA' & O \\ O & E_n \end{bmatrix} = $秩$(E_s - AA') + n$ ①

又因为 $\begin{bmatrix} E_s & O \\ -A' & E_n \end{bmatrix}\begin{bmatrix} E_s & A \\ A' & E_n \end{bmatrix}\begin{bmatrix} E_s & -A \\ O & E_n \end{bmatrix} = \begin{bmatrix} E_s & O \\ O & E_n - A'A \end{bmatrix}$. 所以

秩$\begin{bmatrix} E_s & A \\ A' & E_n \end{bmatrix} = $秩 $E_s = $秩$(E_n - A'A) = s + $秩$(E_n - A'A)$ ②

由式②-①可解得

$$秩(E_s - AA') - 秩(E_s - AA') = n - s$$

311. (吉林工业大学) 已知 A 为非奇异反对称阵, b 为 n 元列向量, 设 $B = \begin{bmatrix} A & b \\ b' & 0 \end{bmatrix}$, 证明: 秩 $B = n$.

证 秩 $B \geqslant $ 秩 $A = n$.

由于奇数阶反对数阵的行列式为 0, 可知 A 是偶数阶的, 从而 B 是奇数阶矩阵. 令

$$C = \begin{bmatrix} A & -b \\ b' & 0 \end{bmatrix}$$

那么 C 是奇数阶反对称阵, 因而有 $|C| = 0$. 但是

$$|B|=|B'|=\begin{vmatrix} A' & b \\ b' & 0 \end{vmatrix}=\begin{vmatrix} -A & b \\ b' & 0 \end{vmatrix}=\begin{vmatrix} A & -b \\ b' & 0 \end{vmatrix}=|C|=0$$

故秩$(B) \leqslant n$. 从而秩$(B)=n$.

312. (吉林工业大学) 设 A 是 $m \times n$ 矩阵,B 是 $n \times m$ 矩阵,证明:AB 的特征多项式 $f_{AB}(\lambda)$ 与 BA 的特征多项式 $f_{BA}(\lambda)$ 有关系式

$$\lambda^n f_{AB}(\lambda) = \lambda^m f_{BA}(\lambda) \qquad ①$$

证 先把要证明的式①改写为

$$\lambda^n |\lambda E_m - AB| = \lambda^m |\lambda E_n - BA| \qquad ②$$

用构造法,设 $\lambda \neq 0$ 令

$$|H| = \begin{vmatrix} E_n & \dfrac{1}{\lambda}B \\ A & E_m \end{vmatrix} \qquad ③$$

对 $\begin{bmatrix} E_n & O \\ -A & E_n \end{bmatrix} \begin{bmatrix} E_n & \dfrac{1}{\lambda}B \\ A & E_m \end{bmatrix} = \begin{bmatrix} E_n & \dfrac{1}{\lambda}B \\ O & E_m - \dfrac{1}{\lambda}AB \end{bmatrix}$ 两边取行列式得

$$|H| = \left|E_m - \frac{1}{\lambda}AB\right| = \left(\frac{1}{\lambda}\right)^m |\lambda E_m - AB| \qquad ⑤$$

再对 $\begin{bmatrix} E_n & \dfrac{1}{\lambda}B \\ A & E_m \end{bmatrix} \begin{bmatrix} E_n & O \\ -A & E_n \end{bmatrix} = \begin{bmatrix} E_n - \dfrac{1}{\lambda}BA & \dfrac{1}{\lambda}B \\ O & E_m \end{bmatrix}$ 两边取行列式得

$$|H| = \left|E_n - \frac{1}{\lambda}BA\right| = \left(\frac{1}{\lambda}\right)^n |\lambda E_n - BA| \qquad ⑦$$

故由⑤,⑦两式可得

$$\frac{1}{\lambda^n}|\lambda E_n - BA| = \frac{1}{\lambda^m}|\lambda E_m - AB| \Rightarrow \lambda^m|\lambda E_n - BA| = \lambda^n|\lambda E_m - AB| \qquad ⑧$$

上述等式是假设了 $\lambda \neq 0$,但是式⑧两边均为 λ 的 $n+m$ 次多项式,有无穷多个值使它们成立($\lambda \neq 0$),从而一定是恒等式. 即证.

注 ①这个等式也称为薛尔佛斯特(Sylvester)公式.

②特别,当 $n=m$(即 A,B 都是 n 阶方阵)时,有
$$|\lambda E - AB| = |\lambda E - BA|$$

③ $\begin{pmatrix} \lambda E & A \\ B & \lambda E \end{pmatrix}$ 分别消去 A,B 得证.

此即 AB 与 BA 具有相同的特征多项式,从而有相同的特征值(包括重数也一致).

313. (北京航空航天大学) 设 A 为 $m \times n$ 矩阵,B 为 $n \times m$ 矩阵. 证明:AB 与 BA 有相同的非零特征值.

证 由 312 题知

$$\lambda^n |\lambda E_m - AB| = \lambda^m |\lambda E_m - BA| \qquad ①$$

设 $|\lambda E_m - AB|$ 的标准分解式为

$$|\lambda E_m - AB| = \lambda^{m-s}(\lambda - \lambda_1)(\lambda - \lambda_2)\cdots(\lambda - \lambda_s) \qquad ②$$

其中 $\lambda_1\lambda_2\cdots\lambda_s \neq 0$，即 AB 有 s 个非零特征值：$\lambda_1, \lambda_2, \cdots, \lambda_s$. 由①，②两式，那么有

$$|\lambda E_n - BA| = (\lambda - \lambda_1)(\lambda - \lambda_2)\cdots(\lambda - \lambda_s)\lambda^{m+(n-s)}$$

即证 BA 也只有 s 个非零特征值：$\lambda_1, \lambda_2, \cdots, \lambda_s$.

314.（中国科学院） 设 A, B 分别为 $m \times n$ 与 $n \times m$ 矩阵，证明：

$$\mathrm{tr}AB = \mathrm{tr}BA$$

证 由 313 题知，若

$$|\lambda E_m - AB| = \lambda^{m-s}(\lambda - a_1)\cdots(\lambda - a_s), \text{ 其中 } a_1 a_2 \cdots a_s \neq 0$$

则 AB 的全部特征值为 $\lambda_1 = a_1, \cdots, \lambda_s = a_s, \lambda_{s+1} = \cdots = \lambda_m = 0$. 且

$$|\lambda E_n - BA| = \lambda^{n-s}(\lambda - a_1)\cdots(\lambda - a_s)$$

即 BA 的全部特征值为 $\mu_1 = a_1, \mu_2 = a_2, \cdots, \mu_{s+1} = \cdots = \mu_n = 0$. 从而

$$\mathrm{tr}AB = \sum_{i=1}^{s} a_i = \mathrm{tr}(BA)$$

注 $\mathrm{tr}A = A$ 的主对角之和 $= A$ 的全部特征值的和.

315.（武汉大学） 对任 $n \times n$ 矩阵 $A = (a_{ij})_{n \times n}$，$a_{ij}$ 为其 (i, j) 元，令 $\mathrm{tr}A = \sum\limits_{i=1}^{n} a_{ii}$ 为 A 的主对角线元素之和，称为 A 的迹. 证明：

(1) $\mathrm{tr}(AB) = \mathrm{tr}(BA)$；

(2) 若 A 可逆，则 $\mathrm{tr}(ABA^{-1}) = \mathrm{tr}B$.

证 (1) 由上题得证.

(2) B 的特征多项式为

$$|\lambda E - B| = \lambda^n - (\mathrm{tr}B)\lambda^{n-1} + \cdots + (-1)^n |B| \qquad ①$$

由于 B 与 ABA^{-1} 相似，从而有相同的特征多项式，故由式①知

$$\mathrm{tr}B = \mathrm{tr}ABA^{-1}$$

316.（西北电讯工程学院） 有分块矩阵 $\begin{bmatrix} A & B \\ C & D \end{bmatrix}$ 是对称矩阵，且其中 A 为非奇异矩阵. 证明：此矩阵与下列矩阵合同

$$\begin{bmatrix} A & O \\ O & D - CA^{-1}B \end{bmatrix}$$

证 因为 $\begin{bmatrix} A & B \\ C & D \end{bmatrix}' = \begin{bmatrix} A' & B' \\ C' & D' \end{bmatrix} = \begin{bmatrix} A & B \\ C & D \end{bmatrix}$，所以 $A' = A, D' = D, B' = C$.

即原矩阵可改写为 $\begin{bmatrix} A & B \\ B' & D \end{bmatrix}$，且有

$$\begin{bmatrix} E & O \\ -B'A^{-1} & E \end{bmatrix} \begin{bmatrix} A & B \\ B' & D \end{bmatrix} \begin{bmatrix} E & -A^{-1}B \\ O & E \end{bmatrix} = \begin{bmatrix} A & O \\ O & D - B'A^{-1}B \end{bmatrix} \qquad ①$$

令 $T = \begin{bmatrix} E & -A^{-1}B \\ O & E \end{bmatrix}$，则 T 可逆，且

$$T'\begin{bmatrix} A & B \\ C & D \end{bmatrix}T = \begin{bmatrix} A & O \\ O & D-CA^{-1}B \end{bmatrix}$$

即证结论.

317.(东北工学院) 设 A,B,C,D 为 n 阶方阵,$AC=CA, AD=CB$,且 $|A|\neq 0$,若

$$G=\begin{bmatrix} A & B \\ C & D \end{bmatrix}$$

求证 $n\leqslant$ 秩 $G<2n$.

证 因为秩 $G\geqslant$ 秩 $A=n$. 且

$$|G|=\begin{vmatrix} A & B \\ C & D \end{vmatrix}=\begin{vmatrix} A & B \\ O & D-CA^{-1}B \end{vmatrix}=|A|\cdot|D-CA^{-1}B|=|AD-ACA^{-1}B|=|AB-CB|=0$$

所以秩 $G<2n$,此即 $n\leqslant$ 秩 $G<2n$.

4.5 矩 阵 分 解

【考点综述】

(1)乘法分解.将一个已知矩阵分解成若干个矩阵之积,这些矩阵需满足一些特定的条件.

(2)加法分解.将一个已知矩阵分解成若干个矩阵之和,这些矩阵需满足一些特定的条件.

【经典题解】

318.(武汉大学) 证明:秩为 m 的矩阵可表成 m 个秩为 1 的矩阵之和.

证 设 $A\in P^{n\times s}$,秩 $A=m$. 由矩阵的等价标准形可知,存在 n 阶可逆阵 P 和 s 阶可逆阵 Q,使

$$A=P\begin{bmatrix} E_m & O \\ O & O \end{bmatrix}Q = P\begin{bmatrix} 1 & & & \\ & 0 & & \\ & & \ddots & \\ & & & 0 \end{bmatrix}Q + P\begin{bmatrix} 0 & & & \\ & 1 & & \\ & & 0 & \\ & & & \ddots \\ & & & & 0 \end{bmatrix}Q$$

$$+\cdots+P\begin{bmatrix} 0 & & & & \\ & \ddots & & & \\ & & 1 & & \\ & & & 0 & \\ & & & & \ddots \\ & & & & & 0 \end{bmatrix}Q$$

$$=B_1+B_2+\cdots+B_m$$

其中

$$B_k=P\begin{bmatrix} 0 & & & & \\ & \ddots & & & \\ & & 1 & & \\ & & & \ddots & \\ & & & & 0 \end{bmatrix}Q \quad (k=1,2,\cdots,m)$$

且秩 $B_k=1(k=1,2,\cdots m)$.

319. (兰州大学,华中师范大学) 设 A 是数域 P 上秩为 r 的 $m\times n$ 矩阵,$r>0$. 试证:存在秩为 r 的 $m\times r$ 矩阵 F 与秩为 r 的 $r\times n$ 矩阵 G,使 $A=FG$.

证 由等价标准形知,存在 m 阶可逆阵 P 与 n 阶可逆阵 Q,使

$$A=P\begin{bmatrix} E_r & O \\ O & O \end{bmatrix}Q=P\begin{bmatrix} E_r \\ O \end{bmatrix}[E,O]Q=FG$$

其中 $F=P\begin{bmatrix} E_r \\ O \end{bmatrix}$, $G=[E_r,O]Q$. 那么 F 是 $m\times r$ 矩阵,G 是 $r\times n$ 矩阵. 且

$$\text{秩 } F=\text{秩 } G=r$$

注 在代数中称这种分解为满秩分解. 称 $A=P\begin{bmatrix} E_r & O \\ O & O \end{bmatrix}Q$ 这种分解为等价分解.

320. (云南大学) 已知 4×4 矩阵

$$A=\begin{bmatrix} 1 & 0 & 3 & 1 \\ -1 & 3 & 0 & -1 \\ 2 & 1 & 7 & 2 \\ 4 & 2 & 14 & 0 \end{bmatrix}$$

(1)求 A 的列向量组的一个极大线性无关组成 A 的秩 r;

(2)求一个 $4\times r$ 矩阵 F 及一个 $r\times 4$ 矩阵 G,使 F 和 G 的秩都等于 r(其中 r 是 A 的秩),且满足 $A=FG$.

解 (1) 因为 $|A|=0$,在 A 中有一个子式

$$\begin{vmatrix} -1 & 3 & -1 \\ 2 & 1 & 2 \\ 4 & 2 & 0 \end{vmatrix} \neq 0$$

所以秩 $A=3$.

令 $A=(\alpha_1,\alpha_2,\alpha_3,\alpha_4)$,则 $\alpha_1,\alpha_2,\alpha_4$ 为 A 的列向量组的一个极大线性无关组.

(2) 因为 $\alpha_3=3\alpha_1+\alpha_2$,$A$ 的列向量组 $\alpha_1,\alpha_2,\alpha_3,\alpha_4$ 用最大无关组表示($\alpha_1,\alpha_2,$

$\alpha_3,\alpha_4)=(\alpha_1,\alpha_2,\alpha_4)\begin{bmatrix} 1 & 0 & 3 & 0 \\ 0 & 1 & 1 & 0 \\ 0 & 0 & 0 & 1 \end{bmatrix}$

令 $F=\begin{bmatrix} 1 & 0 & 1 \\ -1 & 3 & -1 \\ 2 & 1 & 2 \\ 4 & 2 & 0 \end{bmatrix}, G=\begin{bmatrix} 1 & 0 & 3 & 0 \\ 0 & 1 & 1 & 0 \\ 0 & 0 & 0 & 1 \end{bmatrix}$

则 $A=FG$,且秩 $F=$秩 $G=3$.

321.（东北师范大学） 试将下面两个可逆矩阵化为初等矩阵的乘积：

$$\begin{bmatrix} 4 & 7 \\ 1 & 2 \end{bmatrix}, \quad \begin{bmatrix} 2 & 5 & 1 \\ 0 & 1 & 2 \\ 0 & 2 & 1 \end{bmatrix}$$

解　(1)用初等行变换把 A 化为单位阵,即

$A=\begin{bmatrix} 4 & 7 \\ 1 & 2 \end{bmatrix} \xrightarrow{[1,2]} \begin{bmatrix} 1 & 2 \\ 4 & 7 \end{bmatrix} \xrightarrow{[2,1(-4)]} \begin{bmatrix} 1 & 2 \\ 0 & -1 \end{bmatrix}$

$\xrightarrow{[1,2[2]]} \begin{bmatrix} 1 & 0 \\ 0 & -1 \end{bmatrix} \xrightarrow{[2(-1)]} \begin{bmatrix} 1 & 0 \\ 0 & 1 \end{bmatrix}$

扫码获取本书资源

故 $P[2(-1)]P[1,2(2)]P([2,1(-4)]P[1,2]A=E$
$\Rightarrow A=\{P[2(-1)]P[1,2(2)]P[2,1(-4)]P[1,2]\}^{-1}$
　$=P[1,2]^{-1}P[2,1(-4)]^{-1}P[1,2(2)]^{-1}P[2(-1)]^{-1}$
　$=P[1,2]P[2,1(4)]P[1,2(-2)]P[2(-1)]$
　$=\begin{bmatrix} 0 & 1 \\ 1 & 0 \end{bmatrix}\begin{bmatrix} 1 & 0 \\ 4 & 1 \end{bmatrix}\begin{bmatrix} 1 & -2 \\ 0 & 1 \end{bmatrix}\begin{bmatrix} 1 & 0 \\ 0 & -1 \end{bmatrix}$

(2)类似可得 B 的初等矩阵乘积为

$\begin{bmatrix} 1 & 5 & 0 \\ 0 & 1 & 0 \\ 0 & 0 & 1 \end{bmatrix}\begin{bmatrix} 1 & 0 & 0 \\ 0 & 1 & 0 \\ 0 & 2 & 1 \end{bmatrix}\begin{bmatrix} 1 & 0 & 0 \\ 0 & 1 & -\frac{2}{3} \\ 0 & 0 & 1 \end{bmatrix}\begin{bmatrix} 1 & 0 & 3 \\ 0 & 1 & 0 \\ 0 & 0 & 1 \end{bmatrix}\begin{bmatrix} 2 & 0 & 0 \\ 0 & 1 & 0 \\ 0 & 0 & 1 \end{bmatrix}\begin{bmatrix} 1 & 0 & 0 \\ 0 & 1 & 0 \\ 0 & 0 & -3 \end{bmatrix}$

322.（浙江大学） 设 A 是秩为 r 的 n 阶方阵.证明：$A^2=A$ 的充要条件是存在秩为 r 的 $r\times n$ 矩阵 B 和秩为 r 的 $n\times r$ 矩阵 C,使得 $A=CB$,而且 $BC=E_r$.

证　先证充分性. 设 $A=CB$,其中 C,B 分别为 $n\times r$ 和 $r\times n$ 矩阵,且 $BC=E_r$.则

$$A^2=(CB)(CB)=C(BC)B=CB=A$$

再证必要性. 因为 $A^2=A$,所以 A 可对角化,且其特征值只能是 0 和 1.于是存在可逆阵 T,使

$$A=T^{-1}\begin{bmatrix} E_r & O \\ O & O \end{bmatrix}T=T^{-1}\begin{bmatrix} E_r \\ O \end{bmatrix}[E_r,O]T=CB$$

其中

$$C=T^{-1}\begin{bmatrix} E_r \\ O \end{bmatrix}, B=[E_r,O]T$$

那么 C 是 $n\times r$ 矩阵,B 是 $r\times n$ 矩阵,且
$$秩\ C=秩\ B=r, \quad BC=[E,O]TT^{-1}\begin{bmatrix}E_r\\O\end{bmatrix}=E_r$$

323.(华东师范大学,中山大学,华中师范大学) 证明:任意复方阵可表为两对称阵之积,其中一个为可逆对称阵.

证 (1)先证明:任何若当(Jordan)块 J_0 可表两对称矩阵之积,其中一个为可逆对称阵.

设 $J_0=\begin{bmatrix}\lambda & 1 & & \\ & \lambda & \ddots & \\ & & \ddots & 1 \\ & & & \lambda\end{bmatrix}_{n\times n}$ 是一个若当块. 若令

$$S=\begin{bmatrix} & & & 1\\ & & 1 & \\ & \cdot^{\cdot^{\cdot}} & & \\ 1 & & & \end{bmatrix}_{n\times n} \quad (称为倒置矩阵)$$

那么 $S^{-1}=S'=S$,$|S|=\pm 1$. 从而 S 是可逆对称阵. 且
$$J_0=SM \qquad ①$$

其中 $M=\begin{bmatrix} & & & \lambda \\ & & \lambda & 1 \\ & \cdot^{\cdot^{\cdot}} & \cdot^{\cdot^{\cdot}} & \\ \lambda & 1 & & \end{bmatrix}_{n\times n}$,显然 $M'=M$. 由式①即证结论.

(2)若 $A\in C^{n\times n}$,则 $A\sim J$,且
$$J=\begin{bmatrix}J_1 & & & \\ & J_2 & & \\ & & \ddots & \\ & & & J_r\end{bmatrix}$$

其中 J_i 是若当块,J 是若当形矩阵.那么存在可逆阵 T,使
$$A=T^{-1}JT=T^{-1}\begin{bmatrix}J_1 & & \\ & \ddots & \\ & & J_r\end{bmatrix}T \qquad ②$$

由上面式①知
$$J_i=S_iM_i \quad (i=1,2,\cdots,r) \qquad ③$$

其中 S_i 为倒置矩阵,即可逆对称阵,M_i 是对称阵($i=1,2,\cdots,r$).

将式③代入式②得
$$A=T^{-1}\begin{bmatrix}S_1 & & \\ & \ddots & \\ & & S_r\end{bmatrix}\begin{bmatrix}M_1 & & \\ & \ddots & \\ & & M_r\end{bmatrix}T$$

$$= T^{-1} \begin{bmatrix} S_1 & & \\ & \ddots & \\ & & S_r \end{bmatrix} (T^{-1})' T' \begin{bmatrix} M_1 & & \\ & \ddots & \\ & & M_r \end{bmatrix} T = BC \qquad ④$$

其中

$$B = T^{-1} \begin{bmatrix} S_1 & & \\ & \ddots & \\ & & S_r \end{bmatrix} (T^{-1})'$$

为可逆对称阵,

$$C = T' \begin{bmatrix} M_1 & & \\ & \ddots & \\ & & M_r \end{bmatrix} T$$

为对称阵. 由④即证.

注 在代数中称矩阵的这种分解为 VOSS 分解.

324. (**华中师范大学,北京邮电学院**) 设 A 是一个 n 阶实可逆阵,证明:存在一个正定阵 S 和正交阵 P, 使 $A = PS$.

证 因为 $A'A$ 是正定阵,所以存在正定阵 S, 使 $A'A = S^2$. 于是
$$A = (A')^{-1} S^2 = [(A')^{-1} S] S = PS \qquad ①$$

其中 $P = (A')^{-1} S$. 故
$$PP' = (A')^{-1} SS' A^{-1} = (A')^{-1} S^2 A^{-1} = (A')^{-1} (A'A) A^{-1} = E$$

因此 P 为正交阵. 从而由①即证.

注 ①若 $A'A$ 的特征值为 $a_1^2, \cdots, a_n^2 (a_i > 0, i = 1, 2, \cdots, n)$, 则 S 的特征值为 $a_1, \cdots, a_n$.

②本题还可改为 $A = S_1 P_1$ 形状,其中 S_1 为正定阵. P_1 为正交阵. 事实上,因为 AA' 为正定阵,所以 $AA' = S_1^2$, 其中 S_1 为正定阵. 故
$$A = S_1 S_1 (A')^{-1} = S_1 P_1$$

其中 $P_1 = S_1 (A')^{-1}$ 为正交阵.

325. (**华中师范大学**) 设 A 是 n 阶实可逆阵. 证明:存在 n 阶正交阵 P 和 Q, 使
$$PAQ = \begin{bmatrix} a_1 & & \\ & \ddots & \\ & & a_n \end{bmatrix},$$
其中 $a_i > 0 (i = 1, 2, \cdots, n)$, 且 $a_1^2, \cdots, a_n^2$ 为 $A'A$ 的全部特征值.

证 由上题及注知,存在正交阵 C 和正定阵 B, 使
$$A = CB \qquad ①$$

其中 B 的特征值 $a_1, \cdots, a_n$ 均为正,且 $a_1^2, \cdots, a_n^2$ 为 $A'A$ 的全部特征值.

由 B 为正定阵,从而存在正交阵 T, 使
$$B = T' \begin{bmatrix} a_1 & & \\ & \ddots & \\ & & a_n \end{bmatrix} T \qquad ②$$

将式②代入式①得

$$A=(CT')\begin{bmatrix}a_1 & & \\ & \ddots & \\ & & a_n\end{bmatrix}T \Rightarrow (CT')^{-1}AT' = \begin{bmatrix}a_1 & & \\ & \ddots & \\ & & a_n\end{bmatrix}$$

即

$$PAQ = \begin{bmatrix}a_1 & & \\ & \ddots & \\ & & a_n\end{bmatrix} \quad \text{③}$$

其中 $P=(CT')^{-1}, Q=T'$ 均为正交阵.

注 将式③改写为

$$A = P'\begin{bmatrix}a_1 & & \\ & \ddots & \\ & & a_n\end{bmatrix}Q'$$

这也是 A 的一个分解,即实可逆阵可表为(正交阵)(正定阵)(正交阵)之积.

326.(浙江大学,华中师范大学) 任一 n 阶方阵 A 都可写成 $A=D+N$ 的形式,其中 D 是一个与对角阵相似的 n 阶方阵,N 是一个幂零矩阵(即存在自然数 m,使 $N^m=O$),而且 $DN=ND$.

证 由若当标准形知,存在可逆阵 T,使

$$A = T^{-1}\begin{bmatrix}J_1 & & \\ & \ddots & \\ & & J_S\end{bmatrix}T \quad \text{①}$$

其中 $J_K = \begin{bmatrix}\lambda_k & 1 & & \\ & \ddots & \ddots & \\ & & \lambda_k & 1 \\ & & & \lambda_k\end{bmatrix}$ 为若当块,$(k=1,2,\cdots,s)$. 于是

$$J_k = \begin{bmatrix}\lambda_k & & \\ & \ddots & \\ & & \lambda_k\end{bmatrix} + \begin{bmatrix}0 & 1 & & \\ & \ddots & \ddots & \\ & & 0 & 1 \\ & & & 0\end{bmatrix} = D_k + N_k (k=1,2\cdots,s) \quad \text{②}$$

其中 $D_k = \begin{bmatrix}\lambda_k & & \\ & \ddots & \\ & & \lambda_k\end{bmatrix}$ 为对角阵,$N_k = \begin{bmatrix}0 & 1 & & \\ & \ddots & \ddots & \\ & & & 1 \\ & & & 0\end{bmatrix}$ 为幂零阵. 因为 $N_k^n = O$,将式②代入式①得

$$A = T^{-1} \begin{bmatrix} D_1+N_1 & & \\ & \ddots & \\ & & D_s+N_s \end{bmatrix} T \qquad ③$$

$$= T^{-1} \begin{bmatrix} D_1 & & \\ & \ddots & \\ & & D_s \end{bmatrix} T + T^{-1} \begin{bmatrix} N_1 & & \\ & \ddots & \\ & & N_s \end{bmatrix} T = D+N$$

其中 $D = T^{-1} \begin{bmatrix} D_1 & & \\ & \ddots & \\ & & D_s \end{bmatrix} T$ 相似于对角阵.且

$$N = T^{-1} \begin{bmatrix} N_1 & & \\ & \ddots & \\ & & N_s \end{bmatrix} T \Rightarrow N^n = T^{-1} \begin{bmatrix} N_1^n & & \\ & \ddots & \\ & & N_s^n \end{bmatrix} T = 0$$

即 N 为幂零阵. 于是

$$DN = T^{-1} \begin{bmatrix} D_1 N_1 & & \\ & \ddots & \\ & & D_s N_s \end{bmatrix} T \qquad ④$$

类似地,有

$$ND = T^{-1} \begin{bmatrix} N_1 D_1 & & \\ & \ddots & \\ & & N_s D_s \end{bmatrix} T \qquad ⑤$$

但 $D_k N_k = (\lambda_k E) N_k = \lambda_k N_k$,所以 $N_k D_k = N_k (\lambda_k E) = \lambda_k E) = \lambda_k N_k$.

$$D_k N_k = N_k D_k \ (k=1,2,\cdots,S) \qquad ⑥$$

从而由式⑥,④,⑤即证 $DN = ND$.

327. (QR 分解)(1)任何可逆实方阵都可以分解为正交阵和上三角阵 R 的乘积,其中 R 的主对角元均为正.

(2)我们已知如下事实:任何实的非奇异方阵 A 都可以分解为正交阵 Q 和上三角阵 R 的乘积,即 $A=QR$,试对以下的 A 作这样的分解

$$A = \begin{bmatrix} 1 & 1 & 0 \\ 1 & -1 & 1 \\ 0 & 0 & 2 \end{bmatrix}$$

证 (1)设 $A = (a_{ij})_{n \times n}, |A| \neq 0$. 令 $A = (\alpha_1, \cdots, \alpha_n)$,其中 α_i 为 A 的列向量,则 $\alpha_1, \cdots, \alpha_n$ 线性无关.由施密特方法.令

$$\begin{cases} \beta_1 = \alpha_1 \\ \beta_2 = \alpha_2 - \dfrac{(\alpha_2, \beta_1)}{(\beta_1, \beta)} \beta_1 \\ \cdots\cdots \\ \beta_n = \alpha_n - \dfrac{(\alpha_n, \beta_1)}{(\beta_1, \beta_1)} \beta_1 \cdots - \dfrac{(\alpha_n, \beta_{n-1})}{(\beta_{n-1}, \beta_{n-1})} \beta_{n-1} \end{cases} \qquad ①$$

其中$(\alpha, \beta) = \alpha' \beta$. 将式①改写为

$$\begin{cases} \alpha_1 = \beta_1, \\ \alpha_2 = \dfrac{(\alpha_2, \beta_1)}{(\beta_1, \beta_1)}\beta_1 + \beta_2 \\ \cdots\cdots \\ \alpha_n = \dfrac{(\alpha_n, \beta_1)}{(\beta_1, \beta_1)}\beta_1 + \cdots + \dfrac{(\alpha_n, \beta_{n-1})}{(\beta_{n-1}, \beta_{n-1})}\beta_{n-1} + \beta_n \end{cases} \quad ②$$

再将②写成矩阵形式

$$A = (\alpha_1, \alpha_2, \cdots, \alpha_n) = (\beta_1, \beta_2, \cdots, \beta_n) \begin{bmatrix} 1 & b_{12} & \cdots & b_{1n} \\ 0 & 1 & \cdots & b_{2n} \\ \vdots & \vdots & & \vdots \\ 0 & 0 & \cdots & 1 \end{bmatrix} \quad ③$$

将 β_i 单位化,即

$$\gamma_i = \frac{\beta_i}{|\beta_i|} (i=1,2,\cdots,n) \quad ④$$

其中 $|\beta_i| = \sqrt{\beta_i' \beta_i} > 0 (i=1,2,\cdots,n)$.

令 $Q = (\gamma_1, \cdots, \gamma_n)$,则 Q 为正交阵,且

$$A = (\gamma_1, \cdots, \gamma_n) \begin{bmatrix} |\beta_1| & & 0 \\ & \ddots & \\ 0 & & |\beta_n| \end{bmatrix} \begin{bmatrix} 1 & b_{12} & \cdots & b_{1n} \\ & 1 & \cdots & \vdots \\ 0 & & \ddots & \\ & & & 1 \end{bmatrix} = QR$$

其中 $R = \begin{bmatrix} |\beta_1| & & 0 \\ & \ddots & \\ 0 & & |\beta_n| \end{bmatrix} \begin{bmatrix} 1 & & * \\ & \ddots & \\ & & 1 \end{bmatrix} = \begin{bmatrix} |\beta_1| & & * \\ & \ddots & \\ 0 & & |\beta_n| \end{bmatrix}$ 是主对角元为正的三角阵.

(2)解 由上面得如下解法. 令

$\alpha_1 = (1,1,0)'$, $\alpha_2 = (1,-1,0)'$, $\alpha_3 = (0,1,2)'$

因为 α_1, α_2 已经正交,所以

$\beta_1 = \alpha_1 = (1,1,0)'$,

$\beta_2 = \alpha_2 = (1,-1,0)'$,

$\beta_3 = \alpha_3 - \dfrac{(\alpha_3, \beta_1)}{(\beta_1, \beta_1)}\beta_1 - \dfrac{(\alpha_3, \beta_2)}{(\beta_2, \beta_2)}\beta_2 = \alpha_3 - \dfrac{1}{2}\beta_1 + \dfrac{1}{2}\beta_2 = (0,0,2)'$

$$A = (\alpha_1, \alpha_2, \alpha_3) = (\beta_1, \beta_2, \beta_3) \begin{bmatrix} 1 & 0 & \dfrac{1}{2} \\ 0 & 1 & -\dfrac{1}{2} \\ 0 & 0 & 1 \end{bmatrix} \quad ②$$

再单位化,令

$\gamma_1 = \dfrac{1}{|\beta_1|}\beta_1 = \dfrac{1}{\sqrt{2}}(1,1,0)'$

$$\gamma_2 = \frac{1}{|\beta_2|}\beta_2 = \frac{1}{\sqrt{2}}(1,-1,0)'$$

$$\gamma_3 = \frac{1}{|\beta_3|}\beta_3 = (0,0,1)'$$

则 $(\gamma_1,\gamma_2,\gamma_3) = \begin{bmatrix} \frac{1}{\sqrt{2}} & \frac{1}{\sqrt{2}} & 0 \\ \frac{1}{\sqrt{2}} & -\frac{1}{\sqrt{2}} & 0 \\ 0 & 0 & 1 \end{bmatrix} = (\beta_1,\beta_2,\beta_3)\begin{bmatrix} \frac{1}{\sqrt{2}} & & \\ & \frac{1}{\sqrt{2}} & \\ & & \frac{1}{2} \end{bmatrix}$,即

$$(\beta_1,\beta_2,\beta_3) = \begin{bmatrix} \frac{1}{\sqrt{2}} & \frac{1}{\sqrt{2}} & 0 \\ \frac{1}{\sqrt{2}} & -\frac{1}{\sqrt{2}} & 0 \\ 0 & 0 & 1 \end{bmatrix}\begin{bmatrix} \sqrt{2} & & \\ & \sqrt{2} & \\ & & 2 \end{bmatrix} \qquad ②$$

将式②代入式①得

$$A = \begin{bmatrix} \frac{1}{\sqrt{2}} & \frac{1}{\sqrt{2}} & 0 \\ \frac{1}{\sqrt{2}} & -\frac{1}{\sqrt{2}} & 0 \\ 0 & 0 & 1 \end{bmatrix}\begin{bmatrix} \sqrt{2} & & \\ & \sqrt{2} & \\ & & 2 \end{bmatrix}\begin{bmatrix} 1 & 0 & \frac{1}{2} \\ 0 & 1 & -\frac{1}{2} \\ 0 & 0 & 1 \end{bmatrix}$$

$$= \begin{bmatrix} \frac{1}{\sqrt{2}} & \frac{1}{\sqrt{2}} & 0 \\ \frac{1}{\sqrt{2}} & -\frac{1}{\sqrt{2}} & 0 \\ 0 & 0 & 1 \end{bmatrix}\begin{bmatrix} \sqrt{2} & 0 & \frac{\sqrt{2}}{2} \\ 0 & \sqrt{2} & -\frac{\sqrt{2}}{2} \\ 0 & 0 & 2 \end{bmatrix} = QR$$

其中 $Q = \begin{bmatrix} \frac{1}{\sqrt{2}} & \frac{1}{\sqrt{2}} & 0 \\ \frac{1}{\sqrt{2}} & -\frac{1}{\sqrt{2}} & 0 \\ 0 & 0 & 1 \end{bmatrix}$ 为正交阵,$R = \begin{bmatrix} \sqrt{2} & 0 & \frac{\sqrt{2}}{2} \\ 0 & \sqrt{2} & -\frac{\sqrt{2}}{2} \\ 0 & 0 & 2 \end{bmatrix}$ 为上三角阵.

328.(南京大学) 设 $A = \begin{pmatrix} 1 & 1 & 2 \\ 0 & 1 & 3 \\ 2 & 2 & 1 \end{pmatrix}$,把 A 分解为一个正交矩阵和一个上三角矩阵的乘积.

解 令 $\alpha_1 = (1,0,2)', \alpha_2 = (1,1,2)', \alpha_3 = (2,3,1)'$,故 $A = (\alpha_1,\alpha_2,\alpha_3)$,对 $\alpha_1,\alpha_2,\alpha_3$ 正交化得

$$\beta_1 = (1,0,2)', \beta_2 = (0,1,0)', \beta_3 = (\frac{5}{6},0,-\frac{3}{5})'$$

再标准化,得
$$r_1=(\frac{\sqrt{5}}{5},0,\frac{2}{5}\sqrt{5})', r_2=(0,1,0)', r_3=(\frac{2}{5}\sqrt{5},0,-\frac{\sqrt{5}}{5})',$$

所以正交矩阵 $B=\begin{bmatrix}\frac{\sqrt{5}}{5} & 0 & \frac{2}{5}\sqrt{5} \\ 0 & 1 & 0 \\ \frac{2\sqrt{5}}{5} & 0 & -\frac{\sqrt{5}}{5}\end{bmatrix}$,上三角矩阵为 $C=\begin{bmatrix}\sqrt{5} & \sqrt{5} & \frac{4}{5}\sqrt{5} \\ 0 & 1 & 3 \\ 0 & 0 & \frac{3}{5}\sqrt{5}\end{bmatrix}$,故 $A=BC$.

329.(**浙江大学,天津师范大学**) 设 A 为 $m\times n$ 实矩阵,则存在 n 阶正交阵 Q 和 m 阶正交阵 P,使得
$$A=P\begin{bmatrix}D & O \\ O & O\end{bmatrix}Q' \qquad ①$$

其中 $D=\begin{bmatrix}d_1 & & \\ & \ddots & \\ & & d_r\end{bmatrix}$,且秩 $A=r, d_i>0 (i=1,2,\cdots,r)$.

证 因为 AA' 半正定,从而存在正交阵 P,使
$$AA'=P\begin{bmatrix}\lambda_1^2 & & \\ & \ddots & \\ & & \lambda_m^2\end{bmatrix}P' \qquad ②$$

由于 $r=$ 秩 $A=$ 秩 (AA'),不失一般性,可设
$$\lambda_1^2\geq\lambda_2^2\geq\cdots\geq\lambda_r^2>0, \quad \lambda_{r+1}=\cdots=\lambda_m=0$$

令 $d_i=|\lambda_i|, (i=1,2,\cdots,r)$. 由式②得
$$AA'=P\begin{bmatrix}D^2 & O \\ O & O\end{bmatrix}P' \qquad ③$$

将 P 分块. 令 $P=(P_1, P_2)$,则
$$AA'=(P_1, P_2)\begin{bmatrix}D^2 & O \\ O & O\end{bmatrix}\begin{bmatrix}P_1' \\ P_2'\end{bmatrix}=P_1 D^2 P_1' \qquad ④$$

由于 P 为正交阵,因此 $P_1'P_1=E_r$. 用 P_1' 左乘, P_1 右乘式④两端得
$$P_1'(AA')P_1=D^2 \qquad ⑤$$

令 $V_1=D^{-1}P_1'A$,则 V_1 为 $r\times m$ 实矩阵,且
$$V_1'V_1=(D^{-1}P_1'A)(D^{-1}P_1'A)'=E_r \qquad ⑥$$

又因为 $E=PP'=(P_1 P_2)\begin{pmatrix}P_1' \\ P_2'\end{pmatrix}=P_1 P_1'+P_2 P_2'$,所以
$$(E-P_2 P_2')A=P_1 P_1'A=P_1 DD^{-1}P_1'A=P_1 DV_1 \qquad ⑦$$

由式⑦可得
$$A=P_1 DV_1+P_2 P_2'A \qquad ⑧$$

由于秩$(P'A)=r$,因此 $P'Ax=0$ 有 $m-r$ 个线性无关的解.将它们正交单位化后,构成 $m\times(m-r)$ 矩阵 V_2,这样由 $P'AV_2=0$,可得

$$\begin{cases} P'_1AV_2=0 & \text{⑨}\\ P'_2AV_2=0 & \text{⑩}\end{cases}$$

但 $V_2'V_2=E$,令 $Q=(V_1,V_2)$,由于 $V_1'V_2=D^{-1}P'_1AV_2=0$. 从而 Q 为正交阵. 并由式④,⑨得

$$\begin{aligned}P'_2AV_1 &= P'_2A(D^{-1}P'_1A)'=P'_2AA'P_1D^{-1}\\ &= P'_2P_1D^2P'_1P_1D^{-1}=0(因为\ P'P_1=0)\end{aligned}$$

由式⑧,得

$$P'AQ=\begin{bmatrix}P'_1\\P'_2\end{bmatrix}(P_1DV'_1+P_2P'_2A)(V_1,V_2)=\begin{bmatrix}D & O\\ O & O\end{bmatrix} \quad \text{⑪}$$

其中 $D=\begin{bmatrix}d_1 & & \\ & \ddots & \\ & & d_r\end{bmatrix}$,$d_i>0(i=1,2,\cdots r)$. 由式⑪即证

$$A=P\begin{bmatrix}D & O\\ O & O\end{bmatrix}Q' \quad \text{⑫}$$

注 式⑫称为 A 的奇异值分解,其中 $d_1,d_2,\cdots,d_r$ 称为 A 的奇异值.

330.(吉林工业大学) 设 V 是 n 维线性空间. 证明:V 中任意线性变换必可表为一个可逆线性变换与一个幂等变换的乘积(σ 是幂等变换,即 σ 满足 $\sigma^2=\sigma$).

证 取 V 的一组基 $\varepsilon_1,\cdots,\varepsilon_n$,设 σ 是 V 的任意一个线性变换,且

$$\sigma(\varepsilon_1,\cdots,\varepsilon_n)=(\varepsilon_1,\cdots,\varepsilon_n)A \quad \text{①}$$

其中 A 为 $n\times n$ 矩阵.不妨设秩 $A=r$,那么存在 n 阶可逆阵,P,Q 使

$$A=P\begin{bmatrix}E_r & O\\ O & O\end{bmatrix}Q=[P\ Q][Q^{-1}\begin{bmatrix}E_r & O\\ O & O\end{bmatrix}Q]=BC$$

其中 $B=PQ$ 为可逆阵,$C=Q^{-1}\begin{bmatrix}E_r & O\\ O & O\end{bmatrix}Q$,故

$$C^2=Q^{-1}\begin{bmatrix}E_r & O\\ O & O\end{bmatrix}Q\ Q^{-1}\begin{bmatrix}E_r & O\\ O & O\end{bmatrix}Q=Q^{-1}\begin{bmatrix}E_r & O\\ O & O\end{bmatrix}Q=C$$

即 C 为幂等阵.

再作 V 的两个线性变换如下

$$\tau_1(\varepsilon_1,\cdots,\varepsilon_n)=(\varepsilon_1,\cdots,\varepsilon_n)B,\tau_2(\varepsilon_1,\cdots,\varepsilon_n)=(\varepsilon_1,\cdots,\varepsilon_n)C$$

则

$$(\tau_1\tau_2)(\varepsilon_1,\cdots,\varepsilon_n)=(\varepsilon_1,\cdots,\varepsilon_n)BC \quad \text{②}$$

由式①,②知 $\sigma=\tau_1\tau_2$,其中 τ_1 可逆,$\tau_2^2=\tau_2$(因为 $C^2=C$).

注 $A=BC$ 是一种矩阵分解,它是可逆—幂等分解.

331.(自编) 求三阶矩阵

$$A = \begin{pmatrix} 1 & 2 & 0 \\ 0 & 2 & 0 \\ -2 & -2 & -1 \end{pmatrix}$$

的谱分解.

解 A 的特征多项式为

$$f(\lambda) = |\lambda E - A| = \begin{vmatrix} \lambda-1 & -2 & 0 \\ 0 & \lambda-2 & 0 \\ 2 & 2 & \lambda+1 \end{vmatrix} = (\lambda+1)(\lambda-1)(\lambda-2)$$

所以 A 的特征值为

$$\lambda_1 = -1, \lambda_2 = 1, \lambda_3 = 2$$

故 A 相似于对角阵,且 A 的属于特征值 $\lambda_1, \lambda_2, \lambda_3$ 的线性无关的特征向量分别为

$$\alpha_1 = (0, 0, 1)'$$
$$\alpha_2 = (1, 0, -1)'$$
$$\alpha_3 = (2, 1, -2)'$$

从而有非奇异矩阵

$$P = \begin{pmatrix} 0 & 1 & 2 \\ 0 & 0 & 1 \\ 1 & -1 & -2 \end{pmatrix}$$

进而有

$$P^{-1} = \begin{pmatrix} 1 & 0 & 1 \\ 1 & -2 & 0 \\ 0 & 1 & 0 \end{pmatrix}$$

故 A 的谱分解为

$$A = -\alpha_1 \beta'_1 + \alpha_2 \beta'_2 + 2\alpha_3 \beta'_3$$
$$= -\begin{pmatrix} 0 \\ 0 \\ 1 \end{pmatrix}(1,0,1) + \begin{pmatrix} 1 \\ 0 \\ -1 \end{pmatrix}(1,-2,0) + 2\begin{pmatrix} 2 \\ 1 \\ -2 \end{pmatrix}(0,1,0)$$

第五章 二 次 型

5.1 概念、标准形

【考点综述】

1. 二次型的几种表述

下述 3 种 n 元二次齐次函数都表示 n 元二次型：

(1) $f(x_1,x_2,\cdots,x_n)=\sum\limits_{i=1}^{n}\sum\limits_{j=1}^{n}a_{ij}x_ix_j.$

(2) $f(x_1,x_2,\cdots,x_n)=a_{11}x_1^2+a_{22}x_2^2+\cdots+a_{nn}x_n^2+2\sum\limits_{i<j}a_{ij}x_ix_j.$

(3) $f(x_1,x_2,\cdots,x_n)=x'Ax$，其中

$$x=(x_1,x_2,\cdots,x_n)',A=(a_{ij})_{n\times n} 且 A'=A$$

并称 A 为二次型 f 的矩阵.

2. 合同矩阵

(1) 设对称阵 $A,B\in P^{n\times n}$，若存在可逆矩阵 $T\in P^{n\times n}$，使 $B=T'AT$，则称 A 与 B 是合同的.

(2) 合同是矩阵间的一个等价关系.

(3) 二次型经过非退化线性替换仍变为二次型，且新老二次型的矩阵是合同的.

3. 标准形

(1) 二次型 $f(x_1,x_2,\cdots,x_n)=a_{11}x_1^2+a_{22}x_2^2+\cdots+a_{nn}x_n^2$，称为标准形.

(2) 任何二次型都可以通过非退化线性替换化成标准形.

(3) 任何一个对称阵 A 都合同于一个对角阵.

4. 复数域上二次型的规范形

(1) 复二次型 $f(x_1,\cdots,x_n)=a_{11}x_1^2+\cdots+a_{nn}x_n^2$ 称为复数域上的规范形，其中 $a_{ii}=1$ 或 $0(i=1,2,\cdots,n)$

(2) 任何复二次型 $x'Ax$ 都可经过非退化线性替换化为规范形：

$$f(x_1,\cdots,x_n)=y_1^2+\cdots+y_r^2$$

其中 $r=$ 秩 A, 且规范形是唯一的.

(3)任何复对称阵 A 都合同于对角阵 $\begin{bmatrix} E_r & O \\ O & O \end{bmatrix}$, 其中 $r=$ 秩 A.

(4)两个复对称阵合同的充要条件是它们的秩相等.

5. 实数域上二次型的规范形

(1)实二次型
$$f(x_1,\cdots,x_n)=a_{11}x_1^2+\cdots+a_{nn}x_n^2$$

称为规范形, 其中 $a_{ii}=1,-1$ 或 $0(i=1,2,\cdots,n)$.

(2)任何一个实二次型都可经非退化线性替换化成规范形, 且规范形是唯一的.

(3)惯性定理. 任何实二次型经过非退化实线性替换都可化成标准形, 标准形中的正平方项个数与负平方项个数永远是不变的. 并且若
$$f(x_1,\cdots,x_n)=b_1y_1^2+\cdots b_p y_p^2-c_1 y_{p+1}^2-c_1 y_{p+1}^2-\cdots-c_q y_{p+q}^2$$

其中 $b_i>0, c_j>0 (i=1,2,\cdots,p; j=1,2,\cdots,q)$. 称 p 为正惯性指数, q 为负惯性指数, $p-q$ 为符号差, 且秩 $A=p+q$, 其中 A 为二次型 f 的矩阵.

【经典题解】

332. (苏州大学) 化二次型
$$f(x_1,x_2,x_3)=2x_1x_2-2x_2x_3+2x_1x_3$$

为标准型, 并给出所用的非退化线性替换.

解 所给二次型的矩阵为
$$A=\begin{pmatrix} 0 & 1 & 1 \\ 1 & 0 & -1 \\ 1 & -1 & 0 \end{pmatrix}$$

其特征多项式为 $f(\lambda)=|\lambda E-A|=(\lambda-1)^2(\lambda+2)$. 故特征值为 $\lambda_1=1, \lambda_2=-2$.

当 $\lambda=1$ 时, 解对应的特征方程 $(E-A)X=0$ 得 $X_1=(\frac{1}{\sqrt{2}},\frac{1}{\sqrt{2}},0)^T$, $X_2=(\frac{1}{\sqrt{6}},\frac{-1}{\sqrt{6}},\frac{2}{\sqrt{6}})$.

当 $\lambda=-2$ 时, 解对应的特征方程 $(-2E-A)X=0$ 得 $X_3=(\frac{-1}{\sqrt{3}},\frac{1}{\sqrt{3}},\frac{1}{\sqrt{3}})^T$.

以 X_1,X_2,X_3 作为列向量做成矩阵 C, 则 C 可逆, 且 $C^T AC$ 为对角阵. 这时所做的非退化线性替换为

$$\begin{cases} x_1=\dfrac{1}{\sqrt{2}}y_1+\dfrac{1}{\sqrt{6}}y_2-\dfrac{1}{\sqrt{3}}y_3 \\ x_2=\dfrac{1}{\sqrt{2}}y_1-\dfrac{1}{\sqrt{6}}y_2+\dfrac{1}{\sqrt{3}}y_3 \\ x_3=\dfrac{2}{\sqrt{6}}y_2+\dfrac{1}{\sqrt{3}}y_3 \end{cases}$$

由此可得
$$f(x_1,x_2,x_3)=f_1(y_1,y_2,y_3)=y_1^2+y_2^2-2y_3^2$$

333.（北京大学） 用非退化线性替换化下列二次型
$$f(x_1,x_2,x_3,)=x_1^2+x_2^2+x_3^2-2x_1x_2+2x_1x_3+4x_2x_3$$
为规范形，并求所作的线性替换.

解　$f(x_1,x_2,x_3)$
$$=[x_1^2+2x_1(x_3-x_2)+(x_3-x_2)^2]-(x_3-x_2)^2+x_2^2+x_3^2+4x_2x_3$$
$$=(x_1-x_2+x_3)^2+6x_2x_3$$

令 $\begin{bmatrix}y_1\\y_2\\y_3\end{bmatrix}=\begin{bmatrix}1 & -1 & 1\\0 & \frac{\sqrt{6}}{2} & \frac{\sqrt{6}}{2}\\0 & \frac{\sqrt{6}}{2} & -\frac{\sqrt{6}}{2}\end{bmatrix}\begin{bmatrix}x_1\\x_2\\x_3\end{bmatrix}$，即作非退化线性替换

$$\begin{bmatrix}x_1\\x_2\\x_3\end{bmatrix}=\begin{bmatrix}1 & -1 & 1\\0 & \frac{\sqrt{6}}{2} & \frac{\sqrt{6}}{2}\\0 & \frac{\sqrt{6}}{2} & -\frac{\sqrt{6}}{2}\end{bmatrix}^{-1}\begin{bmatrix}y_1\\y_2\\y_3\end{bmatrix}=\begin{bmatrix}1 & 0 & \frac{2}{\sqrt{6}}\\0 & \frac{1}{\sqrt{6}} & \frac{1}{\sqrt{6}}\\0 & \frac{1}{\sqrt{6}} & -\frac{1}{\sqrt{6}}\end{bmatrix}\begin{bmatrix}y_1\\y_2\\y_3\end{bmatrix}$$

可得规范形为
$$f(x_1,x_2,x_3)=y_1^2+y_2^2-y_3^2$$

334.（华中师范大学） 用非退化线性替换把二次型
$$f(x,y,z)=4x^2+4y^2+4z^2+2xy+2xz$$
化成标准形（写出此线性替换）.

解　用配方法可得
$f(x,y,z)$
$$=4\left[x^2+2x\left(\frac{1}{4}y+\frac{1}{4}z\right)+\left(\frac{1}{4}y+\frac{1}{4}z\right)^2\right]-\frac{1}{4}(y+z)^2+4y^2+4z^2$$
$$=4\left(x+\frac{1}{4}y+\frac{1}{4}z\right)^2+\frac{15}{4}\left[y^2-2y\left(\frac{1}{15}z\right)+\left(\frac{1}{15}z\right)^2\right]-\frac{1}{60}z^2+\frac{15}{4}z^2$$
$$=4\left(x+\frac{1}{4}y+\frac{1}{4}z\right)^2+\frac{15}{4}\left(y-\frac{1}{15}z\right)^2+\frac{56}{15}z^2$$

令 $\begin{bmatrix}x_1\\x_2\\x_3\end{bmatrix}=\begin{bmatrix}1 & \frac{1}{4} & \frac{1}{4}\\0 & 1 & -\frac{1}{15}\\0 & 0 & 1\end{bmatrix}\begin{bmatrix}x\\y\\z\end{bmatrix}$，即作非退化线性替换

$$\begin{bmatrix} x \\ y \\ z \end{bmatrix} = \begin{bmatrix} 1 & \frac{1}{4} & \frac{1}{4} \\ 0 & 1 & -\frac{1}{15} \\ 0 & 0 & 1 \end{bmatrix}^{-1} \begin{bmatrix} x_1 \\ x_2 \\ x_3 \end{bmatrix} = \begin{bmatrix} 1 & -\frac{1}{4} & -\frac{4}{15} \\ 0 & 1 & \frac{1}{15} \\ 0 & 0 & 1 \end{bmatrix} \begin{bmatrix} x_1 \\ x_2 \\ x_3 \end{bmatrix}$$

可得标准形为

$$f(x,y,z) = 4x_1^2 + \frac{15}{4}x_2^2 + \frac{56}{15}x_3^2$$

335.(数学二,数学三,数学四) 设 $A = \begin{pmatrix} 1 & 2 \\ 2 & 1 \end{pmatrix}$,则在实数域上与 A 合同的矩阵为

(A) $\begin{pmatrix} -2 & 1 \\ 1 & -2 \end{pmatrix}$.   (B) $\begin{pmatrix} 2 & -1 \\ -1 & 2 \end{pmatrix}$.

(C) $\begin{pmatrix} 2 & 1 \\ 1 & 2 \end{pmatrix}$.   (D) $\begin{pmatrix} 1 & -2 \\ -2 & 1 \end{pmatrix}$.

答 (D)

336.(中国人民大学) 化二次型

$$f(x_1, x_2, x_3) = 2x_1^2 + 4x_1 x_2 - 4x_1 x_3 + 5x_2^2 - 8x_2 x_3 + 5x_3^2$$

为标准形,写出线性替换.

解法1 用配方法可得

$$f(x_1, x_2, x_3) = 2(x_1 + x_2 - x_3)^2 + 3(x_2 - \frac{2}{3}x_3)^2 + \frac{5}{3}x_3^2$$

令

$$\begin{bmatrix} y_1 \\ y_2 \\ y_3 \end{bmatrix} = \begin{bmatrix} 1 & 1 & -1 \\ 0 & 1 & -\frac{2}{3} \\ 0 & 0 & 1 \end{bmatrix} \begin{bmatrix} x_1 \\ x_2 \\ x_3 \end{bmatrix}$$

即作非退化的线性替换为

$$\begin{bmatrix} x_1 \\ x_2 \\ x_3 \end{bmatrix} = \begin{bmatrix} 1 & 1 & -1 \\ 0 & 1 & -\frac{2}{3} \\ 0 & 0 & 1 \end{bmatrix}^{-1} \begin{bmatrix} y_1 \\ y_2 \\ y_3 \end{bmatrix} = \begin{bmatrix} 1 & -1 & \frac{1}{3} \\ 0 & 1 & \frac{2}{3} \\ 0 & 0 & 1 \end{bmatrix} \begin{bmatrix} y_1 \\ y_2 \\ y_3 \end{bmatrix}$$

可得标准形为

$$f(x_1, x_2, x_3) = 2y_1^2 + 3y_2^2 + \frac{5}{3}y_3^2$$

解法2 用初等变换法.先写出二次型 f 对应的矩阵 A,然后对 A 作初等变换,把 A 化成对角阵,作法是先对 (A,E) 的行作一次,再同样对 A 的列作一次相应的初等变换,可得:

$$[A,E] = \begin{bmatrix} 2 & 2 & -2 & \vdots & 1 & 0 & 0 \\ 2 & 5 & -4 & \vdots & 0 & 1 & 0 \\ -2 & -4 & 5 & \vdots & 0 & 0 & 1 \end{bmatrix} \to \begin{bmatrix} 2 & 0 & -2 & \vdots & 1 & 0 & 0 \\ 0 & 3 & -2 & \vdots & -1 & 1 & 0 \\ -2 & -2 & 5 & \vdots & 0 & 0 & 1 \end{bmatrix}$$

$$\to \begin{bmatrix} 2 & 0 & 0 & \vdots & 1 & 0 & 0 \\ 0 & 3 & -2 & \vdots & -1 & 1 & 0 \\ 0 & -2 & 3 & \vdots & 1 & 0 & 1 \end{bmatrix} \to \begin{bmatrix} 2 & 0 & 0 & \vdots & 1 & 0 & 0 \\ 0 & 3 & 0 & \vdots & -1 & 1 & 0 \\ 0 & 0 & \frac{5}{3} & \vdots & \frac{1}{3} & \frac{2}{3} & 1 \end{bmatrix}$$

作非退化的线性替换

$$\begin{bmatrix} x_1 \\ x_2 \\ x_3 \end{bmatrix} = \begin{bmatrix} 1 & 0 & 0 \\ -1 & 1 & 0 \\ \frac{1}{3} & \frac{2}{3} & 1 \end{bmatrix}^{\mathrm{T}} \begin{bmatrix} y_1 \\ y_2 \\ y_3 \end{bmatrix} = \begin{bmatrix} 1 & -1 & \frac{1}{3} \\ 0 & 1 & \frac{2}{3} \\ 0 & 0 & 1 \end{bmatrix} \begin{bmatrix} y_1 \\ y_2 \\ y_3 \end{bmatrix}$$

可得标准形为

$$f(x_1, x_2, x_3) = 2y_1^2 + 3y_2^2 + \frac{5}{3}y_3^2$$

337. (华中师范大学) 用非退化线性替换化二次型

$$f(x_1, \cdots, x_5) = x_1 x_2 + x_2 x_3 + x_3 x_4 + x_4 x_5$$

为标准形,并求正惯性指数与符号差.

解 令

$$\begin{cases} x_1 = y_1 + y_2 \\ x_2 = y_1 - y_2 \\ x_3 = y_3 + y_4 \\ x_4 = y_3 - y_4 \\ x_5 = y_5 \end{cases}$$

则 $f = y_1^2 - y_2^2 + y_1 y_3 - y_2 y_3 + y_1 y_4 - y_2 y_4 + y_3^2 - y_4^2 + y_3 y_5 - y_4 y_5$

$= (y_1 + \frac{1}{2} y_3 + \frac{1}{2} y_4)^2 - (y_2 + \frac{1}{2} y_3 + \frac{1}{2} y_4)^2 + (y_3 + \frac{1}{2} y_5)^2$

$\quad - (y_4 + \frac{1}{2} y_5)^2$

再令 $\begin{cases} z_1 = y_1 + \frac{1}{2} y_3 + \frac{1}{2} y_4 \\ z_2 = y_2 + \frac{1}{2} y_3 + \frac{1}{2} y_4 \\ z_3 = y_3 + \frac{1}{2} y_5 \\ z_4 = y_4 + \frac{1}{2} y_5 \\ z_5 = y_5 \end{cases}$

则 $f(x_1,\cdots,x_5)=z_1^2-z_2^2+z_3^2-z_4^2$. 且 f 的正惯性指数为 2,符号差为 0.

338.(南京大学) 把二次型
$$f(x_1,x_2,x_3)=4x_1x_2-2x_1x_3-2x_2x_3+3x_3^2$$
化为标准形,并求相应的线性变换和二次型的符号差.

解 $f=3[x_3^2-2x_3(\frac{1}{3}x_1+\frac{1}{3}x_2)+(\frac{1}{3}x_1+\frac{1}{3}x_2)^2]$
$\qquad -3(\frac{1}{3}x_1+\frac{1}{3}x_2)^2+4x_1x_2$
$\quad =3(\frac{1}{3}x_1+\frac{1}{3}x_2-x_3)^2-\frac{1}{3}(x_1-5x_2)^2+8x_2^2$

令
$$\begin{bmatrix}y_1\\y_2\\y_3\end{bmatrix}=\begin{bmatrix}\frac{1}{3}&\frac{1}{3}&-1\\1&-5&0\\0&1&0\end{bmatrix}\begin{bmatrix}x_1\\x_2\\x_3\end{bmatrix}$$

即作非退化线性变换
$$\begin{bmatrix}x_1\\x_2\\x_3\end{bmatrix}=\begin{bmatrix}0&1&5\\0&0&1\\-1&\frac{1}{3}&2\end{bmatrix}\begin{bmatrix}y_1\\y_2\\y_3\end{bmatrix}$$

则所求标准形为
$$f(x_1,x_2,x_3)=3y_1^2-\frac{1}{3}y_2^2+8y_3^2$$

且 f 的符号差 $=2-1=1$.

339.(北方交通大学) 设
$$A=\begin{bmatrix}0&1&0&0\\1&0&0&0\\0&0&2&1\\0&0&1&2\end{bmatrix}$$

(1)分别写出 A 和 A^{-1} 为矩阵的二次型;
(2)求出 A,A^{-1} 和 A^2+A 的特征值;
(3)求出相应 A,A^{-1} 的二次型的标准形.

解 (1) $f(x_1,x_2,x_3)=X'AX=2x_1x_2+2x_3^2+2x_4^2+2x_3x_4$

又因为
$$A^{-1}=\frac{1}{3}\begin{bmatrix}0&3&0&0\\3&0&0&0\\0&0&2&-1\\0&0&-1&2\end{bmatrix}$$

所以 $g(x_1,x_2,x_3,x_4)=X'A^{-1}X=2x_1x_2+\frac{2}{3}x_3^2+\frac{2}{3}x_4^2-\frac{2}{3}x_3x_4$

(2)计算可得 $|\lambda E-A|=(\lambda-1)^2(\lambda+1)(\lambda-3)$,因此 A 的特征值
$$\lambda_1=1,\lambda_2=1,\lambda_3=-1,\lambda_4=3$$
故 A^{-1} 的特征值 $\mu_1=1,\mu_2=1,\mu_3=-1,\mu_4=\dfrac{1}{3}$. A^2+A 的特征值为
$$\theta_1=\lambda_1^2+\lambda_1=2, \quad \theta_2=\lambda_2^2+\lambda_2=2$$
$$\theta_3=\lambda_3^2+\lambda_3=0, \quad \theta_4=\lambda_4^2+\lambda_4=12$$

(3)A 对应的二次型 f 的标准形为
$$f(x_1,x_2,x_3,x_4)=y_1^2+y_2^2-y_3^2+3y_4^2$$
A^{-1} 对应的二次型 g 的标准形为
$$g(x_1,x_2,x_3,x_4)=z_1^2+z_2^2-z_3^2+\dfrac{1}{3}z_4^2$$

注 因 $f(x_1,\cdots,x_n)=X'AX$,其中 $A'=A\in\mathbf{R}^{n\times n}$,则 A 有 n 个实特征值 $\lambda_1,\cdots,\lambda_n$,且存在正交变换 $X=TY$ (其中 T 为正定阵),使
$$f(x_1,x_2,\cdots,x_n)=\lambda_1 y_1^2+\lambda_2 y_2^2+\cdots+\lambda_n y_n^2$$

340.(重庆大学) 已知二次型
$$f=x_1^2+x_2^2+2x_3^2+4x_1x_2+2x_1x_3+2x_2x_3$$
(1)写出 f 的矩阵 A;
(2)求出 A 的特征值及对应的特征向量.

解 (1) 二次型的矩阵为
$$A=\begin{bmatrix} 1 & 2 & 1 \\ 2 & 1 & 1 \\ 1 & 1 & 2 \end{bmatrix}$$

(2) 可计算得 $|\lambda E-A|=(\lambda+1)(\lambda-1)(\lambda-4)$,可得
$$\lambda_1=1,\lambda_2=-1,\lambda_3=4$$

当 $\lambda=1$ 时,得特征向量 $\alpha_1=(1,1,-2)'$,A 属于 1 的全部特征向量为 $k_1\alpha_1$,其中 k_1 为 P 中任意非零常数.

当 $\lambda=-1$ 时,得特征向量 $\alpha_2=(1,-1,0)'$,A 属于 -1 的全部特征向量为 $k_2\alpha_2$,其中 k_2 为 P 中任意非零常数.

当 $\lambda=4$ 时,得特征向量 $\alpha_3=(1,1,1)'$,A 属于 4 的全部特征向量为 $k_3\alpha_3$,其中 k_3 为 P 中任意非零常数.

341.(中国人民大学) 证明:
$$f(x_1,\cdots,x_n)=\begin{vmatrix} 0 & x_1 & x_2 & \cdots & x_n \\ -x_1 & a_{11} & a_{12} & \cdots & a_{1n} \\ -x_2 & a_{21} & a_{22} & \cdots & a_{2n} \\ \vdots & \vdots & \vdots & & \vdots \\ -x_n & a_{n1} & a_{n2} & \cdots & a_{nn} \end{vmatrix} \qquad ①$$

是一个二次型,并求此二次型的矩阵.

证 令 $A=(a_{ij})_{n\times n}$,并设 A_{ij} 为 a_{ij} 的代数余子式.那么按式①右边第1行展开得

$$f(x_1,x_2,\cdots,x_n)=-x_1\begin{vmatrix}-x_1 & a_{12} & \cdots & a_{1n}\\-x_2 & a_{22} & \cdots & a_{2n}\\ \vdots & \vdots & & \vdots\\-x_n & a_{n2} & \cdots & a_{nn}\end{vmatrix}+x_2\begin{vmatrix}-x_1 & a_{11} & a_{13} & \cdots & a_{1n}\\-x_2 & a_{21} & a_{23} & \cdots & a_{2n}\\ \vdots & \vdots & \vdots & & \vdots\\-x_n & a_{n1} & a_{n3} & \cdots & a_{nn}\end{vmatrix}$$

$$+\cdots+(-1)^{n+1}x_n\begin{vmatrix}-x_1 & a_{11} & \cdots & a_{1,n-1}\\-x_2 & a_{21} & \cdots & a_{2,n-1}\\ \vdots & \vdots & & \vdots\\-x_n & a_{n1} & \cdots & a_{n,n-1}\end{vmatrix}$$

$$=(A_{11}x_1^2+A_{12}x_1x_2+\cdots+A_{1n}x_1x_n)+(A_{21}x_1x_2+A_{22}x_2^2+\cdots+A_{2n}x_2x_n)+\cdots+(A_{n1}x_1x_n+\cdots+A_{nn}x_n^2) \qquad ②$$

由式②知,$f(x_1,\cdots,x_n)$ 是一个二次型.

再设二次型 f 的矩阵为 B,则 $B'=B=(b_{ij})_{n\times n}$,其中

$$b_{ij}=\frac{A_{ij}+A_{ji}}{2}(i,j=1,2,\cdots,n)$$

342.(数学三) 设 A 为 n 阶实对称矩阵,秩 $A=n$,且 A_{ij} 是 $A=(a_{ij})_{n\times n}$ 中 a_{ij} 的代数余子式 $(i,j=1,2,\cdots,n)$,二次型

$$f(x_1,\cdots,x_n)=\sum_{i=1}^n\sum_{j=1}^n\frac{A_{ij}}{|A|}x_ix_j \qquad ①$$

(1)记 $X=(x_1,\cdots,x_2)^T$,把 $f(x_1,\cdots,x_n)$ 写成矩阵形式,并证明二次型 $f(X)$ 的矩阵为 A^{-1};

(2)二次型 $g(X)=X^TAX$ 与 $f(X)$ 的规范形是否相同?说明理由.

解 (1) 由式①知

$$f(x_1,\cdots,x_n)=X^T\begin{pmatrix}\frac{A_{11}}{|A|} & \frac{A_{21}}{|A|} & \cdots & \frac{A_{n1}}{|A|}\\ \frac{A_{12}}{|A|} & \frac{A_{22}}{|A|} & \cdots & \frac{A_{n2}}{|A|}\\ \vdots & \vdots & & \vdots\\ \frac{A_{1n}}{|A|} & \frac{A_{2n}}{|A|} & \cdots & \frac{A_{nn}}{|A|}\end{pmatrix}X$$

$$=X^T\left(\frac{1}{|A|}A^*\right)X \qquad ②$$

但秩 $A=n$,故 A 可逆,且 $A^{-1}=\frac{1}{|A|}A^*$,代入式②得

$$f(x_1,\cdots,x_n)=X^TA^{-1}X$$

(2)因为 $(A^{-1})^TAA^{-1}=(A^T)^{-1}AA^{-1}=A^{-1}AA^{-1}=A^{-1}$,所以 A 与 A^{-1} 合同,从而 $g(X)=X^TAX$ 与 $f(x)=X^TA^{-1}X$ 有相同的规范形.

343.(复旦大学) 设 $A=\begin{bmatrix}3 & 2\\ 0 & -1\end{bmatrix}$.

(1)求 A^{-1};
(2)求非奇异矩阵 P,使 $P^{-1}AP$ 成为对角阵;
(3)求非奇异矩阵 R 使 $R'(A'A)R$ 为对角阵.

解 (1) $A^{-1} = \frac{1}{|A|}A^* = \frac{1}{-3}\begin{bmatrix} -1 & -2 \\ 0 & 3 \end{bmatrix} = \frac{1}{3}\begin{bmatrix} 1 & 2 \\ 0 & -3 \end{bmatrix}$

(2) 计算可得 $|\lambda E - A| = (\lambda - 3)(\lambda + 1)$,所以 A 的特征值为
$$\lambda_1 = 3, \quad \lambda_2 = -1$$
并可求出相应的线性无关特征向量为
$$\alpha_1 = (1,0)', \quad \alpha_2 = (-1,2)'.$$
令 $P = (\alpha_1, \alpha_2) = \begin{bmatrix} 1 & -1 \\ 0 & 2 \end{bmatrix}$,有
$$P^{-1}AP = \begin{bmatrix} 3 & 0 \\ 0 & -1 \end{bmatrix}$$

(3) $A'A = \begin{bmatrix} 9 & 6 \\ 6 & 5 \end{bmatrix}$.作二次型并配方得
$$f(x_1, x_2) = 9x_1^2 + 5x_2^2 + 12x_1x_2 = (3x_1 + 2x_2)^2 + x_2^2$$
令
$$\begin{bmatrix} y_1 \\ y_2 \end{bmatrix} = \begin{bmatrix} 3 & 2 \\ 0 & 1 \end{bmatrix}\begin{bmatrix} x_1 \\ x_2 \end{bmatrix}$$
则 $f(x_1, x_2) = y_1^2 + y_2^2$,且退化线性替换为 $\begin{bmatrix} x_1 \\ x_2 \end{bmatrix} = R\begin{bmatrix} y_1 \\ y_2 \end{bmatrix}$,其中
$$R = \begin{bmatrix} 3 & 2 \\ 0 & 1 \end{bmatrix}^{-1} = \frac{1}{3}\begin{bmatrix} 1 & -2 \\ 0 & 3 \end{bmatrix}$$
故
$$R'(A'A)R = \begin{bmatrix} 1 & 0 \\ 0 & 1 \end{bmatrix}$$

344.(武汉大学) 设 $f(X) = X'AX$ 为实二次型,且存在 X_1, X_2,使 $f(X_1) > 0, f(X_2) < 0$ 请证明:存在 $X_3 \neq O$,使 $f(X_3) = 0$.

证 存在非退化实线性替换 $X = TY$ 将 f 化成规范形,即
$$f(X) = d_1 y_1^2 + \cdots + d_r y_r^2 \qquad ①$$
其中秩 $A = r, d_i = \pm 1$.

由于存在 $f(X_1) > 0$ 及 $f(X_2) < 0$,所以 $d_1, \cdots, d_r$ 不可全为正,也不可能全为负,不妨将式①改写为
$$f(X) = y_1^2 + \cdots + y_p^2 - y_{p+1}^2 - \cdots - y_r^2 \qquad ②$$
其中 $0 < p < r$.

再令 $y_3 = (1, 0 \cdots 0, 1, 0 \cdots 0)'$,其中 y_3 中第 1 个分量为 1,第 r 个分量为 1,其余 $n-2$ 个分量全为 O,则 $y_3 \neq 0$,再令 $X_3 = Ty_3$,则 $X_3 \neq O$,且有

$$f(X_3) = 1^2 + 0^2 + \cdots + 0^2 - 0^2 \cdots - 1^2 = 0$$

345.（北京广播学院） 用非退化线性替换将
$$f(x_1, x_2, \cdots, x_n) = x_1 x_2 + x_3 x_4 + \cdots + x_{2n-1} x_{2n}$$
化为标准形.

解 令
$$\begin{cases} x_1 = y_1 + y_2 \\ x_2 = y_1 - y_2 \\ x_3 = y_3 + y_4 \\ x_4 = y_3 - y_4 \\ x_{2n-1} = y_{2n-1} + y_{2n} \\ x_{2n} = y_{2n-1} - y_{2n} \end{cases}$$

则
$$f(x_1, \cdots, x_{2n}) = y_1^2 - y_2^2 + y_3^2 - y_4^2 + \cdots + y_{2n-1}^2 - y_{2n}^2$$

其中，非退化线性替换为

$$\begin{bmatrix} x_1 \\ x_2 \\ \vdots \\ \vdots \\ x_{2m-1} \\ x_{2n} \end{bmatrix} = \begin{bmatrix} 1 & 1 & & & & \\ 1 & -1 & & & & \\ & & 1 & 1 & & \\ & & 1 & -1 & & \\ & & & & \ddots & \\ & & & & & 1 & 1 \\ & & & & & 1 & -1 \end{bmatrix} \begin{bmatrix} y_1 \\ y_2 \\ \vdots \\ \vdots \\ y_{2m-1} \\ y_{2n} \end{bmatrix}$$

346.（中国科技大学） 试将
$$Q(x_1, x_2, x_3) = ax_1^2 + bx_2^2 + ax_3^2 + 2cx_1 x_3$$
化为标准形，求出变换矩阵，并指出 a, b, c 满足什么条件时，Q 为正定.

解 （1）当 $a = 0$ 时，有
$$Q(x_1, x_2, x_3) = bx_2^2 + 2cx_1 x_3$$

作非退化线性替换
$$\begin{bmatrix} x_1 \\ x_2 \\ x_3 \end{bmatrix} = \begin{bmatrix} 1 & 0 & 1 \\ 0 & 1 & 0 \\ 1 & 0 & -1 \end{bmatrix} \begin{bmatrix} y_1 \\ y_2 \\ y_3 \end{bmatrix}$$

即可将 Q 化为标准形
$$Q(x_1, x_2, x_3) = 2cy_1^2 + by_2^2 - 2cy_3^2$$

但这时无论 b, c 为何值 Q 都不能为正定二次型.

（2）当 $a \neq 0$ 时，有
$$Q(x_1, x_2, x_3) = a[x_1^2 + 2\frac{c}{a} x_1 x_3 + (\frac{c}{a} x_3)^2] + bx_2^2 + (a - \frac{c^2}{a})x_3^2$$

令 $\begin{bmatrix} y_1 \\ y_2 \\ y_3 \end{bmatrix} = \begin{bmatrix} 1 & 0 & \frac{c}{a} \\ 0 & 1 & 0 \\ 0 & 0 & 1 \end{bmatrix} = \begin{bmatrix} x_1 \\ x_2 \\ x_3 \end{bmatrix}$,即作非退化线性替换

$$\begin{bmatrix} x_1 \\ x_2 \\ x_3 \end{bmatrix} = \begin{bmatrix} 1 & 0 & -\frac{c}{a} \\ 0 & 1 & 0 \\ 0 & 0 & 1 \end{bmatrix} \begin{bmatrix} y_1 \\ y_2 \\ y_3 \end{bmatrix}$$

可将 Q 化为标准形

$$Q(x_1, x_2, x_3) = ay_1^2 + by_2^2 + (a - \frac{c^2}{a})y_3^2$$

所以当 $a>0, b>0, a^2-c^2>0$ 时,Q 为正定二次型.

347.(北京工业学院,西南交通大学) 设 A 是一个 n 阶实对称阵,且 $|A|<0$,证明:存在实 n 维向量 X,使得 $X'AX<0$.

证 因 A 为 n 阶实对称阵,故存在正交阵 T,使

$$T'AT = \begin{bmatrix} \lambda_1 & & \\ & \ddots & \\ & & \lambda_n \end{bmatrix} \quad ①$$

其中 $\lambda_1, \cdots, \lambda_n$ 为 A 的全部实特征值,且

$$|A| = \lambda_1 \lambda_2 \cdots \lambda_n$$

因为 $|A|<0$,所以 $\lambda_1, \cdots, \lambda_n$ 中至少有一个小于 0,不妨设为 $\lambda_k<0$. 那么令 $X = T\varepsilon_k$,其中 ε_k 的第 k 个分量为 1,其余分量皆为 0. 于是有 $X \neq 0$,使

$$X'AX = \varepsilon_k' T'AT \varepsilon_k$$

$$= [0, \cdots, 1, \cdots, 0] \begin{bmatrix} \lambda_1 & & \\ & \ddots & \\ & & \lambda_n \end{bmatrix} \begin{bmatrix} 0 \\ \vdots \\ 1 \\ \vdots \\ 0 \end{bmatrix}$$

$$= \lambda_k < 0$$

348.(南京大学) 求二次型

$$f(x_1, \cdots, x_n) = \sum_{i=1}^{n} x_i^2 + 4 \sum_{1 \leq i < j \leq n} x_i x_j$$

的秩与符号差.

解 设 f 对应的矩阵为 A,则

$$A = \begin{bmatrix} 1 & 2 & 2 & \cdots & 2 \\ 2 & 1 & 2 & \cdots & 2 \\ 2 & 2 & 1 & \cdots & 2 \\ \vdots & \vdots & \vdots & & \vdots \\ 2 & 2 & 2 & \cdots & 1 \end{bmatrix}$$

于是由
$$|\lambda E-A| = [(\lambda-1)+2]^{n-1}[(\lambda-1)+(n-1)(-2)]$$
$$= (\lambda+1)^{n-1}[\lambda-(2n-1)]$$

可得 A 的特征值为
$$\lambda_1 = \cdots = \lambda_{n-1} = -1, \lambda_n = 2n-1$$

故 f 的秩为 n, f 的符号差 $= 1-(n-1) = 2-n$.

349. (数学一,数学二,数学三) 设二次型
$$f(x_1,x_2,x_3) = ax_1^2 + ax_2^2 + (a-1)x_3^2 + 2x_1x_3 - 2x_2x_3$$

(1) 求二次型 f 的矩阵的所有特征值;

(2) 若二次型 f 的规范形为求 a 的值.

解 (1) 二次型 f 的矩阵为
$$A = \begin{pmatrix} a & 0 & 1 \\ 0 & a & -1 \\ 1 & -1 & a-1 \end{pmatrix}$$

由于
$$|\lambda E-A| = \begin{vmatrix} \lambda-a & 0 & -1 \\ 0 & \lambda-a & 1 \\ -1 & 1 & \lambda-a+1 \end{vmatrix}$$
$$= (\lambda-a)(\lambda-(a+1))(\lambda-(a-2))$$

因此 A 特征值为
$$\lambda_1 = a, \lambda_2 = a+1, \lambda_3 = a-2$$

(Ⅱ) 解法 1 由于 f 的规范形为 $y_1^2 + y_2^2$,因此 A 合同于 $\begin{pmatrix} 1 & 0 & 0 \\ 0 & 1 & 0 \\ 0 & 0 & 0 \end{pmatrix}$,其秩为 2,故 $|A| = \lambda_1\lambda_2\lambda_3 = 0$,于是 $a=0$ 或 $a=2$.

当 $a=0$ 时,$\lambda_1=0, \lambda_2=1, \lambda_3=-2$,由 f 的规范形为 $y_1^2 - y_2^2$,知 $a=0$ 不合题意;

当 $a=-1$ 时,$\lambda_1=-1, \lambda_2=0, \lambda_3=-3$,由 f 的规范形为 $-y_1^2 - y_2^2$,知 $a=-1$ 不合题意;

当 $a=2$ 时,$\lambda_1=2, \lambda_2=3, \lambda_3=0$,由 f 的规范形为 $y_1^2 + y_2^2$,知 $a=2$.

解法 2 由于 f 的规范形为 $y_1^2 + y_2^2$,因此 A 的特征值有 2 个为正数,1 个为零. 又因为 $a-2 < a < a+1$,所以 $a=2$.

350. (四川大学) 设
$$f_n = \frac{x_1^2 + \cdots + x_n^2}{n} - \left(\frac{x_1 + \cdots + x_n}{n}\right)^2$$

的正惯性指数为 p,秩为 r,证明:$p = r < n$.

证 f_n 可改写为
$$f_n = \frac{1}{n^2}\left[n\sum_{i=1}^n x_i^2 - (\sum_{i=1}^n x_i)^2\right] = \frac{1}{n^2}\left[(n-1)\sum_{i=1}^n x_i^2 - 2\sum_{j<k} x_j x_k\right]$$

设二次型 f_n 的矩阵为 A,则

$$A = \begin{bmatrix} \dfrac{n-1}{n^2} & -\dfrac{1}{n^2} & \cdots & -\dfrac{1}{n^2} \\ -\dfrac{1}{n^2} & \dfrac{n-1}{n^2} & \cdots & -\dfrac{1}{n^2} \\ \vdots & \vdots & & \vdots \\ -\dfrac{1}{n^2} & -\dfrac{1}{n^2} & \cdots & \dfrac{n-1}{n^2} \end{bmatrix}$$

$$|\lambda E - A| = \begin{vmatrix} \lambda - \dfrac{n-1}{n^2} & \dfrac{1}{n^2} & \cdots & \dfrac{1}{n^2} \\ \dfrac{1}{n^2} & \lambda - \dfrac{n-1}{n^2} & \cdots & \dfrac{1}{n^2} \\ \vdots & \vdots & \ddots & \vdots \\ \dfrac{1}{n^2} & \dfrac{1}{n^2} & \cdots & \lambda - \dfrac{n-1}{n^2} \end{vmatrix},$$

$$= [\lambda - \dfrac{n-1}{n^2} - \dfrac{1}{n^2}]^{n-1} [\lambda - \dfrac{n-1}{n^2} + \dfrac{n-1}{n^2}]$$

$$= (\lambda - \dfrac{1}{n})^{n-1} \lambda$$

故 $\lambda_1 = \cdots = \lambda_{n-1} = \dfrac{1}{n}, \lambda_n = 0.$

$p = $ 正惯性指数 $= n-1$,负惯性指数 $= 0$

$r = $(正惯性指数)+(负惯性指数)$= n-1, p = r = n-1 < n$

5.2 正交阵、实对称阵的正交化标准形

【考点综述】

1. 正交阵

(1) $A = (a_{ij}) \in \mathbf{R}^{n \times n}$,若 $A'A = E$,则称 A 为正交阵.

(2) 正交阵的等价定义还有:$A = (a_{ij}) \in \mathbf{R}^{n \times n}$

(ⅰ) $a_{i1}a_{j1} + a_{i2}a_{j2} + \cdots + a_{in}a_{jn} = \begin{cases} 1, i = j \\ 0, i \neq j \end{cases}, i, j = 1, 2, \cdots, n.$

即同一行的乘积之和等于1,不同行的乘积之和为0.

(ⅱ) $a_{1i}a_{1j} + a_{2i}a_{2j} + \cdots + a_{ni}a_{nj} = \begin{cases} 1, i = j \\ 0, i \neq j \end{cases}, i, j = 1, 2, \cdots, n$

(ⅲ) $A' = A^{-1}.$

(3) A 为正交阵,则 $|A| = 1$ 或 -1.

(4) 正交阵的特征值的模为1,即若 A 有实特征值,则 A 的特征值只能是 ± 1.

(5) 正交阵可以对角化,即存在复可逆矩阵 T,使

$$A = T^{-1} \begin{bmatrix} \lambda_1 & & \\ & \ddots & \\ & & \lambda_n \end{bmatrix} T$$

其中 $\lambda_1, \cdots, \lambda_n$ 为 A 的全部特征值,即 $|\lambda_i| = 1 (i=1,2,\cdots,n)$.

2. 施密特(Schmidt)正交化. 设 $\alpha_1, \cdots, \alpha_n (\in \mathbf{R}^n)$ 线性无关

(1)先正交化. 令 $\beta_1 = \alpha_1$,
$$\beta_k = \alpha_k - \frac{(\alpha_k, \beta_1)}{(\beta_1, \beta_1)} \beta_1 - \cdots - \frac{(\alpha_k, \beta_{k-1})}{(\beta_{k-1}, \beta_{k-1})} \beta_{k-1} (k=2,\cdots,n)$$

(2)再单位化. 令
$$\eta_k = \frac{1}{|\beta_k|} \beta_k (k=1,2,\cdots,n)$$

(3)若令 $A = (\eta_1, \cdots, \eta_n)$,则 A 为正交阵.

3. 实对称阵的标准形

(1)实对称阵的特征值均为实数.

(2)属于实对称阵 A 的不同特征值的特征向量必正交.

(3)(基本定理)$A' = A \in \mathbf{R}^{n \times n}$,则有在正交阵 $T = (\alpha_1, \cdots, \alpha_n)$,使
$$T'AT = T^{-1}AT = \begin{bmatrix} \lambda_1 & & \\ & \ddots & \\ & & \lambda_n \end{bmatrix}, \text{且}, T\alpha_i = \lambda_i \alpha_i (i=1,2,\cdots,n)$$

(4)任一实二次型 $f(x_1, \cdots, x_n) = X'AX$,其中 $A' = A \in \mathbf{R}^{n \times n}$,则存在正交变换 $X = TY$,使
$$f(x_1, x_2, \cdots, x_n) = \lambda_1 y_1^2 + \lambda_2 y_2^2 + \cdots + \lambda_n y_n^2$$

其中 $\lambda_1 \cdots, \lambda_n$ 为 A 的全部实特征值.

【经典题解】

351. (复旦大学) 设 $A = (a_{ij})$ 是 n 阶正交阵,证明
$$A_{ij} = \pm a_{ij} \quad (i,j=1,2,\cdots,n)$$
其中 A_{ij} 为 a_{ij} 的代数余子式.

证 因为 A 是正交阵,所以 $|A| = \pm 1$,且 $A^{-1} = A'$. 于是
$$A^* = |A| A^{-1} = \pm A^{-1} = \pm A'$$

当 $|A| = 1$ 时,有
$$A_{ij} = a_{ij} (i,j=1,2,\cdots,n)$$

当 $|A| = -1$ 时,有
$$A_{ij} = -a_{ij} (i,j=1,2,\cdots,n)$$

故 $A_{ij} = \pm a_{ij} (i,j=1,2,\cdots,n)$.

352. (苏州大学) 设 A 是 n 阶反对称实矩阵,E 为 n 阶单位矩阵.

(1)证明 $E + A$ 可逆;

(2)$Q = (E+A)(E-A)^{-1}$,证明 Q 是正交阵.

证 (1)因 A 是 n 阶反对称实矩阵,故其特征值为零或纯虚数. 设 λ_i 为 A 的特征值,则 $E+A$ 的特征值为 $\lambda_i+1\neq 0 (i=1,2,\cdots,n)$. 由此得 $|E+A|\neq 0$,因而 $E+A$ 可逆.

(2)由(1)知 $E-A$ 可逆,这说明 Q 有意义,而 $Q^T=(E+A)^{-1}(E-A)$,因此
$$Q^TQ=(E+A)^{-1}(E-A)(E+A)(E-A)^{-1}$$
$$=(E+A)^{-1}(E+A)(E-A)(E-A)^{-1}$$
$$=E.$$

故 Q 是正交阵.

353.(华中师范大学) 设
$$A=\begin{bmatrix} a & -\frac{3}{7} & \frac{2}{7} \\ b & c & d \\ -\frac{3}{7} & \frac{2}{7} & e \end{bmatrix}$$
是正交阵,求 a,b,c,d,e.

解 由 A 的第1行,第2列和第3行得
$$a^2+(-\frac{3}{7})^2+(\frac{2}{7})^2=1$$
$$(-\frac{3}{7})^2+c^2+(\frac{2}{7})^2=1$$
$$(-\frac{3}{7})^2+(\frac{2}{7})^2+e^2=1$$

解得 $a=\pm\frac{6}{7}, c=\pm\frac{6}{7}, e=\pm\frac{6}{7}$.

再由 A 的第1列和第3列得
$$a^2+b^2+(-\frac{3}{7})^2=1, \Rightarrow b=\pm\frac{2}{7}$$
$$(\frac{2}{7})^2+d^2+e^2=1, \Rightarrow d=\pm\frac{3}{7}$$

当 $a=\frac{6}{7}$ 时,由 A 的第1,2列正交得
$$\frac{6}{7}(-\frac{3}{7})+bc+(-\frac{3}{7})(\frac{2}{7})=0 \qquad \text{①}$$

无论 b,c 怎么取正、负号都不能使式①成立,故 $a=-\frac{6}{7}$.

当 $a=-\frac{6}{7}$ 时,由 A 的第1,3行正交
$$(-\frac{6}{7})(-\frac{3}{7})+(-\frac{3}{7})\times\frac{2}{7}+\frac{2}{7}e=0$$

解得 $e=-\frac{6}{7}$.

当 $b=\frac{2}{7}$ 时,由第1,2列正交,可得 $e=-\frac{6}{7}$.

由第 2,3 列正交可得 $d=-\frac{3}{7}$.

当 $b=-\frac{2}{7}$ 时,仿上可求得 $c=\frac{6}{7}, d=\frac{3}{7}$.

综上知
$$(a,b,c,d,e)=\left(-\frac{6}{7},-\frac{2}{7},\frac{6}{7},\frac{3}{7},-\frac{6}{7}\right)$$
或
$$(a,b,c,d,e)=\left(-\frac{6}{7},\frac{2}{7},-\frac{6}{7},-\frac{3}{7},-\frac{6}{7}\right)$$

354.(新疆工学院)
$$A=\begin{bmatrix} 0 & 1 & 0 \\ a & 0 & c \\ b & 0 & \frac{1}{2} \end{bmatrix}$$

(1) a,b,c 满足什么条件时,矩阵 A 的秩为 3;

(2) a,b,c 为何值时,A 为对称矩阵;

(3) 取一值 a,b,c 使 A 为正交矩阵.

解 (1) 因为 $|A|=bc-\frac{1}{2}a$,所以当 $2bc-a\neq 0$ 时,秩 $A=3$.

(2) 设 $A'=A$ 得 $a=1,b=0,c=0$. 即 $a=1,b=c=0$ 时,A 为对称矩阵.

(3) 设 A 为正交阵,由 A 的第 3 行,第 3 列和第 1 列得
$$b^2+\frac{1}{4}=1 \Rightarrow b=\pm\frac{\sqrt{3}}{2}$$
$$c^2+\frac{1}{4}=1 \Rightarrow c=\pm\frac{\sqrt{3}}{2}$$
$$a^2+b^2=1 \Rightarrow a=\pm\frac{1}{2}$$

再由第 1,3 列有
$$ac+\frac{1}{2}b=0 \qquad\qquad ①$$

所以 a,b,c 不能同为正,故

(ⅰ) 当 $a=\frac{1}{2}, b=-\frac{\sqrt{3}}{2}, c=\frac{\sqrt{3}}{2}$ 时,A 是正交阵.

(ⅱ) 当 $a=\frac{1}{2}, b=-\frac{\sqrt{3}}{2}, c=-\frac{\sqrt{3}}{2}$ 时,A 是正交阵.

(ⅲ) 当 $a=-\frac{1}{2}, b=c=\frac{\sqrt{3}}{2}$ 时,A 是正交阵.

(ⅳ) 当 $a=-\frac{1}{2}, b=c=-\frac{\sqrt{3}}{2}$ 时,A 是正交阵.

355. (中国科学院) 求证:不存在正交阵 A, B,使 $A^2 = AB + B^2$.

证 用反证法. 若存在 n 阶正交阵 A, B 使
$$A^2 = AB + B^2 \qquad ①$$
则由式①有
$$A + B = A^2 B^{-1} \text{ 且}$$
$$A(A-B) = B^2 \Rightarrow A - B = A^{-1} B^2 \qquad ②$$

由于 A, B 是正交阵,因而 A^2, B^{-1} 都是正交阵,它们的积 $A^2 B^{-1}$ 也是正交阵,此即 $A+B$ 是正交阵,类似由②可证 $A-B$ 是正交阵. 所以
$$E = (A+B)'(A+B) = 2E + A'B + B'A$$
$$E = (A-B)'(A-B) = 2E - A'B - B'A$$
两式相加,得 $2E = 4E$. 矛盾,即证结论.

356. (东北工业大学) 证明:正交阵的特征值的模等于1.

证 设 $A \in \mathbf{C}^{n \times n}$,若 $\overline{A}'A = E$,称 A 为酉矩阵.

当 A 是正交阵时,A 必为酉矩阵. 下证:酉矩阵的特征值的模等于1(从而正交阵的特征值的模等于1).

任取酉矩阵 A 的一个特征值 λ,其相应的特征向量为 α,则
$$A\alpha = \lambda \alpha \qquad ①$$
$$\overline{(A\alpha)}' = \overline{(\lambda \alpha)}', \overline{\alpha}'\overline{A}' = \overline{\lambda}\,\overline{\alpha}' \qquad ②$$
由式②左乘式①得
$$\overline{\alpha}'\overline{A}'A\alpha = \overline{\lambda}\,\overline{\alpha}'\lambda \alpha, \Rightarrow \overline{\alpha}'\alpha = \overline{\lambda}\lambda\,\overline{\alpha}'\alpha = |\lambda|^2\,\overline{\alpha}'\alpha \qquad ③$$
因为 $\alpha \neq 0$,所以 $\overline{\alpha}'\alpha \neq 0$,从式③两边消去 $\overline{\alpha}'\alpha$,可得
$$|\lambda|^2 = 1 \Rightarrow |\lambda| = 1$$

注 由该题可证明:正交阵的实特征值只能是1或-1.

357. (武汉大学,上海交通大学) 设 A 为 n 阶实方阵,$A'A = E$,且 $|A| = -1$,请证明: $|A + E| = 0$.

证法1 $|A + E| = |A + A'A| = |E + A'||A| = -|(E+A)'|$
$$= -|E + A|$$
所以 $2|A + E| = 0$,即 $|A + E| = 0$.

证法2 因为 $A'A = E$,即 A 是正交阵,设 $\lambda_1, \cdots, \lambda_n$ 为 A 的特征值,则
$$|\lambda_k| = 1 (k = 1, 2, \cdots, n)$$
因而 A 的特征值分3类:$1, -1$ 或 $\cos\theta + i\sin\theta$(其中 $\theta \neq k\pi$).

由于 $|\lambda E - A|$ 是实系数多项式,其复根成对,即若有 $\lambda_1 = \cos\theta + i\sin\theta$,必有 $\lambda_2 = \cos\theta - i\sin\theta$,从而 $\lambda_1\lambda_2 = 1$. 又因为 $|A| = \lambda_1\lambda_2\cdots\lambda_n$,且 $|A| = -1$,因此 A 的特征值不可能只会是1和 $\cos\pm i\sin\theta$,必有-1作为特征值,从而 $|(-1)E - A| = 0$,此即
$$(-1)^n |E + A| = 0 \Rightarrow |E + A| = 0$$

注 由该题证法可证:若 A 为正交阵,且有 $|A| = -1$,则 A 有特征值-1.

358. (南京大学) 设 A 是三级正交矩阵并且 $|A|=1$,求证:

(1) 1 是 A 的一个特征值.

(2) A 的特征多项式 $f(\lambda)$ 可表示为 $f(\lambda)=\lambda^3-a\lambda^2+a\lambda-1$,其中 a 是某个实数.

(3) 若 A 的特征值全为实数并且 $|A+E|\neq 0$,则 A 的转置 $A'=A^2-3A+3E$,其中 E 是 3 级单位矩阵.

证 (1) $|E-A|=|AA'-A|=|A||A'-E|=|A-E|$
$$=(-1)^3|E-A|=-|E-A|$$
故 $|E-A|=0$,所以 1 是 A 的一个特征值.

(2) 根据哈密尔顿-卡莱定理得到 A 的特征多项式 $f(\lambda)$ 为 $f(\lambda)=\lambda^3+a\lambda^2+b\lambda-1$,而根据(1)得出 $\lambda=1$ 是 $f(\lambda)=0$ 的解,故解得 $a+b=0$,所以
$$f(\lambda)=\lambda^3-a\lambda^2+a\lambda-1$$

(3) 因为 A 是三级正交矩阵,故 $AA'=A'A=E$,即 $|A|^2=1$,而 $|A+E|\neq 0$ 故 $\lambda=-1$ 不是 A 的特征值,所以 $\lambda=1,1$ 是 A 的特征多项式 $f(\lambda)$ 的解,代入得到 $a=3$,所以 A 的特征多项式 $f(\lambda)=\lambda^3-3\lambda^2+3\lambda-1$,即
$$A^3-3A^2+3A-E=O\Leftrightarrow A(A^2-3A+3E)=E$$
所以 $A'=A^2-3A+3E$.

359. (华中师范大学) 在欧氏空间 V 是,$\underline{A}$ 是第二类正交变换,证明:-1 是 $\underline{A}$ 的一个特征值.

证 取 V 的一组标准正交基 $\varepsilon_1,\cdots,\varepsilon_n$,且 $\underline{A}$ 在这组基下矩阵为 A,由于 $\underline{A}$ 是正交变换,所以 A 是正交阵.

又由于 $\underline{A}$ 是第二类正交变换,所以 $|A|=-1$,由 357 题知,(-1) 是 A 的一个特征值,从而它也就是 $\underline{A}$ 的一个特征值($\underline{A}$ 与 A 有相同的特征值).

360. (山东工业大学) 设 A 是奇数阶的正交阵,$|A|=1$,证明:A 有特征值 1.

证 $|E-A|=|A'A-A|=|A'-E||A|=|A-E|=-|E-A|$,
所以 $2|E-A|=0$,即 $|E-A|=0$. 即证 1 是 A 的特征值.

361. (中国人民大学) 设 A,B 都是 n 阶正交阵,且 $|A|=-|B|$,证明:
$$|A+B|=0$$

证 A,B 是正交阵,故 AB^{-1} 也是正交阵,且
$$|AB^{-1}|=\frac{|A|}{|B|}=-1$$
由第 362 题注知 (-1) 是 AB^{-1} 的特征值,即
$$0=|(-1)E-AB^{-1}|=(-1)^n|BB^{-1}+AB^{-1}|=(-1)^n|A+B||B^{-1}|$$
因为 $|B^{-1}|=\pm 1$,所以 $|A+B|=0$.

362. (华中师范大学) 设 A,B 都是 n 阶正交阵,且 $\frac{|A|}{|B|}=-1$,证明:
$$秩(A+B)^*\leqslant 1$$

证 由上题知 $|A+B|=0$ 所以秩$(A+B)\leqslant n-1$,从而秩$(A+B)^*\leqslant 1$.

363.(武汉大学) 设正交矩阵 T 是三角形矩阵,证明 T 是对角矩阵,并问对角元是什么?

证 设正交阵 T 为上三角形(至于是下三角阵,类似可证),即

$$T = \begin{pmatrix} t_{11} & t_{12} & \cdots & t_{1n} \\ 0 & t_{22} & \cdots & t_{2n} \\ \vdots & \vdots & & \vdots \\ 0 & 0 & \cdots & t_{nn} \end{pmatrix}$$

因为 $|T|=\pm 1$,所以 $t_{11}t_{22}\cdots t_{nn}\neq 0$.于是由第 1 列与第 2 列正交,知

$$t_{11}t_{12}=0 \Rightarrow t_{12}=0$$

类似可证 $t_{1k}=0(k=2,\cdots,n)$.

再由 $t_{22}\neq 0$,第 2 列与其他各列正交,故 $t_{2k}=0,(k=3,\cdots n)$.这样继续下去,可证 $t_{ij}=0(j>i)$,从而

$$T = \begin{pmatrix} t_{11} & & & \\ & t_{22} & & \\ & & \ddots & \\ & & & t_{nn} \end{pmatrix}$$

为对角矩阵.

再由 $t_{ii}^2=1$,得 $t_{ii}=\pm 1$.即 T 的对角元为 1 或 -1.

364.(武汉大学) 设实对称矩阵 A 所有特征根的模都是 1,请证明:A 为正交阵.

证 存在正交阵 T,使

$$A = T'\begin{pmatrix} \lambda_1 & & \\ & \ddots & \\ & & \lambda_n \end{pmatrix}T \qquad ①$$

其中 $\lambda_1,\cdots,\lambda_n$ 为 A 的全部实特征根,而 $|\lambda_i|=1$,由于实对称阵的特征根均为实数,因此 $\lambda_k=1$ 或 $-1(k=1,2,\cdots,n)$,不妨设

$$A = T'\begin{pmatrix} E_r & \\ & -E_{n-r} \end{pmatrix}T$$

因为 T 为正交阵,所以 T' 也是正交阵,$\begin{pmatrix} E_r & \\ & -E_{n-r} \end{pmatrix}$ 也是正交阵.3 个正交阵之积仍为正交阵,所以 A 为正交阵.

365.(复旦大学) (1)若 A 是 n 阶方阵,满足 $A^2-A-E=O$,问 A 是满秩阵,还是降秩阵? 并说明理由.

(2)若 A,B 都是 n 阶正交阵,且 $|A|=-|B|$,问 $A+B$ 是满秩阵,还是降秩阵? 并说明理由.

解 (1) 因为 $E=A(A-E)$,即 $1=|A||A-E|$,此即 $|A|\neq 0$.

故 A 是满秩阵.

(2) 因为 $|A|=-|B|$，由第 361 题知 $|A+B|=0$，故 $A+B$ 是降秩阵.

366.（南京大学） 设 A 为 n 阶实对称矩阵，S 为 n 阶实反对称矩阵（即 $S=-S'$），且 $AS=SA$，$A-S$ 为满秩矩阵，试证：$(A+S)(A-S)^{-1}$ 为实正交矩阵.

证 因为 A,S 为实矩阵，所以 $A\pm S$ 都是实矩阵. 又
$$(A-S)^{-1}=\frac{1}{|A-S|}(A-S)^*$$
因此 $(A-S)^{-1}$ 也是实矩阵，从而 $(A+S)(A-S)^{-1}$ 为实矩阵. 且

$$\begin{aligned}
&[(A+S)(A-S)^{-1}]'(A+S)(A-S)^{-1}\\
&=[(A-S)']^{-1}(A+S)'(A+S)(A-S)^{-1}\\
&=(A+S)^{-1}(A-S)(A+S)(A-S)^{-1}
\end{aligned}\qquad\text{①}$$

因为 $AS=SA$，所以
$$(A+S)(A-S)=(A-S)(A+S) \qquad\text{②}$$

将式②代入式①，得
$$[(A+S)(A-S)^{-1}]'(A+S)(A-S)^{-1}=E$$

即证 $(A+S)(A-S)^{-1}$ 是正交阵. 注：类似 352 题.

367.（武汉大学） 求正交变换，即求正交矩阵 T，使变换
$$\begin{bmatrix}x_1\\x_2\\x_3\end{bmatrix}=T\begin{bmatrix}y_1\\y_2\\y_3\end{bmatrix}$$

化实二次型
$$f(x_1,x_2,x_3)=2x_1^2+x_2^2-4x_1x_2-4x_2x_3$$

为标准型（即平方和）.

解 （1）写出此二次型的矩阵
$$A=\begin{bmatrix}2 & -2 & 0\\-2 & 1 & -2\\0 & -2 & 0\end{bmatrix}$$

(2) 求出 A 的特征值.

计算可得 $|\lambda E-A|=(\lambda-1)(\lambda+2)(\lambda-4)$，所以
$$\lambda_1=1,\quad \lambda_2=-2,\quad \lambda_3=4$$

(3) 求出相应的线性无关特征向量.

当 $\lambda=1$ 时，由 $(E-A)x=0$，即解齐次线性方程组
$$\begin{cases}-x_1+2x_2 & =0\\2x_1 & +2x_3=0\\2x_2+x_3 & =0\end{cases}$$

得基础解系（即线性无关的特征向量）$\alpha_1=(2,1,-2)'$.

当 $\lambda=-2$ 时，由 $(-2E-A)x=0$，即解方程组

第五章 二次型

$$\begin{cases} -4x_1 + 2x_2 & = 0 \\ 2x_1 - 3x_2 + 2x_3 = 0 \\ 2x_2 - 2x_3 = 0 \end{cases}$$

得基础解系(即线性无关的特征向量)$\alpha_2 = (1,2,2)'$.

当 $\lambda = 4$ 时,由 $(4E-A)x = 0$,即解方程组

$$\begin{cases} 2x_1 + 2x_2 & = 0 \\ 2x_1 + 3x_2 + 2x_3 = 0 \\ 2x_2 + 4x_3 = 0 \end{cases}$$

得基础解系(即线性无关的特征向量)$\alpha_3 = (2,-2,1)'$.

(4)正交单位化.

由于 $\alpha_1, \alpha_2, \alpha_3$ 已经正交,只单位化即可,令

$$\beta_1 = \frac{1}{|\alpha_1|}\alpha_1 = \begin{bmatrix} \frac{2}{3} \\ \frac{1}{3} \\ -\frac{2}{3} \end{bmatrix}, \beta_2 = \frac{1}{|\alpha_2|}\alpha_2 = \begin{bmatrix} \frac{1}{3} \\ \frac{2}{3} \\ \frac{2}{3} \end{bmatrix}, \beta_3 = \frac{1}{|\alpha_3|}\alpha_3 = \begin{bmatrix} \frac{2}{3} \\ -\frac{2}{3} \\ \frac{1}{3} \end{bmatrix}$$

并记 $T = (\beta_1, \beta_2, \beta_3)$,则 T 为正交阵.

(5)作正交变换化为标准形.

令

$$Z = \begin{bmatrix} x_1 \\ x_2 \\ x_3 \end{bmatrix} = \begin{bmatrix} \frac{2}{3} & \frac{1}{3} & \frac{2}{3} \\ \frac{1}{3} & \frac{2}{3} & -\frac{2}{3} \\ -\frac{2}{3} & \frac{2}{3} & \frac{1}{3} \end{bmatrix} \begin{bmatrix} y_1 \\ y_2 \\ y_3 \end{bmatrix} = TY$$

则 $Z = TY$ 为正交变换,且

$$f(x_1, x_2, x_3) = y_1^2 - 2y_2^2 + 4y_3^2.$$

注 本题是比较详细地写出了解题步骤和全过程,以后各题不再如此,只简单给出解法.

368.(数学三) 设二次型

$$f(x_1, x_2, x_3) = X'AX = ax_1^2 + 2x_2^2 - 2x_3^2 + 2bx_1x_3 \quad (b > 0)$$

其中二次型的矩阵 A 的特征值之和为1,特征值之积为 -12.

(1)求 a, b 的值;

(2)利用正交变换将二次型 f 化为标准形,并写出所用的正交变换和对应的正交矩阵.

解法 1 (1)二次型 f 的矩阵为

$$A = \begin{pmatrix} a & 0 & b \\ 0 & 2 & 0 \\ b & 0 & -2 \end{pmatrix}$$

设 A 的特征值为 $\lambda_i (i=1,2,3)$. 由题设,有
$$\lambda_1 + \lambda_2 + \lambda_3 = a + 2 + (-2) = 1$$
$$\lambda_1 \lambda_2 \lambda_3 = \begin{vmatrix} a & 0 & b \\ 0 & 2 & 0 \\ b & 0 & -2 \end{vmatrix} = -4a - 2b^2 = -12$$

解之得 $a=1, b=2$.

(2) 由矩阵 A 的特征多项式
$$|\lambda E - A| = \begin{vmatrix} \lambda-1 & 0 & -2 \\ 0 & \lambda-2 & 0 \\ -2 & 0 & \lambda+2 \end{vmatrix} = (\lambda-2)^2(\lambda+3)$$

得 A 的特征值 $\lambda_1 = \lambda_2 = 2, \lambda_3 = -3$.

对于 $\lambda_1 = \lambda_2 = 2$,解齐次线性方程组 $(2E-A)X=0$,得其基础解系
$$\xi_1 = (2,0,1)', \quad \xi_2 = (0,1,0)'$$

对于 $\xi_3 = -3$,解齐次线性方程组 $(-3E-A)X=0$,得基础解系
$$\xi_3 = (1,0,-2)'$$

由于 ξ_1, ξ_2, ξ_3 已是正交向量组,因此将 ξ_1, ξ_2, ξ_3 单位化,可得
$$\eta_1 = \left(\frac{2}{\sqrt{5}}, 0, \frac{1}{\sqrt{5}}\right)', \eta_2 = (0,1,0)', \eta_3 = \left(\frac{1}{\sqrt{5}}, 0, -\frac{2}{\sqrt{5}}\right)'$$

令矩阵
$$Q = (\eta_1, \eta_2, \eta_3) = \begin{pmatrix} \frac{2}{\sqrt{5}} & 0 & \frac{1}{\sqrt{5}} \\ 0 & 1 & 0 \\ \frac{1}{\sqrt{5}} & 0 & -\frac{2}{\sqrt{5}} \end{pmatrix}$$

则 Q 为正交矩阵. 进而,在正交变换 $X=QY$ 下,有
$$Q^T A Q = \begin{pmatrix} 2 & 0 & 0 \\ 0 & 2 & 0 \\ 0 & 0 & -3 \end{pmatrix}$$

且二次型的标准形为
$$f = 2y_1^2 + 2y_2^2 - 3y_3^2.$$

解法 2 (1) 二次型 f 的矩阵为
$$A = \begin{pmatrix} a & 0 & b \\ 0 & 2 & 0 \\ b & 0 & -2 \end{pmatrix}$$

则 A 的特征多项式为

$$|\lambda E-A|=\begin{vmatrix} \lambda-a & 0 & -b \\ 0 & \lambda-2 & 0 \\ -b & 0 & \lambda+2 \end{vmatrix}$$
$$=(\lambda-2)[\lambda^2-(a-2)\lambda-(2a+b^2)]$$

设 A 的特征值为 $\lambda_1,\lambda_2,\lambda_3$,则

$$\lambda_1=2, \quad \lambda_2+\lambda_3=a-2, \quad \lambda_2\lambda_3=-(2a+b^2)$$

由题设得

$$\lambda_1+\lambda_2+\lambda_3=2+(a-2)=1$$
$$\lambda_1\lambda_2\lambda_3=-2(2a+b^2)=-12$$

解之,可得 $a=1,b=2$.

(2) 由(1)可得 A 的特征值为

$$\lambda_1=\lambda_2=2, \quad \lambda_3=-3$$

以下解法同解法 1.

369. (数学一) 已知二次型

$$f(x_1,x_2,x_3)=(1-a)x_1^2+(1-a)x_2^2+2x_3^2+2(1+a)x_1x_2$$

的秩为 2.

(1)求 a 的值;

(2)求正交变换 $x=Qy$,把 $f(x_1,x_2,x_3)$ 化为标准形;

(3)求方程

$$f(x_1,x_2,x_3)=0 \qquad ①$$

的解.

解 (1) 由于二次型 f 的秩为 2,即秩 $A=$ 秩 $\begin{pmatrix} 1-a & 1+a & 0 \\ 1+a & 1-a & 0 \\ 0 & 0 & 2 \end{pmatrix}=2$,因而有

$$\begin{vmatrix} 1-a & 1+a \\ 1+a & 1-a \end{vmatrix}=-4a=0$$

解之,得 $a=0$.

(2) 当 $a=0$ 时,$A=\begin{pmatrix} 1 & 1 & 0 \\ 1 & 1 & 0 \\ 0 & 0 & 2 \end{pmatrix}$,计算可得

$$|\lambda E-A|=\begin{vmatrix} \lambda-1 & -1 & 0 \\ -1 & \lambda-1 & 0 \\ 0 & 0 & \lambda-2 \end{vmatrix}=(\lambda-2)^2\lambda$$

故 A 的特征值为 $\lambda_1=\lambda_2=2,\lambda_3=0$.

A 的属于 $\lambda=2$ 的线性无关的特征向量为

$$\eta_1=(1,1,0)', \quad \eta_2=(0,0,1)'$$

A 的属于 $\lambda=0$ 的线性无关的特征向量为

$$\eta_3=(-1,1,0)'$$

易见 η_1,η_2,η_3 两两正交. 将 η_1,η_2,η_3 单位化得

$$e_1=\frac{1}{\sqrt{2}}(1,1,0)', e_2=(0,0,1)', e_3=\frac{1}{\sqrt{2}}(-1,1,0)'$$

取 $Q=(e_1,e_2,e_3)$, 则 Q 为正交矩阵. 令 $x=Qy$ 得

$$f(x_1,x_2,x_3)=\lambda_1 y_1^2+\lambda_2 y_2^2+\lambda_3 y_3^2=2y_1^2+2y_2^2$$

(3) 解法 1 在正交变换 $x=Qy$ 下, $f(x_1,x_2,x_3)=0$ 化为

$$2y_1^2+2y_2^2=0$$

解之,得

$$y_1=y_2=0$$

从而可得方程①的通解为

$$x=Q\begin{pmatrix}0\\0\\y_3\end{pmatrix}=(e_1,e_2,e_3)\begin{pmatrix}0\\0\\y_3\end{pmatrix}=y_3 e_3=k(-1,1,0)'$$

其中 k 为任意常数.

解法 2 由于

$$f(x_1,x_2,x_3)=x_1^2+x_2^2+2x_3^2+2x_1 x_2=(x_1+x_2)^2+2x_3^2=0$$

因此

$$\begin{cases}x_1+x_2=0\\x_3=0\end{cases}$$

从而可得式①的通解为

$$x=k(-1,1,0)', \text{其中 } k \text{ 为任意常数}$$

370.（数学一，数学二） 已知二次型

$$f(x_1,x_2,x_3)=5x_1^2+5x_2^2+cx_3^2-2x_1+6x_1 x_3-6x_2 x_3$$

的秩为 2.

(1) 求参数 c 及此二次型对应矩阵的特征值；

(2) 指 $f(x_1,x_2,x_3)=1$, 表示何种曲面.

解 (1) 设 f 对应的矩阵为 A, 则

$$A=\begin{bmatrix}5 & -1 & 3\\-1 & 5 & -3\\3 & -3 & c\end{bmatrix}$$

因秩 $A=2$. 所以由 $|A|=4(6c-18)=0$ 可解得 $c=3$. 并求得

$$|\lambda E-A|=\lambda(\lambda-4)(\lambda-9)$$

故所求 A 的特征值为

$$\lambda_1=4, \lambda_2=9, \lambda_3=0$$

2) 存在正交变换 $X=TY$, 使

$$f(x_1,x_2,x_3)=4y_1^2+9y_2^2=1 \qquad ①$$

由式①知,此曲面表示椭圆柱面.

371. (北京大学) (1)用正交变换将二次型
$$f(x_1,x_2,x_3)=2x_1^2+2x_2^2-x_3^2-8x_1x_2-4x_1x_3+4x_2x_3$$
化为平方和形式,并写出所作的变换;
(2)写出上述 $f(x_1,x_2,x_3)$ 的规范形,并说明其秩、正负惯性指数和符号差.

解 (1)设此二次型的矩阵为 A,则
$$A=\begin{bmatrix} 2 & -4 & -2 \\ -4 & 2 & 2 \\ -2 & 2 & -1 \end{bmatrix}$$
计算可得 $|\lambda E-A|=(\lambda+2)^2(\lambda-7)$,所以 A 的特征值为
$$\lambda_1=\lambda_2=-2, \quad \lambda_3=7$$
当 $\lambda=-2$ 时,可得线性无关的特征向量
$$\alpha_1=(1,1,0)', \quad \alpha_2=(1,-1,4)'$$
当 $\lambda=7$ 时,可得线性无关的特征向量
$$\alpha_3=(-2,2,1)'.$$
将这些已正交的特征向量单位化,得
$$\beta_1=\begin{bmatrix} \frac{1}{\sqrt{2}} \\ \frac{1}{\sqrt{2}} \\ 0 \end{bmatrix}, \quad \beta_2=\begin{bmatrix} \frac{1}{\sqrt{18}} \\ -\frac{1}{\sqrt{18}} \\ \frac{4}{\sqrt{18}} \end{bmatrix}, \quad \beta_3=\begin{bmatrix} -\frac{2}{3} \\ \frac{2}{3} \\ \frac{1}{3} \end{bmatrix}$$
再令 $T=(\beta_1,\beta_2,\beta_3)$,则 T 为正交阵.于是作正交变换
$$\begin{bmatrix} x_1 \\ x_2 \\ x_3 \end{bmatrix}=\begin{bmatrix} \frac{1}{\sqrt{2}} & \frac{1}{\sqrt{18}} & -\frac{2}{3} \\ \frac{1}{\sqrt{2}} & -\frac{1}{\sqrt{18}} & \frac{2}{3} \\ 0 & \frac{4}{\sqrt{18}} & \frac{1}{3} \end{bmatrix}\begin{bmatrix} y_1 \\ y_2 \\ y_3 \end{bmatrix}$$
即得
$$f(x_1,x_2,x_3)=-2y_1^2-2y_2^2+7y_3^2 \qquad ①$$

(2) 由式①知 f 的规范形为
$$f(x_1,x_2,x_3)=-z_1^2-z_2^2+z_3^2$$
且　　f 的正惯性指数$=1$,f 的负惯性指数$=2$
　　　f 的秩$=$(正惯性指数)$+$(负惯性指数)$=3$
　　　f 的符号差$=$(正惯性指数)$-$(负惯性指数)$=-1$

372. (上海交通大学,天津大学,华中工学院,华南工学院,西安交通大学,浙江大学,南京工学院,哈尔滨工业大学) 设二次型
$$f(x,y,z)=2x^2+2y^2+3z^2+2xy$$
试将其化为标准形,并写出所用的正交变换.

解 设此二次型矩阵为 A,则

$$A = \begin{bmatrix} 2 & 1 & 0 \\ 1 & 2 & 0 \\ 0 & 0 & 3 \end{bmatrix}$$

计算可得 $|\lambda E - A| = (\lambda - 3)^2 (\lambda - 1)$，所以 A 的特征值为
$$\lambda_1 = \lambda_2 = 3, \quad \lambda_3 = 1$$

当 $\lambda = 3$ 时，得线性无关的特征向量为
$$\alpha_1 = (1,1,0)', \quad \alpha_2 = (0,0,1)'$$

当 $\lambda = 1$ 时，得线性无关的特征向量为
$$\alpha_3 = (1,-1,0)'$$

将它们单位化，得

$$\beta_1 = \begin{bmatrix} \frac{1}{\sqrt{2}} \\ \frac{1}{\sqrt{2}} \\ 0 \end{bmatrix}, \quad \beta_2 = \begin{bmatrix} 0 \\ 0 \\ 1 \end{bmatrix}, \quad \beta_3 = \begin{bmatrix} \frac{1}{\sqrt{2}} \\ -\frac{1}{\sqrt{2}} \\ 0 \end{bmatrix}$$

令 $T = (\beta_1, \beta_2, \beta_3)$，则 T 为正交阵，于是作正交变换

$$\begin{bmatrix} x_1 \\ x_2 \\ x_3 \end{bmatrix} = \begin{bmatrix} \frac{1}{\sqrt{2}} & 0 & \frac{1}{\sqrt{2}} \\ \frac{1}{\sqrt{2}} & 0 & -\frac{1}{\sqrt{2}} \\ 0 & 1 & 0 \end{bmatrix} \begin{bmatrix} y_1 \\ y_2 \\ y_3 \end{bmatrix}$$

则所求标准形为
$$f(x_1, x_2, x_3) = 3y_1^2 + 3y_2^2 + y_3^2$$

373. (四川大学) 利用正交变换将二次型
$$f(x_1, x_2, x_3) = x_1 x_2 + x_1 x_3 + x_2 x_3$$
化为标准形，并写出相应的正交变换和标准形.

解 记二次型为

$$f(x_1, x_2, x_3) = (x_1, x_2, x_3) \begin{pmatrix} 0 & \frac{1}{2} & \frac{1}{2} \\ \frac{1}{2} & 0 & \frac{1}{2} \\ \frac{1}{2} & \frac{1}{2} & 0 \end{pmatrix} \begin{pmatrix} x_1 \\ x_2 \\ x_3 \end{pmatrix} = x' A x$$

则

$$(\lambda E - A) = \begin{vmatrix} \lambda & -\frac{1}{2} & -\frac{1}{2} \\ -\frac{1}{2} & \lambda & -\frac{1}{2} \\ -\frac{1}{2} & -\frac{1}{2} & \lambda \end{vmatrix} = (\lambda - 1)\left(\lambda + \frac{1}{2}\right)^2$$

所以 A 的特征值为 $\lambda_1=1, \lambda_2=\lambda_3=-\dfrac{1}{2}$.

当 $\lambda=1$ 时,可得线性无关无关的特征向量为
$$\beta_1=(1,1,1)'$$

$\lambda=-\dfrac{1}{2}$ 时,可得线性无关无关的特征向量为
$$\beta_2=(1,0,-1)', \beta_3=(1,-2,1)'$$

因 $\beta_1, \beta_2, \beta_3$ 已正交,再单位化得

$$\eta_1=\frac{\beta_1}{|\beta_1|}=\frac{1}{\sqrt{3}}\begin{pmatrix}1\\1\\1\end{pmatrix}, \quad \eta_2=\frac{1}{\sqrt{2}}\begin{pmatrix}1\\0\\-1\end{pmatrix}, \quad \eta_3=\sqrt{\frac{1}{6}}\begin{pmatrix}1\\-2\\1\end{pmatrix}$$

则正交矩阵为 $T=\begin{pmatrix}\dfrac{1}{\sqrt{3}} & \dfrac{1}{\sqrt{2}} & \dfrac{\sqrt{6}}{6}\\ \dfrac{1}{\sqrt{3}} & 0 & -\dfrac{\sqrt{6}}{3}\\ \dfrac{1}{\sqrt{3}} & -\dfrac{1}{\sqrt{2}} & \dfrac{\sqrt{6}}{6}\end{pmatrix}$,从而正交变换为 $x=Ty$,且所求二次型的标准形为

$$f(y_1, y_2, y_3) = y_1^2 - \frac{1}{2}y_2^2 - \frac{1}{2}y_3^2$$

374.(北京工业学院,华中师范大学) 设
$$A=\begin{bmatrix}2 & 2 & -2\\ 2 & 5 & -4\\ -2 & -4 & 5\end{bmatrix}$$

求正交阵 T,使 $T'AT$ 为对角阵.

解 计算可得 $|\lambda E-A|=(\lambda-1)^2(\lambda-10)$,则有
$$\lambda_1=\lambda_2=1, \quad \lambda_3=10$$

当 $\lambda=1$ 时,得特征向量
$$\alpha_1=(-2,1,0)', \alpha_2=(1,2,\frac{5}{2})'$$

当 $\lambda=10$ 时,得特征向量
$$\alpha_3=(\frac{1}{2},1,-1)'$$

将特征向量单位化,得

$$\beta_1 = \begin{bmatrix} -\dfrac{2}{\sqrt{5}} \\ \dfrac{1}{\sqrt{5}} \\ 0 \end{bmatrix}, \quad \beta_2 = \begin{bmatrix} \dfrac{2}{\sqrt{45}} \\ \dfrac{4}{\sqrt{45}} \\ \dfrac{5}{\sqrt{45}} \end{bmatrix}, \quad \beta_3 = \begin{bmatrix} \dfrac{1}{3} \\ \dfrac{2}{3} \\ -\dfrac{2}{3} \end{bmatrix}$$

令 $T=(\beta_1,\beta_2,\beta_3)$，则 T 为正交阵，且

$$T'AT = \begin{bmatrix} 1 & & \\ & 1 & \\ & & 10 \end{bmatrix}$$

注 把实二次型用正交变换化为标准形，以及用正交阵把实对称阵合同成对角阵．这两者从本质上说是同一回事．

375.（数学一） 已知二次曲面

$$x^2 + ay^2 + z^2 + 2bxy + 2xz + 2yz = 4$$

可以经正交变换

$$\begin{bmatrix} x \\ y \\ z \end{bmatrix} = P \begin{bmatrix} \xi \\ \eta \\ \zeta \end{bmatrix}$$

化为椭圆柱面方程 $\eta^2 + 4\zeta^2 = 4$．求 a,b 的值和正交矩阵 P．

解 设

$$f(x,y,z) = x^2 + ay^2 + z^2 + 2bxy + 2xz + 2yz$$

且 f 对应的矩阵为 A，则

$$A = \begin{bmatrix} 1 & b & 1 \\ b & a & 1 \\ 1 & 1 & 1 \end{bmatrix}$$

再设 $f(\xi,\eta,\zeta) = \eta^2 + 4\zeta^2$，对应的矩阵为 B，则

$$B = \begin{bmatrix} 0 & & \\ & 1 & \\ & & 4 \end{bmatrix}.$$

因为 A 与 B 相似，所以 A 与 B 有相同的特征值

$$\lambda_1 = 0, \quad \lambda_2 = 1, \quad \lambda_3 = 4$$

将 $\lambda_1=0, \lambda_2=1, \lambda_3=4$ 分别代入 $|\lambda E - A|=0$．可解得 $a=3, b=1$，所以

$$A = \begin{bmatrix} 1 & 1 & 1 \\ 1 & 3 & 1 \\ 1 & 1 & 1 \end{bmatrix}$$

当 $\lambda=0$ 时，得特征向量 $\alpha_1=(1,0,-1)'$，

当 $\lambda=1$ 时，得特征向量 $\alpha_2=(1,-1,1)'$，

当 $\lambda=4$ 时，得特征向量 $\alpha_3=(1,2,1)'$．

将它们单位化得

$$\beta_1 = \begin{bmatrix} \frac{1}{\sqrt{2}} \\ 0 \\ -\frac{1}{\sqrt{2}} \end{bmatrix}, \quad \beta_2 = \begin{bmatrix} \frac{1}{\sqrt{3}} \\ -\frac{1}{\sqrt{3}} \\ \frac{1}{\sqrt{3}} \end{bmatrix}, \quad \beta_3 = \begin{bmatrix} \frac{1}{\sqrt{6}} \\ \frac{2}{\sqrt{6}} \\ \frac{1}{\sqrt{6}} \end{bmatrix}$$

则所求正交阵 P 为

$$P = (\beta_1, \beta_2, \beta_3) = \begin{bmatrix} \frac{1}{\sqrt{2}} & \frac{1}{\sqrt{3}} & \frac{1}{\sqrt{6}} \\ 0 & -\frac{1}{\sqrt{3}} & \frac{2}{\sqrt{6}} \\ -\frac{1}{\sqrt{2}} & \frac{1}{\sqrt{3}} & \frac{1}{\sqrt{6}} \end{bmatrix}$$

376. (数学三,湖北大学) 设二次型

$$f = x_1^2 + x_2^2 + x_3^2 + 2\alpha x_1 x_2 + 2\beta x_2 x_3 + 2 x_1 x_3 \quad \text{①}$$

经正交变换 $X = PY$ 化成

$$f = y_2^2 + 2 y_3^2$$

其中 $X = (x_1, x_2, x_3)', Y = (y_1, y_2, y_3)'$ 是 3 维列向量，P 是 3 阶正交矩阵，试求常数 α, β。

解 设由式①表达的二次型矩阵为 A，变换以后的二次型矩阵为 B，则 $A \sim B$，且

$$A = \begin{bmatrix} 1 & \alpha & 1 \\ \alpha & 1 & \beta \\ 1 & \beta & 1 \end{bmatrix}, B = \begin{bmatrix} 0 & & \\ & 1 & \\ & & 2 \end{bmatrix}$$

$$|\lambda E - A| = \lambda^3 - 3\lambda^2 + (2 - \alpha^2 - \beta^2)\lambda + (\alpha - \beta)^2 \quad \text{②}$$

$$|\lambda E - B| = \lambda(\lambda - 1)(\lambda - 2) = \lambda^3 - 3\lambda^2 + 2\lambda \quad \text{③}$$

因为 $A \sim B$，所以 $|\lambda E - A| = |\lambda E - B|$。由②、③两式得

$$\begin{cases} 2 - \alpha^2 - \beta^2 = 2 \\ (\alpha - \beta)^2 = 0 \end{cases}$$

解之，得 $\alpha = 0, \beta = 0$。

377. (上海交通大学) 用正交变换，将二次曲面

$$2 x_1^2 + 5 x_2^2 + 5 x_3^2 + 4 x_1 x_2 - 4 x_1 x_3 - 8 x_2 x_3 = 1 \quad \text{①}$$

化为标准形。

解 令式①左端的二次型为 $f(x_1, x_2, x_3)$，其相应矩阵为 A，则

$$A = \begin{bmatrix} 2 & 2 & -2 \\ 2 & 5 & -4 \\ -2 & -4 & 5 \end{bmatrix}$$

计算可得 $|\lambda E - A| = -(\lambda - 1)^2 (\lambda - 10)$，所以 A 的特征值为

$$\lambda_1 = \lambda_2 = 1, \quad \lambda_3 = 10$$

当 $\lambda=1$ 时,得特征向量 $\alpha_1=(0,1,1)', \alpha_2=(-4,1,-1)'$.
当 $\lambda=10$ 时,得特征向量 $\alpha_3=(1,2,-2)'$.
由于 $\alpha_1, \alpha_2, \alpha_3$ 已经正交,再单位化即得

$$\beta_1 = \begin{bmatrix} 0 \\ \dfrac{1}{\sqrt{2}} \\ \dfrac{1}{\sqrt{2}} \end{bmatrix}, \beta_2 = \begin{bmatrix} -\dfrac{4}{\sqrt{18}} \\ \dfrac{1}{\sqrt{18}} \\ -\dfrac{1}{\sqrt{18}} \end{bmatrix}, \beta_3 = \begin{bmatrix} \dfrac{1}{3} \\ \dfrac{2}{3} \\ -\dfrac{2}{3} \end{bmatrix}$$

作正交变换

$$\begin{bmatrix} x_1 \\ x_2 \\ x_3 \end{bmatrix} = \begin{bmatrix} 0 & -\dfrac{4}{\sqrt{18}} & \dfrac{1}{3} \\ \dfrac{1}{\sqrt{2}} & \dfrac{1}{\sqrt{18}} & \dfrac{2}{3} \\ \dfrac{1}{\sqrt{2}} & -\dfrac{1}{\sqrt{18}} & -\dfrac{2}{3} \end{bmatrix} \begin{bmatrix} y_1 \\ y_2 \\ y_3 \end{bmatrix}$$

则上面二次曲面式①变为 $y_1^2+y_2^2+10y_3^2=1$,它表示一个旋转椭球面.

378.(武汉建材工业学院) 设 $A=\begin{bmatrix} 1 & 2 \\ 2 & 1 \end{bmatrix}$,

(1)求正交矩阵 P,使 $P'AP$ 成为对角阵;

(2)求 A^n(n 是正整数).

解 (1)计算可得 $|\lambda E-A|=(\lambda-3)(\lambda+1)$,所以 A 的特征值为
$$\lambda_1=3, \lambda_2=-1$$

当 $\lambda=3$ 时,得特征向量 $\alpha_1=\left(\dfrac{1}{\sqrt{2}}, \dfrac{1}{\sqrt{2}}\right)'$.

当 $\lambda=-1$ 时,得特征向量 $\alpha_1=\left(\dfrac{1}{\sqrt{2}}, -\dfrac{1}{\sqrt{2}}\right)'$.

令 $P=\begin{bmatrix} \dfrac{1}{\sqrt{2}} & \dfrac{1}{\sqrt{2}} \\ \dfrac{1}{\sqrt{2}} & -\dfrac{1}{\sqrt{2}} \end{bmatrix}$,则

$$P'AP=\begin{bmatrix} 3 & 0 \\ 0 & -1 \end{bmatrix}$$

(2)由式①有($P'=P^{-1}$)

$$P^{-1}A^nP=\begin{bmatrix} 3^n & 0 \\ 0 & (-1)^n \end{bmatrix} \Rightarrow A^n=P\begin{bmatrix} 3^n & 0 \\ 0 & (-1)^n \end{bmatrix}P^{-1}=\begin{bmatrix} c & d \\ d & c \end{bmatrix}$$

其中 $c = \dfrac{3^n + (-1)^n}{2}$, $d = \dfrac{3^n - (-1)^n}{2}$.

379. (数学三,数学四) 设矩阵

$$A = \begin{pmatrix} 1 & 1 & a \\ 1 & a & 1 \\ a & 1 & 1 \end{pmatrix}, \quad \beta = \begin{pmatrix} 1 \\ 1 \\ -2 \end{pmatrix}$$

已知线性方程组 $Ax = \beta$ 有解,但不唯一,试求

(1) a 的值;

(2) 正交矩阵 Q,使 $Q'AQ$ 为对角阵.

解 (1) 计算可得 $|A| = -(a-1)^2(a+2)$,当 $|A| \neq 0$ 时,方程组 $Ax = \beta$ 有唯一解,因此时可得 $a = 1$ 或 -2.

当 $a = 1$ 时,线性方程组

$$\begin{pmatrix} 1 & 1 & 1 \\ 1 & 1 & 1 \\ 1 & 1 & 1 \end{pmatrix} \begin{pmatrix} x_1 \\ x_2 \\ x_3 \end{pmatrix} = \begin{pmatrix} 1 \\ 1 \\ -2 \end{pmatrix}$$

无解,故 $a = -2$ (可证此时有无穷多组解).

(2) 由 $A = \begin{pmatrix} 1 & 1 & -2 \\ 1 & -2 & 1 \\ -2 & 1 & 1 \end{pmatrix}$ 计算可得

$$|\lambda E - A| = \lambda(\lambda - 3)(\lambda + 3) \Rightarrow \lambda_1 = 0, \lambda_2 = 3, \lambda_3 = -3$$

当 $\lambda = 0$ 时,得特征向量 $\alpha_1 = (1, 1, 1)'$,

当 $\lambda = 2$ 时,得特征向量 $\alpha_2 = (1, 0, -1)'$,

当 $\lambda = -3$ 时,得特征向量 $\alpha_3 = (1, -2, -1)'$.

将它们单位化得

$$\beta_1 = \frac{1}{\sqrt{3}}(1, 1, 1)', \beta_2 = \frac{1}{\sqrt{2}}(1, 0, -1)', \beta_3 = \frac{1}{\sqrt{6}}(1, -2, 1)'$$

再令 $Q = (\beta_1, \beta_2, \beta_3)$,则 Q 为正交阵,且

$$Q'AQ = Q^{-1}AQ = \begin{pmatrix} 0 & & \\ & 3 & \\ & & -3 \end{pmatrix}$$

380. (数学一) 设

$$A = \begin{pmatrix} 1 & 1 & 1 & 1 \\ 1 & 1 & 1 & 1 \\ 1 & 1 & 1 & 1 \\ 1 & 1 & 1 & 1 \end{pmatrix}, B = \begin{pmatrix} 4 & 0 & 0 & 0 \\ 0 & 0 & 0 & 0 \\ 0 & 0 & 0 & 0 \\ 0 & 0 & 0 & 0 \end{pmatrix}, 则 A 与 B (\quad).$$

(A) 合同且相似 (B) 合同但不相似

(C) 不合同但相似 (D) 不合同不相似

答 (A). 因为 A,B 都是实对称阵,且 B 有 4 个特征值

$$\lambda_1=\lambda_2=\lambda_3=0, \quad \lambda_4=4$$

又因为 $|\lambda E-A|=\lambda^3(\lambda-4)$,即 A 也有 4 个特征值 $0,0,0,4$. 因而存在正交阵 T_1,T_2,使

$$T_1^{-1}AT_1=\begin{bmatrix}0&&&\\&0&&\\&&0&\\&&&4\end{bmatrix}=T_2^{-1}BT_2$$

$$\Rightarrow A=(T_1T_2^{-1})B(T_2T_1^{-1})=T^{-1}BT \qquad ①$$

其中 $T=T_2T_1^{-1}$,故 $A\sim B$. 再由 T_1,T_2 是正交阵,知 T 也是正交阵,从而有 $T^{-1}=T'$,且由式①得

$$A=T'BT$$

因此 A 与 B 合同. 故选 (A).

381. (中国人民大学) 证明:实矩阵 A 的特征值全为实数的充要条件是存在正交矩阵 Q,使 $Q^{-1}AQ$ 为三角矩阵.

证 由于三角矩阵有上三角阵与下三角阵两种,为确定起见,这里设为上三角阵(至于下三角阵类似可证).

先证充分性. 设

$$Q^{-1}AQ=\begin{bmatrix}b_1&&*\\&\ddots&\\0&&b_n\end{bmatrix} \qquad ①$$

由于 $A\in\mathbf{R}^{n\times n},Q\in\mathbf{R}^{n\times n},Q^{-1}\in\mathbf{R}^{n\times n}$,因此 $b_1,\cdots,b_n\in\mathbf{R}$,由式①知 A 的特征值 $b_1,\cdots,b_n$ 全为实数.

再证必要性. 设 $\lambda_1,\cdots,\lambda_s$ 为 A 所有不同的实特征值(因为其中可能有重根),从而由若当定理存在实可逆阵 P,使

$$P^{-1}AP=\begin{bmatrix}J_1&&\\&\ddots&\\&&J_s\end{bmatrix} \qquad ②$$

其中 $J_k=\begin{bmatrix}\lambda_k&1&&\\&\ddots&\ddots&\\&&\ddots&1\\&&&\lambda_k\end{bmatrix}$ $(k=1,2,\cdots,s)$.

由于 P 是实可逆阵,从而存在正交阵 Q,S 为实可逆上三角阵,使得

$$P=QS \qquad ③$$

将式③代入式②得

$$S^{-1}Q^{-1}AQS=J\Rightarrow Q^{-1}AQ=SJS^{-1} \qquad ④$$

因为 S 是上三角阵,所以 S^{-1} 也是上三角阵,J 是若当形矩阵,也是上三角阵,而

上三角阵之积为上三角阵,所以 SJS^{-1} 为上三角阵.即证必要性.

382.(长春地质学院) 设有二阶矩阵

$$A=\begin{bmatrix}1 & 2 \\ 2 & 1\end{bmatrix}, B=\begin{bmatrix}2 & \sqrt{3} \\ \sqrt{3} & 0\end{bmatrix}$$

扫码获取本书资源

试分别将它们用正交矩阵化为对角矩阵,并求正交矩阵 P,使
$$P^T A P = B$$

解 (1) $|\lambda E-A|=(\lambda-3)(\lambda+1)\Rightarrow \lambda_1=3, \lambda_2=-1$
计算可得正交阵

$$P_1=\begin{bmatrix}\dfrac{1}{\sqrt{2}} & \dfrac{1}{\sqrt{2}} \\ \dfrac{1}{\sqrt{2}} & -\dfrac{1}{\sqrt{2}}\end{bmatrix}\Rightarrow P_1^T A P_1=\begin{bmatrix}3 & 0 \\ 0 & -1\end{bmatrix} \qquad ①$$

(2) $|\mu E-B|=(\mu-3)(\mu+1)\Rightarrow \mu_1=3, \mu_2=-1$
同理可得正交阵

$$P_2=\begin{bmatrix}-\dfrac{\sqrt{3}}{2} & \dfrac{1}{2} \\ \dfrac{1}{2} & \dfrac{\sqrt{3}}{2}\end{bmatrix}\Rightarrow P_2^T B P_2=\begin{bmatrix}3 & 0 \\ 0 & -1\end{bmatrix} \qquad ②$$

由式①,②得
$$P_1^{-1} A P_1 = P_2^{-1} B P_2 \Rightarrow (P_2 P_1^{-1}) A (P_1 P_2^{-1}) = B \qquad ③$$
令 $P = P_1 P_2^{-1}$,则

$$P = \dfrac{1}{2\sqrt{2}}\begin{bmatrix}1-\sqrt{3} & 1+\sqrt{3} \\ -(\sqrt{3}+1) & 1-\sqrt{3}\end{bmatrix}$$

且 P 为正交阵,故由式③知 $P^T A P = B$.

383.(南京大学) 设 $f(x_1,\cdots,x_n)=X'AX$ 是一个实二次型,$\lambda_1,\cdots,\lambda_n$ 是 A 的特征多项式的根,且
$$\lambda_1 \leqslant \lambda_2 \leqslant \cdots \leqslant \lambda_n.$$
证明:对任一 $X \in \mathbf{R}^n$,有
$$\lambda_1 X'X \leqslant X'AX \leqslant \lambda_n X'X$$

证 存在正交阵 T 使
$$T'AT=\begin{bmatrix}\lambda_1 & & \\ & \ddots & \\ & & \lambda_n\end{bmatrix}$$

于是作正交变换 $X=TY$,可使
$$f(x_1,\cdots,x_n) = X'AX = Y'(T'AT)Y = \lambda_1 y_1^2 + \cdots + \lambda_n y_n^2$$
但 $\lambda_1(y_1^2+\cdots+y_n^2) \leqslant \lambda_1 y_1^2+\cdots+\lambda_n y_n^2 \leqslant \lambda_n(y_1^2+\cdots+y_n^2)$,故有
$$\lambda_1 y'y \leqslant f(x_1,\cdots,x_n) \leqslant \lambda_n y'y \qquad ①$$

又因为 $X'X=(TY)'(TY)=Y'T'TY=Y'Y$. 代入式①即知
$$\lambda_1 X'X \leqslant f(x_1\cdots x_n) \leqslant \lambda_n X'X$$

384.(内蒙古大学) 求函数
$$f(x,y,z)=5x^2+y^2+5z^2+4xy-8xz-4yz$$
在实单位球面上:$x^2+y^2+z^2=1$ 达到最大值与最小值,并求出达到最大值与最小值时 x,y,z 所取的值.

解 由上题知
$$\lambda_1(x^2+y^2+z^2)\leqslant f(x,y,z)\leqslant \lambda_3(x^2+y^2+z^2) \quad ①$$
其中 λ_1,λ_3 分别为 A 的最小特征值与最大特征值,A 为二次型 f 对应的矩阵,且
$$A=\begin{bmatrix} 5 & 2 & -4 \\ 2 & 1 & -2 \\ -4 & -2 & 5 \end{bmatrix}$$
计算可得
$$|\lambda E-A|=(\lambda-1)(\lambda^2-10\lambda+1)$$
故
$$\lambda_1=5-2\sqrt{6},\lambda_2=1,\lambda_3=5+2\sqrt{6}$$
当 $\lambda=5+2\sqrt{6}$ 时,得特征向量 $\alpha_1=(-1,2-\sqrt{6},1)'$,单位化得
$$\beta_1=\frac{1}{\sqrt{12-4\sqrt{6}}}(-1,2-\sqrt{6},1)'$$
当 $\lambda=5-2\sqrt{6}$ 时,得特征向量 $\alpha_1=(-1,2+\sqrt{2},1)'$,单位化得
$$\beta_2=\frac{1}{\sqrt{8+4\sqrt{2}}}(-1,2+\sqrt{2},1)'$$
故当 $(x,y,z)=\frac{1}{\sqrt{12-4\sqrt{6}}}(-1,2-\sqrt{6},1)$ 时,有最大值
$$f(x,y,z)=5+2\sqrt{6}$$
当 $(x,y,z)=\frac{1}{\sqrt{8+4\sqrt{2}}}(-1,2+\sqrt{2},1)$ 时,有最小值
$$f(x,y,z)=5-2\sqrt{6}$$

385.(成都地质大学) 求出二次型
$$f(x_1,x_2,x_3)=\sum_{i,j=1}^{3}(i+j-3)x_ix_j$$
在条件 $x_1^2+x_2^2+x_3^2=1$ 之下的最大值与最小值.

解 $f(x_1,x_2,x_3)=-x_1^2+x_2^2+3x_3^2+4x_2x_3+2x_1x_3$
设 f 对应矩阵为 A,则
$$A=\begin{bmatrix} -1 & 0 & 1 \\ 0 & 1 & 2 \\ 1 & 2 & 3 \end{bmatrix}$$

计算可得 $|\lambda E-A|=\lambda(\lambda^2-3\lambda-6)$,所以 A 的特征值为

$$\lambda_1=0, \quad \lambda_2=\frac{3+\sqrt{33}}{2}, \quad \lambda_3=\frac{3-\sqrt{33}}{2}$$

于是由第 386 题知,$f(x_1,x_2,x_3)$ 在 $x_1^2+x_2^2+x_3^2=1$ 下的最大值为 $\frac{3+\sqrt{33}}{2}$,最小值为 $\frac{3-\sqrt{33}}{2}$.

386.(南京大学) 设 A 是一个 $n\times n$ 的实对称阵,λ_1 和 λ_n 分别是其最大特征值和最小特征值. 试证明:

$$\lambda_1=\underset{\substack{x\neq b \\ x\in \mathbf{R}^n}}{Sup}\frac{x'Ax}{x'x}, \lambda_n=\underset{\substack{x\neq 0 \\ x\in \mathbf{R}^n}}{inf}\frac{x'Ax}{x'x}$$

证 由本节第 386 题知

$$\lambda_n x'x \leqslant x'Ax \leqslant \lambda_1 x'x$$

当 $x\neq 0$ 时,$x\in \mathbf{R}^n$ 有

$$\lambda_n \leqslant \frac{x'Ax}{x'x} \leqslant \lambda_1 \qquad ①$$

再设 λ_1,λ_n 对应特征向量分别为 α_1 和 α_n,则

$$A\alpha_1=\lambda_1\alpha_1 \Rightarrow \alpha'_1 A\alpha_1=\lambda_1\alpha'_1\alpha_1 \Rightarrow \lambda_1=\frac{\alpha'_1 A\alpha_1}{\alpha'_1\alpha_1} \qquad ②$$

由式①,②,即证

$$\underset{\substack{x\neq 0 \\ x\in \mathbf{R}^n}}{Sup}\frac{x'Ax}{x'x}=\lambda_1$$

类似地有

$$\lambda_n=\frac{\alpha'_n A\alpha_n}{\alpha'_n\alpha_n} \qquad ③$$

再由式①,③即证

$$\lambda_n=\underset{\substack{x\neq 0 \\ x\in \mathbf{R}^n}}{inf}\frac{x'Ax}{x'x}$$

387.(清华大学,大连工学院) n 元实二次型
$$f=X'AX$$

其中 $X=(x_1,\cdots,x_n)'$,证明:f 在条件 $\sum_{i=1}^{n}x_i^2=1$ 下的最大值最小值分别恰为 A 的最大特征值与最小特征值.

证 由 386 题式①

$$\underset{x'x=1}{max}f\leqslant \lambda_1, \quad \underset{x'x=1}{min}f\geqslant \lambda_n \qquad ①$$

再取 λ_1 的单位特征向量 $\alpha=(c_1,\cdots,c_n)'$,则

$$\alpha'A\alpha=\lambda_1\alpha'\alpha=\lambda_1 \qquad ②$$

由式①,②即证

$$\frac{max\, f}{x'x=1}=\lambda_1$$

类似可证

$$\frac{min}{x'x=1}f=\lambda_n$$

388.(北京邮电学院) 设 α 是非零的维实列向量,证明:$E-\dfrac{2}{\alpha'\alpha}\alpha\alpha'$ 为正交阵.

证 $E-\dfrac{2}{\alpha'\alpha}\alpha\alpha'\in\mathbf{R}^{n\times n}$,且

$$\left(E-\frac{2}{\alpha'\alpha}\alpha\alpha'\right)'\left(E-\frac{2}{\alpha'\alpha}\alpha\alpha'\right)=\left(E-\frac{2}{\alpha'\alpha}\alpha\alpha'\right)\left(E-\frac{2}{\alpha'\alpha}\alpha\alpha'\right)$$

$$=E-\frac{4}{\alpha'\alpha}\alpha\alpha'+\frac{4}{(\alpha'\alpha)^2}(\alpha\alpha')(\alpha\alpha')$$

$$=E-\frac{4}{\alpha'\alpha}\alpha\alpha'+\frac{4}{\alpha'\alpha}\alpha\alpha'=E$$

即证.

389.(西安交通大学) 设 A 是 n 级反对称阵,证明:

(1)当为奇数时,$|A|=0$;当 n 为偶数时,$|A|$ 是一实数的完全平方;

(2)A 的秩为偶数.

证 先证若 A 是反对称阵,则有在实可逆阵 T,使

$$A=T'\begin{bmatrix} 0 & 1 & & & & & & \\ -1 & 0 & & & & & & \\ & & \ddots & & & & & \\ & & & 0 & 1 & & & \\ & & & -1 & 0 & & & \\ & & & & & 0 & & \\ & & & & & & \ddots & \\ & & & & & & & 0 \end{bmatrix}T \qquad ①$$

用数学归纳法,当 $n=1$ 时,$A=(0)$,结论①显然成立.

当 $n=2$ 时,$A=\begin{bmatrix} 0 & a \\ -a & 0 \end{bmatrix}$,若 $a=0$ 时,结论①成立.

若 $a\neq 0$,对偶作初等变换,第 2 行乘 $\dfrac{1}{a}$,同时第 2 列也乘 $\dfrac{1}{a}$,即

$$\begin{bmatrix} 1 & 0 \\ 0 & \frac{1}{a} \end{bmatrix}\begin{bmatrix} 0 & a \\ -a & 0 \end{bmatrix}\begin{bmatrix} 1 & 0 \\ 0 & \frac{1}{a} \end{bmatrix}=\begin{bmatrix} 0 & 1 \\ -1 & 0 \end{bmatrix}$$

即 A 与 $\begin{bmatrix} 0 & 1 \\ -1 & 0 \end{bmatrix}$ 合同.结论式①成立.

归纳假设结论对 $n\leqslant k$ 时成立.再证 $n=k+1$ 时,设

$$A=\begin{bmatrix} 0 & a_{12} & \cdots & a_{1k} & a_{1,k+1} \\ -a_{12} & 0 & \cdots & a_{2k} & a_{2,k+1} \\ \vdots & \vdots & & \vdots & \vdots \\ -a_{1k} & -a_{2k} & \cdots & 0 & a_{k,k+1} \\ -a_{1,k+1} & -a_{2,k+1} & \cdots & a_{k,k+1} & 0 \end{bmatrix}$$

第五章 二次型

若 A 的最后一行(列)元素全为零,则由归纳假设这结论已经成立. 不然经过行列同时对换,可设 $a_{k,k+1}\neq 0$,那么最后一行和最后一列同乘以 $\dfrac{1}{a_{k,k+1}}$,则 A 合同于

$$\begin{bmatrix} 0 & a_{12} & \cdots & a_{1k} & b_1 \\ -a_{12} & 0 & \cdots & a_{2k} & b_2 \\ \vdots & \vdots & & \vdots & \vdots \\ -a_{1k} & -a_{2k} & \cdots & 0 & 1 \\ -b_1 & -b_2 & \cdots & -1 & 0 \end{bmatrix}$$

再利用 $1,-1$ 对偶作变换,则 A 合同于

$$\begin{bmatrix} 0 & b_{12} & \cdots & b_{1,k-1} & 0 & 0 \\ -b_{12} & 0 & \cdots & b_{2,k-1} & 0 & 0 \\ \vdots & \vdots & & \vdots & \vdots & \vdots \\ -b_{1,k-1} & -b_{2,k-1} & \cdots & 0 & 0 & 0 \\ 0 & 0 & \cdots & 0 & 0 & 1 \\ 0 & 0 & \cdots & 0 & -1 & 0 \end{bmatrix}$$

由归纳假设知,$k-1$ 阶反对称阵

$$\begin{bmatrix} 0 & \cdots & b_{1,k-1} \\ \vdots & \ddots & \vdots \\ -b_{1,k-1} & \cdots & 0 \end{bmatrix} \text{与} \begin{bmatrix} 0 & 1 & & & & & \\ -1 & 0 & & & & & \\ & & \ddots & & & & \\ & & & 0 & 1 & & \\ & & & -1 & 0 & & \\ & & & & & 0 & \\ & & & & & & \ddots \\ & & & & & & & 0 \end{bmatrix}$$

合同. 从而 A 合同于

$$\begin{bmatrix} 0 & 1 & & & & & & & \\ -1 & 1 & & & & & & & \\ & & \ddots & & & & & & \\ & & & 0 & 1 & & & & \\ & & & -1 & 0 & & & & \\ & & & & & 0 & & & \\ & & & & & & \ddots & & \\ & & & & & & & 0 & \\ & & & & & & & & 0 & 1 \\ & & & & & & & & -1 & 0 \end{bmatrix}$$

再将最后两行两列交换到前面去,便知结论对 $n=k+1$ 也成立,即式①成立.

(1)当 n 为奇数时,式①右端不可能全是 $\begin{bmatrix} 0 & 1 \\ -1 & 0 \end{bmatrix}$ 这些块,必含有一个零行,所以 $|A|=0$.

当 n 为偶数时,若式①右端含有零行,则 $|A|=0=0^2$,若式①右端不含有零行,则

$$A = T' \begin{bmatrix} 0 & 1 & & & \\ -1 & 0 & & & \\ & & \ddots & & \\ & & & 0 & 1 \\ & & & -1 & 0 \end{bmatrix} T$$

于是 $|A| = |T|^2 \begin{vmatrix} 0 & 1 \\ -1 & 0 \end{vmatrix}^{\frac{n}{2}} = |T|^2$，结论也成立.

(2) 设式①成立，去掉那些为 0 的子矩阵，则

$$秩 A = 秩 \begin{bmatrix} 0 & 1 & & & \\ -1 & 0 & \ddots & & \\ & & \ddots & & \\ & \ddots & & 0 & 1 \\ & & & -1 & 0 \end{bmatrix} = 偶数$$

390.（南京师范大学） 求实二次型
$$f(x_1, x_2, x_3, x_4) = 2x_1 x_2 + 2x_1 x_3 + 4x_1 x_4 + 2x_2 x_3$$
的规范形及符号差.

解 $f(x_1, x_2, x_3, x_4) = (x_1, x_2, x_3, x_4) \begin{pmatrix} 0 & 1 & 1 & 2 \\ 1 & 0 & 1 & 0 \\ 1 & 1 & 0 & 0 \\ 2 & 0 & 0 & 0 \end{pmatrix} (x_1, x_2, x_3, x_4)'$

设 $A = \begin{pmatrix} 0 & 1 & 1 & 2 \\ 1 & 0 & 1 & 0 \\ 1 & 1 & 0 & 0 \\ 2 & 0 & 0 & 0 \end{pmatrix}$，取 $C_1' = \frac{1}{\sqrt{2}} \begin{pmatrix} 1 & 1 & 0 & 0 \\ -\frac{1}{2} & \frac{1}{2} & 0 & 0 \\ -1 & -1 & 1 & 0 \\ -1 & -1 & 0 & 1 \end{pmatrix}$，则

$$C_1' A C_1 = \begin{pmatrix} 1 & 0 & 0 & 0 \\ 0 & -\frac{1}{4} & 0 & -\frac{1}{2} \\ 0 & 0 & -1 & -1 \\ 0 & -\frac{1}{2} & -1 & -1 \end{pmatrix}$$

再取 $C_2' = \begin{pmatrix} 1 & 0 & 0 & 0 \\ 0 & 1 & 0 & 0 \\ 0 & 0 & 1 & 0 \\ 0 & -2 & 0 & 1 \end{pmatrix}$，则 $C_2' C_1' A C_1 C_2 = \begin{pmatrix} -1 & 0 & 0 & 0 \\ 0 & -\frac{1}{4} & 0 & 0 \\ 0 & 0 & -1 & -1 \\ 0 & 0 & -1 & 0 \end{pmatrix}$.

再取 $C_3' = \begin{pmatrix} 1 & 0 & 0 & 0 \\ 0 & 2 & 0 & 0 \\ 0 & 0 & 1 & 0 \\ 0 & 0 & -1 & 1 \end{pmatrix}$,则 $C_3'C_2'C_1'AC_1C_2C_3 = \begin{pmatrix} 1 & 0 & 0 & 0 \\ 0 & -1 & 0 & 0 \\ 0 & 0 & -1 & 0 \\ 0 & 0 & 0 & 1 \end{pmatrix}$.

从而作非退化线性变换 $Y=(C_1C_2C_3)^{-1}X, Y=(y_1,y_2,y_3,y_4)', X=(x_1,x_2,x_3,x_4)'$,可得

$$f(x_1,x_2,x_3,x_4) = X'AX = Y' \begin{pmatrix} 1 & 0 & 0 & 0 \\ 0 & -1 & 0 & 0 \\ 0 & 0 & -1 & 0 \\ 0 & 0 & 0 & 1 \end{pmatrix} Y = y_1^2 - y_2^2 - y_3^2 + y_4^2, 此即$$

为所求的规范形,显然符号差为 0.

5.3 正定二次型

【考点综述】

1. 正定二次型

（i）设实二次数 $f(x_1,\cdots,x_n)=x'Ax$,其中 $A'=A$.那么下面几个条件都是正定二次型的等价条件:

(1)对任意实向量 $c'=(c_1,\cdots,c_n) \neq 0$,都有 $f(c_1,\cdots,c_n) = c'Ac > 0$.

(2) f 的正惯性指数与秩都等于 n.

(3)存在实可逆阵 T,使 $T'AT = \begin{bmatrix} d_1 & & \\ & \ddots & \\ & & d_n \end{bmatrix}$,其中 $d_i > 0 (i=1,2,\cdots,n)$.

(4)有实可逆阵 B,使 $A=B'B$.

(5) A 的特征值全为正.

(6) A 合同于 E.

(7) A 的一切子式都大于 0.

(8) A 的一切顺序主子式都大于 0.

当 $f(x_1,\cdots,x_n) = x'Ax$ 是正定二次型时,称 A 为正定阵,因此上面这些条件也是正定阵的等价条件.

2. 负定二次型

设实二次型 $f(x_1,\cdots,x_n)=x'Ax$,其中 $A'=A$,那么下面 n 个条件都是负定二次型的等价条件.

(1)对任意实向量 $c'=(c_1,\cdots,c_n) \neq 0$ 都有 $f(c_1,\cdots,c_n) = c'Ac < 0$.

(2) $g(x_1,\cdots,x_n) = x'(-A)x$ 是正定二次型.

(3) f 的负惯性指数与秩都等于 n.

(4)存在实可逆阵 T,使

$$T'AT=\begin{bmatrix}d_1 & & \\ & \ddots & \\ & & d_n\end{bmatrix}$$

其中 $d_i<0(i=1,2,\cdots,n)$.

(5) A 的特征值全为负.

(6) A 合同于 $-E$.

(7) A 的一切奇数阶主子式都小于 0,一切偶数阶主子式都大于 0.

(8) A 的一切奇数阶顺序主子式都小于 0,一切偶数阶顺序主子式都大于 0.

当 $f(x_1,\cdots,x_n)=x'Ax$ 是负定二次型时,称 A 为负定阵.因此上述条件也是负定阵的等价条件.

3. 半正定二次型

(ⅰ)设实二次型 $f(x_1,\cdots,x_n)=x'Ax$,其中 $A'=A$,那么下面几个条件是半正定二次型的等价条件

(1) 任意实向量 $c'=(c_1,\cdots,c_n)$,都有 $f(c_1,\cdots,c_n)=c'Ac\geqslant 0$.

(2) f 的正惯性指数与秩相等

(3) 有实可逆阵 T,使

$$T'AT=\begin{bmatrix}d_1 & & \\ & \ddots & \\ & & d_n\end{bmatrix}$$

其中 $d_i\geqslant 0(i=1,2,\cdots,n)$.

(4) 有实矩阵 B,使 $A=B'B$.

(5) A 的所有特征值都不小于 0.

(6) A 的所有主子式都不小于 0.

当 $f(x_1,\cdots,x_n)=x'Ax$ 是半正定二次型时,称 A 为半正定阵,因此上面条件也是 A 的半正定阵的等价条件.

4. 半负定二次型. 可以类似半正定阵表述(略).

5. 不定二次型

(1) 设实二次型 $f(x_1,\cdots,x_n)=x'Ax$,其中 $A'=A$,若存在两个实向量 $(c_1,\cdots,c_n)$ 和 $(d_1,\cdots,d_n)$,使 $f(c_1,\cdots,c_n)>0$,且 $f(d_1,\cdots,d_n)<0$,则称 f 为不定二次型.

(2) 不定二次型的矩阵 A 的特征值必有正有负.

【经典题解】

391.(中山大学) 设 $f(x_1,\cdots,x_n)=X'AX$ 是正定二次型,$A'=A$,对于不全为零的一组实数 $c_1,\cdots,c_n$

$$f(c_1,\cdots,c_n)>0 \qquad ①$$

证明以下命题等价

(1) $f(x_1,\cdots,x_n)$ 正定;

(2) A 与单位阵合同;

第五章 二次型

(3) A 的顺序主子式大于零；

(4) 存在非异阵 P，使 $A=P'P$。

证 (1)⇒(2) 存在非退化线性替换，$X=TY$，把 f 化为规范形

$$f(x_1,\cdots,x_n)=d_1 y_1^2+d_2 y_2^2+\cdots+d_n y_n^2 \qquad ②$$

其中 $d_i=\pm 1$ 或 0。由于 f 是正定二次型，可证

$$d_i=1 \quad (i=1,2,\cdots,n) \qquad ③$$

用反证法。事实上，若存在某一个 $d_k=-1$ 或 0，那么令

$$(y_1,\cdots,y_n)=\varepsilon_k \text{（其中第 } k \text{ 个分量为 }1\text{，其余均为 }0)$$

则 $(y_1,\cdots,y_n)\neq 0$，从而可得 $(x_1\cdots x_n)'=T(y_1,\cdots,y_n)'\neq 0$

$$f(x_1\cdots x_n)=d_k\leqslant 0$$

这与正定二次型的定义（即式①）矛盾，从而即证式③。

再由式②得

$$f(x_1,\cdots,x_n)=X'AX=y_1^2+y_2^2+\cdots+y_n^2$$
$$=Y'EY$$

故 $A=T'ET$。

(2)⇒(4)。因为它们是同一问题的两种不同表述。

(4)⇒(1)。若 $A=P'P$，其中 P 是可逆阵。令 $X=PY$，则

$$f(x_1,\cdots,x_n)=y_1^2+y_2^2+\cdots+y_n^2 \qquad ④$$

且对任意的 $c'=(c_1,\cdots,c_n)\neq 0$，有

$$\begin{bmatrix} t_1 \\ \vdots \\ t_n \end{bmatrix}=P^{-1}\begin{bmatrix} c_1 \\ \vdots \\ c_n \end{bmatrix}\neq 0$$

于是 $f(c_1,\cdots,c_n)=t_1^2+t_2^2+\cdots+t_n^2>0$，即证 f 是正定二次型。

(1)⇒(3) 设 f 是正定二次型，对每个 k，$1\leqslant k\leqslant n$，令

$$f_k(x_1,\cdots,x_k)=\sum_{i=1}^{k}\sum_{j=1}^{k}a_{ij}x_i x_j$$

则 f_k 也是 k 元正定二次型。事实上，对任意一组不全为零的数 $c_1,\cdots,c_k$，有

$$f_k(c_1,\cdots,c_k)=f(c_1,\cdots,c_k,0,\cdots,0)>0$$

因此 f_k 是正定二次型，而正定二次型对应的矩阵均大于 0，故 A 的 k 阶顺序主子式

$$\Delta_k=\begin{vmatrix} a_{11} & \cdots & a_{1k} \\ \vdots & & \vdots \\ a_{k1} & \cdots & a_{kk} \end{vmatrix}>0$$

由 k 的任意性，即证(3)。

(3)⇒(4) 对 n 用数学归纳法。

当 $n=1$ 时，$f(x_1)=a_{11}x_1^2$

由条件知 $a_{11}>0$，令 $T'=\left(\dfrac{1}{\sqrt{a_{11}}}\right)$，则

$$T'AT = \left(\frac{1}{\sqrt{a_{11}}}\right)(a_{11})\left(\frac{1}{\sqrt{a_{11}}}\right) = (1)$$

即知命题成立.

归纳假设结论对 $n-1$ 成立. 再证 n 时, 令 $A_1 = (a_{ij})_{(n-1)\times(n-1)}$. 那么

$$A = \begin{bmatrix} A_1 & \alpha \\ \alpha' & a_{nn} \end{bmatrix}, \text{其中 } \alpha' = (a_{1n}, \cdots, a_{n-1,n})$$

由假设知 A_1 的一切顺序主子式都大于 0, 从而由归纳假设, 存在 $n-1$ 阶可逆阵 G, 使 $G'A_1G = E_{n-1}$. 令

$$C_1 = \begin{bmatrix} G & 0 \\ 0 & 1 \end{bmatrix}$$

则 C_1 可逆, 且

$$C_1'AC_1 = \begin{bmatrix} G' & 0 \\ 0 & 1 \end{bmatrix}\begin{bmatrix} A_1 & \alpha \\ \alpha' & a_{nn} \end{bmatrix}\begin{bmatrix} G & 0 \\ 0 & 1 \end{bmatrix} = \begin{bmatrix} E_{n-1} & G'\alpha \\ \alpha'G & a_{nn} \end{bmatrix}$$

再令 $C_2 = \begin{bmatrix} E_{n-1} & 0 \\ -\alpha'G & 1 \end{bmatrix}$, 则 C_2 可逆, 且

$$C_2'\begin{bmatrix} E_{n-1} & G'\alpha \\ \alpha'G & a_{nn} \end{bmatrix}C_2 = \begin{bmatrix} E_{n-1} & 0 \\ 0 & b \end{bmatrix}$$

其中 $b = a_{nn} - \alpha'GG'\alpha$. 令 $C_3 = C_1C_2$, 则 C_3 可逆, 但

$$C_3'AC_3 = \begin{bmatrix} E_{n-1} & 0 \\ 0 & b \end{bmatrix}$$

两边取行列式, 得

$$0 < |A| \cdot |C_3|^2 = b$$

最后令 $C_4 = \begin{bmatrix} E_{n-1} & 0 \\ 0 & \dfrac{1}{\sqrt{b}} \end{bmatrix}$, 则 C_4 可逆, 再令 $C = C_3C_4$, 所以 C 可逆, 则

$$C'AC = E_n$$

综上即证 (1), (2), (3), (4) 等价.

392. (**中国人民大学**) 二次型

$$f(x_1, x_2, x_3) = x_1^2 + x_2^2 + x_1x_3 + x_2x_3$$

是 ( ) 二次型.

(A) 正定   (B) 不定   (C) 负定   (D) 半正定

答 (B). 解法 1   因为 $f(1,0,0) > 0, f(1,0,-2) < 0$. 所以 f 是不定二次型, 故选 (B).

解法 2   设二次型矩阵 A, 则

$$A = \begin{bmatrix} 1 & 0 & \frac{1}{2} \\ 0 & 1 & \frac{1}{2} \\ \frac{1}{2} & \frac{1}{2} & 0 \end{bmatrix}$$

由于 $a_{33}=0$,因此否定(A),(C),A 中有二阶主子式

$$\begin{vmatrix} 1 & \frac{1}{2} \\ \frac{1}{2} & 0 \end{vmatrix} < 0$$

从而否定(D),故选(B).

393.(**数学三**) 设矩阵

$$A = \begin{bmatrix} 1 & 0 & 1 \\ 0 & 2 & 0 \\ 1 & 0 & 1 \end{bmatrix}$$

矩阵 $B=(kE+A)^2$,其中 k 为实数,E 为单位矩阵. 求对角阵 Λ,使 B 与 Λ 相似,并求 k 为何值时,B 为正定矩阵.

解 因为 A 为实对称阵,从而 B 也是实对称阵,计算可得

$$|\lambda E - A| = \lambda(\lambda-2)^2 \Rightarrow \lambda_1 = \lambda_2 = 2, \lambda_3 = 0$$

从而存在正交阵 T,使

$$T^{-1}AT = \begin{bmatrix} 2 & & \\ & 2 & \\ & & 0 \end{bmatrix}$$

扫码获取本书资源

故 $T^{-1}BT = T^{-1}(kE+A)^2 T$

$= T^{-1}(kE+A) \cdot T \cdot T^{-1}(kE+A)T$

$= \begin{bmatrix} k+2 & & \\ & k+2 & \\ & & k \end{bmatrix}^2 = \begin{bmatrix} (k+2)^2 & & \\ & (k+2)^2 & \\ & & k^2 \end{bmatrix} = \Lambda.$ ①

故 $B \sim \Lambda$

进而由式①可知,B 的特征值为

$$\mu_1 = (k+2)^2, \quad \mu_2 = (k+2)^2, \quad \mu_3 = k^2$$

故 B 为正定阵 $\Leftrightarrow \mu_i > 0 \quad (i=1,2,\cdots,n)$

$\Leftrightarrow k^2 > 0, (k+2)^2 > 0$

$\Leftrightarrow k \neq 0, k \neq -2$

即当 $k \in (-\infty,-2) \cup (-2,0) \cup (0,+\infty)$ 时,B 为正定阵.

394. (清华大学) 设
$$f = a\sum_{i=1}^{n} x_i^2 + b\sum_{i=1}^{n} x_i x_{n-i+1}$$
其中 a,b 是实数,问 a,b 满足什么条件时,二次型 f 是正定的?

解 分两种情况:

(1) 当 $n=2m$ 时,f 对应的矩阵 A 为

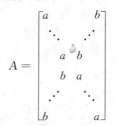

设 Δ_i 为 A 的第 i 阶顺序主子式 $(i=1,2,\cdots,2m)$,则
$$\begin{cases} \Delta_i = a^i & (i=1,2,\cdots,m) \\ \Delta_{m+j} = a^{m-j}(a^2-b^2)^j & (j=1,2,\cdots,m) \end{cases}$$

所以当 $a>0, a^2-b^2>0$ 时,f 是正定的.

(2) 当 $n=2m+1$ 时,f 对应的矩阵为

$$A = \begin{bmatrix} a & & & & & & b \\ & \ddots & & & & \reflectbox{$\ddots$} & \\ & & a & & b & & \\ & & & a+b & & & \\ & & b & & a & & \\ & \reflectbox{$\ddots$} & & & & \ddots & \\ b & & & & & & a \end{bmatrix}$$

这时 A 的各阶顺序主子式为
$$\begin{cases} \Delta_i = a^i & (i=1,2,\cdots,m) \\ \Delta_{m+1} = a^m(a+b) \\ \Delta_{m+1+j} = (a+b)a^{m-j}(a^2-b^2)^j & (j=1,2,\cdots,m) \end{cases}$$

所以当 $a>0, a+b>0, a-b>0$ 时,f 是正定的.

395. (华中师范大学) 判断二次型
$$f = \sum_{i=1}^{n} x_i^2 + \sum_{1 \leqslant i < j \leqslant n} x_i x_j$$
是否为正定二次型? 为什么?

解 设此二次型 f 对应的矩阵为 A,则

$$A = \begin{bmatrix} 1 & \frac{1}{2} & \cdots & \frac{1}{2} \\ \frac{1}{2} & 1 & \cdots & \frac{1}{2} \\ \vdots & \vdots & & \vdots \\ \frac{1}{2} & \frac{1}{2} & \cdots & 1 \end{bmatrix} \in \mathbf{R}^{n \times n}$$

设 A 的各阶顺序主子式为 $\Delta_k (k=1,2,\cdots,n)$,则

$$\Delta_k = (1-\frac{1}{2})^{k-1}[1+(k-1)\frac{1}{2}]$$
$$= (\frac{1}{2})^{k-1}(\frac{1}{2}+\frac{k}{2}) > 0 \quad (k=1,2,0,n)$$

故 f 是正定二次型.

396.(**华中师范大学**) 设

$$A = \begin{bmatrix} a_1 & a_2 & a_3 \\ a_2 & a_3 & a_1 \\ a_3 & a_1 & a_2 \end{bmatrix}$$

是实矩阵,A 的所有一阶主子式和二阶主子式都大于零,证明:A 是正定阵.

证 因为 $A' = A$,其一阶主子式 a_1, a_2, a_3 均大于零.二阶主子式为

$$a_1 a_3 - a_2^2 > 0, \quad a_1 a_2 - a_3^2 > 0, \quad a_2 a_3 - a_1^2 > 0$$

而三阶顺序主子式为

$$|A| = 3a_1 a_2 a_3 - (a_1^3 + a_2^3 + a_3^3)$$
$$= a_1(a_2 a_3 - a_1^2) + a_2(a_1 a_3 - a_2^2) + a_3(a_1 a_2 - a_3^2) > 0$$

所以 A 为正定阵.

397.(**武汉大学**) 若二次型

$$f = 2x_1^2 + x_2^2 + 4x_3^2 + 2x_1 x_2 + 2t x_2 x_3$$

正定,则 t 的取值范围是_____.

答 $-\sqrt{2} < t < \sqrt{2}$.

解 设 f 对应的矩阵为 A,则

$$A = \begin{bmatrix} 2 & 1 & 0 \\ 1 & 1 & t \\ 0 & t & 4 \end{bmatrix}$$

它的三个顺序主子式为

$$\Delta_1 = 2, \Delta_2 = 1, \Delta_3 = 4 - 2t^2$$

故当 $4 - 2t^2 > 0$ 时,即 $-\sqrt{2} < t < \sqrt{2}$ 时,f 为正定二次型.

398.(**中国人民大学**) 设

$$f(x_1, x_2, x_3) = (x_1 + a_1 x_2)^2 + (x_2 + a_2 x_3)^2 + (x_3 + a_3 x_1)^2$$

则当( )时,此时二次型为正定二次型.

  (A) a_1, a_2, a_3 为任意实数   (B) $a_1 a_2 a_3 \neq 1$
  (C) a_1, a_2, a_3 为非正实数   (D) $a_1 a_2 a_3 \neq -1$

 答 (D)

 解法 1 用排除法. 令 $a_1 = a_2 = a_3 = -1$,则
$$f(x_1, x_2, x_3) = (x_1 - x_2)^2 + (x_2 - x_3)^2 + (x_3 - x_1)^2$$
这时 $f(1,1,1) = 0$,即 f 不是正定的. 从而否定(A),(B),(C),故选(D).

 解法 2 令 $\begin{pmatrix} y_1 \\ y_2 \\ y_3 \end{pmatrix} = \begin{pmatrix} 1 & a_1 & 0 \\ 0 & 1 & a_2 \\ a_3 & 0 & 1 \end{pmatrix} \begin{pmatrix} x_1 \\ x_2 \\ x_3 \end{pmatrix}$,则
$$f = y_1^2 + y_2^2 + y_3^2$$
所以当
$$\begin{vmatrix} 1 & a_1 & 0 \\ 0 & 1 & a_2 \\ a_3 & 0 & 1 \end{vmatrix} = 1 + a_1 a_2 a_3 \neq 0 \Rightarrow a_1 a_2 a_3 \neq -1$$
时,f 为正定二次型.

 解法 3 设 f 对应的矩阵为 A,则
$$A = \begin{bmatrix} 1 + a_3^2 & a_1 & a_3 \\ a_1 & 1 + a_1^2 & a_2 \\ a_3 & a_2 & 1 + a_2^2 \end{bmatrix}$$

A 的 3 个顺序主子式为

 $\Delta_1 = 1 + a_3^2 > 0$
 $\Delta_2 = (1 + a_3^2)(1 + a_1^2) - a_1^2 = 1 + a_3^2 + (a_1 a_3)^2 > 0$
 $\Delta_3 = (1 + a_1^2)(1 + a_2^2)(1 + a_3^2) + 2a_1 a_2 a_3 - (1 + a_1^2)a_3^2 - (1 + a_3^2)a_2^2$
  $= (a_1 a_2 a_3 + 1)^2 > 0$

所以当 $a_1 a_2 a_3 \neq -1$ 时,A 的 3 个顺序主子式都大于 0,则 f 为正定二次型,故选(D).

399.(数学三) 设有 n 元二次型
$$f(x_1, \cdots, x_n) = (x_1 + a_1 x_2)^2 + (x_2 + a_2 x_3)^2 + \cdots + (x_n + a_n x_1)^2 \quad \text{①}$$
其中 $a_i(i = 1, 2, \cdots, n)$ 为实数,试问:当 $a_1, a_2, \cdots, a_n$ 满足何种条件时,二次型 $f(x_1, \cdots, x_n)$ 为正定二次型.

 解 令
$$\begin{bmatrix} y_1 \\ y_2 \\ \vdots \\ y_n \end{bmatrix} = \begin{bmatrix} 1 & a_1 & 0 & \cdots & 0 & 0 \\ 0 & 1 & a_2 & \cdots & 0 & 0 \\ 0 & 0 & 1 & \cdots & 0 & 0 \\ \vdots & \vdots & \vdots & & 0 & 0 \\ 0 & 0 & 0 & \cdots & 1 & a_{n-1} \\ a_n & 0 & 0 & \cdots & 0 & 1 \end{bmatrix} \begin{bmatrix} x_1 \\ x_2 \\ \vdots \\ x_n \end{bmatrix}$$

当

$$\begin{vmatrix} 1 & a_1 & 0 & \cdots & 0 & 0 \\ 0 & 1 & a_2 & \cdots & 0 & 0 \\ 0 & 0 & 1 & \cdots & 0 & 0 \\ \cdots & \cdots & \cdots & \ddots & \ddots & \cdots \\ 0 & 0 & 0 & \cdots & 1 & a_{n-1} \\ a_n & 0 & 0 & \cdots & 0 & 1 \end{vmatrix} = 1 + (-1)^{n+1} a_1 a_2 \cdots a_n \neq 0$$

即当 $a_1 a_2 \cdots a_n \neq (-1)^n$ 时,原二次型

$$f(x_1, \cdots, x_n) = y_1^2 + y_2^2 + \cdots + y_n^2$$

为正定的.

400. **(数学一)** 已知二次型

$$f(x_1, x_2, x_3) = x^{\mathrm{T}} A x$$

在正交变换 $x = Qy$ 下的标准形为 $y_1^2 + y_2^2$,且 Q 的第 3 列为 $(\frac{\sqrt{2}}{2}, 0, \frac{\sqrt{2}}{2})^{\mathrm{T}}$.

(1) 求矩阵 A;
(2) 证明 $A + E$ 为正定矩阵,其中 E 为 3 阶单位矩阵.

解 (1) 由题设,A 特征值为 $1, 1, 0$,且 $(1, 0, 1)^{\mathrm{T}}$ 为 A 属于特征值 0 的一个特征向量. 设 $(x_1, x_2, x_3)^{\mathrm{T}}$ 为 A 属于特征值 1 的特征向量,因为 A 的属于不同特征值的特征向量正交,所以

$$(x_1, x_2, x_3) \begin{pmatrix} 1 \\ 0 \\ 1 \end{pmatrix} = 0 \Rightarrow x_1 + x_3 = 0$$

取 $(\frac{\sqrt{2}}{2}, 0, -\frac{\sqrt{2}}{2})^{\mathrm{T}}, (0, 1, 0)^{\mathrm{T}}$ 为 A 的属于特征值 1 的两个正交的单位特征向量,并令

$$Q = \begin{pmatrix} \frac{\sqrt{2}}{2} & 0 & \frac{\sqrt{2}}{2} \\ 0 & 1 & 0 \\ -\frac{\sqrt{2}}{2} & 0 & \frac{\sqrt{2}}{2} \end{pmatrix}$$

则有

$$Q^{\mathrm{T}} A Q = \begin{pmatrix} 1 & & \\ & 1 & \\ & & 0 \end{pmatrix}$$

故

$$A = Q \begin{pmatrix} 1 & & \\ & 1 & \\ & & 0 \end{pmatrix} Q^{\mathrm{T}} = \frac{1}{2} \begin{pmatrix} 1 & 0 & -1 \\ 0 & 2 & 0 \\ -1 & 0 & 1 \end{pmatrix}$$

(2)由(1)知,A 的特征值为 $1,1,0$,于是 $A+E$ 的特征值为 $2,2,1$,又 $A+E$ 为实对称矩阵,故 $A+E$ 为正定矩阵.

401.(武汉大学) (1)用矩阵给出平面上 n 个点 $P_i(x_i,y_i)$ 共线的充要条件;

(2)设 A 为 n 阶满秩矩阵,试证:$X(AA')X'$ 是一个正定二次型,这里 $X=(x_1,x_2,\cdots,x_n)$.

解 (1)设直线为
$$y=kx+b \qquad ①$$
n 个点共线是指线性方程组(把 k,b 看成未知量)
$$\begin{cases} kx_1+b=y_1 \\ kx_2+b=y_2 \\ \cdots\cdots \\ kx_n+b=y_n \end{cases} \qquad ②$$
有解.所以

n 个点 $P_i(x_i,y_i)$ 共线 $\Leftrightarrow$ 方程组②有解

$$\Leftrightarrow 秩\begin{bmatrix} 1 & x_1 \\ \vdots & \vdots \\ 1 & x_n \end{bmatrix} = 秩\begin{bmatrix} 1 & x_1 & y_1 \\ \vdots & \vdots & \vdots \\ 1 & x_n & y_n \end{bmatrix}$$

(2)设 A 是满秩矩阵,令 $Y'=A'X'$,其中 $Y=(y_1,\cdots,y_n)$,则
$$X'=(A')^{-1}Y'$$
是非退化线性替换,且
$$X(AA')X'=Y'=y_1^2+y_2^2+\cdots+y_n^2 \qquad ③$$

由式③看出,此二次型的正惯性指数与秩都等于 n,所以 $X(AA')X'$ 是正定二次型.

402.(清华大学) 设

$$A=\begin{bmatrix} 1 & 1 & 0 & 0 & 0 \\ 1 & 3 & 0 & 0 & 0 \\ 0 & 0 & a & a^2 & a^3 \\ 0 & 0 & 0 & a & a^2 \\ 0 & 0 & 0 & 0 & a \end{bmatrix}, X=\begin{bmatrix} x_1 \\ x_2 \\ x_3 \\ x_4 \\ x_5 \end{bmatrix}$$

(1)试给出 A 可逆的条件,并求 A^{-1};

(2)当 A 可逆时,二次型 $X'AX$ 是否正定? 并说明理由.

解 (1) 由拉普拉斯定理,在 A 中取第 1,2 行,可算得
$$|A|=\begin{vmatrix} 1 & 1 \\ 1 & 3 \end{vmatrix} \begin{vmatrix} a & a^2 & a^3 \\ 0 & a & a^2 \\ 0 & 0 & a \end{vmatrix} = 2a^3$$

故 当 $a\neq 0$ 时,A 可逆.且可求得

$$A^{-1} = \begin{bmatrix} \frac{3}{2} & -\frac{1}{2} & 0 & 0 & 0 \\ -\frac{1}{2} & \frac{1}{2} & 0 & 0 & 0 \\ 0 & 0 & \frac{1}{a} & -1 & 0 \\ 0 & 0 & 0 & \frac{1}{a} & -1 \\ 0 & 0 & 0 & 0 & \frac{1}{a} \end{bmatrix}$$

(2) 当 $a \neq 0$ 时,设二次型 $X'AX$ 对应的矩阵为 B,则

$$B = \begin{bmatrix} 1 & 1 & 0 & 0 & 0 \\ 1 & 3 & 0 & 0 & 0 \\ 0 & 0 & a & \frac{a^2}{2} & \frac{a^3}{2} \\ 0 & 0 & \frac{a^2}{2} & a & \frac{a^2}{2} \\ 0 & 0 & \frac{a^3}{2} & \frac{a^2}{2} & a \end{bmatrix} \qquad ④$$

且 $X'AX = X'BX$. 这时二次型 $X'BX$ 不一定是正定的. 比如 $a=-1$,那么 B 中有一阶主子式 $a=-1<0$,故 B 不是正定阵,即 $X'AX = X'BX$ 不是正定二次型.

注 ①任给 $A=(a_{ij}) \in \mathbf{R}^{n \times n}$,那么 $X'AX$ 都是二次型,但此二次型的矩阵并不一定是 A,因为 A 不一定是实对称阵,因此二次型 $X'AX$ 的矩阵是 $B=(b_{ij})_{n \times n}$,其中

$$b_{ij} = \frac{a_{ij} + a_{ji}}{2} \qquad (i,j = 1,2,\cdots,n)$$

这时 $B' = B$.

②当 $a \neq 0$ 时,上面式④给出的 B 并不是正定阵,下面给出 B 为正定阵的条件,设 Δ_k 为 B 的 k 阶顺序主子式 $(k=1,2,3,4,5)$ 那么

$$\begin{cases} \Delta_1 = 1 > 0 \\ \Delta_2 = 2 > 0 \\ \Delta_3 = 2a \\ \Delta_4 = 2(a^2 - \frac{a^4}{4}) \\ \Delta_5 = 2(a^3 - \frac{3}{4}a^5 + \frac{a^6}{8}) \end{cases}$$

故当 $a>0, 1-\frac{a^2}{4}>0, 1-\frac{3}{4}a^2+\frac{4}{8}>0$ 时,B 为正定阵,从而 $X'AX$ 为正定二次型.

403. (数学三) 设 A,B 分别是 m,n 阶正定阵,试判定分块阵 $C = \begin{bmatrix} A & O \\ O & B \end{bmatrix}$ 是否为正定矩阵.

解 可证 C 是正定阵,因为 A,B 都是实对称阵,从而 C 也是实对称阵. 且 $\forall X \in$

$\mathbf{R}^{m+n}, X \neq 0$,令 $X = \begin{bmatrix} X_1 \\ X_2 \end{bmatrix}$,则 $X_1 \in \mathbf{R}^m, X_2 \in \mathbf{R}^n$,且至少有一个不是零向量. 于是

$$X'CX = [X_1', X_2'] \begin{bmatrix} A & O \\ O & B \end{bmatrix} \begin{bmatrix} X_1 \\ X_2 \end{bmatrix}$$
$$= X_1'AX_1 + X_2'BX_2 > 0$$

故 C 为正定阵.

404.(数学三) 设 A 为三阶实对称矩阵,且满足 $A^2 + 2A = O$,已知 A 的秩 $A = 2$.

(1)求 A 的全部特征值;

(2)当 k 为何值时,矩阵 $A + kE$ 为正定矩阵,其中 E 为三阶单位矩阵.

解 (1) 设 λ 为 A 的一个特征值,对应的特征向量为 α,则

$$A\alpha = \lambda\alpha \Rightarrow A^2\alpha = \lambda^2\alpha (\alpha \neq 0)$$

于是

$$(A^2 + 2A)\alpha = (\lambda^2 + 2\lambda)\alpha$$

由条件 $A^2 + 2A = O$ 推知 $(\lambda^2 + 2\lambda)\alpha = 0$. 又由于 $\alpha \neq 0$,故有

$$\lambda = -2, \quad \lambda = 0.$$

因为实对称矩阵 A 必可对角化,且秩 $A = 2$,所以

$$A \sim \begin{pmatrix} -2 & & \\ & -2 & \\ & & 0 \end{pmatrix} = \Lambda$$

故矩阵 A 的全部特征值为

$$\lambda_1 = \lambda_2 = -2, \lambda_3 = 0$$

(2) **解法 1** 矩阵 $A + kE$ 仍为实对称矩阵. 由(1)知,$A + kE$ 的全部特征值为

$$-2 + k, -2 + k, \quad k$$

于是当 $k > 2$ 时,矩阵 $A + kE$ 的全部特征值大于零. 故矩阵 $A + kE$ 为正定矩阵.

解法 2 实对称矩阵必可对角化,故存在可逆矩阵 P,使得

$$P^{-1}AP = \Lambda \Rightarrow A = P\Lambda P^{-1}$$

于是

$$A + kE = P\Lambda P^{-1} + kPP^{-1} = P(\Lambda + kE)P^{-1}$$

可得

$$A + kE \sim \Lambda + kE$$

而

$$\Lambda + kE = \begin{pmatrix} k-2 & & \\ & k-2 & \\ & & k \end{pmatrix}$$

又因为 $\Lambda + kE$ 正定,所以其顺序主子式均大于 0,即

$$\begin{cases} k-2>0 \\ (k-2)^2>0 \\ (k-2)^2 k>0 \end{cases}$$

故,当 $k>2$ 时,矩阵 $A+kE$ 为正定矩阵.

405. (北京大学) 证明:

(1)(湖北大学) 正定矩阵一定可逆,且逆矩阵也是正定的;

(2)两个(同阶)正定矩阵的和也是正定的.

证 (1)设实对称阵 A 正定,则 $|A|>0$ 故 A 可逆.又因为
$$(A^{-1})'=(A')^{-1}=A^{-1}$$

所以 A^{-1} 也是实对称阵.

设 A 的特征值为 $\lambda_1,\lambda_2,\cdots,\lambda_n$,则由 A 正定有
$$\lambda_i>0 \quad (i=1,2,\cdots,n)$$

但 A^{-1} 的全部特征值为
$$\frac{1}{\lambda_i}>0 \quad (i=1,2,\cdots,n)$$

即证 A^{-1} 为正定阵.

(2)设 A,B 皆为 n 阶正定阵,则 $(A+B)'=A+B$,且 $\forall X\in \mathbf{R}^n, X\neq O$ 有
$$X'(A+B)X=X'AX+X'BX>0$$

故 $A+B$ 是正定的.

406. (华中师范大学,成都科技大学,湖南师范大学) 若 A 是 n 阶实对称阵,证明: A 半正定的充要条件是对任何 $\mu>0, B=\mu E+A$ 正定.

证 A 是实对称阵,从而存在正交阵 T,使
$$A=T'\begin{bmatrix} \lambda_1 & & \\ & \ddots & \\ & & \lambda_n \end{bmatrix}T$$

其中 $\lambda_1,\cdots,\lambda_n$ 为 A 的全部实特征值.

先证必要性. 若 A 半正定,则 $\lambda_i \geq 0 (i=1,2,\cdots,n)$.又因为
$$B=\mu E+A=T'\begin{bmatrix} \mu+\lambda_1 & & \\ & \ddots & \\ & & \mu+\lambda_n \end{bmatrix}T$$

所以 B 的全部特征值为
$$\mu+\lambda_i>0(i=1,2,\cdots,n)$$

又因为 $B'=B\in \mathbf{R}^{n\times n}$,所以 B 为正定阵.

再证充分性. 用反证法.

若 A 不是半正定的,则存在 $\lambda_k<0$.这时令 $\mu=-\frac{\lambda_k}{2}$,则 $\mu>0$,但

$$B = \mu E + A = T' \begin{bmatrix} \mu+\lambda_1 & & & & \\ & \ddots & & & \\ & & \frac{\lambda_k}{2} & & \\ & & & \ddots & \\ & & & & \mu+\lambda_n \end{bmatrix} T$$

即 B 中有一个特征值为 $\frac{\lambda_k}{2} < 0$，这与 B 为正定阵的假设矛盾，从而得证 A 是半正定的.

407. (数学三) 设 A 为 $m \times n$ 实矩阵，E 为 n 阶单位阵. 已知 $B = \lambda E + A^T A$，试证：当 $\lambda > 0$ 时，矩阵 B 为正定矩阵.

证 因为 $A^T A$ 是半正定阵，当 $\lambda > 0$ 时 λE 是正定阵，由 406 题即知 B 正定.

408. (华中师范大学，云南大学，数学一) 设 A 为 m 阶实对称阵，且正定. B 为 $m \times n$ 实矩阵，B^T 为 B 的转置矩阵. 试证：$B^T A B$ 为正定矩阵的充分必要条件是秩$(B) = n$.

证 先证充分性 首先 $(B^T A B)^T = B^T A B$.
$\forall x \in \mathbf{R}^{n \times 1}, x \neq 0$，由秩 $B = n$，知 $Bx \neq 0$，而 A 为正定阵，故
$$x^T (B^T A B) x = (Bx)^T A (Bx) > 0$$
此即 $B^T A B$ 为正定阵.

再证必要性 用反证法. 若秩 $B < n$，则 $Bx = 0$ 有非零实数解 x_0 存在，即 $Bx_0 = 0$，但 $x_0 \neq 0$，由 $B^T A B$ 为正定阵. 知
$$0 < x_0^T (B^T A B) x_0 = (Bx_0)^T A (Bx_0) \quad ①$$
另一方面，因为 $Bx_0 = 0$，所以
$$(Bx_0)^T A (Bx_0) = 0 \quad ②$$
由于式①，②矛盾，故秩 $B = n$.

409. (华中师范大学) 设 A, B 是 $n \times n$ 实对称阵，A 是正定阵，证明：存在实可逆阵 T，使 $T'(A+B)T$ 为对角阵.

证 由于 A 是正定阵，从而合同于 E，即存在实可逆阵 P，使
$$P'AP = E \quad ①$$
而 $P'BP$ 仍为实对称阵，从而存在正交阵 Q，使
$$Q'(P'BP)Q = \begin{bmatrix} \lambda_1 & & \\ & \ddots & \\ & & \lambda_n \end{bmatrix} \quad ②$$
其中 $\lambda_1, \cdots, \lambda_n$ 是 $P'BP$ 的特征值，令 $T = PQ$，则
$$T'(A+B)T = \begin{bmatrix} 1+\lambda_1 & & \\ & \ddots & \\ & & 1+\lambda_n \end{bmatrix} \quad ③$$

注 本题证明中附带得到一个重要结果：当 A, B 都是实对称阵，且 A 正定，则存

在实可逆阵 T,使 $T'AT=E$, $T'BT=\begin{bmatrix} b_1 & & \\ & \ddots & \\ & & b_n \end{bmatrix}$.这一结果会经常用到.

410.（福州大学） 设 C 为实非奇异矩阵,证明:A 为正定阵时,$C'AC$ 也是正定阵.且其逆也成立.

证 设 A 为 n 阶正定阵,C 为阶实非奇异阵,秩 $C=n$,那么由上面第 408 题即证.反之,设 $C'AC$ 正定,则仍由第 409 题知
$$(C^{-1})'(C'AC)C^{-1}=A$$
也正定.

411.（东北工业大学） 设 n 阶矩阵 $A=(a_{ij})$ 是正定阵,$b_1,b_2,\cdots,b_n$ 是任意 n 个非零实数,那么 $B=(a_{ij}b_ib_j)$ 也是正定阵.

证 由假设知
$$B=\begin{bmatrix} b_1^2 a_{11} & b_1 b_2 a_{12} & \cdots & b_1 b_2 a_{1n} \\ \vdots & \vdots & & \vdots \\ b_1 b_2 a_{n1} & b_2 b_n a_{n2} & \cdots & b_n^2 a_{nn} \end{bmatrix}=T'AT$$

其中 $T=\begin{bmatrix} b_1 & & \\ & \ddots & \\ & & b_n \end{bmatrix}$ 为实可逆阵.A 是正定阵,由上题即知 B 也是正定阵.

412.（江西师范大学,天津师范大学） 若 B 是正定阵,$A-B$ 是半正定阵,证明:
(1) $|A-\lambda B|=0$ 的所有根 $\lambda \geqslant 1$;
(2) $|A| \geqslant |B|$.

证 (1)已知 B 正定,所以存在可逆阵 T,使 $T'BT=E$,且
$$|T'||A-\lambda B||T|=|T'||(A-B)-(\lambda-1)B||T| \qquad ①$$
$$=|T'(A-B)T-(\lambda-1)E|$$
又因 $A-B$ 半正定,故 $T'(A-B)T$ 也半正定,特征值非负.故 $\lambda-1 \geqslant 0$,此即 $\lambda \geqslant 1$.

(2)因为
$$0=|A-\lambda B|=|AB^{-1}-\lambda E||B| \Leftrightarrow |\lambda E-AB^{-1}|=0 \qquad ②$$
由(1)知,$\lambda_i \geqslant 1(i=1,2,\cdots,n)$,再由②知 AB^{-1} 的 n 个特征值都不小于 1.所以
$$|AB^{-1}|=\lambda_1 \lambda_2 \cdots \lambda_n \geqslant 1 \Rightarrow |A| \geqslant |B|$$

413.（华中师范大学） 设 A,B 都是 n 阶正定阵,证明:
$$|A+B| \geqslant |A|+|B|$$

证 由第 409 题式③知,存在实可逆阵 T,使
$$T'(A+B)T=\begin{bmatrix} 1+\lambda_1 & & \\ & \ddots & \\ & & 1+\lambda_n \end{bmatrix}$$

故 $\qquad |A+B||T|^2=(1+\lambda_1)(1+\lambda_2)\cdots(1+\lambda_n) \qquad ④$

再由第 409 题式①知

由第 409 题式②知
$$|A||P|^2 = 1 \qquad ⑤$$
$$|B||P|^2 = \lambda_1 \cdots \lambda_n \qquad ⑥$$
而 $T=PQ$，其中 Q 为正交阵，故 $|Q|=\pm 1$，且
$$|T|^2 = |P|^2|Q|^2 = |P|^2 \qquad ⑦$$
由于 B 正定，故 $P'BP$ 也正定，由第 408 题①知，$\lambda_i > 0 (i=1,2,\cdots,n)$，所以
$$|A+B||P|^2 = (1+\lambda_1)(1+\lambda_2)\cdots(1+\lambda_n) \geqslant 1+\lambda_1\lambda_2\cdots\lambda_n$$
再由式⑤，⑥两式有
$$[|A|+|B|]|P|^2 = 1+\lambda_1\lambda_2\cdots\lambda_n \qquad ⑧$$
两边消去 $|P|^2$，证得
$$|A+B| \geqslant |A|+|B|$$

414. (华中师范大学) 设 $A = \begin{bmatrix} A_1 & A_2 \\ A_2' & A_3 \end{bmatrix}$ 为实矩阵，其中 $A_1' = A_1, A_3' = A_3$，证明：A 为正定阵的充要条件是 A_1 与 $A_3 - A_2'A_1^{-1}A_2$ 均为正定阵.

证 当 A_1 可逆时，有
$$\begin{bmatrix} E & O \\ -A_2'A_1^{-1} & E \end{bmatrix} \begin{bmatrix} A_1 & A_2 \\ A_2' & A_3 \end{bmatrix} \begin{bmatrix} E & -A_1^{-1}A_2 \\ O & E \end{bmatrix} = \begin{bmatrix} A_1 & O \\ O & A_3 - A_2'A_1^{-1}A_2 \end{bmatrix} \qquad ①$$

先证必要性. 若 A 正定，那么 A_1 也正定，A_1^{-1} 存在. 令
$$T = \begin{bmatrix} E & -A_1^{-1}A_2 \\ O & E \end{bmatrix}$$
则 T 可逆，故 $T'AT$ 也是正定阵. 从而
$$\begin{bmatrix} A_1 & O \\ O & A_3 - A_2'A_1^{-1}A_2 \end{bmatrix}$$
为正定阵. 因此它的主子矩阵 $A_1, A_3 - A_2'A_1^{-1}A_2$ 都是正定阵.

再证充分性. 由于 $A_1, A_3 - A_2'A_1^{-1}A_3$ 正定，由第 403 题知
$$\begin{bmatrix} A_1 & O \\ O & A_3 - A_2'A_1^{-1}A_2 \end{bmatrix}$$
为正定阵. 再由式①得
$$(T^{-1})' \begin{bmatrix} A_1 & O \\ O & A_3 - A_2'A_1^{-1}A_2 \end{bmatrix} T^{-1} = \begin{bmatrix} A_1 & A_2 \\ A_2' & A_3 \end{bmatrix}$$
即证 A 为正定阵.

注 在本题证明过程中，用到以下两个结论

（i）若 $A' = A$ 为正定阵，T 实可逆，则 $T'AT$ 也是正定阵. 此结论的证明见本节第 408 题.

（ii）若 A 正定，则 A 的一切主子阵 B 均为正定阵.

这是因为 B 的一切主子式均为 A 的主子式，从而大于 0，所以 B 是正定阵.

415.（数学三） 设 $D = \begin{pmatrix} A & C \\ C' & B \end{pmatrix}$ 为正定矩阵，其中 A, B 分别为 m 阶对称阵和 n 阶对称阵，C 为 $m \times n$ 矩阵。

(1) 计算 $P'DP$，其中 $P = \begin{pmatrix} E_m & -A^{-1}C \\ O & E_n \end{pmatrix}$；

(2) 利用(1)的结果判断矩阵 $B - C'A^{-1}C$ 是否为正定矩阵，并证明你的结论。

解 (1) 由 $P' = \begin{pmatrix} E_m & O \\ -C^{T}A^{-1} & E_n \end{pmatrix}$，有

$$P'DP = \begin{pmatrix} E_m & O \\ -C'A^{-1} & E_n \end{pmatrix} \begin{pmatrix} A & C \\ C' & B \end{pmatrix} \begin{pmatrix} E_m & -A^{-1}C \\ O & E_n \end{pmatrix}$$

$$= \begin{pmatrix} A & O \\ O & B - C'A^{-1}C \end{pmatrix}$$

(2) 矩阵 $B - C'A^{-1}C$ 是正定矩阵。

由(1)的结果可知，矩阵 D 合同于矩阵

$$M = \begin{pmatrix} A & O \\ O & B - C'A^{-1}C \end{pmatrix}$$

又因为 D 为正定矩阵，所以矩阵 M 为正定矩阵。

再由矩阵 M 为对称矩阵，知 $B - C'A^{-1}C$ 也是对称矩阵。

对 $X = \underbrace{(0, 0, \cdots, 0)}_{m}'$ 及任意的 $Y = (y_1, y_2, \cdots, y_n)' \neq 0$，有

$$(X', Y') \begin{pmatrix} A & O \\ O & B - C'A^{-1}C \end{pmatrix} \begin{pmatrix} X \\ Y \end{pmatrix} > 0$$

扫码获取本书资源

即证 $Y'(B - C'A^{-1}C)Y > 0$。故 $B - C'A^{-1}C$ 为正定矩阵。

416.（华中师范大学） 设二次型

$$f(x_1, x_2, \cdots, x_n) = \sum_{i=1}^{n}(1 - b_i)x_i^2 + 2\sum_{1 \leqslant i < j \leqslant n} x_i x_j$$

的矩阵为 B，其中

$$b_i > 0 \quad (i = 1, 2, \cdots, n) \qquad ①$$

$$1 - \sum_{i=1}^{n}\frac{1}{b_i} > 0 \qquad ②$$

问 $X'(B - A'A)X$ 是正定二次型？还是负定？还是不定？并证明你给出的结论，其中 A 是任意可逆实矩阵。

解 由假设知

$$B = \begin{bmatrix} 1 - b_1 & 1 & 1 & \cdots & 1 \\ 1 & 1 - b_2 & 1 & \cdots & 1 \\ 1 & 1 & 1 - b_3 & \cdots & 1 \\ \vdots & \vdots & \vdots & & \vdots \\ 1 & 1 & 1 & \cdots & 1 - b_n \end{bmatrix}$$

设 Δ_k 是 B 的 k 级顺序主子式($k=1,2,\cdots,n$). 利用加边法可算出
$$\Delta_k=(-1)^k b_1\cdots b_k(1-\frac{1}{b_1}-\cdots-\frac{1}{b_k})$$
再由式①,②可知
$$\begin{cases}\Delta_k>0,\text{当}k\text{为偶数时}\\ \Delta_k<0,\text{当}k\text{为奇数时}\end{cases}$$
所以 B 是负定矩阵. 由 A 是实可逆时,$A'A=A'EA$. 即 $A'A$ 合同于 E,从而 $A'A$ 正定. 那么 $-A'A$ 负定,由于两个负定阵之和仍为负定阵. 所以 $X'(B-A'A)X$ 是负定二次型.

417.(**北京大学**) 设 A 为 $n\times n$ 实系数对称阵,证明:秩 $A=n$ 的充要条件是存在一实系数 $n\times n$ 矩阵 B,使得 $AB+B'A$ 正定,其中 B' 为 B 的转置.

证 因为
$$(AB+B'A)'=(AB)'+(B'A)'=AB+B'A$$
此即 $AB+B'A$ 是 n 阶实对称阵.

先证必要性. 若秩 $A=n$,则 A^{-1} 存在,令 $B=A^{-1}$,则
$$AB+B'A=AA^{-1}+(A^{-1})'A'=E+(AA^{-1})=2E$$
由此可知 $AB+B'A$ 正定.

再证充分性. 设 $AB+B'A$ 正定. $\forall x\in \mathbf{R}^{n\times 1}, x\neq 0$
$$x'(AB+B'A)x=(Ax)'Bx+(Bx)'Ax>0 \qquad ①$$
由式①可知 $Ax\neq 0$ 这就是说,任意 $x\neq 0$,都有 $Ax\neq 0$,从而 $Ax=0$ 仅有零解,故
$$\text{秩 }A=n$$

418.(**吉林工业大学**) B 为 $m\times n$ 实矩阵,$x'=(x_1,\cdots,x_n)$,证明:方程组 $Bx=0$ 只有零解的充要条件是 $B'B$ 为正定阵.

证 $Bx=0$ 只有零解$\Leftrightarrow$秩 $B=n\Leftrightarrow$秩 $B'B=n\Leftrightarrow |B'B|\neq 0$
$$\Leftrightarrow B'B\text{ 正定}(B'B\text{ 半正定},|B'B|\neq 0)$$

注 上述证明中用到一个结论:A 半正定且 $|A|\neq 0$,$\Leftrightarrow A$ 正定,其中充分性是显然的,下证必要性,设 A 是 n 阶半正定阵,其 n 个实特征值为 $\lambda_1,\cdots,\lambda_n$. 由 A 半正定得
$$\lambda_i\geq 0(i=1,2,\cdots,n)$$
但 $|A|=\lambda_1\lambda_2\cdots\lambda_n\neq 0$,故 $\lambda_i>0(i=1,2,\cdots,n)$. 即 A 为正定阵.

419.(**华东师范大学**) 证明:实对称 A 可表成如下形式:$A=C'C$(其中 C 是实 n 阶方阵,C' 是 C 的转置矩阵)的充分必要条件是 A 的所有主子式都是非负的.

证 先证必要性. 设 $A=C'C$,则
$$x'Ax=x'(C'C)x=(Cx)'Cx$$
令 $(Cx)'=(y_1,y_2,\cdots,y_n)\in \mathbf{R}^{1\times n}$,由①知
$$x'Ax=y_1^2+y_2^2+\cdots+y_n^2\geq 0$$
所以 A 是半正定阵,从而 A 的所有主子式都是非负的.

再证充分性. 设 A 的所有主子式都非负,所以 A 是半正定阵,设 $\lambda_1,\cdots,\lambda_n$ 为 A

的全部特征值,则
$$\lambda_i \geqslant 0 (i=1,2,\cdots,n)$$
且存在正交阵 T,使
$$A = T' \begin{bmatrix} \lambda_1 & & \\ & \ddots & \\ & & \lambda_n \end{bmatrix} T = T' \begin{bmatrix} \sqrt{\lambda_1} & & \\ & \ddots & \\ & & \sqrt{\lambda_n} \end{bmatrix} \begin{bmatrix} \sqrt{\lambda_1} & & \\ & \ddots & \\ & & \sqrt{\lambda_n} \end{bmatrix} T$$
$$= C'C$$
其中 $C = \begin{bmatrix} \sqrt{\lambda_1} & & \\ & \ddots & \\ & & \sqrt{\lambda_n} \end{bmatrix} T$.

420.(吉林工业大学) 求证:当 n 阶实矩阵是半正定时,其伴随矩阵 A^* 也是半正定的.

证 设 A 是半正定阵,由上题知 $A=C'C$. 所以
$$A^* = (C'C)^* = C^* (C')^* = C^* (C^*)' = B'B$$
其中 $B=(C^*)' \in \mathbf{R}^{n \times n}$. 从而由上题可证 A^* 是半正定的.

421.(北京师范大学,山东大学,新疆大学) 设 A 是一个正定实对称矩阵,证明:A 的伴随矩阵 A^* 也是正定阵.

证法 1 因为 $A^* \in \mathbf{R}^{n \times n}, (A^*)' = (A')^* = A^*$. 又 A 正定. 由上题知 A^* 半正定. 于是 $|A| \neq 0$ 且 $|A^*| = |A|^{n-1} \neq 0$.

由本节第 418 题注,即知 A^* 正定.

证法 2 $A^* = |A|A^{-1} \in \mathbf{R}^{n \times n}$,且 $(A^*)' = A^*$,A 正定,故 $|A| > 0$.

设 A 的 n 个特征值为 $\lambda_1, \lambda_2, \cdots, \lambda_n$(都大于 0),于是 A^* 的 n 个特征值 $|A|\lambda_1^{-1}, |A|\lambda_2^{-1}, \cdots, |A|\lambda_n^{-1}$ 也都大于 0,即正惯性指数为 n,从而 A^* 正定.

422.(杭州大学) (1)若 A 可逆,则 AA' 正定;

(2)若秩 $A=r$,则 AA' 的秩也是 r.

证 (1) 因为 $AA'=AEA'$,即 AA' 合同于 E. 所以 AA' 正定.

(2)证明见第 110 题.

注 本题中,必须补充假设 A 是实矩阵.

423.(复旦大学) 设 A 是 n 阶实对称正定阵,S 是 n 阶反对称实方阵. 求证:
$$|A+S| > 0$$

证 A 是正定阵,它合同于 E. 即存在实可逆阵 T_1,使
$$T_1'AT_1 = E \qquad ①$$
由于 S 是实反对称阵,从而 $T_1'ST_1$ 仍是反对称阵,而反对阵的特征值只能是 0 或纯虚数,所以存在可逆阵 T_2,使
$$T_2^{-1}(T_1'ST_1)T_2 = \begin{bmatrix} \lambda_1 & & * \\ & \ddots & \\ 0 & & \lambda_n \end{bmatrix} \qquad ②$$

其中式②右边的 $\lambda_k=0$ 或 $\omega i(k=1,2,\cdots,n)$，即为反对称阵 $T_1'ST_1$ 的全部特征值.

由式①,②可得

$$T_2^{-1}T_1'(A+S)T_1T_2 = \begin{bmatrix} 1+\lambda_1 & & * \\ & \ddots & \\ 0 & & 1+\lambda_n \end{bmatrix} \quad ③$$

两边取行列式得

$$|A+S||T_1|^2 = (1+\lambda_1)(1+\lambda_2)\cdots(1+\lambda_n) \quad ④$$

由于 S 是实矩阵，其虚根成对，再且

$$(1+ai)(1-ai) = 1+a^2 > 0$$

因此

$$(1+\lambda_1)(1+\lambda_2)\cdots(1+\lambda_n) > 0 \quad (\text{无论 } \lambda_k \text{ 为 } 0 \text{ 或纯虚数})$$

又因为 $|T_1|^2 > 0$，再由式④知

$$|A+S| > 0$$

注 本题证明中用到结论：实反对称阵的特征值只能是 0 或纯虚数 $\omega i(\omega \neq 0)$. 事实上，设 A 是实反对称阵，λ 是它的一个特征值，α 是相应的特征向量，那么 $A x=\lambda x$.

$$\overline{\alpha}'A\alpha = \overline{\alpha}'(-A)'\alpha = -\overline{\alpha}'A'\alpha = -(\overline{A\alpha})'\alpha = -(\overline{\lambda\alpha})'\alpha = -\overline{\lambda}\,\overline{\alpha}'\alpha \quad ⑤$$

另一方面

$$\overline{\alpha}'A\alpha = \lambda\overline{\alpha}'\alpha \quad ⑥$$

由式⑤,⑥得

$$\lambda = -\overline{\lambda} \quad ⑦$$

设 $\lambda=a+bi$，由⑦得 $a=0$ 所以 $\lambda=bi$，即 λ 是 0 或纯虚数.

424.（吉林大学） 设 A,B 是实对称矩阵，证明：矩阵 $AB-BA$ 的特征值的实部为零.

证 令 $S=AB-BA$，则 S 是实矩阵，且

$$S'=(AB-BA)'=(AB)'-(BA)'=B'A'-A'B'=BA-AB=-S$$

从而 S 是实反对称阵. 由上题之注可知 $AB-BA=S$ 的特征值的实部为零.

425.（大连海运学院） 试证：二次型

$$f(x_1,\cdots,x_n) = 2\sum_{i=1}^{n} x_i^2 + 2\sum_{1 \leqslant i<j \leqslant n} x_i x_j$$

为正定二次型.

证 设 f 对应的矩阵为 A，则

$$A = \begin{bmatrix} 2 & 1 & 1 & \cdots & 1 \\ 1 & 2 & 1 & \cdots & 1 \\ 1 & 1 & 2 & \cdots & 1 \\ \vdots & \vdots & \vdots & & \vdots \\ 1 & 1 & 1 & \cdots & 2 \end{bmatrix}$$

计算可得 $|\lambda E-A|=(\lambda-1)^{n-1}(\lambda-n-1)$. 所以 A 的特征值为

$$\lambda_1=\cdots=\lambda_{n-1}=1, \quad \lambda_n=n+1$$

由于 A 的特征值全为正,所以 A 为正定阵,从而 f 为正定二次型.注:395 题的另解.

426.(**华中师范大学**) 设 A,B 分别是 $m\times n$ 和 $s\times n$ 的行满秩实矩阵,$Q=AB'(BB')^{-1}BA'$. 证明:

(1) $AA'-Q$ 是半正定矩阵;

(2) $0\leqslant|Q|\leqslant|AA'|$.

证 (1) 令 $C=\begin{bmatrix}A\\B\end{bmatrix}$, $G=CC'$, 那么 G 是半正定阵,且

$$G=\begin{bmatrix}AA' & AB'\\ BA' & BB'\end{bmatrix},$$

其中 AA',BB' 分别是 m 阶和 s 阶方阵,且

$$秩(AA')=秩 A=m, 秩(BB')=秩 B=s$$

故 AA' 和 BB' 都是可逆阵.

$$\begin{bmatrix}E & -AB'(BB')^{-1}\\ O & E\end{bmatrix}\begin{bmatrix}AA' & AB'\\ BA' & BB'\end{bmatrix}\begin{bmatrix}E & -(AB')(BB')^{-1}\\ O & E\end{bmatrix},$$

$$=\begin{bmatrix}AA'-Q & O\\ O & BB'\end{bmatrix} \qquad ①$$

由于 G 是半正定阵,但合同不改变半正定性,因此

$$\begin{bmatrix}AA'-Q & O\\ O & BB'\end{bmatrix}$$

是半正定阵. 从而它的主子阵 $AA'-Q$ 也是半正定阵.

(2) 因为 AA' 半正定. $|AA'|\neq 0$. 所以 AA' 正定.

类似可证 BB' 正定. 从而 $(BB')^{-1}$ 正定,那么

$$(BB')^{-1}=DD'$$

其中 D 为正定阵,所以

$$Q=AB'(BB')^{-1}BA'=AB'(DD')BA'=(AB'D)(AB'D)'$$

此即 Q 是半正定阵. 这样,存在实可逆阵 T,使

$$T'(AA')T=\begin{bmatrix}1 & & \\ & \ddots & \\ & & 1\end{bmatrix}, \quad T'QT=\begin{bmatrix}\lambda_1 & & \\ & \ddots & \\ & & \lambda_n\end{bmatrix} \qquad ②$$

其中 $\lambda_i\geqslant 0 (i=1,2,\cdots,n)$,因 Q 半正定. 且合同不改变半正交性. 于是由②得

$$T'(AA'-Q)T=\begin{bmatrix}1-\lambda_1 & & \\ & \ddots & \\ & & 1-\lambda_n\end{bmatrix}$$

再由上面(1)知 $AA'-Q$ 为半正定阵. 可得

$$1-\lambda_i \geqslant 0 (i=1,2,\cdots,n) \Rightarrow 0 \leqslant \lambda_i \leqslant 1, (i=1,2,\cdots,n)$$

对式②中第二式两边取行列式,得$|Q| \cdot |T|^2 = \lambda_1 \lambda_2 \cdots \lambda_n$,因此有

$$0 \leqslant |Q| \leqslant \frac{1}{|T|^2} \qquad ③$$

再对式②中第一式两边取行列式,得$|AA'| \cdot |T|^2 = 1$,故

$$|AA'| = \frac{1}{|T|^2} \qquad ④$$

将式④代入式③得

$$0 \leqslant |Q| \leqslant |AA'| \quad \text{注:运用 409 题.}$$

427.（中国人民大学） 设 A 为实对称矩阵,证明：

(1) A 是半正定的充分必要条件是有 n 阶实矩阵 P,使 $A = P'P$,并且秩 $A = $ 秩 P；

(2) 若 A 是半正定矩阵,则对任意 n 维向量 X, Y,有

$$|X'AY|^2 \leqslant |X'AX||Y'AY|$$

证 (1) 见本节第 419 题的证明及第 110 题可证

$$\text{秩 } A = \text{秩 } P$$

(2) 在 $\mathbf{R}^n$ 中,内积如通常所知,则有柯西-布涅柯夫斯基不等式：

$$|(\alpha, \beta)|^2 \leqslant |\alpha|^2 ||\beta|^2 \qquad ①$$

由于 A 半正定,因此由(1)知 $A = P'P$. 令 $\alpha = PX, \beta = PY$,则

$$(\alpha, \beta) = \alpha'\beta = X'P'PY = X'AY \qquad ②$$

$$|\alpha|^2 = (\alpha, \alpha) = (PX)'PX = X'AX = |X'AX| \qquad ③$$

$$|\beta|^2 = Y'AY = |Y'AY| \qquad ④$$

将式②～④代入① 得

$$|X'AY|^2 \leqslant |X'AX||Y'AY|$$

428.（中国人民大学） 设 A 为 n 阶正定阵,试证：

$$|A| \leqslant a_{11} a_{22} \cdots a_{nn}$$

其中 $a_{ii} (i=1,2,\cdots,n)$ 为 A 的主对角元素.

证 设

$$A = \begin{bmatrix} A_1 & \alpha \\ \alpha' & a_{nn} \end{bmatrix}$$

其中 A_1 为 A 的 $n-1$ 阶顺序主子阵,$\alpha' = (a_{1n}, a_{2n}, \cdots, a_{n-1,n})$

因为 A 正定,所以 A_1 正定,A_1^{-1} 存在,于是

$$\begin{bmatrix} E_{n-1} & 0 \\ -\alpha' A_1^{-1} & 1 \end{bmatrix} \begin{bmatrix} A_1 & \alpha \\ \alpha' & a_{nn} \end{bmatrix} \begin{bmatrix} E_{n-1} & -A_1^{-1}\alpha \\ 0 & 1 \end{bmatrix} = \begin{bmatrix} A_1 & 0 \\ 0 & a_{nn} - \alpha' A_1^{-1}\alpha \end{bmatrix}$$

两边取行列式得

$$|A| = |A_1|(a_{nn} - \alpha' A_1^{-1}\alpha) \qquad ①$$

因为 A_1 正定,所以 A_1^{-1} 正定,$\alpha' A_1^{-1} \alpha \geqslant 0$, $|A_1| > 0$. 由式①得

$$|A| \leqslant |A_1| a_{nn} \qquad ②$$

同理 $|A_1| \leqslant |A_2| a_{n-1,n-1}$,其中 A_2 为 A 的 $n-2$ 级顺序主子阵.这样继续下去,可得
$$|A| \leqslant |A_1| a_{nn} \leqslant |A_2| a_{n-1,n-1} a_{nn} \leqslant \cdots \leqslant a_{11} a_{22} a_{33} \cdots a_{nn}$$

429.(山东大学) 如果 A 是实半正定矩阵,则满足 $x'Ax=0$ 的 n 元实向量全体构成某齐次线性方程组的解空间.

证 令 $W_1=\{x|x\in \mathbf{R}^n, x'Ax=0\}, W_2=\{x|Ax=0\}$,下证 $W_1=W_2$.
$\forall x_0 \in W_2$,则 $Ax_0=\mathbf{0}$,故 $x_0'Ax_0=0$,此即 $x_0\in W_1$,所以
$$W_2 \subseteq W_1 \qquad \text{①}$$
反之,$\forall y_0\in W_1$,则
$$y_0'Ay_0=0 \qquad \text{②}$$
由于 A 半正定,故 $A=C'C$,其中 $C\in \mathbf{R}^{n\times n}$,代入②,得
$$0=y_0'Ay_0=(Cy_0)'(Cy_0) \qquad \text{③}$$
令 $(Cy_0)'=(d_1,d_2,\cdots,d_n)$,由③知
$$0=d_1^2+d_2^2+\cdots+d_n^2 \qquad \text{④}$$
因为 $d_i\in \mathbf{R}$,由式④知 $d_1=d_2=\cdots=d_n=0$,此即 $(Cy_0)'=0$.
所以 $Cy_0=0, C'(Cy_0)=0$,此即 $Ay_0=0$.故
$$y_0\in W_2, \text{即 } W_1 \subseteq W_2 \qquad \text{⑤}$$
由式①,⑤得 $W_1=W_2$.

430.(四川师范学院) 设 $f=X'AX, g=X'BX$ 是两个实二次型且 B 正定.证明:
(1)存在满秩线性变换 $X=TY$,使
$$\begin{cases} f=\lambda_1 y_1^2+\cdots+\lambda_n y_n^2 \\ g=y_1^2+\cdots+y_n^2 \end{cases}$$
其中 $X'=(x_1,\cdots,x_n), Y'=(y_1,\cdots,y_2)$;
(2)上述的 $\lambda_1,\cdots,\lambda_n$ 为 $|\lambda B-A|=0$ 的实根.

证 (1)因为 B 正定.B 合同于 E,从而存在实可逆阵 T_1,使
$$T_1'BT_1=E \qquad \text{①}$$
且 $T_1'AT_1$ 是实对称阵,从而存在正交阵 T_2,使
$$T_2'(T_1'AT_1)T_2=\begin{bmatrix} \lambda_1 & & \\ & \ddots & \\ & & \lambda_2 \end{bmatrix} \qquad \text{②}$$
其中 $\lambda_1,\cdots,\lambda_n$ 为 $T_1'AT_1$ 的全部特征值.令 $T=T_1T_2$,则 T 为实可逆阵,且由式①,②可得
$$T'BT=E \qquad \text{③}$$
$$T'AT=\begin{bmatrix} \lambda_1 & & \\ & \ddots & \\ & & \lambda_n \end{bmatrix} \qquad \text{④}$$
这时,令 $X=TY$,由式③,④知
$$f=X'AX=\lambda_1 y_1^2+\cdots+\lambda_y y_n^2$$

$$g = X'BX = y_1^2 + \cdots + y_n^2$$

(2) 由上面式③,④可得

$$T'(\lambda B - A)T = \begin{bmatrix} \lambda - \lambda_1 & & \\ & \ddots & \\ & & \lambda - \lambda_n \end{bmatrix} \quad \text{⑤}$$

两边取行列式有

$$|\lambda B - A| \, |T|^2 = (\lambda - \lambda_1)(\lambda - \lambda_2)\cdots(\lambda - \lambda_n) \quad \text{⑥}$$

因为 $|T| \neq 0$,所以由式⑥即证 λ_i 为 $|\lambda B - A| = 0$ 的实根. 注:运用了 409 题.

431. (武汉大学) 设 $A = (a_{ij})$ 是 n 阶正定阵,试证:

(1) 对任意 $i \neq j$,都有

$$|a_{ij}| < (a_{ii}a_{jj})^{\frac{1}{2}}$$

(2) A 之绝对值最大的元素必在主对角线上.

证 (1) 因为 A 正定,从而 A 的一切 2 阶主子式均大于 0,当 $i \neq j$ 时,有

$$\begin{vmatrix} a_{ii} & a_{ij} \\ a_{ij} & a_{jj} \end{vmatrix} = a_{ii}a_{jj} - a_{ij}^2 > 0$$

移项后,开方即证

$$|a_{ij}| < (a_{ii}a_{jj})^{\frac{1}{2}} \; (i \neq j, i,j = 1,2,\cdots,n) \quad \text{①}$$

(2) 设 A 的主对角线上最大元素为 a_{kk}(由于 A 正定, $a_{kk} > 0$). 再由上面式①

$$|a_{ij}| < (a_{ii}a_{jj})^{\frac{1}{2}} \leqslant \sqrt{a_{kk}^2} = a_{kk} \; (i \neq j)$$

此即证

$$|a_{ij}| \leqslant a_{kk} \; (i,j = 1,2,\cdots,n)$$

即 A 中绝对值最大元必在主对角线上.

432. (大连理工大学) 设正定分块矩阵 $A = \begin{bmatrix} A_{11} & A_{12} \\ A_{21} & A_{22} \end{bmatrix}$ 的逆矩阵为 $B = \begin{bmatrix} B_{11} & B_{12} \\ B_{21} & B_{22} \end{bmatrix}$,其中 $A_{ii}, B_{ii}(i=1,2)$ 均为 m_i 阶方阵,证明:

$$A_{11}^{-1} = B_{11} - B_{12}B_{22}^{-1}B_{21}$$

证 由 $AB = E$,得

$$A_{11}B_{11} + A_{12}B_{21} = E \quad \text{①}$$
$$A_{11}B_{12} + A_{12}B_{22} = 0 \quad \text{②}$$

由式②得

$$A_{11}B_{12}B_{22}^{-1} = -A_{12} \quad \text{③}$$

式③两端右乘 B_{21},左乘 A_{11}^{-1} 得

$$B_{12}B_{22}^{-1}B_{21} = A_{11}^{-1}(-A_{12}B_{21}) = A_{11}^{-1}(A_{11}B_{11} - E)$$
$$= B_{11} - A_{11}^{-1}$$

移项后即证 $A_{11}^{-1} = B_{11} - B_{12}B_{22}^{-1}B_{21}$.

433.（南京大学） 设 A 是 n 级正定矩阵，B 是 n 级实矩阵并且 0 不是 B 的特征值，证明：$|A+B'B|>|A|$.

证 由 B 是 n 级实矩阵，且 0 不是 B 的特征值可得出 $|B|\neq 0$ 即 B 可逆. 而 $B'B$ 为对称矩阵，则 $B'B$ 正定故存在可逆矩阵 C 使它相似于对角矩阵，即

$$C^{\mathrm{T}}B'BC=E$$

而 A 又为 n 级正定矩阵，则 $C^{\mathrm{T}}AC$ 正定，故存在正交阵 D，使它相似于对角矩阵，即

$$D^{-1}C^{\mathrm{T}}ACD=\begin{pmatrix} \gamma_1 & 0 & \cdots & 0 \\ 0 & \gamma_2 & \cdots & 0 \\ \vdots & \vdots & & \vdots \\ 0 & 0 & \cdots & \gamma_n \end{pmatrix}$$

可得

$C'B'BC=E$，而 A 又为 n 级正定矩阵，$C'AC$ 亦正定，则存在正交阵 D 使其相似对角矩阵，即

$$D'(C'AC)D=\begin{vmatrix} \lambda_1 & 0 & \cdots & 0 \\ 0 & \lambda_2 & \cdots & 0 \\ \vdots & \vdots & & \vdots \\ 0 & 0 & \cdots & \lambda_n \end{vmatrix}, \gamma_1>0, (I=1,2,\cdots,n)$$

$$|C|^2|A+B'B|=|D'C'(A+B'B)CD|=\begin{vmatrix} \gamma_1+1 & 0 & \cdots & 0 \\ 0 & \gamma_2+1 & \cdots & 0 \\ \vdots & \vdots & & \vdots \\ 0 & 0 & 0 & \gamma_n+1 \end{vmatrix}=\prod_{i=1}^{n}(\gamma_n+1)>\sum_{i=1}^{n}\gamma_n$$

$$|C|^2|A|=|D'C'ACD|=\sum_{i=1}^{n}\gamma_n$$

故有 $|A+B'B|>|A|$. 注：应用 409 题.

434.（郑州大学） 设 A 为 n 阶半正定阵，B 为 n 阶正定阵，证明：
$$|A+B|\geq|B|,$$ 且等号成立当且仅当 $A=O$.

证 由假设知 $A+B$ 正定阵，$(A+B)-B$ 半正定，B 正定，由第 412 题有
$$|A+B|\geq|B|$$

当 $A=O$ 时，$|A+B|=|B|$.

当 $A\neq O$ 时，秩 $A\geq 1$，B 正定，有在实可逆阵 P，使
$$P'BP=E \qquad ①$$
$$P'(A+B)P=P'AP+E=C+E \qquad ②$$

其中 $C=P'AP$，故秩 $C\geq 1$.

设 C 的 n 个特征值为 $\lambda_1,\cdots,\lambda_n$，因为秩 $C\geq 1$，由 C 半正定，因此至少有一个 $\lambda_i>0$，不妨设 $\lambda_1>0$. 那么 $C+E$ 的 n 个特征值为
$$\lambda_1+1,\cdots,\lambda_n+1$$

其中 $\lambda_1+1>1$. 由式②有
$$|C+E|=(\lambda_1+1)\cdots(\lambda_n+1)=|P|^2\cdot|A+B| \qquad ③$$
故 $|A+B|>\dfrac{1}{|P|^2}$. 由式①知 $|B|=\dfrac{1}{|P|^2}$, 即证 $|A+B|>|B|$.

435. (兰州大学,福州大学) A 为半正定阵, $A\neq O$, 证明: $|A+E|>1$.

证 在上题中, 令 $B=E$, 并由后一命题, $A\neq O$ 时有
$$|A+B|>|B|, |A+E|>|E|=1.$$

436. (云南大学) 设 A, B 都是正定, 证明:

(1)方程 $|\lambda A-B|=0$ 的根都大于 0;

(2)方程 $|\lambda A-B|=0$ 的所有根等于 1 的充要条件是 $A=B$.

证 (1)由 A 正定, 则存在实可逆阵 T, 使
$$T'AT=E, \quad T'BT=\begin{bmatrix}b_1 & & \\ & \ddots & \\ & & b_n\end{bmatrix} \qquad ①$$

故 $|T'||\lambda A-B||T|=|\lambda T'AT-T'BT|=|\lambda E-T'BT|$
$$=\begin{bmatrix}\lambda-b_1 & & \\ & \ddots & \\ & & \lambda-b_n\end{bmatrix} \qquad ②$$

因为 B 正定, 所以 $T'BT$ 仍正定. 由式①知 $b_i>0 (i=1,2,\cdots,n)$.

再由式②知
$$|\lambda A-B|=0 \iff \lambda-b_i=0 (i=1,2,\cdots,n) \qquad ③$$

而 $\lambda=b_i>0$, 从而方程 $|\lambda A-B|=0$ 的根都大于 0.

(2)若 $|\lambda A-B|=0$ 的根都等于 1, 则 $b_1=\cdots b_n=1$. 由式①知
$$T'AT=E=T'BT$$

故 $A=B$.

反之, 若 $A=B$. 则 $|\lambda A-B|=0$ 变为 $|(\lambda-1)B|=0$, 即 $(\lambda-1)^n|B|=0$, 故 $|B|\neq 0$, $(\lambda-1)^n=0$, 从而
$$\lambda_1=\cdots=\lambda_n=1$$

即证方程 $|\lambda A-B|=0$ 的根全等于 1.

437. (中国科学院) 设 $\alpha_1, \alpha_2, \cdots, \alpha_n$ 是 n 维实欧氏空间的 n 个单位向量, 即 $\alpha_i'\alpha_i=1$ ($i=1,2,\cdots,n$). $A=(\alpha_1,\cdots,\alpha_n)$ 表示 $n\times n$ 矩阵, 求证 A 的行列式的绝对值 $|\det A|\leqslant 1$. 且 $|\det A|=1$ 当且仅当 $\alpha_1,\cdots,\alpha_n$ 两两正交.

证 (1)由于 $A'A$ 半正定, 且
$$A'A=\begin{bmatrix}\alpha_1'\alpha_1 & \alpha_1'\alpha_2 & \cdots & \alpha_1'\alpha_n \\ \alpha_2'\alpha_1 & \alpha_2'\alpha_2 & \cdots & \alpha_2'\alpha_n \\ \vdots & \vdots & & \vdots \\ \alpha_n'\alpha_1 & \alpha_n'\alpha_1 & \cdots & \alpha_n'\alpha_n\end{bmatrix} \qquad ①$$

由第 429 题知
$$|A|^2 = |A'A| \leqslant (\alpha_1'\alpha_1)(\alpha_2'\alpha_2)\cdots(\alpha_n'\alpha_n) = 1$$
故 $|\det A| \leqslant 1$.

(2)(ⅰ) 设 $|\det A| = 1$, 则 $|A'A| = 1$. 从而 $A'A$ 为正定阵, 令

$$A'A = \begin{bmatrix} 1 & b_2 & \cdots & b_{1n} \\ b_n & 1 & \cdots & b_{2n} \\ \vdots & \vdots & & \vdots \\ b_{1n} & b_{2n} & \cdots & 1 \end{bmatrix} \quad ②$$

$$1 = |A'A| = \begin{vmatrix} B_{n-1} & Z \\ Z' & 1 \end{vmatrix} = \begin{vmatrix} B_{n-1} & Z \\ 0 & 1 \end{vmatrix} + \begin{vmatrix} B_{n-1} & Z \\ Z' & 0 \end{vmatrix}$$
$$= |B_{n-1}| - Z'B_{n-1}^*Z \quad ③$$

其中 B_{n-1} 为 $A'A$ 的 $n-1$ 阶顺序主子阵, 因为 $A'A$ 正定, 所以 B_{n-1} 正定, 从而 B_{n-1}^* 正定, 故 $Z'B_{n-1}^*Z \geqslant 0$. 但 $|B_{n-1}| \leqslant 1 \times 1 \cdots 1 = 1$. 所以要使式③成立必须 $Z = 0$. 这样

$$A'A = \begin{bmatrix} 1 & b_{12} & \cdots & b_{1,n-1} & 0 \\ b_{12} & 1 & \cdots & b_{2,n-1} & 0 \\ \vdots & \vdots & & \vdots & \vdots \\ b_{n-1,1} & b_{n-1,2} & \cdots & 1 & 0 \\ 0 & 0 & \cdots & 0 & 1 \end{bmatrix} \quad ④$$

再由式④知 $|B_{n-1}| = 1$, 且 B_{n-1} 正定. 把 B_{n-1} 看成 $A'A$, 仿上面继续下去, 可证
$$A'A = E \quad ⑤$$

由式①,⑤即证
$$\alpha_i\alpha_j = 0 (i \neq j, i,j = 1,2,\cdots,n)$$

(ⅱ) 设 $\alpha_i\alpha_j = 0(i \neq j)$, 那么由式①知 $A'A = E$. 所以
$$|A|^2 = 1 \Rightarrow |A| = \pm 1$$
从而有 $|\det A| = 1$.

438. (中山大学) 设 A 是 $n \times n$ 实矩阵, 且 A 的元素 a_{ij} 全满足
$$|a_{ij}| < k(\text{常数}) \quad (i,j = 1,2,\cdots,n) \quad ①$$
试证明如下 Hadamard(哈达玛)不等式:
$$|\det A| \leqslant k^n n^{\frac{n}{2}} \quad ②$$
其中 $\det A$ 表示 A 的行列式.

证 因为 $A = (a_{ij}) \in \mathbf{R}^{n \times n}$, 所以 $A'A$ 为半正定阵, 且

$$AA' = \begin{bmatrix} a_{11}^2 + a_{12}^2 + \cdots + a_{1n}^2 & & & * \\ & a_{21}^2 + a_{22}^2 + \cdots + a_{2n}^2 & & \\ & * & & \ddots \\ & & & a_{n1}^2 + a_{n2}^2 + \cdots + a_{nn}^2 \end{bmatrix}$$

由第 428 题知

$$|A|^2 \leqslant (a_{11}^2 + \cdots + a_{1n}^2)(a_{21}^2 + \cdots + a_{2n}^2)\cdots(a_{n1}^2 + \cdots + a_{nn}^2)$$
$$\leqslant (nk^2)(nk^2)\cdots(nk^2) = n^n k^{2n}$$

两边开方即证式②.

439. (上海交通大学) A 为 n 阶实对称阵,E 为 n 阶单位阵. 求证:对充分小的正数 ε,$E+\varepsilon A$ 为正定阵.

证 可证 $E+\varepsilon A$ 为实对称阵,且有在正交阵 T,使

$$T^{-1}AT = \begin{bmatrix} \lambda_1 & & \\ & \ddots & \\ & & \lambda_n \end{bmatrix} \qquad ①$$

其中 $\lambda_1,\cdots,\lambda_n$ 为 A 的全部实特征值. 令

$$\lambda_0 = \max\{|\lambda_1|,|\lambda_2|,\cdots,|\lambda_n|\}$$

不妨设 $\lambda_0 > 0$ (因为若 $\lambda_0 = 0$,则 $\lambda_1 = \cdots = \lambda_n = 0$,$A = 0$,结论已证).

再令 $\varepsilon = \dfrac{1}{\lambda_0+1}$,那么

$$\left|\frac{\lambda_i}{\lambda_0+1}\right| < 1 \quad (i = 1,2,\cdots,n) \qquad ②$$

再由式①有

$$T^{-1}(E+\varepsilon A)T = \begin{bmatrix} 1+\dfrac{\lambda_1}{\lambda_0+1} & & \\ & \ddots & \\ & & 1+\dfrac{\lambda_n}{\lambda_0+1} \end{bmatrix}$$

由式②知 $1+\dfrac{\lambda_i}{\lambda_0+1} > 0 (i=1,2,\cdots,n)$. 故 $E+\varepsilon A$ 为正定阵.

440. (中山大学) 证明下列命题或举出反例说明命题不真:

(1) n 阶实对称方阵 A 为半正定的充分必要条件是 A 的所有顺序主子式全为非负;

(2) 若 n 维线性空间 V 的子空间 V_1 是 n 阶实对称阵 A 的不变子空间,$V_1^{\perp}$ 是 V_1 的正交补,则 $V_1^{\perp}$ 也是 A 的不变子空间;

(3) 设 A,B 同为 n 级实方阵,则 AB 与 BA 有相同的特征多项式.

解 (1) 此命题不真,比如

$$A = \begin{bmatrix} 0 & 0 \\ 0 & -1 \end{bmatrix}$$

它所有顺序主子式非负,但它不是半正定的.

(2) 命题真(这里 $V = \mathbf{R}^n$,否则无正交补可言),在 $\mathbf{R}^n$ 中定义线性变换

$$\sigma\alpha = A\alpha, \forall \alpha \in \mathbf{R}^n \qquad ①$$

可证 σ 在标准正交基

$$\varepsilon_1 = \begin{bmatrix} 1 \\ 0 \\ \vdots \\ 0 \end{bmatrix}, \quad \varepsilon_2 = \begin{bmatrix} 0 \\ 1 \\ \vdots \\ 0 \end{bmatrix}, \quad \cdots, \quad \varepsilon_n = \begin{bmatrix} 0 \\ \vdots \\ 0 \\ 1 \end{bmatrix}$$

下的矩阵为 A,且对 $\forall \alpha, \beta \in \mathbf{R}^n$ 有

$$(A\alpha, \beta) = (\alpha, A\beta) \qquad ②$$

$\forall \alpha \in V_1^\perp$,下证 $A\alpha \in V_1^\perp$,即证

$$A\alpha \perp V_1 \qquad ③$$

事实上,$\forall \beta \in V_1$,则 $A\beta \in V_1$(因为 V_1 是 A 的不变子空间),而 $\alpha \perp V_1$,故 $(\alpha, A\beta)=0$ 由上面式②有

$$(A\alpha, \beta) = 0$$

此即 $A\alpha \perp V_1$,故 $A\alpha \in V_1^\perp$,即 $V_1^\perp$ 是 A 的不变子空间.

(3)命题真.第 312 题可得.

441.(北京航空航天大学) 已知 A, B 均为 n 阶实对称正定阵,且有 $AB=BA$,试证:AB 也是正定矩阵.

证 $AB \in \mathbf{R}^{n \times n}, (AB)' = B'A' = BA = AB$ 故 AB 是 n 阶实对称阵.

可以证明:存在同一个实可逆阵,使

$$T^{-1}AT = \begin{bmatrix} a_1 & & \\ & \ddots & \\ & & a_n \end{bmatrix}, \quad T^{-1}BT = \begin{bmatrix} b_1 & & \\ & \ddots & \\ & & b_n \end{bmatrix} \qquad ①$$

事实上,存在正交阵 P,使

$$P^{-1}AP = \begin{bmatrix} \lambda_1 E & & \\ & \ddots & \\ & & \lambda_s E_s \end{bmatrix} \qquad ②$$

其中 E_i 为 k 级单位阵,$\lambda_1, \cdots, \lambda_s$ 互不相同.由 $AB=BA$,可得

$$(P^{-1}AP)(P^{-1}BP) = P^{-1}ABP = P^{-1}BAP = (P^{-1}BP)(P^{-1}AP)$$

于是

$$P'BP = P^{-1}BP = \begin{bmatrix} B_1 & & \\ & \ddots & \\ & & B_s \end{bmatrix}$$

其中 B_i 与 E_i 是同级方阵$(i=1, 2, \cdots, s)$

由 $B'=B$,可得 $B_i' = B_i (i=1, 2, \cdots, s)$,从而存在正交阵 Q_i,使

$$Q_i' B_i Q_i = \begin{bmatrix} b_{i1} & & 0 \\ & \ddots & \\ 0 & & b_{ik_i} \end{bmatrix} \quad (i=1, 2, \cdots s)$$

都是对角阵,再令
$$Q = \begin{bmatrix} Q_1 & & \\ & \ddots & \\ & & Q_s \end{bmatrix}$$

那么 Q 是正交阵,且令 $T=PQ$,则

$$T^{-1}BT = Q^{-1}(P^{-1}BP)Q = \begin{bmatrix} b_{11} & & & & & & 0 \\ & \ddots & & & & & \\ & & b_{1k_1} & & & & \\ & & & \ddots & & & \\ & & & & b_{s1} & & \\ & & & & & \ddots & \\ 0 & & & & & & b_{sk_s} \end{bmatrix}$$

为对角阵.

$$T^{-1}AT = \begin{bmatrix} Q_1^{-1} & & \\ & \ddots & \\ & & Q_s^{-1} \end{bmatrix} \begin{bmatrix} \lambda E_1 & & \\ & \ddots & \\ & & \lambda_s E_s \end{bmatrix} \begin{bmatrix} Q_1 & & \\ & \ddots & \\ & & Q_s \end{bmatrix} = \begin{bmatrix} \lambda_1 E_1 & & \\ & \ddots & \\ & & \lambda_s E_s \end{bmatrix}$$

也为对角阵,从而得证式①成立.

由于 A,B 正定,则有
$$a_i > 0, b_i > 0 \quad (i = 1, 2, \cdots, n)$$

但
$$T^{-1}ABT = (T^{-1}AT)(T^{-1}BT) = \begin{bmatrix} a_1 b_1 & & \\ & \ddots & \\ & & a_n b_n \end{bmatrix}$$

因为 $a_i b_i > 0 (i=1,2,\cdots,n)$, 所以 AB 是正定阵.

注 利用该题解答可证:

(中国科学院) 设 A,B 为实正定矩阵,求证:AB 正定的充要条件是
$$AB = BA$$

证 现给出充分性的另一简洁证明:

充分性. 由 $(AB)' = AB$ 知, AB 为实对称矩阵. 令 λ 为 AB 的任一特征值. 则有
$$ABX = \lambda X, \Rightarrow BX = \lambda A^{-1}X, \Rightarrow Z'BZ = \lambda Z'A^{-1}Z > 0$$

故 $\lambda > 0$, 即证 AB 正定.

442.(武汉大学) 若 A 是实满秩矩阵,求证:存在正交阵 P_1, P_2 使
$$P_1^{-1}AP_2 = \begin{bmatrix} \lambda_1 & & \\ & \ddots & \\ & & \lambda_n \end{bmatrix}, \lambda_i > 0 \quad (i = 1, 2, \cdots, n) \qquad ①$$

证 由于 A 实满秩,从而 $A'A$ 为正定阵,存在正交阵 P_1,使得
$$P_1'(AA')P_1 = \begin{bmatrix} \mu_1 & & \\ & \ddots & \\ & & \mu_n \end{bmatrix} \qquad ②$$

其中 $\mu_i > 0$ $(i=1,2,\cdots,n)$,再令
$$\lambda_i = \sqrt{\mu_i}(i=1,2,\cdots,n) \Rightarrow \lambda_i > 0(i=1,2,\cdots,n)$$
$$C = \begin{bmatrix} \lambda_1 & & \\ & \ddots & \\ & & \lambda_n \end{bmatrix}$$

则由式②有
$$P_1'(AA')P_1 = C^2 \qquad ①$$

令 $P_2 = A'P_1C^{-1}$,则 P_2 是实矩阵,于是
$$P_2'P_2 = (C^{-1}P_1'A)(A'P_1C^{-1}) = C^{-1}P_1'AA'P_1C^{-1} = C^{-1}C^2C^{-1} = E$$
此即 P_2 是正交阵,且
$$P_1^{-1}AP_2 = P_1'A(A'P_1C^{-1}) = C^2C^{-1} = C = \begin{bmatrix} \lambda_1 & & \\ & \ddots & \\ & & \lambda_n \end{bmatrix}$$

443. (西北工业大学) 如果 A,B 均为同阶实对称正定矩阵,证明:AB 的特征值均大于 0.

证 A 正定,A 合同于 E,即存在实可逆阵 P,使 $PAP' = E$.
$$PABP^{-1} = PAP'(P')^{-1}BP^{-1} = (P^{-1})'B(P^{-1}) \qquad ①$$
当 B 正定时,则 $(P^{-1})'BP^{-1}$ 也正定,从而它的特征值全大于 0. 由式①知 AB 与 $(P^{-1})'B(P^{-1})$ 相似,有相同特征值,因此 AB 的特征值均大于 0.

444. (中山大学,湖南师范大学) 证明:实对称 A 的特征根均在闭区间 $[a,b]$ 上,当且仅当 $A-tE$ 的二次型对 $t > b$ 时为负定,对 $t < a$ 时为正定.

证 设 n 阶实对称阵 A 的全部特征值为 $\lambda_1,\cdots,\lambda_n$,则
$$a \leqslant \lambda_i \leqslant b \quad (i=1,2,\cdots,n) \qquad ①$$
再设 $A-tE$ 的全部特征值为 $\mu_1,\cdots,\mu_n$,则
$$\mu_i = \lambda_i - t(i=1,2,\cdots,n)$$

由式①有
$$a - t \leqslant \mu_i \leqslant b - t(i=1,2,\cdots,n)$$
当 $t > b$ 时,由式②知
$$\mu_i < 0(i=1,2,\cdots,n)$$
故 $A - tE$ 为负定阵,从而相应二次型为负定二次型.
当 $t < a$ 时,由式②有
$$0 < \mu_i(i=1,2,\cdots,n)$$
$A - tE$ 为正定阵,从而相应二次型为正定二次型.

445. (兰州大学) 设实对称阵 A 的特征值全大于 a, 实对称阵 B 的特征值全大于 b, 证明: $A+B$ 的特征值全大于 $a+b$.

证 设 A, B 均为 n 阶实对称阵, 从而 $A+B$ 也是 n 阶实对称阵.

由上题知, $A-aE$ 和 $B-bE$ 都是正定阵, 从而
$$(A-aE)+(B-bE) = A+B-(a+b)E$$
为正定阵.

设 $A+B$ 的 n 个特征值为 $\lambda_1, \cdots, \lambda_n$, 那么 $(A+B)-(a+b)E$ 的 n 个特征值为
$$\lambda_1-(a+b), \lambda_2-(a+b), \cdots, \lambda_n-(a+b)$$

因为 $A+B-(a+b)E$ 为正定阵. 所以 $\lambda_i-(a+b)>0 (i=1,2,\cdots,n)$, 即证 $\lambda_i > a+b$ $(i=1,2,\cdots,n)$.

446. (吉林工业大学) B 为 $m \times n$ 实矩阵, $x=(x_1, x_2, \cdots, x_n)'$, 证明: 方程组 $Bx=0$ 只有零解的充分必要条件是, 其中 B^TB 为正定矩阵 B^T 表示 B 的转置.

证 $Bx=0$ 只有零解 $\Leftrightarrow B^TBx=0$ 只有零解 $\Leftrightarrow |B^TB| \neq 0$
$\Leftrightarrow B^TB$ 为正定阵.

447. (华中师范大学) 判定 n 元二次型 $(n+1)\sum\limits_{i=1}^{n} x_i^2 - (\sum\limits_{i=1}^{n} x_i)^2$ 是否正定.

解 设此二次型对应矩阵为 A, 则
$$A = \begin{bmatrix} n & -1 & -1 & \cdots & -1 \\ -1 & n & -1 & \cdots & -1 \\ -1 & -1 & n & \cdots & -1 \\ \vdots & \vdots & \vdots & & \vdots \\ -1 & -1 & -1 & \cdots & n \end{bmatrix}$$

计算可得
$$|\lambda E - A| = (\lambda-n-1)^{n-1}(\lambda-1). \Rightarrow \lambda_1 = \cdots = \lambda_{n-1} = n+1, \lambda_n = 1$$
由于 A 的特征值均为正, 因此 A 为正定阵, 从而二次型为正定二次型.

第六章 线性空间

6.1 线性空间的概念、基、维数、坐标

【考点综述】

1. 线性空间

设有两个非空集,一个是集 V,一个是数域 P. 在其上定义两种运算并满足以下几条运算律,则构成线性空间 V:

(1)在 V 中定义了一个"加法"运算,且 $\forall \alpha, \beta, \gamma \in V$,满足

(ⅰ)封闭性　$\alpha + \beta \in V$.

(ⅱ)交换律　$\alpha + \beta = \beta + \alpha$.

(ⅲ)结合律　$(\alpha + \beta) + \gamma = \alpha + (\beta + \gamma)$.

(ⅳ)存在零元　即存在 $0 \in V$,使 $\alpha + 0 = \alpha$.

(ⅴ)存在负元　即 $\forall \alpha \in V$ 存在 $\beta \in V$,使 $\alpha + \beta = 0$.

(2)在 V 与 P 之间定义了"数乘"运算,有 $\forall \alpha, \beta \in V, \forall k, l \in P$,满足

(ⅵ)封闭性　$k\alpha \in V$

(ⅶ)单位元　$1 \cdot \alpha = \alpha$

(ⅷ)两种分配律　$(k+l)\alpha = k\alpha + l\alpha, k(\alpha + \beta) = k\alpha + k\beta$.

(ⅸ)结合律　$k(l\alpha) = (kl)\alpha$.

注　线性空间又名向量空间或矢量空间.

2. 维数与基

设 V 是数域 P 上的线性空间,若存在线性无关向量组 $\alpha_1, \cdots, \alpha_n \in V$,对 $\forall \beta \in V, \beta$ 都可由 $\alpha_1, \cdots, \alpha_n$ 线性表出. 则称 $\alpha_1, \cdots, \alpha_n$ 为 V 的一组基,且 $\dim V = n$(或维 $V = n$).

3. 几个常用的线性空间

(1)$P^{m \times n}$ 是 P 上线性空间,$\dim P^{m \times n} = mn$,且

$$E_{ij}(i=1,2,\cdots,m;j=1,2,\cdots,n)$$

为 $P^{m\times n}$ 的一组基,其中 E_{ij} 是 (i,j) 元为 1,其余均为 0 的 $m\times n$ 矩阵,称为位置矩阵.

(2) $P^{m\times 1}$(或 $P^{1\times m}$)是 P 上线性空间,$\dim P^{m\times 1}=\dim P^{1\times m}=m$,其中

$$\varepsilon_i=(0,\cdots,0,1,0,\cdots,0)'\quad(i=1,2,\cdots,m)$$

为单位向量组,它是 $P^{m\times 1}$ 的一组基.

(3) $P[x]_n$ 是 P 上线性空间,$\dim P[x]_n=n$,其中

$$1,x,\cdots,x^{n-1}$$

为 $P[x]_n$ 的一组基.

(4) $P[x]$ 是 P 上线性空间,$\dim P[x]=\infty$,其中

$$1,x,\cdots,x^m,\cdots$$

为 $P[x]$ 的一组基.

(5) 生成子空间:设 V 是 P 上线性空间,$\alpha_1,\cdots,\alpha_s\in V$

$$L(\alpha_1,\cdots,\alpha_s)=\{k_1\alpha_1+\cdots+k_s\alpha_s\mid k_i\in P\}$$

是 P 上线性空间. $\dim L(\alpha_1,\cdots,\alpha_s)=$秩$\{\alpha_1,\cdots,\alpha_s\}$,且 $\alpha_1,\cdots,\alpha_s$ 的一个极大线性无关组为 $L(\alpha_1,\cdots,\alpha_s)$ 的一组基.

(6) $L(\alpha_1,\cdots,\alpha_r)+L(\beta_1,\cdots,\beta_t)=L(\alpha_1,\cdots,\alpha_r,\beta_1,\cdots,\beta_t)$.

4. 坐标

设 $\alpha_1,\cdots,\alpha_n$ 为 V 的一组基,$\beta\in V$,若

$$\beta=k_1\alpha_1+\cdots+k_n\alpha_n$$

则称 $(k_1,\cdots,k_n)$ 为 β 在基 $\alpha_1,\cdots,\alpha_n$ 下的坐标.

5. 基变换与坐标变换

(1) 设 $\alpha_1,\cdots,\alpha_n$ 和 $\beta_1,\cdots,\beta_n$ 为 V 的两组基且

$$(\beta_1,\cdots,\beta_n)=(\alpha_1,\cdots,\alpha_n)T \qquad ①$$

则称 T 为由基 $\alpha_1,\cdots,\alpha_n$ 到基 $\beta_1,\cdots,\beta_n$ 的过渡矩阵,T^{-1} 是基 $\beta_1,\cdots,\beta_n$ 到基 $\alpha_1,\cdots,\alpha_n$ 的过渡矩阵.

(2) 设 $\alpha_1,\cdots,\alpha_n$ 和 $\beta_1,\cdots,\beta_n$ 为 V 的两组基,若 $\delta\in V$,

$$\delta=(\alpha_1,\cdots,\alpha_n)X,\quad \delta=(\beta_1,\cdots,\beta_n)Y$$

且满足上面式①,则

$$X=TY$$

【经典题解】

448. (数学一) 设

$$\alpha_1=(1,2,-1,0)^T,\alpha_2=(1,1,0,2)^T,\alpha_3=(2,1,1,a)^T$$

若由 $\alpha_1,\alpha_2,\alpha_3$ 生成的向量空间的维数为 2,则 $a=$ _____.

答 $a=\underline{6}$.

449. (北京大学) 在数域 K 上的 4 维向量空间 K^4 内,给定向量组

$$\alpha_1=(1,-3,0,2),\alpha_2=(-2,1,1,1),\alpha_3=(-1,-2,1,3)$$

(1) 判断此向量组是否线性相关;

(2)求此向量组的秩；

(3)求此向量组生成 K^4 的子空间

$$L(\alpha_1,\alpha_2,\alpha_3)=\{k_1\alpha_1+k_2\alpha_2+k_3\alpha_3|k_1,k_2,k_3\in K\}$$

的维数和一组基.

解 (1) 因为 $\alpha_3=\alpha_1+\alpha_2$，所以 $\alpha_1,\alpha_2,\alpha_3$ 线性相关.

(2)由于 α_1,α_2 的对应分量不成比例，因而 α_1,α_2 线性无关. 又 α_3 可由 α_1,α_2 线性表出，故秩$\{\alpha_1,\alpha_2,\alpha_3\}=2$.

(3)$\dim L(\alpha_1,\alpha_2,\alpha_3)=$秩$\{\alpha_1,\alpha_2,\alpha_3\}=2$. 且 α_1,α_2 为此生成子空间的一组基.

450.(长春地质学院) 判断下列问题中的向量集合，能否构成相应向量空间的子空间(其中 $\mathbf{R}^n$ 表示 n 维向量空间).

(1)$\mathbf{R}^n$ 中坐标是整数的所有向量；

(2)$\mathbf{R}^n$ 中坐标满足方程 $x_1+x_2+\cdots+x_n=0$ 的所有向量；

(3)$\mathbf{R}^n$ 中坐标满足方程 $x_1+x_2+\cdots+x_n=1$ 的所有向量；

(4)第一，二个坐标相等的所有 n 维向量；

(5)平面上终点位于第一象限的所有向量.

答 (1) 不能构成 $\mathbf{R}^n$ 的子空间，因为数乘运算不封闭. 设此向量集合为 M_1，则 $\alpha=(1,1,\cdots,1)\in M_1$，但 $\frac{1}{2}\alpha\notin M_1$. 故 M_1 不能构成 $\mathbf{R}^n$ 的子空间.

(2) 能. 设 $M_2=\{(x_1,\cdots,x_n)|x_1+\cdots+x_n=0\}$，则它是 $\mathbf{R}^n$ 的子空间.

事实上，首先 $\mathbf{0}\in M_2$，所以 M_2 非空.

其次 $\forall \alpha=(x_1,\cdots,x_n),\beta=(y_1,\cdots,y_n)\in M_2,\forall k\in P$，有

$$\alpha+\beta=(x_1+y_1,\cdots,x_n+y_n)\in M_2,\quad k\alpha=(kx_1,\cdots,kx_n)\in M_2$$

从而 M_2 是 $\mathbf{R}^n$ 的子空间.

(3) 不能. 令

$$M_3=\{(x_1,\cdots,x_n)|x_1+\cdots+x_n=1\}$$

由于 $\mathbf{0}\notin M_3$，故 M_3 不能构成 $\mathbf{R}^n$ 的子空间.

(4) 能. 令

$$M_4=\{((x_1,x_1,x_3,\cdots,x_n)|x_i\in\mathbf{R}\}$$

首先 $\mathbf{0}\in M_4$；

其次，$\forall \alpha=(x_1,x_1,x_3,\cdots,x_n),\beta=(y_1,y_1,y_3,\cdots,y_n)\in M_4,\forall k\in P$，有

$$\alpha+\beta\in M_4,\quad k\alpha\in M_4$$

故 M_4 是 $\mathbf{R}^n$ 的子空间.

(5) 不能. 令

$$M_5=\{(x,y)|x>0,y>0\}$$

因为 $\mathbf{0}\notin M_5$. 所以 M_5 不是 $\mathbf{R}^2$ 的子空间.

451.(北京大学) 设线性空间 V 中的向量组 $\alpha_1,\alpha_2,\alpha_3,\alpha_4$ 线性无关.

(1)试问:向量组 $\alpha_1+\alpha_2,\alpha_2+\alpha_3,\alpha_3+\alpha_4,\alpha_4+\alpha_1$ 是否线性无关？要求说明理由.

(2) 求向量组 $\alpha_1+\alpha_2, \alpha_2+\alpha_3, \alpha_3+\alpha_4, \alpha_4+\alpha_1$ 生成的线性空间 W 的一个基以及 W 的维数.

解 (1)令 $\beta_1=\alpha_1+\alpha_2, \beta_2=\alpha_2+\alpha_3, \beta_3=\alpha_3+\alpha_4, \beta_4=\alpha_4+\alpha_1$, 那么

$$(\beta_1\beta_2\beta_3\beta_4)=(\alpha_1\alpha_2\alpha_3\alpha_4)\begin{bmatrix}1&0&0&1\\1&1&0&0\\0&1&1&0\\0&0&1&1\end{bmatrix} \qquad ①$$

因为 $|A|=\begin{vmatrix}1&0&0&1\\1&1&0&0\\0&1&1&0\\0&0&1&1\end{vmatrix}=0$,所以 $\alpha_1+\alpha_2, \alpha_2+\alpha_3, \alpha_3+\alpha_4, \alpha_4+\alpha_1$ 线性相关.

(2) 由式①看出，β_1,β_2,β_3 线性无关(因为左上角有一个三阶子式不为0), 故秩$\{\beta_1,\beta_2,\beta_3,\beta_4\}=3$, 且 β_1,β_2,β_3 为它的一个极大线性无关组.

令
$$W=L(\alpha_1+\alpha_2, \alpha_2+\alpha_3, \alpha_3+\alpha_4, \alpha_4+\alpha_1)=L(\beta_1,\beta_2,\beta_3,\beta_4)$$

故 $\dim W=$秩$\{\beta_1,\beta_2,\beta_3,\beta_4\}=3$, 且 $\alpha_1+\alpha_2, \alpha_2+\alpha_3, \alpha_3+\alpha_4$ 为 W 的一组基.

452. (数学二) 已知 $\mathbf{R}^3$ 的两组基

$$\alpha_1=\begin{bmatrix}1\\1\\1\end{bmatrix}, \alpha_2=\begin{bmatrix}1\\0\\-1\end{bmatrix}, \alpha_3=\begin{bmatrix}1\\0\\1\end{bmatrix}$$

$$\beta_1=\begin{bmatrix}1\\2\\1\end{bmatrix}, \beta_2=\begin{bmatrix}2\\3\\4\end{bmatrix}, \beta_3=\begin{bmatrix}3\\4\\3\end{bmatrix}$$

求由 $\alpha_1,\alpha_2,\alpha_3$ 到 β_1,β_2,β_3 的过渡矩阵.

解 设此过渡阵为 P, 则

$$\begin{bmatrix}1&2&3\\2&3&4\\1&4&3\end{bmatrix}=(\beta_1,\beta_2,\beta_3)=(\alpha_1,\alpha_2,\alpha_3)P=\begin{bmatrix}1&1&1\\1&0&0\\1&-1&1\end{bmatrix}P$$

于是有

$$P=\begin{bmatrix}1&1&1\\1&0&0\\1&-1&1\end{bmatrix}^{-1}\begin{bmatrix}1&2&3\\2&3&4\\1&4&3\end{bmatrix}=\begin{bmatrix}2&3&4\\0&-1&0\\-1&0&-1\end{bmatrix}$$

453. (数学一) 设 $\alpha_1,\alpha_2,\alpha_3$ 是 3 维向量空间 $\mathbf{R}^3$ 的一组基, 则由基 $\alpha_1, \dfrac{1}{2}\alpha_2, \dfrac{1}{3}\alpha_3$ 到基 $\alpha_1+\alpha_2, \alpha_2+\alpha_3, \alpha_3+\alpha_1$ 的过渡矩阵为( ).

(A) $\begin{bmatrix}1&0&1\\2&2&0\\0&3&3\end{bmatrix}$ 　　(B) $\begin{bmatrix}1&2&0\\0&2&3\\1&0&3\end{bmatrix}$

(C) $\begin{pmatrix} \frac{1}{2} & \frac{1}{4} & -\frac{1}{6} \\ -\frac{1}{2} & \frac{1}{4} & \frac{1}{6} \\ \frac{1}{2} & -\frac{1}{4} & \frac{1}{6} \end{pmatrix}$ (D) $\begin{pmatrix} \frac{1}{2} & -\frac{1}{2} & \frac{1}{2} \\ \frac{1}{4} & \frac{1}{4} & -\frac{1}{4} \\ -\frac{1}{6} & \frac{1}{6} & \frac{1}{6} \end{pmatrix}$

答 (A)

454. (武汉大学) 设 $(\alpha_1, \cdots, \alpha_n)$ 与 $(\beta_1, \cdots, \beta_n)$ 为空间 $\mathbf{R}^n$ 的两组基,且
$$(\alpha_1, \cdots, \alpha_n) = (\beta_1, \cdots, \beta_n)A. \qquad ①$$
又 $\alpha \in \mathbf{R}^n$.
$$\alpha = x_1\alpha_1 + \cdots x_n\alpha_n = y_1\beta_1 + \cdots + y_n\beta_n \qquad ②$$
$$(x_1, \cdots, x_n) = (y_1, \cdots, y_n)B \qquad ③$$
则
(A) $B=A'$ (B) $B=A^*$ (C) $B=(A')^{-1}$ (D) $B=A$

答 (C).

令 $X' = (x_1, \cdots, x_n), Y' = (y_1, \cdots, y_n)$,由②有
$$\alpha = (\alpha_1, \cdots, \alpha_n)X = (\beta_1, \cdots, \beta_n)Y \qquad ④$$
将式①代入式④得
$$(\beta_1, \cdots, \beta_n)AX = (\beta_1, \cdots, \beta_n)Y \Rightarrow AX = Y, Y' = X'A'$$
即 $(x_1, \cdots, x_n) = X' = Y'(A')^{-1} = (y_1, \cdots, y_n)(A')^{-1}$. 故 $B = (A')^{-1}$.

455. (湖北大学) 已知 3 维向量空间 P^3 的两组基
$$\alpha_1 = (1,2,1), \alpha_2 = (2,3,3), \alpha_3 = (3,7,1);$$
$$\beta_1 = (3,1,4), \beta_2 = (5,2,1), \beta_3 = (1,1,-6).$$
向量 α 在这两组基下的坐标分别为 (x_1, x_2, x_3) 及 (y_1, y_2, y_3). 求此二坐标之间的关系.

解 $\alpha = x_1\alpha_1' + x_2\alpha_2' + x_3\alpha_3' = \begin{bmatrix} 1 & 2 & 3 \\ 2 & 3 & 7 \\ 1 & 3 & 1 \end{bmatrix} \begin{bmatrix} x_1 \\ x_2 \\ x_3 \end{bmatrix}$

$= y_1\beta_1' + y_2\beta_2' + y_3\beta_3' = \begin{bmatrix} 3 & 5 & 1 \\ 1 & 2 & 1 \\ 4 & 1 & -6 \end{bmatrix} \begin{bmatrix} y_1 \\ y_2 \\ y_3 \end{bmatrix}$

$\Rightarrow \begin{bmatrix} y_1 \\ y_2 \\ y_3 \end{bmatrix} = \begin{bmatrix} 3 & 5 & 1 \\ 1 & 2 & 1 \\ 4 & 1 & -6 \end{bmatrix}^{-1} \begin{bmatrix} 1 & 2 & 3 \\ 2 & 3 & 7 \\ 1 & 3 & 1 \end{bmatrix} \begin{bmatrix} x_1 \\ x_2 \\ x_3 \end{bmatrix}$

$= \begin{bmatrix} 13 & \frac{74}{4} & \frac{181}{4} \\ -9 & -13 & -\frac{63}{2} \\ 7 & 10 & \frac{99}{4} \end{bmatrix} \begin{bmatrix} x_1 \\ x_2 \\ x_3 \end{bmatrix}$

456. (上海交通大学) 以 $P^{2\times 2}$ 表示数域 P 上的 2 阶矩阵的集合. 假设 a_1, a_2, a_3, a_4 为两两互异的数,且它们的和不等于零. 试证明

$$A_1 = \begin{pmatrix} 1 & a_1 \\ a_1^2 & a_1^4 \end{pmatrix}, \quad A_2 = \begin{pmatrix} 1 & a_2 \\ a_2^2 & a_2^4 \end{pmatrix}, \quad A_3 = \begin{pmatrix} 1 & a_3 \\ a_3^2 & a_3^4 \end{pmatrix}, \quad A_4 = \begin{pmatrix} 1 & a_4 \\ a_4^2 & a_4^4 \end{pmatrix}$$

是 P 上线性空间 $P^{2\times 2}$ 的一组基.

证 设 $x_1, x_2, x_3, x_4 \in P$,且有关系式, $x_1 A_1 + x_2 A_2 + x_3 A_3 + x_4 A_4 = 0$,则

$$\begin{pmatrix} x_1 & a_1 x_1 \\ a_1^2 x_1 & a_1^4 x_1 \end{pmatrix} + \begin{pmatrix} x_2 & a_2 x_2 \\ a_2^2 x_2 & a_2^4 x_2 \end{pmatrix} + \begin{pmatrix} x_3 & a_3 x_3 \\ a_3^2 x_3 & a_3^4 x_3 \end{pmatrix} \begin{pmatrix} x_4 & a_4 x_4 \\ a_4^2 x_4 & a_4^4 x_4 \end{pmatrix} = \begin{pmatrix} 0 & 0 \\ 0 & 0 \end{pmatrix}$$

从而

$$\begin{cases} x_1 + x_2 + x_3 + x_4 = 0 \\ a_1 x_1 + a_2 x_2 + a_3 x_3 + a_4 x_4 = 0 \\ a_1^2 x_1 + a_2^2 x_2 + a_3^2 x_3 + a_4^2 x_4 = 0 \\ a_1^4 x_1 + a_2^4 x_2 + a_3^4 x_3 + a_4^4 x_4 = 0 \end{cases} \Rightarrow \begin{pmatrix} 1 & 1 & 1 & 1 \\ a_1 & a_2 & a_3 & a_4 \\ a_1^2 & a_2^2 & a_3^2 & a_4^2 \\ a_1^4 & a_2^4 & a_3^4 & a_4^4 \end{pmatrix} \begin{pmatrix} x_1 \\ x_2 \\ x_3 \\ x_4 \end{pmatrix} = \begin{pmatrix} 0 \\ 0 \\ 0 \\ 0 \end{pmatrix}$$

因此,只要能证明上述关于 x_1, x_2, x_3, x_4 的线性方程组只有零解,则 A_1, A_2, A_3, A_4 就线性无关,从而能构成 $P^{2\times 2}$ 的一组基.

下面计算行列式

$$D_n = \begin{vmatrix} 1 & 1 & 1 & 1 \\ a_1 & a_2 & a_3 & a_4 \\ a_1^2 & a_2^2 & a_3^2 & a_4^2 \\ a_1^4 & a_2^4 & a_3^4 & a_4^4 \end{vmatrix}$$

在 D_n 中加一行,加一列变为

$$D_{n+1}(y) = \begin{vmatrix} 1 & 1 & 1 & 1 & 1 \\ a_1 & a_2 & a_3 & a_4 & y \\ a_1^2 & a_2^2 & a_3^2 & a_4^2 & y^2 \\ a_1^3 & a_2^3 & a_3^3 & a_4^3 & y^3 \\ a_1^4 & a_2^4 & a_3^4 & a_4^4 & y^4 \end{vmatrix} = (y-a_1)(y-a_2)(y-a_3)(y-a_4) \prod_{i>j}(a_i - a_j)$$

又因为 D_n 为 $D_{n+1}(y)$ 中 y^3 的系数的相反数,而由上式右边知 y^3 的系数为 $(-\sum_{i=1}^4 a_i) \prod_{i>j}(a_i - a_j)$,所以

$$D_n = (\sum_{i=1}^4 a_i) \prod_{i>j}(a_i - a_j).$$

由 $\sum_{i=1}^4 a_i \neq 0, a_i \neq a_j (i \neq j)$ 知, $D_n \neq 0$,从而上述线性方程组只有零解. 进而 A_1, A_2, A_3, A_4 构成 $P^{2\times 2}$ 的一组基. 注: $P^{2\times 2}$ 与 P^4 同构,2 阶方阵理解为 4 维向量即可.

457. (厦门大学,湖北大学) 设

$$A = \begin{bmatrix} 1 & 0 & 0 \\ 0 & 1 & 0 \\ 3 & 1 & 2 \end{bmatrix}$$

$W=\{B\in P^{3\times 3}\,|\,AB=BA\}$. 求 W 的维数与一组基.

解 设
$$B=\begin{bmatrix} x_1 & x_2 & x_3 \\ x_4 & x_5 & x_6 \\ x_7 & x_8 & x_9 \end{bmatrix}$$

由 $AB=BA$ 得

设 $A=E+\begin{bmatrix} 0 & 0 & 0 \\ 0 & 0 & 0 \\ 3 & 1 & 1 \end{bmatrix}$,设 $C=\begin{bmatrix} 0 & 0 & 0 \\ 0 & 0 & 0 \\ 3 & 1 & 1 \end{bmatrix}$

则与 A 交换 $\Leftrightarrow$ 与 C 交换,(同 470 题)可得

$$\begin{cases} x_3=0 \\ x_6=0 \\ x_7=-3x_1-x_4+3x_9 \\ x_8=-3x_2-x_5+x_9 \end{cases}$$

扫码获取本书资源

其中 x_1,x_2,x_4,x_5,x_9 为自由未知量.

令 $x_1=1,x_2=x_4=x_5=x_9=0$,得 $x_7=-3,x_8=0$. 即
$$B_1=\begin{bmatrix} 1 & 0 & 0 \\ 0 & 0 & 0 \\ -3 & 0 & 0 \end{bmatrix}$$

类似还可得
$$B_2=\begin{bmatrix} 0 & 0 & 0 \\ 1 & 0 & 0 \\ -1 & 0 & 0 \end{bmatrix},\quad B_3=\begin{bmatrix} 0 & 0 & 0 \\ 0 & 1 & 0 \\ 0 & -1 & 0 \end{bmatrix}$$
$$B_4=\begin{bmatrix} 0 & 0 & 0 \\ 0 & 0 & 0 \\ 3 & 1 & 1 \end{bmatrix},\quad B_5=\begin{bmatrix} 0 & 1 & 0 \\ 0 & 0 & 0 \\ 0 & -3 & 0 \end{bmatrix}$$

于是 $B_i\in W(i=1,2,3,4,5)$,且 $B_1,\cdots,B_5$ 线性无关. 因此 $\forall B\in W$, B 可由 B_1, $B_2,\cdots,B_5$ 线性表出,比如,设
$$B=(b_{ij})_{3\times 3}\in W$$
则 $b_{13}=b_{23}=0$,且 $B=b_{11}B_1+b_{21}B_2+b_{22}B_3+b_{33}B_4+b_{12}B_5$. 这样
$$\dim W=5$$
且 B_1,B_2,B_3,B_4,B_5 为它的一组基.

注:设 $A=E+C, C=\begin{bmatrix} 0 & 0 & 0 \\ 0 & 0 & 0 \\ 3 & 1 & 1 \end{bmatrix}$,则与 A 可交换等价于与 C 可交换,可直接得简化式.

458.（华中师范大学） 设 V_1,V_2 是数域 P 上的线性空间.
$\forall (\alpha_1,\alpha_2),(\beta_1,\beta_2)\in V_1\times V_2,\forall k\in P$,规定
$$(\alpha_1,\alpha_2)+(\beta_1,\beta_2)=(\alpha_1+\beta_1,\alpha_2+\beta_2) \quad ①$$
$$k(\alpha_1,\alpha_2)=(k\alpha_1,k\alpha_2) \quad ②$$
(1)证明:$V_1\times V_2$ 关于以上运算构成数域 P 上的线性空间;
(2)$\dim V_1=m,\dim V_2=n$,求 $\dim(V_1\times V_2)$.

证 (1) 由式①知 $V_1\times V_2$ 关于加法封闭,容易验证加法满足交换律与结合律.

设 O_1,O_2 分别为 V_1,V_2 中零元,那么 (O_1,O_2) 是 $V_1\times V_2$ 的零元.
$\forall (\alpha_1,\alpha_2)\in V_1\times V_2,\exists (-\alpha_1,-\alpha_2)\in V_1\times V_2$,使得
$$(\alpha_1,\alpha_2)+(-\alpha_1,-\alpha_2)=(O_1,O_2)$$

其次由数量乘法式②知数量乘法封闭.且
$$1(\alpha_1,\alpha_2)=(\alpha_1,\alpha_2)$$
$$k[l(\alpha_1,\alpha_2)]=(kl)(\alpha_1,\alpha_2)$$
$$(k+l)(\alpha_1,\alpha_2)=k(\alpha_1,\alpha_2)+l(\alpha_1,\alpha_2)$$
$$k[(\alpha_1,\alpha_2)+(\beta_1,\beta_2)]=k(\alpha_1,\alpha_2)+k(\beta_1,\beta_2)$$

都成立. 故 $V_1\times V_2$ 是 P 上线性空间.

(2)设 $\alpha_1,\cdots,\alpha_m$ 为 V_1 的一组基,$\beta_1,\cdots,\beta_n$ 为 V_2 的一组基.令
$$\gamma_1=(\alpha_1,O),\gamma_2=(\alpha_2,O),\cdots,\gamma_m=(\alpha_m,O)$$
$$\delta_1=(O,\beta_1),\delta_2=(O,\beta_2),\cdots,\delta_n=(O,\beta_n).$$

先证 $m+n$ 个向量 $\gamma_1,\cdots,\gamma_m,\delta_1,\cdots,\delta_n$ 线性无关.

令 $l_1\gamma_1+\cdots+l_m\gamma_m+k_1\delta_1+\cdots+k_n\delta_n=0$,则
$$(l_1\alpha_1+l_2\alpha_2+\cdots+l_m\alpha_m,k_1\beta_1+\cdots+k_n\beta_n)=(O_1,O_2)$$
$$\Rightarrow l_1=\cdots=l_m=k_1=\cdots=k_n=0$$

故 $\gamma_1,\cdots,\gamma_m,\delta_1,\cdots,\delta_n$ 线性无关.

$\forall \gamma\in V_1\times V_2$,则 $\gamma=(\alpha,\beta)$,其中 $\alpha\in V_1,\beta\in V_2$,那么
$$\alpha=s_1\alpha_1+\cdots+s_m\alpha_m,\beta=t_1\beta_1+\cdots+t_n\beta_n$$
$$\Rightarrow \gamma=(\alpha,O)+(O,\beta)=s_1\gamma_1+\cdots+s_m\gamma_m+t_1\delta_1+\cdots+t_n\delta_n$$

即 γ 可由 $\gamma_1,\cdots,\gamma_m,\delta_1,\cdots,\delta_n$ 线性表出.故它们为 $V_1\times V_2$ 的一组基,从而
$$\dim(V_1\times V_2)=m+n$$

459.（中国科技大学） 若 $\alpha_1,\alpha_2,\cdots,\alpha_n$ 是 n 维性空间 V 的一组基,证明:向量组 $\alpha_1,\alpha_1+\alpha_2,\cdots,\alpha_1+\alpha_2+\cdots+\alpha_n$ 仍是 V 的一组基. 又若 α 关于前一组基的坐标为 $(n,n-1,\cdots,2,1)$,求 α 关于后一组基的坐标.

解 令 $\beta_1=\alpha_1,\beta_2=\alpha_1+\alpha_2,\cdots,\beta_n=\alpha_1+\alpha_2+\cdots+\alpha_n$,则
$$(\beta_1,\beta_2,\cdots,\beta_n)=(\alpha_1,\alpha_2,\cdots,\alpha_n)\begin{bmatrix}1 & 1 & \cdots & 1\\ 0 & 1 & \cdots & 1\\ \vdots & \vdots & & \vdots\\ 0 & 0 & \cdots & 1\end{bmatrix}=(\alpha_1,\alpha_2,\cdots,\alpha_n)A$$

第六章 线性空间

且 $|A|\neq 0$,故秩$\{\beta_1,\cdots,\beta_n\}$=秩$A=n$. $\beta_1,\beta_2,\cdots,\beta_n$ 线性无关,从而它也是一组基.

设

$$\alpha=x_1\beta_1+\cdots+x_n\beta_n=(\beta_1,\cdots,\beta_n)\begin{bmatrix}x_1\\ \vdots\\ x_n\end{bmatrix}$$

$$=(\alpha_1,\cdots,\alpha_n)A\begin{bmatrix}x_1\\ \vdots\\ x_n\end{bmatrix}=(\alpha_1,\cdots,\alpha_n)\begin{bmatrix}n\\ n-1\\ \vdots\\ 1\end{bmatrix} \quad ①$$

由式①有

$$A\begin{bmatrix}x_1\\ \vdots\\ x_n\end{bmatrix}=\begin{bmatrix}n\\ n-1\\ \vdots\\ 1\end{bmatrix}$$

$$\Rightarrow \begin{bmatrix}x_1\\ \vdots\\ x_n\end{bmatrix}=A^{-1}\begin{bmatrix}n\\ n-1\\ \vdots\\ 1\end{bmatrix}=\begin{bmatrix}1 & -1 & 0 & \cdots & 0\\ 0 & 1 & -1 & \cdots & 0\\ 0 & 0 & 1 & \cdots & 0\\ \vdots & \vdots & \vdots & & \vdots\\ 0 & 0 & 0 & \cdots & 1\end{bmatrix}\begin{bmatrix}n\\ n-1\\ \vdots\\ 1\end{bmatrix}=\begin{bmatrix}1\\ 1\\ \vdots\\ 1\end{bmatrix}$$

即 α 在后一组基下坐标为 $(1,1,\cdots,1)$.

460.（中国科学院） 下列结论正确否,正确则证之,错则给反例.

(1) V_1,V_2,V_3 是 V 的子空间, $V_1\cap V_2=\{0\}, V_2\cap V_3=\{0\}, V_3\cap V_1=\{0\}$,且 $V_1+V_2+V_3=V$ 则 V 中任一元素可唯一表为 V_1,V_2,V_3 的和;

(2) A,B 为 n 级复方阵,则 AB,BA 特征根相同;

(3) A,B 为 n 级复方阵, A,B 有相同的特征多项式与最小多项式,则 A 与 B 相似;

(4) $a_1,\cdots,a_n;b_1,\cdots,b_n$ 是任意 $2n$ 个复数,则

$$(\sum_{i=1}^{n}a_i\bar{b}_i)(\sum_{i=1}^{n}\bar{a}_ib_i)\leqslant(\sum_{i=1}^{n}a_i\bar{a}_i)(\sum_{i=1}^{n}b_i\bar{b}_i)$$

答 (1) 不对. 比如设 $V=\mathbf{R}^2,V_1=L(\varepsilon_1),V_2=L(\varepsilon_2),V_3=L(\alpha)$,其中 $\varepsilon_1=(1,0),\varepsilon_2=(0,1),\alpha=(1,1)$,那么

$$V_1\cap V_2=\{0\}, V_2\cap V_3=\{0\}, V_3\cap V_1=\{0\}$$

且 $V=V_1+V_2+V_3$. 但表示法不唯一,比如

$$\alpha=1\cdot\varepsilon_1+1\cdot\varepsilon_2+0\cdot\alpha=0\cdot\varepsilon_1+0\cdot\varepsilon_2+1\cdot\alpha$$

(2) 对. 由第 312 题可得.

(3) 不对. 比如

$$A = \begin{bmatrix} 1 & 1 & & \\ 0 & 1 & & \\ & & 1 & 1 \\ & & 0 & 1 \end{bmatrix}, B = \begin{bmatrix} 1 & & & \\ & 1 & & \\ & & 1 & 1 \\ & & 0 & 1 \end{bmatrix}$$

则
$$|\lambda E - A| = |\lambda E - B| = (\lambda - 1)^4$$

且 A 与 B 有相同的最小多项式 $(\lambda-1)^2$. 但 A 与 B 不相似,因为它们的初等因子不同:

A 的初等因子为:$(\lambda-1)^2, (\lambda-1)^2$.

B 的初等因子为:$\lambda-1, \lambda-1, (\lambda-1)^2$.

(4) 对. 令 $\alpha = (a_1, a_2, \cdots, a_n), \beta = (b_1, b_2, \cdots, b_n)$,则由柯西-布涅雅柯夫斯基不等式有

$$|(\alpha, \beta)|^2 \leqslant (\alpha, \alpha)(\beta, \beta) \qquad ①$$

而

$$|(\alpha, \beta)|^2 = (\alpha, \beta)\overline{(\alpha, \beta)} = (\sum_{i=1}^{n} a_i \bar{b}_i) \cdot (\sum_{i=1}^{n} \bar{a}_i b_i) \qquad ②$$

$$(\alpha, \alpha) = \sum_{i=1}^{n} a_i \bar{a}_i \qquad ③$$

$$(\beta, \beta) = \sum_{i=1}^{n} b_i \bar{b}_i \qquad ④$$

将式②~④代入式①即证.

461. (南京大学) 设 V 是复数域上 n 维线性空间,V_1 和 V_2 各为 V 的 r_1 维和 r_2 维子空间,试求 $V_1 + V_2$ 之维数的一切可能值.

解 取 V_1 的一组基 $\alpha_1, \alpha_2, \cdots, \alpha_{r_1}$,再取 V_2 的一组基 $\beta_1, \beta_2, \cdots, \beta_{r_2}$,则

$$V_1 = L(\alpha_1, \alpha_2, \cdots, \alpha_{r_1}), V_2 = L(\beta_1, \beta_2, \cdots, \beta_{r_2}).$$

$$V_1 + V_2 = L(\alpha_1, \cdots, \alpha_{r_1}, \beta_1, \cdots, \beta_{r_2})$$

$$\dim(V_1 + V_2) = 秩\{\alpha_1, \cdots, \alpha_{r_1}, \beta_1, \cdots, \beta_{r_2}\}$$

故 $\max\{r_1, r_2\} \leqslant \dim(V_1 + V_2) \leqslant \min\{r_1 + r_2, n\}$.

462. (浙江大学) 设 U 是线性空间 V 的一个真子空间,问 V 中适合 $V = U + W$ 的子空间 W 是否唯一?并证明你的结论.

答 不唯一. 比如 $V = \mathbf{R}^2, U = L(\varepsilon_1)$,其中 $\varepsilon_1 = (1, 0)$. 再令

$$\varepsilon_2 = (0, 1), \alpha = (1, 1)$$

那么 $W_1 = L(\varepsilon_2), W_2 = L(\alpha), W_3 = L(\varepsilon_1, \varepsilon_2)$ 都有

$$V = U + W_1 = U + W_2 = U + W_3$$

但 W_1, W_2, W_3 互不相等. 故 W 不是唯一的.

463. (中国人民大学) 若

$$V = \{(a + bi, c + di) \mid a, b, c, d \in \mathbf{R}\}$$

则 V 对于通常的加法和数乘,在复数域 C 上是_____维的,而在实数域 $\mathbf{R}$ 上是

_____维的.

答 2;4.

在复数域上令 $\alpha_1=(1,0),\alpha_2=(0,1)$;则 α_1,α_2 是线性无关的.

$\forall \beta=(a+bi,c+di)\in V$,则
$$\beta=(a+bi)\alpha_1+(c+di)\alpha_2$$

此即证 β 可由 α_1,α_2 线性表出. 故 $\dim V=2$.

在实数域上,令
$$\beta_1=(1,0),\beta_2=(i,0),\beta_3=(0,1),\beta_4=(0,i)$$

若 $k_1\beta_1+k_2\beta_2+k_3\beta_3+k_4\beta_4=0$,其中 $k_i\in \mathbf{R}(i=1,2,3,4)$,则
$$(k_1+k_2 i,k_3+k_4 i)=(0,0)$$

故 $k_1=k_2=k_3=k_4=0$. 此即 $\beta_1,\beta_2,\beta_3,\beta_4$ 在 $\mathbf{R}$ 上线性无关.

$\forall \beta=(a+bi,c+di)\in V, \beta=a\beta_1+b\beta_2+c\beta_3+d\beta_4, \beta$ 可由 $\beta_1,\beta_2,\beta_3,\beta_4$ 线性表出,所以在实数域 $\mathbf{R}$ 上,有 $\dim V=4$.

464. (吉林工业大学,华中师范大学) 若以 $f(x)$ 表示实系数多项式,试证
$$W=\{f(x) \mid f(1)=0, \partial(f(x))\leqslant n\}$$
是实数域上线性空间,并求出它的一组基底.

证 记 $R[x]$ 为实系数多项式全体,已知 $R[x]$ 是 $\mathbf{R}$ 上的线性空间.

因为 $0\in W$,所以非空. $\forall f(x),g(x)\in W, \forall k\in \mathbf{R}$,那么 $f(1)=g(1)=0$,且
$$f(1)+g(1)=0, kf(1)=0$$
$$f(x)+g(x)\in W, kf(x)\in W$$

即证 W 是 $R[x]$ 的子空间,从而 W 为实数域上线性空间.

再令
$$g_1(x)=x-1, g_2(x)=x^2-1,\cdots, g_n(x)=x^n-1$$

由于 $g_1(1)=g_2(1)=\cdots=g_n(1)=0$,且 $\partial(g_i(x))\leqslant n(i=1,2,\cdots,n)$.

故 $g_1(x),g_2(x),\cdots,g_n(x)\in W$.

再证 $g_1(x),\cdots,g_n(x)$ 线性无关. 令
$$k_1 g_1(x)+k_2 g_2(x)+\cdots+k_n g_n(x)=0 \qquad ①$$
$$\Rightarrow k_1 x+k_2 x^2+\cdots+k_n x^n-(k_1+\cdots+k_n)=0 \qquad ②$$

比较式②两边系数,可得
$$\begin{cases} k_1=k_2=\cdots=k_n=0 \\ k_1+k_2+\cdots+k_n=0 \end{cases}$$

故 $g_1(x),g_2(x),\cdots,g_n(x)$ 线性无关.

再 $\forall h(x)=a_n x^n+a_{n-1}x^{n-1}+\cdots+a_1 x+a_0\in W$,那么
$$0=h(1)=a_n+a_{n-1}+\cdots+a_1+a_0 \qquad ③$$

但是
$$h(x)=a_n(x^n-1)+a_{n-1}(x^{n-1}-1)+\cdots+a_1(x-1)+\sum_{i=0}^{n}a_i$$
$$=a_n g_n(x)+a_{n-1}g_{n-1}(x)+\cdots+a_1 g_1(x)$$

此即 $h(x)$ 可由 $g_1(x), g_2(x), \cdots, g_n(x)$ 线性表出.

综上可知 $g_1(x), g_2(x), \cdots, g_n(x)$ 为 W 的一组基,且 $\dim W = n$.

注:亦可取 $(x-1), (x-1)^2, \cdots, (x-1)^n$ 为一组基,因 $\partial(f(x)) \leqslant n$,则 $f(x)$ 在 $x=1$ 处的泰勒展开式

$$f(x) = \sum_{k=0}^{\infty} \frac{f^{(k)}(1)}{k!}(x-1)^k = \sum_{k=0}^{n} \frac{f^{(k)}(1)}{k!}(x-1)^k.$$

465.(北京大学) 设 V 是定义域实数集 $\mathbf{R}$ 的所有实函数组成的集合,对于 $f, g \in V, a \in \mathbf{R}$,分利用下列式子定义 $f+g, af$:

$$(f+g)(x) = f(x) + g(x), \quad x \in \mathbf{R} \qquad ①$$
$$(af)(x) = af(x), \quad x \in \mathbf{R} \qquad ②$$

则 V 成为实数域上的一个线性空间. 设

$$f_0(x) = 1, \quad f_1(x) = \cos x, \quad f_2(x) = \cos 2x, \quad f_3(x) = \cos 3x$$

(1) 判断 f_0, f_1, f_2, f_3 是否线性相关,写出理由;

(2) 用 $\langle f, g \rangle$ 表示 f, g 生成的线性子空间,判断

$$\langle f_0, f_1 \rangle + \langle f_2, f_3 \rangle$$

是否为直和.

解 (1) 令 $k_0 f_0 + k_1 f_1 + k_2 f_2 + k_3 f_3 = 0$,即

$$k_0 + k_1 \cos x + k_2 \cos 2x + k_3 \cos 3x = 0 \qquad ①$$

分别将 $x = 0, \frac{\pi}{4}, \frac{\pi}{2}, \pi$ 代入式①得

$$\begin{cases} k_0 + k_1 + k_2 + k_3 = 0 \\ k_0 + \frac{\sqrt{2}}{2} k_1 - \frac{\sqrt{2}}{2} k_3 = 0 \\ k_0 - k_2 = 0 \\ k_0 - k_1 + k_2 - k_3 = 0 \end{cases}$$

解得 $k_0 = k_1 = k_2 = k_3 = 0$. 故 f_0, f_1, f_2, f_3 线性无关.

(2) 令 $W_1 = \langle f_0, f_1 \rangle = L(f_0, f_1), W_2 = \langle f_2, f_3 \rangle = L(f_2, f_3)$.

$W_1 + W_2 = L(f_0, f_1, f_2, f_3)$

$\dim W_1 + \dim W_2 = 2 + 2 = 4 = \dim(W_1 + W_2)$

所以 $W_1 + W_2$ 是直和,即 $\langle f_0, f_1 \rangle + \langle f_2, f_3 \rangle$ 是直和.

466.(武汉大学) 设 W 是定义在闭区间 $[0,1]$ 上所有实函数的集合,在 W 上定义加法为:对 $f_1, f_2 \in W, f_1 + f_2$ 为函数

$$(f_1 + f_2)(x) = f_1(x) + f_2(x) \qquad ①$$

定义实数 r 乘函数 $f \in W$ 为

$$(rf)(x) = r \cdot f(x) \qquad ②$$

(1) 证明: W 是实数域 $\mathbf{R}$ 上的向量空量;并指出什么函数是零向量;$f \in W$ 的负向量是什么函数;

(2)证明:W 不是有限维向量空间.

证 (1)(ⅰ)首先可证 W 关于加法封闭和数乘封闭.
$\forall f_1, f_2 \in W, \forall k \in \mathbf{R}$,那么 $f_1 + f_2$ 和 kf_1 仍为定义在闭区间$[0,1]$上的实函数. 故
$$f_1 + f_2, kf_1 \in W.$$
再验证加法应满足的 4 条算律:$\forall f_1, f_2, f_3 \in W, \forall k \in \mathbf{R}, l \in \mathbf{R}.$
$$f_1 + f_2 = f_2 + f_1 \quad ③$$
$$(f_1 + f_2) + f_3 = f_1 + (f_2 + f_3) \quad ④$$
规定零函数如下:
$$0(x) = 0, x \in [0,1]$$
则
$$0 + f_1 = f_1 \quad ⑤$$
规定 f_1 的负向量如下:
$$(-f_1)(x) = -(f_1(x)), x \in [0,1]$$
则
$$(-f_1) + f_1 = 0 \quad ⑥$$
这 4 条中,这里只证式⑥(式③~⑤同理可证)
$\forall x \in [0,1]$
$[(-f_1) + f_1](x) = (-f_1)(x) + f_1(x) = 0 = 0(x)$
故$-f_1 + f_1 = 0$.

最后验证数乘应满足的 4 条算律:
$$1 \cdot f_1 = f_1 \quad ⑦$$
$$k(lf_1) = (kl)f_1 \quad ⑧$$
$$(k+l)f_1 = kf_1 + lf_1 \quad ⑨$$
$$k(f_1 + f_2) = kf_1 + kf_2 \quad ⑩$$
也只证式⑩(式⑦⑧⑨同理可证)
$\forall x \in [0,1]$
$[k(f_1 + f_2)](x) = [k(f_1 + f_2)(x)] = k[f_1(x) + f_2(x)]$ ⑪
$(kf_1 + kf_2)(x) = (kf_1)(x) + (kf_2)(x) = kf_1(x) + kf_2(x)$
$\quad = k[f_1(x) + f_2(x)]$ ⑫
由式⑪,式⑫即证式⑩.

综上即证 W 是 $\mathbf{R}$ 上向量空间,零向量是零函数,即
$$0(x) = 0, \quad x \in [0,1]$$
f 的负向量为
$$(-f)(x) = -[f(x)], \quad x \in [0,1]$$
(2)下证 $\dim W = \infty$,即存在任意多个线性无关的向量,令

$$f_0(x)=1, \quad x\in[0,1],$$
$$f_1(x)=x, \quad x\in[0,1],$$
$$\cdots\cdots$$
$$f_n(x)=x^n, \quad x\in[0,1]$$

那么可证 $f_0, f_1, \cdots, f_n(n\geqslant 0)$ 线性无关,由 n 可任意大,故 $\dim W=\infty$,即 W 不是有限维实向量空间.

467.(西北电讯工程学院) 选择题

(1)实数域向量组( ).

$$\begin{bmatrix}1 & 2\\ 3 & 4\end{bmatrix}, \begin{bmatrix}5 & 6\\ 7 & 8\end{bmatrix}, \begin{bmatrix}9 & 0\\ 1 & 0\end{bmatrix}, \begin{bmatrix}2 & 4\\ 3 & 5\end{bmatrix}, \begin{bmatrix}6 & 8\\ 7 & 9\end{bmatrix}$$

    a. 是线性相关向量组   b. 是线性无关向量组

(2)下面哪一种方程组的所有解构成一个向量空间.

    a. 齐次线性代数方程组   b. 非齐次线性代数方程组

    c. 线性代数方程组

(3)下面哪一种变换是线性变换.

    a. $y=kx+b$ b. $\int f(x)dx$ c. $\dfrac{df(x)}{dx}$

(4)在 n 维向量空间取出两个向量组,它们的秩

    a. 必相等   b. 可能相等亦可能不相等   c. 不相等

答 (1) a. 因为一切 2×2 实矩阵集合所成向量空间是 4 维的,5 个向量必线性相关.

(2) a.

(3) c. $y=kx+b$ 不一定是线性变换,比如 $y=1$. 则 $\int f(x)dx$ 也不是线性变换,比如给 $f(x)=x$,而

$$\int f(x)dx=\frac{x^2}{2}+C$$

不是唯一的. 故选 c.

(4) b. 比如在 $\mathbf{R}^n$ 中选三个向量组:

    (Ⅰ):0

    (Ⅱ):$\varepsilon_1=(1,0,\cdots,0)$

    (Ⅲ):$\varepsilon_2=(0,1,\cdots,0)$

若选(Ⅰ)(Ⅱ),秩(Ⅰ)$\neq$秩(Ⅱ),从而否定 a,若选(Ⅱ)(Ⅲ),秩(Ⅲ)=秩(Ⅱ),从而否定 c,故选 b.

468.(北京大学) 设 A,B 是数域 K 上 n 阶方阵,X 是未知量 $x_1,\cdots,x_n$ 所成 $n\times 1$ 矩阵,已知齐次线性方程组 $AX=0$ 和 $BX=0$ 分别有 l,m 个线性无关的解向量,这里 $l\geqslant 0, m\geqslant 0$.

(1)证明:$(AB)X=0$ 至少有 $\max(l,m)$ 个线性无关的解向量;

(2) 如果 $AX=0$ 和 $BX=0$ 无公共非零解向量,且 $l+m=n$. 证明: K^n 中任一向量 α 可唯一表成 $\alpha=\beta+\gamma$,这里 β,γ 分别是 $AX=0$ 和 $BX=0$ 的解向量.

证 (1) 设 $AX=0,BX=0$ 和 $ABX=0$ 的解空间分别为 W_1,W_2 和 W_3,由已知条件知 $\dim W_1 \geq l$, $\dim W_2 \geq m$. 则有
$$秩 A \leq n-l, \quad 秩 B \leq n-m$$

(ⅰ)当 $m \geq l$ 时,有 $\max(l,m)=m$,那么 $BX=0$ 的 m 个线性无关的解也是 $(AB)X=0$ 的解. 即证.

(ⅱ)当 $m<l$ 时,有 $\max(l,m)=l$,而 $n-m \geq n-l$. 则有
$$秩(AB) \leq \min[秩 A, 秩 B] \leq n-l$$
故
$$\dim W_3 = n - 秩 AB \geq n-(n-l)=l$$
即证 $ABX=0$ 至少有 l 个线性无关的解.

(2) 显然有
$$W_1+W_2 \subseteq K^n \qquad ①$$
$\forall \alpha \in W_1 \cap W_2$,由于 $AX=0$ 与 $BX=0$ 无公共非零解向量. 故 $\alpha=0$,此即
$$W_1 \cap W_2 = \{0\}. \Leftrightarrow W_1+W_2=W_1 \oplus W_2 \qquad ②$$
由式②有 $\dim(W_1+W_2)=\dim W_1+\dim W_2 \geq l+m=n$. 又因为
$$\dim(W_1+W_2)=n \qquad ③$$
故由式①,式③知 $K^n=W_1 \oplus W_2$. 即证 K^n 中任一向量可唯一表成
$$\alpha = \beta+\gamma$$
其中 β,α 分别是 $AX=0$ 和 $BX=0$ 的解向量.

469. **(华中师范大学)** 设 $S(A)=\{B|B \in P^{n \times n} 且 AB=O\}$,证明:

(1) $S(A)$ 是 $P^{n \times n}$ 的子空间;

(2) 设秩 $A=r$,求 $S(A)$ 的一组基和维数.

证(1)因为 $0 \in S(A)$,所以 $S(A)$ 非空.

$\forall B_1, B_2 \in S(A), \forall k \in P$,则 $AB_1=O, AB_2=O$. 于是
$$A(B_1+B_2)=O, \Rightarrow B_1+B_2 \in S(A)$$
$$A(kB_1)=kAB_1=O \Rightarrow kB_1 \in S(A)$$
即证 $S(A)$ 是 $P^{n \times n}$ 的子空间.

(2) 设 $\alpha_1, \cdots, \alpha_{n-r}$ 为 $AX=0$ 的一个基础解系. 令
$$\begin{cases} B_{11}=(\alpha_1,0,\cdots,0), B_{12}=(0,\alpha_1,\cdots,0),\cdots B_{1n}=(0,0,\cdots,\alpha_1) \\ B_{21}=(\alpha_2,0,\cdots,0), B_{22}=(0,\alpha_2,\cdots,0),\cdots B_{2n}=(0,0,\cdots,\alpha_2) \\ \cdots\cdots \\ B_{n-r,1}=(\alpha_{n-r},0,\cdots,0),\cdots,B_{n-r,n}=(0,0,\cdots,\alpha_{n-r}) \end{cases} \qquad ①$$

则 $AB_{ij}=0$ $(i=1,2,\cdots n-r; j=1,2,\cdots,n)$,即 $B_{ij} \in S(A)$.

可证它们线性无关,且 $\forall C \in S(A), C$ 可由它们线性表出.

因为式①中一切矩阵构成 $S(A)$ 的一组基,所以

$$\dim S(A) = n(n-r).$$

470.（上海交通大学） 以 $P^{3\times 3}$ 表示数域 P 上所有三阶矩阵组成的线性空间．求所有与 $A = \begin{pmatrix} 1 & 0 & 1 \\ 0 & 1 & 1 \\ 0 & 2 & 2 \end{pmatrix}$ 可交换（即满足 $AB=BA$）的矩阵 B 组成的线性子空间的维数及一组基．

解 因为

$$A = \begin{pmatrix} 1 & 0 & 1 \\ 0 & 1 & 1 \\ 0 & 2 & 2 \end{pmatrix} = \begin{pmatrix} 1 & 0 & 0 \\ 0 & 1 & 0 \\ 0 & 0 & 1 \end{pmatrix} + \begin{pmatrix} 0 & 0 & 1 \\ 0 & 0 & 1 \\ 0 & 2 & 1 \end{pmatrix}$$

记 $I = \begin{pmatrix} 1 & 0 & 0 \\ 0 & 1 & 0 \\ 0 & 0 & 1 \end{pmatrix}, A' = \begin{pmatrix} 0 & 0 & 1 \\ 0 & 0 & 1 \\ 0 & 2 & 1 \end{pmatrix}$，则 $A = I + A'$．从而

$$AB = BA \Leftrightarrow A'B = BA'$$

设 $B = \begin{pmatrix} b_{11} & b_{12} & b_{13} \\ b_{21} & b_{22} & b_{23} \\ b_{31} & b_{32} & b_{33} \end{pmatrix}$．则

$$A'B = \begin{pmatrix} b_{31} & b_{32} & b_{33} \\ b_{31} & b_{32} & b_{33} \\ 2b_{21}+b_{31} & 2b_{22}+b_{32} & 2b_{23}+b_{33} \end{pmatrix}$$

$$BA' = \begin{pmatrix} 0 & 2b_{13} & b_{10}+b_{12}+b_{13} \\ 0 & 2b_{23} & b_{21}+b_{22}+b_{23} \\ 0 & 2b_{33} & b_{31}+b_{32}+b_{33} \end{pmatrix}$$

$$A'B = BA' \Leftrightarrow \begin{cases} b_{31} = 0 \\ b_{21} = 0 \\ b_{13} = b_{23} = \dfrac{1}{2}b_{32} \\ 2b_{33} = 2b_{22} + b_{32} \\ b_{33} = b_{11} + b_{12} + b_{13} = b_{21} + b_{22} + b_{23} \\ 2b_{23} = b_{31} + b_{32} \end{cases}$$

$$\Leftrightarrow \begin{cases} b_{31} = b_{21} = 0 \\ b_{13} = b_{23} = \dfrac{1}{2}b_{32} \\ 2b_{33} = 2b_{22} + b_{32} \\ b_{33} = b_{11} + b_{12} + b_{13} = b_{22} + b_{23} \end{cases}$$

$$\Leftrightarrow \begin{cases} b_{21}=b_{31}=0 \\ 2b_{13}=1b_{32} \\ 2b_{23}=1b_{32} \\ 2b_{33}=2b_{22}+b_{32} \\ b_{11}=b_{22}-b_{12} \end{cases}$$

(i) 令 $\begin{cases} b_{22}=1, \\ b_{32}=0, \\ b_{12}=0. \end{cases}$ 得 $\begin{cases} b_{21}=b_{31}=0 \\ b_{13}=b_{23}=0 \\ b_{33}=1 \\ b_{11}=1 \end{cases}$

(ii) 令 $\begin{cases} b_{22}=0 \\ b_{32}=1, \\ b_{12}=0 \end{cases}$ 得 $\begin{cases} b_{21}=b_{31}=0 \\ b_{13}=b_{23}=\dfrac{1}{2} \\ b_{33}=\dfrac{1}{2} \\ b_{11}=0 \end{cases}$.

(iii) 令 $\begin{cases} b_{22}=0 \\ b_{32}=0, \\ b_{12}=1 \end{cases}$ 得 $\begin{cases} b_{21}=b_{31}=0 \\ b_{13}=b_{23}=0 \\ b_{33}=0 \\ b_{23}=0 \\ b_{11}=-1 \end{cases}$.

故 B 生成的线性子空间的维数为 3, 且它的一组基为

$$\begin{pmatrix} 1 & 0 & 0 \\ 0 & 1 & 0 \\ 0 & 0 & 1 \end{pmatrix}, \begin{pmatrix} 0 & 0 & \dfrac{1}{2} \\ 0 & 0 & \dfrac{1}{2} \\ 0 & 1 & \dfrac{1}{2} \end{pmatrix}, \begin{pmatrix} -1 & 1 & 0 \\ 0 & 0 & 0 \\ 0 & 0 & 0 \end{pmatrix}$$

471. (北京邮电学院) 设 $U_1, U_2, \cdots, U_m$ 是数域 P 上 n 维向量空间 V_n 的子空间, 并且维数均小于 n, 证明: V_n 中必有向量 x 不在所有 m 个子空间中.

证 如果 $U_i(i=1,2,\cdots m)$ 中, 有零空间, 则可把它去掉, 不会影响结论, 因此这里设

$$0 < \dim U_i < n (i=1,2,\cdots,m) \qquad ①$$

用数学归纳法证, 当 $m=2$ 时, 由

$$0 < \dim U_i < n (i=1,2) \qquad ②$$

故存在 $\alpha \notin U_1$.

对这个 α, 若 $\alpha \notin U_2$, 则命题证毕, 今设 $\alpha \in U_2$, 必另有 $\beta \notin U_2$, 若 $\beta \notin U_1$ 命题也证毕. 若 $\beta \in U_1$, 这时有

$$\begin{cases} \alpha \notin U_1 \\ \alpha \in U_1 \end{cases}, \begin{cases} \beta \in U_1 \\ \beta \notin U_2 \end{cases} \qquad ③$$

今可证 $\begin{cases} \alpha+\beta \notin U_1 \\ \alpha+\beta \notin U_2 \end{cases}.$

否则,比如 $\alpha+\beta \in U_1$,因为 $\beta \in U_1$,则 $(\alpha+\beta)-\beta=\alpha \in U_1$,这与式③矛盾,故 $\alpha+\beta \notin U_1$.

类似可证 $\alpha+\beta \notin U_2$,从而当 $m=2$ 时,在 V_n 中存在 $x=\alpha+\beta$ 不在这两个子空间中.

现归纳假设命题对 $s-1$ 成立,即存在 $\alpha \in V_n$ 有

$$\alpha \notin U_i \quad (i=1,2,\cdots,s-1) \qquad ④$$

如果 $\alpha \notin U_s$,则命题证毕. 如果 $\alpha \in U_s$,则存在 $\beta \notin U_s$.

今考虑以下 s 个向量组成的向量组

$$\alpha+\beta, 2\alpha+\beta, \cdots, s\alpha+\beta \qquad ⑤$$

其中必有一个向量不在 $U_1,\cdots,U_{s-1}$ 中的任何一个,否则式⑤中必有两个向量属于同一个 U_j 中 $(1 \leqslant j \leqslant s-1)$. 因而其差 $m\alpha(0<|m| \leqslant s-1)$ 也属于 U_j,故 $\alpha \in U_j$,与式④矛盾. 所以式⑤中必有一个向量,不妨设为 $y=l\alpha+\beta(1 \leqslant l \leqslant s)$,且

$$y \notin U_i \quad (i=1,2,\cdots,s-1) \qquad ⑥$$

同时可证 $y \notin U_s$. 否则若 $y \in U_s$,又 $\alpha \in U_s$. 则 $-l\alpha \in U_s$,于是 $\beta=y-l\alpha \in U_s$,这与 $\beta \notin U_s$ 矛盾. 于是

$$y \notin U_s \qquad ⑦$$

由式⑥,⑦即证命题.

472. (清华大学) 设 V 是 n 维线性空间,$V_1,V_2,\cdots,V_s$ 是 V 的 s 个真子空间. 证明:必存在 V 的一个基 $\alpha_1,\cdots,\alpha_n$,这组基都不在 $V_1,V_2,\cdots,V_s$ 内.

证 由 471 题知存在 $\alpha_1 \in V$,

$$\alpha_1 \notin V_1,V_2,\cdots,V_s \qquad ①$$

显然 $\alpha_1 \neq 0$,令 $V_{s+1}=L(\alpha_1)$,则 V_{s+1} 也是真子空间.

又由上题,存在 $\alpha_2 \in V$,使

$$\alpha_2 \notin V_1,V_2,\cdots,V_s,V_{s+1} \qquad ②$$

那么 α_1,α_2 线性无关,因为若 α_1,α_2 线性相关,则 $\alpha_2 \in L(\alpha_1)$,这与②矛盾.

于是令 $V_{s+2}=L(\alpha_1,\alpha_2)$,又存在 $\alpha_3 \in V$,使

$$\alpha_3 \notin V_1,\cdots,V_s,V_{s+2} \qquad ③$$

则 $\alpha_1,\alpha_2,\alpha_3$ 线性无关,否则 $\alpha_1,\alpha_2,\alpha_3$ 线性相关,但 α_1,α_2 线性无关,所以 α_3 可由 α_1,α_2 线性表出,即 $\alpha_3 \in L(\alpha_1,\alpha_2)=V_{s+2}$ 这与式③矛盾.

令 $V_{s+3}=L(\alpha_1,\alpha_2,\alpha_3)$. 这样继续下去,存在

$$\alpha_1,\alpha_2,\cdots,\alpha_{n-1} \notin V_1,\cdots,V_s,V_{s+(n-2)} \qquad ⑤$$

再令 $V_{s+(n-1)}=L(\alpha_1,\cdots,\alpha_{n-1})$,则又存在 $\alpha_n \in V_1,\cdots,V_s,V_{s+(n-1)}$ 且 $\alpha_1,\cdots,\alpha_{n-1}$,$\alpha_n$ 线性无关. 从而它们为 V 的一组基. 且 $\alpha_1,\cdots,\alpha_n \notin V_1,V_2,\cdots,V_s$.

注 不能再继续往下做了,因为 $V_{s+n}=L(\alpha_1,\alpha_2,\cdots,\alpha_n)=V$ 不是真子空间.

6.2 子空间、运算、直和

【考点综述】

1. 子空间

设 V 是 P 上线性空间,W 是 V 的非空子集,若对 V 的两种运算封闭,即 $\forall \alpha,\beta \in W, \forall k \in P,$

(ⅰ) $\alpha+\beta \in W,$

(ⅱ) $k\alpha \in W,$

那么 W 是 V 的子空间.

2. 和空间

(1)设 V_1,V_2 的两个子空间,则称
$$W=\{\alpha+\beta | \alpha \in V_1, \beta \in V_2\}$$
为 V_1 与 V_2 的和空间,记为 $W=V_1+V_2$.

(2)若
$$V_1=L(\alpha_1,\cdots,\alpha_s), \text{且 } \dim V_1=s$$
$$V_2=L(\beta_1,\cdots,\beta_t), \text{且 } \dim V_2=t$$
则 $V_1+V_2=L(\alpha_1,\cdots,\alpha_s,\beta_1,\cdots,\beta_t)$,且
$$\dim(V_1+V_2)=秩\{\alpha_1,\cdots,\alpha_s,\beta_1,\cdots,\beta_t\}$$

3. 交空间

(1)设 V_1,V_2 为 V 的两个子空间,则 $V_1 \cap V_2$ 也是 V 的子空间.

(2) $\dim(V_1 \cap V_2)=\dim V_1+\dim V_2-\dim(V_1+V_2).$

(3)类似可定义 $V_1 \cap V_2 \cap \cdots \cap V_m.$

4. 直和

(1)两个子空间的直和.

(ⅰ)设 V_1,V_2 是 V 的两个子空间,若
$$\begin{cases} V=V_1+V_2 \\ V_1 \cap V_2=\{0\} \end{cases}$$
则称 V_1+V_2 为直和,记为 $V=V_1 \oplus V_2$(或 $V=V_1 \dotplus V_2$).

(ⅱ)等价条件. 设 $V=V_1+V_2$,其中 V_1,V_2 是 V 的子空间,那么下面几个条件等价:

1) $V_1 \cap V_2=\{0\}$;

2) $\dim V=\dim V_1+\dim V_2$;

3) V 中任意向量分解唯一;

4) V 中零向量分解唯一.

(2)多个子空间的直和

(ⅰ) $V=V_1+V_2+\cdots+V_s$,且

$$V_i \cap (\sum_{j \neq i} V_j) = \{0\} \quad (i=1,2,\cdots s)$$

则 V 是它们直和,记为 $V=V_1 \oplus V_2 \oplus \cdots \oplus V_s$(或 $V=V_1 \dotplus V_2 \dotplus \cdots \dotplus V_s$).

(ii)若 $V=V_1+V_2+\cdots+V_s$,那么下面几个条件等价

1) $V_i \cap (\sum_{i \neq j} V_j) = \{0\} \quad (i=1,2,\cdots s)$;

2) $\dim V = \sum_{i=1}^{s} \dim V_i$;

3) V 中任意向量分解唯一;

4) V 中零向量分解唯一.

【经典题解】

473.(复旦大学) 若 W_1, W_2 是线性空间 V 的两个子空间,证明:
$$\dim(W_1+W_2) + \dim(W_1 \cap W_2) = \dim W_1 + \dim W_2$$
这里 $\dim W$ 表示子空间 W 的维数.

证 设 W_1, W_2 的维数分别为 n_1, n_2,$W_1 \cap W_2$ 的维数为 r,取 $W_1 \cap W_2$ 的一组基(Ⅰ)$\alpha_1, \cdots, \alpha_r$,并将(Ⅰ)扩大为 W_1 的一组基
$$(\text{Ⅱ})\alpha_1, \cdots, \alpha_r, \beta_1, \cdots, \beta_{n_1-r}.$$
再将(Ⅰ)扩大为 W_2 的一组基
$$(\text{Ⅲ})\alpha_1, \cdots, \alpha_r, \delta_1, \cdots, \delta_{n_2-r}.$$
令(Ⅳ)$\alpha_1, \cdots, \alpha_r, \beta_1, \cdots, \beta_{n_1-r}, \delta_1, \cdots, \delta_{n_2-r}$,则

$W_1 \cap W_2 = L(\alpha_1, \cdots, \alpha_r), \dim(W_1 \cap W_2) = r$ ①

$W_1 = L(\alpha_1, \cdots, \alpha_r, \beta_1, \cdots, \beta_{n_1-r}), \dim W_1 = n_1$ ②

$W_2 = L(\alpha_1, \cdots, \alpha_r, \delta_1, \cdots, \delta_{n_2-r}), \dim W_2 = n_2$ ③

可证

$W_1 + W_2 = L(\alpha_1, \cdots, \alpha_r, \beta_1, \cdots, \beta_{n_1-r}, \delta_1, \cdots, \delta_{n_2-r})$ ④

下证 $\alpha_1, \cdots, \alpha_r, \beta_1, \cdots, \beta_{n_1-r}, \delta_1, \cdots, \delta_{n_2-r}$ 线性无关. 设有

$k_1\alpha_1 + \cdots + k_r\alpha_r + l_1\beta_1 + \cdots + l_{n_1-r}\beta_{n_1-r} + p_1\delta_1 + \cdots + p_{n_2-r}\delta_{n_2-r} = 0$ ⑤

再令

$\gamma = k_1\alpha_1 + \cdots + k_r\alpha_r + l_1\beta_1 + \cdots + l_{n_1-r}\beta_{n_1-r}$ ⑥

由式⑤有

$\gamma = -(p_1\delta_1 + \cdots + p_{n_2-r}\delta_{n_2-r})$ ⑦

由式⑥,式⑦知 $\gamma \in W_1, \gamma \in W_2$,从而 $\gamma \in W_1 \cap W_2$,所以

$\gamma = s_1\alpha_1 + \cdots + s_r\alpha_r$ ⑧

将式⑧代入式⑦,并移项得

$s_1\alpha_1 + \cdots + s_r\alpha_r + p_1\delta_1 + \cdots + p_{n_2-r}\delta_{n_2-r} = 0.$ ⑨

但 $\alpha_1, \cdots, \alpha_r, \delta_1, \cdots, \delta_{n_2-r}$ 线性无关,由式⑨可得

$s_1 = \cdots = s_r = p_1 = \cdots = p_{n_2-r} = 0$ ⑩

将式⑩代入式⑧得 $\gamma=0$. 再代入式⑥有

$$k_1\alpha_1 + \cdots + k_r\alpha_r + l_1\beta_1 + \cdots + l_{n_1-r}\beta_{n_1-r} = 0$$

由 $\alpha_1, \cdots, \alpha_r, \beta_1, \cdots, \beta_{n_1-r}$ 线性无关,可得

$$k_1 = \cdots = k_r = \cdots = l_1 = \cdots = l_{n_1-r} = 0 \qquad ⑪$$

再由式⑩,⑪知 $\alpha_1, \cdots, \alpha_r, \beta_1, \cdots, \beta_{n_1-r}, \delta_1, \cdots, \delta_{n_2-r}$ 线性无关. 再由④式知

$$\dim(W_1+W_2) = n_1+n_2-r$$
$$= \dim W_1 + \dim W_2 - \dim W_1 \cap W_2$$

即证 $\dim(W_1+W_2) + \dim(W_1 \cap W_2) = \dim W_1 + \dim W_2$.

474. (中国人民大学) 设 $\alpha_1, \cdots, \alpha_s$ 与 $\beta_1, \cdots, \beta_t$ 是两组 n 维向量. 证明:若这个两向量组都线性无关,则空间 $L(\alpha_1, \cdots, \alpha_s) \cap L(\beta_1, \cdots, \beta_t)$ 的维数等于齐次线性方程组

$$\alpha_1 x_1 + \cdots + \alpha_s x_s + \beta_1 y_1 + \cdots + \beta_t y_t = 0 \qquad ①$$

的解空间的维数.

证 令 $V_1 = L(\alpha_1, \cdots, \alpha_s), V_2 = L(\beta_1, \cdots, \beta_s)$,由假设知

$$\dim V_1 = s, \dim V_2 = t$$
$$V_1 + V_2 = L(\alpha_1, \cdots, \alpha_s, \beta_1, \cdots, \beta_t)$$
$$\dim(V_1+V_2) = 秩\{\alpha_1, \cdots, \alpha_s, \beta_1, \cdots, \beta_t\} \qquad ②$$

由维数公式有

$$\dim(V_1 \cap V_2) = \dim V_1 + \dim V_2 - \dim(V_1+V_2)$$
$$= s+t - 秩\{\alpha_1, \cdots, \alpha_s, \beta_1, \cdots, \beta_t\} \qquad ③$$

再设齐次方程组①的解空间为 V_3,则

$$\dim V_3 = s+t - 秩\{\alpha_1, \cdots, \alpha_s, \beta_1, \cdots, \beta_t\} \qquad ④$$

由式③,式④即证 $\dim V_3 = \dim V_1 \cap V_2$.

475. (华中师范大学) 已知

$\alpha_1 = (1,2,1,-2), \quad \alpha_2 = (2,3,1,0), \quad \alpha_3 = (1,2,2,-3)$
$\beta_1 = (1,1,1,1), \quad \beta_2 = (1,0,1,-1), \quad \beta_3 = (1,3,0,-4)$

求 (1) $W_1 = L(\alpha_1, \alpha_2, \alpha_3)$ 的基与维数;

(2) $W_2 = L(\beta_1, \beta_2, \beta_3)$ 的基与维数;

(3) $W_1 + W_2$ 及 $W_1 \cap W_2$ 的基与维数.

解 (1) 对 $(\alpha'_1, \alpha'_2, \alpha'_3)$ 作初等变换,可得

$$\begin{bmatrix} 1 & 2 & 1 \\ 2 & 3 & 2 \\ 1 & 1 & 2 \\ -2 & 0 & -3 \end{bmatrix} \rightarrow \begin{bmatrix} 1 & 2 & 1 \\ 0 & -1 & 0 \\ 0 & -1 & 1 \\ 0 & 4 & -1 \end{bmatrix}$$

由此看出,秩$\{\alpha_1, \alpha_2, \alpha_3\} = 3$. 所以 $\dim W_1 = 秩\{\alpha_1, \alpha_2, \alpha_3\} = 3$,且 $\alpha_1, \alpha_2, \alpha_3$ 为 W_1 的一组基.

(2) 类似可得 $\dim W_2 = 3$,且 $\beta_1, \beta_2, \beta_3$ 为 W_2 的一组基.

(3) $\begin{bmatrix} 1 & 1 & 1 & 1 & 2 & 1 \\ 1 & 0 & 3 & 2 & 3 & 2 \\ 1 & 1 & 0 & 1 & 1 & 2 \\ 1 & -1 & -4 & -2 & 0 & -3 \end{bmatrix} \rightarrow \begin{bmatrix} 1 & 1 & 1 & 1 & 2 & 1 \\ 0 & -1 & 2 & 1 & 1 & 1 \\ 0 & 0 & -1 & 0 & -1 & 1 \\ 0 & -2 & -5 & -3 & -2 & -4 \end{bmatrix}$

$\rightarrow \begin{bmatrix} 1 & 0 & 3 & 2 & 3 & 2 \\ 0 & -1 & 2 & 1 & 1 & 1 \\ 0 & 0 & -1 & 0 & -1 & 1 \\ 0 & 0 & -9 & -5 & -4 & -6 \end{bmatrix} \rightarrow \begin{bmatrix} 1 & 0 & 0 & 0 & 2 & -1 \\ 0 & 1 & 0 & 0 & 0 & 0 \\ 0 & 0 & 1 & 0 & 1 & -1 \\ 0 & 0 & 0 & 1 & -1 & 3 \end{bmatrix}$

可以看出，秩$\{\beta_1,\beta_2,\beta_3,\alpha_1,\alpha_2,\alpha_3\}=4$，所以
$$\dim(W_1+W_2)=秩\{\beta_1,\beta_2,\beta_3,\alpha_1,\alpha_2,\alpha_3\}=4$$
且 $\beta_1,\beta_2,\beta_3,\alpha_1$ 为 W_1+W_2 的一组基。

再由上题知，构造齐次线性方程组
$$x_1\beta_1+x_2\beta_2+x_3\beta_3+y_1\alpha_1+y_2\alpha_2+y_3\alpha_3=\mathbf{0} \qquad ①$$
则齐次方程组①与下面齐次方程组同解
$$\begin{cases} x_1+2y_2-y_3=0 \\ x_2=0 \\ x_3+y_2-y_3=0 \\ y_1-y_2+3y_3=0 \end{cases}$$

令 $y_2=1,y_3=0$ 得 $\delta_1=(-2,0,-1,1,1,0)'$.
再令 $y_2=0,y_3=1$ 得 $\delta_2=(1,0,1,-3,0,1)'$.
再令
$$\xi_1=(\alpha_1+\alpha_2,\alpha_3)\begin{pmatrix} 1 \\ 1 \\ 0 \end{pmatrix}=\alpha_1+\alpha_2=(3,5,2,-2)$$

$$\xi_2=(\alpha_1,\alpha_2,\alpha_3)\begin{pmatrix} -3 \\ 0 \\ 1 \end{pmatrix}=-3\alpha_1+\alpha_3=(-2,-4,-1,3)$$

则 $W_1\cap W_2=L(\xi_1,\xi_2)$，$\dim(W_1\cap W_2)=2$，且 ξ_1,ξ_2 为 $W_1\cap W_2$ 的一组基。

476.（同济大学） 设 U 是由
$$\{(1,3,-2,2,3),(1,4,-3,4,2),(2,3,-1,-2,9)\}$$
生成的 $\mathbf{R}^5$ 的子空间，W 是由
$$\{(1,3,0,2,1),(1,5,-6,6,3),(2,5,3,2,1)\}$$
生成的 $\mathbf{R}^5$ 的子空间，求

(1) $U+W$；

(2) $U\cap W$ 的维数与基底。

解 (1) 令

$\alpha_1=(1,3,-2,2,3)$, $\alpha_2=(1,4,-3,4,2)$, $\alpha_3=(2,3,-1,-2,9)$
$\beta_1=(1,3,0,2,1)$, $\beta_2=(1,5,-6,6,3)$, $\beta_3=(2,5,3,2,1)$

可得 $U=L(\alpha_1,\alpha_2,\alpha_3)=L(\alpha_1,\alpha_2)$. $W=L(\beta_1,\beta_2,\beta_3)=L(\beta_1,\beta_2)$. 所以
$$U+W=L(\alpha_1,\alpha_2,\beta_1,\beta_2)$$

由于 $\alpha_1,\alpha_2,\beta_1$ 为 $\alpha_1,\alpha_2,\beta_1,\beta_2$ 的一个极大线性无关组,因此又可得
$$U+W=L(\alpha_1,\alpha_2,\beta_1)$$

且 $\dim(U+W)=3$,故 $\alpha_1,\alpha_2,\beta_1$ 为 $U+W$ 的一组基.

(2) 令
$$x_1\alpha_1+x_2\alpha_2+y_1\beta_1+y_2\beta_2=0 \qquad ①$$

因为秩$\{\alpha_1,\alpha_2,\beta_1,\beta_2\}=3$.所以齐次方程组①的基础解系由一个向量组成:
$$\delta=(0,2,-1,-1)'$$

再令 $\xi=(\alpha_1,\alpha_2)\begin{pmatrix}0\\2\end{pmatrix}=2\alpha_2=(2,8,-6,8,4)$,则
$$U\cap W=L(\xi) \Rightarrow \dim(U\cap W)=1$$

故 ξ 为 $U\cap W$ 的一组基.

477.(中国人民大学) 设线性方程组 $AX=0$ 的解都是线性方程组 $BX=0$ 的解,则( )

(A)秩 $A<$秩 B (B)秩 $A>$秩 B
(C)秩 $A\geqslant$秩 B (D)秩 $A\leqslant$秩 B

答 (C).

设 $AX=0$ 与 $BX=0$ 的解空间分别为 V_1 与 V_2. 则 $V_1\subseteq V_2$. 所以
$$\dim V_1\leqslant \dim V_2, \Rightarrow n-秩 A\leqslant n-秩 B$$

即证秩 $A\geqslant$秩 B.

478.(华中师范大学) 设 P 是数域,$A\in P^{m\times n}$,且 $A=(A_1,A_2,\cdots,A_n)$,其中 A_i 为 A 的列向量$(i=1,2,\cdots,n)$,W 是齐次线性方程组 $AX=0$ 的解空间,$V=L(A_1,A_2,\cdots,A_n)$.证明:
$$\dim W+\dim V=n$$

证 因为 $\dim W=n-$秩 $A=n-\dim V$,所以 $\dim W+\dim V=n$.

479.(华中师范大学) 设 W,W_1,W_2 都是线性空间 V 的子空间,$W_1\subseteq W$,$V=W_1\oplus W_2$,证明:
$$\dim W=\dim W_1+\dim(W_2\cap W)$$

证 先证
$$W=W_1+(W_2\cap W) \qquad ①$$

因为 $W_1\subseteq W$,$W_2\cap W\subseteq W$.所以
$$W_1+(W_2\cap W)\subseteq W \qquad ②$$

又因为
$$V=W_1\oplus W_2 \qquad ③$$

所以 $\forall \alpha \in W$，有 $\alpha = \alpha_1 + \alpha_2$，其中 $\alpha_1 \in W_1, \alpha_2 \in W_2$. 于是
$$\alpha_2 = \alpha - \alpha_1 \in W, \Rightarrow \alpha_2 \in W_2 \cap W \qquad ④$$
由式④知 $\alpha \in W_1 + (W_2 \cap W)$，此即
$$W \subseteq W_1 + (W_2 \cap W) \qquad ⑤$$
由式②，式⑤即证式①．

再证
$$W_1 \cap (W_2 \cap W) = \{0\} \qquad ⑥$$
$\forall \beta \in W_1 \cap (W_2 \cap W)$，则 $\beta \in W_1, \beta \in W_2$，由③知 $\beta = 0$，即证式⑥．
再由式①，式⑥即知
$$W = W_1 \oplus (W_2 \cap W)$$
故 $\dim W = \dim W_1 + \dim(W_2 \cap W)$．

480.（华中师范大学） 设方阵 A 与 A^2 的秩相等，证明：n 元齐次方程组 $AX = 0$ 与 $A^2 X = 0$ 同解．

证 设 $AX = 0$ 与 $A^2 X = 0$ 的解空间分别为 V_1, V_2，因为 $AX = 0$ 的解一定是 $A^2 X = 0$ 的解，此即
$$V_1 \subseteq V_2. \qquad ①$$
又因为 $\dim V_1 = n - $秩 A，$\dim V_2 = n - $秩 A^2，且已知秩 $A = $ 秩 A^2．因此有
$$\dim V_1 = \dim V_2 \qquad ②$$
由式①，式②即证 $V_1 = V_2$，此即为 $AX = 0$ 与 $A^2 X = 0$ 同解．

481.（华中师范大学） 设 A, B 都是 $n \times n$ 矩阵，$AB = BA$，证明：
$$秩(A + B) \leq 秩 A + 秩 B - 秩(AB)$$
证 设 $A = (\alpha_1, \alpha_2, \cdots, \alpha_n) = (a_{ij})_{n \times n}$，其中 $\alpha_1, \cdots, \alpha_n$ 为 A 的列向量．
$B = (\beta_1, \beta_2, \cdots, \beta_n) = (b_{ij})_{n \times n}$，其中 $\beta_1, \cdots, \beta_n$ 为 B 的列向量．
则
$$A + B = (\alpha_1 + \beta_1, \cdots, \alpha_n + \beta_n)$$
$$AB = (\alpha_1, \cdots, \alpha_n) \begin{bmatrix} b_{11} & \cdots & b_{1n} \\ \vdots & & \vdots \\ b_{n1} & \cdots & b_{nn} \end{bmatrix}$$
$$= (b_{11}\alpha_1 + \cdots + b_{n1}\alpha_n, \cdots, b_{1n}\alpha_1 + \cdots + b_{nn}\alpha_n) \qquad ①$$
令 $W_1 = L(\alpha_1, \cdots, \alpha_n)$，$W_2 = L(\beta_1, \beta_2, \cdots, \beta_n)$，$W_3 = L(\alpha_1 + \beta_1, \cdots, \alpha_n + \beta_n)$，$W_4 = L(\delta_1, \cdots, \delta_n)$．
其中 $\delta_k = b_{1k}\alpha_1 + \cdots + b_{nk}\alpha_n (k = 1, 2, \cdots, n)$．则
$$秩 A = \dim W_1, 秩 B = \dim W_2$$
$$秩(A + B) = \dim W_3, 秩 AB = \dim W_4$$
但 $W_3 = L(\alpha_1 + \beta_1, \cdots, \alpha_n + \beta_n) \subseteq L(\alpha_1, \cdots, \alpha_n) + L(\beta_1, \cdots, \beta_n) = W_1 + W_2$，所以
$$\dim W_3 \leq \dim(W_1 + W_2) = \dim W_1 + \dim W_2 - \dim(W_1 \cap W_2)$$
$$秩(A + B) \leq 秩 A + 秩 B - \dim(W_1 \cap W_2) \qquad ②$$
由①知

$$W_4 = L(\delta_1,\cdots,\delta_n) \subseteq L(\alpha_1,\cdots,\alpha_n) = W_1 \quad ③$$

又 $AB=BA$,所以

$$BA = (\beta_1,\cdots,\beta_n)\begin{bmatrix} a_{11} & \cdots & a_{1n} \\ \vdots & & \vdots \\ a_{n1} & \cdots & a_{nn} \end{bmatrix}$$

$$= (a_{11}\beta_1+\cdots+a_{n1}\beta_n,\cdots,a_{1n}\beta_1+\cdots+a_{nn}\beta_n)$$

$$\Rightarrow W_4 = L(\delta_1,\cdots,\delta_n) \subseteq L(\beta_1,\cdots,\beta_n) = W_2 \quad ④$$

由式③,式④即知 $W_4 \subseteq W_1 \cap W_2$,故

$$秩(AB) = \dim W_4 \leq \dim W_1 \cap W_2 \quad ⑤$$

将式⑤代入式④,即证秩$(A+B) \leq$ 秩 $A+$ 秩 $B-$ 秩(AB).

注 另解见 280 题.

482.(东北师范大学) 令 S_1 和 S_2 都是线性空间 V 的子空间,如果 $S_1 \cup S_2$ 也是 V 的子空间,则或者 $S_1 \subseteq S_2$ 或者 $S_2 \subseteq S_1$.

证 (1) 一般 $S_1 \cup S_2$ 与 S_1+S_2 不等,但在本题假设下,可证

$$S_1 \cup S_2 = S_1 + S_2 \quad ①$$

事实上,$\forall \alpha \in S_1 \cup S_2, \alpha \in S_1$ 或 $\alpha \in S_2$ 都有 $\alpha \in S_1+S_2$. 此即

$$S_1 \cup S_2 \subseteq S_1+S_2 \quad ②$$

另一方面,$\forall \beta \in S_1+S_2$. 有 $\beta = \beta_1+\beta_2$,其中 $\beta_1 \in S_1, \beta_2 \in S_2$. 于是 $\beta_1,\beta_2 \in S_1 \cup S_2$.

又因为 $S_1 \cup S_2$ 是 V 的子空间. 所以 $\beta = \beta_1+\beta_2 \in S_1 \cup S_2$. 此即

$$S_1+S_2 \subseteq S_1 \cup S_2 \quad ③$$

由式②,式③即证式①.

再用反证法,若 S_1 与 S_2 互不包含,则存在 α_1,α_2 使得

$$\begin{cases} \alpha_1 \in S_1 \\ \alpha_1 \notin S_2 \end{cases} \text{且} \begin{cases} \alpha_2 \notin S_1 \\ \alpha_2 \in S_2 \end{cases}$$

那么

$$\alpha_1+\alpha_2 \in S_1+S_2 = S_1 \cup S_2 \quad ④$$

另一方面,若 $\alpha_1+\alpha_2 \in S_1$,则 $\alpha_2 = \alpha_1+\alpha_2-\alpha_1 \in S_1$,矛盾. 即证

$$\alpha_1+\alpha_2 \notin S_1$$

同理可证 $\alpha_1+\alpha_2 \notin S_2$. 故

$$\alpha_1+\alpha_2 \notin S_1 \cup S_2 \quad ⑤$$

由式④,式⑤矛盾. 即证 $S_1 \subseteq S_2$ 或 $S_2 \subseteq S_1$.

483.(华中师范大学) P 是数域,$P^{n \times n}$ 关于矩阵加法和数乘矩阵构成线性空间,$V_1 = \{A | A \in P^{n \times n}, A' = A\}$

(1)证明 V_1 是 $P^{n \times n}$ 的子空间;

(2)求 $P^{n \times n}$ 的子空间 V_2,使 $P^{n \times n} = V_1 \oplus V_2$.

证 (1) 因为 $0 \in V_1$,所以 V_1 非空. $\forall A, B \in V_1, \forall k \in P$,有

$$(A+B)'=A'+B'=A+B \Rightarrow A+B \in V_1$$
$$(kA)'=kA'=kA \Rightarrow kA \in V_1$$

即证 V_1 是 $P^{n\times n}$ 的子空间.

(2) 设 $V_2=\{A|A\in P^{n\times n},A'=-A\}$,可证 V_2 也是 $P^{n\times n}$ 的子空间,且
$$V_1 \cap V_2=\{0\} \qquad ①$$

事实上 $\forall A\in V_1\cap V_2$,则 $A'=A,A'=-A \Rightarrow A=-A,2A=0$,故 $A=0$,即证①.

显然有 $V_1+V_2 \subseteq P^{n\times n}$.

反之 $\forall x\in P^{n\times n}$,有
$$x=\frac{x+x'}{2}+\frac{x-x'}{2}$$

而 $\frac{x+x'}{2}\in V_1, \frac{x-x'}{2}\in V_2 \Rightarrow P^{n\times n}\subseteq V_1+V_2$,从而
$$P^{n\times n}=V_1+V_2 \qquad ②$$

由式①,式②即证 $P^{n\times n}=V_1\oplus V_2$.

注 由本题(2)的证明,同理可证:

484. (华中理工大学) 令 $M_n(F)$ 是数域 F 上全体 n 阶方阵所组成的向量空间. 令
$$S=\{A\in M_n(F)|A'=A\}, T=\{A\in M_n(F)|A'=-A\}$$
试证: $M_n(F)=S\oplus T$.

485. (华中师范大学) 设 P 是数域, $m<n, A\in P^{m\times n}, B\in P^{(n-m)\times n}, V_1$ 和 V_2 分别是齐次线性方程组 $AX=0$ 和 $BX=0$ 的解空间. 证明: $P^n=V_1\oplus V_2$ 的充分必要条件是 $\binom{A}{B}x=0$ 只有零解.

证 先证充分性. 因 $\binom{A}{B}\in P^{n\times n}$,若 $\binom{A}{B}x=0$ 只有零解,则 $\left|\begin{array}{c}A\\B\end{array}\right|\neq 0$,且
$$秩 A=m, \quad 秩 B=n-m$$

$\forall x_0 \in V_1\cap V_2$,则 $\begin{cases}Ax_0=0\\Bx_0=0\end{cases}$ 即 $\binom{A}{B}x_0=0$,故 $x_0=0$. 即证
$$V_1\cap V_2=\{0\} \qquad ①$$

又 $V_1+V_2\subseteq P^n$,因而由①知
$$\dim(V_1+V_2)=\dim V_1+\dim V_2=(n-秩 A)+(n-秩 B)$$
$$=(n-m)+m=n=\dim P^n$$

故 $P^n=V_1\oplus V_2$.

再证必要性. 设 $P^n=V_1\oplus V_2$,用反证法. 如果 $\binom{A}{B}x=0$ 有非零解 x_1,那么 $\begin{cases}Ax_1=0\\Bx_1=0\end{cases}$,即 $x_1\in V_1\cap V_2$,这与 $P^n=V_1\oplus V_2$ 矛盾. 从而 $\binom{A}{B}x=0$ 只有零解.

第六章 线性空间

486. (**山东大学**) 设 A 是数域 P 上的 $r\times n$ 矩阵,B 是 P 上 $(n-r)\times n$ 矩阵,$C=\begin{bmatrix}A\\B\end{bmatrix}$ 是非奇异矩阵,证明:n 维线性空间.

$$P^n=\{x=(x_1,\cdots,x_n)'\mid x_i\in P\}$$

是齐次线性方程组 $AX=0$ 的解子空间 V_1 与 $BX=0$ 的解子空间 V_2 的直和.

证 因为 $|C|\neq 0$,所以 $CX=0$ 仅有零解,即方程组

$$\begin{cases}AX=0,\\ BX=0\end{cases}\Leftrightarrow\begin{pmatrix}A\\B\end{pmatrix}X=0$$

仅有零解,即

$$V_1\cap V_2=\{0\}. \qquad\qquad ①$$

而秩 $A=r$,秩 $B=n-r$(秩 $C=n$),则有

$$\dim V_1+\dim V_2=(n-\text{秩}\,A)+(n-\text{秩}\,B)=n=\dim P^n \qquad ②$$

$$V_1+V_2\subseteq P^n \qquad\qquad ③$$

由式①～③即证 $P^n=V_1\oplus V_2$.

487. (**南开大学**) 设数域 P 上线性方程组 $AX=0$ 和 $BX=0$,其中 $X=(x_1,\cdots,x_n)'$,$A=(a_{ij})_{m\times n}$,$B=(b_{ij})_{s\times n}$.如果它们的一般解中含参数的个数和大于 n,证明:这两个方程组有非零的公共解.

证 令 $V_1=\{X\mid AX=0\}$,$V_2=\{X\mid BX=0\}$,$W=V_1\cap V_2$,即

$$W=\{X\mid AX=0\text{ 且 }BX=0\}$$

设 $AX=0$ 一般解中含有 s 个参数,$BX=0$ 的一般解中含 m 个参数,即

$$\dim V_1=s,\dim V_2=m$$

又因为 $s+m>n$,所以

$$\dim W=\dim(V_1\cap V_2)=\dim V_1+\dim V_2-\dim(V_1+V_2)$$
$$=s+m-\dim(V_1+V_2)\geqslant s+m-n>0$$

故 $W\neq\{0\}$,从而两方程必有公共的非零解.

488. (**华中师范大学**) 设 $\alpha_1,\alpha_2,\cdots,\alpha_n$ 是数域 P 上 n 维线性空间 V 的 n 个向量,其秩为 r,证明:满足 $k_1\alpha_1+k_2\alpha_2+\cdots+k_n\alpha_n=0$ 的 n 维向量 $(k_1,\cdots,k_n)$ 的全体构成 P^n 的 $n-r$ 维子空间.

证 令

$$W=\{(k_1,\cdots,k_n)\mid k_1\alpha_1+\cdots+k_n\alpha_n=0\} \qquad ①$$

因为 $(0,\cdots,0)\in W$,所以 W 非空.于是 $\forall(k_1,\cdots,k_n),(l_1,\cdots,l_n)\in W$,有

$$k_1\alpha_1+\cdots+k_n\alpha_n=0,\quad l_1\alpha_1+\cdots+l_n\alpha_n=0$$
$$\Rightarrow(k_1+l_1)\alpha_1+\cdots+(k_n+l_n)\alpha_n=0$$

此即 $(k_1+\cdots+k_n)+(l_1,\cdots,l_n)\in W$

$\forall(k_1,\cdots,k_n)\in W,\forall s\in P$,类似有

$$sk_1\alpha_1+\cdots+sk_n\alpha_n=0,\text{ 故 }s(k_1+\cdots+k_n)\in W$$

即证 W 是 P^n 的子空间.

再令 α_i 在 V 的某组给定基下的坐标为 $(a_{i1},\cdots,a_{in})(i=1,2,\cdots,n)$,则由 $k_1\alpha_1+\cdots+k_n\alpha_n=0$ 有

$$\begin{pmatrix}a_{i1}\\ \vdots\\ a_{in}\end{pmatrix}k_1+\cdots+\begin{pmatrix}a_{i1}\\ \vdots\\ a_{in}\end{pmatrix}k_n=\begin{pmatrix}a_{11}&\cdots&a_{n1}\\ \vdots& &\vdots\\ a_{1n}&\cdots&a_{nn}\end{pmatrix}\begin{pmatrix}k_1\\ \vdots\\ k_n\end{pmatrix}=0 \qquad ②$$

由题设知,式②中系数矩阵的秩为 r,因此满足式②的一切 $(k_1,\cdots,k_n)$ 所成子空间的维数等于 $n-r$.

489. (华中师范大学) 设 A,B 分别为 $m\times m$ 和 $m\times n$ 矩阵,B 的列向量为 α_1, $\alpha_2,\cdots,\alpha_n$,且 $\beta_1,\beta_2,\cdots,\beta_r$ 是 $AX=0$ 的一个基础解系,$\gamma_1,\gamma_2,\cdots,\gamma_t$ 是 $ABX=0$ 的一个基础解系. 令

$$C=(\beta_1,\beta_2,\cdots,\beta_r),\quad D=(\gamma_1,\gamma_2,\cdots,\gamma_t)$$

设 BD 的列向量为 $\delta_1,\cdots,\delta_t$. 证明:

$$L(\alpha_1,\alpha_2,\cdots,\alpha_n)\cap L(\beta_1,\beta_2,\cdots,\beta_r)=L(\delta_1,\cdots,\delta_t) \qquad ①$$

其中 $L(\theta_1,\cdots,\theta_m)$ 表示 $\{k_1\theta_1+\cdots+k_m\theta_m|k_i\in P\}$.

证 $\forall \alpha\in L(\delta_1,\cdots,\delta_t)$,有 $\alpha=k_1\delta_1+\cdots+k_t\delta_t$,于是

$$A\alpha=A(\delta_1,\cdots,\delta_t)\begin{pmatrix}k_1\\ \vdots\\ k_t\end{pmatrix}=ABD\begin{pmatrix}k_1\\ \vdots\\ k_t\end{pmatrix}=AB(\gamma_1,\cdots,\gamma_t)\begin{pmatrix}k_1\\ \vdots\\ k_t\end{pmatrix} \qquad ②$$

由于 $\gamma_1,\cdots,\gamma_t$ 为 $ABX=0$ 的基础解系,从而由式②有

$$A\alpha=0\Rightarrow\alpha\in L(\beta_1,\cdots,\beta_r) \qquad ③$$

$$\alpha=(\delta_1,\cdots,\delta_t)\begin{pmatrix}k_1\\ \vdots\\ k_t\end{pmatrix}=BD\begin{pmatrix}k_1\\ \vdots\\ k_t\end{pmatrix}$$

$$=(\alpha_1,\alpha_2,\cdots,\alpha_n)\left\{D\begin{pmatrix}k_1\\ \vdots\\ k_t\end{pmatrix}\right\}\in L(\alpha_1,\alpha_2,\cdots,\alpha_n) \qquad ④$$

由式③,式④有

$$\alpha\in L(\alpha_1,\alpha_2,\cdots,\alpha_n)\cap L(\beta_1,\cdots,\beta_r) \qquad ⑤$$

即证 $L(\delta_1,\cdots,\delta_t)\subseteq L(\alpha_1,\cdots,\alpha_n)\cap L(\beta_1,\cdots,\beta_r)$.

反之,$\forall \beta\in L(\alpha_1,\cdots,\alpha_n)\cap L(\beta_1,\cdots,\beta_r)$,有

$$\beta=p_1\alpha_1+\cdots+p_n\alpha_n=l_1\beta_1+\cdots+l_r\beta_r \qquad ⑥$$

由式⑥有

$$AB\begin{pmatrix}p_1\\ \vdots\\ p_n\end{pmatrix}=A(\alpha_1,\cdots,\alpha_n)\begin{pmatrix}p_1\\ \vdots\\ p_n\end{pmatrix}=A(\beta_1,\cdots,\beta_r)\begin{pmatrix}l_1\\ \vdots\\ l_r\end{pmatrix}=0$$

即 $\begin{pmatrix}p_1\\ \vdots\\ p_n\end{pmatrix}$ 为 $ABX=0$ 的解. 于是

$$\begin{pmatrix} p_1 \\ \vdots \\ p_n \end{pmatrix} = s_1\gamma_1 + \cdots + s_t\gamma_t = (\gamma_1, \cdots, \gamma_t)\begin{pmatrix} s_1 \\ \vdots \\ s_t \end{pmatrix} = D\begin{pmatrix} s_1 \\ \vdots \\ s_t \end{pmatrix} \qquad ⑦$$

由式⑥,式⑦两式有

$$\beta = (\alpha_1, \cdots, \alpha_n)\begin{pmatrix} p_1 \\ \vdots \\ p_n \end{pmatrix} = BD\begin{pmatrix} s_1 \\ \vdots \\ s_t \end{pmatrix} = (\delta_1, \cdots, \delta_t)\begin{pmatrix} s_1 \\ \vdots \\ s_t \end{pmatrix} \in L(\delta_1, \cdots, \delta_t)$$

由 β 的任意性,可得

$$L(\alpha_1, \cdots, \alpha_n) \cap L(\beta_1, \cdots, \beta_t) \subseteq L(\delta_1, \cdots, \delta_t) \qquad ⑧$$

由式⑤,式⑧即证结论.

490. (中山大学) 若 n 维线性空间的两个线性子空间的和的维数减 1 等于它们交的维数. 证明:它们的和与其中之一个子空间相等,它们的交与其中另一个子空间相等.

证 设这两个子空间分别为 V_1 和 V_2,由假设可得

$$\dim(V_1 + V_2) = \dim(V_1 \cap V_2) + 1 \qquad ①$$

设 $\dim(V_1 \cap V_2) = m$, $\dim V_1 = n_1$,由式①有

$$m = \dim(V_1 \cap V_2) \leqslant \dim V_1 = n_1 \leqslant \dim(V_1 + V_2) = m + 1 \qquad ②$$

由式②知 n_1 只有两种可能

(1) 当 $m = n_1$ 时,有

$$\dim(V_1 \cap V_2) = \dim V_1 \qquad ③$$
$$V_1 \cap V_2 \subseteq V_1 \qquad ④$$

由式③,式④得 $V_1 \cap V_2 = V_1$,此即 $V_1 \subseteq V_2$. 从而 $V_1 + V_2 = V_2$,即证结论.

(2) 当 $n_1 = m + 1$ 时,由①知

$$\dim(V_1 + V_2) = \dim V_1 \qquad ⑤$$
$$V_1 \subseteq V_1 + V_2 \qquad ⑥$$

由式⑤,式⑥有 $V_1 = V_1 + V_2$, $\Rightarrow V_2 \subseteq V_1$. 故 $V_1 \cap V_2 = V_2$. 结论也得证.

综上可知结论成立.

491. (福建师范大学) 写出向量空间 V 的 $s(s \geqslant 2)$ 个有限维子空间 $W_1, W_2, \cdots, W_s$ 的相应维数公式,并予以证明.

证 推广的维数公式为

$$\sum_{i=1}^{s} \dim W_i = \dim(\sum_{i=1}^{s} W_i) + \dim(W_1 \cap W_2) + \dim[(W_1 + W_2) \cap W_3]$$
$$+ \cdots + \dim[(\sum_{i=1}^{S-1} W_i) \cap W_s] \qquad ①$$

下面用数学归纳法来证明.

当 $s = 2$ 时,就是普通的维数公式,结论成立.

现归纳假设结论对 $s - 1$ 成立,即

$$\sum_{i=1}^{S-1}\dim W_i = \dim(\sum_{i=1}^{S-1}W_i) + \dim(W_1 \cap W_2) + \dim[(W_1+W_2)\cap W_3]$$
$$+ \cdots + \dim[(\sum_{i=1}^{S-2}W_i)\cap W_{s-1}]. \quad \text{②}$$

由于 $\dim(\sum\limits_{i=1}^{S-1}W_i) + \dim W_s = \dim(\sum\limits_{i=1}^{S}W_i) + \dim[(\sum\limits_{i=1}^{S-1}W_i)\cap W_s]$,因此

$$\dim W_s = \dim\sum_{i=1}^{S}W_i + \dim[(\sum_{i=1}^{S-1}W_i)\cap W_s] - \dim(\sum_{i=1}^{S-1}W_i) \quad \text{③}$$

对式②两边同加 $\dim W_s$,再注意式③,即证式①.

492.(广西大学) 设 V 为有限维线性空间,V_1 为非零子空间,如果存在唯一的子空间 V_2,使
$$V = V_1 \oplus V_2 (\text{直和})$$
则 $V_1 = V$,试证明之.

证 用反证法. 若 $V_1 \neq V$,设 $\dim V_1 = m, \dim V = n$,则
$$0 < \dim V_1 = m < n = \dim V \quad \text{①}$$

取 V_1 的一组基 $\alpha_1, \cdots, \alpha_m$,并扩大为 V 的一组基
$$\alpha_1, \cdots, \alpha_m, \alpha_{m+1}, \cdots, \alpha_n$$
则 $V_1 = L(\alpha_1, \cdots, \alpha_m)$. 令 $V_2 = L(\alpha_{m+1}, \cdots, \alpha_n)$,则
$$V = V_1 \oplus V_2 \quad \text{②}$$

再令 $V_3 = L(\alpha_1 + \alpha_{m+1}, \alpha_{m+2}, \cdots, \alpha_n)$. 由于
$$(\alpha_1, \cdots, \alpha_m, \alpha_1 + \alpha_{m+1}, \alpha_{m+2}, \cdots, \alpha_n)$$
$$= (\alpha_1, \cdots, \alpha_n)\begin{bmatrix} 1 & \cdots & 1 & & 0 \\ \vdots & & \vdots & & \vdots \\ 0 & \cdots & 1 & \cdots & 0 \\ \vdots & & \vdots & & \vdots \\ 0 & \cdots & 0 & & 1 \end{bmatrix} \quad \text{③}$$

式③右端的矩阵行列式值为 1,可知 $\alpha_1, \cdots, \alpha_m, \alpha_1 + \alpha_{m+1}, \alpha_{m+2}, \cdots, \alpha_n$ 线性无关,从而也是 V 的一组基. 因此 $V = V_1 \oplus V_3$.

下证 $V_2 \neq V_3$. 用反证法,若 $V_2 = V_3$,则有
$$\alpha_{m+1} \in V_2, \alpha_1 + \alpha_{m+1} \in V_2 \Rightarrow \alpha_1 \in V_2$$

这是不可能的. 因为由 $\alpha_1 \in V_1$,有 $\alpha_1 \in V_1 \cap V_2$,再由式②知 $\alpha_1 = 0$,矛盾. 故 $V_1 = V$.

493.(上海交通大学) 设 $M \in P^{n\times n}$,其中 P 为数域,$f(x) \in P[x], g(x) \in P[x]$,且 $(f(x), g(x)) = 1, A = f(M), B = g(M), W, W_1, W_2$ 分别为方程组 $ABX = 0, AX = 0, BX = 0$ 的解空间. 试证:
$$W = W_1 \oplus W_2$$

证 由于 $(f(x), g(x)) = 1$,因而存在 $u(x), v(x) \in P[x]$,有
$$u(x)f(x) + v(x)g(x) = 1$$
$$u(M)f(M) + v(M)g(M) = E \quad \text{①}$$

(1)先证
$$W = W_1 + W_2 \quad \text{②}$$

$\forall \alpha \in W$, 则 $AB\alpha = 0$, 此即
$$f(M)g(M)\alpha = 0 \qquad ③$$
由式①有
$$\alpha = E\alpha = u(M)f(M)\alpha + v(M)g(M)\alpha = \alpha_1 + \alpha_2 \qquad ④$$
其中 $\alpha_2 = u(M)f(M)\alpha, \alpha_1 = u(M)g(M)\alpha$. 由式③知
$$B\alpha_2 = g(M)u(M)f(M)\alpha = u(M)f(M)g(M)\alpha = 0$$
故 $\alpha_2 \in W_2$. 类似可证 $\alpha_1 \in W_1$, 这样由式④有 $\alpha \in W_1 + W_2$. 此即
$$W \subseteq W_1 + W_2 \qquad ⑤$$
又因为 $f(M)g(M) = g(M)f(M)$. 所以 $AB = BA$.
$\forall \beta \in W_1$, 有 $A\beta = 0$. 所以 $AB\beta = BA\beta = 0$, 故 $\beta \in W$, 此即 $W_1 \subseteq W$.
类似可证 $W_2 \subseteq W$, 从而
$$W_1 + W_2 \subseteq W. \qquad ⑥$$
由式⑤,⑥即证②.

(2) 再证
$$W_1 \cap W_2 = \{0\} \qquad ⑦$$
$\forall \delta \in W_1 \cap W_2$, 那么 $A\delta = 0, B\delta = 0$, 此即 $f(M)\delta = 0, g(M)\delta = 0$. 再由式①有
$$\delta = E\delta = u(M)f(M)\delta + v(M)g(M)\delta = 0.$$
即证式⑦. 再由②,⑦两式可得 $W = W_1 \oplus W_2$.

494.(**华中师范大学,湖北大学**) 设 A, B, C, D 都是数域 P 上 n 阶方阵, 且关于乘法两两可换, 还满足 $AC + BD = E$(E 为 n 阶单位阵). 设方程 $ABX = 0$ 的解空间为 W, $BX = 0$ 与 $AX = 0$ 的解空间分别为 V_1 和 V_2. 证明: $W = V_1 \oplus V_2$.

证 (1) 先证
$$V_i \subseteq W (i = 1, 2) \qquad ①$$
$\forall \alpha \in V_1$, 则 $B\alpha = 0$, 故 $AB\alpha = 0, \alpha \in W$, 此即 $V_1 \subseteq W$.
$\forall \beta \in V_2$, 则 $A\beta = 0$, 故 $0 = B(A\beta) = AB(\beta)$, 即 $\beta \in W$, 此即 $V_2 \subseteq W$.
(2) 再证
$$W = V_1 + V_2 \qquad ②$$
由上面式①有
$$V_1 + V_2 \subseteq W \qquad ③$$
$\forall \delta \in W$, 有 $AB(\delta) = 0$. 又因为 $AC + BD = E$, 所以
$$\delta = (AC + BD)\delta = CA\delta + DB\delta = \delta_1 + \delta_2 \qquad ④$$
其中 $\delta_1 = CA\delta, \delta_2 = DB\delta$. 于是
$$B\delta_1 = CAB\delta = 0 \Rightarrow \delta_1 \in V_1$$
$$A\delta_1 = DAB\delta = 0 \Rightarrow \delta_2 \in V_2$$
从而由式④知 $\delta \in V_1 + V_2$, 此即
$$W \subseteq V_1 + V_2 \qquad ⑤$$
由式③,式⑤得证式②.

(3)证明
$$V_1 \cap V_2 = \{0\} \qquad ⑥$$
$\forall \alpha \in V_1 \cap V_2$,则 $B\alpha=0, A\alpha=0$. 但
$$\alpha = E\alpha = CA\alpha + DB\alpha = 0$$
即证式⑥.

由上面式②,⑥得证 $W = V_1 \oplus V_2$.

495.(北京大学) 设 V 是数域 K 上一个 n 维线性空间,$\alpha_1, \alpha_2, \cdots, \alpha_n$ 是 V 的一个基,用 V_1 表示由 $\alpha_1 + \alpha_2 + \cdots + \alpha_n$ 生成的子空间;令
$$V_2 = \{\sum_{i=1}^{n} k_i \alpha_i \mid \sum_{i=1}^{n} k_i = 0, k_i \in K\}$$
(1)证明:V_2 是 V 的子空间;

(2)证明:$V = V_1 \oplus V_2$;

(3)设 V 上的一个线性变换 $\underline{A}$ 在基 $\alpha_1, \cdots, \alpha_n$ 下的矩阵 A 为置换矩阵(即 A 的每一行与每一列都只有一个元素是 1,其余元素全为 0). 证明:V_1 与 V_2 都是 $\underline{A}$ 的不变子空间.

证 (1) $0 \in V_2$(即 $0\alpha_1 + 0\alpha_2 + \cdots + 0\alpha_n = 0$). 所以 V_2 是 V 的非空子集.

$\forall \sum_{i=1}^{n} k_i \alpha_i, \sum_{i=1}^{n} l_i \alpha_i \in V_2, \forall s \in K$,那么 $\sum_{i=1}^{n} k_i = \sum_{i=1}^{n} l_i = 0$,且
$$(\sum_{i=1}^{n} k_i \alpha_i) + (\sum_{i=1}^{n} l_i \alpha_i) = \sum_{i=1}^{n} (k_i + l_i) \alpha_i \in V_2$$
$$s(\sum_{i=1}^{n} k_i \alpha_i) = \sum_{i=1}^{n} (sk_i) \alpha_i \in V_2$$
证得 V_2 是 V 的子空间.

(2)令 $\beta = \alpha_1 + \alpha_2 + \cdots + \alpha_n, V_1 = L(\beta)$. 因为
$$\beta \neq 0 \Rightarrow \dim V_1 = 1 \qquad ①$$
取 $\alpha_2 - \alpha_1, \cdots, \alpha_n - \alpha_1 \in V_2$,可证它们线性无关.

事实上,因为
$$k_2(\alpha_2 - \alpha_1) + \cdots + k_n(\alpha_n - \alpha_1) = 0$$
所以
$$-(k_2 + \cdots + k_n)\alpha_1 + k_2\alpha_2 + \cdots + k_2\alpha_n = 0 \Rightarrow k_2 = \cdots = k_n = 0$$
$\forall \delta = \sum_{i=1}^{n} k_i \alpha_i \in V_2$,其中 $\sum_{i=1}^{n} k_i = 0, k_1 = -\sum_{i=2}^{n} k_i$,那么
$$\delta = k_2(\alpha_2 - \alpha_1) + \cdots + k_n(\alpha_n - \alpha_1)$$
即 δ 可由 $\alpha_2 - \alpha_1, \cdots, \alpha_n - \alpha_1$ 线性表示,从而
$$\dim V_2 = n - 1 \qquad ②$$
再证
$$V_1 \cap V_2 = \{0\} \qquad ③$$
对 $\forall \gamma \in V_1 \cap V_2$,有 $\gamma = l(\alpha_1 + \alpha_2 + \cdots + \alpha_n), \gamma = \sum_{i=1}^{n} k_i \alpha_i$,其中 $\sum_{i=1}^{n} k_i = 0$,则

$$\sum_{i=1}^{n}(l-k_i)\alpha_i=\mathbf{0}\Rightarrow l-k_i=0 \quad (i=1,2,\cdots,n)$$

此即
$$l=k_1=\cdots=k_n$$

从而 $0=\sum_{i=1}^{n}k_i=nl$，即 $l=0$，所以 $\gamma=0$，即证③.

再由式①,②,③即证 $V=V_1\oplus V_2$.

(3) $\forall \delta\in V_1$，则 $\beta=l(\alpha_1+\cdots+\alpha_n)$，因为
$$\underline{A}(\alpha_1,\cdots,\alpha_n)=(\alpha_1,\cdots,\alpha_n)A$$

由于 A 是置换阵，设
$$A\alpha_k=\alpha_{ik} \quad (k=1,2,\cdots,n)$$

其中 $i_1,\cdots,i_k$ 为 $1,2,\cdots,n$ 的一个置换. 因为
$$\underline{A}\delta=l\underline{A}(\alpha_1+\cdots+\alpha_n)=l(\alpha_{i1}+\cdots+\alpha_{in})=l(\alpha_1+\cdots+\alpha_n)\in V_1$$

所以 V_1 是 $\underline{A}$ 的不变子空间.

$\forall \gamma\in V_2$，有 $\gamma=\sum_{s=1}^{n}k_s\alpha_s$，其中 $\sum_{s=1}^{n}k_s=0$. 于是
$$\underline{A}\gamma=\sum_{s=1}^{n}k_s\underline{A}\alpha_s=\sum_{s=1}^{n}k_s\alpha_{is}\in V_2(\text{系数和还是为}0)$$

故 V_2 也是 $\underline{A}$ 的不变子空间.

> 生命多少，用时间计算；生命的价值，用贡献计算。
>
> ——匈牙利·裴多菲

第七章 线性变换

7.1 线性变换及其矩阵表示

【考点综述】

1. 线性变换的概念

(1)设 V 是数域 P 上线性空间，若存在 V 到 V 的映射 σ，满足条件：
$$\sigma(\alpha+\beta)=\sigma(\alpha)+\sigma(\beta), \forall \alpha,\beta \in V$$
$$\sigma(k\alpha)=k\sigma(\alpha), \forall k \in P, \forall \alpha \in V$$
则称 σ 为 V 的一个线性变换.

(2)恒等变换 I_V 是线性变换，其中
$$I_V(\alpha)=\alpha, \forall \alpha \in V$$

(3)零变换 O 是线性变换，其中
$$O\alpha=o, \forall \alpha \in V$$

2. 线性变换的运算

(1)若 σ,τ 是 V 的两个线性变换，规定
$$(\sigma+\tau)(\alpha)=\sigma(\alpha)+\tau(\alpha), \forall \alpha \in V$$
则 $\sigma+\tau$ 仍是 V 的线性变换，并称它为 σ 与 τ 之和.

(2)若 σ 是 V 的线性变换，$\forall k \in P$，规定
$$(k\sigma)(\alpha)=k \cdot \sigma(\alpha), \forall \alpha \in V$$
则 $k\sigma$ 也是 V 的线性变换，称为数乘线性变换. 特别有 $-\sigma=(-1)\sigma$.

(3)若 σ,τ 是 V 的线性变换，规定
$$(\sigma\tau)(\alpha)=\sigma[\tau(\alpha)], \forall \alpha \in V$$
则 $\sigma\tau$ 是 V 的线性变换，称为 σ 与 τ 的积.

(4)设 V 是 P 上线性空间，记 V 的一切线性变换所成之集为 $L(V)$，那么 $L(V)$ 关

于线性变换的"加法"和"数乘"构成 P 上的线性空间,即

(ⅰ) $\forall \sigma, \tau \in L(V), \forall k \in L(P)$,则 $\sigma+\tau, k\sigma \in L(V)$,即两种运算封闭.

(ⅱ)加法满足 4 条算律

1)交换律:$\sigma+\tau=\tau+\sigma, \forall \sigma, \tau \in L(V)$;

2)结合律:$(\sigma+\tau)+\delta=\sigma+(\tau+\delta), \forall \sigma, \tau, \delta \in L(V)$;

3)存在零元:即存在零变换 $O \in L(V)$,使 $O+\sigma=\sigma, \forall \sigma \in L(V)$;

4)存在负元:$\forall \sigma \in L(V)$,则存在$(-1)\sigma \in L(V)$,使$(-1)\sigma+\sigma=0$.

(ⅲ)数乘也满足 4 条算律:

1)$1\sigma=\sigma, \forall \sigma \in L(V)$;

2)结合律:$(kl)\sigma=k(l\sigma), \forall k, l \in P, \forall \sigma \in L(V)$;

3)分配律:$(k+l)\sigma=k\sigma+l\sigma, \forall k, l \in P, \forall \sigma \in L(V)$;

4)另一分配律:$k(\sigma+\tau)=k\sigma+k\tau, \forall k \in P, \forall \sigma, \tau \in L(V)$.

(5)线性变换多项式.

设 $f(x)=a_m x^m+\cdots+a_1 x+a_0$,若 σ 是 V 的线性变换,则
$$f(\sigma)=a_m \sigma^m+\cdots+a_1 \sigma+a_0 I_V$$

也是线性变换,并称 $f(\sigma)$ 为线性变换多项式.

3. 线性变换的逆

(1)逆变换

(ⅰ)设 σ 是 V 到 V 的映射,称 σ 为 V 到 V 的变换.

(ⅱ)设 σ 是 V 到 V 的变换,若存在 V 到 V 的变换 τ,使得
$$\sigma\tau=\tau\sigma=I_V$$

扫码获取本书资源

则称 σ 是可逆的,且称 τ 为 σ 的逆变换.

(ⅲ)如果 σ 是可逆变换,其逆变换是唯一的.

(2)可逆线性变换.

(ⅰ)如果线性变换 σ 是可逆的,则称 σ 是可逆线性变换,记为 σ^{-1}.

(ⅱ)σ 是可逆线性变换.则 σ^{-1} 也是可逆线性变换.

4. 线性变换的矩阵

(1)概念.设 $\varepsilon_1, \cdots, \varepsilon_n$ 是 n 维线性空间 V 的一组基,σ 是 V 的线性变换,如果
$$\sigma(\varepsilon_1, \cdots, \varepsilon_2)=(\sigma\varepsilon_1, \cdots, \sigma\varepsilon_n)=(\varepsilon_1, \cdots, \varepsilon_n)A$$

其中 $A=(a_{ij}) \in P^{n \times n}$,则称 A 为 σ 在基 $\varepsilon_1, \cdots, \varepsilon_n$ 下的矩阵.

(2)线性变换与 $P^{n \times n}$ 是一一对应的,即 V 是 P 上 n 维线性空间,n 维线性空间 $L(V)$ 是 V 的一切线性变换所成集合.则 $L(V)$ 与 $P^{n \times n}$ 之间是一一对应的(当然取不同基,对应方式不同).

特别 I_V 对应矩阵为单位阵 E,O 对应矩阵为零矩阵 O.

(3)线性变换的运算与矩阵运算之间的关系.

(ⅰ)设 σ, τ 是 V 的两个线性变换,$k \in P$,且 σ, τ 在基 $\varepsilon_1, \cdots, \varepsilon_n$ 下矩阵为 A, B,即
$$\sigma(\varepsilon_1, \cdots, \varepsilon_n)=(\varepsilon_1, \cdots, \varepsilon_n)A$$

$$\tau(\varepsilon_1,\cdots,\varepsilon_n)=(\varepsilon_1,\cdots,\varepsilon_n)B$$

则 $(\sigma+\tau), k\sigma, \sigma\tau$ 在基 $\varepsilon_1,\cdots,\varepsilon_n$ 下矩阵分别为 $A+B, kA, AB$.

$$(\sigma+\tau)(\varepsilon_1,\cdots,\varepsilon_n)=(\varepsilon_1,\cdots,\varepsilon_n)(A+B)$$
$$k\sigma(\varepsilon_1,\cdots,\varepsilon_n)=(\varepsilon_1,\cdots,\varepsilon_n)(kA)$$
$$\sigma\tau(\varepsilon_1,\cdots,\varepsilon_n)=(\varepsilon_1,\cdots,\varepsilon_n)(AB)$$

（ⅱ）若 σ 是可逆线性变换，则 σ^{-1} 在基 $\varepsilon_1,\cdots,\varepsilon_n$ 下矩阵为 A^{-1}，即

$$\sigma(\varepsilon_1,\cdots,\varepsilon_n)=(\varepsilon_1,\cdots,\varepsilon_n)A^{-1}$$

由此可知 σ 为可逆线性变换的充要条件是 A 为可逆阵.

5. 线性变换与坐标变换

设 σ 在基 $\varepsilon_1,\cdots,\varepsilon_n$ 下的矩阵为 A. α 在基 $\varepsilon_1,\cdots,\varepsilon_n$ 下的坐标为 $X=(x_1,\cdots,x_n)$，$X(\alpha)$ 在基 $\varepsilon_1,\cdots,\varepsilon_n$ 下的坐标为 $Y=(y_1,\cdots,y_n)$ 则

$$Y'=AX'$$

6. 同一线性变换在两组不同基下矩阵之间的关系.

设 σ 是 n 维线性空间 V 的线性变换，设 σ 在基 $\varepsilon_1,\cdots,\varepsilon_n$ 下的矩阵为 A，σ 在基 $\eta_1,\cdots,\eta_n$ 下矩阵为 B，则

$$B=X^{-1}AX$$

其中 X 为基 $\varepsilon_1,\cdots,\varepsilon_n$ 到基 $\eta_1,\cdots,\eta_n$ 的过渡矩阵. 即同一线性变换，在两组不同基下矩阵是相似的，其中相似关系的 X 为过渡矩阵.

【经典题解】

496.（北京大学） 设 K 是一个数域，x 是一个不定元，给定正整数 n，令

$$K_n[x]=\{a_0+a_1x+\cdots+a_nx^n\{a_0,a_1,\cdots,a_n\in K\}$$

$K_n[x]$ 关于多项式加法和 K 中数的乘法组成 K 上的一个线性空间，在此线性空间中定义变换

$$\underline{D}f(x)=f'(x), \forall f(x)\in K_n[x] \qquad ①$$

这里 $f'(x)$ 为多项式 $f(x)$ 的微商

(1) 证明：$\underline{D}$ 是一个线性变换；
(2) 令 $\underline{E}$ 为 $K_n[x]$ 的恒等变换，求 $\underline{E}+\underline{D}$ 的全部特征值；
(3) 在 $K_n[x]$ 内找一组基，使 $\underline{D}$ 在此组基下矩阵成为 Jordan 标准形

解 (1) $\forall f(x), g(x)\in K_n[x], \forall k\in K$，有

$$\underline{D}[f(x)+g(x)]=f'(x)+g'(x)=\underline{D}(f(x))+\underline{D}(g(x))$$
$$\underline{D}(kf(x))=kf'(x)=k\underline{D}(f(x))$$

故 $\underline{D}$ 是 $K_n[x]$ 到 $K_n[x]$ 的一个线性变换.

(2) 在 $K_n[x]$ 中取一组基为 $1, x, \dfrac{x^2}{2!},\cdots,\dfrac{x^n}{n!}$，可得

$$\underline{D}(1, x, \dfrac{x^2}{2!},\cdots,\dfrac{x^n}{n!})=(1, x, \dfrac{x^2}{2!},\cdots,\dfrac{x^n}{n!})A \qquad ②$$

其中 $A=\begin{pmatrix} O & E_n \\ O & O \end{pmatrix}$. 又因为恒等变换 E 在这组基下矩阵为 $n+1$ 阶单位阵 E_{n+1}, 设 $E+D$ 在这组基下矩阵为 B, 则

$$B=E+A=\begin{bmatrix} 1 & 1 & & & \\ & \ddots & \ddots & & \\ & & \ddots & 1 & \\ & & & & 1 \end{bmatrix}$$

$$|\lambda E-B|=(\lambda-1)^{n+1}=0 \Rightarrow \lambda_1=\lambda_2=\cdots=\lambda_{n+1}=1$$

此即为 $E+D$ 的全部特征值.

(3) 由式②知 A 是若当块, 故 D 在基 $1, x, \dfrac{x^2}{2!}, \cdots, \dfrac{x^n}{n!}$ 下的矩阵成为 Jordan 标准形.

497.(**北京大学**) 问是否存在 n 阶方阵 A, B, 满足 $AB-BA=E$(单位矩阵)? 又是否存在 n 维线性空间上的线性变换 A, B, 满足 $AB-BA=E$(恒等变换)? 若是, 举出例子; 若否, 给出证明.

答 否. 对于任意 n 阶方阵 A, B, 若 $AB-BA=E$, 则两边取矩阵的迹, 并注意到 $\text{tr}(AB)=\text{tr}(BA)$, 得 $0=n$, 矛盾. 所以不存在方阵 A, B, 使 $AB-BA=E$.

对于线性变换 A, B, 取线性空间的一个基, 并设 A, B 在这个基下的矩阵分别为 A, B, 若 $AB-BA=E$, 则相应的有 $AB-BA=E$, 矛盾. 所以不存在 n 维线性空间上的线性变换 A, B, 满足 $AB-BA=E$.

498.(**武汉大学**) 以 $R_n[x]$ 表示次数不超过 n 的实系数多项式构成的实向量空间, 其向量加法是多项式加法, 数乘运算是实数乘多项式, 以 $D=\dfrac{\text{d}}{\text{d}x}$ 表示求导算子, 则 D 为 $R_n[x]$ 上的线性变换.

(1) 试证: $\{1, x, \cdots, x^n\}$ 是 $R_n[x]$ 的一组基;

(2) 求 D 在上述基下的矩阵;

(3) 试证: $n \geq 1$ 时, D 不能对角化(即 $R_n[x]$ 没有基使 D 相应矩阵为对角矩阵)

证 (1) 令 $k_0 1+k_1 x+\cdots+k_n x^n=0$, 由多项式定义可得

$$k_0=k_1=\cdots=k_n=0$$

则 $1, x, \cdots, x^n$ 线性无关.

$\forall f(x) \in R_n[x]$, 则 $f(x)$ 可形式上写成

$$f(x)=(h)_0+(h)_1 x+\cdots+(h)_n x^n$$

此即 $f(x)$ 可由 $1, x, \cdots, x^n$ 线性表示, 故 $1, x, \cdots, x^n$ 为 $R_n[x]$ 的一组基, 且

$$\dim R_n[x]=n+1$$

(2) 由 $D(x^k)=kx^{k-1}(k=0, 1, \cdots, n)$, 可得

$$D(1, x, x^2, \cdots, x^n)=(1, x, x^2, \cdots, x^n)\begin{bmatrix} 0 & 1 & 0 & \cdots & 0 \\ 0 & 0 & 2 & \cdots & 0 \\ \vdots & \vdots & \vdots & & \vdots \\ 0 & 0 & 0 & \cdots & n \\ 0 & 0 & 0 & \cdots & 0 \end{bmatrix}$$

所以 D 在所求基下矩阵为

$$A = \begin{bmatrix} 0 & 1 & & & & \\ & 0 & 2 & & & \\ & & \ddots & \ddots & & \\ & & & & 0 & n \\ & & & & & 0 \end{bmatrix}$$

(3) 考虑特征矩阵

$$\lambda E - A = \begin{bmatrix} \lambda & -1 & & & & \\ & \lambda & -2 & & & \\ & & \ddots & \ddots & & \\ & & & & \lambda & -n \\ & & & & & \lambda \end{bmatrix}$$

由于右上角的一个 n 阶子式 $(-1)^n n!$ 为非零常数,设 $\lambda E - A$ 的不变因子为 $d_1(\lambda), d_2(\lambda), \cdots, d_{n+1}(\lambda)$,则
$$d_1(\lambda) = \cdots = d_n(\lambda) = 1, \quad d_{n+1}(\lambda) = |\lambda E - A| = \lambda^{n+1}$$
所以 A 的初等因子为 λ^{n+1}. 此说明 A 的初等因子有重根,故 A 不能对角化,从而线性变换 D 不能对角化.

499. (北京大学) 设 A 是数域 K 上 3 维向量空间 V 的一个线性变换,在 V 的一组基 $\varepsilon_1, \varepsilon_2, \varepsilon_3$ 下的矩阵为

$$A = \begin{bmatrix} 15 & -32 & 16 \\ 6 & -13 & 6 \\ -2 & 4 & -3 \end{bmatrix}$$

(1) 求出 V 的一组基,使 A 在此组基下的矩阵为对角阵;
(2) 求 3 阶可逆矩阵 T,使 $T^{-1}AT$ 成为对角矩阵.

解 (1) A 的特征多项式为 $|\lambda E - A| = (\lambda + 1)^2 (\lambda - 1)$,所以 A 的特征值为
$$\lambda_1 = \lambda_2 = -1, \lambda_3 = 1$$
当 $\lambda = -1$ 时,由 $(-E - A)x = 0$ 得基础解系:
$$\alpha_1 = (2, 1, 0)', \alpha_2 = (-1, 0, 1)'$$
当 $\lambda = 1$ 时,由 $(E - A)x = 0$ 得基础解系:
$$\alpha_3 = (8, 3, -1)'$$
再令 $\beta_1 = (\varepsilon_1, \varepsilon_2, \varepsilon_3)\alpha_1, \beta_2 = (\varepsilon_1, \varepsilon_2, \varepsilon_3)\alpha_2, \beta_3 = (\varepsilon_1, \varepsilon_2, \varepsilon_3)\alpha_3$,则

$$(\beta_1, \beta_2, \beta_3) = (\varepsilon_1, \varepsilon_2, \varepsilon_3) \begin{bmatrix} 2 & -1 & 8 \\ 1 & 0 & 3 \\ 0 & 1 & -1 \end{bmatrix} \qquad ①$$

令 $T = \begin{bmatrix} 2 & -1 & 8 \\ 1 & 0 & 3 \\ 0 & 1 & -1 \end{bmatrix}$,则 $|T| \neq 0$,由式①知 $\beta_1, \beta_2, \beta_3$ 线性无关,从而也是 V 的一组基,

且 $\underline{A}$ 在基 β_1,β_2,β_3 下的矩阵为对角阵：

$$\begin{bmatrix} -1 & & \\ & -1 & \\ & & 1 \end{bmatrix}$$

(2)由于 $\underline{A}$ 在两组基下矩阵是相似的,所以

$$T^{-1}AT = \begin{bmatrix} -1 & & \\ & -1 & \\ & & 1 \end{bmatrix}$$

500.(华中师范大学) 设 $\alpha_1,\alpha_2,\alpha_3$ 为线性空间 V 的一组基,σ 是 V 的线性变换,且

$$\sigma\alpha_1=\alpha_1,\sigma\alpha_2=\alpha_1+\alpha_2,\sigma\alpha_3=\alpha_1+\alpha_2+\alpha_3$$

(1)证明:σ 是可逆线性变换；

(2)求 $2\sigma-\sigma^{-1}$ 在基 $\alpha_1,\alpha_2,\alpha_3$ 下的矩阵.

证 (1) 由假设知

$$\sigma(\alpha_1,\alpha_2,\alpha_3)=(\alpha_1,\alpha_2,\alpha_3)\begin{bmatrix} 1 & 1 & 1 \\ 0 & 1 & 1 \\ 0 & 0 & 1 \end{bmatrix}=(\alpha_1,\alpha_2,\alpha_3)A$$

其中 $A=\begin{bmatrix} 1 & 1 & 1 \\ 0 & 1 & 1 \\ 0 & 0 & 1 \end{bmatrix}$,由于 $|A|=1$,因此 A 可逆,故 σ 是可逆线性变换.

(2) 由 A 可求得

$$A^{-1}=\begin{bmatrix} 1 & -1 & 0 \\ 0 & 1 & -1 \\ 0 & 0 & 1 \end{bmatrix}$$

设 $2\sigma-\sigma^{-1}$ 在基 $\alpha_1,\alpha_2,\alpha_3$ 下的矩阵为 B,则

$$B=2A-A^{-1}=\begin{bmatrix} 1 & 3 & 2 \\ 0 & 1 & 3 \\ 0 & 0 & 1 \end{bmatrix}$$

501.(北京大学) 设 V 是实数域 $\mathbf{R}$ 上三维向量空间,$\varepsilon_1,\varepsilon_2,\varepsilon_3$ 是 V 的一组基.又设线性变换 $T:V\to V$ 下

$$T\varepsilon_1=\varepsilon_1,T\varepsilon_2=\varepsilon_1+\varepsilon_2,T\varepsilon_3=\varepsilon_1+\varepsilon_2+\varepsilon_3 \qquad ①$$

试求(1)T 在 $\varepsilon_1,\varepsilon_2,\varepsilon_3$ 中的变换公式；

(2)T 的逆变换 T^{-1} 在 $\varepsilon_1,\varepsilon_2,\varepsilon_3$ 中的变换公式；

(3)T^{-1} 在 $T(\varepsilon_1),T(\varepsilon_2),T(\varepsilon_3)$ 中的变换公式.

解 (1) 设 T 在基 $\varepsilon_1,\varepsilon_2,\varepsilon_3$ 下的矩阵为 A,由式①知

$$A=\begin{bmatrix} 1 & 1 & 1 \\ 0 & 1 & 1 \\ 0 & 0 & 1 \end{bmatrix}$$

故 $T(\varepsilon_1,\varepsilon_2,\varepsilon_3)=(\varepsilon_1,\varepsilon_2,\varepsilon_3)A$.

(2) $T^{-1}(\varepsilon_1,\varepsilon_2,\varepsilon_3)=(\varepsilon_1,\varepsilon_2,\varepsilon_3)A^{-1}$. 其中

$$A^{-1}=\begin{bmatrix}1 & -1 & 0\\ 0 & 1 & -1\\ 0 & 0 & 1\end{bmatrix}$$

(3) $T^{-1}(T(\varepsilon_1),T(\varepsilon_2),T(\varepsilon_3))=(\varepsilon_1,\varepsilon_2,\varepsilon_3)=(T(\varepsilon_1),T(\varepsilon_2),T(\varepsilon_3))A^{-1}$

502.(华中师范大学) 设 σ 是 n 维线性空间 V 的线性变换,

$$\sigma^3=2\varepsilon \quad \tau=\sigma^2-2\sigma+2\varepsilon$$

(其中 ε 为恒等变换),证明:σ,τ 都是可逆变换.

证 取 V 的一组基 $\alpha_1,\cdots,\alpha_n$,且

$$\sigma(\alpha_1,\cdots,\alpha_n)=(\alpha_1,\cdots,\alpha_n)A$$

而 $\varepsilon(\alpha_1,\cdots,\alpha_n)=(\alpha_1,\cdots,\alpha_n)E$,其中 E 是 n 阶单位阵. 由已知

$$\sigma^3=2\varepsilon \Rightarrow A^3=2E \qquad ①$$

又因为 $|A|^3=2^n\neq 0$,所以 A 可逆,从而 σ 是可逆线性变换.

再设 τ 在基 $\alpha_1,\cdots,\alpha_n$ 下的矩阵为 B,由于 $\tau=\sigma^2-2\sigma+2\varepsilon$,因此

$$B=A^2-2A+2E=A^2-2A+A^3$$
$$=A(A+2E)(A-E) \qquad ②$$

由式①得 $E=A^3-E=(A-E)(A^2+A+E)$,所以

$$|A-E|\neq 0 \qquad ③$$

仍由式①得

$$A^3+8E=10E\Rightarrow(A+2E)(A^2-4A+4E)=10E$$
$$\Rightarrow|A+2E|\neq 0 \qquad ④$$

由式①～④即知 $|B|=|A||A+2E||A-E|\neq 0$,故 τ 是可逆线性变换.

503.(北京科技大学) 设 $\mathbf{R}^2$ 中的线性变换 T_1 在基底 $\alpha_1=(1,2)$,$\alpha_2=(2,1)$ 的矩阵为 $\begin{bmatrix}1 & 2\\ 2 & 3\end{bmatrix}$,线性变换 T_2 对基底 $\beta_1=(1,1)$,$\beta_2=(1,2)$ 的矩阵为 $\begin{bmatrix}3 & 3\\ 2 & 4\end{bmatrix}$.

(1)求 T_1+T_2,对基底 β_1,β_2 的矩阵;

(2)求 T_1T_2,对基底 α_1,α_2 的矩阵;

(3)设 $\xi=(3,3)$,求 $T_1\xi$ 在基底 α_1,α_2 下的坐标;

(4)求 $T_2\xi$ 在基 β_1,β_2 下的坐标.

解 (1)由假设知

$$T_1(\alpha_1,\alpha_2)=(\alpha_1,\alpha_2)A \qquad ①$$
$$T_2(\beta_1,\beta_2)=(\beta_1,\beta_2)B \qquad ②$$

其中

$$A=\begin{bmatrix}1&2\\2&3\end{bmatrix}, B=\begin{bmatrix}3&3\\2&4\end{bmatrix}$$

令 $(\beta_1,\beta_2)=(\alpha_1,\alpha_2)T$,则 $\begin{bmatrix}1&1\\1&2\end{bmatrix}=\begin{bmatrix}1&2\\2&1\end{bmatrix}T$,可求得

$$T=\begin{bmatrix}1&2\\2&1\end{bmatrix}^{-1}\begin{bmatrix}1&1\\1&2\end{bmatrix}=\begin{bmatrix}\dfrac{1}{3}&1\\\dfrac{1}{3}&0\end{bmatrix}$$

$$\Rightarrow T_1(\beta_1,\beta_2)=(\beta_1,\beta_2)T^{-1}AT=(\beta_1,\beta_2)\begin{bmatrix}5&6\\-\dfrac{2}{3}&-1\end{bmatrix} \quad ③$$

由式②,③得

$$(T_1+T_2)(\beta_1,\beta_2)=(\beta_1,\beta_2)\left(\begin{bmatrix}5&6\\-\dfrac{2}{3}&-1\end{bmatrix}+\begin{bmatrix}3&3\\2&4\end{bmatrix}\right)$$

$$=(\beta_1,\beta_2)\begin{bmatrix}8&9\\\dfrac{4}{3}&3\end{bmatrix}$$

即 T_1+T_2 在基 β_1,β_2 下矩阵为 $\begin{bmatrix}8&9\\\dfrac{4}{3}&3\end{bmatrix}$.

(2)类似可得

$$T_2(\alpha_1,\alpha_2)=(\alpha_1,\alpha_2)(TBT^{-1})=(\alpha_1,\alpha_2)\begin{bmatrix}5&4\\1&2\end{bmatrix}$$

$$T_1T_2(\alpha_1,\alpha_2)=(\alpha_1,\alpha_2)A\begin{bmatrix}5&4\\1&2\end{bmatrix}=(\alpha_1,\alpha_2)\begin{bmatrix}7&8\\13&14\end{bmatrix}$$

即 T_1T_2 在基 α_1,α_2 下矩阵为 $\begin{bmatrix}7&8\\13&14\end{bmatrix}$.

(3)设 $\xi=x_1\alpha_1+x_2\alpha_2=(\alpha_1,\alpha_2)\begin{bmatrix}x_1\\x_2\end{bmatrix}$,则

$$\begin{bmatrix}x_1\\x_2\end{bmatrix}=\begin{bmatrix}1&2\\2&1\end{bmatrix}^{-1}\begin{bmatrix}3\\3\end{bmatrix}=\begin{bmatrix}1\\1\end{bmatrix}$$

$$T_1\xi=T_1\left((\alpha_1,\alpha_2)\begin{bmatrix}1\\1\end{bmatrix}\right)=(\alpha_1,\alpha_2)A\begin{bmatrix}1\\1\end{bmatrix}=(\alpha_1,\alpha_2)\begin{bmatrix}3\\5\end{bmatrix}$$

即 $T_1\xi$ 在基 α_1,α_2 下的坐标为 $(3,5)'$.

(4)因为 $\xi=(\alpha_1,\alpha_2)\begin{bmatrix}1\\1\end{bmatrix}=(\beta_1,\beta_2)(T^{-1}\begin{bmatrix}1\\1\end{bmatrix})=(\beta_1,\beta_2)\begin{bmatrix}3\\0\end{bmatrix}$

所以 $T_2\xi=T_2\left((\beta_1,\beta_2)\begin{bmatrix}3\\0\end{bmatrix}\right)=(\beta_1,\beta_2)\left(B\begin{bmatrix}3\\0\end{bmatrix}\right)=(\beta_1,\beta_2)\begin{bmatrix}9\\6\end{bmatrix}$.

故 $T_2\xi$ 在基 β_1,β_2 下的坐标为 $(9,6)'$.

504.（北京大学） 设 V 是全体实 2×2 矩阵所构成的实线性空间，$A=\begin{bmatrix}a & b \\ c & d\end{bmatrix}\in V$，定义 V 的变换
$$\underline{A}x=Ax, \forall x\in V \qquad ①$$

(1) 证明：变换 $\underline{A}$ 是线性的；

(2) 证明：变换 $\underline{A}$ 可逆 $\Leftrightarrow$ 矩阵 A 可逆；

(3) 当 $A=\begin{bmatrix}1 & 2 \\ -2 & -4\end{bmatrix}$ 时，求 $\underline{A}$ 的核 $\underline{A}^{-1}(0)$ 和值域 $\underline{A}V$ 及它们的一组基.

证 (1) $\forall x,y\in V, \forall k\in \mathbf{R}$，有
$$\underline{A}(x+y)=A(x+y)=Ax+Ay=\underline{A}x+\underline{A}y$$
$$\underline{A}(kx)=A(kx)=kAx=k\underline{A}x$$

所以 $\underline{A}$ 是 V 的线性变换.

(2) 因为 $\underline{A}$ 可逆 $\Leftrightarrow \underline{A}^{-1}(0)=\{0\}$
$$\Leftrightarrow Ax=0 \text{ 仅有零解，其中 } x\in \mathbf{R}^{2\times 2}$$
$$\Leftrightarrow |A|\neq 0 \Leftrightarrow \text{矩阵 } A \text{ 可逆}.$$

(3)（ⅰ）先求 $\underline{A}V$.

取 $\mathbf{R}^{2\times 2}$ 的一组基
$$E_{11}=\begin{bmatrix}1 & 0\\ 0 & 0\end{bmatrix}, E_{12}=\begin{bmatrix}0 & 1 \\ 0 & 0\end{bmatrix}, E_{21}=\begin{bmatrix}0 & 0 \\ 1 & 0\end{bmatrix}, E_{22}=\begin{bmatrix}0 & 0 \\ 0 & 1\end{bmatrix}$$

由于 $A=\begin{bmatrix}1 & 2 \\ -2 & -4\end{bmatrix}$，由式①可得

$$\underline{A}E_{11}=AE_{11}=\begin{bmatrix}1 & 0 \\ -2 & 0\end{bmatrix}=(E_{11},E_{12},E_{21},E_{22})\begin{bmatrix}1 \\ 0 \\ -2 \\ 0\end{bmatrix}$$

同理有

$$\underline{A}E_{12}=(E_{11},E_{12},E_{21},E_{22})\begin{bmatrix}0 \\ 1 \\ 0 \\ -2\end{bmatrix}, \quad \underline{A}E_{21}=(E_{11},E_{12},E_{21},E_{22})\begin{bmatrix}2 \\ 0 \\ -4 \\ 0\end{bmatrix}$$

$$\underline{A}E_{22}=(E_{11},E_{12},E_{21},E_{22})\begin{bmatrix}0 \\ 2 \\ 0 \\ -4\end{bmatrix}$$

$$\Rightarrow \underline{A}(E_{11},E_{12},E_{21},E_{22})=(E_{11},E_{12},E_{21},E_{22})B \qquad ②$$

其中

第七章 线性变换

$$B = \begin{bmatrix} 1 & 0 & 2 & 0 \\ 0 & 1 & 0 & 2 \\ -2 & 0 & -4 & 0 \\ 0 & -2 & 0 & -4 \end{bmatrix}$$

令 $B = [\beta_1, \beta_2, \beta_3, \beta_4]$,其中 β_i 为 B 的列向量 $(i=1,2,3,4)$,由于秩 $B=2$,且 β_1, β_2 是 $\beta_1, \beta_2, \beta_3, \beta_4$ 的一个极大线性无关组,则有

$$\dim \underline{A}V = \text{秩 } B = 2$$

令

$$B_1 = (E_{11}, E_{12}, E_{21}, E_{22})\beta_1 = \begin{bmatrix} 1 & 0 \\ -2 & 0 \end{bmatrix}$$

$$B_2 = (E_{11}, E_{12}, E_{21}, E_{22})\beta_2 = \begin{bmatrix} 0 & 1 \\ 0 & -2 \end{bmatrix}$$

则 $\underline{A}V = L(B_1, B_2)$,且 B_1, B_2 为值域 $\underline{A}V$ 的一组基.

(ⅱ) 再求 $\underline{A}^{-1}(0)$. 令 $BX=0$,其中 $X=(x_1,x_2,x_3,x_4)'$.

它同解于 $\begin{cases} x_1+2x_3=0 \\ x_2+2x_4=0 \end{cases}$,解之,得基础解系为

$$\varepsilon_1 = (-2,0,1,0)', \varepsilon_2 = (0,-2,0,1)'$$

令

$$B_3 = (E_{11}, E_{12}, E_{21}, E_{22})\varepsilon_1 = \begin{bmatrix} -2 & 0 \\ 1 & 0 \end{bmatrix}$$

$$B_4 = (E_{11}, E_{12}, E_{21}, E_{22})\varepsilon_2 = \begin{bmatrix} 0 & -2 \\ 0 & 1 \end{bmatrix}$$

则 $\underline{A}^{-1}(0) = L(B_3, B_4)$,即 B_3, B_4 为核 $\underline{A}^{-1}(0)$ 的一组基,且 $\dim \underline{A}^{-1}(0)=2$.

505. (**中山大学**) 已知 $\mathbf{R}^3$ 的线性变换 T 在基 $\eta_1=(-1,1,1), \eta_2=(1,0,-1), \eta_3=(0,1,1)$ 下的矩阵为 $A = \begin{bmatrix} 1 & 0 & 1 \\ 1 & 1 & 0 \\ -3 & 2 & 1 \end{bmatrix}$;求 T 在基 $\varepsilon_1=(1,0,0), \varepsilon_2=(0,1,0)', \varepsilon_3=(0,0,1)$ 下的矩阵及 T 的值域与核.

解 设由基 η_1, η_2, η_3 到基 $\varepsilon_1, \varepsilon_2, \varepsilon_3$ 的过渡阵为 X,即

$$(\varepsilon_1, \varepsilon_2, \varepsilon_3) = (\eta_1, \eta_2, \eta_3)X$$

即

$$\begin{cases} \varepsilon_1 = x_{11}\eta_1 + x_{12}\eta_2 + x_{13}\eta_3 \\ \varepsilon_2 = x_{21}\eta_1 + x_{22}\eta_2 + x_{23}\eta_3 \\ \varepsilon_3 = x_{31}\eta_1 + x_{32}\eta_2 + x_{33}\eta_3 \end{cases} \Rightarrow \begin{pmatrix} \varepsilon_1 \\ \varepsilon_2 \\ \varepsilon_3 \end{pmatrix} = \begin{pmatrix} x_{11} & x_{12} & x_{13} \\ x_{21} & x_{22} & x_{23} \\ x_{31} & x_{32} & x_{33} \end{pmatrix} \begin{pmatrix} \eta_1 \\ \eta_2 \\ \eta_3 \end{pmatrix}$$

$$\Rightarrow X = \begin{pmatrix} 1 & 0 & 0 \\ 0 & 1 & 0 \\ 0 & 0 & 1 \end{pmatrix} \begin{pmatrix} -1 & 1 & 1 \\ 1 & 0 & -1 \\ 0 & 1 & 1 \end{pmatrix}^{-1} = \begin{pmatrix} -1 & 0 & 1 \\ 1 & 1 & 0 \\ -1 & -1 & 1 \end{pmatrix}$$

则 T 在 $(\varepsilon_1,\varepsilon_2,\varepsilon_3)$ 下的矩阵为

$$B=(X^T)^{-1}AX^T=\begin{pmatrix}-1 & 1 & 1 \\ 1 & 0 & -1 \\ 0 & 1 & 1\end{pmatrix}^T\begin{pmatrix}1 & 0 & 1 \\ 1 & 1 & 0 \\ -3 & 2 & 1\end{pmatrix}\begin{pmatrix}-1 & 0 & 1 \\ 1 & 1 & 0 \\ -1 & -1 & 1\end{pmatrix}^T=\begin{pmatrix}-1 & 1 & -2 \\ 4 & 0 & 2 \\ 5 & -2 & 4\end{pmatrix}$$

先求 T 的值域:

$$TV=TL(\varepsilon_1,\varepsilon_2,\varepsilon_3)=L(T\varepsilon_1,T\varepsilon_2,T\varepsilon_3) \qquad ①$$

又

$$T(\varepsilon_1,\varepsilon_2,\varepsilon_3)=(\varepsilon_1,\varepsilon_2,\varepsilon_3)B \qquad ②$$
$$|B|=6\neq 0$$

所以 B 的秩为 3,由式①、②可得

$$\dim TV=\text{秩}B$$

因而 $TV=L(T\varepsilon_1,T\varepsilon_2,T\varepsilon_3)$,且

$$\begin{cases}T\varepsilon_1=\varepsilon_1+4\varepsilon_2+5\varepsilon_3 \\ T\varepsilon_2=\varepsilon_1-2\varepsilon_3 \\ T\varepsilon_3=-2\varepsilon_1+2\varepsilon_2+4\varepsilon_3\end{cases}$$

为 TV 的一组基.

再求 A 的核 $T^{-1}(0)$,由

$$\dim TV+\dim T^{-1}(0)=3$$

知 $\dim T^{-1}(0)=0$,故 $T^{-1}(0)=\{0\}$.

506. (北京大学) 设 V 表示数域 P 上 2 级矩阵全体所构成的线性空间,定义 V 的一个变换 $\underline{A}$ 为:

$$\underline{A}(x)=\begin{bmatrix}1 & -1 \\ -1 & 1\end{bmatrix}x, x\in V$$

(1)证明:$\underline{A}$ 是线性变换;
(2)求 $\underline{A}$ 在基 $E_{11},E_{12},E_{21},E_{22}$ 下的矩阵;
(3)求 $\underline{A}$ 的值域 $\underline{A}V$,给出它的维数及一组基;
(4)求 $\underline{A}$ 的核 N,给出 N 的维数及一组基.

证 (1)令 $A=\begin{bmatrix}1 & -1 \\ -1 & 1\end{bmatrix}$,则

$$\underline{A}(x)=Ax, x\in V \qquad ①$$

$\forall x,y\in V, \forall k\in P,$有

$$\underline{A}(x+y)=A(x+y)=Ax+Ay=\underline{A}x+\underline{A}y$$
$$\underline{A}(kx)=A(kx)=kAx=k\underline{A}x$$

故 $\underline{A}$ 是线性变换.

(2) $\underline{A}E_{11}=AE_{11}=\begin{bmatrix}1 & 0 \\ -1 & 0\end{bmatrix}=(E_{11},E_{12},E_{21},E_{22})\begin{bmatrix}1 \\ 0 \\ -1 \\ 0\end{bmatrix}$

类似地有

$$\underline{A}E_{12}=(E_{11},E_{12},E_{21},E_{22})\begin{bmatrix}0\\1\\0\\-1\end{bmatrix},\quad \underline{A}E_{21}=(E_{11},E_{12},E_{21},E_{22})\begin{bmatrix}-1\\0\\1\\0\end{bmatrix}$$

$$\underline{A}E_{22}=(E_{11},E_{12},E_{21},E_{22})\begin{bmatrix}0\\-1\\0\\1\end{bmatrix}$$

设 $\underline{A}$ 在基 $E_{11},E_{12},E_{21},E_{22}$ 下的矩阵为 B,则

$$B=\begin{bmatrix}1&0&-1&0\\0&1&0&-1\\-1&0&1&0\\0&-1&0&1\end{bmatrix}$$

(3) 令 $B=(\beta_1,\beta_2,\beta_3,\beta_4)$,其中 β_i 为 β 的列向量,由于秩 $B=2$,且 β_1,β_2 为 $\beta_1,\beta_2,\beta_3,\beta_4$ 的一个极大线性无关组,故 $\dim \underline{A}V=2$.且 $\underline{A}V=L(B_1,B_2)$,其中

$$B_1=(E_{11},E_{12},E_{21},E_{22})\beta_1=\begin{bmatrix}-1&0\\1&0\end{bmatrix}$$

$$B_2=(E_{11},E_{12},E_{21},E_{22})\beta_2=\begin{bmatrix}0&-1\\0&1\end{bmatrix}$$

且 B_1,B_2 为值域 $\underline{A}V$ 的一组基.

(4) $\dim N=4-\dim \underline{A}V=2$.

设 $X=(x_1,x_2,x_3,x_4)'$,则 $BX=0$ 同解于 $\begin{cases}x_1-x_3=0\\x_2-x_4=0\end{cases}$,解之,得基础解系为

$$\varepsilon_1=(1,0,1,0)',\varepsilon_2=(0,1,0,1)'$$

令 $B_3=(E_{11},E_{12},E_{21},E_{22})\varepsilon_1=\begin{bmatrix}1&0\\1&0\end{bmatrix}$

$B_4=(E_{11},E_{12},E_{21},E_{22})\varepsilon_2=\begin{bmatrix}0&1\\0&1\end{bmatrix}$

则 $N=L(B_3,B_4)$,且 B_3,B_4 为核 N 的一组基.

507.(华中师范大学) 设 P 是数域,$A=\begin{bmatrix}-2&1\\0&-2\end{bmatrix}\in P^{2\times 2}$,$f(x)=x^2+3x+2$,$\forall X\in P^{2\times 3}$,$\underline{B}:X\to f(A)X$

(1)证明:$\underline{B}$ 是数域 P 上线性空间 $P^{2\times 3}$ 的线性变换;

(2)求 $\underline{B}$ 在基

$$E_{11}=\begin{bmatrix}1&0&0\\0&0&0\end{bmatrix}, E_{12}=\begin{bmatrix}0&1&0\\0&0&0\end{bmatrix}, E_{13}=\begin{bmatrix}0&0&1\\0&0&0\end{bmatrix}$$

$$E_{21}=\begin{bmatrix}0&0&0\\1&0&0\end{bmatrix}, E_{22}=\begin{bmatrix}0&0&0\\0&1&0\end{bmatrix}, E_{23}=\begin{bmatrix}0&0&0\\0&0&1\end{bmatrix}$$

下的矩阵 B;

(3)求 $\underline{B}$ 的特征值和属于特征值的线性无关的特征向量.

解 (1) $f(A)=A^2+3A+2E=\begin{bmatrix}0&-1\\0&0\end{bmatrix}$. 令 $D=\begin{bmatrix}0&-1\\0&0\end{bmatrix}$,由假设知

$$\underline{B}(X)=DX, \forall X\in P^{2\times 3} \quad ①$$

$\forall X_1, X_2\in P^{2\times 3}, \forall k\in P$,有

$$\underline{B}(X_1+X_2)=D(X_1+X_2)=DX_1+DX_2=\underline{B}X_1+\underline{B}X_2$$
$$\underline{B}(kX_1)=D(kX_1)=kDX_1=k\underline{B}X_1$$

故 $\underline{B}$ 是 $P^{2\times 3}$ 上线性变换.

(2) $\underline{B}E_{11}=\begin{bmatrix}0&-1\\0&0\end{bmatrix}\begin{bmatrix}1&0&0\\0&0&0\end{bmatrix}=0$

$\underline{B}E_{12}=\begin{bmatrix}0&-1\\0&0\end{bmatrix}\begin{bmatrix}0&1&0\\0&0&0\end{bmatrix}=0$

$\underline{B}E_{13}=0$

$\underline{B}E_{21}=\begin{bmatrix}0&-1\\0&0\end{bmatrix}\begin{bmatrix}0&0&0\\1&0&0\end{bmatrix}=\begin{bmatrix}-1&0&0\\0&0&0\end{bmatrix}=-E_{11}$

$\underline{B}E_{22}=\begin{bmatrix}0&-1\\0&0\end{bmatrix}\begin{bmatrix}0&0&0\\0&1&0\end{bmatrix}=\begin{bmatrix}0&-1&0\\0&0&0\end{bmatrix}=-E_{12}$

$\underline{B}E_{23}=\begin{bmatrix}0&0&-1\\0&0&0\end{bmatrix}=-E_{13}$

故

$$\underline{B}(E_{11},E_{12},\cdots,E_{23})=(E_{11},E_{12},\cdots,E_{23})B$$

其中 $B=\begin{pmatrix}O&-E_3\\O&O\end{pmatrix}\in P^{6\times 6}$.

(3)因为 $|\lambda E-B|=\lambda^6$,所以 $\lambda_1=\lambda_2=\cdots=\lambda_6=0$,即 B 的特征值全为 0(6重根).

当 $\lambda=0$ 时,令 $-BX=0$,则其基础解系为

$\alpha_1=(1,0,0,0,0,0)'$, $\alpha_2=(0,1,0,0,0,0)'$, $\alpha_3=(0,0,1,0,0,0)'$

令

$$\xi_i=(E_{11},\cdots,E_{23})\alpha_i (i=1,2,3)\Rightarrow \xi_1=E_{11},\xi_2=E_{12},\xi_3=E_{13}$$

故 ξ_1,ξ_2,ξ_3 是 $\underline{B}$ 属于特征值 0 的线性无关的特征向量.

508.(北京大学) 设

$$V=\left\{\begin{bmatrix}a&o&b\\o&c&o\\d&o&e\end{bmatrix}\bigg| a,b,c,d,e\in \text{数域 } P\right\} \quad ①$$

(1) 证明:V 对于矩阵加法和数量乘法构成一个线性空间;

(2) 令 $A = \begin{bmatrix} 0 & 0 & 1 \\ 0 & 1 & 0 \\ 1 & 0 & 0 \end{bmatrix}$, $\varphi: V \to V$ 用下式定义:

$$\varphi(x) = Ax, \forall x \in V \qquad ②$$

证明:φ 是 V 的线性变换;

(3) 写出 V 的一组基(无需证明),求 φ 在这组基下的矩阵;

(4) 求出 φ 的特征值及相应的全部特征向量;

(5) 求 V 的一组基,使 φ 在这组基下的矩阵成为对角形.

证 (1) $P^{3\times 3}$ 是 P 的线性空间,因为 $O \in V$,所以 V 是 $P^{3\times 3}$ 的非空子集.

$\forall A = \begin{bmatrix} a_1 & 0 & a_2 \\ 0 & a_3 & 0 \\ a_4 & 0 & a_5 \end{bmatrix}, B = \begin{bmatrix} b_1 & 0 & b_2 \\ 0 & b_3 & 0 \\ b_4 & 0 & b_5 \end{bmatrix} \in V, \forall k \in P,$ 那么

$$A + B = \begin{bmatrix} a_1+b_1 & 0 & a_2+b_2 \\ 0 & a_3+b_3 & 0 \\ a_4+b_4 & 0 & a_5+b_5 \end{bmatrix} \in V$$

$$kA = \begin{bmatrix} ka_1 & 0 & ka_2 \\ 0 & ka_3 & 0 \\ ka_4 & 0 & ka_5 \end{bmatrix} \in V$$

故 V 是 $P^{3\times 3}$ 的子空间,从而 V 是 P 的线性空间.

(2) $\forall x = \begin{bmatrix} x_1 & 0 & x_2 \\ 0 & x_3 & 0 \\ x_4 & 0 & x_5 \end{bmatrix}, y \in V, \forall k \in P,$ 有

$$\varphi(x) = Ax = \begin{bmatrix} x_4 & 0 & x_5 \\ 0 & x_3 & 0 \\ x_1 & 0 & x_2 \end{bmatrix} \in V$$

又因为

$$\varphi(x+y) = A(x+y) = Ax + Ay = \varphi(x) + \varphi(y)$$
$$\varphi(kx) = A(kx) = k(Ax) = k\varphi(x)$$

所以 φ 是 V 的线性变换.

(3) $A_1 = E_{11}, A_2 = E_{13}, A_3 = E_{22}, A_4 = E_{31}, A_5 = E_{33}$,它是 V 的一组基,其中 E_{ij} 是 (i,j) 元为 1,其余元均为 0 的 3×3 矩阵,那么

$\varphi(A_1) = AE_{11} = E_{31} = (A_1\ A_2\ A_3\ A_4\ A_5)\alpha_1$,其中 $\alpha_1 = (0,0,0,1,0)'$

$\varphi(A_2) = AE_{13} = E_{33} = (A_1\ A_2\ A_3\ A_4\ A_5)\alpha_2$,其中 $\alpha_2 = (0,0,0,0,1)'$

$\varphi(A_3) = AE_{22} = E_{22} = (A_1\ A_2\ A_3\ A_4\ A_5)\alpha_3$,其中 $\alpha_3 = (0,0,1,0,0)'$

$\varphi(A_4) = AE_{31} = E_{11} = (A_1\ A_2\ A_3\ A_4\ A_5)\alpha_4$,其中 $\alpha_4 = (1,0,0,0,0)'$

$\varphi(A_5) = AE_{33} = E_{13} = (A_1\ A_2\ A_3\ A_4\ A_5)\alpha_5$,其中 $\alpha_5 = (0,1,0,0,0)'$

设 φ 在 $A_1, A_2, \cdots, A_5$ 下的矩阵为 B,则

$$B = \begin{bmatrix} 0 & 0 & 0 & 1 & 0 \\ 0 & 0 & 0 & 0 & 1 \\ 0 & 0 & 1 & 0 & 0 \\ 1 & 0 & 0 & 0 & 0 \\ 0 & 1 & 0 & 0 & 0 \end{bmatrix}$$

(4) 计算可得 $|\lambda E - B| = (\lambda-1)^3(\lambda+1)^2$,于是
$$\lambda_1 = \lambda_2 = \lambda_3 = 1, \quad \lambda_4 = \lambda_5 = -1$$

故 φ 的全部特征值为 $1,1,1,-1,-1$.

当 $\lambda = 1$ 时,由 $(E-B)x=0$ 得基础解系:
$$\delta_1 = (0,0,1,0,0)', \quad \delta_2 = (1,0,0,1,0)', \quad \delta_3 = (0,1,0,0,1)'$$

再令
$$B_i = (E_{11} \ E_{13} \ E_{22} \ E_{31} \ E_{33})\delta_i \ (i=1,2,3)$$

则
$$B_1 = E_{22}, B_2 = E_{11} + E_{31}, B_3 = E_{13} + E_{33}$$

所以 φ 属于特征值 1 的全部特征向量为
$$k_1 B_1 + k_2 B_2 + k_3 B_3 \text{(其中 } k_1, k_2, k_3 \text{ 不全为零)}$$

当 $\lambda = -1$ 时,由 $(-E-B)x=0$ 得基础解系:
$$\delta_4 = (1,0,0,-1,0)', \quad \delta_5 = (0,1,0,0,-1)'$$

再令 $B_i = (E_{11} \ E_{13} \ E_{22} \ E_{31} \ E_{33})\delta_i \ (i=4,5)$,则
$$B_4 = E_{11} - E_{31}, B_5 = E_{13} - E_{33}$$

所以 φ 属于特征值 (-1) 的全部特征向量为
$$k_4 B_4 + k_5 B_5 \text{(其中 } k_4, k_5 \text{ 不全为零)}$$

(5) 由上面可知
$$\varphi(B_i) = \begin{cases} B_i & (i=1,2,3) \\ -B_i & (i=4,5) \end{cases}$$

$\Rightarrow \varphi(B_1, B_2, B_3, B_4, B_5)$

$$= (B_1, B_2, B_3, B_4, B_5) \begin{bmatrix} 1 & & & & \\ & 1 & & & \\ & & 1 & & \\ & & & -1 & \\ & & & & -1 \end{bmatrix} \quad ③$$

因为 B_1, B_2, B_3, B_4, B_5 也是 V 的一组基,由式③知 φ 在这组基下的矩阵成为对角阵.

509. (中国人民大学) 下面的命题中不正确的是____(填序号).

Ⓐ如果数域 $P \subseteq$ 数域 $\overline{P}$,那么 $\overline{P}$ 必构成 P 的线性空间

Ⓑ如果数域 $P \subseteq$ 数域 $\overline{P}$,那么 P 必构成 $\overline{P}$ 的线性空间

Ⓒ把复数域看作复数域上的线性空间,则变换 $Tx = \overline{x}$ 是线性变换($\overline{x}$ 是 x 的共

第七章 线性变换

轭变数）

①在线性空间 V 中，变换 $Tx=\alpha$，其中 α 是 V 中一固定向量，则 T 是一个线性变换

答　ⒷⒸⒹ．

易见，Ⓐ是正确的．

Ⓑ不正确，例如 $P=R,\overline{P}=C$（复数域），取 $i\in \overline{P},1\in P$，而 $i\cdot 1\notin P$，即数乘不封闭，所以 P 不是 $\overline{P}$ 的线性空间．

Ⓒ不正确．比如 $k=i,\alpha=i$，则
$$T(k\alpha)=T(-1)=-1, kT(\alpha)=iT(i)=1$$
故 $T(k\alpha)\neq kT(\alpha)$，这说明 T 不是线性变换．

Ⓓ不正确．比如 V 是 n 维 $(n\geqslant 1)$ 线性空间，取 $\alpha\in V$，且 $\alpha\neq 0$，则
$$T(2\alpha)=\alpha, 2T(\alpha)=2\alpha\Rightarrow \alpha\neq 2\alpha$$
故 $T(2\alpha)\neq 2T(\alpha)$，因此 T 不是线性变换．

510.（北京航空航天大学） 设 T 是由
$$T(x,y,z)=(0,x,y) \qquad ①$$
所给的 $\mathbf{R}^3\to \mathbf{R}^3$ 的线性变换，试求 T,T^2,T^3 的特征多项式．

解 取 $\mathbf{R}^3$ 的一组基
$$\varepsilon_1=(1,0,0),\quad \varepsilon_2=(0,1,0),\quad \varepsilon_3=(0,0,1)$$
由式①可得
$$T(\varepsilon_1\ \varepsilon_2\ \varepsilon_3)=(\varepsilon_1\ \varepsilon_2\ \varepsilon_3)\begin{bmatrix}0&0&0\\1&0&0\\0&1&0\end{bmatrix}$$

令 $A=\begin{bmatrix}0&0&0\\1&0&0\\0&1&0\end{bmatrix}$，设 T,T^2,T^3 的特征多项式分别为 $f_1(\lambda),f_2(\lambda),f_3(\lambda)$，则
$$f_1(\lambda)=|\lambda E-A|=\lambda^3$$
$$f_2(\lambda)=|\lambda E-A^2|=\lambda^3$$
$$f_3(\lambda)=|\lambda E-A^3|=\lambda^3$$

511.（安徽大学） 已知线性变换 T 在基
$$E=\begin{bmatrix}1&0\\0&1\end{bmatrix},\sigma_x=\begin{bmatrix}0&1\\1&0\end{bmatrix},\sigma_y=\begin{bmatrix}0&-i\\i&0\end{bmatrix},\sigma_z=\begin{bmatrix}1&0\\0&-1\end{bmatrix}$$
下的矩阵为
$$F=\begin{bmatrix}0&0&0&1\\0&0&1&0\\0&1&0&0\\1&0&0&0\end{bmatrix}$$
求它在基

$$E_{11}=\begin{bmatrix}1&0\\0&0\end{bmatrix}, E_{12}=\begin{bmatrix}0&1\\0&0\end{bmatrix}, E_{21}=\begin{bmatrix}0&0\\1&0\end{bmatrix}, E_{22}=\begin{bmatrix}0&0\\0&1\end{bmatrix}$$

下的矩阵.

解 设 T 在基 $E_{11},E_{12},E_{21},E_{22}$ 下的矩阵为 A,再设基 $E,\sigma_x,\sigma_y,\sigma_z$ 到基 $E_{11},E_{12},E_{21},E_{22}$ 的过渡矩阵为 $X=(x_{ij})_{4\times 4}$,则

$$(E_{11},E_{12},E_{21},E_{22})=(E,\sigma_x,\sigma_y,\sigma_z)X \qquad ①$$

由式①有

$$\begin{bmatrix}1&0\\0&0\end{bmatrix}=E_{11}=x_{11}E+x_{21}\sigma_x+x_{31}\sigma_y+x_{41}\sigma_z$$

$$=\begin{bmatrix}x_{11}&0\\0&x_{11}\end{bmatrix}+\begin{bmatrix}0&x_{21}\\x_{21}&0\end{bmatrix}+\begin{bmatrix}0&-ix_{31}\\ix_{31}&0\end{bmatrix}+\begin{bmatrix}x_{41}&0\\0&-x_{41}\end{bmatrix}$$

$$\Rightarrow\begin{cases}x_{11}+x_{41}=1\\x_{21}-ix_{31}=0\\x_{21}+ix_{31}=0\\x_{11}-x_{41}=0\end{cases}$$

解之得 $x_{11}=\dfrac{1}{2}, x_{41}=\dfrac{1}{2}, x_{21}=x_{31}=0$.

类似可求出其他 $x_{ij}(i,j=1,2,3,4)$,从而可求得

$$X=\begin{bmatrix}\dfrac{1}{2}&0&0&\dfrac{1}{2}\\0&\dfrac{1}{2}&\dfrac{1}{2}&0\\0&\dfrac{i}{2}&-\dfrac{i}{2}&0\\\dfrac{1}{2}&0&0&-\dfrac{1}{2}\end{bmatrix}$$

故

$$A=X^{-1}FX=\begin{bmatrix}1&0&0&0\\0&0&-i&0\\0&i&0&0\\0&0&0&-1\end{bmatrix}$$

512.(**浙江大学**) 设 T 为 $\mathbf{R}^3 \to \mathbf{R}^3$ 的线性变换,已知

$$T(1,0,0)=(1,0,1), T(0,1,0)=(2,1,1), T(0,0,1)=(-1,1,-2)$$

(1)用矩阵 A 表示此变换

$$T(x_1,x_2,x_3)=(x_1,x_2,x_3)A$$

(2)设 $T(\mathbf{R}^3)=U$,求 U 的一个基底;

(3)求出使满足 $TX=0(x\in\mathbf{R}^3)$ 的点 X 的全体.

解 (1)令

$$\varepsilon_1=(1,0,0), \quad \varepsilon_2=(0,1,0), \quad \varepsilon_3=(0,0,1)$$

第七章 线性变换

$$\alpha_1=(1,0,1),\quad \alpha_2=(2,1,1),\quad \alpha_3=(-1,1,-2)$$

由假设知 $T\varepsilon_i=\alpha_i(i=1,2,3)$. 所以

$$T(x_1,x_2,x_3)=T(x_1\varepsilon_1+x_2\varepsilon_2+x_3\varepsilon_3)=x_1\alpha_1+x_2\alpha_2+x_3\alpha_3$$

$$=(x_1,x_2,x_3)\begin{bmatrix}1 & 0 & 1\\ 2 & 1 & 1\\ -1 & 1 & -2\end{bmatrix} \quad ①$$

(2) $\mathbf{R}^3=L(\varepsilon_1,\varepsilon_2,\varepsilon_3)$

$$U=T(\mathbf{R}^3)=L(T\varepsilon_1,T\varepsilon_2,T\varepsilon_3)=L(\alpha_1,\alpha_2,\alpha_3)=L(\alpha_1,\alpha_2)$$

此即得 α_1,α_2 为 U 的一个基底,$\dim U=2$.

(3) 由①,当 $T(x_1,x_2,x_3)=0$ 时,得

$$\begin{cases} x_1+2x_2-x_3=0\\ x_2+x_3=0\\ x_1+x_2-2x_3=0 \end{cases}$$

得基础解系 $\beta=(3,-1,1)'$. 令

$$W=T^{-1}(0)=\{X|X\in\mathbf{R}^3,T(X)=0\}\Rightarrow W=\{k\beta|k\in\mathbf{R}\}$$

所以 $\dim W=1$,且 β 为它的一组基,即满足 $Tx=0$ 的全体都是 β 的倍数.

513.(武汉大学) 设 E 是由次数不超过 4 的一切实系数一元多项式组成的向量空间,对于 E 中任意 $P(x)$,以 x^2-1 除所得商及余式分别为 $Q(x)$ 和 $R(x)$,即

$$P(x)=Q(x)(x^2-1)+R(x)$$

设 φ 是 E 到 E 的映射,使

$$\varphi(P(x))=R(x) \quad ①$$

试证 φ 是一个线性变换,并求它关于基底 $\{1,x,x^2,x^3,x^4\}$ 的矩阵.

解 $\forall f_1(x),f_2(x)\in E,\forall k\in\mathbf{R}$,设用 x^2-1 除所得商式与余式分别为

$$f_1(x)=q_1(x)(x^2-1)+r_1(x)$$
$$f_2(x)=q_2(x)(x^2-1)+r_2(x)$$

那么 $f_1(x)+f_2(x)=[q_1(x)+q_2(x)](x^2-1)+(r_1(x)+r_2(x))$

$$\Rightarrow \varphi[f_1(x)+f_2(x)]=r_1(x)+r_2(x)=\varphi[f_1(x)]+\varphi[f_2(x)]$$
$$\varphi[kf_1(x)]=kr_1(x)=k\varphi[f_1(x)]$$

故 φ 是 E 的线性变换.

另外,由式①知

$$\varphi(1)=1,\varphi(x)=x,\varphi(x^2)=1,\varphi(x^3)=x,\varphi(x^4)=1$$

故 $\varphi(1,x,x^2,x^3,x^4)=(1,x,x^2,x^3,x^4)A$,其中

$$A=\begin{bmatrix}1 & 0 & 1 & 0 & 1\\ 0 & 1 & 0 & 1 & 0\\ 0 & 0 & 0 & 0 & 0\\ 0 & 0 & 0 & 0 & 0\\ 0 & 0 & 0 & 0 & 0\end{bmatrix}$$

514. (湖北大学) 设 T_1 和 T_2 是 n 维线性空间 V 的两个线性变换,证明:$T_2V \subseteq T_1V$ 的充要条件是存在线性变换 T,使 $T_2 = T_1 T$.

证 取 V 的一组基 $\varepsilon_1, \cdots, \varepsilon_n$,且

$$T_1(\varepsilon_1, \cdots, \varepsilon_n) = (\varepsilon_1, \cdots, \varepsilon_n)A \qquad ①$$

$$T_2(\varepsilon_1, \cdots, \varepsilon_n) = (\varepsilon_1, \cdots, \varepsilon_n)B \qquad ②$$

先证必要性. 设 $T_2V \subseteq T_1V$,即

$$L(T_2\varepsilon_1, \cdots, T_2\varepsilon_n) \subseteq L(T_1\varepsilon_1, \cdots, T_1\varepsilon_n) \qquad ③$$

由式③知

$$(T_2\varepsilon_1, \cdots, T_2\varepsilon_n) = (T_1\varepsilon_1, \cdots, T_1\varepsilon_n)H \qquad ④$$

其中 $H = (h_{ij})_{n \times n}$,将式④可改写为

$$T_2(\varepsilon_1, \cdots, \varepsilon_n) = T_1(\varepsilon_1, \cdots, \varepsilon_n)H$$

$$(\varepsilon_1, \cdots, \varepsilon_n)B = (\varepsilon_1, \cdots, \varepsilon_n)AH$$

$$\Rightarrow B = AH \qquad ⑤$$

令线性变换 T 如下

$$T(\varepsilon_1, \cdots, \varepsilon_n) = (\varepsilon_1, \cdots, \varepsilon_n)H \qquad ⑥$$

$$\Rightarrow (T_1 T)(\varepsilon_1, \cdots, \varepsilon_n) = T_1[(\varepsilon_1, \cdots, \varepsilon_n)H]$$

$$= (\varepsilon_1, \cdots, \varepsilon_n)AH$$

$$= (\varepsilon_1, \cdots, \varepsilon_n)B$$

故 $T_1 T = T_2$.

再证充分性. 设 $T_2 = T_1 T$. $\qquad ⑦$

$$T(\varepsilon_1, \cdots, \varepsilon_n) = (\varepsilon_1, \cdots, \varepsilon_n)M$$

由式⑦知 $B = AM$,所以

$$T_2(\varepsilon_1, \cdots, \varepsilon_n) = (\varepsilon_1, \cdots, \varepsilon_n)B = (\varepsilon_1, \cdots, \varepsilon_n)AM$$

$$= T_1(\varepsilon_1, \cdots, \varepsilon_n)M \qquad ⑧$$

由式⑧知 $T_2(\varepsilon_i)$ 均可由 $T_1\varepsilon_1, \cdots, T_1\varepsilon_n$ 线性表示,于是

$$L(T_2(\varepsilon_1), \cdots, T_2(\varepsilon_n)) \subseteq L(T_1\varepsilon_1, \cdots, T_1\varepsilon_n)$$

故 $T_2V \subseteq T_1V$.

515. (东北师范大学) 试证:一个线性变换 σ 有对角矩阵必要而且只要 σ 有 n 个线性无关的特征向量.

证 设 V 是 n 维线性空间,σ 是 V 的线性变换.

若 σ 有 n 个线性无关的特征向量 $\alpha_i \in V (i=1,2,\cdots,n)$ 且对于 α_i 相应的特征值为 $\lambda_i (i=1,2,\cdots,n)$,则

$$\sigma(\alpha_1, \alpha_2, \cdots, \alpha_n) = (\alpha_1, \alpha_2, \cdots, \alpha_n) \begin{bmatrix} \lambda_1 & & & \\ & \lambda_2 & & \\ & & \ddots & \\ & & & \lambda_n \end{bmatrix}$$

此即 σ 有对角矩阵.

反之,若线性变换 σ 在 V 的某一组基 $\beta_1,\cdots,\beta_n$ 下有对角矩阵,即

$$\sigma(\beta_1,\beta_2,\cdots,\beta_n)=(\beta_1,\beta_2,\cdots,\beta_n)\begin{bmatrix}u_1 & & & \\ & u_2 & & \\ & & \ddots & \\ & & & u_n\end{bmatrix}$$

则 $\sigma\beta_i=u_i\beta_i(i=1,2,\cdots,n)$,即 $\beta_1,\cdots,\beta_n$ 为 σ 的 n 个线性无关特征向量.

516.(北京大学) 设 V 是数域 P 上全体 2 级矩阵所构成的线性空间,取定一个矩阵 $A\in V$,定义 V 上的变换 δ 如下

$$\delta x=Ax(\forall x\in V) \qquad ①$$

(1)证明:δ 是 V 上的一个线性变换;

(2)取 V 的一组基

$$e_1=\begin{bmatrix}1 & 0 \\ 0 & 0\end{bmatrix},e_2=\begin{bmatrix}0 & 0 \\ 1 & 0\end{bmatrix},e_3=\begin{bmatrix}0 & 1 \\ 0 & 0\end{bmatrix},e_4=\begin{bmatrix}0 & 0 \\ 0 & 1\end{bmatrix}$$

求 δ 在此组基下的矩阵;

(3)试证明:可找到 V 的一组基使 δ 在此基下的矩阵为对角阵的充要条件是 A 可对角化.

证 (1)$\forall x,y\in V,\forall k\in P$,

$$\delta(x+y)=A(x+y)=Ax+Ay=\delta x+\delta y$$
$$\delta(kx)=A(kx)=kAx=k\delta x$$

故 δ 是 V 的线性变换.

(2)设 $A=\begin{bmatrix}a & b \\ c & d\end{bmatrix}$,则

$$\delta e_1=Ae_1=\begin{bmatrix}a & 0 \\ c & 0\end{bmatrix}=ae_1+ce_2$$

$$\delta e_2=Ae_2=\begin{bmatrix}b & 0 \\ d & 0\end{bmatrix}=be_1+de_2$$

$$\delta e_3=Ae_3=\begin{bmatrix}0 & a \\ 0 & c\end{bmatrix}=ae_3+ce_4$$

$$\delta e_4=Ae_4=\begin{bmatrix}0 & b \\ 0 & d\end{bmatrix}=be_3+de_4$$

故 $\delta(e_1\ e_2\ e_3\ e_4)=(e_1\ e_2\ e_3\ e_4)B$,其中

$$B=\begin{bmatrix}a & b & 0 & 0 \\ c & 0 & a & 0 \\ 0 & d & 0 & b \\ 0 & 0 & c & d\end{bmatrix}$$

那么 δ 在基 $e_1\ e_2\ e_3\ e_4$ 下的矩阵为 B.

扫码获取本书资源

(3) 先证充分性. 设 δ 可对角化,即存在可逆性 T,使

$$A = T^{-1}\begin{bmatrix} \lambda_1 & \\ & \lambda_2 \end{bmatrix} T$$

则 $T^{-1}e_1, T^{-1}e_2, T^{-1}e_3, T^{-1}e_4$ 也是 V 的一组基,且

$$\delta(T^{-1}e_1) = A T^{-1}e_1 = T^{-1}\begin{bmatrix} \lambda_1 & \\ & \lambda_2 \end{bmatrix} e_1 = \lambda_1 T^{-1}e_1$$

$$\delta(T^{-1}e_2) = T^{-1}\begin{bmatrix} \lambda_1 & \\ & \lambda_2 \end{bmatrix} e_2 = \lambda_2 T^{-1}e_2$$

$$\delta(T^{-1}e_3) = T^{-1}\begin{bmatrix} \lambda_1 & \\ & \lambda_2 \end{bmatrix} e_3 = \lambda_1 T^{-1}e_3$$

$$\delta(T^{-1}e_4) = T^{-1}\begin{bmatrix} \lambda_1 & \\ & \lambda_2 \end{bmatrix} e_4 = \lambda_2 T^{-1}e_4$$

$$\Rightarrow \delta(T^{-1}e_1, T^{-1}e_2, T^{-1}e_3, T^{-1}e_4)$$

$$= (T^{-1}e_1, T^{-1}e_2, T^{-1}e_3, T^{-1}e_4)\begin{bmatrix} \lambda_1 & & & \\ & \lambda_2 & & \\ & & \lambda_1 & \\ & & & \lambda_2 \end{bmatrix}$$

再证必要性. 设 δ 在某组基 $\beta_1, \beta_2, \beta_3, \beta_4$ 下的矩阵为对角阵 B,用反证法,若 A 不相似于对角阵,那么 A 的最小多项式为如下两种:

(1) $d_2(\lambda) = (\lambda - a)^2$,其中 $a \in P$,这时

$$A = T^{-1}\begin{bmatrix} a & 1 \\ 0 & a \end{bmatrix} T$$

那么

$$\delta(T^{-1}e_1) = T^{-1}\begin{bmatrix} a & 1 \\ 0 & a \end{bmatrix} e_1 = a T^{-1}e_1$$

$$\delta(T^{-1}e_2) = T^{-1}\begin{bmatrix} a & 1 \\ 0 & a \end{bmatrix} e_2 = T^{-1}e_1 + a T^{-1}e_2$$

$$\delta(T^{-1}e_3) = T^{-1}\begin{bmatrix} a & 1 \\ 0 & a \end{bmatrix} e_3 = a T^{-1}e_3$$

$$\delta(T^{-1}e_4) = T^{-1}\begin{bmatrix} a & 1 \\ 0 & a \end{bmatrix} e_4 = T^{-1}e_3 + a T^{-1}e_4$$

$$\Rightarrow \delta(T^{-1}e_1, T^{-1}e_2, T^{-1}e_3, T^{-1}e_4) = (T^{-1}e_1, T^{-1}e_2, T^{-1}e_3, T^{-1}e_4) C, 其中$$

$$C = \begin{bmatrix} a & 1 & 0 & 0 \\ 0 & a & 0 & 0 \\ 0 & 0 & a & 1 \\ 0 & 0 & 0 & a \end{bmatrix}$$

由于 δ 在两组不同基下矩阵 B,C 应相似,但 B 是对角阵,C 由两个若当块组成,不可能与对角阵相似,矛盾,所以 δ 的最小多项式不可能是这种.

(2) $d_2(x)=(\lambda-a)^2+b^2$,其中 $a\pm bi\notin P$,这时

$$A=T^{-1}\begin{bmatrix} a & b \\ -b & a \end{bmatrix}T$$

那么

$$\delta(T^{-1}e_1)=T^{-1}\begin{bmatrix} a & b \\ -b & a \end{bmatrix}e_1=aT^{-1}e_1-bT^{-1}e_2$$

$$\delta(T^{-1}e_2)=T^{-1}\begin{bmatrix} a & b \\ -b & a \end{bmatrix}e_2=bT^{-1}e_1+aT^{-1}e_2$$

$$\delta(T^{-1}e_3)=T^{-1}\begin{bmatrix} a & b \\ -b & a \end{bmatrix}e_3=aT^{-1}e_3-bT^{-1}e_4$$

$$\delta(T^{-1}e_4)=T^{-1}\begin{bmatrix} a & b \\ -b & a \end{bmatrix}e_4=bT^{-1}e_3+aT^{-1}e_4$$

则 $\delta(T^{-1}e_1,\cdots,T^{-1}e_4)=(T^{-1}e_1,\cdots,T^{-1}e_4)D$,其中

$$D=\begin{bmatrix} a & b & 0 & 0 \\ -b & a & 0 & 0 \\ 0 & 0 & a & b \\ 0 & 0 & -b & a \end{bmatrix}$$

那么 $|\lambda E-D|=[(\lambda-a)^2+b^2]^2$.

D 的最小多项式为 $(\lambda-a)^2+b^2$ 或 $[(\lambda-a)^2+b^2]^2$,无论哪一种,D 在数域 P 上都不相似于对角阵,即 D 不可能相似于 B,矛盾.

由于上述两种均不成立,故得证相似于对角阵.

517.(北京大学) 设 V 是实数域 $\mathbf{R}$ 上的 n 维线性空间,V 上的所有复值函数组成的集合,对于函数的加法以及复数与函数的数量乘法,形成复数域 C 上的一个线性空间,记作 C^V,证明:如果 $f_1,f_2,\cdots\cdots,f_{n+1}$ 是 C^V 中 $n+1$ 个不同的函数,并且它们满足

$$f_i(\alpha+\beta)=f_i(\alpha)+f_i(\beta),\forall \alpha,\beta\in V \qquad ①$$

$$f_i(k\alpha)=kf_i(\alpha),\forall k\in\mathbf{R},\alpha\in V \qquad ②$$

则 $f_1,f_2,\cdots,f_{n+1}$ 是 C^V 中线性相关的向量组.

证 取 V 的一组基 $\alpha_1,\cdots,\alpha_n$,令

$$(x_1f_1+x_2f_2+\cdots+x_{n+1}f_{n+1})\alpha_i=0, i=1,2,\cdots,n \qquad ③$$

则

$$\left.\begin{array}{l} x_1f_1(\alpha_1)+x_2f_2(\alpha_1)+\cdots+x_{n+1}f_{n+1}(\alpha_1)=0 \\ x_1f_1(\alpha_2)+x_2f_2(\alpha_2)+\cdots+x_{n+1}f_{n+1}(\alpha_2)=0 \\ \cdots\cdots \\ x_1f_1(\alpha_n)+x_2f_2(\alpha_n)+\cdots+x_{n+1}f_{n+1}(\alpha_n)=0 \end{array}\right\} \qquad ④$$

在式④中把 $x_1,\cdots,x_{n+1}$ 看成未知数,由于系数矩阵 A 为 $n\times(n+1)$ 矩阵,秩 $A\leqslant n<$ 未知量个数 $(n+1)$,从而④有非零解 $k_1,k_2,\cdots,k_{n+1}$(仍记为 $k_1,\cdots,k_{n+1}$).

对满足式④的这组不全为零的 $k_1,\cdots,k_{n+1}$ 下证

$$k_1f_1+k_2f_2+\cdots+k_{n+1}f_{n+1}=0 \qquad ⑤$$

$\forall \beta\in V$,则 $\beta=(h)_1\alpha_1+(h)_2\alpha_2+\cdots\cdots+(h)_n\alpha_n$ 即

$(k_1f_1+\cdots+k_{n+1}f_{n+1})(\beta)=k_1f_1(\beta)+k_2f_2(\beta)+\cdots+k_{n+1}f_{n+1}(\beta)$
$=k_1[(h)_1f_1(\alpha_1)+(h)_2f_1(\alpha_2)+\cdots+(h)_nf_1(\alpha_n)]$
$\quad+k_2[(h)_1f_2(\alpha_1)+(h)_2f_2(\alpha_2)+\cdots+(h)_nf_2(\alpha_n)]+\cdots$
$\quad+k_{n+1}[(h)_1f_{n+1}(\alpha_1)+(h)_2f_{n+1}(\alpha_2)+\cdots+(h)_nf_{n+1}(\alpha_n)]$
$=(h)_1[k_1f_1(\alpha_1)+k_2f_2(\alpha_1)+\cdots+k_{n+1}f_{n+1}(\alpha_1)]$
$\quad+(h)_2[k_1f_1(\alpha_2)+k_2f_2(\alpha_2)+\cdots+k_{n+1}f_{n+1}(\alpha_2)]+\cdots$
$\quad+(h)_n[k_1f_1(\alpha_n)+k_2f_2(\alpha_n)+\cdots+k_{n+1}f_{n+1}(\alpha_n)]=0$

由 β 的任意性,即证式⑤,从而 $f_1,f_2,\cdots,f_{n+1}$ 线性相关.

518.(华中师范大学) 设 V 是数域 P 上的 n 维线性空间,$\underline{A}$ 是 V 的可逆线性变换,证明:对于 V 的任一线性变换 B,$\underline{A}^{-1}B$ 和 $B\underline{A}^{-1}$ 的特征值相同.

证 取 V 的一组基 $\varepsilon_1,\cdots,\varepsilon_n$,且设

$$\underline{A}(\varepsilon_1,\cdots,\varepsilon_n)=(\varepsilon_1,\cdots,\varepsilon_n)A,\underline{B}(\varepsilon_1,\cdots,\varepsilon_n)=(\varepsilon_1,\cdots,\varepsilon_n)B$$

因为 $\underline{A}$ 可逆,所以 A 可逆,则

$$\underline{A}^{-1}\underline{B}(\varepsilon_1,\cdots,\varepsilon_n)=(\varepsilon_1,\cdots,\varepsilon_n)A^{-1}B$$
$$\underline{B}\underline{A}^{-1}(\varepsilon_1,\cdots,\varepsilon_n)=(\varepsilon_1,\cdots,\varepsilon_n)BA^{-1}$$

因 $A^{-1}B=A^{-1}(BA^{-1})A$,$A^{-1}B$ 与 BA^{-1} 相似,$A^{-1}B$ 与 BA^{-1} 有相同特征值,所以 $\underline{A}^{-1}\underline{B}$ 与 $\underline{B}\underline{A}^{-1}$ 也有相同的特征值.

7.2 特征值与特征向量

【考点综述】

1.方阵的特征值与特征向量

(1)特征矩阵与特征多项式

(ⅰ)设 $A\in P^{n\times n}$,称 $\lambda E-A$ 为 A 的特征矩阵,称 $|\lambda E-A|$ 为 A 的特征多项式.

(ⅱ)$|\lambda E-A|=\lambda^n-s_1\lambda^{n-1}+\cdots+(-1)^{n-1}s_{n-1}\lambda+(-1)^n|A|$ ①

其中 s_k 为 A 中一切 k 阶主子式之和.

由式①知,A 在 P 中最多有 n 个不同的特征值,但 A 在 P 中也可能没有一个特征值.但在复数域 C 中,A 一定有 n 个特征值(包括重根个数).

(3)方阵的特征向量.

(ⅰ)设 λ_0 是 A 的一个特征值,齐次方程组

$$(\lambda_0 E-A)x=0 \qquad ②$$

的非零解 α 称为 A 属于特征值 λ_0 的特征向量,从而有

第七章 线性变换

$$A\alpha = \lambda_0 \alpha$$

(ii) 代数重数与几何重数 $A \in P^{n \times n}$,

1) 代数重数:若

$$|\lambda E - A| = (\lambda - \lambda_1)^{r_1}(\lambda - \lambda_2)^{r_2} \cdots (\lambda - \lambda_s)^{r_s} \qquad ③$$

其中 $\lambda_1, \cdots, \lambda_s$ 互不相同,且 $\lambda_i \in P, r_i > 0 (i=1,2,\cdots,s), r_1 + r_2 + \cdots + r_s = n$,则称 r_i 为特征值 λ_i 的代数重数 $(i=1,2,\cdots,s)$.

2) 几何重数:$(\lambda_i E - A)x = 0$ 的基础解系所含向量个数 n_i 为特征值 λ_i 的几何重数 $(i=1,2,\cdots,s)$,且有

$$\text{几何重数} = n - 秩(\lambda_i E - A) \qquad ④$$

3) λ_i 为 A 的任一特征值,则几何重数 $n_i \leq$ 代数重数 $\lambda_i (i=1,2,\cdots,s)$.

2. 线性变换的特征值与特征向量

(1) 概念 设 V 是 P 上线性空间,σ 是 V 的线性变换,若存在 $\lambda_0 \in P$,存在 $\alpha \in V$, $\alpha \neq 0$,使

$$\sigma\alpha = \lambda_0 \alpha \qquad ⑤$$

成立,则称 λ_0 为 σ 的一个特征值,α 为 σ 属于特征值 λ_0 的特征向量.

(2) 线性变换与矩阵特征值和特征向量的关系.

取 $\varepsilon_1, \cdots, \varepsilon_n$ 为 V 的一组基,线性变换 σ 在这组基下矩阵为 A,那么

(i) A 的特征值与 σ 的特征值完全相同(包括重数).

(ii) 若 $x_0 = (x_1, \cdots, x_n)'$ 是 A 的属于 λ_0 的特征向量,则 σ 属于 λ_0 的特征向量 $\xi_0 = (\alpha_1, \cdots, \alpha_n)x_0$. 反之亦然,即

$$Ax_0 = \lambda x_0 \Leftrightarrow \sigma\xi_0 = \lambda_0 \xi_0$$

其中 $x_0 \neq 0, \xi_0 = (\varepsilon_1, \cdots, \varepsilon_n)x_0 \neq 0$.

【经典题解】

519. (**数学一**) 设 A 为 2 阶矩阵,α_1, α_2 为线性无关的 2 维列向量,$A\alpha_1 = 0, A\alpha_2 = 2\alpha_1 + \alpha_2$. 则非零特征值为_____.

答 1

520. (**数学一**) 设 A 为 3 阶实对称矩阵,如果二次曲面方程

$$(x,y,z)A\begin{pmatrix}x\\y\\z\end{pmatrix} = 1$$

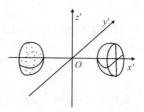

在正交变换下的标准方程的图形如右图所示,则 A 的正特征值的个数为

(A) 0.　　(B) 1.　　(C) 2.　　(D) 3.

答 (B). 双叶双曲面,规范型为 $x^2 - y^2 - z^2 = 1$.

521. (**苏州大学**) 设 $\alpha, \beta \in \mathbf{R}^n$ 且长度为 2,矩阵 $A = E_n + \alpha\alpha^T + \beta\beta^T$,求 A 的特征多项式.

解 A 的特征多项式为
$$f(\lambda)=|\lambda E_n-A|=|(\lambda-1)E_n-\alpha\alpha^T-\beta\beta^T|$$
$$=\left|(\lambda-1)E_n-(\alpha,\beta)\begin{pmatrix}\alpha^T\\\beta^T\end{pmatrix}\right|=(\lambda-1)^{n-2}\left|(\lambda-1)E_2-\begin{pmatrix}\alpha^T\\\beta^T\end{pmatrix}(\alpha,\beta)\right|$$
$$=(\lambda-1)^{n-2}\left|(\lambda-1)E_2-\begin{pmatrix}4&\alpha^T\beta\\\beta^T\alpha&4\end{pmatrix}\right|=(\lambda-1)^{n-2}\begin{vmatrix}\lambda-5&\alpha^T\beta\\\beta^T\alpha&\lambda-5\end{vmatrix}$$
$$=(\lambda-1)^{n-2}(\lambda^2-10\lambda+25+(\alpha^T\beta)^2).$$

522. (北京大学) 设 n 阶矩阵 A 的各行元素之和为常数 c,问 A^3 的各行元素之和是否为常数? 若是,是多少? 并说明理由.

答 是. 设 $\eta=(1,1,\cdots,1)^T$ 是 n 维列向量,故由 A 的各行元素之和为常数 c,故:
$$A\eta=c\eta\Rightarrow A^3\eta=c^3\eta$$
故 A^3 的各行元素之和为常数 c^3.

523. (数学一,数学二,数学三) 设 3 阶矩阵 A 的特征值为 $2,3,\lambda$. 若行列式 $|2A|=-48$,则 $\lambda=$ _____.

答 $\lambda=-1$.

524. (中国科学院) 求矩阵
$$B=\begin{bmatrix}2&1&0\\1&3&1\\0&1&2\end{bmatrix}$$
的本征值 λ_i,本征矢量 x_i,这些矢量 $\{x_i\}(i=1,2,3)$ 是否为正交的?

解 本征值就是特征值,本征矢量就是特征向量.
$$|\lambda E-B|=\begin{vmatrix}\lambda-2&-1&0\\-1&\lambda-3&-1\\0&-1&\lambda-2\end{vmatrix}=(\lambda-2)(\lambda-1)(\lambda-4)$$
得 B 的 3 个特征值为 $\lambda_1=2,\lambda_2=1,\lambda_3=4$.

当 $\lambda=2$ 时,由 $(2E-B)y=0$ 得基础解系(即属于特征 2 的特征向量)为
$$x_1=(1,0,-1)' \qquad ①$$
当 $\lambda=1$ 时,由 $(E-B)y=0$ 得属于特征值 1 的特征向量为
$$x_2=(1,-1,1)' \qquad ②$$
当 $\lambda=4$ 时,由 $(4E-B)y=0$ 得属于特征值 4 的特征向量为
$$x_3=(1,2,1)' \qquad ③$$
由①,②,③看出 x_1,x_2,x_3 是互相正交的(实际上 $B'=B\in\mathbf{R}^{3\times3}$,不同特征值之间一定是互相正交的)

525. (清华大学) 设
$$A=\begin{bmatrix}-4&-10&0\\1&3&0\\3&6&1\end{bmatrix}$$

(1)求 A 的特征值与特征向量；

(2)求 A^{100}.

解 (1)计算可得 $|\lambda E-A|=(\lambda-1)^2(\lambda+2)$，所以 A 的特征值为
$$\lambda_1=\lambda_2=1, \lambda_3=-2$$

当 $\lambda=-2$ 时，由 $(2E-A)x=0$，得特征向量为
$$\alpha_1=(5,-1,-3)'$$

故 A 属于特征值 -2 的全部特征向量为 $k_1\alpha_1$，其中 k_1 为数域 P 为不为零的任意常数.

当 $\lambda=1$ 时，由 $(E-A)x=0$，得线性无关的特征向量为
$$\alpha_2=(-2,1,0)' \quad \alpha_3=(0,0,1)'.$$

故 A 属于特征值 1 的全部特征向量为 $k_2\alpha_2+k_3\alpha_3$，其中 k_2,k_3 为数域 P 中不全为零的任意常数.

(2)因为 $A\alpha_1=-2\alpha_1$，$A\alpha_i=\alpha_i(i=2,3)$. 令

$$P=(\alpha_1,\alpha_2,\alpha_3)=\begin{bmatrix} 5 & -2 & 0 \\ -1 & 1 & 0 \\ -3 & 0 & 1 \end{bmatrix}$$

$$\Rightarrow P^{-1}AP=\begin{bmatrix} -2 & & \\ & 1 & \\ & & 1 \end{bmatrix} \qquad ①$$

$$\Rightarrow P^{-1}A^{100}P=\begin{bmatrix} -2 & & \\ & 1 & \\ & & 1 \end{bmatrix}^{100}=\begin{bmatrix} 2^{100} & & \\ & 1 & \\ & & 1 \end{bmatrix}$$

所以 $A^{100}=P\begin{bmatrix} 2^{100} & & \\ & 1 & \\ & & 1 \end{bmatrix}P^{-1}=\dfrac{1}{3}\begin{bmatrix} 5\times 2^{100}-2 & 5\times 2^{101}-10 & 0 \\ 1-2^{100} & 5-2^{101} & 0 \\ 3-3\times 2^{100} & 6-3\times 2^{101} & 3 \end{bmatrix}$

526.(华中师范大学) 设 $A=\begin{bmatrix} -5 & 6 \\ -4 & 5 \end{bmatrix}$，求：

(1) A 的特征值与特征向量；

(2)求 A^{2n} (n 为正整数).

解 (1)计算可得 $|\lambda E-A|=(\lambda+1)(\lambda-1)$，所以
$$\lambda_1=, \lambda_2=-1.$$

当 $\lambda=1$ 时，由 $(E-A)x=0$，得特征向量 $\alpha_1=(1,1)'$.

当 $\lambda=-1$ 时，由 $(-E-A)x=0$，得特征向量 $\alpha_2=(6,4)'$.

所以 A 属于 1 的全部特征向量为 $k_1\alpha_1$，其中 k_1 为 P 中任意非零常数. A 属于 (-1) 的全部特征向量为 $k_2\alpha_2$，其中 k_2 为 P 中任意非零常数.

(2)令 $T=(\alpha_1,\alpha_2)=\begin{bmatrix} 1 & 6 \\ 1 & 4 \end{bmatrix}$，则

$$T^{-1}AT = \begin{bmatrix} 1 & \\ & -1 \end{bmatrix} \Rightarrow T^{-1}A^{2n}T = E$$

故 $A^{2n} = TT^{-1} = \begin{bmatrix} 1 & 0 \\ 0 & 1 \end{bmatrix}$.

527.(中国科学院) 若矩阵

$$A = \begin{bmatrix} 5 & 7 & -5 \\ 0 & 4 & -1 \\ 2 & 8 & -3 \end{bmatrix}$$

求 A 的

(1)本征值;

(2)本征向量;

(3)将矩阵 A 变换成对角阵.

解 本征值、本征向量就是特征值、特征向量.

(1)计算可得:$|\lambda E - A| = (\lambda - 1)(\lambda - 2)(\lambda - 3)$,所以
$$\lambda_1 = 1, \lambda_2 = 2, \lambda_3 = 3$$

(2)当 $\lambda = 1$ 时,得特征向量 $\alpha_1 = (2,1,3)'$

当 $\lambda = 2$ 时,得特征向量 $\alpha_2 = (1,1,2)'$

当 $\lambda = 3$ 时,得特征向量 $\alpha_3 = (-1,1,1)'$

综上可得:A 属于 1 的全部特征向量为 $k_1\alpha_1$,其中 k_1 为 P 中任意非零常数,A 属于 2 的全部特征向量为 $k_2\alpha_2$,其中 k_2 为 P 中任意非零常数,A 属于 3 的全部特征向量为 $k_3\alpha_3$,其中 k_3 为 P 中任意非零常数.

(3)令
$$T = (\alpha_1, \alpha_2, \alpha_3) = \begin{bmatrix} 2 & 1 & -1 \\ 1 & 1 & 1 \\ 3 & 2 & 1 \end{bmatrix}$$

则
$$T^{-1}AT = \begin{bmatrix} 1 & & \\ & 2 & \\ & & 3 \end{bmatrix}$$

528.(南开大学) 设 V 是数域 P 上的 3 维线性空间,线性变换 $f : V \to V$ 在 V 的基 e_1, e_2, e_3 下的矩阵为

$$\begin{bmatrix} 2 & -1 & 2 \\ 5 & -3 & 3 \\ -1 & 0 & -2 \end{bmatrix}$$

(1)求线性变换 f 在 V 的基 e_1, e_1+e_2, e_1+e_3 下的矩阵;

(2)求线性变换 f 的特征值和特征向量;

(3)线性变换 f 可否在 V 的某组基下矩阵为对角形,为什么?

解 (1) 因为

$$(e_1, e_1+e_2, e_1+e_3) = (e_1, e_2, e_3)\begin{pmatrix} 1 & 1 & 1 \\ 0 & 1 & 0 \\ 0 & 0 & 1 \end{pmatrix}$$

所以由基 e_1, e_2, e_3 到基 e_1, e_1+e_2, e_1+e_3 的过渡阵为

$$X = \begin{pmatrix} 1 & 1 & 1 \\ 0 & 1 & 0 \\ 0 & 0 & 1 \end{pmatrix}$$

而 f 在 e_1, e_2, e_3 下的阵为

$$A = \begin{pmatrix} 2 & -1 & 2 \\ 5 & -3 & 3 \\ -1 & 0 & -2 \end{pmatrix}$$

故 f 在 e_1, e_1+e_2, e_1+e_3 下的矩阵为

$$B = X^{-1}AX = \begin{pmatrix} 1 & 1 & 1 \\ 0 & 1 & 0 \\ 0 & 0 & 1 \end{pmatrix}^{-1} \begin{pmatrix} 2 & -1 & 2 \\ 5 & -3 & 3 \\ -1 & 0 & -2 \end{pmatrix} \begin{pmatrix} 1 & 1 & 1 \\ 0 & 1 & 0 \\ 0 & 0 & 1 \end{pmatrix}$$

$$= \begin{pmatrix} 1 & -1 & -1 \\ 0 & 1 & 0 \\ 0 & 0 & 1 \end{pmatrix} \begin{pmatrix} 2 & -1 & 2 \\ 5 & -3 & 3 \\ -1 & 0 & -2 \end{pmatrix} \begin{pmatrix} 1 & 1 & 1 \\ 0 & 1 & 0 \\ 0 & 0 & 1 \end{pmatrix} = \begin{pmatrix} -2 & 0 & -1 \\ 5 & 2 & 8 \\ -1 & -1 & -3 \end{pmatrix}$$

(2) 计算可得

$$|\lambda E - A| = \begin{vmatrix} \lambda-2 & 1 & -2 \\ -5 & \lambda+3 & -3 \\ 1 & 0 & \lambda+2 \end{vmatrix}$$

$$= (\lambda-2)\begin{vmatrix} \lambda+3 & -3 \\ 0 & \lambda+2 \end{vmatrix} + 5\begin{vmatrix} 1 & -2 \\ 0 & \lambda+2 \end{vmatrix} + \begin{vmatrix} 1 & -2 \\ \lambda+3 & -3 \end{vmatrix}$$

$$= (\lambda-2)(\lambda+3)(\lambda+2) + 5(\lambda+2) + (2\lambda+3)$$

$$= (\lambda+1)^3$$

则 A 有 3 个相同的特征值 $\lambda_1 = \lambda_2 = \lambda_3 = -1$. 代入特征方程,有

$$\begin{pmatrix} -3 & 1 & -2 \\ -5 & 2 & -3 \\ 1 & 0 & 1 \end{pmatrix} \begin{pmatrix} x_1 \\ x_2 \\ x_3 \end{pmatrix} = 0 \Rightarrow \begin{cases} x_2 + x_3 = 0 \\ x_1 + x_3 = 0 \end{cases}$$

故 A 的属于特征值 1 的线性无关特征向量为 $\alpha = \begin{pmatrix} 1 \\ 1 \\ -1 \end{pmatrix}$,从而属于 1 的所有特征向量为 $k\alpha, k \in \mathbf{R}$.

(3) 线性变换 f 在 V 的任一组基下都不可能有对角阵,因为它只有一个线性无关的特征向量.

529. (数学三) 设 3 阶实对称阵 A 的特征值是 $1,2,3$. 矩阵 A 属于特征值 $1,2$ 的特征向量分别是
$$\alpha_1=(-1,-1,1)^T, \alpha_2=(1,-2,-1)^T$$
(1) 求 A 属于特征值 3 的特征向量;
(2) 求矩阵 A.

解 (1) 设 A 属于特征值 3 的特征向量为
$$\alpha_3=(x_1,x_2,x_3)^T$$
由于 A 是实对称阵,属于不同特征值的特征向量相互正交,所以有
$$\left.\begin{array}{r}(-1)x_1+(-1)x_2+1x_3=0\\1x_1+(-2)x_2+(-1)x_3=0\end{array}\right\} \qquad ①$$
由齐次方程组①得基础解系
$$\alpha_3=(1,0,1)^T$$
这里 α_3 就是 A 属于特征值 3 的特征向量.

(2) 令
$$P=(\alpha_1,\alpha_2,\alpha_3)=\begin{bmatrix}-1 & 1 & 1\\-1 & -2 & 0\\1 & -1 & 1\end{bmatrix}$$
则由 $P^{-1}AP=\begin{bmatrix}1 & & \\ & 2 & \\ & & 3\end{bmatrix}$ 可得
$$A=P\begin{bmatrix}1 & & \\ & 2 & \\ & & 3\end{bmatrix}P^{-1}=\frac{1}{6}\begin{bmatrix}13 & -2 & 5\\-2 & 10 & 2\\5 & 2 & 13\end{bmatrix}$$

530. (数学二,数学三,数学四) 设 A 为 3 阶矩阵, α_1,α_2 为 A 的分别属于特征值 $-1,1$ 的特征向量,向量 α_3 满足 $A\alpha_3=\alpha_2+\alpha_3$.
(Ⅰ) 证明 $\alpha_1,\alpha_2,\alpha_3$ 线性无关;
(Ⅱ) 令 $P=(\alpha_1,\alpha_2,\alpha_3)$, 求 $P^{-1}AP$.

解 (Ⅰ) 设存在数 k_1,k_2,k_3 使得
$$k_1\alpha_1+k_2\alpha_2+k_3\alpha_3=0 \qquad ①$$
用 A 左乘式①的两边,并由 $A\alpha_1=-\alpha_1, A\alpha_2=\alpha_2$,得
$$-k_1\alpha_1+(k_2+k_3)\alpha_2+k_3\alpha_3=0 \qquad ②$$
式① $-$ 式②得
$$2k_1\alpha_1-k_3\alpha_2=0 \qquad ③$$
因为 α_1,α_2 为不同特征值所对应的特征问题,则线性无关,所以
$$k_1=k_3=0$$
代入①得, $k_2\alpha_2=0$,再由 $\alpha_2\neq 0$,知 $k_2=0$,故 $\alpha_1,\alpha_2,\alpha_3$ 线性无关.
(Ⅱ) 由题设,可得

$$AP = A(\alpha_1, \alpha_2, \alpha_3) = (A\alpha_1, A\alpha_2, A\alpha_3)$$
$$= (\alpha_1, \alpha_2, \alpha_3) \begin{pmatrix} -1 & 0 & 0 \\ 0 & 1 & 1 \\ 0 & 0 & 1 \end{pmatrix} = P \begin{pmatrix} -1 & 0 & 0 \\ 0 & 1 & 1 \\ 0 & 0 & 1 \end{pmatrix}$$

再由(Ⅰ)知 P 为可逆矩阵,从而
$$P^{-1}AP = \begin{pmatrix} -1 & 0 & 0 \\ 0 & 1 & 1 \\ 0 & 0 & 1 \end{pmatrix}$$

531.(中山大学) 设 R 的线性变换 A 在标准正交基下的矩阵为
$$A = \begin{pmatrix} 2 & 1 & 1 \\ 1 & 2 & 1 \\ 1 & 1 & 2 \end{pmatrix}$$

(1)求 A 的特征值和特征向量.

(2)求 R^3 的一组标准正交基,使 A 在此基下的矩阵为对角矩阵.

解 (1)计算可得 $|\lambda E - A| = (\lambda-1)^2(\lambda-4)$,所以 A 的特征值为
$$\lambda_1 = \lambda_2 = 1, \lambda_3 = 4$$

当 $\lambda = 1$ 时,特征方程为
$$\begin{pmatrix} -1 & -1 & -1 \\ -1 & -1 & -1 \\ -1 & -1 & -1 \end{pmatrix} \begin{pmatrix} x_1 \\ x_2 \\ x_3 \end{pmatrix} = 0$$

此系数矩阵秩为 1,故 A 有两个属于 1 的线性无关的解向量
$$\alpha_1 = (1, 0, -1)', \quad \alpha_2 = (1, -1, 0)'$$
从而属于 1 的所有特征向量为 $k_1\alpha_1 + k_2\alpha_2$,其中 k_1, k_2 不全为零.

当 $\lambda = 4$ 时,特征方程为
$$\begin{pmatrix} 2 & -1 & -1 \\ -1 & 2 & -1 \\ -1 & -1 & 2 \end{pmatrix} \begin{pmatrix} x_1 \\ x_2 \\ x_3 \end{pmatrix} = 0$$

$$\begin{pmatrix} 2 & -1 & -1 \\ -1 & 2 & -1 \\ -1 & -1 & 2 \end{pmatrix} \rightarrow \begin{pmatrix} 0 & 0 & 0 \\ -1 & 2 & -1 \\ -1 & -1 & 2 \end{pmatrix} \rightarrow \begin{pmatrix} 0 & 0 & 0 \\ 0 & 3 & -3 \\ -1 & -1 & 2 \end{pmatrix}$$

于是原方程组等价于
$$\begin{cases} 3x_2 - 3x_3 = 0 \\ -x_1 - x_2 + 2x_3 = 0 \end{cases} \Rightarrow \begin{cases} x_1 = x_3 \\ x_2 = x_3 \end{cases}$$

故 A 的属于 4 的线性无关特征向量为 $\alpha_3 = (1, 1, 1)'$,从而属于 4 的所有特征向量为 $k_3\alpha_3$,其中 k_3 为任意常数.

(2)A 为实对称阵,从而存在正交阵 T,使

$$T^{-1}AT = \begin{pmatrix} 1 & & \\ & 1 & \\ & & 4 \end{pmatrix}$$

把 $\alpha_1, \alpha_2, \alpha_3$ 正交化,再单位化.

先正交化:

$\beta_1 = \alpha_1$

$$\beta_2 = \alpha_2 - \frac{(\alpha_2, \beta_1)}{(\beta_1, \beta_1)}\beta_1 = \begin{pmatrix} 1 \\ -1 \\ 0 \end{pmatrix} - \frac{1}{2}\begin{pmatrix} 1 \\ 0 \\ -1 \end{pmatrix} = \begin{pmatrix} \frac{1}{2} \\ -1 \\ \frac{1}{2} \end{pmatrix}$$

再单位化:

$$v_1 = \frac{\beta_1}{|\beta_1|} = \begin{pmatrix} \frac{\sqrt{2}}{2} \\ 0 \\ -\frac{\sqrt{2}}{2} \end{pmatrix}, v_2 = \frac{\beta_2}{|\beta_2|} = \begin{pmatrix} \frac{\sqrt{6}}{6} \\ -\frac{\sqrt{6}}{3} \\ \frac{\sqrt{6}}{6} \end{pmatrix}, v_3 = \frac{\alpha_3}{|\alpha_3|} = \begin{pmatrix} \frac{\sqrt{3}}{3} \\ \frac{\sqrt{3}}{3} \\ \frac{\sqrt{3}}{3} \end{pmatrix}$$

$$\Rightarrow T = (v_1, v_2, v_3) = \begin{pmatrix} \frac{\sqrt{2}}{2} & -\frac{\sqrt{6}}{6} & \frac{\sqrt{3}}{3} \\ 0 & -\frac{\sqrt{6}}{3} & \frac{\sqrt{3}}{3} \\ -\frac{\sqrt{2}}{2} & \frac{\sqrt{6}}{6} & \frac{\sqrt{3}}{3} \end{pmatrix}$$

故 v_1, v_2, v_3 组成了 A 的标准正交基,且 A 在 v_1, v_2, v_3 下的矩阵为对角矩阵.

532.(数学三,湖北大学) 设矩阵

$$A = \begin{bmatrix} 0 & 1 & 0 & 0 \\ 1 & 0 & 0 & 0 \\ 0 & 0 & y & 1 \\ 0 & 0 & 1 & 2 \end{bmatrix}$$

(1)已知 A 的一个特征值为 3,试求 y;

(2)求矩阵 P,使 $(AP)^T(AP)$ 为对角矩阵.

解 (1) 计算得 A 的特征多项式为

$$|\lambda E - A| = (\lambda^2 - 1)[\lambda^2 - (y+2)\lambda + (2y-1)] \quad ①$$

由于 A 有特征值 3,所以将 $\lambda = 3$ 代入式①,有

$$|3E - A| = 8[9 - 3(y+2) + (2y-1)] = 0$$

解之,得 $y = 2$.

(2) 当 $y = 2$ 时,有

$$A = \begin{bmatrix} 0 & 1 & 0 & 0 \\ 1 & 0 & 0 & 0 \\ 0 & 0 & 2 & 1 \\ 0 & 0 & 1 & 2 \end{bmatrix} \Rightarrow A^T = A, \quad A^2 = \begin{bmatrix} 1 & 0 & 0 & 0 \\ 0 & 1 & 0 & 0 \\ 0 & 0 & 5 & 4 \\ 0 & 0 & 4 & 5 \end{bmatrix}$$

于是可由

$$(AP)^T(AP) = P^T A^2 P \qquad \text{②}$$

构造二次型,有

$$f(x_1, x_2, x_3, x_4) = X^T A^2 X = x_1^2 + x_2^2 + 5x_3^2 + 5x_4^2 + 8x_3 x_4 \qquad \text{③}$$

再利用配方法把二次型式③化成标准形得

$$f = x_1^2 + x_2^2 + 5\left(x_3 + \frac{4}{5}x_4\right)^2 + \frac{9}{5}x_4^2. \qquad \text{④}$$

令

$$\begin{bmatrix} y_1 \\ y_2 \\ y_3 \\ y_4 \end{bmatrix} = \begin{bmatrix} 1 & 0 & 0 & 0 \\ 0 & 1 & 0 & 0 \\ 0 & 0 & 1 & \frac{4}{5} \\ 0 & 0 & 0 & 1 \end{bmatrix} \begin{bmatrix} x_1 \\ x_2 \\ x_3 \\ x_4 \end{bmatrix},$$

即作非退化线性替换

$$\begin{bmatrix} x_1 \\ x_2 \\ x_3 \\ x_4 \end{bmatrix} = P \begin{bmatrix} y_1 \\ y_2 \\ y_3 \\ y_4 \end{bmatrix}$$

其中

$$P = \begin{bmatrix} 1 & 0 & 0 & 0 \\ 0 & 1 & 0 & 0 \\ 0 & 0 & 1 & \frac{4}{5} \\ 0 & 0 & 0 & 1 \end{bmatrix}^{-1} = \begin{bmatrix} 1 & 0 & 0 & 0 \\ 0 & 1 & 0 & 0 \\ 0 & 0 & 1 & -\frac{4}{5} \\ 0 & 0 & 0 & 1 \end{bmatrix} \qquad \text{⑤}$$

则

$$f(x_1, x_2, x_3, x_4) = y_1^2 + y_2^2 + 5y_3^2 + \frac{9}{5}y_4^3$$

且

$$(AP)^T AP = P^T A^2 P = \begin{bmatrix} 1 & & & \\ & 1 & & \\ & & 5 & \\ & & & \frac{9}{5} \end{bmatrix}$$

其中式⑤的 P 即为所求.

533. (数学三) n 阶方阵 A 具有 n 个不同特征值是 A 与对角阵相似的( )
(A)充分必要条件 (B)充分而非必要条件
(C)必要而非充分条件 (D)既非充分也非必要条件

答　(B).

用排除法. 比如令 $A=E$，其中 E 是 n 阶单位阵，则 A 相似于对角阵. 但它的 n 个特征值全相同. 因此不是必要条件，从而否定(A)，(C).

再者，当 A 有 n 个不同特征值 $\lambda_1,\lambda_2,\cdots,\lambda_n$ 时，它们相应的特征向量 $\alpha_1,\cdots,\alpha_n$ 一定线性无关，令 $P=(\alpha_1,\cdots,\alpha_n)$，则

$$P^{-1}AP = \begin{bmatrix} \lambda_1 & & \\ & \ddots & \\ & & \lambda_n \end{bmatrix}$$

即 A 相似于对角阵，因此是充分条件，故选(B).

534. (中山大学) 设矩阵 $A=\begin{pmatrix} 1 & 0 & 0 & 0 \\ a & 1 & 0 & 0 \\ a_1 & b & 2 & 0 \\ a_2 & b_1 & c & 2 \end{pmatrix}$；问 a,a_1,a_2,b,b_1,c 为何值时，A 与对角阵相似.

解　$|\lambda E-A| = \begin{vmatrix} \lambda-1 & 0 & 0 & 0 \\ -a & \lambda-1 & 0 & 0 \\ -a_1 & -b & \lambda-2 & 0 \\ -a_2 & -b_1 & -c & \lambda-2 \end{vmatrix} = (\lambda-1)^2(\lambda-2)^2$

当 $\lambda_1=\lambda_2=1$ 时，A 的特征矩阵为

$$A_1 = \begin{pmatrix} 0 & 0 & 0 & 0 \\ -a & 0 & 0 & 0 \\ -a_1 & -b & -1 & 0 \\ -a_2 & -b_1 & -c & -1 \end{pmatrix}$$

由 A_1 的第 3 行，第 4 行的特点知它们线性无关，又由 A 与对角阵相似知 A 应有 2 个属于 1 的线性无关的特征向量，从而 A_1 的秩应为 2，故 $a=0$.

当 $\lambda_3=\lambda_4=2$ 时，A 的特征矩阵为

$$A_2 = \begin{pmatrix} 1 & 0 & 0 & 0 \\ -a & 1 & 0 & 0 \\ -a_1 & -b & 0 & 0 \\ -a_2 & -b_1 & -c & 0 \end{pmatrix} \rightarrow \begin{pmatrix} 1 & 0 & 0 & 0 \\ 0 & 1 & 0 & 0 \\ 0 & 0 & 0 & 0 \\ 0 & 0 & -c & 0 \end{pmatrix}$$

由于上面相同的原因知 A_2 的秩为 2，从而 $c=0$.

综上所证，要 A 相似于对角阵，应有

$$\begin{cases} a=0 \\ c=0 \end{cases}$$

第七章 线性变换

535. (数学三) 设矩阵 A 和 B 相似,其中

$$A = \begin{bmatrix} -2 & 0 & 0 \\ 2 & x & 2 \\ 3 & 1 & 1 \end{bmatrix}, \quad B = \begin{bmatrix} -1 & 0 & 0 \\ 0 & 2 & 0 \\ 0 & 0 & y \end{bmatrix}$$

(1)求 x 和 y 的值;
(2)求可逆矩阵 P,使得 $P^{-1}AP=B$.

解 (1)由 B 知它们 3 个特征值 $-1,2,y$,而 $A \sim B$. 从而 A 也有 3 个特征值 $-1,2,y$,但

$$|\lambda E - A| = (\lambda+2)[\lambda^2-(x+1)\lambda+(x-2)] \quad ①$$

由

$$|2E-A| = 4[4-2(x+1)+(x-2)] = 0$$

可解得 $x=0$. 再将 $x=0$ 代入式①得

$$|\lambda E - A| = (\lambda+2)(\lambda^2-\lambda-2) = (\lambda+2)(\lambda-2)(\lambda+1).$$

从而 A 的特征值为 $-1,2,-2$. 且 $y=-2$.

(2)由上可得

$$A = \begin{bmatrix} -2 & 0 & 0 \\ 2 & 0 & 2 \\ 3 & 1 & 1 \end{bmatrix}, \quad B = \begin{bmatrix} -1 & & \\ & 2 & \\ & & -2 \end{bmatrix}$$

已知 A 的 3 个特征值 $-1,2,-2$,可求出相应特征向量分别为

$$\alpha_1 = \begin{bmatrix} 0 \\ 2 \\ -1 \end{bmatrix}, \alpha_2 = \begin{bmatrix} 0 \\ 1 \\ 1 \end{bmatrix}, \alpha_3 = \begin{bmatrix} 1 \\ 0 \\ -1 \end{bmatrix}$$

再令 $P=(\alpha_1,\alpha_2,\alpha_3) = \begin{bmatrix} 0 & 0 & 1 \\ 2 & 1 & 0 \\ -1 & 1 & -1 \end{bmatrix}$,则

$$P^{-1}AP = \begin{bmatrix} -1 & & \\ & 2 & \\ & & -2 \end{bmatrix} = B$$

536. (数学三,数学四) 已知 4 阶矩阵 A 相似于 B,A 的特征值为 $2,3,4,5$,E 为 4 阶单位阵,则 $|B-E|=$ _____.

答 24.

因为 $A \sim B$,所以 A,B 有相同的特征值,因而 B 也有特征值

$$\lambda_1=2, \lambda_2=3, \lambda_3=4, \lambda_4=5$$

从而 $B-E$ 有特征值

$$\lambda_1-1=1, \quad \lambda_2-1=2, \quad \lambda_3-1=3, \quad \lambda_4-1=4$$

故 $|B-E| = (\lambda_1-1)(\lambda_2-1)(\lambda_3-1)(\lambda_4-1) = 24$.

注 本题证明中用到以下两点

(1) 若 B 有 n 个特征值 $\lambda_1, \cdots, \lambda_n$，那么 $f(B)$ 有 n 个特征值
$$f(\lambda_1), f(\lambda_2), \cdots, f(\lambda_n)$$
其中 $f(x)$ 是 $P(x)$ 中任意多项式.

(2) 若 n 阶矩阵, B 有 n 个特征值 $\lambda_1, \lambda_2, \cdots, \lambda_n$, 则
$$|B| = \lambda_1 \lambda_2 \cdots \lambda_n$$

537.（数学四） 设矩阵 $A = \begin{pmatrix} 2 & 1 & 1 \\ 1 & 2 & 1 \\ 1 & 1 & a \end{pmatrix}$ 可逆, 向量 $\alpha = \begin{pmatrix} 1 \\ b \\ 1 \end{pmatrix}$ 是矩阵 A^* 的一个特征向量, λ 是 α 对应的特征值, 其中 A^* 是矩阵 A 的伴随矩阵. 试求 a, b 和 λ 的值.

解 矩阵 A^* 的属于特征值 λ 的特征向量为 α, 由于矩阵 A 可逆, 故 A^* 可逆, 于是 $\lambda \neq 0, |A| \neq 0$, 且
$$A^* \alpha = \lambda \alpha$$
两边同时左乘矩阵 A, 得
$$AA^* \alpha = \lambda A \alpha \Rightarrow A\alpha = \frac{|A|}{\lambda} \alpha$$
即
$$\begin{pmatrix} 2 & 1 & 1 \\ 1 & 2 & 1 \\ 1 & 1 & a \end{pmatrix} \begin{pmatrix} 1 \\ b \\ 1 \end{pmatrix} = \frac{|A|}{\lambda} \begin{pmatrix} 1 \\ b \\ 1 \end{pmatrix}$$

由此, 得方程组
$$\begin{cases} 3 + b = \dfrac{|A|}{\lambda} & \text{①} \\ 2 + 2b = \dfrac{|A|}{\lambda} b & \text{②} \\ a + b + 1 = \dfrac{|A|}{\lambda} & \text{③} \end{cases}$$

由式①, 式②解得 $b = 1$ 或 $b = -2$; 由式①, 式③解得 $a = 2$.
由于
$$|A| = \begin{vmatrix} 2 & 1 & 1 \\ 1 & 2 & 1 \\ 1 & 1 & a \end{vmatrix} = 3a - 2 = 4$$

根据式①知, 特征向量 α 所对应的特征值
$$\lambda = \frac{|A|}{3+b} = \frac{4}{3+b}$$

故, 当 $b = 1$ 时, $\lambda = 1$; 当 $b = -2$ 时, $\lambda = 4$.

538.（数学一） 设矩阵
$$A = \begin{pmatrix} 3 & 2 & 2 \\ 2 & 3 & 2 \\ 2 & 2 & 3 \end{pmatrix}, \quad P = \begin{pmatrix} 0 & 1 & 0 \\ 1 & 0 & 1 \\ 0 & 0 & 1 \end{pmatrix}, \quad B = P^{-1} A^* P$$

求 $B+2E$ 的特征值与特征向量,其中 A^* 为 A 的伴随矩阵,E 为 3 阶单位矩阵.

解法 1 经计算可得

$$A^* = \begin{pmatrix} 5 & -2 & -2 \\ -2 & 5 & -2 \\ -2 & -2 & 5 \end{pmatrix}, \quad P^{-1} = \begin{pmatrix} 0 & 1 & -1 \\ 1 & 0 & 0 \\ 0 & 0 & 1 \end{pmatrix}$$

$$B = P^{-1} A^* P = \begin{pmatrix} 7 & 0 & 0 \\ -2 & 5 & -4 \\ -2 & -2 & 3 \end{pmatrix}$$

从而

$$B + 2E = \begin{pmatrix} 9 & 0 & 0 \\ -2 & 7 & -4 \\ -2 & -2 & 5 \end{pmatrix}$$

$$|\lambda E - (B+2E)| = \begin{vmatrix} \lambda-9 & 0 & 0 \\ 2 & \lambda-7 & 4 \\ 2 & 2 & \lambda-5 \end{vmatrix} = (\lambda-9)^2(\lambda-3)$$

故 $B+2E$ 的特征值为 $9,9,3$.

当 $\lambda_1 = \lambda_2 = 9$ 时,对应的线性无关特征向量可取为

$$\eta_1 = \begin{pmatrix} -1 \\ 1 \\ 0 \end{pmatrix}, \quad \eta_2 = \begin{pmatrix} -2 \\ 0 \\ 1 \end{pmatrix}$$

则对应于特征值 9 的全部特征向量为

$$k_1 \eta_1 + k_2 \eta_2 = k_1 \begin{pmatrix} -1 \\ 1 \\ 0 \end{pmatrix} + k_2 \begin{pmatrix} -2 \\ 0 \\ 1 \end{pmatrix}$$

其中 k_1, k_2 是不全为零的任意常数.

当 $\lambda_3 = 3$ 时,对应的一个特征向量为

$$\eta_3 = \begin{pmatrix} 0 \\ 1 \\ 1 \end{pmatrix}$$

故对应于特征值 3 的全部特征向量为

$$k_3 \eta_3 = k_3 \begin{pmatrix} 0 \\ 1 \\ 1 \end{pmatrix}$$

扫码获取本书资源

其中 k_3 是不为零的任意常数.

解法 2 设 A 的特征值为 λ,对应的特征向量为 η,即 $A\eta = \lambda \eta$. 由于 $|A| = 7 \neq 0$,因此 $\lambda \neq 0$.

因 $A^* A = |A| E$,故 $A^* \eta = \dfrac{|A|}{\lambda} \eta$. 于是有

$$B(P^{-1}\eta) = P^{-1}A^* P(P^{-1}\eta) = \frac{|A|}{\lambda}(P^{-1}\eta)$$

$$(B+2E)P^{-1}\eta = (\frac{|A|}{\lambda}+2)P^{-1}\eta$$

因此，$\frac{|A|}{\lambda}+2$ 为 $B+2E$ 的特征值，对应的特征向量为 $P^{-1}\eta$.

由于

$$|\lambda E - A| = \begin{pmatrix} \lambda-3 & -2 & -2 \\ -2 & \lambda-3 & -2 \\ -2 & -2 & \lambda-3 \end{pmatrix} = (\lambda-1)^2(\lambda-7)$$

故 A 的特征值为

$$\lambda_1 = \lambda_2 = 1, \quad \lambda_3 = 7$$

当 $\lambda_1 = \lambda_2 = 1$ 时，对应的线性无关特征向量可取为

$$\eta_1 = \begin{pmatrix} -1 \\ 1 \\ 0 \end{pmatrix}, \quad \eta_2 = \begin{pmatrix} -1 \\ 0 \\ 1 \end{pmatrix}$$

当 $\lambda_3 = 7$ 时，对应的一个特征向量为

$$\eta_3 = \begin{pmatrix} 1 \\ 1 \\ 1 \end{pmatrix}$$

由 $P^{-1} = \begin{pmatrix} 0 & 1 & -1 \\ 1 & 0 & 0 \\ 0 & 0 & 1 \end{pmatrix}$，得

$$P^{-1}\eta_1 = \begin{pmatrix} 1 \\ -1 \\ 0 \end{pmatrix}, P^{-1}\eta_2 = \begin{pmatrix} -1 \\ -1 \\ 0 \end{pmatrix}, P^{-1}\eta_3 = \begin{pmatrix} 0 \\ 1 \\ 1 \end{pmatrix}$$

因此，$B+2E$ 的三个特征值分别为 $9,9,3$.

对应于特征值 9 的全部特征向量为

$$k_1 P^{-1}\eta_1 + k_2 P^{-1}\eta_2 = k_1 \begin{pmatrix} 1 \\ -1 \\ 0 \end{pmatrix} + k_2 \begin{pmatrix} -1 \\ -1 \\ 1 \end{pmatrix}$$

其中 k_1, k_2 是不全为零的任意常数；

对应于特征值 3 的全部特征向量为

$$k_3 P^{-1}\eta_3 = k_3 \begin{pmatrix} 0 \\ 1 \\ 1 \end{pmatrix}$$

其中 k_3 是不为零的任意常数.

539.（数学一） 设 n 阶矩阵 A 的元素全是 1，则 A 的 n 个特征值是_____.

答 $\lambda_1=\cdots=\lambda_{n-1}=0,\lambda_n=n.$
因为
$$|\lambda E-A|=\begin{vmatrix} \lambda-1 & -1 & -1 & \cdots & -1 \\ -1 & \lambda-1 & -1 & \cdots & -1 \\ -1 & -1 & \lambda-1 & \cdots & -1 \\ \vdots & \vdots & \vdots & & \vdots \\ -1 & -1 & -1 & \cdots & \lambda-1 \end{vmatrix}$$
$$=\lambda^{n-1}(\lambda-n)$$

所以 $\lambda_1=\cdots=\lambda_{n-1}=0,\lambda_n=n.$

540.（大连工学院） 已知向量组
$$\alpha_1=\begin{bmatrix}1\\-1\\-1\\1\end{bmatrix},\quad \alpha_2=\begin{bmatrix}-1\\1\\-1\\1\end{bmatrix},\quad \alpha_3=\begin{bmatrix}-1\\-1\\1\\1\end{bmatrix},\quad \alpha_4=\begin{bmatrix}1\\1\\1\\1\end{bmatrix}$$
求矩阵 $A=(\alpha_1,\alpha_2,\alpha_3,\alpha_4)$ 的特征值.

解 因为
$$A=\begin{bmatrix}1&-1&-1&1\\-1&1&-1&1\\-1&-1&1&1\\1&1&1&1\end{bmatrix}$$
计算可得 A 的特征多项式为 $|\lambda E-A|=(\lambda-2)^3(\lambda+2)$，所以 A 的特征值为
$$\lambda_1=\lambda_2=\lambda_3=2,\lambda_4=-2$$

541.（工程兵工程学院） 给定矩阵
$$A=\begin{bmatrix}3&1&0\\-4&-1&0\\4&-8&-2\end{bmatrix}$$
求 A 的特征值与特征向量.

解 计算可得 $|\lambda E-A|=(\lambda+2)(\lambda-1)^2$，所以 A 的待征值为
$$\lambda_1=\lambda_2=1,\lambda_3=-2$$
当 $\lambda=1$ 时，得线性无关特征向量为
$$\alpha_1=(3,-6,20)'$$
当 $\lambda=-2$ 时，得线性无关特征向量为
$$\alpha_2=(0,0,1)'$$
故 A 的属于特征值 1 的全部特征向量为 $k_1\alpha_1$，其中 k_1 为 P 中任意非零常数. A 的属于特征值 -2 的全部特征向量为 $k_2\alpha_2$，其中 k_2 为 P 中任意非零常数.

542.（成都电讯工程学院） 设

$$A = \begin{bmatrix} 1 & -9 & 3 \\ 3 & -5 & 3 \\ 6 & -6 & 4 \end{bmatrix}$$

求(1) A 的所有特征值与对应的特征向量;

(2)找出一个可逆矩阵 P,使得 A 与一个对角阵相似;

(3)应用 A 的特征多项式,求 A^3.

解 (1)计算可得

$$|\lambda E - A| = \lambda^3 + 6\lambda + 20 = (\lambda+2)(\lambda^2 - 2\lambda + 10) \qquad ①$$

得 A 的特征值为

$$\lambda_1 = -2, \lambda_2 = 1+3i, \lambda_3 = 1-3i$$

当 $\lambda = -2$ 时,得特征向量为

$$\alpha_1 = (1, 0, -1)'$$

且 A 属于特征值 (-2) 的全部特征向量为 $k_1 \alpha_1 (k_1 \neq 0)$.

当 $\lambda = 1+3i$ 时,得特征向量为

$$\alpha_2 = (i-1, 1+i, 2+2i)'.$$

且 A 属于特征值 $(1+3i)$ 的全体特征向量组为 $k_2 \alpha_2 (k_2 \neq 0)$.

当 $\lambda = 1-3i$ 时,得特征向量为

$$\alpha_3 = (1+i, 1-i, 4-4i)'$$

且 A 属于 $(1-3i)$ 的全部特征向量为 $k_3 \alpha_3 (k_3 \neq 0)$.

(2)令

$$P = (\alpha_1, \alpha_2, \alpha_3) = \begin{bmatrix} 1 & i-1 & 1+i \\ 0 & 1+i & 1-i \\ -1 & 2+2i & 4-4i \end{bmatrix}$$

则 P 即为所求,因为

$$P^{-1}AP = \begin{bmatrix} -2 & & \\ & 1+3i & \\ & & 1-3i \end{bmatrix}$$

(3)由式①及凯莱定理知,$f(A) = A^3 + 6A + 20E = 0$ 所以

$$A^3 = -6A - 20E = \begin{bmatrix} -26 & 54 & -18 \\ -18 & 10 & -18 \\ -36 & 36 & -44 \end{bmatrix}$$

543. (数学三) 设 n 阶矩阵

$$A = \begin{bmatrix} 1 & b & \cdots & b \\ b & 1 & \cdots & b \\ \vdots & \vdots & & \vdots \\ b & b & \cdots & 1 \end{bmatrix}$$

(1)求 A 的特征值和特征向量;

(2)求可逆矩阵 P，使得 $P^{-1}AP$ 为对角矩阵．

解 (1) 当 $b\neq 0$ 时，计算可得

$$|\lambda E-A|=\begin{pmatrix} \lambda-1 & -b & \cdots & -b \\ -b & \lambda-1 & \cdots & -b \\ \vdots & \vdots & & \vdots \\ -b & -b & \cdots & \lambda-1 \end{pmatrix}$$

$$=[\lambda-1-(n-1)b][\lambda-(1-b)]^{n-1}$$

故 A 的特征值为

$$\lambda_1=1+(n-1)b, \quad \lambda_2=\cdots=\lambda_n=1-b$$

对于 $\lambda_1=1+(n-1)b$，设 A 的属于特征值 λ_1 的一个特征向量为 ξ_1，则

$$\begin{pmatrix} 1 & b & \cdots & b \\ b & 1 & \cdots & b \\ \vdots & \vdots & & \vdots \\ b & b & \cdots & 1 \end{pmatrix}\xi_1=[1+(n-1)b]\xi_1$$

解得 $\xi_1=(1,1,\cdots,1)'$，所以 A 的全部特征向量为

$$k\xi_1=k(1,1,\cdots,1)' \quad (k \text{ 为任意非零常数})$$

对于 $\lambda_2=\cdots=\lambda_n=1-b$，由

$$(1-b)E-A=\begin{pmatrix} -b & -b & \cdots & -b \\ -b & -b & \cdots & -b \\ \vdots & \vdots & & \vdots \\ -b & -b & \cdots & -b \end{pmatrix}\rightarrow\begin{pmatrix} 1 & 1 & \cdots & 1 \\ 0 & 0 & \cdots & 0 \\ \vdots & \vdots & & \vdots \\ 0 & 0 & \cdots & 0 \end{pmatrix}$$

解得齐次线性方程组 $[(1-b)E-A]x=0$ 的基础解系为

$$\xi_2=(1,-1,0,\cdots,0)'$$
$$\xi_3=(1,0,-1,\cdots,0)'$$
$$\cdots\cdots$$
$$\xi_n=(1,0,0,\cdots,-1)'$$

故全部特征向量为

$$k_2\xi_2+k_3\xi_3+\cdots+k_n\xi_n \quad (k_2,\cdots,k_n \text{ 是不全为零的常数})$$

当 $b=0$ 时，特征值 $\lambda_1=\cdots=\lambda_n=1$，任意非零列向量均为特征向量．

(2)当 $b\neq 0$ 时，A 有 n 个线性无关的特征向量，令 $P=(\xi_1,\xi_2,\cdots,\xi_n)$，则

$$P^{-1}AP=\mathrm{diag}\{1+(n-1)b,1-b,\cdots,1-b\}$$

当 $b=0$ 时，$A=E$，对任意可逆矩阵 P，均有

$$P^{-1}AP=E$$

注 $\xi_1=(1,1,\cdots,1)'$ 也可通过解齐次线性方程组 $(\lambda_1 E-A)X=0$ 得出．

544. (清华大学) 设

$$A=\begin{bmatrix} 1 & 2 & -1 \\ 0 & 0 & 0 \\ 0 & 0 & 0 \end{bmatrix}$$

试求可逆矩阵 P,使 $P^{-1}AP$ 为对角矩阵,并写出这个对角矩阵.

解 计算可得 $|\lambda E-A|=\lambda^2(\lambda-1)$. 所以 A 的特征值为
$$\lambda_1=\lambda_2=0,\quad \lambda_3=1$$
当 $\lambda=0$ 时,求出线性无关的特征向量为
$$\alpha_1=(-2,1,0)',\alpha_2=(1,0,1)'$$
当 $\lambda=1$ 时,求出线性无关的特征向量为
$$\alpha_3=(1,0,0)'$$
令 $P=(\alpha_1,\alpha_2,\alpha_3)$,则
$$P^{-1}AP=\begin{bmatrix}0 & & \\ & 0 & \\ & & 1\end{bmatrix}$$
其中
$$P=\begin{bmatrix}-2 & 1 & 1 \\ 1 & 0 & 0 \\ 0 & 1 & 0\end{bmatrix}$$

545.(数学一,数学二) 设 3 阶矩阵 A 的特征值 $\lambda_1=1,\lambda_2=2,\lambda_3=3$,对应特征向量依次为
$$\xi_1=\begin{bmatrix}1\\1\\1\end{bmatrix},\xi_2=\begin{bmatrix}1\\2\\4\end{bmatrix},\xi_3=\begin{bmatrix}1\\3\\9\end{bmatrix},\text{又有向量}\ \beta=\begin{bmatrix}1\\1\\3\end{bmatrix}$$

(1)将 β 用 ξ_1,ξ_2,ξ_3 线性表出;

(2)求 $A^n\beta$(n 为自然数).

解 (1) 由 $\begin{bmatrix}1\\1\\3\end{bmatrix}=\beta=x_1\xi_1+x_2\xi_2+x_3\xi_3=(\xi_1,\xi_2,\xi_3)\begin{bmatrix}x_1\\x_2\\x_3\end{bmatrix}$ 可得

$$\begin{bmatrix}x_1\\x_2\\x_3\end{bmatrix}=(\xi_1,\xi_2,\xi_3)^{-1}\begin{bmatrix}1\\1\\3\end{bmatrix}=\begin{bmatrix}2\\-2\\1\end{bmatrix}$$

故 $\beta=2\xi_1-2\xi_2+\xi_3$.

(2) $A^n\beta=A^n(\xi_1,\xi_2,\xi_3)\begin{bmatrix}2\\-2\\1\end{bmatrix}=(A^n\xi_1,A^n\xi_2,A^n\xi_3)\begin{bmatrix}2\\-2\\1\end{bmatrix}$

$\quad\quad\quad =(\xi_1,2^n\xi_2,3^n\xi_3)\begin{bmatrix}2\\-2\\1\end{bmatrix}=(\xi_1,\xi_2,\xi_3)\begin{bmatrix}1 & & \\ & 2^n & \\ & & 3^n\end{bmatrix}\begin{bmatrix}2\\-2\\1\end{bmatrix}$

$\quad\quad\quad =\begin{bmatrix}1 & 1 & 1\\1 & 2 & 3\\1 & 4 & 9\end{bmatrix}\begin{bmatrix}1 & & \\ & 2^n & \\ & & 3^n\end{bmatrix}\begin{bmatrix}2\\-2\\1\end{bmatrix}=\begin{bmatrix}2-2^{n+1}+3^n\\2-2^{n+2}+3^{n+1}\\2-2^{n+3}+3^{n+2}\end{bmatrix}$

故

$$A^n\beta = P\begin{bmatrix} 1 & & \\ & 2^n & \\ & & 3^n \end{bmatrix}P^{-1}\beta$$

$$= \begin{bmatrix} 1 & 1 & 1 \\ 1 & 2 & 3 \\ 1 & 4 & 9 \end{bmatrix}\begin{bmatrix} 1 & & \\ & 2^n & \\ & & 3^n \end{bmatrix}\begin{bmatrix} 1 & 1 & 1 \\ 1 & 2 & 3 \\ 1 & 4 & 9 \end{bmatrix}^{-1}\begin{bmatrix} 1 \\ 1 \\ 3 \end{bmatrix}$$

$$= \begin{bmatrix} 2 & - & 2^{n+1} & + & 3^n \\ 2 & - & 2^{n+2} & + & 3^{n+1} \\ 2 & - & 2^{n+3} & + & 3^{n+2} \end{bmatrix}$$

546.（数学一） 设 A 为 n 阶矩阵，$|A|\neq 0$，A^* 为 A 的伴随矩阵，E_n 是 n 阶单位矩阵，若 A 有特征值 λ，则 $(A^*)^2+E$ 必有特征值_____．

答 $\left(\dfrac{|A|}{\lambda}\right)^2+1$．

解 因为 $A^*=|A|A^{-1}$，若 A 有特征值 λ，则 A^* 必有特征值 $\dfrac{|A|}{\lambda}$，所以 $(A^*)^2+E$ 必有特征值 $\left(\dfrac{|A|}{\lambda}\right)^2+1$．

547.（苏州大学） 设 A 是 3 阶对称矩阵，且 A 的各行元素之和都是 3，向量
$$\alpha=(0,-1,1)^T, \beta=(-1,2,-1)^T$$
是 $AX=0$ 的解，求矩阵 A 的特征值，特征向量，求正交阵 Q 和对称矩阵 B 使得
$$Q^T BQ = A$$

解 依题意有
$$A\begin{bmatrix} 0 & -1 & 1 \\ -1 & 2 & 1 \\ 1 & -1 & 1 \end{bmatrix} = \begin{bmatrix} 0 & 0 & 3 \\ 0 & 0 & 3 \\ 0 & 0 & 3 \end{bmatrix}$$

因此
$$A = \begin{bmatrix} 0 & 0 & 3 \\ 0 & 0 & 3 \\ 0 & 0 & 3 \end{bmatrix}\begin{bmatrix} 0 & -1 & 1 \\ -1 & 2 & 1 \\ 1 & -1 & 1 \end{bmatrix}^{-1} = \begin{bmatrix} 1 & 1 & 1 \\ 1 & 1 & 1 \\ 1 & 1 & 1 \end{bmatrix}$$

其特征多项式为
$$f(\lambda) = |\lambda E - A| = \lambda^2(\lambda-3)$$

故特征值为 $\lambda_1=0, \lambda_2=3$．

当 $\lambda=0$ 时，解对应的特征方程 $-AX=0$ 得 $X_1=(1,0,-1)^T, X_1=(1,-2,1)^T$，故 A 对应于 $\lambda=0$ 的特征向量为 $k_1X_1+k_2X_2$（其中 k_1, k_2 不全为零）；

当 $\lambda=3$ 时，解对应的特征方程 $(3E-A)X=0$ 得 $X_3=(1,1,1)^T$，故 A 对应于 $\lambda=3$ 的特征向量为 kX_3（其中 k 不为零）．

再将 X_1, X_2 正交化，然后将 X_1, X_2, X_3 单位化，可得
$$\eta_1 = \left(\dfrac{1}{\sqrt{2}}, 0, -\dfrac{1}{\sqrt{2}}\right)^T, \eta_2 = \left(\dfrac{1}{\sqrt{6}}, \dfrac{-2}{\sqrt{6}}, \dfrac{1}{\sqrt{6}}\right)^T, \eta_3 = \left(\dfrac{1}{\sqrt{3}}, \dfrac{1}{\sqrt{3}}, \dfrac{1}{\sqrt{3}}\right)^T$$

以 η_1, η_2, η_3 作为列向量做成矩阵 C，则 C 为正交矩阵，且

$$C^{\mathrm{T}}AC = \begin{pmatrix} 0 & & \\ & 0 & \\ & & 3 \end{pmatrix} = B$$

为对角阵.

进而，令

$$Q = C^{\mathrm{T}} = \begin{pmatrix} \dfrac{1}{\sqrt{2}} & 0 & -\dfrac{1}{\sqrt{2}} \\ \dfrac{1}{\sqrt{6}} & -\dfrac{2}{\sqrt{6}} & \dfrac{1}{\sqrt{6}} \\ \dfrac{1}{\sqrt{3}} & \dfrac{1}{\sqrt{3}} & \dfrac{1}{\sqrt{3}} \end{pmatrix}$$

则 Q 满足 $Q^{\mathrm{T}}BQ = A$.

548. (长春地质学院) 若 n 阶方阵 $A = (a_{ij})$ 的每行元素之和都为常数 a，求证：

(1) a 为 A 的一个特征值；

(2) 对任意自然数 m，A^m 的每行元素之和为 a^m.

证 (1) 由假设知

$$A \begin{bmatrix} 1 \\ 1 \\ \vdots \\ 1 \end{bmatrix} = a \begin{bmatrix} 1 \\ 1 \\ \vdots \\ 1 \end{bmatrix} \qquad ①$$

即证 a 为 A 的的特征值.

(2) 由式①，对任意自然数 m，有

$$A^m \begin{bmatrix} 1 \\ 1 \\ \vdots \\ 1 \end{bmatrix} = a^m \begin{bmatrix} 1 \\ 1 \\ \vdots \\ 1 \end{bmatrix} \qquad ②$$

由式②知：A^m 每行元素之和为 a^m.

注 本题还知 $\xi = (1, 1, \cdots, 1)'$ 为 A 和 A^m 的一个特征向量，a^m 是 A^m 的一个特征值.

549. (数学一) 某试验生产线每年一月份进行熟练工与非熟练工的人数统计，然后将 $\dfrac{1}{6}$ 熟练工支持其他生产部门，其缺额由招收新的非熟练工补齐，新、老非熟练工经过培训及实践至年终考核有 $\dfrac{2}{5}$ 成为熟练工，设第 n 年一月份统计的熟练工和非熟练工所占百分比分别为 x_n 和 y_n，记成向量 $\begin{bmatrix} x_n \\ y_n \end{bmatrix}$.

第七章 线性变换

(1) 求 $\begin{bmatrix} x_{n+1} \\ y_{n+1} \end{bmatrix}$ 与 $\begin{bmatrix} x_n \\ y_n \end{bmatrix}$ 的关系式并写成矩阵形式:$\begin{bmatrix} x_{n+1} \\ y_{n+1} \end{bmatrix} = A \begin{bmatrix} x_n \\ y_n \end{bmatrix}$;

(2) 验证 $\eta_1 = \begin{bmatrix} 4 \\ 1 \end{bmatrix}, \eta_2 = \begin{bmatrix} -1 \\ 1 \end{bmatrix}$ 是 A 的两个线性无关的特征向量,并求出相应的特征值;

(3) 当 $\begin{bmatrix} x_1 \\ y_1 \end{bmatrix} = \begin{bmatrix} \frac{1}{2} \\ \frac{1}{2} \end{bmatrix}$ 时,求 $\begin{bmatrix} x_{n+1} \\ y_{n+1} \end{bmatrix}$.

解 (1) 由题意知

$$\begin{cases} x_{n+1} = \frac{5}{6} x_n + \frac{2}{5}(\frac{1}{6} x_n + y_n) \\ y_{n+1} = \frac{3}{5}(\frac{1}{6} x_n + y_n) \end{cases}$$

化简得

$$\begin{cases} x_{n+1} = \frac{9}{10} x_n + \frac{2}{5} y_n \\ y_{n+1} = \frac{1}{10} x_n + \frac{3}{5} y_n \end{cases}$$

故所求矩阵形式为

$$\begin{bmatrix} x_{n+1} \\ y_{n+1} \end{bmatrix} = \begin{bmatrix} \frac{9}{10} & \frac{2}{5} \\ \frac{1}{10} & \frac{3}{5} \end{bmatrix} \begin{bmatrix} x_n \\ y_n \end{bmatrix} \qquad ①$$

其中 $A = \begin{bmatrix} \frac{9}{10} & \frac{2}{5} \\ \frac{1}{10} & \frac{3}{5} \end{bmatrix}$ 为所求关系矩阵.

(2) $A\eta_1 = \begin{bmatrix} 4 \\ 1 \end{bmatrix} = \eta_1$,故 η_1 对应的特征值为 $\lambda_1 = 1$.

$A\eta_2 = \begin{bmatrix} -\frac{1}{2} \\ \frac{1}{2} \end{bmatrix} = \frac{1}{2} \eta_2$,故 η_2 对应的特征值为 $\lambda_2 = \frac{1}{2}$.

因为不同特征值的特征向量一定线性无关,所以 η_1, η_2 线性无关.

(3) 由式①知

$$\begin{bmatrix} x_{n+1} \\ y_{n+1} \end{bmatrix} = A \begin{bmatrix} x_n \\ y_n \end{bmatrix} = A^2 \begin{bmatrix} x_{n-1} \\ y_{n-1} \end{bmatrix} = \cdots = A^n \begin{bmatrix} x_1 \\ y_1 \end{bmatrix}$$

$$= A^n \begin{bmatrix} \frac{1}{2} \\ \frac{1}{2} \end{bmatrix}$$

若令 $T=(\eta_1,\eta_2)$，则

$$T^{-1}AT=\begin{bmatrix} 1 & 0 \\ 0 & \frac{1}{2} \end{bmatrix} \Rightarrow T^{-1}A^nT=\begin{bmatrix} 1 & \\ & (\frac{1}{2})^n \end{bmatrix}$$

故

$$A^n=T\begin{bmatrix} 1 & \\ & (\frac{1}{2})^n \end{bmatrix}T^{-1}=\frac{1}{5}\begin{bmatrix} 4+(\frac{1}{2})^n & 4-4(\frac{1}{2})^n \\ 1-(\frac{1}{2})^n & 1+4(\frac{1}{2})^n \end{bmatrix}$$

从而

$$\begin{pmatrix} x_{n+1} \\ y_{n+1} \end{pmatrix}=A^n\begin{pmatrix} \frac{1}{2} \\ \frac{1}{2} \end{pmatrix}=\frac{1}{10}\begin{bmatrix} 8-3(\frac{1}{2})^n \\ 2+3(\frac{1}{2})^n \end{bmatrix}$$

550. (数学二) 设 A 是 n 阶方阵，$2,4,\cdots,2n$ 是 A 的 n 个特征值，I 是 n 阶单位阵，计算行列式 $|A-3I|$．

解 A 的 n 个特征值为 $2,4,\cdots,2n$．那么 $A-3I$ 的 n 个特征值为

$$2-3,4-3,\cdots,2n-3$$

故

$$|A-3I|=(2-3)(4-3)\cdots(2n-3)=-[(2n-3)!!]$$

551. (数学一) 若 3 维列向量 α,β 满足 $\alpha^T\beta=2$，其中 α^T 为 α 的转置，则矩阵 $\beta\alpha^T$ 的非零特征值为_____．

答 2．

注 $R(\beta\alpha^T)=1$，特征值 0 有 2 个线性无关的解，$\beta\alpha^T\beta=2\beta$，则另一个特征值为 2．

552. (数学三,数学四) 设向量 $\alpha=(a_1,a_2,\cdots,a_n)^T$，$\beta=(b_1,b_2,\cdots,b_n)^T$ 都是非零向量，且满足 $\alpha^T\beta=0$，记 n 阶矩阵 $A=\alpha\beta^T$，求：

(1) A^2；

(2) 矩阵 A 的特征值与特征向量．

解 (1) $A^2=(\alpha\beta^T)(\alpha\beta^T)=\alpha(\beta^T\alpha)\beta^T=\alpha(0)\beta^T=0$

(2) 设 λ 为 A 的任一特征值．因为 $A^2=0$，所以 $\lambda^2=0$，此即 $\lambda=0$，因此 A 的全部特征值为

$$\lambda_1=\lambda_2=\cdots=\lambda_n=0$$

再求 $(0E-A)x=0$，即

$$-Ax=0 \qquad ①$$

的基础解系．

因为 $\alpha\neq 0,\beta\neq 0$,不失一般设 $a_1\neq 0,b_1\neq 0$,则
$$秩\ A = 秩\ \alpha\beta^T \leqslant 秩\ \alpha = 1$$
又 $\alpha\beta^T\neq 0$,所以秩 $A\geqslant 1$. 于是
$$秩(-A)=秩\ A=1 \qquad ②$$
故
$$-A=-\alpha\beta^T=\begin{bmatrix}-a_1b_1 & -a_1b_2 & \cdots & -a_1b_n \\ -a_2b_1 & -a_2b_2 & \cdots & -a_2b_n \\ \vdots & \vdots & & \vdots \\ -a_nb_1 & -a_nb_2 & \cdots & -a_nb_n\end{bmatrix}\rightarrow\cdots$$

$$\rightarrow\begin{bmatrix}-a_1b_1 & -a_1b_2 & \cdots & -a_1b_n \\ 0 & 0 & \cdots & 0 \\ \vdots & \vdots & & \vdots \\ 0 & 0 & \cdots & 0\end{bmatrix}\rightarrow\begin{bmatrix}b_1 & b_2 & \cdots & b_n \\ 0 & 0 & \cdots & 0 \\ \vdots & \vdots & & \vdots \\ 0 & 0 & \cdots & 0\end{bmatrix} \qquad ③$$

由③知,方程组①同解于 $b_1x_1+b_2x_2+\cdots+b_nx_n=0(b_1\neq 0)$,因此方程组①的基础解系为
$$\alpha_1=(-b_2,b_1,0,\cdots,0)'$$
$$\alpha_2=(-b_3,0,b_1,\cdots,0)'$$
$$\cdots\cdots$$
$$\alpha_{n-1}=(-b_n,0,\cdots,0,b_1)'$$

于是 A 属于特征值 0 的全部特征向量为
$$k_1\alpha_1+k_2\alpha_2+\cdots+k_{n-1}\alpha_{n-1}$$
其中 $k_1,k_2,\cdots,k_{n-1}$ 是 P 中不全为 0 的任意常数.

553.(复旦大学) 构造一个 3 阶实对称阵 A,使其特征值为 $1,1,-1$,并且对应特征值 1 有特征向量
$$\beta_2=(1,1,1)',\quad \beta_1=(2,2,1)'$$

解 设属于特征值 -1 的特征向量为 $\beta_3=(x_1,x_2,x_3)'$,因为 A 是实对称阵,所以 β_3 必与已知两个特征向量正交,此即
$$\begin{cases}x_1+x_2+x_3=0 \\ 2x_1+2x_2+x_3=0\end{cases}$$
由此可解得对应于特征值 -1 的特征向量为
$$\beta_3=(1,-1,0)'$$

将这些特征向量正交化得
$$\begin{cases}\beta_1=(2,2,1)' \\ \beta_2=(1,1,1)'-\dfrac{5}{(\beta_1,\beta_1)}\beta_1=\dfrac{1}{9}(-1,-1,4)' \\ \beta_3=(1,-1,0)'\end{cases}$$

再单位化得

$$\begin{cases} \gamma_1 = \frac{1}{3}(2,2,1)' \\ \gamma_2 = \frac{\sqrt{2}}{6}(-1,-1,4)' \\ \gamma_3 = \frac{\sqrt{2}}{2}(1,-1,0)' \end{cases}$$

令 $P=(\gamma_1,\gamma_2,\gamma_3)$,则

$$P^{-1}AP = \begin{bmatrix} 1 & & \\ & 1 & \\ & & -1 \end{bmatrix}$$

故

$$A = P\begin{bmatrix} 1 & & \\ & 1 & \\ & & -1 \end{bmatrix}P^{-1} = \begin{bmatrix} 0 & 1 & 0 \\ 1 & 0 & 0 \\ 0 & 0 & 1 \end{bmatrix}$$

554.(数学一) 设 A,B 为同阶方阵,

(1)如果 A,B 相似,试证 A,B 的特征多项式相等.

(2)举一个二阶方阵的例子 说明(1)的逆命题不成立.

(3)当 A,B 均为实对称矩阵时,试证(1)的逆命题成立.

证 (1)若 A,B 相似,那么存在可逆矩阵 P,使 $P^{-1}AP=B$,故
$$|\lambda E-B| = |\lambda E-P^{-1}AP| = |P^{-1}\lambda EP - P^{-1}AP|$$
$$= |P^{-1}(\lambda E-A)P| = |P^{-1}||\lambda E-A||P|$$
$$= |P^{-1}||P||\lambda E-A| = |\lambda E-A|$$

(2)令 $A=\begin{pmatrix} 0 & 1 \\ 0 & 0 \end{pmatrix}, B=\begin{pmatrix} 0 & 0 \\ 0 & 0 \end{pmatrix}$,则

$$|\lambda E-A| = \lambda^2 = |\lambda E-B|$$

但 A,B 不相似,否则,存在可逆矩阵 P,使
$$P^{-1}AP = B = O$$

从而 $A=POP^{-1}=O$,矛盾.

(3)由 A,B 均为实对称矩阵知,A,B 均相似于对角阵.

若 A,B 的特征多项式相等,记特征多项式的根为 $\lambda_1,\cdots,\lambda_n$,则存在可逆矩阵 P,Q 使

$$P^{-1}AB = \begin{pmatrix} \lambda_1 & & \\ & \ddots & \\ & & \lambda_n \end{pmatrix} = Q^{-1}BQ$$

于是
$$(PQ^{-1})^{-1}A(PQ^{-1}) = B$$

由 PQ^{-1} 为可逆矩阵知,A 与 B 相似.

555.（数学一，数学二） 设 3 阶实对称阵 A 的特征值 $\lambda_1=-1,\lambda_2=\lambda_3=1$，对应于 λ_1 的特征向量 $\xi_1=(0,1,1)'$。求 A。

解 设 A 的对应于 $\lambda=1$ 的特征向量为 $\xi=(x_1,x_2,x_3)'$，由于它和 ξ_1 正交，因此有
$$x_2+x_3=0 \qquad ①$$
由式①可得 A 的对应于 $\lambda=1$ 的线性无关的特征向量为
$$\xi_2=(1,0,0)',\xi_3=(0,1,-1)'$$
它们彼此已经正交，再单位化得
$$\beta_1=\frac{1}{\sqrt{2}}(0,1,1)',\beta_2=\frac{1}{\sqrt{2}}(1,0,0)',\beta_3=\frac{1}{\sqrt{2}}(0,1,-1)'$$
再令 $P=(\beta_1,\beta_2,\beta_3)$，则
$$P^{-1}AP=\begin{bmatrix}-1 & & \\ & 1 & \\ & & 1\end{bmatrix}$$
故
$$A=P\begin{bmatrix}-1 & & \\ & 1 & \\ & & 1\end{bmatrix}P^{-1}=\begin{bmatrix}1 & 0 & 0 \\ 0 & 0 & -1 \\ 0 & -1 & 0\end{bmatrix}$$

556.（数学一，数学二，数学三，数学四） 设 3 阶实对称矩阵 A 的各行元素之和均为 3，向量
$$\alpha_1=(-1,2,-1)^T,\alpha_2=(0,-1,1)^T$$
是线性方程组 $Ax=0$ 的两个解。

（Ⅰ）求 A 的特征值与特征向量；

（Ⅱ）求正交矩阵 Q 和对角矩阵 Λ，使得 $Q^T AQ=\Lambda$。

解 （Ⅰ）因为
$$A=\begin{bmatrix}1\\1\\1\end{bmatrix}=\begin{bmatrix}3\\3\\3\end{bmatrix}=3\begin{bmatrix}1\\1\\1\end{bmatrix}$$
所以 3 是矩阵 A 的特征值，且 $\alpha=(1,1,1)^T$ 是 A 属于特征值 3 的特征向量。

又
$$A\alpha_1=0=0\alpha_1,A\alpha_2=0=0\alpha_2$$
故 α_1,α_2 是 A 属于 $\lambda=0$ 的两个线性无关的特征向量。从而 A 的特征值分别为 $3,0,0$，且

$\lambda=3$ 的特征向量为
$$k(1,1,1)^T,k\neq 0$$
$\lambda=0$ 的特征向量为
$$k_1(-1,2,-1)^T+k_2(0,-1,1)^T,k_1,k_2 \text{ 不全为 } 0$$

（Ⅱ）先对 α_1, α_2 Schmidt 正交化，有

$$\beta_1 = \alpha_1 = (-1, 2, -1)^T$$

$$\beta_2 = \alpha_2 - \frac{(\alpha_2\beta_1)}{(\beta_1\beta_1)}\beta_1 = \begin{bmatrix} 0 \\ -1 \\ 1 \end{bmatrix} - \frac{-3}{6}\begin{bmatrix} -1 \\ 2 \\ -1 \end{bmatrix} = \frac{1}{2}\begin{bmatrix} -1 \\ 0 \\ 1 \end{bmatrix}$$

再单位化，可得

$$\gamma_1 = \frac{1}{\sqrt{6}}\begin{bmatrix} -1 \\ 2 \\ -1 \end{bmatrix}, \lambda_2 = \frac{1}{\sqrt{2}}\begin{bmatrix} -1 \\ 0 \\ 1 \end{bmatrix}, \gamma_3 = \frac{1}{\sqrt{3}}\begin{bmatrix} 1 \\ 1 \\ 1 \end{bmatrix}$$

于是令

$$Q = (\gamma_1 \gamma_2 \gamma_3) = \begin{bmatrix} -\frac{1}{\sqrt{6}} & -\frac{1}{\sqrt{2}} & \frac{1}{\sqrt{3}} \\ \frac{2}{\sqrt{6}} & 0 & \frac{1}{\sqrt{3}} \\ -\frac{1}{\sqrt{6}} & \frac{1}{\sqrt{2}} & \frac{1}{\sqrt{3}} \end{bmatrix}$$

故

$$Q^T A Q = \Lambda = \begin{bmatrix} 0 & & \\ & 0 & \\ & & 3 \end{bmatrix}$$

注 数学三和数学四还有：

（Ⅲ）求 A 及 $(A - \frac{3}{2}E)^6$，其中 E 为三阶单位矩阵.

解 由 $A(\alpha_1, \alpha_2, \alpha_3) = (0\alpha_1, 0\alpha_2, 3\alpha_3)$，有

$$A = (0\alpha_1, 0\alpha_2, 3\alpha_3)(\alpha_1, \alpha_2, \alpha_3)^{-1}$$

$$= \begin{bmatrix} 0 & 0 & 3 \\ 0 & 0 & 3 \\ 0 & 0 & 3 \end{bmatrix} \begin{bmatrix} -1 & 0 & 1 \\ 2 & -1 & 1 \\ -1 & 1 & 1 \end{bmatrix}^{-1} = \begin{bmatrix} 1 & 1 & 1 \\ 1 & 1 & 1 \\ 1 & 1 & 1 \end{bmatrix}$$

记 $B = A - \frac{3}{2}E$，则

$$P^{-1}BP = \begin{bmatrix} -\frac{3}{2} & & \\ & -\frac{3}{2} & \\ & & \frac{3}{2} \end{bmatrix}$$

其中 $P = (\alpha_1, \alpha_2, \alpha_3)$. 于是

$$(A - \frac{3}{2}E)^6 = P(P^{-1}BP)^6 P^{-1} = (\frac{3}{2})^6 E$$

第七章 线性变换

557. (数学一,数学二,数学三,数学四) 设 3 阶实对称矩阵 A 的特征值 $\lambda_1=1, \lambda_2=2, \lambda_3=-2$, $\alpha_1=(1,-1,1)^T$ 是 A 的属于 λ_1 的一个特征向量. 记 $B=A^5-4A^3+E$, 其中 E 为 3 阶单位矩阵

(Ⅰ)验证 α_1 是矩阵 B 的特征向量,并求 B 的全部特征值的特征向量;

(Ⅱ)求矩阵 B.

解 (Ⅰ)由 $A\alpha=\lambda\alpha$ 知 $A^n\alpha=\lambda^n\alpha$,于是
$$B\alpha_1 = (A^5-4A^3+E)\alpha_1 = A^5\alpha_1 - 4A^3\alpha_1 + \alpha_1$$
$$= (\lambda_1^5-4\lambda_1^3+1)\alpha_1 = -2\alpha_1$$

所以 α_1 是矩阵 B 属于特征值 $\mu_1=-2$ 的特征向量.

类似地,若 $A\alpha_2=\lambda_2\alpha_2, A\alpha_3=\lambda_3\alpha_3$,则
$$B\alpha_2=(\lambda_2^5-4\lambda_2^3+1)\alpha_2=\alpha_2, B\alpha_3=(\lambda_3^5-4\lambda_3^3+1)\alpha_3=\alpha_3$$

因此,B 的特征值为 $\mu_1=-2, \mu_2=\mu_3=1$.

又由 A 是对称矩阵知,B 也是对称矩阵. 设 B 属于特征值 $\mu=1$ 的特征向量为 $\beta=(x_1,x_2,x_3)^T$,则
$$\alpha_1^T\beta = x_1-x_2+x_3=0$$

所以 B 属于特征值 $\mu=1$ 的线性无关的特征向量
$$\beta_2=(1,1,0)^T, \beta_3=(-1,0,1)^T$$

从而 B 属于特征值 $\mu_1=-2$ 的特征向量为 $k_1(1,-1,1)^T$,其中 k_1 是不为 0 的任意常数;

B 属于特征值 $\mu=1$ 的特征向量是 $k_2(1,1,0)^T+k_3(-1,0,1)^T$,其中 k_2,k_3 是不全为 0 的任意常数.

(Ⅱ)由
$$B\alpha_1=-2\alpha_1, B\beta_2=\beta_2, B\beta_3=\beta_3$$

有
$$B(\alpha_1,\beta_2,\beta_3)=(-2\alpha_1,\beta_2,\beta_3)$$

故
$$B = (-2\alpha_1,\beta_2,\beta_3)(\alpha_1,\beta_2,\beta_3)^{-1}$$
$$= \begin{bmatrix} -2 & 1 & -1 \\ 2 & 1 & 0 \\ -2 & 0 & 1 \end{bmatrix} \begin{bmatrix} 1 & 1 & -1 \\ -1 & 1 & 0 \\ 1 & 0 & 1 \end{bmatrix}^{-1} = \frac{1}{3}\begin{bmatrix} 0 & 3 & -3 \\ 3 & 0 & 3 \\ -3 & 3 & 0 \end{bmatrix}$$

558. (武汉大学) 设 $A=(a_{ij})$ 是 n 阶实矩阵,且满足

(Ⅰ) $\sum_{j=1}^{n} a_{ij}=1, \forall i=1,2,\cdots,n$;

(Ⅱ) $a_{ij}\geq 0, \forall i,j=1,2,\cdots,n$.

证明:

(1)存在 $n\times s$ 矩阵 $B\neq O$,使得 $AB=B$,其中 $s>1$;

(2)$\text{rank}(E-A)<n$,其中 E 为 n 阶单位矩阵;

(3) 对于 $\lambda \in \mathbb{R}$,若存在 n 维实的列向量 $\xi \neq 0$,使得 $A\xi = \lambda \xi$,则 $|\lambda| \leqslant 1$.

解 (1) 据题设条件(1)可知,$A\alpha = \alpha$,其中 $\alpha \in (1,1,\cdots,1)^T$. 现在令 $n \times s$ 矩阵 $B = (\alpha, \alpha, \cdots, \alpha)$,则有 $B \neq O$,且 $AB = B$.

(2) 由(1)知 $(E-A)B = O$,且 $B \neq O$,所以
$$\text{rank}(E-A') < \text{rank}(E-A) + \text{rank}(B) \leqslant n$$

(3) 用反证法. 假设 $|\lambda| > 1$,令 $\xi = (b_1, b_2, \cdots, b_n)^T$,并设
$$|b_k| = \max\{|b_1|, |b_2|, \cdots, |b_n|\}$$

因为 $\xi \neq 0$,所以 $|b_k| > 0$. 取 $A\xi = \lambda \xi$ 的第 k 个等式,得 $\sum_{j=1}^{n} a_{kj} b_j = \lambda b_k$,于是,有
$$|b_k| < |\lambda| |b_k| = |\lambda b_k| \leqslant \sum_{j=1}^{n} a_{kj} |b_j| \leqslant |b_k| \sum_{j=1}^{n} a_{kj} = |b_k|$$

矛盾. 因此,$|\lambda| \leqslant 1$.

559.(数学一,数学二) 设矩阵 $A = \begin{pmatrix} 1 & 2 & -3 \\ -1 & 4 & -3 \\ 1 & a & 5 \end{pmatrix}$ 的特征方程有一个二重根,求 a 的值,并讨论 A 是否可相似对角化.

解 计算可得 A 的特征多项式为
$$\begin{vmatrix} \lambda-1 & -2 & 3 \\ 1 & \lambda-4 & 3 \\ -1 & -a & \lambda-5 \end{vmatrix} = (\lambda-2)(\lambda^2 - 8\lambda + 18 + 3a)$$

若 $\lambda = 2$ 是特征方程的二重根,则有
$$2^2 - 16 + 18 + 3a = 0$$

解得 $a = -2$.

当 $a = -2$ 时,A 的特征值为 $2, 2, 6$,$2E - A = \begin{pmatrix} 1 & -2 & 3 \\ 1 & -2 & 3 \\ -1 & 2 & -3 \end{pmatrix}$ 的秩为 1,故 $\lambda = 2$ 对应的线性无关特征向量有两个,从而 A 可相似对角化.

若 $\lambda = 2$ 不是特征方程的二重根,则 $\lambda^2 - 8\lambda + 18 + 3a$ 为完全平方,从而 $18 + 3a = 16$,解得 $a = -\dfrac{2}{3}$.

当 $a = -\dfrac{2}{3}$ 时,A 的特征值为 $2, 4, 4$,矩阵 $4E - A = \begin{pmatrix} 3 & -2 & 3 \\ 1 & 0 & 3 \\ -1 & \frac{2}{3} & -1 \end{pmatrix}$ 的秩为 2,故 $\lambda = 4$ 对应的线性无关特征向量只有一个,从而 A 不可相似对角化.

560.(数学二) 设矩阵 $A = \begin{pmatrix} 2 & 2 & 0 \\ 8 & 2 & a \\ 0 & 0 & 6 \end{pmatrix}$ 相似于对角矩阵 Λ,试确定常数 a 的值;

并求可逆矩阵 P 使 $P^{-1}AP=\Lambda$.

解 矩阵 A 的特征多项式为

$$|\lambda E-A|=\begin{vmatrix} \lambda-2 & -2 & 0 \\ -8 & \lambda-2 & -a \\ 0 & 0 & \lambda-6 \end{vmatrix}=(\lambda-6)[(\lambda-2)^2-16]$$

$$=(\lambda-6)^2(\lambda+2)$$

故 A 的特征值 $\lambda_1=\lambda_2=6,\lambda_3=-2$.

由于 A 相似于对角矩阵 Λ, 故对应于 $\lambda_1=\lambda_2=6$ 应有两个线性无关的特征向量,因此矩阵 $6E-A$ 的秩应为 1, 从而有

$$6E-A=\begin{pmatrix} 4 & -2 & 0 \\ -8 & 4 & -a \\ 0 & 0 & 0 \end{pmatrix}\to\begin{pmatrix} 2 & -1 & 0 \\ 0 & 0 & a \\ 0 & 0 & 0 \end{pmatrix}$$

知 $a=0$.

于是对应于 $\lambda_1=\lambda_2=6$ 的两个线性无关特征向量可取为

$$\xi_1=\begin{pmatrix} 0 \\ 0 \\ 1 \end{pmatrix},\xi_2=\begin{pmatrix} 1 \\ 2 \\ 0 \end{pmatrix}$$

当 $\lambda_3=-2$ 时, 有

$$\lambda E-A=\begin{pmatrix} -4 & -2 & 0 \\ -8 & -4 & 0 \\ 0 & 0 & -8 \end{pmatrix}\to\begin{pmatrix} 2 & 1 & 0 \\ 0 & 0 & 1 \\ 0 & 0 & 0 \end{pmatrix}$$

解方程组

$$\begin{cases} 2x_1+x_2=0 \\ x_3=0 \end{cases}$$

得对应于 $\lambda_3=-2$ 的特征向量

$$\xi_3=\begin{pmatrix} 1 \\ -2 \\ 0 \end{pmatrix}$$

令 $P=\begin{pmatrix} 0 & 1 & 1 \\ 0 & 2 & -2 \\ 1 & 0 & 0 \end{pmatrix}$, 则 P 可逆, 并有 $P^{-1}AP=\Lambda$.

561.(中国人民大学) 设 A,B 均为 n 阶矩阵, E 为 n 阶单位阵, 则下面结论正确的是( ).

Ⓐ若 $E-AB$ 可逆, 必有 $E-BA$ 可逆

Ⓑ若 $E-AB$ 可逆, 不一定有 $E-BA$ 可逆

Ⓒ $E-AB$ 与 $E-BA$ 有相同的特征值

Ⓓ若 A,B 都是正定阵, 则 AB 也是正定阵

答 Ⓐ,Ⓒ.

由第312题知,当A,B都是n阶矩阵时,有
$$|\lambda E-AB|=|\lambda E-BA| \qquad ①$$

先看Ⓐ,若$E-AB$可逆,则$|E-AB|\neq 0$,由此说明1不是AB的特征值.从而由式①,它也不是BA的特征值.所以$|E-BA|\neq 0$,故Ⓐ正确,Ⓑ不正确.

再看Ⓒ,A与$(-B)$都是n阶方阵,类似于式①有
$$|\lambda E+AB|=|\lambda E+BA| \qquad ②$$

那么
$$|\lambda E-(E-AB)|=|(\lambda-1)E+AB|$$
$$|\lambda E-(E-BA)|=|(\lambda-1)E+BA|$$

由式②有(把$\lambda-1$看成λ),
$$|(\lambda-1)E+AB|=|(\lambda-1)E+BA|$$

即
$$|\lambda E-(E-AB)|=|\lambda E-(E-BA)|$$

从而Ⓒ正确.

再设$A=\begin{bmatrix}2 & 1\\ 1 & 1\end{bmatrix}$,$B=\begin{bmatrix}3 & -1\\ -1 & 1\end{bmatrix}$都是正定阵,但$AB=\begin{bmatrix}6 & -1\\ 2 & 0\end{bmatrix}$,不是实对称阵,故Ⓓ错.

综上可知Ⓐ,Ⓒ正确.

562. (华中师范大学) 设实方阵

$$A=\begin{bmatrix}0 & 0 & 2 & 1\\ 0 & 0 & 1 & 2\\ 2 & 1 & 0 & 0\\ 1 & 2 & 0 & 0\end{bmatrix}$$

(1)求A的特征值及长度为1的特征向量;

(2)当n为自然数时,求$x'A^n x$,其中$x'=(1,0,\cdots,0)$.

解 (1) 计算可得$|\lambda E-A|=(\lambda-1)(\lambda+1)(\lambda-3)(\lambda+3)$,所以
$$\lambda_1=1,\lambda_2=-1,\lambda_3=3,\lambda_4=-3$$

当$\lambda=1$时,得特征向量$\alpha_1=(1,-1,1,-1)'$,相应的长度为1的特征向量为
$$\beta_1=\frac{1}{|\alpha_1|}\alpha_1=\frac{1}{2}(1,-1,1,-1)'$$

当$\lambda=-1$时,得特征向量为 $\alpha_2=(-1,1,1,-1)'$.相应的长度为1的特征向量为
$$\beta_2=\frac{1}{|\alpha_2|}\alpha_2=\frac{1}{2}(-1,1,,1,-1)'$$

类似可得$\lambda=3$的长度为1的特征向量为
$$\beta_3=\frac{1}{2}(1,1,1,1)'$$

$\lambda=-3$的长度为1的特征向量为

$$\beta_4 = \frac{1}{2}(-1,-1,1,1)'$$

(2)令 $T=(\beta_1,\beta_2,\beta_3,\beta_4)$,则 T 为正交阵,则

$$T^{-1}AT = \begin{bmatrix} 1 & & & \\ & -1 & & \\ & & 3 & \\ & & & -3 \end{bmatrix}$$

$$\Rightarrow T^{-1}A^n T = \begin{bmatrix} 1 & & & \\ & (-1)^n & & \\ & & 3^n & \\ & & & (-3)^n \end{bmatrix}$$

$$\Rightarrow A^n = T \begin{bmatrix} 1 & & & \\ & (-1)^n & & \\ & & 3^n & \\ & & & (-3)^n \end{bmatrix} T'$$

$$\Rightarrow x'A^n x = (T'x)' \begin{bmatrix} 1 & & & \\ & (-1)^n & & \\ & & 3^n & \\ & & & (-3)^n \end{bmatrix} (T'x) \quad ①$$

由于

$$T'x = \frac{1}{2}\begin{bmatrix} 1 & -1 & 1 & -1 \\ -1 & 1 & 1 & -1 \\ 1 & 1 & 1 & 1 \\ -1 & -1 & 1 & 1 \end{bmatrix}'\begin{bmatrix} 1 \\ 0 \\ 0 \\ 0 \end{bmatrix} = \frac{1}{2}\begin{bmatrix} 1 \\ -1 \\ 1 \\ -1 \end{bmatrix} \quad ②$$

将②代入①得

$$x'A^n x = \frac{1}{4}[1+(-1)^n + 3^n + (-3)^n]$$

563.(北京邮电学院)(1)试证:实矩阵 $A = \begin{bmatrix} \alpha & \beta \\ \beta & \delta \end{bmatrix}$ 的特征值为实数;

(2)设 $A = \begin{bmatrix} a & b \\ c & d \end{bmatrix}$,且 $b \neq 0$,并设 A 的两个特征值 λ_1 和 λ_2 相等,设 $\lambda_1 = \lambda_2 = \lambda_0$. 试求一非奇异阵 C,使

$$CAC^{-1} = \begin{bmatrix} \lambda_0 & 1 \\ 0 & \lambda_0 \end{bmatrix} \quad ①$$

证 (1)计算可得 $|\lambda E - A| = \lambda^2 - (\alpha+\delta)\lambda + (\alpha\delta - \beta^2) = 0$ 的判别式,

$$\Delta = (\alpha+\delta)^2 - 4(\alpha\delta - \beta^2) = (\alpha-\delta)^2 + 4\beta^2 \geqslant 0$$

由此知 A 的两个特征值均为实数.

(2)计算可得
$$|\lambda E-A|=\lambda^2-(a+d)\lambda+(ad-bc) \qquad ②$$
由式①知,A 的特征值为二重根 λ_0,从而由式②知 $\lambda_0=\dfrac{a+d}{2}$.

再令 $C^{-1}=\begin{bmatrix} x_1 & x_2 \\ x_3 & x_4 \end{bmatrix}$,则由①有 $AC^{-1}=C^{-1}\begin{bmatrix} \lambda_0 & 1 \\ 0 & \lambda_0 \end{bmatrix}$,即

$$\begin{cases} ax_1+bx_3=\lambda_0 x_1 & ③\\ cx_1+dx_3=\lambda_0 x_3 & ④\\ ax_2+bx_4=x_1+\lambda_0 x_2 & ⑤\\ cx_2+dx_4=x_3+\lambda_0 x_4 & ⑥ \end{cases}$$

由方程式③,式④有
$$\begin{cases} (a-\lambda_0)x_1+bx_3=0 \\ cx_1+(d-\lambda_0)x_3=0 \end{cases} \qquad ⑦$$

又由式①知方程组⑦的系数矩阵的秩为 1,所以式⑦同解于
$$(a_0-\lambda_0)x_1+bx_3=0 \qquad ⑧$$

在式⑧中令 $x_1=b$,解得 $x_3=\lambda_0-a=\dfrac{a+d}{2}-a=\dfrac{d-a}{2}$.

将 $x_1=b,x_3=\lambda_0-a$ 代入⑤、⑥得
$$\begin{cases} (a-\lambda_0)x_2+bx_4=b \\ cx_2+(d-\lambda_0)x_4=\lambda_0-a \end{cases} \qquad ⑨$$

同理式⑨同解于 $(a-\lambda_0)x_2+bx_4=b$. 令 $x_2=0$,解得 $x_4=1$. 所以
$$C^{-1}=\begin{bmatrix} b & 0 \\ \lambda_0-a & 1 \end{bmatrix} \Rightarrow C=\begin{bmatrix} \dfrac{1}{b} & 0 \\ \dfrac{a-\lambda_0}{b} & 1 \end{bmatrix}$$

且使式①成立.

564.(四川大学) 设 $A=\begin{pmatrix} -13 & -10 \\ 21 & 16 \end{pmatrix}$,求 A^{2002}.

解 计算可得
$$|\lambda E-A|=\begin{vmatrix} \lambda+13 & 10 \\ -21 & \lambda-16 \end{vmatrix}=x^2-3\lambda+2=(\lambda-1)(\lambda-2)$$

则 A 的特征值为
$$\lambda_1=1, \lambda_2=2$$

当 $\lambda=1$ 时,由特征方程
$$\begin{pmatrix} 14 & 10 \\ -21 & -15 \end{pmatrix}\begin{pmatrix} x_1 \\ x_2 \end{pmatrix}=0 \Rightarrow \begin{cases} 14x_1+10x_2=0 \\ -21x_1-15x_2=0 \end{cases}$$

解得 $7x_1=-5x_2$. 故 A 的属于 $\lambda=1$ 的线性无关特征向量为

$$\alpha_1 = \begin{pmatrix} 1 \\ -\dfrac{7}{5} \end{pmatrix}$$

从而属于 1 的所有特征向量为

$k_1\alpha_1$,其中 k_1 为实数域 **R** 中的非零常数

当 $\lambda=2$ 时,由特征方程

$$\begin{pmatrix} 15 & 10 \\ -21 & -14 \end{pmatrix}\begin{pmatrix} x_1 \\ x_2 \end{pmatrix}=0 \Rightarrow \begin{cases} 15x_1+10x_2=0 \\ -21x_1-14x_2=0 \end{cases}$$

解得 $3x_1=-2x_2$,故 A 的属于 $\lambda=2$ 的线性无关特征向量为

$$\alpha_2 = \begin{pmatrix} 1 \\ -\dfrac{3}{2} \end{pmatrix}$$

从而属于 2 的所有特征向量为

$k_2\alpha_2$,其中 k_2 为实数域 **R** 中的非零常数

令 $P=(\alpha_1,\alpha_2)=\begin{pmatrix} 1 & 1 \\ -\dfrac{7}{5} & -\dfrac{3}{2} \end{pmatrix}$,则

$$P^{-1}AP=\begin{pmatrix} 1 & 0 \\ 0 & 2 \end{pmatrix} \Rightarrow A=P\begin{pmatrix} 1 & 0 \\ 0 & 2 \end{pmatrix}P^{-1}$$

故

$$A^{2002}=P\begin{pmatrix} 1 & 0 \\ 0 & 2 \end{pmatrix}^{2002}P^{-1}$$

$$=\begin{pmatrix} 1 & 1 \\ -\dfrac{7}{5} & -\dfrac{3}{2} \end{pmatrix}\begin{pmatrix} 1 & 0 \\ 0 & 2^{2002} \end{pmatrix}\begin{bmatrix} 1 & 1 \\ -\dfrac{7}{5} & -\dfrac{3}{2} \end{bmatrix}^{-1}$$

$$=-10\begin{pmatrix} 1 & 1 \\ -\dfrac{7}{5} & -\dfrac{3}{2} \end{pmatrix}\begin{pmatrix} 1 & 0 \\ 0 & 2^{2002} \end{pmatrix}\begin{pmatrix} -\dfrac{3}{2} & -1 \\ \dfrac{7}{5} & 1 \end{pmatrix}$$

$$=-10\begin{pmatrix} -\dfrac{3}{2}+\dfrac{7}{5}\times 2^{2002} & -1+2^{2002} \\ \dfrac{21}{10}(1-2^{2002}) & \dfrac{7}{5}-\dfrac{3}{2}\times 2^{2002} \end{pmatrix}$$

565.(华中师范大学) 设

$$A=\begin{bmatrix} 4 & 2 & 2 \\ 0 & 4 & 0 \\ 0 & -2 & 2 \end{bmatrix}$$

求 A^n(n 为自然数).

解 计算可得 $|\lambda E-A|=(\lambda-4)^2(\lambda-2)$,所以 A 的特征值为

$$\lambda_1 = \lambda_2 = 4, \quad \lambda_3 = 2$$

当 $\lambda = 4$ 时,得线性无关特征向量为

$$\alpha_1 = (1,0,0)', \quad \alpha_2 = (0,-1,1)'$$

当 $\lambda = 2$ 时,得特征向量

$$\alpha_3 = (1,0,-1)'$$

令 $T = (\alpha_1, \alpha_2, \alpha_3) = \begin{bmatrix} 1 & 0 & 1 \\ 0 & -1 & 0 \\ 0 & 1 & -1 \end{bmatrix}$,则 $T^{-1} = \begin{bmatrix} 1 & 1 & 1 \\ 0 & -1 & 0 \\ 0 & -1 & -1 \end{bmatrix}$

$$T^{-1}AT = \begin{bmatrix} 4 & & \\ & 4 & \\ & & 2 \end{bmatrix} \Rightarrow T^{-1}A^nT = \begin{bmatrix} 4^n & & \\ & 4^n & \\ & & 2^n \end{bmatrix}$$

故

$$A^n = T \begin{bmatrix} 4^n & & \\ & 4^n & \\ & & 2^n \end{bmatrix} T^{-1} = \begin{bmatrix} 4^n & 4^n - 2^n & 4^n - 2^n \\ 0 & 4^n & 0 \\ 0 & 2^n - 4^n & 2^n \end{bmatrix}$$

566.(华北电力学院,水电部南京自动化所) 设可逆 n 阶矩阵 A 有 n 个非零特征值 $\lambda_1, \lambda_2, \cdots, \lambda_n$. 试证:伴随矩阵 A^* 的特征值为

$$\lambda_1^{-1}|A|, \lambda_2^{-1}|A|, \cdots, \lambda_n^{-1}|A|$$

证 因为 $|A| = \lambda_1 \lambda_2 \cdots \lambda_n \neq 0$,所以 A 可逆,从而

$$A^* = |A|A^{-1}$$

又因为 A^{-1} 有 n 个特征值 $\lambda_1^{-1}, \lambda_2^{-1}, \cdots, \lambda_n^{-1}$,所以 A^* 有 n 个特征值为

$$\lambda_1^{-1}|A|, \lambda_2^{-1}|A|, \cdots, \lambda_n^{-1}|A|$$

567.(清华大学) 设 $B = AA'$,其中 $A = (a_1, a_2, \cdots, a_n)'$,且 a_i 为非零实数 $(i = 1, 2, \cdots, n)$.

(1) 证明:$B^k = lB$,并求数 l(k 为正整数);

(2) 求可逆阵 P,使 $P^{-1}BP$ 为对角阵,并写出该对角阵.

证 (1) 因为

$$A'A = [a_1 \cdots a_n] \begin{bmatrix} a_1 \\ \vdots \\ a_n \end{bmatrix} = a_1^2 + a_2^2 + \cdots + a_n^2 = c$$

所以

$$B^2 = A(A'A)A' = cAA' = cB$$

从而用数学归纳法可证

$$B^k = c^{k-1}B = lB \text{ (k 为自然数)}$$

其中 $l = c^{k-1} = (a_1^2 + \cdots + a_n^2)^{k-1}$.

(2) 由第 312 题知

$$|\lambda E - B| = |\lambda E - AA'| = \lambda^{n-1}|\lambda - A'A| = \lambda^{n-1}(\lambda - c)$$

所以 $\lambda_1 = \lambda_2 = \cdots = \lambda_{n-1} = 0, \lambda_n = c$,而

$$B = \begin{bmatrix} a_1^2 & a_1 a_2 & \cdots & a_1 a_n \\ a_2 a_1 & a_2^2 & \cdots & a_2 a_n \\ \vdots & \vdots & & \vdots \\ a_n a_1 & a_n a_2 & \cdots & a_n^2 \end{bmatrix}$$

于是当 $\lambda = 0$ 时,由 $(0E-B)x = 0$ 同解于

$$a_1 x_1 + a_2 x_2 + \cdots + a_n x = 0$$

解之,可得 B 的线性无关的特征向量(即基础解系)

$$\begin{cases} \alpha_1 = (-a_2, a_1, 0, \cdots, 0)' \\ \alpha_2 = (-a_3, 0, a_1, \cdots, 0)' \\ \cdots \cdots \\ \alpha_{n-1} = (-a_n, 0, \cdots, 0, a_1)' \end{cases}$$

当 $\lambda = c = a_1^2 + \cdots + a_n^2$ 时,由 $(cE-B)x = 0$ 得线性无关特征向量为

$$\alpha_n = (a_1, a_2, \cdots, a_n)'$$

令

$$P = (\alpha_1, \alpha_2, \cdots, \alpha_n) = \begin{bmatrix} -a_2 & -a_3 & \cdots & -a_n & a_1 \\ a_1 & 0 & \cdots & 0 & a_2 \\ 0 & a_1 & \cdots & 0 & a_3 \\ \vdots & \vdots & & \vdots & \vdots \\ 0 & 0 & \cdots & a_1 & a_n \end{bmatrix}$$

则 P 可逆,且

$$P^{-1}BP = \begin{bmatrix} 0 & & & \\ & \ddots & & \\ & & 0 & \\ & & & a_1^2 + \cdots + a_n^2 \end{bmatrix}$$

568.(**武汉水运工程学院**) 设 $a_0, a_1, \cdots, a_{n-1}$ 是 n 个实数,C 是 n 阶方阵

$$C = \begin{bmatrix} 0 & 1 & 0 & \cdots & 0 & 0 \\ 0 & 0 & 1 & \cdots & 0 & 0 \\ 0 & 0 & 0 & \cdots & 0 & 0 \\ \vdots & \vdots & \vdots & & \vdots & \vdots \\ 0 & 0 & 0 & \cdots & 0 & 1 \\ -a_0 & -a_1 & -a_2 & \cdots & -a_{n-2} & -a_{n-1} \end{bmatrix}$$

(1)若 λ 是 C 的特征值,试证: $(1, \lambda, \lambda^2, \cdots, \lambda^{n-1})'$ 是对应 λ 的特征向量;
(2)若 C 的特征值两两互异,且为已知,求满秩矩阵 P,使 $P^{-1}CP$ 为对角形矩阵.

证 (1) 因为

$$|\lambda E - C| = \lambda^n + a_{n-1} \lambda^{n-1} + \cdots + a_1 \lambda + a_0 \qquad ①$$

若 λ_0 是 C 的一个特征值,那么由①知

$$\lambda_0^n + a_{n-1}\lambda_0^{n-1} + \cdots + a_1\lambda_0 + a_0 = 0$$

另外,因为

$$C\begin{bmatrix}1\\ \lambda_0\\ \lambda_0^2\\ \vdots\\ \lambda_0^{n-1}\end{bmatrix} = \begin{bmatrix}\lambda_0\\ \lambda_0^2\\ \vdots\\ \lambda_0^{n-1}\\ -a_0 - a_1\lambda_0 - a_2\lambda_0^2 - \cdots - a_{n-1}\lambda_0^{n-1}\end{bmatrix} = \begin{bmatrix}\lambda_0\\ \lambda_0^2\\ \vdots\\ \lambda_0^{n}\end{bmatrix} = \lambda_0\begin{bmatrix}1\\ \lambda_0\\ \vdots\\ \lambda_0^{n-1}\end{bmatrix}$$

所以 $(1, \lambda, \lambda^2, \cdots, \lambda^{n-1})'$ 为 C 的对应于 λ 的特征向量.

(2) 设 C 有两两互异的特征值 $\lambda_1, \lambda_2, \cdots, \lambda_n$,由上面(1)知,若令

$$\alpha_i = (1, \lambda_i, \cdots, \lambda_i^{n-1})' \quad (i = 1, 2, \cdots, n)$$

则有

$$C\alpha_i = \lambda_i \alpha_i \quad (i = 1, 2, \cdots, n)$$

即 α_i 为对应 λ_i 的特征向量.

再由于 $\lambda_1, \cdots, \lambda_n$ 两两互异,令 $P = (\alpha_1, \alpha_2, \cdots, \alpha_n)$,则由范德蒙行列式知 P 可逆,且

$$P^{-1}CP = \begin{bmatrix}\lambda_1 & & \\ & \ddots & \\ & & \lambda_n\end{bmatrix}$$

569. (清华大学) 设

$$A = \begin{bmatrix}3 & 4 & 0 & 0\\ 4 & -3 & 0 & 0\\ 0 & 0 & 2 & 4\\ 0 & 0 & 0 & 2\end{bmatrix}$$

求 $|A|^{2k}$ 及 A^{2k} (k 为正整数).

解 令 $A_1 = \begin{bmatrix}3 & 4\\ 4 & -3\end{bmatrix}, A_2 = \begin{bmatrix}2 & 4\\ 0 & 2\end{bmatrix}$,则

$$A = \begin{bmatrix}A_1 & 0\\ 0 & A_2\end{bmatrix} \qquad ①$$

计算可得 $|\lambda E - A_1| = (\lambda + 5)(\lambda - 5)$,所以

$$\lambda_1 = 5, \quad \lambda_2 = -5$$

相应的线性无关特征向量为

$$\alpha_1 = (2, 1)', \quad \alpha_2 = (1, -2)'$$

令 $P = \begin{bmatrix}2 & 1\\ 1 & -2\end{bmatrix}$,则

$$P^{-1}A_1 P = \begin{bmatrix}5 & \\ & -5\end{bmatrix} \Rightarrow P^{-1}A_1^{2k}P = 5^{2k}E$$

可得

$$A_1^{2k}=5^{2k}E \qquad ②$$

其次，$A_2=2\begin{bmatrix}1&2\\0&1\end{bmatrix}$，则

$$A_2^{2k}=2^{2k}\begin{bmatrix}1&4k\\0&1\end{bmatrix} \qquad ③$$

从而由式①~③可得

$$A^{2k}=\begin{bmatrix}5^{2k}&0&0&0\\0&5^{2k}&0&0\\0&0&2^{2k}&2^{2k+2}k\\0&0&0&2^{2k}\end{bmatrix}$$

且 $|A^{2k}|=10^{4k}$.

570.(清华大学) 求 $\begin{bmatrix}O&J_n\\J_n&O\end{bmatrix}$ 的全部特征值与 $2n$ 个线性无关的特征向量，其中 J_n 是每一个元素为 1 的 n 级方阵.

解 令 $A=\begin{bmatrix}O&J_n\\J_n&O\end{bmatrix}$，则

$$\begin{aligned}|\lambda E-A|&=\begin{vmatrix}\lambda E_n&-J_n\\-J_n&\lambda E_n\end{vmatrix}\\&=|\lambda^2 E_n-J_n^2|\\&=\begin{vmatrix}\lambda^2-n&-n&\cdots&-n\\-n&\lambda^2-n&\cdots&n\\\vdots&\vdots&&\vdots\\-n&-n&\cdots&\lambda^2-n\end{vmatrix}\\&=\lambda^{2n-2}(\lambda^2-n^2)\end{aligned}$$

所以 A 的 $2n$ 个特征值为

$$\lambda_1=\cdots=\lambda_{2n-2}=0,\lambda_{2n-1}=n,\lambda_{2n}=-n$$

当 $\lambda=0$ 时，$(0E-A)x=0$ 同解于

$$\begin{cases}x_1+\cdots+x_n=0\\x_{n+1}+\cdots+x_{2n}=0\end{cases} \qquad ①$$

由式①得 $2n-2$ 个线性无关特征向量为

$$\begin{cases}\alpha_1=(1,-1,\cdots,0,0,\cdots,0)'\\\alpha_2=(1,0,-1,0,\cdots,0,0,\cdots,0)'\\\alpha_{n-1}=(1,0,\cdots,-1,0,,\cdots,0)'\\\alpha_n=(0,\cdots,0,1,-1,0,\cdots,0)'\\\alpha_{2n-2}=(0,\cdots,0,1,0,\cdots,0,-1)'\end{cases}$$

当 $\lambda=n$ 时，由 $(nE-A)x=0$，可得特征向量为

$$\alpha_{2n-1}=(1,1,\cdots,1)'$$

当 $\lambda=-n$ 时,由 $(-nE-A)x=0$,可得特征向量为
$$\alpha_{2n}=(1,\cdots,1,-1,\cdots,-1)'$$

571. (长春地质学院) 设 A 为 n 阶方阵,若任意 n 给维向量都是它的特征向量,求证: A 必可表示为如下形式 $A=\lambda I$,其中 I 为单位矩阵.

证 设 $A=(a_{ij})$,分别令

$$\varepsilon_1=\begin{bmatrix}1\\0\\ \vdots\\0\end{bmatrix},\quad \varepsilon_1=\begin{bmatrix}0\\1\\0\\ \vdots\\0\end{bmatrix},\quad \cdots,\quad \varepsilon_n=\begin{bmatrix}0\\ \vdots\\0\\1\end{bmatrix}$$

由题设,它们都是 A 的特征向量,由
$$A\varepsilon_1=\lambda_1\varepsilon_1$$
可得
$$a_{11}=\lambda_1,a_{21}=\cdots=a_{n1}=0$$

类似可得
$$\begin{cases}a_{22}=\lambda_2,a_{12}=a_{32}=\cdots=a_{n2}=0\\ \cdots\cdots\\ a_{nn}=\lambda_n,a_{1n}=a_{2n}=\cdots=a_{n-1,n}=0\end{cases}$$

这样
$$A=\begin{bmatrix}\lambda_1 & & & \\ & \lambda_2 & & \\ & & \ddots & \\ & & & \lambda_n\end{bmatrix}$$

再取 $\alpha=(1,1,\cdots,1)'$,由 α 也是特征向量,所以有 $A\alpha=\lambda_0\alpha$,从而有
$$\lambda_1=\cdots=\lambda_n=\lambda_0,$$

即证 $A=\lambda_0 I$.

572. (吉林大学) A 为正交阵, $\alpha+i\beta$ 为 A 的特征值, $x+iy$ 为相应特征向量,证明:
(1) $\alpha^2+\beta^2=1$;
(2) 当 $\beta\neq 0$, $x'y=0, x'x=y'y$.

证 (1) 由于正交矩阵 A 的特征值的模为 1,因此有
$$|\alpha+i\beta|=1 \Rightarrow \alpha^2+\beta^2=1$$

(2) 由假设知 $A(x+iy)=(\alpha+i\beta)(x+iy)$,则
$$\begin{cases}Ax=\alpha x-\beta y & ①\\ Ay=\alpha y+\beta x & ②\end{cases}$$

即
$$x'A'=\alpha x'-\beta y' \qquad ③$$

由式①,式③,并注意到 $A'A=E$,可得

$$x'x=(\alpha x'-\beta y')(\alpha x-\beta y)=\alpha^2 x'x+\beta^2 y'y-2\alpha\beta x'y$$

移项并注意到 $\alpha^2+\beta^2=1$,所以

$$\beta^2 x'x=\beta^2 y'y-2\alpha\beta x'y \qquad ⑤$$

再由于 $\beta\neq 0$,结合式⑤可得

$$2\alpha x'y=-\beta x'x+\beta y'y \qquad ⑥$$

其次,由式②,式③得

$$\begin{aligned}x'y &= (\alpha x'-\beta y')(\alpha y+\beta x)\\ &=\alpha^2 x'y+\alpha\beta x'x-\alpha\beta y'y-\beta^2 y'x\\ &=\alpha^2 x'y+\alpha\beta x'x-\alpha\beta y'y-\beta^2 x'y\\ &\Rightarrow 2\beta^2 x'y=\alpha\beta x'x-\alpha\beta y'y \qquad ⑦\end{aligned}$$

再由 $\alpha\times$⑥+⑦,得

$$2x'y=0,\text{即 } x'y=0 \qquad ⑧$$

将式⑧代入式⑥即知 $x'x=y'y$.

573.(华中科技大学,新乡师范学院) 证明:若 A 为 n 阶降秩矩阵,那么,A 的伴随矩阵 A^* 的 n 个特征值至少有 $n-1$ 个为 0,且另一个非零特征值(如果存在)等于 $A_{11}+A_{22}+\cdots+A_{nn}$.

证 由于 $|A|=0$.

(1)当秩 $A\leqslant n-2$ 时,有 $A^*=0$,所以 A^* 的特征值为 $0,0,\cdots,0$,结论成立.

(2)当秩 $A=n-1$ 时,有秩 $A^*=1$,设 A^* 的特征值为 $\lambda_1,\lambda_2,\cdots,\lambda_n$,由 Jordan 标准形知

$$T^{-1}A^*T=\begin{bmatrix}\lambda_1 & & *\\ & \ddots & \\ 0 & & \lambda_n\end{bmatrix} \qquad ①$$

因为秩 $A^*=1$,可设 $\lambda_1\neq 0$,而 $\lambda_2=\cdots=\lambda_n=0$,这时式①为

$$T^{-1}A^*T=\begin{bmatrix}\lambda_1 & * & \cdots & *\\ 0 & 0 & \cdots & 0\\ \vdots & \vdots & & \vdots\\ 0 & 0 & \cdots & 0\end{bmatrix}$$

故

$$\lambda_1=\mathrm{tr}A^*=A_{11}+A_{22}+\cdots+A_{nn}$$

574.(大连工学院) 设 $A=(a_{ij})$ 为 $n\times n$ 矩阵,定义

$$\mathrm{tr}A=\sum_{i=1}^n a_{ii} \qquad ①$$

证明:$\mathrm{tr}B^{-1}AB=\mathrm{tr}A$,$\mathrm{tr}AA'=\sum_{i=1}^n\sum_{j=1}^n a_{ij}^2$.

证 设 $\lambda_1, \lambda_2, \cdots, \lambda_n$ 为 A 的 n 个特征值,由于相似矩阵有相同的特征多项式,因此有
$$|\lambda E - B^{-1}AB| = |\lambda E - A| = (\lambda - \lambda_1)(\lambda - \lambda_2)\cdots(\lambda - \lambda_n)$$
从而
$$\mathrm{tr}B^{-1}AB = \lambda_1 + \lambda_2 + \cdots + \lambda_n = \mathrm{tr}A$$
再由于
$$AA' = \begin{bmatrix} \sum_{i=1}^{n} a_{1j}^2 & & & * \\ & \sum_{j=1}^{n} a_{2j}^2 & & \\ & & \ddots & \\ * & & & \sum_{j=1}^{n} a_{nj}^2 \end{bmatrix}$$

因此 $\mathrm{tr}AA' = \sum_{i=1}^{n}\sum_{j=1}^{n} a_{ij}^2$.

注 本题证明中用到结论
$$\lambda_1 + \lambda_2 + \cdots + \lambda_n = a_{11} + a_{22} + \cdots + a_{nn} = \mathrm{tr}A$$

575. (武汉大学) 设 A, B 都是 n 阶实矩阵,且 A 与 $A - B^{\mathrm{T}}AB$ 都是正定矩阵,证明:

(1) $\det(E+A) > 1$,其中 E 是 n 阶单位矩阵;

(2) 如果 λ 是 B 的特征值,那么 $|\lambda| < 1$.

解 (1) 设 $\lambda_1, \lambda_2, \cdots, \lambda_n$ 是 A 的特征值,则 $1+\lambda$ 是 $E+A$ 的特征值,因为 A 是正定矩阵,所以 $\lambda_i > 0, i = 1, 2, \cdots, n$. 故
$$\det(E+A) = (1+\lambda_1)(1+\lambda_2)\cdots(1+\lambda_n) > 1$$

(2) 设 $B\xi = \lambda\xi$,其中 $\xi \neq 0$,则
$$\xi^{\mathrm{T}}(A - B^{\mathrm{T}}AB)\xi = \xi^{\mathrm{T}}A\xi - (B\xi)^{\mathrm{T}}A(B\xi) = (1-\lambda^2)\xi^{\mathrm{T}}A\xi$$

因为 A 和 $A - B^{\mathrm{T}}AB$ 都是正定矩阵,所以 $\xi^{\mathrm{T}}A\xi > 0$,且 $\xi^{\mathrm{T}}(A - B^{\mathrm{T}}AB)\xi > 0$,故 $1 - \lambda^2 > 0$,即 $|\lambda| < 1$.

576. (数学一,数学二,数学三) 设 A 为 4 阶实对称矩阵,且 $A^2 + A = O$. 若 A 的秩为 3,则 A 相似于( )

(A) $\begin{bmatrix} 1 & & & \\ & 1 & & \\ & & 1 & \\ & & & 0 \end{bmatrix}$ (B) $\begin{bmatrix} 1 & & & \\ & 1 & & \\ & & -1 & \\ & & & 0 \end{bmatrix}$

(C) $\begin{bmatrix} 1 & & & \\ & -1 & & \\ & & -1 & \\ & & & 0 \end{bmatrix}$ (D) $\begin{bmatrix} -1 & & & \\ & -1 & & \\ & & -1 & \\ & & & 0 \end{bmatrix}$

答 (D).特征值库 0 或 -1.

577. (浙江师范学院) 设 A 是 $n\times n$ 方阵,A 有 k 个不同特征值 $\lambda_1,\cdots,\lambda_k$. 证明:若 A 可对角化,则必存在 $n\times n$ 幂等阵 $A_1,\cdots,A_k$,使得

(1) $A_i A_j=0(i\neq j)$;

(2) $\sum_{i=1}^{k}A_i=I_n$ (I_n 是 $n\times n$ 单位阵);

(3) $A=\sum_{i=1}^{k}\lambda_i A_i$.

证 (1) 由于 A 可对角化,因此存在可逆阵 T,使

$$A=T^{-1}\begin{bmatrix}\lambda_1 I_1 & & \\ & \ddots & \\ & & \lambda_k I_k\end{bmatrix}T \qquad ①$$

其中 $I_1,\cdots,I_k$ 均为 $n_1,\cdots,n_k$ 阶单位阵,且

$$n_1+n_2+\cdots+n_k=n$$

令

$$A_i=T^{-1}\begin{bmatrix}0 & & & & \\ & \ddots & & & \\ & & I_i & & \\ & & & \ddots & \\ & & & & 0\end{bmatrix}T \quad (i=1,2,\cdots,k) \qquad ②$$

则 $A_i^2=A_i(i=1,2,\cdots,k)$,此即 A_i 为幂等阵. 且

$$A_i A_j=0 \quad (i\neq j)$$

(2) $\sum_{i=1}^{k}A_i=T^{-1}\begin{bmatrix}I_1 & & \\ & \ddots & \\ & & I_k\end{bmatrix}T=T^{-1}I_n T=I_n$

(3) $\sum_{i=1}^{k}\lambda_i A_i=T^{-1}\begin{bmatrix}\lambda_1 I_1 & & \\ & \ddots & \\ & & \lambda_k I_k\end{bmatrix}T=A$

578. (清华大学) 已知 3 阶矩阵 A 的特征值为 $1,-1,2$,设矩阵 $B=A^3-5A^2$,试求:

(1) 矩阵 B 的特征值及其标准形,并说明理由;

(2) 行列式 $|B|$ 及 $|A-5I|$ (I 为 3 阶单位阵).

解 (1) 设 A 相应于特征值为 $1,-1,2$ 的特征向量分别为 $\alpha_1,\alpha_2,\alpha_3$,由于不同特征值的特征向量是线性无关的,令 $T=(\alpha_1,\alpha_2,\alpha_3)$,则 T 为可逆阵,且

$$T^{-1}AT=\begin{bmatrix}1 & & \\ & -1 & \\ & & 2\end{bmatrix}$$

故

$$T^{-1}BT=T^{-1}A^3T-5T^{-1}A^2T=\begin{bmatrix}-4 & & \\ & -6 & \\ & & -12\end{bmatrix} \qquad ①$$

上式说明：B 有特征值 $-4,-6,-12$，且 B 的相似标准形为对角阵①．

(2) 由式①得

$$|B|=(-4)(-6)(-12)=-288$$

$$T^{-1}(A-5I)T=\begin{bmatrix}-4 & & \\ & -6 & \\ & & -3\end{bmatrix}$$

$$\Rightarrow |A-5I|=(-4)(-6)(-3)=-72$$

579.（同济大学） 设 A 为 n 阶对称矩阵，A 的特征值为 $\lambda_i(i=1,2,\cdots,n)$，试证：矩阵 A^2 的特征值为 $\lambda_i^2(i=1,2,\cdots,n)$．

证 设 A 属于特征值 λ_i 的特征向量为 $\alpha_i(i=1,2,\cdots,n)$，则

$$A\alpha_i=\lambda_i\alpha_i \quad (i=1,2,\cdots,n)$$

于是

$$A^2\alpha_i=A(A\alpha_i)=\lambda_iA\alpha_i=\lambda_i^2\alpha_i \quad (i=1,2,\cdots,n)$$

所以 λ_i^2 为 A^2 的特征值 $(i=1,2,\cdots,n)$．

580.（长春地质学院） 设 λ 是 n 阶方阵 A 的特征值，求证

(1) 对任意正整数 k，λ^k 是 A^k 的特征值；

(2) 若 A 有逆，则 $\lambda\neq 0$，且 λ^{-1} 为 A^{-1} 的特征值．

证 (1) 仿上题，设 α 是 A 的相应于 λ 的特征向量，则 $A\alpha=\lambda\alpha$，于是

$$A^k\alpha=A^{k-1}(A\alpha)=\lambda A^{k-1}\alpha=\cdots=\lambda^k\alpha$$

即证 λ^k 是 A^k 的特征值．

(2) 设 $\lambda,\lambda_2,\cdots,\lambda_n$ 为 A 的全部特征值，由于 A 可逆，所以

$$0\neq|A|=\lambda\lambda_2\cdots\lambda_n \Rightarrow \lambda\neq 0$$

再设 α 是相应于 λ 的特征向量，则

$$A\alpha=\lambda\alpha \qquad ①$$

用 $\dfrac{1}{\lambda}A^{-1}$ 左乘式①丙边得

$$A^{-1}\alpha=\frac{1}{\lambda}\alpha$$

即证 $\dfrac{1}{\lambda}$ 是 A^{-1} 的特征值．

581.（北京大学） 用 J 表示元素全为 1 的 n 级矩阵，$n\geqslant 2$，设 $f(x)=a+bx$ 是有理数域上一元多项式，令 $A=f(J)$．

(1) 求 J 的全部特征值和全部特征向量；

(2) 求 A 的所有特征子空间；

(3) A 是否可以对角化？如果可对角化，求出有理数域上的一个可逆矩阵 P，使

得 $P^{-1}AP$ 为对角矩阵,并写出这个对角矩阵.

解 (1) 计算可得
$$|\lambda E-J|=\begin{vmatrix} \lambda-1 & -1 & \cdots & -1 \\ -1 & \lambda-1 & \cdots & -1 \\ \vdots & \vdots & & \vdots \\ -1 & -1 & \cdots & \lambda-1 \end{vmatrix}=\lambda^{n-1}(\lambda-n)$$

则 J 的特征值为
$$\lambda_1=\cdots=\lambda_{n-1}=0, \quad \lambda_n=n$$

当 $\lambda=0$ 时,由 $(0E-J)x=0$ 可得线性无关的特征向量为
$$\begin{cases} \alpha_1=(1,-1,0,\cdots,0)' \\ \alpha_2=(1,0,-1,0,\cdots,0)' \\ \cdots\cdots \\ \alpha_{n-1}=(1,0,\cdots,0,-1)' \end{cases}$$

因此 J 属于特征值 0 的全部特征向量为
$$k_1\alpha_1+\cdots+k_{n-1}\alpha_{n-1}$$

其中 $k_1,\cdots,k_{n-1}$ 为有理数域 **Q** 中不全为零的任意常数.

当 $\lambda=n$ 时,由 $(nE-J)x=0$ 可得特征向量
$$\alpha_n=(1,1,\cdots,1)'$$

因此 J 属于特征值 n 的全部特征向量为 $k_n\alpha_n$,其中 k_n 为 Q 中任意非零常数.

(2) 因为 $A=f(J)=aE+bJ$. 设 A 的 n 个特征值为 $\mu_1,\cdots,\mu_n$,则
$$\mu_1=\cdots=\mu_{n-1}=a, \quad \mu_n=a+nb$$

因此 A 有两个特征子空间:

(ⅰ) $V_1=\{\alpha|A\alpha=a\alpha,\alpha\in V\}=L(\alpha_1,\cdots,\alpha_{n-1})$

即 $\dim V_1=n-1$,且 $\alpha_1,\cdots,\alpha_{n-1}$ 为 V_1 的一组基.

(ⅱ) $V_2=\{\beta|A\beta=(a+nb)\beta,\beta\in V\}=L(\alpha_n)$

即 $\dim V_2=1$,有 α_n 为 V_2 的一组基.

(3) A 可以对角化,事实上,令
$$T=(\alpha_1,\alpha_2,\cdots\alpha_{n-1},\alpha_n)=\begin{bmatrix} 1 & 1 & \cdots & 1 & 1 \\ -1 & 0 & \cdots & 0 & 1 \\ 0 & -1 & \cdots & 0 & 1 \\ \vdots & \vdots & & \vdots & \vdots \\ 0 & 0 & \cdots & -1 & 1 \end{bmatrix}$$

则
$$T^{-1}JT=\begin{bmatrix} 0 & & & \\ & \ddots & & \\ & & 0 & \\ & & & n \end{bmatrix}$$

故

$$T^{-1}AT = T^{-1}(aE+bJ)T = \begin{bmatrix} a & & \\ & \ddots & \\ & & a \end{bmatrix} + b\begin{bmatrix} 0 & & & \\ & \ddots & & \\ & & 0 & \\ & & & n \end{bmatrix}$$

$$= \begin{bmatrix} a & & & \\ & \ddots & & \\ & & a & \\ & & & a+bn \end{bmatrix}$$

582. (吉林大学) 试证:$n \times n$ 矩阵

$$A = \sigma^2 \begin{bmatrix} 1 & \rho & \cdots & \rho \\ \rho & 1 & \cdots & \rho \\ \vdots & \vdots & & \vdots \\ \rho & \rho & \cdots & 1 \end{bmatrix}$$

的最大特征值 $\lambda_1 = \sigma^2[1+(n-1)\rho]$,其中 $0 < \rho \leqslant 1, \sigma^2 > 0$.

证 因为

$$|\lambda E - A| = \begin{vmatrix} \lambda - \sigma^2 & -\sigma^2\rho & \cdots & -\sigma^2\rho \\ -\sigma^2\rho & \lambda - \sigma^2 & \cdots & -\sigma^2\rho \\ \vdots & \vdots & & \vdots \\ -\sigma^2\rho & -\sigma^2\rho & \cdots & \lambda - \sigma^2 \end{vmatrix}$$

$$= (\lambda - \sigma^2 + \sigma^2\rho)^{n-1}[(\lambda - \sigma^2) + (n-1)(-\sigma^2\rho)]$$

所以 A 的特征值为

$$\lambda_1 = \sigma^2[1+(n-1)\rho], \lambda_2 = \cdots = \lambda_n = \sigma^2(1-\rho)$$

又因 $1+(n-1)\rho > 1-\rho$,故

$$\max\{\lambda_1, \cdots, \lambda_n\} = \sigma^2[1+(n-1)\rho]$$

583. (同济大学) 证明:设 A 是一个 n 阶矩阵,$\varphi(\lambda)$ 是一多项式,则 A 的特征向量都是 $\varphi(A)$ 的特征向量.

证 设

$$\varphi(\lambda) = a_m\lambda^m + \cdots + a_1\lambda + a_0 \qquad ①$$

且 ζ 为 A 的任一特征向量,其相应特征值为 λ_0,则

$$A\zeta = \lambda_0\zeta \Rightarrow A^k\zeta = \lambda_0^k\zeta (k \in \mathbf{N}). \qquad ②$$

于是由①与②可得

$$\varphi(A)\zeta = (a_mA^m + \cdots + a_1A + a_0E)\zeta$$
$$= a_m\lambda_0^k\zeta + \cdots a_1\lambda_0\zeta + a_0\zeta$$
$$= \varphi(\lambda_0)\zeta$$

即证 $\varphi(\lambda_0)$ 是 $\varphi(A)$ 的特征值,ζ 是 $\varphi(A)$ 相应于特征值 $\varphi(\lambda_0)$ 的特征向量.

584. (复旦大学) 已知 $\sum_{i=1}^{n} a_i = 0$，求出下列 n 阶实对称阵 A 的 n 个特征值

$$A = \begin{bmatrix} a_1^2+1 & a_1 a_2 + 1 & \cdots & a_1 a_n + 1 \\ a_2 a_1 + 1 & a_2^2 + 1 & \cdots & a_2 a_n + 1 \\ \vdots & \vdots & & \vdots \\ a_n a_1 + 1 & a_n a_2 + 1 & \cdots & a_n^2 + 1 \end{bmatrix}$$

解 令

$$B = \begin{bmatrix} a_1 & 1 \\ a_2 & 1 \\ \vdots & \vdots \\ a_n & 1 \end{bmatrix}, \quad C = \begin{bmatrix} a_1 & a_2 & \cdots & a_n \\ 1 & 1 & \cdots & 1 \end{bmatrix}$$

则 $A = BC$. 由第 312 题知

$$|\lambda E - A| = |\lambda E - BC| = \lambda^{n-2} |\lambda E - CB|. \qquad ①$$

$$|\lambda E - CB| = \begin{vmatrix} \lambda - \sum_{i=1}^{n} a_i^2 & -\sum_{i=1}^{n} a_i \\ \sum_{i=1}^{n} a_i & \lambda - n \end{vmatrix} = \begin{vmatrix} \lambda - \sum_{i=1}^{n} a_i^2 & 0 \\ 0 & \lambda - n \end{vmatrix} \qquad ②$$

将式②代入式①，可求得 A 的 n 个特征值为

$$\lambda_1 = \cdots = \lambda_{n-2} = 0, \quad \lambda_{n-1} = \sum_{i=1}^{n} a_i^2, \quad \lambda_n = n.$$

585. (南开大学) 设 A 是 n 阶实方阵，E 是 n 阶单位阵. 证明：若 $A^m = O$，则 $E - A$ 可逆.

证 因为 $A^m = O$，从而 A 的特征值只能是 0. 故 1 不是 A 的特征值. 即

$$|E - A| = |1 \cdot E - A| \neq 0$$

所以 $E - A$ 可逆.

586. (武汉测绘科技大学) 若 A 是 n 阶矩阵，当有一个常数项不为 0 的多项式 $f(x)$，使 $f(A) = 0$，则 A 的特征值一定全不为 0.

证 设 $f(x) = a_n x^m + \cdots + a_1 x + a_0$，其中 $a_0 \neq 0$，使

$$0 = f(A) = a_m A^m + \cdots + a_1 A + a_0 E \qquad ①$$

由式①知 $|A| |a_m A^{m-1} + \cdots + a_1 E| = (-a_0)^n \neq 0$. 所以

$$|A| \neq 0$$

再设 $\lambda_1, \cdots, \lambda_n$ 为 A 的全部特征值，则

$$\lambda_1 \lambda_2 \cdots \lambda_n = |A| \neq 0$$

故 $\lambda_i \neq 0 (i = 1, 2, \cdots, n)$.

587. (中国科学院原子能研究所) 已知 A 矩阵经过 P 矩阵可以变成相似矩阵 C，C 为对角阵，求证：P 矩阵是由 A 的特征向量组成.

证 设 A 是 n 阶方阵，C 为对角阵，即

$$C = \begin{bmatrix} c_1 & & \\ & \ddots & \\ & & c_n \end{bmatrix}$$

$P=(\alpha_1,\cdots,\alpha_n)$,其中 α_i 为 P 的列向量. 已知

$$P^{-1}AP=C=\begin{bmatrix} c_1 & & \\ & \ddots & \\ & & c_n \end{bmatrix} \Rightarrow AP=P\begin{bmatrix} c_1 & & \\ & \ddots & \\ & & c_n \end{bmatrix} \qquad ①$$

将 P 代入式①,可得

$$A\alpha_i = c_i\alpha_i \quad (i=1,2\cdots,n)$$

这说明:α_i 是 A 属于特征值 c_i 的特征向量$(i=1,2,\cdots,n)$. 即证 P 由 A 的特征向量所组成.

588.(延边大学) 假如 Z 是矩阵 A 对于特征值 λ_0 的特征向量. 试求 $P^{-1}AP$ 对于 λ_0 的特征向量.

解 由已知,得 $AZ=\lambda_0 Z$,所以 $P^{-1}AZ=\lambda_0 P^{-1}Z$,即

$$P^{-1}AP(P^{-1}Z)=\lambda_0(P^{-1}Z) \qquad ①$$

因为 $Z\neq 0$,所以 $P^{-1}Z\neq 0$. 由①知 $P^{-1}Z$ 是 $P^{-1}AP$ 对于特征值 λ_0 的特征向量.

589.(南京大学) 设 A 为 n 阶实对称阵,且 $A^3-3A^2+5A-3I=0$(I 为 n 阶单位阵). 问:A 是否一定为正定实对称方阵? 如是,说明理由;如不是,举出反例.

答 A 是正定的.

现证 A 的任一特征值 $\lambda>0$. 设 α 是 A 属于特征值的特征向量. 则

$$A\alpha=\lambda\alpha \Rightarrow A^m\alpha=\lambda^m\alpha(m\in\mathbf{N})$$

从而

$$0=(A^3-3A^2+5A-3I)\alpha=(\lambda^3-3\lambda^2+5\lambda-3)\alpha$$

因为 $\alpha\neq 0$,所以 $\lambda^3-3\lambda^2+5\lambda-3=0$,即

$$(\lambda-1)(\lambda^2-2\lambda+3)=0$$

由于实对称阵的特征值均为实数,因而知 $\lambda=1$. 即 A 的特征值全为 1,所以 A 为正定阵.

590.(北京航空航天大学) 设 $|A|=0$,试证:对所有充分小的 $|\varepsilon|>0$,恒有

$$|A+\varepsilon E|\neq 0$$

证 因为 $|\lambda E-A|=0$ 最多只有 n 个根. 设除特征值 $\lambda=0$ 外,其绝对值最小的特征值为 δ(如果存在的话). 则对 $0<|\varepsilon|<\delta$,$\pm\varepsilon$ 都不是 A 的特征值,即

$$|(-\varepsilon)E-A|\neq 0$$

此即 $|\varepsilon E+A|\neq 0$.

591.(华中师范大学) 设 λ_0 为 n 级方阵 $A=(a_{ij})$ 的一个特征值. 求证:对某一正整数 $k(1\leqslant k\leqslant n)$ 有

$$|\lambda_0-a_{kk}|\leqslant\sum_{j\neq k}|a_{kj}|$$

证 设 A 属于特征值 λ_0 的特征向量为 $\alpha=(x_1,x_2\cdots,x_n)'$. 则

$$A\alpha=\lambda_0\alpha \Rightarrow \sum_{j=1}^{n}a_{kj}x_j=\lambda_0 x_k (j=1,2\cdots,n) \qquad ①$$

令 $|x_k|=\max\{|x_1|,|x_2|,\cdots,|x_n|\}$. 则由 $\alpha\neq 0$ 知 $|x_k|\neq 0$. 且由式①有

$$(\lambda_0-a_{kk})x_k=\sum_{j\neq k}a_{kj}x_j,$$

从而

$$|\lambda_0-a_{kk}|=\frac{\left|\sum_{j\neq k}a_{kj}x_j\right|}{|x_k|}\leqslant\sum_{j\neq k}|a_{kj}|\left|\frac{x_j}{x_k}\right|\leqslant\sum_{j\neq k}|a_{kj}|$$

592. (日本东京大学) 设

$$A=\begin{bmatrix}0 & 0 & a & b \\ 0 & 0 & b & a \\ a & b & 0 & 0 \\ b & a & 0 & 0\end{bmatrix}$$

其中 a,b 是实数, $a\neq 0, b\neq 0, |a|\neq|b|$.

(1) 试求 A 的特征值以及长度为1的特征矢量(即特征向量);

(2) 当 n 为正整数时,试求 $(1,0,0,0)A^n(1,0,0,0)'$.

解 (1) 计算可得 $|\lambda E-A|=|(\lambda-a)^2-b^2][(\lambda+a)^2-b^2]$, 所以

$$\lambda_1=a+b, \lambda_2=a-b, \lambda_3=-a+b, \lambda_4=-a-b$$

并可求出长度为1的特征向量分别为

$$\alpha_1=\frac{1}{2}(1,1,1,1)', \qquad \alpha_2=\frac{1}{2}(1,-1,1,-1)'$$

$$\alpha_3=\frac{1}{2}(1,-1,-1,1)', \qquad \alpha_4=\frac{1}{2}(1,1,-1,-1)'$$

(2) 令 $P=(\alpha_1,\alpha_2,\alpha_3,\alpha_4)$, 则

$$P^{-1}AP=\begin{bmatrix}a+b & & & \\ & a-b & & \\ & & -a+b & \\ & & & -a-b\end{bmatrix}$$

$$\Rightarrow P^{-1}A^nP=\begin{bmatrix}(a+b)^n & & & \\ & (a-b)^n & & \\ & & (b-a)^n & \\ & & & (-a-b)^n\end{bmatrix}$$

从而可得

$$(1,0,0,0)A^n(1,0,0,0)'$$

$$=(1,0,0,0)P\begin{bmatrix}(a+b)^n & & & \\ & (a-b)^n & & \\ & & (b-a)^n & \\ & & & (-a-b)^n\end{bmatrix}P^{-1}\begin{bmatrix}1\\0\\0\\0\end{bmatrix}$$

$$=\frac{1}{4}[(a+b)^n+(a-b)^n+(b-a)^n+(-a-b)^n]$$

$$= \begin{cases} [\frac{1}{2}(a+b)^n + (a-b)^n] & \text{当 } n \text{ 为偶数时} \\ 0 & \text{当 } n \text{ 为奇数时} \end{cases}$$

注:562 题为本题特例.

593.(日本东京大学) 在 n 阶方阵 $A=(a_{ij})$ 中,当

$$a_{ij}>0, \sum_{j=1}^{n} a_{ij}=1 (i=1,2,\cdots,n) \qquad ①$$

时,试回答下列各题:

(1)证明: A 的特征值有一个是 1;

(2)当 $B_m=A^m$ (m 是正整数)时,对于 A 为 $n=2$ 的情况,求 $\lim_{m\to\infty} B_m$.

证 (1)设 $\alpha=(1,1,\cdots,1)'$,则由假设有

$$A\alpha=1\cdot\alpha$$

因此 A 有特征值 1.

(2)当 $n=2$ 时,由式①可设

$$A=\begin{bmatrix} 1-a & a \\ b & 1-b \end{bmatrix}, \text{其中 } 0<a<1, 0<b<1 \qquad ②$$

计算可得 $|\lambda E-A|=(\lambda-1)(\lambda-1+a+b)$,所以

$$\lambda_1=1, \quad \lambda_2=1-a-b$$

由式②知,$-1<1-a-b<1$,且

$$A\begin{bmatrix}1\\1\end{bmatrix}=\begin{bmatrix}1\\1\end{bmatrix}, \quad A\begin{bmatrix}a\\-b\end{bmatrix}=(1-a-b)\begin{bmatrix}a\\-b\end{bmatrix} \qquad ③$$

于是由②,③有

$$A^m\begin{bmatrix}1\\1\end{bmatrix}=\begin{bmatrix}1\\1\end{bmatrix}, A^m\begin{bmatrix}a\\-b\end{bmatrix}=(1-a-b)^m\begin{bmatrix}a\\-b\end{bmatrix}$$

$$\Rightarrow A^m\begin{bmatrix}1 & a\\1 & -b\end{bmatrix}=\begin{bmatrix}1 & (1-a-b)^m a\\1 & -(1-a-b)^m b\end{bmatrix}$$

$$B_m=A^m=\begin{bmatrix}1 & (1-a-b)^m a\\1 & -(1-a-b)^m b\end{bmatrix}\begin{bmatrix}1 & a\\1 & -b\end{bmatrix}^{-1}$$

$$=-\frac{1}{a+b}\begin{bmatrix}1 & (1-a-b)^m a\\1 & -(1-a-b)^m b\end{bmatrix}\begin{bmatrix}-b & -a\\-1 & 1\end{bmatrix}$$

又因为 $\lim_{m\to\infty}(1-a-b)^m=0$,所以

$$\lim_{m\to\infty} B_m=\frac{1}{a+1}\begin{bmatrix}1 & 0\\1 & 0\end{bmatrix}\begin{bmatrix}-b & -a\\-a & 1\end{bmatrix}=\frac{1}{a+b}\begin{bmatrix}b & a\\b & a\end{bmatrix}$$

594.(武汉大学) 设 A 为 $n\times n$ 复矩阵,证明:

(1)若 λ_1 为 A 的特征根,则有可逆阵 P,使

$$P^{-1}AP=\begin{bmatrix} \lambda_1 & b_{12} & \cdots & b_{1n} \\ 0 & b_{22} & \cdots & b_{2n} \\ \vdots & \vdots & & \vdots \\ 0 & b_{2n2} & \cdots & b_{nn} \end{bmatrix}$$

(2) 对 n 归纳证明: 有可逆阵 T, 使

$$T^{-1}AT = \begin{bmatrix} \lambda_1 & C_{12} & \cdots & C_{1n} \\ 0 & \lambda_2 & \cdots & C_{2n} \\ \vdots & \vdots & & \vdots \\ 0 & 0 & \cdots & \lambda_n \end{bmatrix}$$

证 (1) 设 C^n 为一切 $n\times 1$ 复矩阵之集. 由于 λ_1 是 A 的特征根, 从而存在特征向量 α_1, 使

$$A\alpha_1 = \lambda_1 \alpha_1 \qquad ①$$

再将 α_1 扩充为 C^n 的一组基 $\alpha_1, \alpha_2, \cdots, \alpha_n$, 令 $P=(\alpha_1, \alpha_2, \cdots, \alpha_n)$, 则 P 为可逆阵, 且由式①得

$$A(\alpha_1, \alpha_2, \cdots, \alpha_n) = (\alpha_1, \alpha_2, \cdots, \alpha_n) \begin{bmatrix} \lambda_1 & b_{12} & \cdots & b_{1n} \\ 0 & b_{22} & \cdots & b_{2n} \\ \vdots & \vdots & & \vdots \\ 0 & b_{2n} & \cdots & b_{nn} \end{bmatrix}$$

则有

$$P^{-1}AP = \begin{bmatrix} \lambda_1 & b_{12} & \cdots & b_{1n} \\ 0 & b_{22} & \cdots & b_{2n} \\ \vdots & \vdots & & \vdots \\ 0 & b_{2n} & \cdots & b_{nn} \end{bmatrix} \qquad ②$$

(2) 对 n 用数学归纳法. 当 $n=1$ 时, 由上面(1)知结论成立. 归纳假设结论对 $n-1$ 成立. 再证 n 时也成立.

取 A 的一个特征根 λ_1, 由上面(1), 存在可逆阵 P, 使式②成立.

在式②中, 令 $B = \begin{bmatrix} b_{22} & \cdots & b_{2n} \\ \vdots & & \vdots \\ b_{n2} & \cdots & b_{nn} \end{bmatrix}$, 则 B 是 $n-1$ 阶方阵. 由归纳假设存在 $n-1$ 阶可逆阵 T_1, 使 $T_1^{-1}BT_1$ 为上三角阵, 即

$$T_1^{-1}BT_1 = \begin{bmatrix} \lambda_2 & d_{23} & \cdots & d_{2n} \\ 0 & \lambda_3 & \cdots & d_{3n} \\ \vdots & \vdots & & \vdots \\ 0 & 0 & \cdots & \lambda_n \end{bmatrix} \qquad ③$$

再令

$$P_1 = \begin{bmatrix} 1 & 0 \\ 0 & T_1 \end{bmatrix}, T = PP_1$$

则 P_1 和 T 都是 n 阶可逆阵. 令 $\alpha = (b_{12}, \cdots, b_{1n})$, 即知

$$T^{-1}AT = P_1^{-1}(P^{-1}AP)P_1 = \begin{bmatrix} 1 & 0 \\ 0 & T_1^{-1} \end{bmatrix} \begin{bmatrix} \lambda_1 & \alpha \\ 0 & B \end{bmatrix} \begin{bmatrix} 1 & 0 \\ 0 & T_1 \end{bmatrix}$$

$$= \begin{bmatrix} \lambda_1 & & & * \\ & \lambda_2 & & \\ & & \ddots & \\ 0 & & & \lambda_n \end{bmatrix}$$

7.3 值域、核、不变子空间

【考点综述】

1. 不变子空间

(1)设 V 是数域 P 上的线性空间,σ 是 V 的线性变换,W 是 V 的子空间,若 $\forall \alpha \in W$ 都有 $\sigma\alpha \in W$,则 W 是 σ 的不变子空间,又称为 σ 子空间.

(2)σ 的不变子空间中最重要有下面三个,它们分别是:核、值域,特征子空间.

2. 核

(1)设 V 是 P 上的 n 维线性空间,σ 是 V 的线性变换,则称集合
$$\{\alpha | \sigma\alpha = 0, \alpha \in V\}$$
为 σ 的核,记为 $\sigma^{-1}(0)$ 或 $\mathrm{Ker}\sigma$.

(2)$\mathrm{Ker}\sigma$ 是 σ 的不变子空间.

(3)若 $\varepsilon_1, \cdots, \varepsilon_n$ 为 V 的一组基,σ 在基 $\varepsilon_1, \cdots, \varepsilon_n$ 下矩阵为 A,则

(i)$\dim(\mathrm{Ker}\sigma) = n - $ 秩 A.

(ii)若秩 $A = r$,且 $Ax = 0$ 的基础解系为 $X_1, \cdots, X_{n-r}$,则
$\mathrm{Ker}\sigma = L(\xi_1, \cdots, \xi_{n-r})$,其中 $\xi_i = (\varepsilon_1, \cdots, \varepsilon_n)X_i$ $(i = 1, 2, \cdots, n-r)$
且 $\xi_1, \cdots, \xi_{n-r}$ 为 $\mathrm{Ker}\sigma$ 的一组基.

3. 值域

(1)设 V 是 P 上的 n 维线性空间,σ 是 V 的线性变换,则称集合
$$\{\sigma\alpha | \alpha \in V\}$$
为 σ 的值域,记为 σV.

(2)σV 是 σ 的不变子空间.

(3)若 $\varepsilon_1, \cdots, \varepsilon_n$ 为 V 的一组基,且 σ 在基 $\varepsilon_1, \cdots, \varepsilon_n$ 下矩阵为 A,则

(i)$\dim \sigma V = $ 秩 A.

(ii)令 $A = (A_1, \cdots, A_n)$,A_i 为 A 的列向量. 若秩 $A = r$,且 $A_{i_1}, \cdots, A_{i_r}$ 为 A 的列向量组的极大线性无关组,则 $\sigma V = L(\delta_{i_1}, \cdots, \delta_{i_r})$,其中
$$\delta_{i_j} = (\varepsilon_1, \cdots, \varepsilon_n)A_{i_j} \quad (j = 1, 2, \cdots, r)$$
且 $\delta_{i_1}, \cdots, \delta_{i_r}$ 为 σV 的一组基

(4)$\dim \sigma V + \dim \mathrm{Ker}\sigma = \dim V = n$.

4. 特征子空间

(1) 设 V 是 P 上的 n 维线性空间,σ 是 V 的线性变换,λ_0 是 σ 的一个特征值,称集合
$$\{\alpha \in V | \sigma\alpha = \lambda_0 \alpha, \alpha \varepsilon V\}$$
为 σ 的特征子空间,记为 V_{λ_0}.

(2) 特征子空间是 σ 的不变子空间.

【经典题解】

595.(南京大学) 设 $V = C^4$(C 为复数域),f 为 V 上线性变换,$\{e_1,e_2,e_3,e_4\}$ 为 V 的基底,而
$$fe_1 = e_1 + 2e_2 + 6e_3 + 7e_4, \quad fe_2 = -2e_1 - 4e_2 - 12e_3 - 14e_4$$
$$fe_3 = 3e_1 + 5e_2 + 17e_3 + 18e_4, \quad fe_4 = -4e_1 + 7e_2 - 9e_3 + 17e_4$$
试求 $\mathrm{Ker} f$(即 $f^{-1}(0)$)之基底与维数.

解 已知
$$f(e_1 e_2 e_3 e_4) = (e_1 e_2 e_3 e_4)A$$
其中
$$A = \begin{bmatrix} 1 & -2 & 3 & -4 \\ 2 & -4 & 5 & 7 \\ 6 & -12 & 17 & -9 \\ 7 & -14 & 18 & 17 \end{bmatrix}$$
则齐次线性方程组 $Ax = 0$ 的基础解系为
$$\alpha_1 = (2,1,0,0)', \quad \alpha_2 = (-41,0,15,1)'$$
令 $\xi_1 = (e_1,e_2,e_3,e_4)\alpha_1$,$\xi_2 = (e_1,e_2,e_3,e_4)\alpha_2$,则 ξ_1,ξ_2 为所求 $\mathrm{Ker} f$ 的一组基,且 $\dim \mathrm{Ker} f = 2$.

596.(华中师范大学) 设 P 是数域
$$P^n = \{(x_1,\cdots,x_n) | x_i \in P\}$$
在 P^n 中定义
$$A(x_1,\cdots,x_n) = (0,x_1,\cdots,x_{n-1}) \qquad ①$$
(1) 证明:$\underline{A}$ 是 P^n 的一个线性变换;
(2) 求 $\underline{A}$ 的核 $\mathrm{Ker}\,\underline{A}$ 的维数与一组基.

解 (1) 由定义①知,$\forall \alpha = (x_1,\cdots,x_n), \beta = (y_1,\cdots,y_n) \in P^n, \forall k \in P$,有 $\underline{A}\alpha \in P^n$,因此 $\underline{A}$ 是 P^n 到 P^n 的变换,且
$$\underline{A}(\alpha + \beta) = (0, x_1 + y_1, \cdots, x_{n-1} + y_{n-1}) = \underline{A}\alpha + \underline{A}\beta$$
$$\underline{A}(k\alpha) = (0, kx_1, \cdots, kx_{n-1}) = k\underline{A}\alpha$$
即证 $\underline{A}$ 是 P^n 的线性变换.

(2) 令 $\varepsilon_n = (0,\cdots,0,1)$,现证
$$\mathrm{Ker}\,\underline{A} = L(\varepsilon_n). \qquad ②$$
因为 $\forall \alpha = (x_1,\cdots,x_n) \in \mathrm{Ker}\underline{A}$,有 $\underline{A}\alpha = (0,x_1,\cdots,x_{n-1}) = 0$,所以
$$x_1 = \cdots = x_{n-1} = 0 \Rightarrow \alpha = (0,\cdots,0,x_n) \in L(\varepsilon_n)$$

此即
$$\mathrm{Ker}\,\underline{A}\subseteq L(\varepsilon_n). \qquad ③$$

反之,$\forall \beta \in L(\varepsilon_n)$,则 $\beta = l\varepsilon_n$,所以
$$\underline{A}\beta = A(0,\cdots,0,l) = 0 \Rightarrow \beta \in \mathrm{Ker}\,\underline{A}$$

此即
$$L(\varepsilon_n) \subseteq \mathrm{Ker}\,\underline{A}. \qquad ④$$

由式③,④即证式②. 从而 $\dim\mathrm{Ker}\,\underline{A}=1$,且 ε_n 为 $\mathrm{Ker}\,\underline{A}$ 的一组基.

597.(上海交通大学,华中师范大学) 设 V 是全体次数不超过 n 的实系数多项式,再添上零多项式组成的实数域上的线性空间,定义 V 上的线性变换
$$T[f(x)] = xf'(x) - f(x),\ \forall\, f(x) \in V$$
(1) 求 T 的核 $T^{-1}(0)$ 和值域 TV;
(2) 证明:$V = T^{-1}(0) \oplus TV$.

证 (1) 取 V 的一组基 $1,x,x^2,\cdots,x^n$,则
$$T(1,x,\cdots,x^n) = (1,x,\cdots,x^n)A$$
其中
$$A = \begin{bmatrix} -1 & 0 & 0 & \cdots & 0 \\ 0 & 0 & 0 & \cdots & 0 \\ 0 & 0 & 1 & \cdots & 0 \\ \vdots & \vdots & \vdots & & \vdots \\ 0 & 0 & 0 & \cdots & n-1 \end{bmatrix}$$

因此 $Ax=0$ 的基础解系为
$$\alpha = (0,1,0,\cdots,0)'$$
令 $\xi = (1,x,\cdots,x^n)\alpha = x$,则 $\dim T^{-1}(0) = 1$,且
$$T^{-1}(0) = L(x),\ = \{kx \mid k \in \mathbf{R}\} \qquad ①$$

其次
$$TV = TL(1,x,x^2,\cdots,x^n) = L(T1,Tx,\cdots Tx^n)$$
$$= L(-1,0,x^2,2x^3,\cdots,(n-1)x^n)$$
$$= L(1,x^2,\cdots,x^n)$$

故 $\dim TV = n$,且
$$TV = \{k_0 + k_2 x^2 + \cdots + k_n x^n \mid k_i \in \mathbf{R}\} \qquad ②$$

(2) 由式①,式②得
$$T^{-1}(0) + TV = L(x) + L(1,x^2,\cdots,x^n) = L(1,x,\cdots,x^n) = V$$
又因为 $\dim V = n+1 = \dim T^{-1}(0) + \dim TV$,所以
$$V = T^{-1}(0) \oplus TV$$

598.(华南理工大学) 元素属于实数域 $\mathbf{R}$ 的 2×2 矩阵,按矩阵加法与数的数量乘法构成数域 $\mathbf{R}$ 上的一个线性空间. 令 $M = \begin{bmatrix} 1 & 2 \\ 0 & 3 \end{bmatrix}$,在这线性空间中,变换

第七章 线性变换

$$F(A)=AM-MA \qquad ①$$

是一个线性变换,试求 F 的核的维数与一组基.

解法 1 取 $\mathbf{R}^{2\times 2}$ 的一组基

$$E_{11}=\begin{bmatrix}1&0\\0&0\end{bmatrix}, E_{12}=\begin{bmatrix}0&1\\0&0\end{bmatrix}, E_{21}=\begin{bmatrix}0&0\\1&0\end{bmatrix}, E_{22}=\begin{bmatrix}0&0\\0&1\end{bmatrix}$$

则由式①可求得

$$F(E_{11},E_{12},E_{21},E_{22})=(E_{11},E_{12},E_{21},E_{22})B$$

其中

$$B=\begin{bmatrix}0&0&-2&0\\2&2&0&-2\\0&0&-2&0\\0&0&2&0\end{bmatrix}$$

令 $Bx=0$,得基础解系

$$\alpha_1=(1,0,0,1)', \alpha_2=(0,1,0,1)'$$

再令

$$B_1=(E_{11},E_{12},E_{21},E_{22})\alpha_1=E_{11}+E_{22}=\begin{bmatrix}1&0\\0&1\end{bmatrix} \qquad ②$$

$$B_2=(E_{11},E_{12},E_{21},E_{22})\alpha_2=E_{12}+E_{22}=\begin{bmatrix}0&1\\0&1\end{bmatrix} \qquad ③$$

则 $\mathrm{Ker}F=L(B_1,B_2)$,从而 $\dim\mathrm{Ker}F=2$,且 B_1,B_2 为 $\mathrm{Ker}F$ 的一组基.

解法 2 设 $\begin{bmatrix}x_1&x_2\\x_3&x_4\end{bmatrix}\in\mathrm{Ker}F$,则

$$\begin{bmatrix}0&0\\0&0\end{bmatrix}=F\left(\begin{bmatrix}x_1&x_2\\x_3&x_4\end{bmatrix}\right)=\begin{bmatrix}x_1&x_2\\x_3&x_4\end{bmatrix}\begin{bmatrix}1&2\\0&3\end{bmatrix}-\begin{bmatrix}1&2\\0&3\end{bmatrix}\begin{bmatrix}x_1&x_2\\x_3&x_4\end{bmatrix}$$

$$\Rightarrow\begin{cases}x_3=0\\x_1+x_2-x_4=0\end{cases}$$

解之,可得基础解系

$$\alpha_1=(1,0,0,1)', \quad \alpha_2=(0,1,0,1)'.$$

余下步骤同解法 1.

599.(同济大学) 设线性空间 V 是子空间 $W_1,W_2,\cdots,W_s$ 的直和,即

$$V=W_1\oplus\cdots\oplus W_s$$

V 到 W_s 上的投影是指映射 $\varepsilon:V\to W_s$,它由

$$\varepsilon(v)=w_s$$

定义,这里

$$v=w_1+\cdots+w_s, w_i\in W_i(i=1,2,\cdots,s) \qquad ①$$

证明:(1)ε 是线性的;

(2)$\varepsilon^2=\varepsilon$.

证 (1) 由定义知 ε 是 V 到 V 的变换.
$\forall v_1, v_2 \in V, \forall l \in P$,设
$$v_1 = w_1 + \cdots + w_s, v_2 = u_1 + \cdots + u_s, 其中 w_i, u_i \in W_i (i=1,2,\cdots,s)$$
则由定义知
$$\varepsilon(v_1 + v_2) = w_s + u_s = \varepsilon(v_1) + \varepsilon(v_2)$$
$$\varepsilon(lv_1) = lw_s = l\varepsilon(v_1)$$
由此可知 ε 是 V 上的线性变换.

(2) $\forall v \in V$,且 v 由式①给出,则
$$\varepsilon^2(v) = \varepsilon(\varepsilon(v)) = \varepsilon(w_s) = w_s = \varepsilon(v)$$
即证 $\varepsilon^2 = \varepsilon$.

600.（南京大学） 设 $\mathbf{C}$ 为复数域,f 是 $\mathbf{C}^n$ 上的任一线性变换,S_1, S_2 为 $\mathbf{C}^n$ 的任意两个子空间,则
$$f(S_1 \cap S_2) = fS_1 \cap fS_2$$
是否肯定成立？若肯定成立,给出证明；若否,举出例子.

答 不一定成立.
令 $n=2, \varepsilon_1 = (1,0), \varepsilon_2 = (0,1) S_1 = L(\varepsilon_1), S_2 = L(\varepsilon_2)$,且设
$$f(\varepsilon_1, \varepsilon_2) = (\varepsilon_1, \varepsilon_2)\begin{pmatrix} 1 & 1 \\ 0 & 0 \end{pmatrix} \quad \text{①}$$
则 f 是 $\mathbf{C}^2$ 到 $\mathbf{C}^2$ 的线性变换.由式①知
$$f(\varepsilon_1) = \varepsilon_1, \quad f(\varepsilon_2) = \varepsilon_1$$
但
$$S_1 \cap S_2 = \{0\} \Rightarrow f(S_1 \cap S_2) = \{0\}$$
$$f(S_1) = S_1, f(S_2) = S_1. \Rightarrow f(S_1) \cap f(S_2) = S_1$$
证得
$$f(S_1 \cap S_2) \neq f(S_1) \cap f(S_2)$$
注 $f(s_1 \cap s_2) \subset f(s_1) \cap f(s_2)$.

601.（中国人民大学） 设 $\varepsilon_1, \varepsilon_2, \varepsilon_3, \varepsilon_4$ 是 4 维线性空间 V 的一组基,已知线性变换 T 在这组基下的矩阵为
$$A = \begin{bmatrix} 1 & 0 & 2 & 1 \\ -1 & 2 & 1 & 3 \\ 1 & 2 & 5 & 5 \\ 2 & 2 & 2 & 2 \end{bmatrix},$$

(1) 求 T 在 $\eta_1 = \varepsilon_1 + \varepsilon_2, \eta_2 = \varepsilon_2, \eta_3 = \varepsilon_3 + \varepsilon_4, \eta_4 = \varepsilon_4$ 下的矩阵 B；
(2) 求 T 的核与值域；
(3) 若线性变换 $\overline{T}$,有 $\overline{T}^{-1}(0) = 0$,问 $\overline{T}$ 是否为可逆变换？为什么？

解 (1) 设 $\varepsilon_1, \varepsilon_2, \varepsilon_3, \varepsilon_4$ 到 $\eta_1, \eta_2, \eta_3, \eta_4$ 的过渡矩阵 Z,由已知条件得
$$(\eta_1, \eta_2, \eta_3, \eta_4) = (\varepsilon_1, \varepsilon_2, \varepsilon_3, \varepsilon_4)Z$$
其中

$$Z = \begin{bmatrix} 1 & 0 & 0 & 0 \\ 1 & 1 & 0 & 0 \\ 0 & 0 & 1 & 0 \\ 0 & 0 & 1 & 1 \end{bmatrix}$$

故 T 在 $\eta_1, \eta_2, \eta_3, \eta_4$ 下的矩阵为

$$B = Z^{-1}AZ = \begin{bmatrix} 1 & 0 & 3 & 1 \\ 0 & 2 & 1 & 2 \\ 3 & 2 & 10 & 5 \\ 1 & 0 & -6 & -3 \end{bmatrix}$$

(2)(ⅰ)先求值域 TV. 因为

$$TV = TL(\varepsilon_1, \varepsilon_2, \varepsilon_3, \varepsilon_4) = L(T\varepsilon_1, T\varepsilon_2, T\varepsilon_3, T\varepsilon_4). \quad ①$$

$$T(\varepsilon_1, \varepsilon_2, \varepsilon_3, \varepsilon_4) = (\varepsilon_1, \varepsilon_2, \varepsilon_3, \varepsilon_4)A$$

$$A = \begin{bmatrix} 1 & 0 & 2 & 1 \\ -1 & 2 & 1 & 3 \\ 1 & 2 & 5 & 5 \\ 2 & 2 & 2 & 2 \end{bmatrix} \rightarrow \begin{bmatrix} 1 & 0 & 2 & 1 \\ 0 & 2 & 3 & 4 \\ 0 & 0 & 5 & 4 \\ 0 & 0 & 0 & 0 \end{bmatrix}$$

若令 $A=(A_1,A_2,A_3,A_4)$,其中 A_i 为 A 的列向量,则 A_1,A_2,A_3 为 A_1,A_2,A_3,A_4 的一个极大线性无关组,且秩 $A=3$,由式①知

$$\dim TV = 秩 A = 3 \quad ②$$

故 T 的值域 $TV=L(T\varepsilon_1, T\varepsilon_2, T\varepsilon_3)$,且

$T\varepsilon_1 = \varepsilon_1 - \varepsilon_2 + \varepsilon_3 + 2\varepsilon_4, T\varepsilon_2 = 2\varepsilon_2 + 2\varepsilon_3 + 2\varepsilon_4, T\varepsilon_3 = 2\varepsilon_1 + \varepsilon_2 + 5\varepsilon_3 + 2\varepsilon_4$

为值域 TV 的一组基.

(ⅱ)再求核 $T^{-1}(0)$. 由式②知

$$\dim T^{-1}(0) = 4 - \dim TV = 1$$

再作齐次线性方程组 $Ax=0$,得基础解系为

$$\alpha = (-3, 4, 4, -5)'$$

令

$$\xi = (\varepsilon_1, \varepsilon_2, \varepsilon_3, \varepsilon_4)\alpha = -3\varepsilon_1 + 4\varepsilon_2 + 4\varepsilon_3 - 5\varepsilon_4$$

则 $T^{-1}(0) = L(\xi)$,即 ξ 为核 $T^{-1}(0)$ 为一组基.

(3) 答 $\overline{T}$ 是 V 的可逆线性变换.

事实上,设

$$\overline{T}(\varepsilon_1, \varepsilon_2, \varepsilon_3, \varepsilon_4) = (\varepsilon_1, \varepsilon_2, \varepsilon_3, \varepsilon_4)B$$

因为 $\overline{T}^{-1}(0)=0$,所以 $BX=0$ 只有零解,从而 B 可逆. 故 $\overline{T}^{-1}$ 为可逆变换.

602.(湖南师范大学) 设 V 是数域 P 上 n 维线性空间,$\underline{A}$ 是 V 上线性变换,证明:下面三条件等价:

(1)$\underline{A}$ 是一一变换;

(2)$\underline{A}$ 是映上的;

(3) $\underline{A}\alpha=0 \Leftrightarrow \alpha=0, \alpha \in V$.

证 首先"$\underline{A}$ 是——变换"的含意为"$\underline{A}$ 是双射","$\underline{A}$ 是映上的"含意为"$\underline{A}$ 是满射". "$\underline{A}\alpha=0 \Leftrightarrow \alpha=0, \alpha \in V$"的含意为"$\underline{A}^{-1}(0)=\{0\}$". 因此直接改证下面三条件等价:

(4) $\underline{A}$ 是双射;

(5) $\underline{A}$ 是满射;

(6) $\underline{A}^{-1}(0)=\{0\}$.

事实上,(4)⇒(5)是显然的.

(5)⇒(6). 若 $\underline{A}$ 是满射,则 $\underline{A}V=V$. 所以 $\dim \underline{A}V=n$. 于是
$$\dim \underline{A}^{-1}(0)=n-\dim \underline{A}V=0 \Rightarrow \dim \underline{A}^{-1}(0)=0$$
故 $\underline{A}^{-1}(0)=\{0\}$.

(6)⇒(4). 若 $\underline{A}^{-1}(0)=\{0\}$,则 $\dim \underline{A}V=n. \Rightarrow \underline{A}V=V$,从而 $\underline{A}$ 为满射. 又 $\underline{A}^{-1}(0)=\{0\}$,所以 $\underline{A}$ 为单射,即证 $\underline{A}$ 为双射.

综上可得(4),(5),(6)等价,从而(1),(2),(3)等价.

603. (南京大学) 设 V 是复数域上以 $\{e_1, e_2, e_3, e_4\}$ 为基底的线性空间,ψ 为 V 上的线性变换
$$\left.\begin{aligned}\psi(e_i)&=e_i (i=1,2,3)\\ \psi(e_4)&=e_2\end{aligned}\right\} \quad ①$$
记 $\mathrm{Im}\psi=\{y | y=\psi(x), \forall x \in V\}$ 为 ψ 的象空间,$\mathrm{Ker}\psi=\{x | \psi(x)=0, x \in V\}$ 为 ψ 的核, 试求 $\mathrm{Im}\psi, \mathrm{Ker}\psi, \mathrm{Im}\psi+\mathrm{Ker}\psi, \mathrm{Im}\psi \cap \mathrm{Ker}\psi$.

解 因为
$$V=L(e_1, e_2, e_3, e_4)$$
$$\mathrm{Im}\psi=\psi V=\psi L(e_1, e_2, e_3, e_4)$$
$$=L\{\psi(e_1), \psi(e_2), \psi(e_3), \psi(e_4)\}=L(e_1, e_2)$$
所以 $\dim(\mathrm{Im}\psi)=2$, e_1, e_2 为它的一组基. 且
$$\dim(\mathrm{Ker}\psi)=4-\dim(\mathrm{Im}\psi)=2$$
设 ψ 在 e_1, e_2, e_3, e_4 下矩阵为 A,由式①知
$$A=\begin{bmatrix} 1 & 1 & 1 & 0 \\ 0 & 0 & 0 & 1 \\ 0 & 0 & 0 & 0 \\ 0 & 0 & 0 & 0 \end{bmatrix}$$
且齐次方程组 $Ax=0$ 的基础解系为
$$\alpha_1=(1,-1,0,0)', \quad \alpha_2=(1,0,-1,0)'$$
再令
$$\xi_1=(e_1 e_2 e_3 e_4)\alpha_1=e_1-e_2, \quad \xi_2=(e_1 e_2 e_3 e_4)\alpha_2=e_1-e_3$$
则 $\mathrm{Ker}\psi=L(\xi_1, \xi_2)$,其中 ξ_1, ξ_2 为 $\mathrm{Ker}\psi$ 的一组基.
$$\mathrm{Im}\psi+\mathrm{Ker}\psi=L(e_1, e_2)+L(e_1-e_2, e_1-e_3)$$
$$=L(e_1, e_2, e_1-e_2, e_1-e_3)$$

由于 $e_1, e_2, e_1-e_2, e_1-e_3$ 与 e_1, e_2, e_3 等价,因此
$$\text{Im}\psi + \text{Ker}\psi = L(e_1, e_2, e_3).$$
从而 $\dim(\text{Im}\psi + \text{Ker}\psi) = 3$,且 e_1, e_2, e_3 为它的一组基.

再由维数公式
$$\dim(\text{Im}\psi \cap \text{Ker}\psi) = \dim(\text{Im}\psi) + \dim(\text{Ker}\psi) - \dim(\text{Im}\psi + \text{Ker}\psi) = 1$$
$\forall \alpha \in \text{Im}\psi \cap \text{Ker}\psi$,有
$$\begin{cases} \alpha \in \text{Im}\psi \\ \psi(\alpha) = 0 \end{cases} \Rightarrow \begin{cases} \alpha = x_1 e_1 + x_2 e_2 \\ \psi(\alpha) = x_1 e_1 + x_2 e_2 = 0 \end{cases}$$
故 $x_1 + x_2 = 0$.

令 $\xi_3 = e_1 - e_2$,则 $\text{Im}\psi \cap \text{Ker}\psi = L(\xi_3)$,且 ξ_3 为 $\text{Im}\psi \cap \text{Ker}\psi$ 的一组基.

604.(华中师范大学) 在数域 P 上一切 n 级方阵所成的线性空间 V 中,取定方阵 A, B, C, D. 求证
$$\underline{A}(Z) = AZB + CZ + ZD, Z \in V \qquad ①$$
是 V 的线性变换.并证明:当 $C = D = 0$ 时,$\underline{A}$ 可逆的充要条件是 $|AB| \neq 0$.

证 (1) $\forall Z, Y \in V, \forall k \in P$,由式①有
$$\begin{aligned}
\underline{A}(Z+Y) &= A(Z+Y)B + C(Z+Y) + (Z+Y)D \\
&= (AZB + CZ + ZD) + (AYB + CY + YD) \\
&= \underline{A}Z + \underline{A}Y \\
\underline{A}(kZ) &= A(kZ)B + C(kZ) + (kZ)D \\
&= k(AZB + CZ + ZD) \\
&= k\underline{A}Z
\end{aligned}$$
所以 $\underline{A}$ 是 V 上的线性变换.

(2) 当 $C = D = 0$ 时,式①变为
$$\underline{A}(Z) = AZB, \forall Z \in V \qquad ②$$
(ⅰ) 先证充分性,若 $|AB| \neq 0$,则 A^{-1}, B^{-1} 存在,并在 V 上定义变换
$$\underline{B}(Z) = A^{-1} Z B^{-1}, \forall Z \in V \qquad ③$$
可证 $\underline{B}$ 也是 V 上线性变换,且
$$\underline{A}\underline{B} = \underline{B}\underline{A} = \varepsilon \qquad ④$$
其中 ε 是 V 上恒等变换,由④知 $\underline{A}$ 可逆.

(ⅱ) 再证必要性,因为 $\underline{A}$ 可逆,从而存在变换 $\underline{C}$,使
$$\underline{A}\underline{C} = \underline{C}\underline{A} = \varepsilon \qquad ⑤$$
取 n 级单位阵 $E \in V$,由式⑤知
$$E = \varepsilon(E) = \underline{A}\underline{C}(E) = A\underline{C}(E)B \qquad ⑥$$
两边取行列式知 $|A||\underline{C}(E)||B| = 1$,即证 $|AB| \neq 0$.

605.(中山大学,华中师范大学) 设 N, T 是 n 维线性空间 V_n 的任意两个子空间,维数之和为 n. 求证:存在线性变换 $\underline{A}$,使
$$\underline{A}V = T, \underline{A}^{-1}(0) = N$$

证 设 $\dim N = t, \dim T = n - t$.

(1)若 $t = 0$ 时,即 $N = \{0\}$,这时规定 $\underline{A} = \varepsilon$(恒等变换)即可.

(2)若 $t = n$ 时,即 $AV = \{0\}$,这时规定 $\underline{A} = 0$(零变换)即可.

(3)若 $0 < t < n$,令

$$N = L(\alpha_1, \cdots, \alpha_t), \text{其中} \alpha_1, \cdots, \alpha_t \text{为} N \text{的一组基}$$

$$T = L(\beta_{t+1}, \cdots, \beta_n), \text{其中} \beta_{t+1}, \cdots, \beta_n \text{为} T \text{的一组基}$$

现将 $\alpha_1, \cdots, \alpha_t$ 扩大为 V 的一组基

$$\alpha_1, \cdots, \alpha_t, \alpha_{t+1}, \cdots, \alpha_n$$

那么存在唯一的线性变换 $\underline{A}$,使

$$\underline{A}\alpha_i = \begin{cases} 0, i = 1, 2, \cdots, t, \\ \beta_i, i = t+1, \cdots, n. \end{cases} \qquad ①$$

由式①不难看出

$$\underline{A}^{-1}(0) = L(\alpha_1, \cdots, \alpha_t) = N, \quad \underline{A}V = L(\beta_{t+1}, \cdots, \beta_n) = T$$

606.(北京大学) 设 V 是数域 K 上的 n 维线性空间,并且 $V = U \oplus W$,任给 $\alpha \in V$,设 $\alpha = \alpha_1 + \alpha_2, \alpha_1 \in U, \alpha_2 \in W$,令 $P(\alpha) = \alpha_1$.证明:

(1) P 是 V 上的线性变换,并且 $P^2 = P$;

(2) P 的核 $\mathrm{Ker}P = W, P$ 的象(值域)$\mathrm{Im}P = U$;

(3) V 中存在一个基,使得 P 在这组基下的矩阵为 $\begin{bmatrix} I_r & 0 \\ 0 & 0 \end{bmatrix}$,其中 I_r 是 r 级单位矩阵,请指出 r 等于什么?

证 (1) 首先可以看出 P 是 V 的变换,且 $\forall \alpha, \beta \in V, \forall l \in K$,若 $\alpha = \alpha_1 + \alpha_2, \beta = \beta_1 + \beta_2, \alpha_1, \beta_1 \in U, \alpha_2, \beta_2 \in W$. 则

$$P(\alpha + \beta) = \alpha_1 + \beta_1 = P(\alpha) + P(\beta)$$
$$P(k\alpha) = k\alpha_1 = kP(\alpha)$$

故 P 是 V 上线性变换,且由于

$$P^2(\alpha) = P[P(\alpha)] = P(\alpha_1) = \alpha_1 = P(\alpha)$$

由 α 的任意性,知 $P^2 = P$.

(2)(i)先证 $\mathrm{Ker}P = W$ ①

$\forall \delta_2 \in W$,有

$$P(\delta_2) = P(0 + \delta_2) = 0 \Rightarrow \delta_2 \in \mathrm{Ker}P$$

此即

$$W \subseteq \mathrm{Ker}P \qquad ②$$

$\forall \gamma \in \mathrm{Ker}P$,有 $\gamma = \gamma_1 + \gamma_2, \gamma_1 \in U, \gamma_2 \in W$,于是

$$0 = P(\gamma) = \gamma_1 \Rightarrow \gamma = \gamma_1 + \gamma_2 = \gamma_2 \in W$$

此即

$$\mathrm{Ker}P \subseteq W \qquad ③$$

由式②,③即证①.

(ii)再证 $\text{Im}P=U$. ④

$\forall \alpha_1 \in U$,则 $\alpha_1=P(\alpha_1)\in \text{Im}P$,所以
$$U\subseteq \text{Im}P \quad ⑤$$
另一方面
$$n=\dim\text{Ker}P+\dim\text{Im}P=\dim W+\dim\text{Im}P \quad ⑥$$
$$n=\dim U+\dim W \quad ⑦$$
由式⑥,式⑦有
$$\dim U=\dim\text{Im}P. \quad ⑧$$
再由式⑤,式⑥,即证式④

(3)设 $\dim U=r$,则 $\dim W=n-r$. 取 U 的一组基 $\alpha_1,\cdots,\alpha_r$,再取 W 的一组基 $\alpha_{r+1},\cdots,\alpha_n$ 由于 $V=U\oplus W$,因此 $\alpha_1,\cdots,\alpha_r,\alpha_{r+1},\cdots,\alpha_n$ 为 V 的一组基. 由 P 的定义有
$$P\alpha_i=\begin{cases}\alpha_i\ (i=1,2\cdots,r)\\ 0\ (i=r+1,\cdots,n)\end{cases}$$
$$\Rightarrow P(\alpha_1,\cdots,\alpha_n)=(\alpha_1,\cdots,\alpha_n)\begin{bmatrix}I_r & 0\\ 0 & 0\end{bmatrix}$$

其中 r 为子空间 U 的维数.

607.(兰州大学) 设 $P^n=S\oplus M$,其中 P^n 是数域 P 上所有 n 维列向量构成的向量空间,S,M 是其真子空间. 证明:存在唯一的幂等变换(即 $A^2=A$),使得
$$AP^n=S, A^{-1}(0)=M$$

证 设 $\dim S=r$,则 $\dim M=n-r$. 取 S 的一组基 $\alpha_1,\cdots,\alpha_r$,再取 $\alpha_{r+1},\cdots,\alpha_n$ 为 M 为一组基. 因为 $P^n=S\oplus M$,所以 $\alpha_1\cdots\alpha_r,\alpha_{r+1}\cdots\alpha_n$ 为 P^n 的一组基.

由 606 题知,存在幂等变换 A,即 $A^2=A$,且
$$A\alpha_i=\begin{cases}\alpha_i, i=1,2,\cdots,r\\ 0, i=r+1,\cdots,n\end{cases} \quad ①$$

因为 $P^n=L(\alpha_1,\cdots,\alpha_n)$,所以
$AP^n=L(A\alpha_1,\cdots,A\alpha_r,A\alpha_{r+1},\cdots,A\alpha_n)$
$\quad=L(\alpha_1,\cdots,\alpha_r)=S$

再证明:$A^{-1}(0)=M$.

$\forall \alpha\in M=L(\alpha_{r+1},\cdots,\alpha_n)$,有
$$\alpha=k_{r+1}\alpha_{r+1}+\cdots+k_n\alpha_n\Rightarrow A\alpha=k_{r+1}A\alpha_{r+1}+\cdots+k_nA\alpha_n=0$$
故 $\alpha\in A^{-1}(0)$. 即证
$$M\subseteq A^{-1}(0)$$

反之,$\forall \beta\in A^{-1}(0)$,则 $A\beta=0$. 设
$$\beta=l_1\alpha_1+\cdots+l_r\alpha_r+\cdots+l_n\alpha_n$$
$$0=A\beta=l_1\alpha_1+\cdots+l_r\alpha_r$$

则 $l_1=\cdots=l_r=0$,且有
$$\beta=l_{r+1}\alpha_{r+1}+\cdots+l_n\alpha_n\in M$$

此即 $A^{-1}(0) \subseteq M$，故 $A^{-1}(0) = M$

最后证明唯一性，若还有变换 H，使 $H^2 = H, HP^n = S, H^{-1}(0) = M$，则
$$H\alpha_i = 0 \ (i = r+1, \cdots, n) \qquad ②$$

因为 $HP^n = HL(\alpha_1, \cdots, \alpha_n) = L(H\alpha_1, \cdots H\alpha_r, 0, \cdots, 0)$，且 $\dim HP^n = r$，所以 $H\alpha_1, \cdots, H\alpha_r$ 线性无关.

设 $H(\alpha_i) = a_{i1}\alpha_1 + \cdots + a_{ir}\alpha_r, (i = 1, 2, \cdots, r)$，则
$$H(\alpha_1, \cdots, \alpha_r) = (\alpha_1, \cdots, \alpha_r)R \Rightarrow H^2(\alpha_1, \cdots, \alpha_r) = (\alpha_1, \cdots, \alpha_r)R^2 \qquad ③$$

因为 $H = H^2$，所以 $R = R^2$，再由式③可知

秩 $R = $ 秩 $(H\alpha_1, \cdots, H\alpha_r) = r \Rightarrow |R| \neq 0$，则由
$$R^2 = R \Rightarrow R = E$$

再由式③可知
$$H\alpha_i = \alpha_i \quad (i = 1, 2, \cdots, r) \qquad ④$$

由式②~④知
$$H\alpha_i = \begin{cases} \alpha_i (i = 1, 2, \cdots, r) \\ 0 (i = r+1, \cdots, n) \end{cases}$$

但 $A\alpha_i = \begin{cases} \alpha_i (i = 1, 2, \cdots, r) \\ 0 (i = r+1, \cdots, n) \end{cases}$，所以
$$A\alpha_i = H\alpha_i \quad (i = 1, 2, \cdots, n)$$

即证 $A = H$.

608. (华中科技大学) 设 T 是线性空间 V 上的线性变换，Z 是 V 的非零向量. 若向量组 $Z, TZ, \cdots, T^{m-1}Z$ 线性无关，而 $T^m Z$ 与它们线性相关. 证明：子空间 $W = L(Z, TZ, \cdots, T^{m-1}Z)$ 是 T 的不变子空间，并求在该组基下的矩阵.

证 因为 $Z, TZ, \cdots, T^{m-1}Z$ 线性无关，而 $Z, TZ, \cdots, T^{m-1}Z, T^m Z$ 线性相关，所以 $T^m Z$ 可由 $Z, TZ, \cdots, T^{m-1}Z$ 线性表出，即
$$T^m Z = l_0 Z + l_1 TZ + \cdots + l_{m-1} T^{m-1} Z$$

$\forall \xi \in W$，则
$$\xi = k_0 Z + k_1 TZ + \cdots + k_{m-1} T^{m-1} Z$$

即 $T\xi = k_0 TZ + k_1 T^2 Z + \cdots + k_{m-2} T^{m-1} Z + k_{m-1} T^m Z$
$$= k_{m-1} l_0 Z + (k_{m-1} l_1 + k_0) TZ + \cdots + (k_{m-1} l_{m-1} + k_{m-2}) T^{m-1} Z$$

故 $T\xi \in W$，即证 W 是 T 的不变子空间.

设 T 在基 $Z, TZ, \cdots, T^{m-1}Z$ 下的矩阵为 A，则
$$A = \begin{bmatrix} 0 & 0 & \cdots & 0 & l_0 \\ 1 & 0 & \cdots & 0 & l_1 \\ 0 & 1 & \cdots & 0 & l_2 \\ \vdots & \vdots & & \vdots & \vdots \\ 0 & 0 & \cdots & 1 & l_{m-1} \end{bmatrix}$$

609.（中国人民大学） 设 A 是 n 维线性空间 V 上的线性变换，试证：秩 A^2 = 秩 A 的充分必要条件是 $V = AV \oplus A^{-1}(0)$.

证 （1）先证充分性 设 $V = AV \oplus A^{-1}(0)$，因为
$$A^2 V = A(AV) \subseteq AV \qquad ①$$
且 $\forall \beta \in AV$，存在 $\alpha \in V$，使 $\beta = A\alpha$. 于是可设
$$\alpha = \alpha_1 + \alpha_2, \text{其中 } \alpha_1 \in AV, \alpha_2 \in A^{-1}(0)$$
则
$$\beta = A\alpha = A\alpha_1 + A\alpha_2 = A\alpha_1 = A(A\delta) = A^2\delta \in A^2 V$$
此即
$$AV \subseteq A^2 V \qquad ②$$
由式①，式②即证 $AV = A^2 V$. 故
$$\text{秩 } A = \dim AV = \dim A^2 V = \text{秩 } A^2$$
（2）再证必要性. 设秩 A = 秩 A^2，则
$$\text{秩 } A + \dim A^{-1}(0) = \dim AV + \dim A^{-1}(0) = n$$
$$= \dim A^2 V + \dim (A^2)^{-1}(0) \qquad ③$$
$$= \text{秩 } A^2 + \dim (A^2)^{-1}(0)$$
于是
$$\dim A^{-1}(0) = \dim (A^2)^{-1}(0) \qquad ④$$
但
$$A^{-1}(0) \subseteq (A^2)^{-1}(0) \qquad ⑤$$
于是由式④，式⑤有
$$A^{-1}(0) = (A^2)^{-1}(0) \qquad ⑥$$
再证
$$AV \cap A^{-1}(0) = \{0\} \qquad ⑦$$
又因为 $\forall \beta \in AV \cap A^{-1}(0)$，$\exists \gamma \in V$，使 $\beta = A\gamma$，且 $A\beta = 0$，所以
$$A^2 \gamma = A\beta = 0 \Rightarrow \gamma \in (A^2)^{-1}(0) = A^{-1}(0)$$
故 $\beta = A\gamma = 0$，即证式⑦.

由式③，式⑦. 可得 $V = AV \oplus A^{-1}(0)$.

注 （1）一般 $V \neq AV \oplus A^{-1}(0)$，本题给出了直和的一个充分必要条件.
（2）由必要条件可证

610.（华中师范大学，四川师范大学） 设 T 是 n 维线性空间 V 的线性变换，且 $T^2 = T$. 则 $V = TV \oplus T^{-1}(0)$.

611.（华中师范大学） 设 A 是 n 维线性空间 V 的线性变换. 证明：$AV \subseteq A^{-1}(0)$ 的充要条件 $A^2 = 0$(零变换).

证 先证必要性，设 $AV \subseteq A^{-1}(0)$，则 $\forall \alpha \in V$，有
$$A\alpha \in AV \subseteq A^{-1}(0)$$
故 $A^2 \alpha = 0 = 0\alpha$，由 α 的任意性，知 $A^2 = 0$.

再证充分性,设 $A^2=0$,则 $\forall \beta \in AV$,存在 $\alpha \in V$,使 $A\alpha=\beta$.那么
$$A\beta = A^2\alpha = 0\alpha = 0$$
故 $\beta \in A^{-1}(0)$,即证 $AV \subseteq A^{-1}(0)$.

612.(北京大学) 设 $\underline{A}$ 是实数域 **R** 上的 3 维线性空间 V 内的一个线性变换,对 V 的一组基 $\varepsilon_1, \varepsilon_2, \varepsilon_3$,有

$\underline{A}\varepsilon_1 = 3\varepsilon_1 + 6\varepsilon_2 + 6\varepsilon_3, \underline{A}\varepsilon_2 = 4\varepsilon_1 + 3\varepsilon_2 + 4\varepsilon_3, \underline{A}\varepsilon_3 = -5\varepsilon_1 - 4\varepsilon_2 - 6\varepsilon_3$

(1)求 $\underline{A}$ 的全部特征值和特征向量;

(2)设 $\underline{B} = \underline{A}^3 - 5\underline{A}$,求 $\underline{B}$ 的一个非平凡的不变子空间.

解 (1) 设 $\underline{A}$ 在基 $\varepsilon_1, \varepsilon_2, \varepsilon_3$ 下的矩阵为 A,由题设有

$$A = \begin{bmatrix} 3 & 4 & -5 \\ 6 & 3 & -4 \\ 6 & 4 & -6 \end{bmatrix}$$

计算可得
$$|\lambda E - A| = (\lambda - 3)(\lambda^2 + 3\lambda + 4)$$

所以 $\lambda_1 = 3$,另外两个为虚根,不属于实数域,应舍去,即 $\underline{A}$ 在实数域 **R** 上仅有一个特征值 3.

当 $\lambda = 3$ 时,由 $(3E-A)x=$ 可得特征向量为令 $\alpha=(8,15,12)'$. 令
$$\xi = (\varepsilon_1 \varepsilon_2 \varepsilon_3)\alpha = 8\varepsilon_1 + 15\varepsilon_2 + 12\varepsilon_3,$$

则 $\underline{A}$ 属于特征值 3 的全部特征向量为 $k\xi$,其中 k 为任意非零实数.

(2) 由于 $\underline{B} = \underline{A}^3 - 5\underline{A}$,从而 $\underline{B}$ 有特征值
$$\mu = 3^3 - 5 \times 3 = 12$$

因为 $\underline{A}\xi = 3\xi, \Rightarrow \underline{B}\xi = (\underline{A}^3 - 5\underline{A})\xi = (3^3 - 5 \times 3)\xi = 12\xi$

所以 ξ 也是 $\underline{B}$ 的特征向量,令
$$W = \{\xi | \underline{B}\xi = 12\xi, \xi \in V\}$$

则 W 是 $\underline{B}$ 的特征子空间,从而为 $\underline{B}$ 的非平凡的不变子空间,且 $\dim W = 1, \xi$ 是 W 的一组基.

613.(广西师范大学) 线性空间 V 的线性变换 P 是 V 到某一子空间上射影变换的充要条件是 P 是幂等变换.

证 设 $V = V_1 \oplus V_2$,先证必要性.

设 $\forall \alpha = \alpha_1 + \alpha_2 \in V$,其中 $\alpha_1 \in V_1, \alpha_2 \in V_2$,且 $P(\alpha) = \alpha_1$,则由第 607 题知 $P^2 = P$.

再证充分性,设 P 是 V 的线性变换,且 $P^2 = P$,则 $V = PV \oplus P^{-1}(0)$. 所以 $\forall \beta \in V$,令 $\beta = \beta_1 + \beta_2$,其中 $\beta_1 \in PV, \beta_2 \in P^{-1}(0)$,有
$$P(\beta) = P(\beta_1) + P(\beta_2) = P(\beta_1) \in PV$$

即 P 为 V 到 PV 上射影变换.

614.(中山大学,郑州大学) 设 W 是 n 维线性空间 V 的子空间,A 是 V 上的线性变换,$W_0 = W \cap A^{-1}(0)$(记号 $A^{-1}(0)$ 表示 A 的核空间).证明:
$$\dim W = \dim AW + \dim W_0$$

证 设 $\dim W_0 = m$,并取它的一组基 $\alpha_1, \cdots, \alpha_m$. 再扩充为 W 的一组基 $\alpha_1, \cdots, \alpha_m, \alpha_{m+1}, \cdots, \alpha_s$,其中 $\dim W = s$. 则

$$W = L(\alpha_1, \cdots, \alpha_m, \alpha_{m+1}, \cdots, \alpha_s)$$

$$AW = L(A\alpha_1, \cdots, A\alpha_s) = L(A\alpha_{m+1}, \cdots, A\alpha_s)$$

下证 $A\alpha_{m+1}, \cdots, A\alpha_s$ 线性无关. 令

$$k_{m+1}A\alpha_{m+1} + \cdots + k_s A\alpha_s = 0$$

则

$$A(k_{m+1}\alpha_{m+1} + \cdots + k_s\alpha_s) = 0 \Rightarrow k_{m+1}\alpha_{m+1} + \cdots + k_s\alpha_s \in W \cap A^{-1}(0)$$

又因为 $W \cap A^{-1}(0) = L(\alpha_1, \cdots, \alpha_m)$,所以

$$k_{m+1}\alpha_{m+1} + \cdots + k_s\alpha_s = l_1\alpha_1 + \cdots + l_m\alpha_m$$

从而并由表示法唯一,知

$$k_{m+1} = \cdots = k_s = l_1 = \cdots l_m = 0$$

故

$$\dim AW = s - m$$

即证 $\dim AW + \dim W_0 = (s-m) + m = s = \dim W$.

615. (北京师范大学) 设 $F[x]$ 表示数域 F 上一元多项式的全体

$$D: F[x] \to F[x]$$

是 $F[x]$ 自身的映衬,它满足下列条件:

(1) $D(\alpha f + \beta g) = \alpha D(f) + \beta D(g)$; ①

(2) $D(fg) = D(f)g + fD(g)$; ②

(3) $Dx = 1$. ③

这里 $\forall f, g \in F[x], \forall \alpha, \beta \in F$,证明:$D(f) = f'$ 是 f 的导数.

证 由式②知 $D(1) = D(1 \times 1) = D(1) + D(1)$,则

$$D(1) = 0 \Rightarrow D(\alpha) = D(\alpha \cdot 1) = \alpha D(1) = 0$$

再用数学归纳法,可证

$$D(x^m) = mx^{m-1} \quad (m \in \mathbf{N})$$ ④

当 $m = 1$ 时,由式③知式④成立,归纳假设结论对 $m-1$ 成立. 即

$$D(x^{m-1}) = (m-1)x^{m-2}$$ ⑤

再当 m 时,有

$$D(x^m) = D(x x^{m-1}) = D(x^{m-1})x + x^{m-1}D(x)$$
$$= (m-1)x^{m-2}x + x^{m-1} = mx^{m-1}$$

从而得证式④对一切自然数 m 都成立.

再证

$$D(ax^m) = amx^{m-1}$$

由式①和式④得

$$D(ax^m) = aD(x^m) = amx^{m-1}$$ ⑥

即式⑥成立.

$\forall f(x) \in F[x]$,有 $f(x) = a_n x^n + \cdots + a_1 x + a_0$,故

$$D[f(x)] = a_n D(x^n) + \cdots + a_1 D(x) + D(a_0)$$
$$= a_n n x^{n-1} + \cdots + a_1 \cdot 1 + 0 = f'(x)$$

即证.

616.(华东纺织工学院) 设 α_1 为线性变换 $\underline{A}$ 的特征向量,
$$(\underline{A} - \lambda I)\alpha_1 = 0 \text{(其中 } I \text{ 为恒等变换)} \qquad ①$$
而向量组 $\alpha_1, \alpha_2, \cdots, \alpha_s$ 满足
$$(\underline{A} - \lambda I)\alpha_{i+1} = \alpha_i \quad (i = 1, 2, \cdots, s-1) \qquad ②$$
证明:$\alpha_1, \alpha_2, \cdots, \alpha_s$ 线性无关.

证 设
$$x_1\alpha_1 + x_2\alpha_2 + \cdots + x_s\alpha_s = 0 \qquad ③$$
则 $(\underline{A} - \lambda I)(x_1\alpha_1 + \cdots + x_s\alpha_s) = 0$. 由①,②得
$$x_2\alpha_1 + \cdots + x_s\alpha_{s-1} = 0, \qquad ④$$
再用 $(\underline{A} - \lambda I)$ 作用式②,这样继续下去,可得 $x_s\alpha_1 = 0$.

因为 α_1 是特征向量,所以 $\alpha_1 \neq 0$,从而 $x_s = 0$.再代入式③得
$$x_1\alpha_1 + \cdots + x_{s-1}\alpha_{s-1} = 0$$
继续这样下去可得
$$x_{s-1} = \cdots = x_1 = 0$$
故 $\alpha_1, \alpha_2, \cdots, \alpha_s$ 线性无关.

617.(南开大学) 设 $\underline{A}$ 是数域 K 上 n 维线性空间的线性变换,则数 λ 是它的特征值的充要条件是 $\underline{A} - \lambda I$ 不可逆(这里 I 是恒等变换).

证 设 α 是 $\underline{A}$ 的属于特征值 λ 的特征向量,则

λ 是 $\underline{A}$ 的特征值 $\Leftrightarrow$ 存在 $\alpha \neq 0$ 使 $\underline{A}\alpha = \lambda\alpha$
$\Leftrightarrow$ 存在 $\alpha \neq 0$ 使 $(\underline{A} - \lambda I)\alpha = 0$
$\Leftrightarrow \underline{A} - \lambda I$ 不可逆

618.(南开大学) 若 $\underline{A}$ 是实数域 $\mathbf{R}$ 上的 n 维线性空间 V 的线性变换,已知它有 n 个不同实特征值.试求其全部不变子空间,并指出其个数.

解 设 $\underline{A}$ 的 n 个不同特征为 $\lambda_1, \lambda_2, \cdots, \lambda_n$,且 $\alpha_1, \alpha_2, \cdots, \alpha_n$ 为相应的特征向量,则它们也是 V 的一组基,故
$$W = L(\alpha_{i_1}, \cdots, \alpha_{i_s}) \quad (1 \leqslant s \leqslant n)$$
以及 $\{0\}$ 都是 V 的不变子空间,所以不变子空间共有 2^n 个.

619.(武汉大学) 已知线性空间 $M_2(K)$ 的线性变换
$$\sigma(X) = B^T X - X^T B, \forall X \in M_2(K), \text{其中 } B = \begin{pmatrix} 1 & 1 \\ 0 & 1 \end{pmatrix}$$
与线性子空间
$$W = \left\{ \begin{pmatrix} x_{11} & x_{12} \\ x_{21} & x_{22} \end{pmatrix} \middle| x_{11} + x_{22} = 0, x_{ij} \in K \right\}$$

(1)求 W 的一个基;

(2)证明:W 是 σ 的不变子空间;

(3)将 σ 看成 W 上的线性变换,求 W 的一个基,使 σ 在该基下的矩阵为对角矩阵.

解 (1)易知 W 的一个基为 $C_1 = \begin{pmatrix} 1 & 0 \\ 0 & -1 \end{pmatrix}, C_2 = \begin{pmatrix} 0 & 1 \\ 0 & 0 \end{pmatrix}, C_3 = \begin{pmatrix} 0 & 0 \\ 1 & 0 \end{pmatrix}.$

(2)任取 $X = \begin{pmatrix} x_{11} & x_{12} \\ x_{21} & x_{22} \end{pmatrix} \in W$,由于

$$\sigma(X) = B^T X - X^T B = \begin{pmatrix} 0 & x_{12} - x_{11} - x_{21} \\ x_{11} + x_{21} - x_{12} & 0 \end{pmatrix} \in W$$

所以 W 是 σ 的不变子空间.

(3)经计算知

$$\sigma(C_1) = \begin{pmatrix} 0 & -1 \\ 1 & 0 \end{pmatrix} = -C_2 + C_3, \quad \sigma(C_2) = \begin{pmatrix} 0 & 1 \\ -1 & 0 \end{pmatrix} = C_2 - C_3$$

$$\sigma(C_3) = \begin{pmatrix} 0 & -1 \\ 1 & 0 \end{pmatrix} = -C_2 + C_3$$

故,对于 σ 在 W 上的限制变换,$\sigma|_W$,有

$$\sigma|_W(C_1, C_2, C_3) = (C_1, C_2, C_3) \begin{bmatrix} 0 & 0 & 0 \\ -1 & 1 & -1 \\ 1 & -1 & 1 \end{bmatrix} = (C_1, C_2, C_3) A$$

矩阵 A 的特征值为 $\lambda = 0$(二重),属于 $\lambda = 0$ 的线性无关的特征向量为 $\xi_1 = (1, 1, 0)^T, \xi_2 = (-1, 0, 1)^T$,属于 $\lambda = 2$ 的线性无关的特征向量为 $\xi_3 = (0, -1, 1)^T$. 令 $P = (\xi_1, \xi_2, \xi_3)$,则 $P^{-1}AP = \text{diag}(0, 0, 2) = \Lambda$ 是对角矩阵,故由基变换公式 $(D_1, D_2, D_3) = (C_1, C_2, C_3)P$ 可得

$$D_1 = C_1 + C_2 = \begin{pmatrix} 1 & 1 \\ 0 & -1 \end{pmatrix}, D_2 = -C_1 + C_3 = \begin{pmatrix} -1 & 0 \\ 1 & 1 \end{pmatrix}, D_3 = -C_2 + C_3 = \begin{pmatrix} 0 & -1 \\ 1 & 0 \end{pmatrix}$$

于是,σ 在基 D_1, D_2, D_3 下的矩阵为对角矩阵 Λ.

620. **(北京大学)** 设 $R[x]_n$ 为全体次数小于 n 为实系数多项式所成的实数域的线性空间,对于 $f(x) \in R[x]_n$,定义 $Df(x) = f'(x)$. 证明:$E - D$ 为一可逆变换,其中 E 表示单位变换,并指出线性变换 D 的全部不变子空间.

证 容易证明 D 是 $R[x]_n$ 的线性变换.

在 $R[x]_n$ 中取一组基 $1, x, x^2, \cdots, x^{n-1}$,设

$$D(1, x, \cdots, x^{n-1}) = (1, x, \cdots, x^{n-1})A$$

其中

$$A = \begin{bmatrix} 0 & 1 & & & \\ & \ddots & \ddots & & \\ & & \ddots & n-1 \\ & & & 0 \end{bmatrix}_{n \times n}$$

设 $E - D$ 在这组基下矩阵为 B,则

$$B = E - A = \begin{bmatrix} 1 & -1 & & & \\ & \ddots & \ddots & & \\ & & \ddots & 1-n \\ & & & 1 \end{bmatrix}$$

因为 $|B|\neq 0$，所以 $E-A$ 可逆，从而 $E-D$ 为可逆变换.

由 D 的定义可知，D 的全部不变子空间

$$\{0\}, L(1), L(1,x), L(1,x,x^2), \cdots, L(1,x,\cdots,x^{n-1})$$

共有 $n+1$ 个.

621.（华中师范大学） 设 A 与 B 都是 n 维线性空间 V 的线性变换，如果 A 的 n 个特征根互异，则 $AB=BA$ 的充要条件是 A 的特征向量也是 B 的特征向量.

证 设 A 属于特征值 λ_i 的特征向量分别为 $\alpha_i(i=1,2,\cdots,n)$，因为 λ_i 互异，所以 $\alpha_1,\cdots,\alpha_n$ 为 V 的一组基.

先证必要性 设 A,B 在基 $\alpha_1,\cdots,\alpha_n$ 下矩阵分别为 A 和 B，则

$$A = \begin{bmatrix} \lambda_1 & & \\ & \ddots & \\ & & \lambda_n \end{bmatrix}$$

且由于 $AB=BA$，所以 $AB=BA$. 再由于 $\lambda_1,\cdots,\lambda_n$ 互异，所以与 A 可交换的矩阵只能是对角阵，即

$$B = \begin{bmatrix} \mu_1 & & \\ & \ddots & \\ & & \mu_n \end{bmatrix}$$

故

$$B(\alpha_1,\cdots,\alpha_n) = (\alpha_1,\cdots,\alpha_n)B$$

因此 $B\alpha_i = \mu_i\alpha_i (i=1,2,\cdots,n)$ 证必要性证得.

再证充分性 若 A 的线性无关的特征向量也是 B 的特征向量，则

$$A(\alpha_1,\cdots,\alpha_n) = (\alpha_1,\cdots,\alpha_n)\begin{bmatrix} \lambda_1 & & \\ & \ddots & \\ & & \lambda_n \end{bmatrix}$$

$$B(\alpha_1,\cdots,\alpha_n) = (\alpha_1,\cdots,\alpha_n)\begin{bmatrix} \mu_1 & & \\ & \ddots & \\ & & \mu_n \end{bmatrix}$$

因为

$$\begin{bmatrix} \lambda_1 & & \\ & \ddots & \\ & & \lambda_n \end{bmatrix}\begin{bmatrix} \mu_1 & & \\ & \ddots & \\ & & \mu_n \end{bmatrix} = \begin{bmatrix} \mu_1 & & \\ & \ddots & \\ & & \mu_n \end{bmatrix}\begin{bmatrix} \lambda_1 & & \\ & \ddots & \\ & & \lambda_n \end{bmatrix}$$

即 $AB=BA$. 所以 $AB=BA$.

622.（湖北大学） 设 A 是线性空间 V 上的可逆线性变换. 证明：A 的特征值一定不等于 0.

证 设 $\dim V=n$，取 $\alpha_1,\cdots,\alpha_n$ 为 V 的一组基，A 在该基下的矩阵为 A，且 A 的 n 个特征值为 $\lambda_1,\cdots,\lambda_n$，因为 A 可逆，所以 A^{-1} 在这组基下矩阵为 A^{-1}. 故得

$$\lambda_1\cdots\lambda_n = |A| \neq 0 \Rightarrow \lambda_i \neq 0 (i=1,2,\cdots,n)$$

623.（中国人民大学） 设 A 是数域 P 上 n 维线性变换，并且 $A^2=A$，证明：

(1) $A^{-1}(0) = \{\xi - A\xi | \xi \in V\}$；

(2) 若 $\underline{B}$ 是 V 的一个线性变换，则 $\underline{A}^{-1}(0)$ 和值域 $\underline{A}V$ 都是 $\underline{B}$ 的不变子空间的充分必要条件是 $\underline{AB}=\underline{BA}$.

证 (1) 令 $M=\{\xi-\underline{A}\xi|\xi\in V\}$，现证
$$\underline{A}^{-1}(0)=M \qquad ①$$

$\forall \beta\in \underline{A}^{-1}(0)$，则 $\underline{A}\beta=0$，故 $\beta=\beta-\underline{A}\beta\in M$. 此即
$$\underline{A}^{-1}(0)\subseteq M \qquad ②$$

反之，$\forall \alpha-\underline{A}\alpha\in M$，其中 $\alpha\in V$. 则
$$\underline{A}(\alpha-\underline{A}\alpha)=\underline{A}\alpha-\underline{A}^2\alpha=\underline{A}\alpha=0$$

故 $\alpha-\underline{A}\alpha\in \underline{A}^{-1}(0)$. 此即
$$M\subseteq \underline{A}^{-1}(0). \qquad ③$$

由式②，式③即证式①.

(2) 先证充分性. 设 $\underline{AB}=\underline{BA}$.

(ⅰ) 先证 $\underline{A}^{-1}(0)$ 是 $\underline{B}$ 的不变子空间.

$\forall \xi\in \underline{A}^{-1}(0)$. 有 $\underline{A}\xi=0$. 于是
$$\underline{A}(\underline{B}\xi)=\underline{BA}\xi=\underline{B}(0)=0$$

此即 $\underline{B}(\xi)\in \underline{A}^{-1}(0)$，从而 $\underline{A}^{-1}(0)$ 是 $\underline{B}$ 的不变子空间.

扫码获取本书资源

(ⅱ) 再证 $\underline{A}V$ 是 $\underline{B}$ 的不变子空间.

$\forall \delta\in \underline{A}V$，则存在 $\alpha\in V$，使 $\underline{A}\alpha=\delta$. 所以
$$\underline{B}\delta=\underline{BA}\alpha=\underline{A}(\underline{B}(\alpha))\in \underline{A}V$$

即证 $\underline{A}V$ 也是 $\underline{B}$ 的不变子空间.

再证必要性 设 $\underline{A}^{-1}(0)$ 与 $\underline{A}V$ 都是 $\underline{B}$-子空间，$\forall \xi\in V$，有
$$\xi=(\xi-\underline{A}\xi)+\underline{A}\xi\in \underline{A}^{-1}(0)+\underline{A}V$$

即 $V\subseteq \underline{A}^{-1}(0)+\underline{A}V$. 因此有
$$V=\underline{A}^{-1}(0)+\underline{A}V \qquad ④$$

但
$$\dim V=\dim \underline{A}^{-1}(0)+\dim \underline{A}V \qquad ⑤$$

从而由式④，式⑤即证 $V=\underline{A}^{-1}(0)\oplus \underline{A}V$.

现证 $\underline{AB}=\underline{BA}$，即证
$$\underline{A}\underline{B}\alpha=\underline{B}\underline{A}\alpha, \forall \alpha\in V \qquad ⑥$$

对 $\forall \alpha\in V$，有 $\alpha=\alpha_1+\alpha_2$，其中 $\alpha_1\in \underline{A}^{-1}(0)$，$\alpha_2\in \underline{A}V$. 从而存在 $\delta\in V$，使 $\alpha_2=\underline{A}\delta$，且 $\underline{A}\alpha_1=0$. 由于 $\underline{A}^{-1}(0)$ 是 $\underline{B}$ 的不变子空间，因此由 $\alpha_1\in \underline{A}^{-1}(0)$，有 $\underline{B}\alpha_1\in \underline{A}^{-1}(0)$ 此即 $\underline{AB}\alpha_1=0$.

又 $\underline{A}\delta\in \underline{A}V$，$\underline{A}V$ 是 $\underline{B}$ 的不变子空间，所以 $\underline{B}(\underline{A}\delta)\in \underline{A}V$，即存在 $\alpha_3\in V$，使 $\underline{BA}\delta=\underline{A}\alpha_3$. 从而
$$\underline{B}\underline{A}\alpha=\underline{B}\underline{A}\alpha_1+\underline{B}\underline{A}\alpha_2=\underline{B}(0)+\underline{B}\underline{A}^2\delta=\underline{B}\underline{A}\delta=\underline{A}\alpha_3 \qquad ⑦$$
$$\underline{A}\underline{B}\alpha=\underline{A}\underline{B}\alpha_1+\underline{A}\underline{B}\alpha_2=\underline{A}\underline{B}\alpha_2=\underline{A}(\underline{B}\underline{A}\delta)=\underline{A}^2\alpha_3=\underline{A}\alpha_3 \qquad ⑧$$

由式⑦，式⑧，即证式⑥. 再由 α 的任意性，知 $\underline{AB}=\underline{BA}$.

624. (吉林工业大学) 设 V 是数域 P 上 n 维向量空间,$\sigma_1,\sigma_2,\cdots,\sigma_m$ 为 V 的 m 个异于零变换的线性变换,证明:V 中存在一组基底 $x_1,x_2,\cdots,x_n$,使得
$$\sigma_i(x_j)\neq 0\,(i=1,2\cdots m;j=1,2,\cdots,n)$$

证 令 $V_j=\sigma_j^{-1}(0)$. 由于 σ_i 不是零变换,从而 $V_j(i=1,2\cdots m)$ 是 V 的真子空间,于是由第 472 题知,存在 V 的一组基 $x_1,x_2,\cdots,x_n$,使
$$x_i\notin V_j\,(i=1,2,\cdots,n;j=1,2,\cdots,m)$$
此即
$$\sigma_j(x_i)\neq 0\,(i=1,2,\cdots,n;j=1,2,\cdots,m)$$

625. (南开大学,华中师范大学,广西大学,兰州大学) 设 V 是数域 P 上线性空间,σ 是 V 上线性变换,$f(x),g(x)\in P[x]$,$h(x)=f(x)g(x)$,证明:
(1) $\mathrm{Ker}f(\sigma)+\mathrm{Ker}g(\sigma)\subseteq\mathrm{Ker}h(\sigma)$;   ①
(2) 若 $(f(x),g(x))=1$,则
$$\mathrm{Ker}h(\sigma)=\mathrm{Ker}f(\sigma)\oplus\mathrm{Ker}g(\sigma) \qquad ②$$

证 (1) $\forall\alpha\in\mathrm{Ker}f(\sigma)+\mathrm{Ker}g(\sigma)$,则
$$\alpha=\alpha_1+\alpha_2,\alpha_1\in\mathrm{Ker}f(\sigma),\alpha_2\in\mathrm{Ker}g(\sigma)$$
所以 $f(\sigma)(\alpha_1)=0,g(\sigma)(\alpha_2)=0$,且由 $f(\sigma)g(\sigma)=g(\sigma)f(\sigma)$,知
$$h(\sigma)\alpha=h(\sigma)(\alpha_1)+h(\sigma)(\alpha_2)$$
$$=g(\sigma)f(\sigma)(\alpha_1)+f(\sigma)g(\sigma)(\alpha_2)=0$$
此即 $\alpha\in\mathrm{Ker}h(\sigma)$,故式①成立.

(2) 因为 $(f(x),g(x))=1$,所以存在 $u(x),v(x)\in P[x]$,有
$$u(x)f(x)+v(x)g(x)=1$$
从而有
$$u(\sigma)f(\sigma)+v(\sigma)g(\sigma)=I \quad (\text{其中 } I \text{ 为恒等变换}) \qquad ③$$

(ⅰ) 先证
$$\mathrm{Ker}h(\sigma)=\mathrm{Ker}f(\sigma)+\mathrm{Ker}g(\sigma) \qquad ④$$
$\forall\beta\in\mathrm{Ker}h(\sigma)$,有 $h(\sigma)\beta=0$,且由③可得
$$\beta=I\beta=u(\sigma)f(\sigma)\beta+v(\sigma)g(\sigma)\beta=\beta_2+\beta_1 \qquad ⑤$$
其中 $\beta_2=u(\sigma)f(\sigma)\beta,\beta_1=v(\sigma)g(\sigma)\beta$,故
$$g(\sigma)\beta_2=v(\sigma)h(\sigma)\beta=0$$
此即 $\beta_2\in\mathrm{Ker}g(\sigma)$. 同理,有
$$f(\sigma)\beta_1=v(\sigma)h(\sigma)\beta=0 \quad\Rightarrow\quad \beta_1\in\mathrm{Ker}f(\sigma)$$
故 $\beta\in\mathrm{Ker}f(\sigma)+\mathrm{Ker}g(\sigma)$,此即
$$\mathrm{Ker}h(\sigma)\subseteq\mathrm{Ker}f(\sigma)+\mathrm{Ker}g(\sigma) \qquad ⑥$$
再由式①,式⑥得证式④.

(ⅱ) 再证
$$\mathrm{Ker}f(\sigma)\cap\mathrm{Ker}g(\sigma)=\{0\} \qquad ⑦$$
$\forall\delta\in\mathrm{Ker}f(\sigma)\cap\mathrm{Ker}g(\sigma)$,有 $f(\sigma)\delta=0,g(\sigma)\delta=0$,于是由③有

$$\delta = I\delta = u(\sigma)f(\sigma)\delta + v(\sigma)g(\sigma)\delta = 0$$

即证式⑦成立.

再由式④,式⑦即证式②成立.

626.(武汉大学) 设 φ 是有限维向量空间 V 的可逆线性变换,设 W 是 V 中 $\varphi-$ 不变的子空间. 证明: W 在线性变换 φ^{-1} 之下也不变.

证 当 $W=V$ 或 $W=\{0\}$ 时,结论显然成立.

设 $n=\dim V, m=\dim W$,且 $0<m<n$.

取 W 的一值基 $\alpha_1,\cdots,\alpha_m$,因为 W 是 φ 的不空子间空间,且 φ 可逆,所以
$$\varphi(\alpha_i)=\beta_i \in W(i=1,2\cdots,m)$$

现证 $\beta_1,\cdots,\beta_m$ 也是 W 的一组基. 因为令
$$x_1\beta_1+\cdots+x_m\beta_m=0$$

则 φ^{-1} 是 V 的线性变换,且
$$0=\varphi^{-1}(0)=x_1\varphi^{-1}(\beta_1)+\cdots+x_m\varphi^{-1}(\beta_m)$$
$$=x_1\alpha_1+\cdots+x_m\alpha_m$$

再由 $\alpha_1,\cdots,\alpha_m$ 线性无关,即知
$$x_1=\cdots=x_m=0$$

此即 $\beta_1,\cdots,\beta_m$ 为 W 的一组基. 于是 $\forall \alpha \in W$,有
$$\alpha=l_1\beta_1+\cdots+l_m\beta_m$$
$$\varphi^{-1}(\alpha)=l_1\varphi^{-1}(\beta_1)+\cdots+l_m\varphi^{-1}(\beta_m)=l_1\alpha_1+\cdots+l_m\alpha_m \in W$$

即证 φ^{-1} 是 W 的不变子空间.

627.(华中师范大学) 设 V 是数域 P 上的线性空间,σ 是 V 的线性变换,σ 在基 $\varepsilon_1,\cdots,\varepsilon_r,\varepsilon_{r+1},\cdots,\varepsilon_n$ 下的矩阵为 $\begin{bmatrix} A & B \\ O & C \end{bmatrix}$,其中

$$A=\begin{bmatrix} a_{11}\cdots a_{1r} \\ \vdots \quad \vdots \\ a_{Vr1}\cdots a_{rr} \end{bmatrix}, B=\begin{bmatrix} a_{1,r+1}\cdots a_{1n} \\ \vdots \quad \vdots \\ a_{r,r+1}\cdots a_{rn} \end{bmatrix}, C=\begin{bmatrix} a_{r+1,r+1}\cdots a_{r+1,n} \\ \vdots \quad \vdots \\ a_{n,r+1}\cdots a_{rn} \end{bmatrix}$$

$$V_1=L(\varepsilon_1,\cdots,\varepsilon_r), V_2=L(\varepsilon_{r+1},\cdots,\varepsilon_n)$$

(1)证明: V_1 是 σ 的不变子空间;

(2) V_2 是 σ 的不变子空间的条件是什么?再说明理由.

证 (1) 由题设有
$$\begin{cases} \sigma\varepsilon_1 = a_{11}\varepsilon_1+\cdots+a_{1r}\varepsilon_r \in V_1 \\ \cdots\cdots \\ \sigma\varepsilon_r = a_{r1}\varepsilon_1+\cdots+a_{rr}\varepsilon_r \in V_1 \end{cases}$$

$\forall \beta \in V_1$,知 $\beta=k_1\varepsilon_1+\cdots+k_r\varepsilon_r$. 由于 V_1 是线性空间,因此
$$\sigma\beta=k_1\sigma\varepsilon_1+\cdots+k_r\sigma\varepsilon_r \in V_1$$

即证 V_1 是 σ 的不变子空间.

(2)可证 V_2 是 σ 的不变子空间的条件是 $B=0$.

当 $B=0$ 时,则类似于(1)的证明有
$$\begin{cases} A\varepsilon_{r+1}=a_{r+1,r+1}\varepsilon_{r+1}+\cdots+a_{n,r+1}\varepsilon_n\in V_2 \\ \cdots\cdots \\ A\varepsilon_n=a_{r+1,n}\varepsilon_{r+1}+\cdots+a_{m}\varepsilon_n\in V_2 \end{cases}$$

所以 $\forall\gamma\in V_2$,有 $\gamma=\sigma_{r+1}\varepsilon_{r+1}+\cdots+l_n\varepsilon_n$,所以
$$\sigma\gamma=l_1A\varepsilon_{r+1}+\cdots+l_nA\varepsilon_n\in V_2$$

即 V_2 是 σ 子空间.

再当 $B\neq 0$,比如存在 $a_{1,r+1}\neq 0$,则
$$\sigma\varepsilon_{r+1}=a_{1r+1}\varepsilon_1+\cdots+a_{r,r+1}\varepsilon_n\notin V_2 \qquad ①$$

若 $\sigma\varepsilon_{r+1}\in V_2$,则
$$\sigma\varepsilon_{r+1}=S_{r+1}\varepsilon_{r+1}+\cdots+S_n\varepsilon_n \qquad ②$$
$$\sigma\varepsilon_{r+1}=a_{1,r+1}\varepsilon_1+\cdots+a_{r+1,r+1}\varepsilon_{r+1}+\cdots+a_{n,r+1}\varepsilon_n$$
$$=S_{r+1}\varepsilon_{r+1}+\cdots+S_n\varepsilon_n \qquad ③$$

而 $a_{1,r+1}\neq 0$,且 $\varepsilon_1,\cdots,\varepsilon_n$ 线性无关,故 $A\varepsilon_{r+1}$ 只能有一种表示法,矛盾.

因此 $\sigma\varepsilon_{r+1}\notin V_2$,又由 $\varepsilon_{r+1}\in V_2$,知 V_2 不是 σ 子空间,从而证明:V_2 是 σ 子空间的充要条件是 $B=0$.

628.(华中师范大学) 设 σ 是 n 维线性空间 V 的一个线性变换,V_1,V_2 是 V 的两个子空间,且 $V=V_1\oplus V_2$,证明:σ 是可逆变换的充要条件是 $V=\sigma V_1\oplus\sigma V_2$.

证 因为 $V=V_1\oplus V_2$,取 $\alpha_1,\cdots,\alpha_r$ 为 V_1 的一组基,再取 $\alpha_{r+1},\cdots,\alpha_n$ 为 V_2 的一组基. 那么 $\alpha_1,\cdots,\alpha_r,\alpha_{r+1},\cdots,\alpha_n$ 为 V 的一级基,且
$$\sigma(\alpha_1\cdots\alpha_n)=(\alpha_1\cdots\alpha_n)A \qquad ①$$

先证必要性,设 σ 可逆,那么 A 可逆,由式①知
$$秩\{A\alpha_1,\cdots,A\alpha_n\}=秩\,A=n$$

从而 $\sigma\alpha_1,\cdots,\sigma\alpha_n$ 也是 V 的一组基,于是
$$V=L(A\alpha_1,\cdots,A\alpha_n)=L(A\alpha_1,\cdots,A\alpha_r)\oplus L(A\alpha_{r-1},\cdots,A\alpha_n) \qquad ②$$

因为 $V_1=L(\alpha_1,\cdots,\alpha_r),V_2=L(\alpha_{r+1},\cdots,\alpha_n)$,所以
$$\sigma V_1=L(A\alpha_1,\cdots,A\alpha_r),\sigma V_2=L(A\alpha_{r+1},\cdots,A\alpha_n) \qquad ③$$

由式②,式③,即知 $V=\sigma V_1\oplus\sigma V_2$.

再证充分性,设 $V=\sigma V_1\oplus\sigma V_2$,但
$$V_1=L(\alpha_1,\cdots,\alpha_r),V_2=L(\alpha_{r+1},\cdots,\alpha_n)$$

所以 $\sigma V_1=L(\sigma\alpha_1,\cdots,\sigma\alpha_r),\sigma V_2=L(\sigma\alpha_{r+1},\cdots,\sigma\alpha_n)$,且由 $V=\sigma V_1\oplus\sigma V_2$ 知
$$L(\sigma\alpha_1,\cdots,\sigma\alpha_r)+L(\sigma\alpha_{r+1},\cdots,\sigma\alpha_n)=L(\sigma\alpha_1,\cdots,\sigma\alpha_n)$$
$$n=\dim\sigma V_1+\dim\sigma V_2=秩\{\sigma\alpha_1,\cdots,\sigma\alpha_n\} \qquad ④$$

由④知 $\sigma\alpha_1,\cdots,\sigma\alpha_n$ 线性无关. 再由①知,秩 $A=n$,所以 A 可逆,从而 σ 可逆.

629.(南京大学) 设 L 是复数域 F 上的 n 维线性空间,T 为 L 的任一线性变换,求证:属于同一特征值的全体向量添上 0 成为 L 的一个子空间,属于不同特征值的全体向量,添上 0 不能成为 L 的一个子空间.

证 (1)设 λ_0 是 T 的特征值,令
$$W_1=\{\alpha|T\alpha=\lambda_0\alpha,\alpha\in L\}$$
所以 $0\in W_1$,W_1 非空.

$\forall \alpha,\beta\in W_1$,$\forall k\in F$,则 $T\alpha=\lambda_0\alpha$,$T(\beta)=\lambda_0\beta$. 所以
$$T(\alpha+\beta)=\lambda_0(\alpha+\beta)\Rightarrow\alpha+\beta\in W_1$$
$$T(k\alpha)=kT\alpha=\lambda_0(k\alpha)\Rightarrow k\alpha\in W_1$$
此即证 W_1 是 L 的子空间.

(2)设 λ_1,λ_2 是 T 的两个不同特征值,令
$$W_2=\{\alpha\in L|T\alpha=\lambda_1\alpha \text{ 或 } T\alpha=\lambda_2\alpha\}$$
用反证法,若 W_2 是 L 的子空间,现取 α,β 都不是 0,且
$$T\alpha=\lambda_1\alpha,\quad T\beta=\lambda_2\beta$$
但 $\alpha+\beta\in W_2$,故 $\alpha+\beta$ 满足
$$T(\alpha+\beta)=\lambda_1(\alpha+\beta) \text{ 或 } T(\alpha+\beta)=\lambda_2(\alpha+\beta)$$
当 $T(\alpha+\beta)=\lambda_1(\alpha+\beta)$ 时,有
$$\lambda_1(\alpha+\beta)=T(\alpha+\beta)=T\alpha+T\beta=\lambda_1\alpha+\lambda_2\beta$$
即 $(\lambda_1-\lambda_2)\beta=0$. 又因为 $\beta\neq 0$,所以 $\lambda_1=\lambda_2$ 矛盾,故 $T(\alpha+\beta)=\lambda_1(\alpha+\beta)$ 不成立.

类似可证 $T(\alpha+\beta)=\lambda_2(\alpha+\beta)$ 也不成立. 故 W_2 不是 L 的子空间.

630. **(华中师范大学)** 设 σ 是线性空间 V 的线性变换,σ 的特征多项式
$$f(\lambda)=(\lambda-\lambda_1)^{r_1}(\lambda-\lambda_2)^{r_2}\cdots(\lambda-\lambda_s)^{r_s} \quad ①$$
其中 $\lambda_i\neq\lambda_r(i\neq j,i,j=1,2,\cdots,s)$. 设
$$\operatorname{Ker}(\sigma-\lambda_iI)^{r_i}=\{\alpha\in V|(\sigma-\lambda_iI)^{r_i}\alpha=0, I \text{ 是恒等变换}\} \quad ②$$

(1)证明:$\operatorname{Ker}(\sigma-\lambda_iI)^{r_i}\cap\operatorname{Ker}(\sigma-\lambda_jI)^{r_j}=\{0\}(i\neq j)$;

(2)利用(1)证明:σ 属于不同特征值的特征向量是线性无关的.

证 (1) 因为 $\lambda_i\neq\lambda_j$,所以
$$((\lambda-\lambda_i)^{r_i},(\lambda-\lambda_j)^{r_j})=1.$$
从而有 $u(\lambda)(\lambda-\lambda_i)^{r_i}+v(\lambda)(\lambda-\lambda_j)^{r_j}=1$,所以
$$u(\sigma)(\sigma-\lambda_iI)^{r_i}+v(\sigma)(\sigma-\lambda_jI)^{r_j}=I. \quad ③$$
于是 $\forall \beta\in\operatorname{Ker}(\sigma-\lambda_iI)^{r_i}\cap\operatorname{Ker}(\sigma-\lambda_jI)^{r_j}$,有
$$(\sigma-\lambda_iI)^{r_i}\beta=0,(\sigma-\lambda_jI)^{r_j}\beta=0.$$
由式③得
$$\beta=I\beta=u(\sigma)(\sigma-\lambda_iI)^{r_i}\beta+v(\sigma)(\sigma-\lambda_jI)^{r_j}\beta=0.$$
从而 $\operatorname{Ker}(\sigma-\lambda_iI)^{r_i}\cap\operatorname{Ker}(\sigma-\lambda_jI)^{r_j}=\{0\}$.

(2)任取 $\lambda_1,\cdots,\lambda_s$ 相应的特征向量 $\alpha_1,\cdots,\alpha_s$,下证它们线性无关,令
$$x_1\alpha_1+\cdots+x_s\alpha_s=0 \quad ④$$
再令 $f_i(\lambda)=\dfrac{f(\lambda)}{(\lambda-\lambda_i)^{r_i}}(i=1,2,\cdots,s)$,则 $(f_i(\lambda),(\lambda-\lambda_i)^{r_i})=1$. 从而存在 $g(\lambda),h(\lambda)$

$\in P[x]$,使得
$$g(\lambda)f_i(\lambda)+h(\lambda)(\lambda-\lambda_i)^n=1 \Rightarrow g(\sigma)f_i(\sigma)+h(\sigma)(\sigma-\lambda I)^n=I. \quad \text{⑤}$$
$$\Rightarrow \alpha_i=I\alpha_i=g(\sigma)f_i(\sigma)\alpha_i+h(\sigma)(\sigma-\lambda_i I)^{r_i}\alpha_i \quad \text{⑥}$$

但 $\sigma\alpha_i=\lambda_i\alpha_i$,即
$$(\sigma-\lambda_i I)\alpha_i=0 \Rightarrow (\sigma-\lambda_i I)^{r_i}\alpha_i=0$$

于是由式⑥有
$$\alpha_i=g(\sigma)f_i(\sigma)\alpha_i \quad \text{⑦}$$

但
$$g(\sigma)f_i(\sigma)\alpha_j=0 \quad (i\neq j) \quad \text{⑧}$$

因此,用 $g(\sigma)f_i(\sigma)$ 作用式④两边,注意到式⑧,有
$$x_i g(\sigma)f_i(\sigma)\alpha_i=0$$

再由式⑦有
$$x_i\alpha_i=0 \Rightarrow x_i=0$$

由 i 的任意性,可得
$$x_1=\cdots=x_s=0$$

即证 $\alpha_1,\cdots,\alpha_s$ 线性无关.

631.(浙江大学) 对线性空间 V,有线性变换 σ 的不同特征值 $\lambda_1,\cdots,\lambda_k$ 的相应特征向量 $\alpha_1,\cdots,\alpha_k$,若有 $\alpha_1+\cdots+\alpha_k\in W$,而 W 是 σ 的不变子空间. 求证:W 的维数 $\geqslant k$.

证法 1 由 $\alpha_1+\cdots+\alpha_k\in W$,以及 W 是 σ-子空间,有
$$\sigma(\alpha_1+\cdots+\alpha_k)=\lambda_1\alpha_1+\cdots+\lambda_k\alpha_k\in W$$

又 $\lambda_1(\alpha_1+\cdots+\alpha_k)\in W$,所以
$$(\lambda_1\alpha_1+\cdots+\lambda_k\alpha_k)-\lambda_1(\alpha_1+\cdots+\alpha_k)$$
$$=(\lambda_2-\lambda_1)\alpha_2+\cdots+(\lambda_k-\lambda_1)\alpha_k\in W \quad \text{①}$$

再用 σ 作用于式①有
$$(\lambda_2-\lambda_1)\lambda_2\alpha_2+\cdots+(\lambda_k-\lambda_1)\lambda_k\alpha_k\in W. \quad \text{②}$$

式②$-\lambda_2\times$式①得
$$(\lambda_3-\lambda_1)(\lambda_3-\lambda_2)\alpha_3+\cdots+(\lambda_k-\lambda_1)(\lambda_k-\lambda_2)\alpha_k\in W$$

这样继续下去,可得 $(\lambda_k-\lambda_1)(\lambda_k-\lambda_2)\cdots(\lambda_k-\lambda_{k-1})\alpha_k\in W$.故 $\alpha_k\in W$

再则
$$(\alpha_1+\cdots+\alpha_k)-\alpha_k=\alpha_1+\cdots+\alpha_{k-1}\in W$$

仿此下去,可得
$$\alpha_i\in W(i=1,2,\cdots,k)$$

又因为不同特征值的特征向量线性无关,所以有 $L(\alpha_1,\cdots\alpha_k)\subseteq W$.故证得
$$\text{维}W\geqslant\text{维}L(\alpha_1,\cdots\alpha_k)=k$$

证法 2 设 $\beta_1=\alpha_1+\alpha_2+\cdots+\alpha_k$,则
$\beta_2=\sigma(\beta_1)=\lambda_1\alpha_1+\lambda_2\alpha_2+\cdots+\lambda_k\alpha_k,\cdots,\beta_k=\sigma^{k-1}(\beta_1)=\lambda_1^{k-1}\alpha_1+\lambda_2^{k-1}\alpha_2+\cdots+\lambda_k^{k-1}\alpha_k$.

W 是 σ 的不变子空间,$\beta_1=\alpha_1+\alpha_2+\cdots+\alpha_k\in W$,而 $\beta_i=\sigma^{i-1}(\beta_1), i=1,2,\cdots,k$,则 $\beta_1,\beta_2,\cdots,\beta_k\in W$.

设 $A=\begin{pmatrix}1&1&\cdots&1\\\lambda_1&\lambda_2&\cdots&\lambda_k\\\vdots&\vdots&&\vdots\\\lambda_1^{k-1}&\lambda_2^{k-1}&\cdots&\lambda_k^{k-1}\end{pmatrix}$,方程组的矩阵形式为 $A\begin{pmatrix}\alpha_1\\\alpha_2\\\vdots\\\alpha_k\end{pmatrix}=\begin{pmatrix}\beta_1\\\beta_2\\\vdots\\\beta_k\end{pmatrix}$,特征值

$\lambda_1,\lambda_2,\cdots,\lambda_k$ 两两互异,则范德蒙德行列式 $|A|\neq 0$,A 可逆,则 $\begin{pmatrix}\alpha_1\\\alpha_2\\\vdots\\\alpha_k\end{pmatrix}=A^{-1}\begin{pmatrix}\beta_1\\\beta_2\\\vdots\\\beta_k\end{pmatrix}$,

则向量组 $\alpha_1,\alpha_2,\cdots,\alpha_k$ 可由向量组 $\beta_1,\beta_2,\cdots,\beta_k$ 线性表示.而 $\beta_1,\beta_2,\cdots,\beta_k\in W$,则 $\alpha_1,\alpha_2,\cdots,\alpha_k\in W$,$W$ 是子空间,则 $L(\alpha_1,\alpha_2,\cdots,\alpha_k)\subset W$. $\alpha_1,\alpha_2,\cdots,\alpha_k$ 为不同特征值所对应的特征向量,因此线性无关,$\dim(L(\alpha_1,\alpha_2,\cdots,\alpha_k))=k$,而 $L(\alpha_1,\alpha_2,\cdots,\alpha_k)\subset W$,则 $\dim(W)\geqslant k$.

632. (南京大学) 设 f 为 n 阶复方阵所成线性空间到复数域上的线性函数,且对一切 n 阶复方阵 A,B 都有
$$f(AB)=f(BA) \qquad ①$$
试证:必有复数 a,使对任意 n 阶复方阵 $G=(g_{jk})$ 有
$$f(G)=a\sum_{j=1}^n g_{jj}.$$

证 由 f 的线性性,有 $f(0)=f(0+0)=f(0)+f(0)$,所以
$$f(0)=0 \qquad ②$$
其中式②左边括号中 0 为 $n\times n$ 零矩阵,而右边的 0 是数 0.

设 $E_{i,j}$ 是 (ij) 元为 1,其余元素均为 0 的 n 阶位置方阵,则
$$E_{ij}E_{jj}=E_{ij}(i,j=1,2,\cdots,n),\quad E_{jj}E_{ij}=0(i\neq j)$$
由式①有
$$f(E_{ij})=f(E_{ij}E_{jj})=f(E_{jj}E_{ij})=f(0)=0 \quad (i\neq j)$$
又因为
$$f(E_{11})=f(E_{12}E_{21})=f(E_{21}E_{12})=f(E_{22}) \qquad ③$$
类似可证得
$$f(E_{11})=f(E_{22})=\cdots=f(E_{nn}) \qquad ④$$
在式④中令 $a=f(E_{11})$,则
$$f(E_{ii})=a(i=1,2,\cdots n) \qquad ⑤$$

$\forall G=(g_{ij})_{n\times n}$,有

$$G=\sum_{i,j=1}^{n}g_{ij}E_{ij}$$

由于 f 是线性函数,故有

$$f(G)=\sum_{i=1}^{n}\sum_{j=1}^{n}g_{ij}f(E_{ii})=a\sum_{i=1}^{n}g_{ii}$$

633.(四川大学) 设 σ_1,σ_2 是数域 P 上的 n 维向量空间 V 的线性变换,证明:
(1)对 $\alpha\in V$,存在正整数 $k\leqslant n$,使

$$W=L(\alpha,\sigma_1\alpha,\cdots,\sigma_1^{k-1}\alpha)$$

是对 σ_1 的不变子空间,并求 $\sigma_1|W$ 在 W 的基底下所对应的矩阵;

(2)$\max\{\sigma_1\text{ 零度},\sigma_2\text{ 零度}\}\leqslant\sigma_1\sigma_2\text{ 零度}\leqslant\sigma_1\text{ 零度}+\sigma_2\text{ 零度}$.

证 (1) 由于 V 是 n 维向量空间,从而 $n+1$ 个 n 维向量一定线性相关,即 $\alpha\in V(\alpha\neq 0$,否则 $W=\{0\}$(无基可言)

$$\alpha,\sigma_1\alpha,\cdots,\sigma_1^n\alpha \qquad ①$$

一定线性相关,因而从 α 开始,一定存在 $k(\leqslant n)$,使

$$\alpha,\sigma_1\alpha,\cdots,\sigma_1^{k-1}\alpha \qquad ②$$

为式①的一个极大线性无关组,令

$$W=L(\alpha,\sigma_1\alpha,\cdots,\sigma_1^{k-1}\alpha)$$

现证 W 是 σ_1 的不变子空间. 事实上, $\forall\beta\in W$,有

$$\beta=l_0\alpha+l_1\sigma_1\alpha+\cdots+l_{k-1}\sigma_1^{k-1}\alpha.$$
$$\Rightarrow\sigma\beta=l_0\sigma\alpha+l_1\sigma_1^2\alpha+\cdots+l_{k-1}\sigma_1^k\alpha$$

由于式①与式②等价, $\sigma\beta$ 可由式①线性表出,从而也可由式②线性表出,得 $\sigma\beta\in W$. 故 $\dim W=k$,且 $\alpha,\sigma_1\alpha,\cdots,\sigma_1^{k-1}\alpha$ 为 W 的一组基.

因为

$$\sigma_1|_W(\alpha)=\sigma_1(\alpha),\forall\alpha\in W \qquad ③$$

不难求得

$$\sigma_1|_W(\alpha,\sigma_1\alpha,\cdots,\sigma_1^{k-1}\alpha)=(\alpha,\sigma_1\alpha,\cdots,\sigma_1^{k-1}\alpha)\begin{bmatrix}0 & 0 & \cdots & 0 & m_0 \\ 1 & 0 & \cdots & 0 & m_1 \\ 0 & 1 & \cdots & 0 & m_2 \\ \vdots & \vdots & & \vdots & \vdots \\ 0 & 0 & \cdots & 1 & m_{k-1}\end{bmatrix} \qquad ④$$

其中 $\sigma_1|_W(\sigma_1^{k-1}\alpha)=\sigma_1^k\alpha\in W$,且

$$\sigma_1^k\alpha=m_0\alpha+m_1\sigma_1\alpha+\cdots+m_{k-1}\sigma_1^{k-1}\alpha$$

则式④右边矩阵即为所求 $\sigma_1|_W$ 在 W 基下的矩阵.

(2)σ_1 零度$=\dim\ker\sigma_1=n-$秩 A_1, σ_2 零度$=n-$秩 A_2

其中 $A_i(i=1,2)$ 为 σ_i 在 V 的某一组基 $\beta_1,\cdots,\beta_n$ 下的矩阵,由矩阵秩的关系式知

$$秩A_1+秩A_2-n\leqslant 秩(A_1A_2)\leqslant \min\{秩A_1,秩A_2\}$$

所以
$$\max\{n-秩A_1,n-秩A_2\}\leqslant n-秩A_1A_2\leqslant (n-秩A_1)+(n-秩A_2)$$

此即
$$\max\{\sigma_1\text{零度},\sigma_2\text{零度}\}\leqslant \sigma_1\sigma_2\text{零度}\leqslant \sigma_1\text{零度}+\sigma_2\text{零度}$$

注 式②逐个扩充:若 $\sigma_1\alpha$ 不能由 α 表示,则加 λ,继续;若 $\sigma_1\alpha$ 能由 α 表示,则 $\sigma_1^2\alpha$ 亦能由 α 表示,停止;依此下去,得②式.

634.(北京师范大学) 设 V,W 是数域 F 上有限维向量空间. $f:V\to W$ 是一个线性映射,令 $\mathrm{Ker}f$ 和 $\mathrm{Im}f$ 分别表示 f 的核和象,即
$$\mathrm{Ker}f=\{v\in V|f(v)=0\},\mathrm{Im}f=\{f(v)|v\in V\}.$$
证明: $\dim V=\dim(\mathrm{Ker}f)+\dim(\mathrm{Im}f)$.

证 设 $\dim(\mathrm{Ker}f)=s$,并取它的一组基 $\alpha_1,\cdots,\alpha_s$ 再扩大为 V 的一组基. $\alpha_1,\cdots,\alpha_s,\alpha_{s+1},\cdots,\alpha_n$,其中 $n=\dim V$,那么
$$\begin{aligned}\mathrm{Im}f&=L(f(\alpha_1),\cdots,f(\alpha_r),f(\alpha_{r+1}),\cdots,f(\alpha_n))\\ &=L(0,\cdots,0,f(\alpha_{r+1}),\cdots,f(\alpha_n))\\ &=L(f(\alpha_{r+1}),\cdots,f(\alpha_n))\end{aligned} \quad ①$$

现证 $f(\alpha_{r+1}),\cdots,f(\alpha_n)$ 线性无关,令
$$x_{r+1}f(\alpha_{r+1})+\cdots+x_n\cdot f(\alpha_n)=0$$

则
$$f(x_{r+1}\alpha_{r+1}+\cdots+x_n\alpha_n)=0\Rightarrow x_{r+1}\alpha_{r+1}+\cdots+x_n\alpha_n\in\mathrm{Ker}f$$

从而
$$x_{r+1}\alpha_{r+1}+\cdots+x_n\alpha_n=l_1\alpha_1+\cdots+l_r\alpha_r$$

此即
$$l_1\alpha_1+\cdots+l_r\alpha_r+(-x_{r+1})\alpha_{r+1}+\cdots+(-x_n)\alpha_n=0$$

由于 $\alpha_1,\cdots,\alpha_n$ 线性无关,因此有
$$l_1=\cdots=l_r=-x_{r+1}=\cdots=-x_n=0$$

此即有 $x_{r+1}=\cdots=x_n=0$,即证 $f(\alpha_{r+1}),\cdots,f(\alpha_n)$ 线性无关.从而有
$$\dim(\mathrm{Im}f)=n-r=n-\dim(\mathrm{Ker}f)$$

移项后有
$$\dim(\mathrm{Ker}f)+\dim(\mathrm{Im}f)=n=\dim V$$

635.(北京师范大学) 给定数域 F 上有限维向量空间: $V_0,V_1,\cdots,V_n,V_{n+1}$,其中 $V_0=V_{n+1}=\{0\}$ 是零空间,线性映射
$$f_i:V_i\to V_{i+1} \quad (i=0,1,\cdots,n) \quad ①$$

满足条件
$$\mathrm{Ker}f_{i+1}=\mathrm{Im}f_i \quad (i=0,1,\cdots,n-1) \quad ②$$

证明:$\sum_{i=1}^{n}(-1)^i \dim V_i = 0$.

证 由上题知
$$\dim V_i = \dim(\mathrm{Ker} f_i) + \dim(\mathrm{Im} f_i)$$
$$= \dim(\mathrm{Ker} f_i) + \dim(\mathrm{Ker} f_{i+1}) \quad (i=1,2,\cdots,n)$$

从而有
$$\begin{cases} \dim V_1 = \dim(\mathrm{Ker} f_1) + \dim(\mathrm{Ker} f_2) \\ \dim V_2 = \dim(\mathrm{Ker} f_2) + \dim(\mathrm{Ker} f_3) \\ \cdots\cdots \\ \dim V_n = \dim(\mathrm{Ker} f_n) + \dim(\mathrm{Im} f_n) \end{cases}$$

把上面第 i 个式子乘 $(-1)^i$,两边相加得
$$\sum_{i=1}^{n}(-1)^i \dim V_i = (-1)\dim(\mathrm{Ker} f_1) + (-1)^n \dim(\mathrm{Im} f_n) \qquad ③$$

由于
$$\dim V_0 = \dim(\mathrm{Ker} f_0) + \dim(\mathrm{Ker} f_1) \qquad ④$$

而 $V_0 = \{0\}$,$\mathrm{Ker} f_0 = \{0\}$,由式④有
$$\dim(\mathrm{Ker} f_1) = 0 \qquad ⑤$$

又由于 $\mathrm{Im} f_n \subseteq V_{n+1} = \{0\}$,因此有
$$\dim(\mathrm{Im} f_n) = 0 \qquad ⑥$$

将式⑤,式⑥代入式③,即得
$$\sum_{i=1}^{n}(-1)^i \dim V_i = 0$$

636. (厦门大学) 设 V 为线性空间,$f_1,\cdots,f_s$ 是 V 的线性变换,满足
(1) $f_i f_k = f_i$ ($i=k$)
(2) $f_i f_k = 0$ ($i \neq k$).

证明:
$$V = f_1 V \oplus f_2 V \oplus \cdots \oplus f_s V \oplus \bigcap_{j=1}^{s} f_j^{-1}(0) \qquad ①$$

证 用数学归纳法证明. 当 $s=1$ 时,由假设知 $f_1^2 = f_1$,所以由第 607 题知
$$V = f_1 V \oplus f_1^{-1}(0)$$

即式①成立.

归纳假设结论对 $s-1$ 成立,即
$$V = f_1 V \oplus \cdots \oplus f_{s-1} V \oplus \bigcap_{j=1}^{s-1} f_j^{-1}(0). \qquad ②$$

再讨论对 s 时结论成立. 事实上,令 $W = \bigcap_{j=1}^{s-1} f_j^{-1}(0)$,下证
$$W = f_s W \oplus \bigcap_{j=1}^{s} f_j^{-1}(0) \qquad ③$$

$$\bigcap_{j=1}^{s} f_j^{-1}(0) = f_s^{-1}(0) \cap W \subseteq W \qquad ④$$

$\forall f_s(\alpha) \in f_s W$，由于 $f_i f_s = 0 (i \neq s)$，因此有
$$f_i f_s(\alpha) = 0 \qquad (i=1,2,\cdots,s-1)$$

故 $f_s(\alpha) \in \bigcap_{i=1}^{s-1} f_j^{-1}(0) = W$. 此即
$$f_s W \subseteq W \qquad ⑤$$

由式④，式⑤有
$$f_s W + \bigcap_{j=1}^{s} f_j^{-1}(0) \subseteq W \qquad ⑥$$

现证
$$f_s W \cap \left(\bigcap_{j=1}^{s} f_j^{-1}(0) \right) = \{0\} \qquad ⑦$$

$\forall \alpha \in f_s W \cap (\bigcap_{j=1}^{s} f_j^{-1}(0))$，则 $\alpha = f_s \beta, f_s(\alpha) = 0$. 所以
$$\alpha = f_s(\beta) f_s(f_s(\beta)) = f_s(\alpha) = 0$$

从而得证式⑦. 又由于
$$\dim W = \dim f_s W + \dim(f_s^{-1}(0) \cap W) = \dim f_s W + \dim \bigcap_{j=1}^{s} f_j^{-1}(0) \qquad ⑧$$

由式⑥～⑧即证式③.

再证
$$f_s W = f_s V \qquad ⑨$$

显然有
$$f_s W \subseteq f_s V \qquad ⑩$$

反之，$\forall f_s \alpha \in f_s V$，其中 $\alpha \in V$，由式②有
$$\alpha = \alpha_1 + \cdots + \alpha_{s+1} + \beta$$

其中 $\alpha_i \in f_i V(i=1,2,\cdots,s-1), \beta \in \bigcap_{j=1}^{s-1} f_j^{-1}(0) = W$，那么
$$f_s(\alpha_i) = 0 (i=1,2,\cdots,s-1)$$

故 $f_s \alpha = f_s \beta \in f_s W$. 此即证明 $f_s V \subseteq f_s W$ \qquad ⑪

由式⑩，式⑪即证式⑨，将式③，式⑨代入式②得
$$V = f_1 V \oplus \cdots \oplus f_{s-1} V \oplus W$$
$$= f_1 V \oplus \cdots \oplus f_{s-1} V \oplus (f_s W \oplus \bigcap_{j=1}^{s} f_j^{-1}(0))$$
$$= f_1 V \oplus \cdots \oplus f_s V \oplus \bigcap_{j=1}^{s} f_j^{-1}(0)$$

即证结论对 s 也成立，从而结论对一切自然数 s 成立．

637.（武汉大学）（1）设 n 阶矩阵 A 和 B 有相同的特征多项式及最小多项式，问 A 与 B 是否相似？若是，则给予证明；若不是，则举出反例；

（2）设 $A, B \in M_3(C)$ 都只有一个特征值 λ_0. 证明 A 与 B 相似的充分必要条件是

$$dim V_{\lambda_0}(A) = dim V_{\lambda_0}(B)$$

这里 $V_{\lambda_0}(A), V_{\lambda_0}(B)$ 分别表示 A,B 的属于 λ_0 的特征子空间.

解 (1)矩阵 A 与 B 不一定相似,例如:

$$A = \begin{pmatrix} 2 & 1 & 0 & 0 \\ 0 & 2 & 0 & 0 \\ 0 & 0 & 2 & 0 \\ 0 & 0 & 0 & 2 \end{pmatrix}, B = \begin{pmatrix} 2 & 1 & 0 & 0 \\ 0 & 2 & 0 & 0 \\ 0 & 0 & 2 & 1 \\ 0 & 0 & 0 & 2 \end{pmatrix}$$

显然, A 与 B 的特征多项式同为 $(\lambda-2)^4$, 最小多项式同为 $(\lambda-2)^2$, 但由于 A 由 3 个 Jordan 块构成, B 由两个 Jordan 块构成,是两个不同的 Jordan 标准形,所以 A 与 B 不相似.

(2)必要性. 因为 A 与 B 相似,所以 $\lambda_0 E - A$ 与 $\lambda_0 E - B$ 相似,从而 $\mathrm{rank}(\lambda_0 E - A) = \mathrm{rank}(\lambda_0 E - B)$, 故

$$dim V_{\lambda_0}(A) = 3 - \mathrm{rank}(\lambda_0 E - A) = 3 - \mathrm{rank}(\lambda_0 E - B) = dim V_{\lambda_0}(B).$$

充分性. 记 A,B 的 Jordan 标准形分别为 J_A 和 J_B, 因为 A,B 都只有一个特征值 λ_0, 所以 J_A 和 J_B 都只能有以下 3 种可能性:

$$\begin{pmatrix} \lambda_0 & 1 & \\ & \lambda_0 & 1 \\ & & \lambda_0 \end{pmatrix}, \quad \begin{pmatrix} \lambda_0 & 1 & \\ & \lambda_0 & \\ \hdashline & & \lambda_0 \end{pmatrix}, \quad \begin{pmatrix} \lambda_0 & & \\ & \lambda_0 & \\ & & \lambda_0 \end{pmatrix}$$

由于 $dim V_{\lambda_0}(A) = dim V_{\lambda_0}(B)$, 所以 $\mathrm{rank}(\lambda_0 E - A) = \mathrm{rank}(\lambda_0 E - B)$, 从而

$$\mathrm{rank}(\lambda_0 E - J_A) = \mathrm{rank}(\lambda_0 E - J_B)$$

因此 $J_A = J_B$, 故 A 与 B 相似.

638. (**华中科技大学**) 设 T 是线性空间 V 上线性变换, T 的核记为 $\mathrm{Ker} T$, T 的象记为 $\mathrm{Im} T$.

(1)证明:

$$\{0\} \subseteq \mathrm{Ker} T \subseteq \mathrm{Ker} T^2 \subseteq \cdots \subseteq \mathrm{Ker} T^k \subseteq \cdots \qquad ①$$

$$\cdots \subseteq \mathrm{Im} T^k \subseteq \cdots \subseteq \mathrm{Im} T^2 \subseteq \mathrm{Im} T \subseteq V \qquad ②$$

(2)若 V 是 n 维线性空间,证明:存在正整数 k, 使得

$$\mathrm{Ker} T^k = \mathrm{Ker} T^{k+1} \qquad ③$$

并证明,对一切 $t \geq 1$ 的整数有

$$\mathrm{Ker} T^k = \mathrm{Ker} T^{k+t} \qquad ④$$

(3)若 V 是 n 维线性空间,证明:

$$V = \mathrm{Im} T^k \oplus \mathrm{Ker} T^k \qquad ⑤$$

证 (1) 要证式①, 只要证明

$$\mathrm{Ker} T^m \subseteq \mathrm{Ker} T^{m+1} (m=1,2,\cdots) \qquad ⑥$$

即可.

$\forall \alpha \in \operatorname{Ker} T^m$,则 $T^m(\alpha)=0$,所以有
$$T^{m+1}\alpha = T(T^m(\alpha)) = T(0) = 0$$
故 $\alpha \in \operatorname{Ker} T^{m+1}$,此即式⑥成立,从而式①成立.

要证式②,只需证明
$$\operatorname{Im} T^{s+1} \subseteq \operatorname{Im} T^s \quad (s=1,2,\cdots) \tag{⑦}$$
即可.

$\forall \beta \in \operatorname{Im} T^{s+1}$,则存在 $\delta \in V$,使
$$\beta = T^{s+1}(\delta) = T^s(T\delta) \in \operatorname{Im} T^s$$
从而式⑦成立,所以式②成立.

(2) 由上面式①有
$$\dim(\operatorname{Ker} T) \leqslant \dim(\operatorname{Ker} T^2) \leqslant \cdots \leqslant \dim(\operatorname{Ker} T^s) \leqslant \cdots \tag{⑧}$$
由于 V 是有限维,$\dim(\operatorname{Ker} T)$ 是常数,且维数不能为负,因此式⑧不能无限不等下去,从而一定存在正整数 k,使
$$\dim(\operatorname{Ker} T^k) = \dim(\operatorname{Ker} T^{k+1}) \tag{⑨}$$
但
$$\operatorname{Ker} T^k \subseteq \operatorname{Ker} T^{k+1} \tag{⑩}$$
由式⑨,式⑩即证式③成立.

再用数学归纳法证明式④,显然当 $t=1$ 时结论成立. 归纳假设结论对 $s-1$ 成立,即
$$\operatorname{Ker} T^k = \operatorname{Ker} T^{k+(s-1)} \tag{⑪}$$
再证 k 时结论成立. 事实上,有
$$\operatorname{Ker} T^k = \operatorname{Ker} T^{k+(s-1)} \subseteq \operatorname{Ker} T^{k+s} \tag{⑫}$$
$\forall \beta \in \operatorname{Ker} T^{k+s}$,则 $0 = T^{k+s}\beta = T^{k+(s-1)}(T\beta)$,即
$$T\beta \in \operatorname{Ker} T^{k+(s-1)} = \operatorname{Ker} T^k$$
所以 $T^{k+1}\beta = 0, \beta \in \operatorname{Ker} T^{k+1} = \operatorname{Ker} T^{k+(s-1)} = \operatorname{Ker} T^k$,此即
$$\operatorname{Ker} T^{k+s} \subseteq \operatorname{Ker} T^k \tag{⑬}$$
由式⑫,⑬得证 $\operatorname{Ker} T^k = \operatorname{Ker} T^{k+s}$ 即对 s 也成立,从而式④对一切正整数 t 成立.

(3) 再证
$$\operatorname{Im} T^k \cap \operatorname{Ker} T^k = \{0\} \tag{⑭}$$
其中 k 满足式④.

$\forall \alpha \in \operatorname{Im} T^k \cap \operatorname{Ker} T^k$,则 $\alpha = T^k\beta, \beta \in V$,且 $T^k\alpha = 0$. 所以
$$T^k\alpha = T^{2k}\beta = 0 \Rightarrow \beta \in \operatorname{Ker} T^{2k} = \operatorname{Ker} T^k$$
从而 $\alpha = T^k\beta = 0$,即证式⑭.

由于 T^k 是 V 的线性变换,因此有
$$\dim V = n = \dim(\operatorname{Im} T^k) + \dim(\operatorname{Ker} T^k) = \dim(\operatorname{Im} T^k \oplus \operatorname{Ker} T^k) \tag{⑮}$$
但
$$\operatorname{Im} T^k \oplus \operatorname{Ker} T^k \subseteq V \tag{⑯}$$

由式⑮,⑯即证式⑤成立.

639.(第三届全国大学生数学夏令营) 设 L_1, L_2, L_3 是线性空间
$$\alpha: L_1 \to L_2 \text{ 及 } \beta: L_2 \to L_3$$
是线性映射. 试证:
$$\dim\alpha(L_1) + \dim\beta(L_2) \leqslant \dim\beta(\alpha(L_1)) + \dim L_2 \qquad ①$$

证 设 $\dim L_1 = s, \dim L_2 = n, \dim L_3 = m$. 且 $\alpha_1, \cdots, \alpha_s; \beta_1, \cdots, \beta_n; \gamma_1, \cdots, \gamma_m$. 分别为 L_1, L_2, L_3 的一组基,并设线性映射 α, β 在相应基下矩阵为 A 和 B, 即
$$\alpha(\alpha_1, \cdots, \alpha_s) = (\beta_1, \cdots, \beta_n) B \qquad ②$$
$$\beta(\beta_1, \cdots, \beta_n) = (\gamma_1, \cdots, \gamma_m) A \qquad ③$$
其中 B 为 $n \times s$ 矩阵, A 为 $m \times n$ 矩阵. 若用 $\alpha(L_1), \beta(L_2)$ 分别表示值域, 则
$$\dim\alpha(L_1) = \text{秩 } B, \dim\beta(L_2) = \text{秩 } A$$
$$\beta[\alpha(\alpha_1, \cdots, \alpha_n)] = \beta[(\beta_1, \cdots, \beta_n)B]$$
$$= [\beta(\beta_1, \cdots, \beta_n)]B = (\gamma_1, \cdots, \gamma_n)(AB)$$
所以 $\dim\beta(\alpha(L_1)) = \text{秩}(AB)$. 因此将要证的式①变为
$$\text{秩 } B + \text{秩 } A \leqslant \text{秩}(AB) + n \qquad ①$$
而这就是已知为 Sylvester 公式(见第 278 题).

640.(北京邮电学院) A, B 是线性空间 V_n 中线性变换,设 $A^2 = A, B^2 = B$. 证明: A 与 B 有相同值域的充要条件是: $AB = B, BA = A$.

证 先证必要性. 设 $AV_n = BV_n$, 则 $\forall \alpha \in V_n$, 因为 $A\alpha \in AV_n = BV_n$, 所以存在 $\delta \in V_n$, 使
$$A\alpha = B\delta \Rightarrow BA\alpha = B^2\delta = B\delta = A\alpha$$
由 α 任意性,得证 $BA = A$.

类似可证 $AB = B$.

再证充分性. 设 $AB = B, BA = A$, 则 $\forall A\alpha \in AV_n$, 有 $A\alpha = B(A\alpha) \in BV_n$, 此即 $AV_n \subseteq BV_n$.

类似可证 $BV_n \subseteq AV_n$, 故 $AV_n = BV_n$.

641.(华中科技大学) 设 $n \times n$ 矩阵 $A^2 = A, A = A_1 + A_2 + \cdots + A_k$, 秩 $A =$ 秩 $A_1 +$ 秩 $A_2 + \cdots +$ 秩 A_k, 证明:
$$A_i^2 = A_i (i = 1, 2, \cdots, k), A_i A_j = 0 (i \neq j, i, j = 1, 2, \cdots, k)$$

证 令 $V = P^n$, 那么
$$AV \subseteq A_1V + A_2V + \cdots + A_kV \qquad ①$$
因为 维 $AV =$ 秩 $A =$ 秩 $A_1 + \cdots +$ 秩 $A_k =$ 维 $A_1V + \cdots +$ 维 A_kV
$$\geqslant \text{维}(A_1V + \cdots + A_kV) \geqslant \text{维}(AV) \qquad ③$$
所以 维 $AV =$ 维$(A_1V) + \cdots +$ 维$(A_kV) =$ 维$(A_1V + \cdots + A_kV)$ ④

由式①, 式④得
$$AV = A_1V \oplus A_2V \oplus \cdots \oplus A_kV \qquad ⑤$$
取 V 的一组基 $\varepsilon_1, \varepsilon_2, \cdots, \varepsilon_n$, 则

$$V=L(\varepsilon_1,\varepsilon_2,\cdots,\varepsilon_n), \Rightarrow A_iV=L(A_i\varepsilon_1,\cdots,A_i\varepsilon_n)$$

又因为 $A_i\varepsilon_j \in AV$,所以 $A_i\varepsilon_j=A\beta, \beta \in V$,且

$$A_i\varepsilon_j = A\beta = A^2\beta = A(A\beta) = (A_1+\cdots+A_k)A\beta$$
$$= (A_1+\cdots+A_k)A_i\varepsilon_j$$
$$= A_1A_i\varepsilon_j+\cdots+A_i^2\varepsilon_j+\cdots+A_kA_i\varepsilon_j$$
$$0 = A_1A_i\varepsilon_j+\cdots+(A_i^2-A_i)\varepsilon_j+\cdots+A_kA_i\varepsilon_j$$

再由直和的零向量分解唯一,可得

$$A_mA_i\varepsilon_j=0(m\neq i)$$

由 j 的任意性即知 $A_mA_i=0(m\neq i)$.

又因为 $(A_i^2-A_i)\varepsilon_j=0$,由 j 的任意性,即证

$$A_i^2=A_i \quad (i=1,2,\cdots,h)$$

642. (四川大学) 设三阶矩阵 $A=\begin{pmatrix} 2 & 2 & -2 \\ 2 & -1 & 4 \\ -2 & 4 & -1 \end{pmatrix}$.

(1) A 在数域 F 上是否相似于对角矩阵,说明理由;

(2) 求 A 的最小多项式;

(3) $f(X)=X'AX$,求 $f(X)$ 的一个标准形.

解 (1)因为 A 为实对称阵,故 A 一定可对角化.

(2) $f(\lambda)=|\lambda E-A|=(\lambda-3)^2(\lambda+6)$,且 A 可对角化,则 $(x-3)^2(x+6)$ 不是最小多项式,即设 $g(x)$ 为最小多项式,则 $(x-3)^2 \nmid g(x)$.

故 $g(x)=(\lambda-3)(\lambda+6)$ 为最小多项式.

(3)因为 A 有特征值 $\lambda_1=\lambda_2=3, \lambda_3=-6$,所以必有正交矩阵 Q,使

$$T'AT=D=\begin{pmatrix} 3 & & \\ & 3 & \\ & & -6 \end{pmatrix}$$

故 $f(x)$ 的一个标准形为 $f=3y_1^2+3y_2^2-6y_3^2$.

643. (北京大学) 设 V,U 分别是数域 K 上 n 维,m 维线性空间,$\underline{A}$ 是 V 到 U 的一个线性映射,即 $\underline{A}$ 是 V 到 U 的映射,且满足:

$$\underline{A}(\alpha+\beta)=\underline{A}\alpha+\underline{A}\beta, \forall \alpha,\beta \in V$$
$$\underline{A}(k\alpha)=k\underline{A}\alpha, \forall \alpha \in V, k \in K$$

令 $\mathrm{Ker}\underline{A}=\{\alpha \in V | \underline{A}\alpha=0\}$,$\mathrm{Ker}\underline{A}$ 是 $\underline{A}$ 的核,它是 V 的一个子空间,用 $\mathrm{Im}\underline{A}$ 表示 $\underline{A}$ 的象(即值域)

(1)证明:$\dim(\mathrm{Ker}\underline{A})+\dim(\mathrm{Im}\underline{A})=\dim V$;   ①

(2)证明:如果 $\dim V=\dim U$,则 $\underline{A}$ 是单射当且仅当 $\underline{A}$ 是满射.

证 (1) 设 $\mathrm{Ker}\underline{A}=r$,

1)若 $r=0$,取 V 的一组基 $\alpha_1,\cdots,\alpha_n$,则 $\underline{A}\alpha_1,\cdots,\underline{A}\alpha_n$ 为 V 的一组基.事实上,令

$$k_1\underline{A}\alpha_1+\cdots+k_n\underline{A}\alpha_n=0 \Rightarrow \underline{A}(k_1\alpha_1+\cdots+k_n\alpha_n)=0$$

则 $k_1\alpha_1+\cdots+k_n\alpha_n=0$(故 $\mathrm{Ker}\underline{A}=\{0\}$),因此有

$$k_1=\cdots=k_n=0$$

故 $\underline{A}\alpha_1,\cdots,\underline{A}\alpha_n$ 线性无关,从而为 V 的一组基.

$\text{Im}\underline{A}\subseteq V$,又 $\underline{A}\alpha_i\in\text{Im}\underline{A}$,于是 $\text{Im}\underline{A}=V$,$\dim\text{Im}\underline{A}=\dim V$. 从而式①成立.

2) 当 $r=n$ 时,$\text{Im}\underline{A}=\{0\}$,这时式①也成立.

3) 当 $0<r<n$ 时,取 $\beta_1,\cdots,\beta_r$ 为 $\text{Ker}\underline{A}$ 的一组基,再扩大为 V 的一组基 $\beta_1,\cdots,\beta_r$, $\beta_{r+1},\cdots,\beta_n$,则 $V=L(\beta_1,\cdots,\beta_r,\beta_{r+1},\cdots,\beta_r)$,所以

$$\text{Im}\,\underline{A}=L(\underline{A}\beta_1,\cdots,\underline{A}\beta_n)=L(\underline{A}\beta_{r+1},\cdots,\underline{A}\beta_n)$$

现证 $\underline{A}\beta_{r+1},\cdots,\underline{A}\beta_n$ 线性无关. 令

$$l_{r+1}\underline{A}\beta_{r+1}+\cdots+l_n\underline{A}\beta_n=0\Rightarrow\underline{A}(l_{r+1}\beta_{r+1}+\cdots+l_n\beta_n)=0$$
$$\Rightarrow l_{r+1}\beta_{r+1}+\cdots+l_n\beta_n\in\text{Ker}\,\underline{A}=L(\beta_1,\cdots\beta_r)$$
$$l_{r+1}\beta_{r+1}+\cdots+l_n\beta_n=k_1\beta_1+\cdots+k_r\beta_r$$

由表示法唯一,知

$$l_{r+1}=\cdots=l_n=0,\quad k_1=\cdots=k_r=0$$

即证 $\underline{A}\beta_{r+1},\cdots\underline{A}\beta_n$ 线性无关. 从而 $\dim\text{Im}\underline{A}=n-r$. 故

$$n=\dim V=r+(n-r)=\dim(\text{Ker }\underline{A})+\dim(\text{Im }\underline{A})$$

(2) 设 $\dim V=\dim U=n$.

先证必要性. 设 $\underline{A}$ 是单射,则 $\dim(\text{Ker}\underline{A})=0$. 所以 $\dim\text{Im}\underline{A}=n$,但 $\text{Im}\underline{A}\subseteq U$,于是 $\text{Im}\underline{A}=U$,即证 $\underline{A}$ 为满射.

再证充分性. 设 $\underline{A}$ 这满射,即 $\text{Im}\underline{A}=V$,则有

$$\dim(\text{Im }\underline{A})=n\Rightarrow\dim(\text{Ker }\underline{A})=0$$

即证 $\text{Ker}\underline{A}=\{0\}$,故 $\underline{A}$ 为单射.

644. (武汉大学) 设 A,B 都是 $n\times n$ 复矩阵,且 $AB=BA$,证明:有一个非零的 n 维向量既是 A 的某特征根的特征向量,也是 B 的某特征根的特征向量.

证 取一个 n 维线性空间 V,再取它的一组基 $\varepsilon_1,\cdots\varepsilon_n$,作两个线性变换 σ,τ,则有

$$\sigma(\varepsilon_1,\cdots,\varepsilon_n)=(\varepsilon_1,\cdots,\varepsilon_n)A,\quad \tau(\varepsilon_1,\cdots,\varepsilon_n)=(\varepsilon_1,\cdots,\varepsilon_n)B$$

由于 $AB=BA$,因此 $\sigma\tau=\tau\sigma$. 设 λ_0 是 A 的某一特征值. 令

$$V_{\lambda_0}=\{\alpha\in V|\sigma\alpha=\lambda_0\alpha\}$$

则 V_{λ_0} 是 σ 的不变子空间.

现证 V_{λ_0} 也是 τ 的不变子空间,$\forall\ \xi\in V_{\lambda_0}$ 则 $\sigma\xi=\lambda_0\xi$. 所以

$$\sigma(\tau\xi)=\sigma(\tau\xi)=\tau(\lambda_0\xi)=\lambda_0(\tau\xi)$$

故 $\tau\xi\in V_{\lambda_0}$.

由于 V_{λ_0} 是 τ 的不变子空间,记 $\tau|_{V_{\lambda_0}}=\tau_0$ 在复数域上 τ_0 必有特征值 μ,即存在非零向量 $\alpha\in V_{\lambda_0}$ 使 $\tau_0\alpha=\mu\alpha$. 所以

$$\tau\alpha=\tau_0\alpha=\mu\alpha$$

而 $\alpha\in V_{\lambda_0}$,故 $A\alpha=\lambda_0\alpha$.

645. (北京大学) 设 V 为数域 P 上 n 维线性空间,$\underline{A}$ 和 $\underline{B}$ 为线性变且满足 $\underline{AB}=\underline{BA}$,又设 λ_0 是 $\underline{A}$ 的一个特征值,则

(1) $V_{\lambda_0}=\{\alpha\in V|$ 存在正整数 m,使 $(\underline{A}-\lambda_0\underline{E})^m\alpha=0\}$ 是 $\underline{A}$ 的不变子空间,其中 $\underline{E}$ 是单位变换;

(2) V_{λ_0} 也是 $\underline{B}$ 的不变子空间.

证 (1) 首先,若 $g(x),f(x)\in P[x]$,则有
$$f(\underline{A})g(\underline{A})=g(\underline{A})f(\underline{A}) \qquad ①$$

$\forall \xi\in V_{\lambda_0}$,则存在 $m\in \mathbf{N}$,使
$$(\underline{A}-\lambda\underline{E})^m\xi=0.$$

那么由式①知
$$(\underline{A}-\lambda_0\underline{E})^m(\underline{A}\xi)=\underline{A}(\underline{A}-\lambda_0\underline{E})^m\xi=\underline{A}0=0$$

故 $\underline{A}\xi\in V_{\lambda_0}$,即证 V_{λ_0} 是 $\underline{A}$ 的不变子空间.

(2) 设 $\underline{AB}=\underline{BA}$,则 $\forall f(x)\in P[x]$,可证
$$f(\underline{A})\underline{B}=\underline{B}f(\underline{A}) \qquad ②$$

由 $\alpha\in V_{\lambda_0}$,则存在 $r\in N$,使 $(\underline{A}-\lambda_0\underline{E})^r\alpha=0$,由②知
$$(\underline{A}-\lambda_0\underline{E})^r\underline{B}\alpha=\underline{B}(\underline{A}-\lambda_0\underline{E})^r\alpha=\underline{B}(0)=0$$

故 $\underline{B}\alpha\in V_{\lambda_0}$. 此即 V_{λ_0} 是 $\underline{B}$ 的不变子空间.

646. (上海交通大学) A,B 是数域 P 上两个 n 阶方阵,且 $AB=BA$,又存在一正整数 s,使 $A^s=O$. 求证:$|A+B|=|B|$.

证 由 $AB=BA$ 知,存在可逆阵 T
$$T^{-1}AT=\begin{bmatrix}\lambda_1 & & *\\ & \ddots & \\ 0 & & \lambda_n\end{bmatrix} \qquad ①$$

及
$$T^{-1}BT=\begin{bmatrix}\mu_1 & & *\\ & \ddots & \\ 0 & & \mu_n\end{bmatrix} \qquad ②$$

其中 $\lambda_1,\cdots,\lambda_n$ 为 A 的特征值,$\mu_1,\cdots,\mu_n$ 为 B 的特征值.

由于 $A^s=0$,因此 A 的特征值均为 0. 由式①,式②知
$$T^{-1}AT=\begin{bmatrix}0 & & *\\ & \ddots & \\ 0 & & 0\end{bmatrix} \qquad ③$$

且
$$T^{-1}(A+B)T=\begin{bmatrix}\mu_1 & & *\\ & \ddots & \\ 0 & & \mu_n\end{bmatrix} \qquad ④$$

对式①~④两边取行列式可得
$$|B|=\mu_1\mu_2\cdots\mu_n=|A+B|.$$

647. (南京师范大学) 设数域 P 上的矩阵 A 的最小多项式为 $f(x)=(x-\lambda_1)(x-\lambda_2)$,$\lambda_1\neq\lambda_2$,$A$ 的属于 λ_i 的特征子空间 $V_i(i=1,2)$,证明:$V=V_1\oplus V_2$.

证 (1) $V\supseteq V_1\oplus V_2$ 显然.

(2)下证 $V \subseteq V_1 \oplus V_2$.

先证 $V_1 \oplus V_2 = V_1 + V_2$：$\forall x \in V_1 \cap V_2, Ax = \lambda_1 x = \lambda_2 x$，但 $\lambda_1 \neq \lambda_2$，所以 $x = 0$，从而 $V_1 \cap V_2 = \{0\}$，即证 $V_1 \oplus V_2 = V_1 + V_2$.

再证 $V \subseteq V_1 + V_2$：$\forall x \in V$，有 $(A - \lambda_1)(A - \lambda_2)x = 0$，所以 $(A - \lambda_2)x \in V_1$.

即存在 $x_1 \in V_1, x_1 = (A - \lambda_2)x$，同理存在 $x_2 \in V_2, x_2 = (A - \lambda_1)x$.

从而有：$x = \dfrac{x_1 - x_2}{\lambda_1 - \lambda_2} \in V_1 + V_2$，即证 $V \subseteq V_1 + V_2$.

648.（南京师范大学） 设 V 是数域 P 上的一个 n 维线性空间，$\underline{A}$ 是 V 上的非零线性变换，$f(x)$ 是数域 P 上的多项式，$f(0) = 0$，$f(x)$ 在 0 处的导数 $f'(0) \neq 0$，$f(\underline{A}) = 0$，证明：$V = \underline{A}V \oplus \underline{A}^{-1}(0)$.

证 设 $f(x) = \sum\limits_{i=0}^{k} a_i x^i$，由 $f(0) = 0$ 及 $f(x)$ 在 0 处的导数 $f'(0) \neq 0$，知 $a_0 = 0$，$a_1 \neq 0$.

(1) 先证 $V = \underline{A}V + \underline{A}^{-1}(0)$，$\underline{A}V + \underline{A}^{-1}(0) \subseteq V$，显然.

对 $v \in V$，有
$$f(\underline{A})v = \sum_{i=1}^{k} a_i \underline{A}^i v = \underline{A} \sum_{i=1}^{k} a_i \underline{A}^{i-1} v = 0$$

从而知 $\sum\limits_{i=1}^{k} a_i \underline{A}^{i-1} v \in \underline{A}^{-1}(0)$，即有 $v' \in \underline{A}^{-1}(0)$，使得 $\sum\limits_{i=1}^{k} a_i \underline{A}^{i-1} v = v'$，可得
$$v = \frac{1}{a_1}\left(v' - \sum_{i=2}^{k} a_i \underline{A}^{i-1} v\right) \in \underline{A}V + \underline{A}^{-1}(0)$$

即证 $V \subseteq \underline{A}V + \underline{A}^{-1}(0)$，从而有 $V = \underline{A}V + \underline{A}^{-1}(0)$.

2) 再证 $\underline{A}V + \underline{A}^{-1}(0)$ 是直和.

$\forall v \in \underline{A}V \cap \underline{A}^{-1}(0)$，$\exists v' \in V, s.t.\ v = \underline{A}v'$. 从而有
$$\sum_{i=1}^{k} a_i \underline{A}^{i-1} v = \sum_{i=1}^{k} a_i \underline{A}^i v' = f(\underline{A})v = 0$$

但因 $v \in \underline{A}^{-1}(0)$，所以有 $\underline{A}v = 0$，从而 $\sum\limits_{i=1}^{k} a_i \underline{A}^{i-1} v = 0 \Leftrightarrow a_1 v = 0 \Leftrightarrow v = 0$，即
$$\underline{A}V \cap \underline{A}^{-1}(0) = \{0\}$$

即证 $\underline{A}V + \underline{A}^{-1}(0) = \underline{A}V \oplus \underline{A}^{-1}(0)$.

> 在你的心园中种植忍耐吧！虽然它的根是苦的，但果实是甜的。
>
> ——英国·奥斯丁

第八章 λ-矩阵

8.1 不变因子、行列式因子、初等因子和最小多项式

【考点综述】

1. 秩

(1) 如果在 λ-矩阵 $A(\lambda)$ 中,有一个 $r(r \geqslant 1)$ 阶子式不为零,一切 $r+1$ 阶子式全为零,则称 $A(\lambda)$ 的秩为 r,记为秩$(A(\lambda))=r$.

(2) 若 $A(\lambda)=0$,称秩$(A(\lambda))=0$.

(3) 若 A 是 n 阶方阵,秩$(\lambda E-A)=n$.

2. λ-矩阵之逆

(1) 设 $A(\lambda)$ 是 n 阶矩阵,若存在 n 阶矩阵 $B(\lambda)$ 使
$$A(\lambda)B(\lambda)=B(\lambda)A(\lambda)=E$$
则称 $A(\lambda)$ 是可逆的,并称 $B(\lambda)$ 为 $A(\lambda)$ 的逆.

(2) $A(\lambda)$ 可逆 $\Leftrightarrow |A(\lambda)|=c \neq 0$.

3. 初等变换与初等矩阵

(1) λ 矩阵的初等变换,下面 3 种变换都称为初等变换：

（ⅰ）交换两行(或列)；

（ⅱ）用非零常数乘矩阵某一行(或列)；

（ⅲ）用矩阵某一行(或列)的 $\varphi(\lambda)$ 倍加到另一行(或列)上去.

(2) 初等 λ-矩阵,下面 3 种 n 阶方阵都称为初等 λ-矩阵.

（ⅰ）$P(i,j)$；

（ⅱ）$P(i(c))$；

（ⅲ）$P[i,j(\varphi(\lambda))]$.

(3)用初等 λ-矩阵左乘(或右乘)某矩阵相当于对这矩阵作一次行(或列)变换.
(4)$A(\lambda)$ 经过若干次初等变换变为 $B(\lambda)$,则称 $A(\lambda)$ 与 $B(\lambda)$ 等价.

4. 史密斯(Smith)标准形

(1)$A(\lambda)$ 是 $m\times n$ 矩阵,且秩 $A(\lambda)=r$,则 $A(\lambda)$ 可经过若干次初等变换变成

$$\begin{bmatrix} d_1(\lambda) & & & & & & \\ & \ddots & & & & & \\ & & d_r(\lambda) & & & & \\ & & & 0 & & & \\ & & & & \ddots & & \\ & & & & & 0 \end{bmatrix}$$

的形式,即存在 m 阶可逆阵 $P(\lambda)$ 和 n 阶可逆阵 $Q(\lambda)$,使

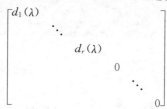

①

其中 $d_i(\lambda)$ 的首项系数为 $1(i=1,2,\cdots,r)$,且

$$d_i(\lambda)\mid d_{i+1}(\lambda)(i=1,2,\cdots,r-1)$$

并称式①右端为 $A(\lambda)$ 的史密斯标准形,且标准形是唯一的.

(2)在上述史密斯标准形中

$$d_1(\lambda),d_2(\lambda),\cdots,d_r(\lambda)$$

称为 $A(\lambda)$ 的不变因子.

(3)$A\in P^{n\times n}$,$f(\lambda)=|\lambda E-A|$,则

$$f(\lambda)=d_1(\lambda)d_2(\lambda)\cdots d_n(\lambda)$$

5. 行列式因子

(1)设 λ-矩阵 $A(\lambda)$ 的秩为 r,对正整数 k,$1\leqslant k\leqslant r$,$A(\lambda)$ 中全部 k 阶子式的首项系数为 1 的最大公因式,称为 $A(\lambda)$ 的 k 阶行列式因子,记为 $D_k(\lambda)$.

(2)行列式因子与不变因子的关系.

设秩$(A(\lambda))=r$,则

$$\begin{cases} D_1(\lambda)=d_1(\lambda) \\ D_2(\lambda)=d_1(\lambda)d_2(\lambda) \\ \cdots\cdots \\ D_r(\lambda)=d_1(\lambda)d_2(\lambda)\cdots d_r(\lambda) \end{cases}$$

且双方唯一确定.

(3)两个 λ-矩阵等价的充要条件是具有相同的不变因子或具有相同的各阶行列式因子.

第八章 λ-矩阵

6. 初等因子

(1) 把矩阵 $\lambda E-A$ 的每个次数大于零的不变因子分解成互不相同的一次因式的方幂的乘积,所有这些一次因式的方幂(相同的必须按出现次数计算),称为 A 的初等因子.

(2) $A\sim B\Leftrightarrow \lambda E-A$ 与 $\lambda E-B$ 等价.

(3) $A\sim B\Leftrightarrow \lambda E-A$ 与 $\lambda E-B$ 有相同的不变因子.

(4) $A\sim B\Leftrightarrow \lambda E-A$ 与 $\lambda E-B$ 有相同的行列式因子.

(5) $A\sim B\Leftrightarrow A$ 与 B 有相同的初等因子.

(6) 若 $\lambda E-A$ 等价于对角形 λ 矩阵.

$$D(\lambda)=\begin{bmatrix} h_1(\lambda) & & \\ & \ddots & \\ & & h_n(\lambda) \end{bmatrix}$$

其中 $h_i(\lambda)$ 首项系数都是 1,那么将 $h_i(\lambda)$ 分解成互不相同的一次因式的方幂(相同的按出现次数计算)就是 A 的全部初等因子.

7. 最小多项式

(1) 设 $A\in P^{n\times n}$,$P[x]$ 中次数最低的首项系数为 1 的以 A 为根的多项式,故为 A 的最小多项式,记为 $m(\lambda)$.

(2) 矩阵 A 的最小多项式是唯一的,且若 $g(A)=0$,则 $m(\lambda)\mid g(\lambda)$.

(3) 设 $A=\begin{bmatrix} A_1 & & \\ & \ddots & \\ & & A_s \end{bmatrix}$ 是准对角阵,且 $m_i(\lambda)$ 分别为 A_i 的最小多项式,$m(\lambda)$ 为 A 的最小多项式,则

$$m(\lambda)=[m_1(\lambda),m_2(\lambda),\cdots,m_s(\lambda)]$$

(4) 设 $A\in P^{n\times n}$,则 $m(\lambda)=d_n(\lambda)$,即 A 的最小多项式是 A 的最后一个不变因子.

【经典题解】

649.(武汉大学) 求 A 的最小多项式,其中

$$A=\begin{bmatrix} 1 & 0 & 0 & 0 \\ -1 & -1 & -1 & 0 \\ 1 & 1 & 1 & 1 \\ 2 & 2 & 2 & 0 \end{bmatrix}$$

解 对矩阵 $\lambda E-A$ 作初等变换,可得

$$\lambda E-A\to \begin{bmatrix} -1 & -1 & \lambda-1 & 0 \\ 0 & \lambda & \lambda & 0 \\ 0 & 1-\lambda & (\lambda-1)^2 & 0 \\ 0 & 0 & -2\lambda & \lambda \end{bmatrix}$$

$$\rightarrow \begin{bmatrix} 1 & 0 & 0 & 0 \\ 0 & 1 & \lambda^2-\lambda+1 & 0 \\ 0 & 1 & \lambda^3-\lambda^2 & 0 \\ 0 & 0 & -2\lambda & \lambda \end{bmatrix} \rightarrow \begin{bmatrix} 1 & & & \\ & 1 & & \\ & & \lambda & \\ & & & \lambda^3-\lambda^2 \end{bmatrix}$$

由于 $d_4(\lambda)=\lambda^3-\lambda^2$,因此 A 的最小多项式为 $\lambda^3-\lambda^2$.

650.(大连理工大学) 求 A 的全体零化多项式集,其中

$$A = \begin{bmatrix} 0 & 1 & 0 & 1 \\ 1 & 0 & 1 & 0 \\ 0 & 1 & 0 & 1 \\ 1 & 0 & 1 & 0 \end{bmatrix}$$

解 因为 $A^3=4A$,令 $g(x)=x^3-4x$,则 $g(x)$ 是 A 的一个零化多项式.

设 A 的最小多项式为 $m(x)$,则 $m(x)|(x^3-4x)$,而

$$x^3-4x=x(x^2-4)=x(x+2)(x-2)$$

因此 $g(x)$ 首项系数为 1 的一切因式为 $x, x^2+2x, x^2-2x, x^2-4, x^3-4x$. 而这些因式中零化多项式只有 x^2-2x 和 x^3-4x. 故最小多项式为

$$m(x)=x^2-2x$$

再设 A 的零化多项式集为 M,则

$$M=\{h(x)(x^2-2x)|h(x)\in P[x]\}$$

651.(湖北省师范专业大学生竞赛题) 求 λ 矩阵

$$A(\lambda) = \begin{bmatrix} 1-\lambda & \lambda^2 & \lambda \\ \lambda & \lambda & -\lambda \\ 1+\lambda^2 & \lambda^2 & -\lambda^2 \end{bmatrix}$$

的标准形.

解 $A(\lambda) \rightarrow \begin{bmatrix} 1 & \lambda^2 & \lambda \\ 0 & \lambda & -\lambda \\ 1 & \lambda^2 & -\lambda^2 \end{bmatrix} \rightarrow \begin{bmatrix} 1 & \lambda^2 & \lambda \\ 0 & \lambda & -\lambda \\ 0 & 0 & -\lambda^2-\lambda \end{bmatrix} \rightarrow \begin{bmatrix} 1 & 0 & 0 \\ 0 & \lambda & 0 \\ 0 & 0 & \lambda^2+\lambda \end{bmatrix}$

即得 $A(\lambda)$ 的史密斯标准形,其中 $1, \lambda, \lambda^2+\lambda$ 为 $A(\lambda)$ 的不变因子.

652.(东北师范大学) 证明:A 与 A' 相似,从而有相同的特征值.但特征向量不一定相同.

证 设 $A\in P^{n\times n}$,且 $\lambda E-A$ 的不变因子为

$$d_1(\lambda), d_2(\lambda), \cdots, d_n(\lambda)$$

则存有 n 阶可逆阵 $P(\lambda), Q(\lambda)$,使

$$P(\lambda)(\lambda E-A)Q(\lambda) = \begin{bmatrix} d_1(\lambda) & & \\ & \ddots & \\ & & d_n(\lambda) \end{bmatrix}$$

两边取转置得

$$Q'(\lambda)(\lambda E - A')P'(\lambda) = \begin{bmatrix} d_1(\lambda) & & \\ & \ddots & \\ & & d_n(\lambda) \end{bmatrix}$$

从而 $\lambda E - A$ 与 $\lambda E - A'$ 有相同的不变因子，$\therefore A \sim A'$. 于是

$$|\lambda E - A| = |(\lambda E - A)'| = |\lambda E - A'|.$$

这说明：A 与 A' 有相同的特征多项式，从而有相同的特征值. 但特征向量不一定相同，比如设 $A = \begin{bmatrix} 1 & 1 \\ 0 & 1 \end{bmatrix}$，则 $A' = \begin{bmatrix} 1 & 0 \\ 1 & 1 \end{bmatrix}$.

当 $\lambda = 1$ 时，由 $(E - A)x = 0$ 得线性无关的特征向量为

$$\alpha = (1, 0)'$$

则 A 属于 1 的全部特征向量为 $k\alpha$，其中 k 为 P 中不为零的任意常数.

当 $\lambda = 1$ 时，由 $(E - A')x = 0$ 得线性无关特征向量为

$$\beta = (0, 1)'$$

则 A' 属于 1 的全部特征向量为 $l\beta$，其中 l 为 P 中不为零的任意常数，因此 A 与 A' 具有不同的特征向量.

注 由该题可证：

(吉林工业大学) 证明：任何可逆矩阵，必可与它自己的转置矩阵相似.

653. (福州大学) 设 $B = \begin{bmatrix} B_1 & 0 \\ 0 & B_2 \end{bmatrix}$ 为准对角阵，$g_1(\lambda), g_2(\lambda), g(\lambda)$ 是 B_1, B_2, B 的最小多项式，求证：

$$g(\lambda) = [g_1(x), g_2(\lambda)]$$

其中 $[g_1(x), g_2(\lambda)]$ 是 $g_1(x), g_2(\lambda)$ 的首项系数为 1 的最小公倍式.

证 因为

$$0 = g(B) = \begin{bmatrix} g(B_1) & 0 \\ 0 & g(B_2) \end{bmatrix}$$

所以 $g(B_1) = 0, g(B_2) = 0$. 此即有

$$g_1(\lambda) | g(\lambda), g_2(\lambda) | g(\lambda)$$

即证 $g(\lambda)$ 是 $g_1(\lambda)$ 与 $g_2(\lambda)$ 的公倍式.

任取 $g_1(\lambda)$ 与 $g_2(\lambda)$ 的一个公倍式 $h(\lambda)$，则

$$h(B) = \begin{bmatrix} h(B_1) & \\ & h(B_2) \end{bmatrix} = 0$$

此即 $h(B)$ 是 B 的零化多项式，故 $g(\lambda) | h(\lambda)$.

又因为 $g(\lambda)$ 首项系数为 1. 所以

$$g(\lambda) = [g_1(x), g_2(\lambda)]$$

注 类似可证：若 $B = \begin{bmatrix} B_1 & & \\ & \ddots & \\ & & B_s \end{bmatrix}$ 是准对角阵，设 $g(\lambda), g_1(\lambda), \cdots, g_s(\lambda)$ 分

别是 $B, B_1, \cdots, B_s$ 的最小多项式. 则
$$g(\lambda) = [g_1(\lambda), g_2(\lambda), \cdots, g_s(\lambda)]$$

654.（湖北大学） 证明：相似矩阵有相同的最小多项式.

证 设 $A \sim B$，即存在可逆阵 T 使 $B = T^{-1}AT$. 另设 $m_1(\lambda), m_2(\lambda)$ 分别为 A 与 B 的最小多项式. 且
$$m_2(\lambda) = \lambda^s + b_{s-1}\lambda^{s-1} + \cdots + b_1\lambda + b_0$$

则
$$\begin{aligned} 0 = m_2(B) &= B^s + b_{s-1}B^{s-1} + \cdots + b_1 B + b_0 E \\ &= T^{-1}(A^s + b_{s-1}A^{s-1} + \cdots + b_1 A + b_0 E)T \\ &= T^{-1} m_2(A) T \end{aligned}$$

即 $m_2(A) = 0$，$m_2(\lambda)$ 是 A 的零化多项式. 而 $m_1(\lambda)$ 是 A 的最小多项式，故
$$m_1(\lambda) \mid m_2(\lambda) \qquad \qquad ①$$

类似可证 $m_2(\lambda) \mid m_1(\lambda)$. 故
$$m_2(\lambda) = c m_1(\lambda) \qquad \qquad ②$$

比较式②两边首项系数，知 $c = 1$. 此即 $m_1(\lambda) = m_2(\lambda)$.

655.（数学三） 设 A, B 为 n 阶矩阵，且 A 与 B 相似，E 为 n 阶单位矩阵，则

（　　）

(A) $\lambda E - A = \lambda E - B$

(B) A 与 B 有相同的特征值和特征向量

(C) A 与 B 都相似于一个对角阵

(D) 对任意常数 t，$tE - A$ 与 $tE - B$ 相似

答 (D). 因为 $T^{-1}AT = B \Rightarrow T^{-1}(tE - A)T = tE - B$

所以 $tE - A \sim tE - B$，故选 (D).

注 (A) 错. 比如 $A = \begin{bmatrix} 1 & 0 \\ 0 & 2 \end{bmatrix}, B = \begin{bmatrix} 2 & 0 \\ 0 & 1 \end{bmatrix}$，$A \sim B$ 但 $\lambda E - A \neq \lambda E - B$.

(C) 错. 比如 $A = B = \begin{bmatrix} 1 & 1 \\ 0 & 1 \end{bmatrix}$，但 A 不能相似于对角阵.

(B) 错. 比如 $A = \begin{bmatrix} 0 & 1 \\ 1 & 0 \end{bmatrix}, B = \begin{bmatrix} 1 & 0 \\ 0 & -1 \end{bmatrix}$，$A \sim B$（因为 A 与 B 有相同的初等因子，但 A 属于 1 的特征向量为 $(1, 1)'$. 而 B 属于 1 的特征向量为 $(1, 0)'$

656.（中山大学） 设 n 阶方阵 A 的最小多项式为 $g(\lambda)$，试证明 $g(\lambda) = d_n(\lambda)$，其中 $d_n(\lambda)$ 为 $\lambda E - A$ 的最后个不变因子.

证 设 A 的全部初等因子为
$$\begin{cases} (\lambda - \lambda_1)^{n_{11}}, \cdots, (\lambda - \lambda_1)^{n_{1r_1}}, n_{11} \leqslant \cdots \leqslant n_{1r_1} \\ \cdots \cdots \\ (\lambda - \lambda_s)^{n_{s1}}, \cdots, (\lambda - \lambda_s)^{n_{sr_s}}, n_{s1} \leqslant \cdots \leqslant n_{sr_s} \end{cases}$$

则

第八章 λ-矩阵

$$d_n(\lambda) = (\lambda-\lambda_1)^{n_1 r_1}(\lambda-\lambda_2)^{n_2 r_2}\cdots(\lambda-\lambda_s)^{n_s r_s}$$ ①

由 A 的初等因子可得

$$A \sim \begin{bmatrix} J_{1n_{11}} & & & \\ & \ddots & & \\ & & \ddots & \\ & & & J_{s n_{s r_s}} \end{bmatrix}$$

其中 $J_{ij} = \begin{bmatrix} \lambda_i & 1 & & \\ & \ddots & \ddots & \\ & & \ddots & 1 \\ & & & \lambda_i \end{bmatrix}$ $(j=n_{11},\cdots,n_{s r_s})$ 为若当块. 所以

$$g(\lambda) = [(\lambda-\lambda_1)^{n_{11}},\cdots,(\lambda-\lambda_1)^{n_{1 r_1}},\cdots,(\lambda-\lambda_s)^{n_{s 1}},\cdots,(\lambda-\lambda_s)^{n_{s r_s}}]$$
$$= (\lambda-\lambda_1)^{n_1 r_1}\cdots(\lambda-\lambda_s)^{n_s r_s}$$ ②

由式①,式②得

$$g(\lambda) = d_n(\lambda)$$

657. **(南开大学)** 设 V 是数域 P 上 3 维线性空间,线性变换 $f:V\to V$ 在 V 的基 e_1, e_2, e_3 下矩阵为

$$A = \begin{pmatrix} 4 & 6 & -15 \\ 1 & 3 & -5 \\ 1 & 2 & -4 \end{pmatrix}$$

问 f 可否在 V 的某组基下矩阵为

$$B = \begin{pmatrix} 1 & -3 & 3 \\ -2 & -6 & 13 \\ -1 & -4 & 8 \end{pmatrix}$$

为什么?

解 设 A 的特征矩阵为 $\lambda E - A$, B 的特征矩阵为 $\lambda E - B$, 则

$$\lambda E - A = \begin{pmatrix} \lambda-4 & -6 & 15 \\ -1 & \lambda-3 & 5 \\ -1 & -2 & \lambda+4 \end{pmatrix} \to \begin{pmatrix} 1 & 2 & -\lambda-4 \\ -1 & \lambda-3 & 5 \\ \lambda-4 & -6 & 15 \end{pmatrix}$$

$$\to \begin{pmatrix} 1 & 0 & 0 \\ 0 & \lambda-1 & -\lambda+1 \\ 0 & -2\lambda+2 & \lambda^2-1 \end{pmatrix} \to \begin{pmatrix} 1 & 0 & 0 \\ 0 & \lambda-1 & 0 \\ 0 & 0 & (\lambda-1)^2 \end{pmatrix}$$

所以 A 的不变因子为

$$d_1(\lambda) = 1, d_2(\lambda) = \lambda-1, d_3(\lambda) = (\lambda-1)^2$$

$$(\lambda E - B) = \begin{pmatrix} \lambda-1 & 3 & -3 \\ 2 & \lambda+6 & -13 \\ 1 & 4 & \lambda-8 \end{pmatrix}$$

$$\rightarrow \begin{bmatrix} 1 & 0 & 0 \\ 0 & \lambda-2 & -2\lambda+3 \\ 0 & -4\lambda-7 & -\lambda^2+9x-11 \end{bmatrix} \rightarrow \begin{bmatrix} 1 & 0 & 0 \\ 0 & \lambda-2 & -1 \\ 0 & 1 & \lambda^2-\lambda+1 \end{bmatrix}$$

所以 B 的行列式因子为
$$D_1(\lambda)=1, D_2(\lambda)=1, D_3(\lambda)=(\lambda-2)(x^2-x+1)+1=(\lambda-1)^3$$
$$\Rightarrow d_1'(\lambda)=1, d_2'=1, d_3'=(\lambda-1)^3$$

故 $\lambda E-A$ 与 $\lambda E-B$ 有不同的不变因子,从而不等价,即 A 与 B 不相似,因此 f 在任一组基下的矩阵都不可能为 $B=\begin{bmatrix} 1 & -3 & 3 \\ -2 & -6 & 13 \\ -1 & -4 & 8 \end{bmatrix}$.

658.(北京大学) 设实数域上的矩阵
$$A=\begin{bmatrix} 1 & 1 & 0 \\ -1 & 0 & 1 \\ -3 & 0 & 0 \end{bmatrix}$$

(1) 求 A 的特征多项式 $f(\lambda)$;
(2) $f(\lambda)$ 是否为实数域上不可约多项式;
(3) 求 A 的最小多项式,要求写出理由;
(4) 实数域上的矩阵 A 是否可对角化.

解 (1) $f(\lambda)=|\lambda E-A|=\begin{vmatrix} \lambda-1 & -1 & 0 \\ 1 & \lambda & -1 \\ 3 & 0 & \lambda \end{vmatrix}=\lambda^3-\lambda^2+\lambda+3$

(2) 在实数域上 $f(\lambda)$ 是可约多项式,因为实数域上不可约多项式只能是一次式和判别式小于 0 的二次式. $f(\lambda)$ 是 3 次多项式,因此一定可约.

(3) 在 $\lambda E-A$ 中,左上角存在一个 2 阶子式
$$\begin{vmatrix} -1 & 0 \\ \lambda & -1 \end{vmatrix}=1$$

所以 $\lambda E-A$ 的不变因子为
$$d_1(\lambda)=d_2(\lambda)=1, \quad d_3(\lambda)=\lambda^3-\lambda^2+\lambda+3$$

由上题知 $d_3(\lambda)$ 就是 A 的最小多项式.

(4) 因为 A 在实数域上可对角化 $\Leftrightarrow A$ 的特征根全是实数. 但实系数多项式 $f(\lambda)$ 的全部根均为实数,因此它的各阶导数 $f'(\lambda), f''(\lambda)$ 也只有实根(证明可见樊恽、钱吉林等《代数学辞典》P. 314 第 679 题,华中师范大学出版社),又因为
$$f'(\lambda)=3\lambda^2-2\lambda+1, \Delta=(-2)^2-4\times3\times1<0$$

无实根,这说明, A 的特征多项式只有一个实根,另外两个为共轭虚根,所以 A 在实数域上不能对角化.

659.(武汉大学) 设 $A=\begin{bmatrix} 2 & -1 \\ -3 & 3 \end{bmatrix}$,证明:有理多项式 $f(x)$ 使 $f(A)=0$ 的充要

第八章　λ-矩阵

条件是 $f(x)$ 为 x^2-5x+3 的倍式.

证　先求 A 的最小多项式,在特征矩阵
$$XE-A=\begin{bmatrix} x-2 & 1 \\ 3 & x-3 \end{bmatrix}$$
中,由于存在 1 阶子式为非零常数.因此
$$d_1(x)=1, d_2(x)=|xE-A|=x^2-5x+3$$
即 A 的最小多项式为 x^2-5x+3.所以有理系数多项式 $f(x)$,使
$$f(A)=0 \iff (x^2-5x+3)|f(x)$$
即 $f(x)$ 为 x^2-5+3 的倍式.

660. (华中师范大学)　设
$$(f_i(x),g_j(x))=1 (i,j=1,2)$$
$$d_1(x)=(f_1(x),f_2(x)), d_2(x)=(g_1(x),g_2(x))$$
$$m(x)=\frac{f_1(x)f_2(x)g_1(x)g_2(x)}{d_1(x)d_2(x)}$$

证明:

(1) $(f_1(x)g_1(x),f_2(x)g_2(x))=d_1(x)d_2(x);$　　①

(2) 矩阵
$$A(x)=\begin{bmatrix} f_1(x)g_1(x) & 0 \\ 0 & f_2(x)g_2(x) \end{bmatrix}$$　　②

可以经过初等变换化为
$$B(x)=\begin{bmatrix} d_1(x)d_2(x) & 0 \\ 0 & m(x) \end{bmatrix}$$　　③

证 (1) 因为 $d_1(x)|f_1(x), d_1(x)|f_2(x)$
所以 $f_1(x)=d_1(x)h_1(x), f_2(x)=d_1(x)h_2(x)$,且 $(h_1(x),h_2(x))=1$.
又 $d_2(x)|g_1(x), d_2(x)|g_2(\lambda)$,于是
$g_1(x)=d_2(x)s_1(x), g_2(x)=d_2(\lambda)s_2(x)$,且 $(s_1(x),s_2(x))=1$.
$$f_1(x)g_1(x)=(d_1(x)d_2(x))h_1(x)s_1(x)$$
$$f_2(x)g_2(x)=(d_1(x)d_2(x))h_2(\lambda)s_2(x)$$

则有
$(f_1(x)g_1(x),f_2(x)g_2(x))=d_1(x)d_2(x)(s_1(x)h_1(x),s_2(x)h_2(x)).$　　④

因为　　$(h_1(x),h_2(x))=1, (s_1(x),s_2(x))=1$
$$1=(f_1(x),g_1(x))=(d_1(x)h_1(x),d_2(x)s_1(x))$$
所以 $(h_1(x),s_1(x))=1$.

类似有
$$(h_1(x),s_2(x))=1, (h_2(x),s_1(x))=1, (h_2(x),s_2(\lambda))=1$$　　⑤

将式⑤代入式④得
$$(f_1(x)g_1(x),f_2(x)g_2(x))=d_1(x)d_2(x)$$

(2) 由上面(1)知

$$A(x) = \begin{bmatrix} d_1(x)d_2(x)h_1(x)s_1(x) & 0 \\ 0 & d_1(x)d_2(x)h_2(x)s_2(x) \end{bmatrix} \quad ⑥$$

设 $A(x)$ 的行列式因子为 $D_1(x), D_2(x)$，且 $B(x)$ 的行列式因子为 $H_1(x), H_2(x)$. 由式⑤与⑥知

$$D_1(x) = d_1(x)d_2(x)$$
$$D_2(x) = Cd_1^2(x)d_2^2(x)h_1(x)h_2(x)s_1(x)s_2(x)$$

其中非零常数 C 是使 $D_2(x)$ 首项系数为 1.

再看 $B(x)$，因为

$$B(x) = \begin{bmatrix} d_1(x)d_2(x) & 0 \\ 0 & d_1(x)d_2(x)s_1(x)s_2(x)h_1(x)h_2(x) \end{bmatrix}$$

所以

$$H_1(x) = d_1(x)d_2(x)$$
$$H_2(x) = bd_1^2(x)d_2^2(x)h_1(x)h_2(x)s_1(x)s_2(x)$$

由于 $A(x)$ 和 $B(x)$ 具有相同的各阶行列式因子，因此 $A(\lambda)$ 与 $B(\lambda)$ 等价，从而 $A(x)$ 经过若干次初等变换化为 $B(x)$.

661. (华中师范大学) 设 A 是数域 P 上 n 级方阵，$m(\lambda), f(\lambda)$ 分别是 A 的最小多项式与特征多项式. 证明:存在正整数 t，使得

$$f(\lambda) \mid m^t(\lambda)$$

证 设 $\lambda E - A$ 的不变因子为 $d_1(\lambda), d_2(\lambda), \cdots d_n(\lambda)$，则

$$f(\lambda) = d_1(\lambda)d_2(\lambda)\cdots d_n(\lambda),$$
$$m(\lambda) = d_n(\lambda)$$

又 $d_i(\lambda) \mid d_n(\lambda) (i = 1, 2, \cdots, n)$. 故

$$f(\lambda) \mid d_n^n(\lambda) \text{ 此即 } f(\lambda) \mid m^n(\lambda)$$

662. (北京大学) 设 n 维线性空间 V 上的线性变换 $\underline{A}$ 的最小多项式与特征多项式相同. 求证: $\exists \alpha \in V$，使得 $\alpha, \underline{A}\alpha, \underline{A}^2\alpha, \cdots, \underline{A}^{n-1}\alpha$ 为 V 的一个基.

解 据题设，设 $\underline{A}$ 的最小多项式与特征多项式同为

$$d_n(\lambda) = \lambda^n + b_{n-1}\lambda^{n-1} + \cdots + b_1\lambda + b_0$$

则 $\underline{A}$ 的前 $n-1$ 个不变因子为 $1, 1, \cdots, 1$，第 n 个不变因子为 $d_n(\lambda)$，容易知道，矩阵

$$A = \begin{pmatrix} 0 & & & & -b_0 \\ 1 & \ddots & & & -b_1 \\ & \ddots & \ddots & & \vdots \\ & & \ddots & 0 & -b_{n-2} \\ & & & 1 & -b_{n-1} \end{pmatrix}$$

的不变因子也为 $1, 1, \cdots, 1, d_n(\lambda)$，所以存在 V 的一个基 $\xi_1, \xi_2, \cdots, \xi_n$，使得 $\underline{A}$ 在这基下的矩阵为 A，即

$$\underline{A}(\xi_1, \xi_2, \cdots, \xi_n) = (\xi_1, \xi_2, \cdots, \xi_n)A$$

现在令 $\alpha = \xi_1 \in V$，则 $\underline{A}\alpha = \xi_2, \underline{A}^2\alpha = \xi_3, \cdots, \underline{A}^{n-1}\alpha = \xi_n$，因此，$\alpha, \underline{A}\alpha, \underline{A}^2\alpha, \cdots, \underline{A}^{n-1}\alpha$

第八章 λ-矩阵

为 V 的一个基.

663.(华中师范大学) 设 P 是数域,σ 是 P 上 n 维线性空间 V 的线性变换,$m(x)$ 是 A 的最小多项式. 证明:$\forall f(x) \in P[x]$,如果 $(f(x),m(x))=d(x)$,则
$$f(\sigma) \text{的秩} = d(\sigma) \text{的秩}$$

证 取 V 的一组基 $\alpha_1,\cdots,\alpha_n$,且 σ 在这组基下矩阵为 A. 所以
$$d(x)=(f(x),m(x))$$
从而存在 $u(x)$ 和 $v(x) \in P[x]$,使得
$$d(x)=u(x)f(x)+v(x)m(x) \quad \text{①}$$
设 $f(x)=d(x)q(x)$. 由式②知 $\quad \text{②}$
$$f(\sigma)=d(\sigma)q(\sigma)$$
$$\Rightarrow \text{秩}(d(\sigma))=\text{秩}(d(A)) \geqslant \text{秩}(f(A))=\text{秩}(f(\sigma)) \quad \text{③}$$
再由③并注意 $m(A)=0$. 知 $d(A)=u(A)f(A)$. 即
$$\text{秩}(d(\sigma))=\text{秩}(d(A)) \leqslant \text{秩}(f(A))=\text{秩}(f(\sigma)) \quad \text{④}$$
所以由式③,式④得
$$\text{秩}(f(\sigma))=\text{秩}(d(\sigma))$$

664.(华中师范大学) 设 $m(\lambda)$ 是 n 阶矩阵 A 的最小多项式,$\varphi(\lambda)$ 是次数大于零的多项式,证明:$|\varphi(A)| \neq 0$ 的充分必要条件是
$$(\varphi(\lambda),m(\lambda))=1 \quad \text{①}$$

证 先证充分性. 设式①成立,那么存在 $u(\lambda),v(\lambda) \in P[\lambda]$ 使
$$u(\lambda)\varphi(\lambda)+v(\lambda)m(\lambda)=1 \quad \text{②}$$
$$\Rightarrow E=u(A)\varphi(A)+v(A)m(A)=u(A)\varphi(A)$$
此即 $|\varphi(A)| \neq 0$.

再证必要性 设 $|\varphi(A)| \neq 0$,用反证法. 若
$$(\varphi(\lambda),m(\lambda))=d(\lambda) \neq 1$$
则 $\varphi(\lambda)=d(\lambda)q_1(\lambda),m(\lambda)=d(\lambda)q_2(\lambda)$,其中
$$\partial(q_2(\lambda)) < \partial(m(\lambda)) \quad \text{③}$$
于是 $\varphi(\lambda)q_2(\lambda)=m(\lambda)q_1(\lambda)$. 所以
$$\varphi(A)q_2(A)=m(A)q_1(A)=0 \quad \text{④}$$
但 $|\varphi(A)| \neq 0$,故 $\varphi(A)$ 可逆,由④有 $q_2(A)=0$. 由式③,与 $m(\lambda)$ 为最小多项式矛盾. 即证 $(\varphi(\lambda),m(\lambda))=1$.

665.(华中师范大学) 设 A,B 是数域 P 上两个 n 级方阵,$f_i(\lambda),g_i(\lambda) \in P[\lambda]$ $(i=1,2,\cdots,n)$,且
$$(f_1(\lambda)f_2(\lambda)\cdots f_n(\lambda),g(\lambda)g_2(\lambda)\cdots g_n(\lambda))=1 \quad \text{①}$$
$$\lambda E-A \simeq \begin{bmatrix} f_1(\lambda)g_1(x) & & \\ & \ddots & \\ & & f_n(\lambda)g_n(\lambda) \end{bmatrix} \quad \text{②}$$

$$\lambda E-B\simeq\begin{bmatrix}f_{i_1}(\lambda)g_1(\lambda)&&\\&\ddots&\\&&f_{i_n}(\lambda)g_n(\lambda)\end{bmatrix} \qquad ③$$

证明:$A\sim B$,其中$i_1,i_2,\cdots,i_n$为$1,2,\cdots,n$的某一排列.

证 由式①知
$$(f_i(\lambda),g_j(\lambda))=1(i,j=1,2,\cdots,n) \qquad ④$$

设
$$f_i(\lambda)=(\lambda-a_1)^{k_{i1}}\cdots(\lambda-a_r)^{k_{ir}}(i=1,2,\cdots,n) \qquad ⑤$$
$$g_i(\lambda)=(\lambda-b_1)^{l_{i1}}\cdots(\lambda-b_s)^{l_{is}}(i=1,2,\cdots,n) \qquad ⑥$$

其中k_{ij}与l_{ij}为非负整数.

由式④知$\{a_1,a_2,\cdots,a_r\}\cap\{b_1,b_2,\cdots,b_s\}=\varnothing$. 此即证明$f_i(\lambda)$的因子与$g_j(\lambda)$的因子没有重的.

A的全部初等因子为$f_k(\lambda)g_k(\lambda)$中所有一次因式方幂组成(相同的计算重数),而B的全部初等因子为$f_{ik}(\lambda)g_k(\lambda)$中所有一次因式方幂所组成(相同的计算重数).所以$A$与$B$有相同的初等因子,因此$A\sim B$.

666.(中国科学院) 求证:任何适合$x^2+1=0$的二阶实方阵必相似于$\begin{bmatrix}0&-1\\1&0\end{bmatrix}$.

证 令$B=\begin{bmatrix}0&-1\\1&0\end{bmatrix}$,则$\lambda E-B=\begin{bmatrix}\lambda&1\\-1&\lambda\end{bmatrix}$,且
$$d_1(\lambda)=1,d_2(\lambda)=\lambda^2+1$$

即$\lambda E-B$的不变因子为$1,\lambda^2+1$.

设$A\in\mathbf{R}^{2\times 2}$,且$\lambda^2+1$为其零化多项式,$\lambda E-A$的不变因子为$m_1(\lambda),m_2(\lambda)$,则其最小多项式$m_2(\lambda)|(\lambda^2+1)$在实数域上不可约. 所以
$$m_2(\lambda)=\lambda^2+1$$

但$m_1(\lambda)|m_2(\lambda)$,故$m_1(\lambda)=1$. 此即$\lambda E-A$的不变因子也是$1,\lambda^2+1$.

由于它们有相同的不变因子,因此可得$A\sim\begin{bmatrix}0&-1\\1&0\end{bmatrix}$.

667.(北京师范大学) 令$i_1,\cdots,i_n$是$1,2,\cdots,n$的一个排列,对于任意一个$n\times n$矩阵A,令$\sigma(A)$表示依次以A的第$i_1,i_2,\cdots,i_n$行作为第$1,2,\cdots,n$行所得矩阵.

(1)证明:对任意$n\times n$矩阵A,B
$$\sigma(AB)=\sigma(A)B \qquad ①$$

(2)对任意$n\times n$矩阵$A,\sigma(A)$与A是否相似?

证法1 (1) $\sigma(AB)$的(s,t)元等于AB的(i_s,t)元,即为
$$a_{i_s1}b_{1t}+a_{i_s2}b_{2t}+\cdots+a_{i_sn}b_{nt} \qquad ②$$

而$\sigma(A)B$的(s,t)元也等于式②. 故
$$\sigma(AB)=\sigma(A)B$$

第八章 λ-矩阵

(2)由于 $\sigma(A)$ 与 A 的行的位置发生变化,所以 A 与 $\sigma(A)$ 不一定相似.

比如 $A=\begin{bmatrix} 0 & -1 \\ 1 & 0 \end{bmatrix}, \sigma(A)=\begin{bmatrix} 1 & 0 \\ 0 & -1 \end{bmatrix}$. 则

$$|\lambda E - A| = \begin{vmatrix} \lambda & 1 \\ -1 & \lambda \end{vmatrix} = \lambda^2 + 1 \Rightarrow \lambda_1 = i, \quad \lambda_2 = -i$$

$$|\lambda E - \sigma(A)| = \begin{vmatrix} \lambda-1 & 0 \\ 0 & \lambda+1 \end{vmatrix} = (\lambda-1)(\lambda+1) \Rightarrow \mu_1 = 1, \mu_2 = -1$$

故 A 不相似于 $\sigma(A)$(因为相似矩阵有相同的特征值).

证法 1 设单位坐标向量 $e_j = (0, \cdots, 0, 1, 0, \cdots, 0)^T, (j=1, 2, \cdots, n)$

设 $E_0 = \begin{bmatrix} e_{i_1}^T \\ \vdots \\ e_{i_n}^T \end{bmatrix}$,则 $\sigma(A) = E_0 A$,因此 $\sigma(AB) = E_0(AB) = (E_0 A)B = \sigma(A)B$.

668.(中国科学院) 设 A, B 为实矩阵,若 A, B 在复数域上相似,则在实数域上也相似.

证 作为复矩阵 A 与 B 相似,则 A 与 B 有相同的复子行列式因子组,但特征矩阵 $\lambda E-A$ 与 $\lambda E-B$ 是实系数多项式矩阵,它们的实系数多项式的最大公因式及子式因子也是实系数多项式,即作为实数域上的矩阵 A 与 B 的子式因子组也相同,因而 A 与 B 在实数域上也相似.

669.(湖北大学) 判断

(1)设 $m(\lambda)$ 是矩阵 A 的最小多项式,$f(\lambda)$ 是 A 的零化多项式,即 $f(A)=0$,那么 $f(\lambda)|m(\lambda)$. ( )

(2)V_1, V_2 是线性空间 V 的子空间,那么 $V_1 \cup V_2$ 也是 V 的子空间. ( )

(3)A 是一个实对称阵,若 $1+i$ 是 A 的一个特征值,那么 $1-i$ 也是 A 的一个特征值. ( )

答 (1) 错. 应当是 $m(\lambda)|f(\lambda)$.

(2) 错. 设
$$V = R^2, V_1 = L(\varepsilon_1), V_2 = L(\varepsilon_2)$$

其中 $\varepsilon_1 = (1, 0)', \varepsilon_2 = (0, 1)'$,那么 $V_1 \cup V_2$ 并不是 V 的子空间.

(3) 错. 因为实对称阵的特征值只能是实数,不可能为 $1+i$.

8.2 凯莱定理、若当标准形、与对角阵相似的条件

【考点综述】

1. 凯莱定理 设 $A \in P^{n \times n}, f(\lambda) = |\lambda E - A|$,则 $f(A) = 0$.

2. 若当定理

(1) 设 $A \in \mathbf{C}^{n \times n}$,则存在可逆阵 $T \in \mathbf{C}^{n \times n}$,使

$$T^{-1}AT = \begin{bmatrix} J_1 & & \\ & \ddots & \\ & & J_s \end{bmatrix}$$

其中

$$J_k = \begin{bmatrix} \lambda_k & 1 & & \\ & \ddots & \ddots & \\ & & \ddots & 1 \\ & & & \lambda_k \end{bmatrix} \in \mathbf{C}^{n_k \times n_k} \quad (k=1,2,\cdots,s)$$

(2) 许尔定理. 设 $A \in \mathbf{C}^{n \times n}$,则存在可逆阵 $T \in \mathbf{C}^{n \times n}$,使

$$T^{-1}AT = \begin{bmatrix} \lambda_1 & & * \\ & \ddots & \\ 0 & & \lambda_n \end{bmatrix}$$

其中 $\lambda_1, \cdots, \lambda_n$ 为 A 的全部特征值.

(3) 设 $A \in \mathbf{C}^{n \times n}, g(x) \in \mathbf{C}[x]$,若 $\lambda_1, \cdots, \lambda_n$ 为 A 的全部特征值,则 $g(A)$ 的全部特征值为 $g(\lambda_1), \cdots, g(\lambda_n)$,即

$$T^{-1}g(A)T = \begin{bmatrix} g(\lambda_1) & & * \\ & \ddots & \\ 0 & & g(\lambda_n) \end{bmatrix}$$

3. 相似于对角阵的充要条件

(1) 属于不同特征值的特征向量是线性无关的.

(2) 相似于对角阵的充要条件 设 A 是 n 级方阵

1) $A \sim$ 对角阵 $\Leftrightarrow A$ 有 n 个线性无关的特征向量;

2) $A \sim$ 对角阵 $\Leftrightarrow A$ 的最小多项式 $d_n(\lambda)$ 无重根;

3) $A \sim$ 对角阵 $\Leftrightarrow A$ 的初等因子全是一次的;

4) $A \sim$ 对角阵 $\Leftrightarrow A$ 的每一特征值的代数重数都等于它的几何重数;

5) A 酉相似于对角阵 $\Leftrightarrow \overline{A}'A = A\overline{A}'$.

4. 相似于对角阵的充分条件

(1) A 的某一个零化多项式无重根;

(2) 特别是 A 的特征多项式 $f(\lambda) = |\lambda E - A|$ 无重根.

5. 特征值与零化矩阵的关系

设 $A \in P^{n \times n}, a$ 是 A 的特征值,若 $g(A) = 0$,则

$$(x-a) \mid g(x) \Rightarrow g(a) = 0.$$

【经典题解】

670. (武汉大学) 求 A^{500},其中

$$A = \begin{bmatrix} 1 & 0 & 0 & 0 \\ -1 & -1 & -1 & 0 \\ 1 & 1 & 1 & 0 \\ 2 & 2 & 2 & 0 \end{bmatrix}$$

解 设 $f(\lambda)$ 为 A 的特征多项式, $g(\lambda) = \lambda^{500}$, 则
$$f(\lambda) = |\lambda E - A| = \lambda^3(\lambda - 1)$$
$$g(\lambda) = q(\lambda) f(\lambda) + (a\lambda^3 + b\lambda^2 + c\lambda + d) \qquad ①$$

令 $\lambda = 0$, 由式①得 $d = 0$. 再令 $\lambda = 1$, 由①得
$$a + b + c = 1 \qquad ②$$

再由①有
$$g'(\lambda) = 500\lambda^{499} = q'(\lambda) f(\lambda) + q(\lambda) f'(\lambda) + 3a\lambda^2 + 2b\lambda + c \qquad ③$$

在式③中令 $\lambda = 0$, 得 $c = 0$. 于是
$$g''(\lambda) = 500 \times 499\lambda^{498}$$
$$= q''(\lambda) f(\lambda) + 2q'(\lambda) f'(\lambda) + q(\lambda) f''(\lambda) + 6a\lambda + 2b \qquad ④$$

在式④中, 令 $\lambda = 0$. 得 $b = 0$. 将 $b = c = 0$ 代入②得 $a = 1$. 再由式①得
$$g(\lambda) = q(\lambda) f(\lambda) + \lambda^3.$$

故
$$A^{500} = g(A) = q(A) f(A) + A^3 = A^3 = \begin{bmatrix} 1 & 0 & 0 & 0 \\ -1 & 0 & 0 & 0 \\ 1 & 0 & 0 & 0 \\ 2 & 0 & 0 & 0 \end{bmatrix}$$

671. (四川大学) 设
$$A = \begin{bmatrix} 1 & 1 & -1 \\ 2 & 1 & 0 \\ 1 & -1 & 0 \end{bmatrix}$$

试用哈密尔顿-凯莱定理, 求 A^{-1}.

解 计算可得 $f(\lambda) = |\lambda E - A| = \lambda^3 - 2\lambda^2 - 3$. 所以
$$A^3 - 2A - 3E = 0 \Rightarrow A\left[\frac{1}{3}(A^2 - 2A)\right] = E$$

即证 $A^{-1} = \dfrac{1}{3}(A^2 - 2A) = \dfrac{1}{3}\begin{bmatrix} 0 & 1 & 1 \\ 0 & 1 & -2 \\ -3 & 2 & -1 \end{bmatrix}$.

672. (上海交通大学) 若 $A = \begin{bmatrix} 1 & 2 & 0 \\ 0 & 2 & 0 \\ -2 & -1 & -1 \end{bmatrix}$, 求 A^{100}

解 设 $f(\lambda)$ 为 A 的特征多项式, 则
$$f(\lambda) = |\lambda E - A| = (\lambda - 2)(\lambda + 1)(\lambda - 1)$$

再设

$$\lambda^{100} = q(\lambda)f(\lambda) + a\lambda^2 + b\lambda + c \qquad ①$$

将 $\lambda=1, \lambda=-1, \lambda=2$ 代入式①有

$$\begin{cases} a+b+c=1 \\ a-b+c=1 \\ 4a+2b+c=2^{100} \end{cases}$$

解得 $b=0, a=\dfrac{1}{3}(2^{100}-1), c=\dfrac{1}{3}(4-2^{100})$. 则有

$$\lambda^{100} = q(\lambda)f(\lambda) + \dfrac{1}{3}(2^{100}-1)\lambda^2 + \dfrac{1}{3}(4-2^{100})$$

故

$$A^{100} = \dfrac{1}{3}(2^{100}-1)A^2 + \dfrac{1}{3}(4-2^{100})E$$

$$= \begin{bmatrix} 1 & 2(2^{100}-1) & 0 \\ 0 & 2^{100} & 0 \\ 0 & -\dfrac{5}{3}(2^{100}-1) & 1 \end{bmatrix}$$

673. (西北电讯工程学院) (1) 将幂矩阵 $\begin{bmatrix} 1 & 4 \\ 3 & 2 \end{bmatrix}^{1010}$ 化为一次幂矩阵;

(2) 有分块矩阵 $\begin{bmatrix} A & B \\ C & D \end{bmatrix}$ 是对称矩阵,且其中 A 为非奇异矩阵,证明:此矩阵与下列矩阵合同:

$$\begin{bmatrix} A & O \\ O & D-CA^{-1}B \end{bmatrix}$$

解 (1) 设 $A=\begin{bmatrix} 1 & 4 \\ 3 & 2 \end{bmatrix}$,则

$$f(\lambda) = |\lambda E - A| = \lambda^2 - 3\lambda - 10 = (\lambda-5)(\lambda+2).$$
$$\Rightarrow \lambda^{1010} = g(\lambda)(\lambda^2-3\lambda-10) + a\lambda + b \qquad ①$$

将 $\lambda=5$ 和 $\lambda=-2$ 代入式①得

$$\begin{cases} 5^{1010} = 5a+b \\ 2^{1010} = 2a+b \end{cases}$$

解得 $a=\dfrac{1}{3}(5^{1010}-2^{1010}), b=\dfrac{1}{3}(5 \times 2^{1010}-2 \times 5^{1010})$. 所以

$$A^{1010} = \dfrac{1}{3}(5^{1010}-2^{1010})A + \dfrac{1}{3}(5 \times 2^{1010}-2 \times 5^{1010})E$$

(2) 由于 $\begin{bmatrix} A & B \\ C & D \end{bmatrix}' = \begin{bmatrix} A & C \\ B & D \end{bmatrix}$,因此 $A'=A, D'=D, C=B'$,且

$$\begin{bmatrix} E & O \\ -B'A^{-1} & E \end{bmatrix} \begin{bmatrix} A & B \\ C & D \end{bmatrix} \begin{bmatrix} E & -A^{-1}B \\ O & E \end{bmatrix} = \begin{bmatrix} A & O \\ O & D-CA^{-1}B \end{bmatrix} \qquad ②$$

若令 $T=\begin{bmatrix} E & -A'B \\ O & E \end{bmatrix}$,则 $|T|\neq 0$,且式②变为

$$T'\begin{bmatrix} A & B \\ C & D \end{bmatrix}T=\begin{bmatrix} A & O \\ O & D-CA^{-1}B \end{bmatrix},$$

此即证两矩阵合同.

674.(数学一,数学二,数学三,数学四) 设矩阵

$$A=\begin{bmatrix} 2 & -1 & -1 \\ -1 & 2 & -1 \\ -1 & -1 & 2 \end{bmatrix}, B=\begin{bmatrix} 1 & 0 & 0 \\ 0 & 1 & 0 \\ 0 & 0 & 0 \end{bmatrix}$$

则 A 与 B ( )

(A)合同,且相似   (B)合同,但不相似

(C)不合同,但相似 (D)既不合同,也不相似

答 (B). 由矩阵相似的必要条件:$\sum a_{ii}=\sum b_{ii}$,易见 A 和 B 肯定不相似,从而否定(A)与(C),而矩阵合同的充要条件是它们有相同的正、负惯性指数,于是由

$$|\lambda E-A|=\begin{vmatrix} \lambda-2 & 1 & 1 \\ 1 & \lambda-2 & 1 \\ 1 & 1 & \lambda-2 \end{vmatrix}=\begin{vmatrix} \lambda & \lambda & \lambda \\ 1 & \lambda-2 & 1 \\ 1 & 1 & \lambda-2 \end{vmatrix}=\lambda(\lambda-3)^2$$

即知矩阵 A 的特征值为 $3,3,0$. 故 A 与 B 的正惯性指数皆为 $p=2$,负惯性指数皆为 $q=0$,所以 A 与 B 合同,由此可否定(D),故选(B).

675.(中国科技大学) 证明:矩阵 $A=\begin{bmatrix} 2 & -1 \\ 1 & 4 \end{bmatrix}$ 不能用相似变换对角化.

证 由于 $\lambda E-A=\begin{bmatrix} \lambda-2 & 1 \\ -1 & \lambda-4 \end{bmatrix}$ 有一个一阶子式为非零常数,因此有

$$d_1(\lambda)=1,\quad d_2(\lambda)=|\lambda E-A|=(\lambda-3)^2$$

即 A 的最小多项式为 $(\lambda-3)^2$,它有重根,所以 A 不能对角化.

676.(四川大学) (1)设

$$A=\begin{bmatrix} 1 & 0 & 2 \\ 0 & -1 & 1 \\ 0 & 1 & 0 \end{bmatrix}$$

且 $f(x)=2x^{11}+2x^8-8x^7+3x^5+x^4+11x^2-4$,求 $f(A)^{-1}$;

(2) $A=\begin{bmatrix} 2 & 0 & 4 \\ 0 & 6 & 0 \\ 4 & 0 & 2 \end{bmatrix}$,求正变阵 T,使 T 下合同于对角阵.

令 $X=(x_1,x_2,x_3)$,问 $XAX'=1$ 是什么曲面?

解 (1) 令 $g(\lambda)=|\lambda E-A|$,则

$$g(\lambda)=\lambda^3-2\lambda+1$$

再用 $g(\lambda)$ 除 $f(\lambda)$(带余除法)得

$$f(\lambda)=h(\lambda)g(\lambda)+(-6\lambda^2+27\lambda-14) \qquad ①$$

由哈密尔顿—凯莱定理及式①有

$$f(A)=6A^2+27A-14E=\begin{bmatrix} 7 & -12 & 42 \\ 0 & -53 & 33 \\ 0 & 33 & -20 \end{bmatrix}$$

故得

$$f(A)^{-1}=\begin{bmatrix} \dfrac{1}{7} & -\dfrac{1146}{203} & -\dfrac{1830}{203} \\ 0 & \dfrac{20}{29} & \dfrac{33}{29} \\ 0 & \dfrac{33}{29} & \dfrac{53}{29} \end{bmatrix}$$

(2) 计算可得 $|\lambda E-A|=(\lambda-6)^2(\lambda+2)$. 所以

$$\lambda_1=\lambda_2=6, \lambda_3=-2$$

当 $\lambda=6$ 时,得线性无关特征向量 $\alpha_1=(1,0,1)', \alpha_2=(0,1,0)'$
当 $\lambda=-2$ 时,得特征向量 $\alpha_3=(1,0,-1)'$.
由于它们已经正交,只需将其单位化可得

$$\beta_1=\frac{1}{\sqrt{2}}(1,0,1) \quad \beta_2=(0,1,0)', \quad \beta_3=\frac{1}{\sqrt{2}}(1,0,-1)'$$

再令 $T=\begin{bmatrix} \dfrac{1}{\sqrt{2}} & 0 & \dfrac{1}{\sqrt{2}} \\ 0 & 1 & 0 \\ \dfrac{1}{\sqrt{2}} & 0 & -\dfrac{1}{\sqrt{2}} \end{bmatrix}$, 则 T 为正交阵,且

$$T'AT=\begin{bmatrix} 6 & & \\ & 6 & \\ & & -2 \end{bmatrix}$$

再作正交变换 $X'=TY'$,其中 $Y=(y_1,y_2,y_3)$,则由 $XAX'=1$,有

$$YT'ATY'=6y_1^2+y_2^2-2y_3^2=1$$

它表示单叶双曲面.

677. (北京邮电学院) (1)设 $A=\begin{bmatrix} 0 & 1 \\ -1 & 0 \end{bmatrix}$,试求 $A^n(n=1,2,\cdots)$;

(2)设 e^{tA} 由下面矩阵级数来定义:

$$e^{tA}=E+tA+\frac{t^2}{2!}A^2+\cdots+\frac{t^n}{n!}A^n+\cdots$$

如果 $A=\begin{bmatrix} 0 & 1 \\ -1 & 0 \end{bmatrix}$. 试证: $e^{tA}=\begin{bmatrix} \cos t & \sin t \\ -\sin t & \cos t \end{bmatrix}$.

解 (1) 设 $f(\lambda)$ 为 A 的特征多项式,则

$$f(\lambda)=|\lambda E-A|=\lambda^2+1=(\lambda+i)(\lambda-i)$$
$$\lambda^n=q(\lambda)f(\lambda)+a\lambda+b \qquad ①$$

将 $\lambda=i, \lambda=-i$ 代入①得
$$\begin{cases} i^{-n}=ai+b, \\ (-i)^n=-ai+b \end{cases}$$

解得 $b=\frac{1}{2}[i^n+(-i)^n], a=\frac{1}{2i}[i^n-(-i)^n]$. 所以
$$A^n=\frac{1}{2i}[i^n-(-i)^n]A+\frac{1}{2}[i^n+(-i)^n]E$$
$$=\begin{bmatrix} \frac{1}{2}(i^n+(-i)^n) & \frac{1}{2i}(i^n-(-i)^n) \\ -\frac{1}{2i}(i^n-(-i)^n) & \frac{1}{2}(i^{-n}+(-i)^n) \end{bmatrix} \qquad ②$$

(2) 设 $e^{tA}=\begin{bmatrix} y_1 & y_2 \\ y_3 & y_4 \end{bmatrix}$, 由上面②求得
$$y_1=1+t\frac{1}{2}[i+(-i)]+\frac{t^2}{2i}(i^{-2}+(-i)^2)+\cdots$$
$$=1-\frac{t^2}{2!}+\frac{t^4}{4!}-\frac{1}{6!}x^6+\cdots=\cos t$$
$$y_2=t-\frac{t^3}{3!}+\frac{t^3}{5!}-\frac{t^7}{7!}+\cdots=\sin t$$

类似可得 $y_3=-\sin t, y_4=\cos t$. 故
$$e^{tA}=\begin{bmatrix} \cos t & \sin t \\ -\sin t & \cos t \end{bmatrix}$$

678. (北京邮电学院) 设
$$A=\begin{bmatrix} -1 & 1 & 0 \\ -4 & 3 & 0 \\ 1 & 0 & 2 \end{bmatrix}$$

扫码获取本书资源

求 A^n, 其中 n 为正整数.

解 设 $f(\lambda)$ 为 A 的特征多项式, 则
$$f(\lambda)=|\lambda E-A|=(\lambda-2)(\lambda-1)^2$$
$$\lambda^n=q(\lambda)f(\lambda)+a\lambda^2+b\lambda+c \qquad ①$$

当 $\lambda=1$ 时, 得
$$a+b+c=1 \qquad ②$$

当 $\lambda=2$ 时, 得
$$4a+2b+c=2^n \qquad ③$$

由式①得
$$n\lambda^{n-1}=q'(\lambda)f(\lambda)+q(\lambda)f'(\lambda)+2a\lambda+b \qquad ④$$

再将 $\lambda=1$ 代入式④得

$$2a+b=n \qquad ⑤$$

由式②,式③,式⑤解得
$$a=2^n-n-1, b=3n+2-2^{n+1}$$
$$c=2^{n+1}-2^n-2n=2^n-2n$$

故
$$A^n = (2^n-n-1)A^2 + (3n+2-2^{n+1})A + (2^n-2n)E$$
$$= \begin{bmatrix} 1-2n & n & 0 \\ -4n & 2n+1 & 0 \\ 2n+1-2^n & 2^n-n-1 & 2^n \end{bmatrix}$$

679.(苏州大学) 求三阶矩阵

$$\begin{bmatrix} -1 & 2 & 6 \\ 1 & 7 & 25 \\ 0 & -2 & -7 \end{bmatrix}$$

的 Jordan 标准型.

解 特征矩阵为

$$\lambda E - A = \begin{bmatrix} \lambda-1 & -2 & -6 \\ -1 & \lambda-7 & -25 \\ 0 & 2 & \lambda+7 \end{bmatrix}$$

将其对角化可得

$$\begin{bmatrix} 1 & 0 & 0 \\ 0 & 1 & 0 \\ 0 & 0 & (\lambda+1)^2(\lambda-1) \end{bmatrix}$$

故 A 的若当标准形为

$$\begin{bmatrix} -1 & 0 & 0 \\ 1 & -1 & 0 \\ 0 & 0 & 1 \end{bmatrix}$$

680.(同济大学) 求矩阵

$$A = \begin{bmatrix} 1 & -3 & 0 & 3 \\ -2 & 6 & 0 & 13 \\ 0 & -3 & 1 & 3 \\ -1 & 2 & 0 & 8 \end{bmatrix}$$

的 Jordan 标准形(不必求过渡矩阵).

解 $\lambda E - A = \begin{bmatrix} \lambda-1 & 3 & 0 & -3 \\ 2 & \lambda-6 & 0 & -13 \\ 0 & 3 & \lambda-1 & -3 \\ 1 & -2 & 0 & \lambda-8 \end{bmatrix} \rightarrow \begin{bmatrix} 0 & 2\lambda+1 & 0 & \lambda^2-11\lambda+10 \\ 0 & \lambda-2 & 0 & \lambda-1 \\ 0 & 3 & \lambda-1 & 0 \\ 1 & 0 & 0 & 0 \end{bmatrix}$

$\rightarrow \begin{bmatrix} 0 & -\lambda^2+14\lambda-19 & 0 & 0 \\ 0 & \lambda-2 & 0 & \lambda-1 \\ 0 & 3 & \lambda-1 & 0 \\ 1 & 0 & 0 & 0 \end{bmatrix}$

在上式中有 $\begin{vmatrix} 0 & 3 \\ 1 & 0 \end{vmatrix} = -3$,所以 $D_2(\lambda)=1$,且 $D_3(\lambda)=\lambda-1$. 而
$$D_4(\lambda)=|\lambda E-A|=(\lambda-1)^2(\lambda^2-14\lambda+19)$$
故
$$d_1(\lambda)=d_2(\lambda)=1, d_3(\lambda)=\lambda-1$$
$$d_4(\lambda)=\frac{D_4(\lambda)}{D_3(\lambda)}=(\lambda-1)(\lambda^2-14\lambda+19)$$
因此 A 的初等因子为
$$\lambda-1,\lambda-1,\lambda-7+\sqrt{30},\lambda-7-\sqrt{30}$$
且 A 的 Jordan 标准形为
$$\begin{bmatrix} 1 & & & \\ & 1 & & \\ & & 7+\sqrt{30} & \\ & & & 7-\sqrt{30} \end{bmatrix}$$

681. (中国科技大学) 化
$$A=\begin{bmatrix} 3 & -4 & 0 & 0 \\ 4 & -5 & 0 & 0 \\ 0 & 0 & 3 & -2 \\ 0 & 0 & 2 & -1 \end{bmatrix}$$
为 Jordan 标准形.

解 因为
$$\lambda E-A=\begin{bmatrix} \lambda-3 & 4 & 0 & 0 \\ -4 & \lambda+5 & 0 & 0 \\ 0 & 0 & \lambda-3 & 2 \\ 0 & 0 & -2 & \lambda+1 \end{bmatrix} \quad ①$$

所以在①中有两个3阶子式
$$\Delta_1 = \begin{vmatrix} \lambda-3 & 4 & 0 \\ -4 & \lambda+5 & 0 \\ 0 & 0 & \lambda-3 \end{vmatrix}$$
$$=(\lambda-3)(\lambda+1)^2$$
$$\Delta_2 = \begin{vmatrix} \lambda+5 & 0 & 0 \\ 0 & \lambda-3 & 2 \\ 0 & -2 & \lambda+1 \end{vmatrix} = (\lambda+5)(\lambda-1)^2$$

由 Δ_1,Δ_2 互素,知 $D_3(\lambda)=1$. $\Rightarrow d_1(\lambda)=d_2(\lambda)=d_3(\lambda)=1$. 而
$$D_4(\lambda)=|\lambda E-A|=(\lambda-1)^2(\lambda+1)^2$$
$$\Rightarrow d_4(\lambda)=(\lambda-1)^2[\lambda-(4+\sqrt{15}i)][\lambda-(4-\sqrt{15}i)]$$
所以 A 的初等因子为 $(\lambda-1)^2$, $(\lambda+1)^2$,从而 A 的 Jordan 标准形为

$$J = \begin{bmatrix} 1 & 1 & 0 & 0 \\ 0 & 1 & 0 & 0 \\ 0 & 0 & -1 & 1 \\ 0 & 0 & 0 & -1 \end{bmatrix}$$

682.（武汉大学） 设有一个 6 阶矩阵

$$A = \begin{bmatrix} a & -b & & & & \\ b & a & 1 & & & \\ & & a & -b & & \\ & & b & a & 1 & \\ & & & & a & -b \\ & & & & b & a \end{bmatrix}$$

其中 a,b 都是实数，且 $b \neq 0$，试求 $\lambda E - A$ 的不变因子与初等因子，以及 A 的若当标准形。

解 因为特征矩阵

$$\lambda E - A = \begin{bmatrix} \lambda - a & b & & & & \\ -b & \lambda - a & -1 & & & \\ & & \lambda - a & b & & \\ & & -b & \lambda - a & -1 & \\ & & & & \lambda - a & b \\ & & & & -b & \lambda - a \end{bmatrix} \quad ①$$

在式①的右上角有一个 5 阶子式等于 b^3，而 $b \neq 0$，则

$$D_5(\lambda) = 1, \quad d_1(\lambda) = d_2(\lambda) = \cdots = d_5(\lambda) = 1$$

$$d_6(\lambda) = D_6(\lambda) = |\lambda E - A| = [(\lambda - a)^2 + b^2]^3$$

从而 $\lambda E - A$ 的不变因子为

$$1,1,1,1,1,[(\lambda - a)^2 + b^2]^3$$

A 的初等因子为

$$(\lambda - a - bi)^3, (\lambda - a + bi)^3$$

A 的若当标准形为

$$\begin{bmatrix} a+bi & 1 & 0 & 0 & 0 & 0 \\ 0 & a+bi & 1 & 0 & 0 & 0 \\ 0 & 0 & a+bi & 0 & 0 & 0 \\ 0 & 0 & 0 & a-bi & 1 & 0 \\ 0 & 0 & 0 & 0 & a-bi & 1 \\ 0 & 0 & 0 & 0 & 0 & a-bi \end{bmatrix}$$

683.（南京师范大学） 设 A 是一个 8 阶方阵，它的 8 个不变因子为

$$1,1,1,1,\lambda+1,\lambda+1,(\lambda+1)^2(\lambda-2)(\lambda+3)^3$$

求 A 的所有初等因子及 A 的若当标准形。

解 A 的所有初等因子为 $(\lambda+3)^3, (\lambda+1)^2, \lambda+1, \lambda+1, \lambda-2$。故 A 的若当标准形为

$$J=\begin{bmatrix} -3 & 0 & 0 & & & & & \\ 1 & -3 & 0 & & & & & \\ 0 & 1 & -3 & & & & & \\ & & & -1 & 0 & & & \\ & & & 1 & -1 & & & \\ & & & & & -1 & & \\ & & & & & & -1 & \\ & & & & & & & 2 \end{bmatrix}$$

684. (华中科技大学) 设 $n \times m$ 矩阵

$$A=\begin{bmatrix} 0 & 0 & 0 & \cdots & 0 & 1 \\ 1 & 0 & 0 & \cdots & 0 & 0 \\ 0 & 1 & 0 & \cdots & 0 & 0 \\ \vdots & \vdots & \vdots & & \vdots & \vdots \\ 0 & 0 & 0 & \cdots & 0 & 0 \\ 0 & 0 & 0 & \cdots & 1 & 0 \end{bmatrix}$$

(1) 求 A 的不变因子组和初等因子组;

(2) 求 A 的 Jordan 矩阵.

解 (1) $\lambda E - A = \begin{bmatrix} \lambda & \cdots & \cdots & -1 \\ -1 & \lambda & \cdots & 0 \\ & \ddots & \ddots & \\ & & -1 & \lambda \end{bmatrix}$ ①

由于式①中左下角有一个 $n-1$ 阶子式为 $(-1)^{n-1}$,因此

$$D_{n-1}(\lambda)=1, d_1(\lambda)=\cdots=d_{n-1}(\lambda)=1$$

$$d_n(\lambda)=D_n(\lambda)=|\lambda E-A|=\lambda^n-1$$

故 $\lambda E - A$ 的 n 个不变因子组为

$$1,\cdots,1,\lambda^n-1$$

A 的初等因子为

$$\lambda-1,\lambda-\omega,\lambda-\omega^2,\cdots,\lambda-\omega^{n-1}$$

其中 $\omega = \cos\dfrac{2\pi}{n} + i\sin\dfrac{2\pi}{n}$.

(2) A 的若当标准形为

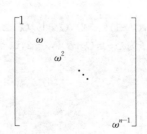

685.（湘潭大学） 设复矩阵
$$A = \begin{bmatrix} 2 & 0 & 0 \\ a & 2 & 0 \\ b & c & -1 \end{bmatrix}$$
问矩阵 A 可能有什么样的若当标准形？并求 A 相似于对角阵的充要条件．

解 计算可得 $|\lambda E - A| = (\lambda-2)^2(\lambda+1)$，则 A 的特征值为
$$\lambda_1 = \lambda_2 = 2, \lambda_3 = -1$$
因此 A 的若当标准形有以下两种（不计若当块的次序）
$$J_1 = \begin{bmatrix} 2 & 1 & 0 \\ 0 & 2 & 0 \\ 0 & 0 & -1 \end{bmatrix}, \quad J_2 = \begin{bmatrix} 2 & & \\ & 2 & \\ & & -1 \end{bmatrix}$$
A 相似于对角阵 $\Leftrightarrow \lambda E - A$ 有不变因子 $1, \lambda-2, (\lambda-2)(\lambda+1)$．
$$\lambda E - A = \begin{bmatrix} \lambda-2 & 0 & 0 \\ -a & \lambda-2 & 0 \\ -b & -c & \lambda+1 \end{bmatrix}$$
因为 $D_2(\lambda) = d_1(\lambda)d_2(\lambda) = \lambda-2$．但 $\lambda E - A$ 有二阶子式
$$\begin{vmatrix} -a & 0 \\ -b & \lambda+1 \end{vmatrix} = -a(\lambda+1).$$
所以 $a=0$，即证 A 相似于对角阵 $\Leftrightarrow a=0$．

686.（华中师范大学） 设 σ 是数域 P 上线性空间 V 的线性变换，$f(\lambda), m(\lambda)$ 分别是 σ 的特征多项式和最小多项式，并且
$$f(\lambda) = (\lambda+1)^3(\lambda-2)^2(\lambda+3), \quad m(\lambda) = (\lambda+1)^2(\lambda-2)(\lambda+3)$$
(1) 求 σ 的所有不变因子；
(2) 写出 σ 的若当标准形．

解 (1) 设线性变换 σ 在某一组基下矩阵为 $A, A \in P^{6 \times 6}$．计算可得
$$d_6(\lambda) = m(\lambda) = (\lambda+1)^2(\lambda-2)(\lambda+3)$$
$$D_5(\lambda) = \frac{D_6(\lambda)}{d_6(\lambda)} = \frac{f(\lambda)}{d_6(\lambda)} = (\lambda+1)(\lambda-2)$$
所以
$$d_5(\lambda) = (\lambda+1)(\lambda-2), \quad d_4(\lambda) = d_3(\lambda) = d_2(\lambda) = d_1(\lambda) = 1$$
因此 A 的所有不变因子为
$$1, 1, 1, 1, (\lambda+1)(\lambda-2), (\lambda+1)^2(\lambda-2)(\lambda+3)$$
(2) 因为 A 的初等因子为 $\lambda+1, (\lambda+1)^2, \lambda-2, (\lambda-2), (\lambda+3)$．所以 A 的若当标准为（不计若当块次序）

$$\begin{bmatrix} -1 & & & & & \\ & -1 & 1 & & & \\ & & -1 & & & \\ & & & -3 & & \\ & & & & 2 & \\ & & & & & 2 \end{bmatrix}$$

687.(复旦大学) 矩阵

$$A = \begin{bmatrix} -5 & 1 & 4 \\ -12 & 3 & 8 \\ -6 & 1 & 5 \end{bmatrix}$$

的三个特征值分别为 $1,1,1$,试将 A 表示成 $A = TJT^{-1}$,其中 J 是 A 的 Jordan 标准形,T 是变换矩阵,求 J,T 和 T^{-1}.

解 由假设知

$$|\lambda E - A| = (\lambda - 1)^3.$$

当 $\lambda = 1$ 时,由 $(E-A)x = 0$,可得 A 的线性无关的特征向量为

$$\alpha_1 = (1,6,0)', \alpha_2 = (2,0,3)'$$

即它的几何重数为 2,代数重数为 3,所以 A 不能与对角阵相似,且 A 的 Jordan 标准形为

$$J = \begin{bmatrix} 1 & 0 & 0 \\ 0 & 1 & 0 \\ 0 & 1 & 1 \end{bmatrix}$$

令 $T = (\alpha_1, \alpha_2, \alpha_3) = \begin{bmatrix} 1 & x_1 & x_4 \\ 6 & x_2 & x_5 \\ 0 & x_3 & x_6 \end{bmatrix}$,则由

$$A(\alpha_1, \alpha_2, \alpha_3) = (\alpha_1, \alpha_2, \alpha_3) \begin{bmatrix} 1 & 0 & 0 \\ 0 & 1 & 0 \\ 0 & 1 & 1 \end{bmatrix}$$

可得

$$\begin{bmatrix} -5 & 1 & 4 \\ -12 & 3 & 8 \\ -6 & 1 & 5 \end{bmatrix} \begin{bmatrix} 1 & x_1 & x_4 \\ 6 & x_2 & x_5 \\ 0 & x_3 & x_6 \end{bmatrix} = \begin{bmatrix} 1 & x_1 & x_4 \\ 6 & x_2 & x_5 \\ 0 & x_3 & x_6 \end{bmatrix} \begin{bmatrix} 1 & 0 & 0 \\ 0 & 1 & 0 \\ 0 & 1 & 1 \end{bmatrix}$$

$$\begin{cases} x_1 + x_4 = -5x_1 + x_2 + 4x_3 \\ x_4 = -5x_4 + x_5 + 4x_6 \\ x_2 + x_5 = -12x_1 + 3x_2 + 8x_5 \\ x_3 + x_6 = -6x_1 + x_2 + 5x_3 \\ x_5 = -12x_4 + 3x_5 + 8x_6 \\ x_6 = -6x_4 + x_5 + 5x_6 \end{cases}$$

解得 $x_1=1, x_2=-1, x_3=2, x_4=1, x_5=2, x_6=1$. 故

$$T=\begin{bmatrix} 1 & 1 & 1 \\ 6 & -1 & 2 \\ 0 & 2 & 1 \end{bmatrix} \Rightarrow T^{-1}=\begin{bmatrix} -5 & 1 & 3 \\ -6 & 1 & 4 \\ 12 & -2 & -7 \end{bmatrix}$$

注 设 $A(\alpha_1, \beta, \alpha_3) = (\alpha_1, \beta, \alpha_3)\begin{bmatrix} 1 & 0 & 0 \\ 0 & 1 & 0 \\ 0 & 1 & 1 \end{bmatrix}$,

由 695 题的, $A-\lambda E$ 的列向量为特征值 λ 所对应的特征向量, 则取 $A-\lambda E$ 的第 i 列 β_i 为 α_3, 则 $(A-\lambda E)e_i=\beta_i, e_i$ 为单位坐标向量, 设 $\beta=e_i$, 则 $A\beta=\lambda\beta+\alpha_3$.

不妨取第 $i=2$ 列, $\beta=e_2=(0,1,0)^T, \alpha_3=\beta_2=(1,2,1)^T$, 则

$$T=(\alpha_1,\beta,\alpha_3)=\begin{bmatrix} 1 & 0 & 1 \\ 6 & 1 & 2 \\ 0 & 0 & 1 \end{bmatrix}, T^{-1}=\begin{bmatrix} 1 & 0 & -1 \\ -6 & 1 & 4 \\ 0 & 0 & 1 \end{bmatrix}.$$

688.(**聊城师范学院**) 设 A 为 n 阶方阵

$$f(\lambda)=|\lambda E-A|=(\lambda-\lambda_1)^{k_1}\cdots(\lambda-\lambda_s)^{k_s}$$

其中 $\lambda_1,\lambda_2,\cdots,\lambda_s$ 互异.

(1)问: $g(\lambda)=\dfrac{f(\lambda)}{(f(\lambda),f'(\lambda))}=?$

证明之;

(2)证明:在复数域上与一个对角阵相似的重要条件是 $g(\lambda)$ 为 $(\lambda E-A)$ 的最后一个不变因子.

证 (1) 由已知条件可求得

$$(f(\lambda),f'(\lambda))=(\lambda-\lambda_1)^{k_1-1}(\lambda-\lambda_2)^{k_2-1}\cdots(\lambda-\lambda_s)^{k_s-1}$$

故

$$g(\lambda)=(\lambda-\lambda_1)(\lambda-\lambda_2)\cdots(\lambda-\lambda_s)$$

(2)先证必要性, 若 A 相似于一个对角阵, 则最小多项式无重根, 即

$$d_n(\lambda)=(\lambda-\lambda_1)(\lambda-\lambda_2)\cdots(\lambda-\lambda_s)=g(\lambda)$$

再证充分性. 若

$$g(\lambda)=d_n(\lambda)=(\lambda-\lambda_1)\cdots(\lambda-\lambda_s)$$

则 A 的最小多项式无重根, $\therefore A$ 相似于一个对角阵.

689.(**北京师范大学**) 令 A 是复数域上一个 n 级方阵.

(1)证明: A 相似于一个上三角阵;

(2)令 $f(\lambda)$ 是 A 的特征多项式, 证明: $f(A)=0$,

(不许用哈密尔顿-凯莱定理)

证 (1) 设 A 的 Jordan 标准形为

$$J=\begin{bmatrix} J_1 & & \\ & \ddots & \\ & & J_s \end{bmatrix}$$

第八章 λ-矩阵

其中 $J_k = \begin{bmatrix} \lambda_k & 1 & & \\ & \ddots & \ddots & \\ & & & 1 \\ & & & \lambda_k \end{bmatrix}$ $(k=1,2,\cdots,s)$

由于 J_k 为上三角阵,从而 J 为上三角阵,所以
$$T^{-1}AT = J \qquad ①$$

(2) 设 $f(\lambda)$ 为 A 的特征多项式,且
$$f(\lambda) = |\lambda E - A| = (\lambda - \lambda_1)^{k_1}(\lambda - \lambda_2)^{k_2}\cdots(\lambda - \lambda_s)^{k_s}$$

其中 $\lambda_1, \cdots, \lambda_s$ 互异,那么 $f(A) = (A - \lambda_1 E)^{k_1}\cdots(A - \lambda_s E)^{k_s}$. 由式①有
$$A = TJT^{-1}, \quad A - \lambda_i E = T(J - \lambda_i E)T^{-1}$$

$\Rightarrow (A - \lambda_i E)^{k_i} = T(J - \lambda_i E)^{k_i} T^{-1}$

$= T \begin{bmatrix} (J_1 - \lambda_i E)^{k_i} & & & & \\ & \ddots & & & \\ & & (J_i - \lambda_i E)^{k_i} & & \\ & & & \ddots & \\ & & & & (J_s - \lambda_i E)^{k_s} \end{bmatrix} T^{-1}$

$= T \begin{bmatrix} (J_1 - \lambda_i E)^{k_i} & & & & \\ & \ddots & & & \\ & & \begin{bmatrix} 0 & & \\ & \ddots & \\ & & 0 \end{bmatrix} & & \\ & & & \ddots & \\ & & & & (J_s - \lambda_i E)^{k_s} \end{bmatrix} T^{-1}$

$T^{-1} f(A) T = [T^{-1}(A - \lambda_1 E)^{k_1} T] \cdots [T^{-1}(A - \lambda_s E)^{k_s} T]$

$= T^{-1} \begin{bmatrix} \begin{bmatrix} 0 & & \\ & \ddots & \\ & & 0 \end{bmatrix} & & & \\ & (J_2 - \lambda_1 E)^{k_1} & & \\ & & \ddots & \\ & & & (J_s - \lambda_1 E)^{k_s} \end{bmatrix}$

$\begin{bmatrix} (J_1 - \lambda_2 E)^{k_2} & & & \\ & \begin{bmatrix} 0 & & \\ & \ddots & \\ & & 0 \end{bmatrix} & & \\ & & \ddots & \\ & & & (J_s - \lambda_s E)^{k_s} \end{bmatrix}$

$$\cdots \begin{bmatrix} (J_1-\lambda_s E)^{k_s} & & & \\ & (J_s-\lambda_2 E)^{k_2} & & \\ & & \begin{bmatrix} 0 & & \\ & \ddots & \\ & & \end{bmatrix} & \\ & & & \begin{bmatrix} & & \\ & \ddots & \\ & & 0 \end{bmatrix} \end{bmatrix} T$$

$=T^{-1}0T=0$

故 $f(A)=0$.

注 (2)也是下题之证明：

(四川大学) 不用哈密尔顿-凯莱定理证明对数域 F 上的 n 阶矩阵,存在 F 上的多项式 $f(x)$,使得 $f(A)=0$.

690.(华中师范大学) 设 A 是 n 级实可逆矩阵,证明:存在实系数多项式 $g(x)$,使得 $A^{-1}=g(A)$.

证 设 $f(\lambda)$ 为 A 的特征多项式,则

$$f(\lambda)=|\lambda E-A|=\lambda^n+b_{n-1}\lambda^{n-1}+\cdots+b_1\lambda+b_0 \qquad ①$$

其中 $b_0=(-1)^n|A|\neq 0, b_i\in \mathbf{R}(i=0,1\cdots,n-1)$.

由哈密尔顿-凯莱定理有 $A^n+b_{n-1}A^{n-1}+\cdots+b_1A+b_0E=0$,所以

$$A\left[-\frac{1}{b_0}(A^{n-1}+b_{n-1}A^{n-2}+\cdots+b_1E)\right]=E \qquad ②$$

令 $g(x)=\frac{1}{b_0}(x^{n-1}+b_{n-1}x^{n-2}+\cdots+b_1)\in R[x]$,则由式②知 $A^{-1}=g(A)$.

注 若 $A\in P^{n\times n}$, A 可逆,则存在 $g(x)\in P[x]$,使 $A^{-1}=g(A)$.

691.(日本京都大学) 设 n 组方阵 A 在复数域上全部特征值为 $\lambda_1,\cdots,\lambda_n$,设 $\varphi(x)=b_m x^m+\cdots b_1 x+b_0$,则 $\varphi(A)=b_m A^m+\cdots+b_1 A+b_0 E$ 的全部特征值为 $\varphi(\lambda_1)$, $\varphi(\lambda_2),\cdots,\varphi(\lambda_n)$.

证 由若当定理,存在可逆阵 T 使

$$T^{-1}AT=\begin{bmatrix} \lambda_1 & & * \\ & \ddots & \\ 0 & & \lambda_n \end{bmatrix}$$

再由

$$T^{-1}\varphi(A)T=T^{-1}(b_m A^m+\cdots b_1 A+b_0 E)T$$

$$=b_m\begin{bmatrix} \lambda_1^m & & * \\ & \ddots & \\ 0 & & \lambda_n^m \end{bmatrix}+\cdots+b_1\begin{bmatrix} \lambda_1 & & * \\ & \ddots & \\ 0 & & \lambda_n \end{bmatrix}+\begin{bmatrix} b_0 & & * \\ & \ddots & \\ & & b_0 \end{bmatrix}$$

$$=\begin{bmatrix} \varphi(\lambda_1) & & * \\ & \ddots & \\ & & \varphi(\lambda_n) \end{bmatrix}$$

即知 $\varphi(A)$ 的全部特征值为 $\varphi(\lambda_1),\varphi(\lambda_2),\cdots,\varphi(\lambda_n)$.

注 此结果也称为许尔定理.

692.(中国科学院) 求矩阵 B 的特征值.

$$B = \begin{bmatrix} 1 & 2 & 3 & \cdots & n \\ n & 1 & 2 & \cdots & n-1 \\ n-1 & n & 1 & \cdots & n-2 \\ \vdots & \vdots & \vdots & & \vdots \\ 2 & 3 & 4 & \cdots & 1 \end{bmatrix}$$

解 (1) 令 $A = \begin{bmatrix} 0 & E_{n-1} \\ 1 & 0 \end{bmatrix}_{n \times n}$,则 $|\lambda E - A| = \lambda^n - 1$. 所以

$$\lambda_1 = \omega, \lambda_2 = \omega^2, \cdots, \lambda_n = \omega^n = 1$$

其中 $\omega = \cos\dfrac{2\pi}{n} + i\sin\dfrac{2\pi}{n}$.

(2) 可证 $A^2 = \begin{bmatrix} 0 & E_{n-2} \\ E_2 & 0 \end{bmatrix}$, $A^k = \begin{bmatrix} 0 & E_{n-k} \\ E_k & 0 \end{bmatrix}$.

(3) 因为 $B = E + 2A + 3A^2 + \cdots + nA^{n-1}$. 若令

$$g(x) = nx^{n-1} + \cdots + 3x^2 + 2x + 1$$

则 $B = g(A)$. 那么由 691 题知 B 的全部特征值为

$$g(\omega), g(\omega^2), \cdots, g(\omega^{n-1}), g(1)$$

693.(南京大学) 设 A 为 $n \times n$ 矩阵,它的所有元素等于一个实数 a 且不为 0,求证:必有实系数多项式 $f(\lambda)$,使 $f(A)$ 为 $A + naE$ 的逆矩阵,这里 E 为 n 阶单位阵.

证法 1 令 $B = A + naE$. 则

$$B = \begin{bmatrix} (n+1)a & a & \cdots & a \\ a & (n+1)a & \cdots & a \\ \vdots & \vdots & & \vdots \\ a & a & \cdots & (n+1)a \end{bmatrix}$$

因为 $|B| = (na)^{n-1} 2na \neq 0$. 所以由第 690 题知,存在实系数多项式

$$g(\lambda) = b_{n-1}\lambda^{n-1} + \cdots + b_1\lambda + b_0$$

使得

$$(A + naE)^{-1} = B^{-1} = g(B)$$
$$= b_{n-1}B^{n-1} + \cdots + b_1 B + b_0 E$$
$$= b_{n-1}(A + naE)^{n-1} + \cdots + b_1(A + naE) + b_0 E \qquad ①$$

将式①右端展开,得

$$(A + naE)^{-1} = c_{n-1}A^{n-1} + \cdots + c_1 A + c_0 = f(A)$$

其中 $f(\lambda) = c_{n-1}\lambda^{n-1} + \cdots + c_1\lambda + c_0 \in R[\lambda]$.

证法 2 设 $C = \begin{bmatrix} 1 & \cdots & 1 \\ \vdots & & \vdots \\ 1 & \cdots & 1 \end{bmatrix}$,则 $A = aC$,而 $C^2 = nC$,则 $(C + nE)(C - 2nE) =$

$-2n^2 E$,

则 $(C+nE)^{-1} = -\dfrac{1}{2n^2}(C-2nE)$,所以

$$(A+naE)^{-1} = A^{-1}(C+nE)^{-1} = -\dfrac{1}{2an^2}(C-2nE) = -\dfrac{1}{2a^2n^2}A + \dfrac{1}{an}E,$$

设 $f(x) = -\dfrac{1}{2a^2n^2}x + \dfrac{1}{an}$,则 $(A+naE)^{-1} = f(A)$.

694.(北京大学) 设 A 是一个 n 级复矩阵,$f(\lambda)$ 是 A 的特征多项式,求证:A 可对角化的充分必要条件是如果 a 是 $f(\lambda)$ 的 k 重根,则 $aE-A$ 的秩等于 $n-k$.

证 设
$$f(\lambda) = (\lambda-a_1)^{r_1}(\lambda-a_2)^{r_2}\cdots(\lambda-a_s)^{r_s} \qquad ①$$

其中 $a_1, a_2, \cdots, a_s$ 互不相同,$r_i (i=1,2,\cdots,s)$,且
$$r_1 + r_2 + \cdots r_s = n$$

(1) 先证必要性. 设 A 相似于对角阵,即存在可逆阵 $T=(\alpha_1, \alpha_2, \cdots, \alpha_n)$,使
$$T^{-1}AT = \begin{bmatrix} a_1 E_{r_1} & & & \\ & a_2 E_{r_2} & & \\ & & \ddots & \\ & & & a_s E_{r_s} \end{bmatrix} \qquad ②$$

则
$$T^{-1}(a_1 E - A)T = \begin{bmatrix} 0 & & & \\ & (a_1-a_2) E_{r_2} & & \\ & & \ddots & \\ & & & (a_1-a_s) E_{r_s} \end{bmatrix}$$

所以秩 $(a_1 E - A) = r_2 + r_3 + \cdots + r_s = n - r_1$.

类似可证
$$秩(a_i E - A) = n - r_i (i=1, 2, \cdots, s)$$

(2) 再证充分性. 由于
$$秩(a_i E - A) = n - r_i (i=1, 2, \cdots, s)$$

因此 $(a_i E-A)x = 0$ 的基础解系所含向量为 r_i 个 $(i=1, 2, \cdots, s)$,那么

在 $(\alpha_1 E - A)x = 0$ 中,有 r_1 个线性无关的特征向量为 $\alpha_1, \cdots, \alpha_{r_1}$;

在 $(\alpha_2 E - A)x = 0$ 中有 r_2 个线性无关的特征向量为 $\alpha_{r_1+1}, \cdots, \alpha_{r_2}$;

······

在 $(\alpha_s E - A)x = 0$ 中有 r_s 个线性无关的特征向量为 $\alpha_{r_1+\cdots+r_{s-1}+1}, \cdots, \alpha_n$.

而且不同特征值的特征向量又线性无关,令
$$T = (\alpha_1, \cdots, \alpha_{r_1}, \alpha_{r_1+1}, \cdots, \alpha_{r_2}, \cdots, \alpha_n) \in P^{n\times n}$$

且 T 为可逆阵,而

$$AT=(\alpha_1,\cdots,\alpha_n)\begin{bmatrix}\lambda_1 E_{r_1}&&\\&\ddots&\\&&\lambda_s E_{r_s}\end{bmatrix}$$

此即

$$T^{-1}AT=\begin{bmatrix}\lambda_1 E_{r_1}&&\\&\ddots&\\&&\lambda_s E_{r_s}\end{bmatrix}$$

故 A 可对角化.

注 本题是证明:A 可对角化$\Leftrightarrow$特征值的代数重数=它的几何重数.

695.（华中师范大学） 已知 A 为 3 个阶矩阵,λ_0 是 A 的特征多项式的 3 重根,证明:当秩$(A-\lambda_0 E)=1$ 时,$A-\lambda_0 E$ 的非零列向量是 A 属于特征值 λ_0 的一个特征向量,其中 E 为 3 阶单位阵.

证 由假设知 A 的若当标准形为

$$J=\begin{bmatrix}\lambda_0 & 1 & 0\\ 0 & \lambda_0 & 0\\ 0 & 0 & \lambda_0\end{bmatrix}$$

故存在可逆阵 T,使 $T^{-1}AT=J$. 于是

$$T^{-1}(A-\lambda_0 E)T=\begin{bmatrix}0&1&0\\0&0&0\\0&0&0\end{bmatrix}\Rightarrow A-\lambda_0 E=T\begin{bmatrix}0&1&0\\0&0&0\\0&0&0\end{bmatrix}T^{-1} \quad ①$$

$$\Rightarrow (A-\lambda_0 E)^2=0 \quad ②$$

令 $A-\lambda_0 E=(\beta_1,\beta_2,\beta_3)$,其中 β_i 为 $A-\lambda_0 E$ 的列向量,由①知 $A-\lambda_0 E\neq 0$. 再由②知

$$0=(A-\lambda_0 E)^2=(A-\lambda_0 E)(\beta_1,\beta_2,\beta_3)$$
$$\Rightarrow A\beta_i=\lambda_0 \beta_i \quad (i=1,2,3)$$

故当 $\beta_i\neq 0$ 时,β_i 为 A 属于 λ_0 的特征向量.

696.（自编） 设 $A\in P^{n\times n}$,$f(\lambda)$ 为 A 的特征多项式,$m(\lambda)$ 为 A 的最小多项式,$g(\lambda)$ 为 A 的某一零化多项式.再设 M_1 为 $f(\lambda)$ 的根集,M_2 为 $m(\lambda)$ 的根集,M_3 为 $g(\lambda)$ 的根集,证明:

(1) $M_1=M_2$;

(2) $M_1\subseteq M_3$;

(3) 当 $(g(\lambda),g'(\lambda))=1$ 时,A 可对角化.

证 (1) 设 A 的不变因子为 $d_1(\lambda),d_2(\lambda),\cdots,d_n(\lambda)$,则

$$f(\lambda)=d_1(\lambda)d_2(\lambda)\cdots d_n(\lambda),\ m(\lambda)=d_n(\lambda) \quad ①$$

$\forall a\in M_1$,则

$$0=f(a)=d_1(a)d_2(a)\cdots d_n(a)$$

于是存在 k 值 $d_k(a)=0$,但 $d_k(\lambda)|d_n(\lambda)$,故 $m(a)=d_n(a)=0$. 此即

$$a \in M_2 \Rightarrow M_1 \subseteq M_2$$

反之，$\forall b \in M_2$，则 $d_n(b)=0$，由①有 $f(b)=0$，此即 $b \in M_1$，故 $M_2 \subseteq M_1$。综上有 $M_1 = M_2$。

(2) $g(\lambda)$ 是 A 的零化多项式，$d_n(\lambda)$ 是 A 的最小多项式. $\therefore d_n(\lambda) | g(\lambda)$，即存在 $h(\lambda) \in p(\lambda)$，使

$$g(\lambda) = d_n(\lambda) h(\lambda) \qquad ②$$

由式②得 $M_2 \subseteq M_3$；故 $M_1 \subseteq M_3$。

(3) 当 $(g(\lambda), g'(\lambda)) = 1$ 时，$g(\lambda)$ 无重根，于是由式②知 $d_n(\lambda)$ 无重根，即 A 的最小多项式无重根，故 A 可对角化 (即 A 相似于对角阵)。

注 1) 本题中 $M_1 = M_2$，是指最小多项式的根集与特征多项式的根集相同，但重数可能不同，比如 $A \in P^{4 \times 4}$.

$$\lambda E - A \simeq \begin{bmatrix} \lambda-1 & & & \\ & \lambda-1 & & \\ & & \lambda-1 & \\ & & & \lambda-1 \end{bmatrix}$$

则 $f(\lambda) = (\lambda-1)^4$，$d_4(\lambda) = \lambda-1$，这时 $M_1 = M_2 = \{1\}$. 但 1 是 $f(\lambda)$ 的 4 重根，而 1 是 A 的最小多项式的单根。

2) 本题中 $M_1 \subseteq M_3$，表示给出 A 的一个零化多项式，就给出了特征值的取值范围，但 M_3 中的数不一定是 A 的特征值，只能说 A 的特征值必在 M_3 的范围内. 比如 $A = 0 \in P^{4 \times 4}$，由 $0^3 = 0$，知 $x^3 - x$ 是 $A (=0)$ 的零化多项式，则 $M_3 = \{0, 1, -1\}$，而 $M_1 = \{0\}$.

3) 因为特征多项式 $f(\lambda)$ 也是 A 的零化多项式，所以 $(f(\lambda), f'(\lambda)) = 1$，$A$ 可对角化。

4) 本题对于求行列式的值，求矩阵秩，判断对角化，求矩阵特征值等方面都有广泛的应用.

697. (华中师范大学) 设 A 为 n 阶方阵，I 为 n 阶单位阵.

$$A^2 = A$$

(1) 求行列式 $|I+A|$ 与 $|I-A|$；

(2) 证明：A 的迹等于 A 的秩.

证 设秩 $A = r$.

(1) 由 $A^2 - A = O$ 可知，$g(\lambda) = \lambda^2 - \lambda$ 是 A 的零化多项式，由上题知，A 的特征值只能是 1 或 0，又 $g(\lambda) = \lambda(\lambda-1)$ 无重根，由 696 题知 A 可对角化，即存在可逆阵 T，使

$$T^{-1} A T = \begin{bmatrix} I_r & O \\ O & O \end{bmatrix} \qquad ①$$

于是

$$T^{-1}(I+A)T = \begin{bmatrix} 2I_r & \\ & I_{n-r} \end{bmatrix}, \quad T^{-1}(I-A)T = \begin{bmatrix} 0 & \\ & -I_{n-r} \end{bmatrix}$$

$$\Rightarrow |I+A|=2^r, |I-A|=\begin{cases} 0, & r>0 \\ (-1)^n, & r=0 \end{cases}$$

(2) (i)先证相似矩阵有相同的迹.

设 $A=(a_{ij})_{n\times n}, B=(b_{ij})_{n\times n}, A\sim B$,则

$$\mathrm{tr}A = a_{11}+a_{22}+\cdots+a_{nn} = \lambda_1+\lambda_2+\cdots+\lambda_n$$

$$\mathrm{tr}B = b_{11}+b_{22}+\cdots+b_{nn} = \mu_1+\mu_2+\cdots+\mu_n$$

其中 $\lambda_1,\cdots,\lambda_n$ 为 A 的全部特征值,$\mu_1,\cdots,\mu_1$ 是 B 的全部特征值,而相似矩阵有相同特征值. 故 $\mathrm{tr}A=\mathrm{tr}B$.

(ii) 再证 $\mathrm{tr}A=$ 秩 A. 由①知 $A\sim \begin{bmatrix} I_r & 0 \\ 0 & 0 \end{bmatrix}$,故

$$\mathrm{tr}A = \mathrm{tr}\begin{bmatrix} I_r & 0 \\ 0 & 0 \end{bmatrix} = r = 秩 A$$

698.(**中国人民大学**,1992 **年**,**东北工学院**,**北京航空航天大学**) 设方阵 $A\neq 0$,但 $A^k=0(k$ 是某一正整数),则 $A($)相似于对角矩阵.

(A)一定能 (B)不一定能 (C)不可能

答 (C). 由假设可设 λ^k 是 A 的零化多项式,则 A 的最小多项式为 $\lambda^m(1<m\leqslant k)$.

由于最小多项式有重根,因此 A 不可能相似于对角阵,故选(C).

699.(**中国人民大学**) 设 $n\times n$ 实矩阵 A,满足 $A^2-2A-3E=0(E$ 是 $n\times n$ 单位阵),证明:存在非退化矩阵 T,使 $T^{-1}AT$ 为对角阵.

证 由假设知 A 存在零化多项式

$$g(\lambda) = \lambda^2 - 2\lambda - 3 = (\lambda-3)(\lambda+1)$$

而 $g(\lambda)$ 无重根,所以 A 相似于对角阵,即存在可逆阵 T,使 $T^{-1}AT$ 为对角阵.

700.(**华中师范大学**) 设复矩阵 A 的最小多项式

$$f(\lambda) = \lambda^{2k} - 1$$

证明:A 与对角阵相似.

证 因为

$$(f(\lambda), f'(\lambda)) = (\lambda^{2k}-1, 2k\lambda^{2k-1}) = 1$$

即 A 的最小多项式无重根,所以 A 的初等因子都是一次式,所以 A 相似于对角阵.

701.(**武汉大学**) 设 n,k 为正整数,A 为 $n\times n$ 矩阵,证明:如果 $A^k=O$,则 $I+A$ 是可逆阵,这里 I 是 $n\times n$ 单位阵.

证 由假设知 A 有零化多项式 $g(\lambda)=\lambda^k$,由第696题知 A 的特征根只能是 0,再由若当定理知

$$T^{-1}AT = \begin{bmatrix} J_1 & & \\ & \ddots & \\ & & J_s \end{bmatrix}$$

其中 $J_k = \begin{bmatrix} 0 & 1 & & \\ & \ddots & \ddots & \\ & & \ddots & 1 \\ & & & 0 \end{bmatrix}$ $(k=1,2,\cdots,s)$. 所以

$$T^{-1}(I+A)T = \begin{bmatrix} 1 & & * \\ & \ddots & \\ 0 & & 1 \end{bmatrix}, |I+A|=1$$

证得 $I+A$ 为可逆阵.

702.(南京大学) 设 $A=(a_{jk})$ 为 n 阶复方阵,且 $A^2=A$,
$$R(A)=\{Z|Z=AY, y \text{ 取遍一切 } n\times 1 \text{ 复矩阵}\}$$
试证:$R(A)$ 的维数等于 $\sum_{j=1}^{n} a_{jj}$.

证 因为 $A^2=A$,所以由第 697 题(2)知 $\sum_{j=1}^{n} a_{jj}=$ 秩 A. 令 $V=C^n$,并定义 V 的变换
$$\sigma(y)=Ay, y \in C^n$$
可证 σ 是 C^n 上一个线性变换. 则
$$R(A)=\sigma V(\text{值域})$$
取 V 的一组基
$$\varepsilon_1 = \begin{bmatrix} 1 \\ 0 \\ \vdots \\ 0 \end{bmatrix}, \varepsilon_2 = \begin{bmatrix} 0 \\ 1 \\ 0 \\ \vdots \\ 0 \end{bmatrix}, \cdots, \varepsilon_n = \begin{bmatrix} 0 \\ \vdots \\ 0 \\ 1 \end{bmatrix}$$
则 $\sigma(\varepsilon_1,\cdots,\varepsilon_n)=(\varepsilon_1,\cdots,\varepsilon_n)A$. 且
$$\dim R(A) = \dim \sigma V = \text{秩 } A = \sum_{j=1}^{n} a_{jj}$$

703.(北京大学,1996,北京航空航天大学) n 级矩阵 A 称为周期矩阵,如果存在正整数 m,使 $A^m=I$,其中 I 为单位矩阵. 证明:复数域上的周期矩阵一定可以对角化.

证 由已知条件知,A 有零化多项式
$$f(\lambda)=\lambda^m - 1$$
而 $(f(\lambda), f'(\lambda))=1$,即 $f(\lambda)$ 无重根,所以 A 可对角化.

注 在实数域上的矩阵 A 不一定可对角化,比如. $A = \begin{pmatrix} 0 & -1 \\ 1 & 0 \end{pmatrix}$,则 $A^4=I$ 但 $|\lambda E - A| = \lambda^2 + 1$ 无实特征值.

704.(武汉大学) n 阶方阵 A 不能与对角阵相似的条件是
(A)方阵 A 有 n 个线性无关的特征向量
(B)对 A 的每个特征值 λ,矩阵 $\lambda E - A$ 的秩与 λ 作为特征根为重数之和为 n
(C)A 的最小多项式只有单根
(D)A 的一切零化多项式都有重根

答 (D) 当 A 的一切零化多项式都有重根时,那么 A 的最小多项式 $d_n(\lambda)$(也是零化多项式之一)也有重根,所以 A 不能与对角阵相似.

705. (华中师范大学) 设 A 是 3×3 矩阵,$A^2=E$,但 $A\neq \pm E$.
证明:$A+E$ 与 $A-E$ 中有一个秩为 1,另一个秩为 2,其中 E 是 3 阶单位阵.

证法 1 由已知条件知,A 有零化多项式 $\lambda^2-1=(\lambda+1)(\lambda-1)$. 它无重根. 因此 A 相似于对角阵. 而且 A 的特征值只能是 1 或 -1.

再由于 $A\neq \pm E$,因此 A 的特征不能全是 1 或全是 -1,从而有两种可能.

(1) 当 $T^{-1}AT=\begin{bmatrix} 1 & & \\ & 1 & \\ & & -1 \end{bmatrix}$ 时,有

$$T^{-1}(A+E)T=\begin{bmatrix} 2 & & \\ & 2 & \\ & & 0 \end{bmatrix}, \quad T^{-1}(A-E)T=\begin{bmatrix} 0 & & \\ & 0 & \\ & & -2 \end{bmatrix}$$

秩$(A+E)=2$,秩$(A-E)=1$.

(2) 当 $T^{-1}AT=\begin{bmatrix} 1 & & \\ & -1 & \\ & & -1 \end{bmatrix}$ 时,有

$$T^{-1}(A+E)T=\begin{bmatrix} 2 & & \\ & 0 & \\ & & 0 \end{bmatrix}, \quad T^{-1}(A-E)T=\begin{bmatrix} 0 & & \\ & -2 & \\ & & -2 \end{bmatrix}$$

所以秩$(A+E)=1$,秩$(A-E)=2$.

证法 2 $A^2=E$,则 $(A+E)(A-E)=0$,$R(A+E)+R(A-E)\leqslant 3$,
而 $R(A+E)+R(A-E)\geqslant R((A+E)-(A-E))=R(2E)=3$,
则 $R(A+E)+R(A-E)=3$,
但 $A\neq \pm E$,则 $R(A+E)>0, R(A-E)>0$,
所以 $R(A+E), R(A-E)$ 则一个取 1,另一个取 2.

706. (武汉大学) 设 A 是 $n\times n$ 复矩阵,且有正整数 k 使 $A^k=I$(单位矩阵),$A=(a_{ij})_{n\times n}$,$TrA=\sum_{j=1}^{n} a_{jj}$ 称为 A 的迹.$\bar{a}$ 表示复数 a 的共轭.证明:

(1) A 是可逆矩阵;
(2) $Tr(A^{-1})=\overline{TrA}$.

证 (1) 因为 $A^k=I$,所以 $|A|^k=1$,从而 $|A|\neq 0$,即 A 是可逆矩阵.
(2) 设 A 的 n 个特征值为 $\lambda_1,\cdots,\lambda_n$,

$$\text{因为 } A^k=I, \text{所以 } \lambda_s^k=1 \qquad ①$$

令 $\omega=\cos\dfrac{2\pi}{k}+i\sin\dfrac{2\pi}{k}$,则

$$\lambda_s=\omega^t, 0\leqslant t\leqslant k-1 \qquad ②$$

所以 A^{-1} 的 n 个特征值为 $\dfrac{1}{\lambda_1},\cdots,\dfrac{1}{\lambda_n}$. 且

$$TrA^{-1} = \frac{1}{\lambda_1} + \frac{1}{\lambda_2} + \cdots + \frac{1}{\lambda_n}$$

$$TrA = \lambda_1 + \lambda_2 + \cdots + \lambda_n \Rightarrow \overline{TrA} = \overline{\lambda_1} + \overline{\lambda_2} + \cdots + \overline{\lambda_n}$$

先看 λ_1,由式②知

$$\lambda_1 = \omega^t = \cos\frac{2\pi t}{k} + i\sin\frac{2\pi t}{k}, \quad \overline{\lambda_1} = \cos\frac{2\pi t}{k} - i\sin\frac{2t}{k}$$

$$\Rightarrow \lambda_1 \overline{\lambda_1} = 1 \qquad\qquad ③$$

由式①知
$$1 = \lambda_1^k = \lambda_1 \lambda_1^{k-1}$$

再由式③,式④得 $\overline{\lambda_1} = \lambda_1^{k-1}$. ④

类似有 $\overline{\lambda_s} = \lambda_s^{k-1}$, $s = 1, 2, \cdots, n$. 则有

$$TrA^{-1} = \frac{1}{\lambda_1} + \frac{1}{\lambda_2} + \cdots + \frac{1}{\lambda_n}$$

$$= \frac{\lambda_1^k}{\lambda_1} + \frac{\lambda_2^k}{\lambda_2} + \cdots + \frac{\lambda_n^k}{\lambda_n} = \lambda_1^{k-1} + \cdots + \lambda_n^{k-1}$$

$$= \overline{\lambda_1} + \overline{\lambda_2} + \cdots + \overline{\lambda_n} = \overline{TrA}$$

707. (**吉林工业大学**) n 级欧氏空间 V 的线性变换 σ,满足 $\sigma^3 + \sigma = 0^*$,证明:迹 $\sigma = 0$(题中 0^* 表示零变换,迹 σ 等于 σ 在 V 之某基底下对应矩阵的迹数).

证 取 V 的一组基 $\varepsilon_1, \cdots, \varepsilon_n$,且

$$\sigma(\varepsilon_1, \cdots, \varepsilon_n) = (\varepsilon_1, \cdots, \varepsilon_n) A \qquad\qquad ①$$

则由 $\sigma^3 + \sigma = 0^*$,知 $A^3 + A = 0$. 那么 $g(\lambda) = \lambda^3 + \lambda = \lambda(\lambda^2 + 1)$ 是 A 的零化多项式.

设 $d_n(\lambda)$ 为 A 的最小多项式. ,则 $d_n(\lambda) | g(\lambda)$.

(1) 当 $d_n(\lambda) = \lambda$ 时,则 $0 = d_n(A) = A$ 故迹 $\sigma = TrA = 0$.

(2) 当 $d_n(\lambda) = \lambda^2 + 1$ 时,n 为偶数,此时

$$A \sim \begin{bmatrix} \begin{bmatrix} 0 & 1 \\ -1 & 0 \end{bmatrix} & & \\ & \ddots & \\ & & \begin{bmatrix} 0 & 1 \\ -1 & 0 \end{bmatrix} \end{bmatrix} = B$$

故迹 $\sigma = TrA = TrB = 0$.

(3) 当 $d_n(\lambda) = \lambda(\lambda^2 + 1)$ 时,有

$$A \sim \begin{bmatrix} 0 & & & & \\ & \ddots & & & \\ & & \begin{bmatrix} 0 & 1 \\ -1 & 0 \end{bmatrix} & & \\ & & & \ddots & \\ & & & & \begin{bmatrix} 0 & 1 \\ -1 & 0 \end{bmatrix} \end{bmatrix} = C$$

故迹 $\sigma = \mathrm{Tr}A = \mathrm{Tr}C = 0$.

708. (北京大学) 设 $A = \begin{pmatrix} 1 & -3 & -1 \\ 2 & 1 & 0 \\ 3 & 1 & 1 \end{pmatrix}$,试证明:

(1) A 在复数域上可对角化;

(2) A 在有理数域上不可对角化.

证 (1)计算可得
$$f(\lambda) = |\lambda E - A| = \lambda^3 - 3\lambda^2 + 12\lambda - 8$$
$$\Rightarrow f'(\lambda) = 3\lambda^2 - 6\lambda + 12$$

用辗转相除法可证得 $(f(\lambda), f'(\lambda)) = 1$,故在复数域上 A 相似于对角阵.

(2)若 A 在有理数域上可对角化,那么 A 的特征值必须都是有理数,从而 $f(\lambda)$ 有理根,而 $f(\lambda)$ 的首项系数为 1,从而 $f(\lambda)$ 的有理根必为整数根. 由于 $f(\lambda)$ 的常数项为 -8,如果 $f(\lambda)$ 有整数根必为 $\pm 1, \pm 2, \pm 4, \pm 8$. 用综合除法验算它们都不是 $f(\lambda)$ 的根,因此 $f(\lambda)$ 无有理根. 从而得证 A 在有理数域上不可对角化.

709. (湖北大学) 证明:

(1)方阵 A 的特征根全是零的充要条件是存在自然数 m,使 $A^m = O$;

(2)若 $A^m = O$,则 $|A + E| = 1$,这里 E 是与 A 同阶的单位阵.

证 (1)先证充分性. 由于 $A^m = O$,则 λ^m 为 A 的零化多项式. A 的特征根全是零. 再证必要性. 由于 A 的特征根全是零. 由若当定理知

$$T^{-1}AT = \begin{bmatrix} J_1 & & \\ & \ddots & \\ & & J_s \end{bmatrix} \quad ①$$

其中 $J_k = \begin{bmatrix} 0 & 1 & & \\ & \ddots & \ddots & \\ & & & 1 \\ & & & 0 \end{bmatrix}_{n_k \times n_k}$ $(k = 1, 2, \cdots, s)$,因为

$$J_k^n = 0 (= 1, 2, \cdots, s)$$

所以由①得 $T^{-1}A^n T = \begin{bmatrix} J_1^n & & \\ & \ddots & \\ & & J_s^n \end{bmatrix} = 0$. 从而 $A^n = 0$.

扫码获取本书资源

(2)由 $A^m = O$,那么 A 的特征值全为 0,从而由式①成立. 故

$$T^{-1}(A + E)T = \begin{bmatrix} 1 & \ddots & * \\ & \ddots & \\ 0 & & 1 \end{bmatrix}$$

得 $|A + E| = 1$.

710. (清华大学) 设 A 是 n 级幂等阵,且秩为 r,试求

(1)矩阵 A 的相似标准形,并说明理由;

(2)计算$|2E-A|$.

解 (1)因为$A^2=A$,从而A有无重根的零化多项式$g(\lambda)=\lambda^2-\lambda$. 由于$g(\lambda)$无重根,所以$A$相似于对角阵,且特征值只能是1或0. 再由秩$A=r$,所以存在可逆阵$T$,并有$A$的相似标准形为:

$$T^{-1}AT=\begin{bmatrix} E_r & 0 \\ 0 & 0 \end{bmatrix} \qquad ①$$

其中E_r为r级单位阵.

(2)由式①有

$$T^{-1}(2E-A)T=\begin{bmatrix} E_r & \\ & 2E_{n-r} \end{bmatrix}$$

故$|2E-A|=2^{n-r}$.

711.(南京大学) 若复数域F上的n阶方阵$A^m=A(1<m\leqslant n<\infty)$ 求证:A必与一个对角阵相似,若限于实数域,如何?

证 由已知条件A有零化多项式$g(\lambda)=\lambda^m-\lambda$. 而$(g(\lambda),g'(\lambda))=1$. 所以$A$相似于一个对角阵.

在实数域上结论不一定成立. 比如

$$A=\begin{bmatrix} 0 & -1 & 0 & 0 & 0 \\ 1 & 0 & 0 & 0 & 0 \\ 0 & 0 & 0 & 0 & 0 \\ 0 & 0 & 0 & 0 & 0 \\ 0 & 0 & 0 & 0 & 0 \end{bmatrix}$$

则$A^5=A$. 但

$$|\lambda E-A|=(\lambda^2+1)\lambda^3 \qquad ①$$

而A在实数域上相似于对角阵,必须A有5个实特征根. 由①知A只有3个实特征根. 故A在实数域上不能相似于一个对角阵.

712.(吉林工业大学,江西师范学院) 对n阶矩阵A,如果使$A^k=O$的最小正整数k,则称A为k次幂零矩阵. 证明:所有n阶$n-1$次幂零矩阵彼此相似.

证 设A是n阶$n-1$次幂零矩阵,则

$$\begin{cases} A^{n-1}=O, & ① \\ A^s\neq O \quad 0\leqslant s<n-1 & ② \end{cases}$$

由式①,式②知A的最小多项式$d_n(\lambda)=\lambda^{n-1}$. 而$d_{n-1}(\lambda)|d_n(\lambda)$,所以

$$d_{n-1}(\lambda)=\lambda, d_1(\lambda)=\cdots=d_{n-2}(\lambda)=1$$

这就得到:n阶$n-1$次幂零矩阵A的不变因子为

$$1,\quad 1,\cdots,\quad \lambda,\quad \lambda^{n-1} \qquad ③$$

由于任何n阶$n-1$次幂零矩阵B只能得到同样的不变因子式③,从而它们有相同的不变因子. 所以$A\sim B$.

713.（吉林大学） 设秩 $A^k=$ 秩(A^{k+1}). 证明：如果 A 有零特征值,则零特征对应的初等因子次数不超过 k.

证 设 A 的若当标准形为

$$T^{-1}AT=\begin{bmatrix}J_0 & & & \\ & J_1 & & \\ & & \ddots & \\ & & & J_s\end{bmatrix} \quad ①$$

其中 J_0 为 A 中所有特征值为 0 的若当形矩阵（即 J_0 中可能有若干个若当块,其主对角线元均为 0）. 其它若当块 $J_i(i=1,2,\cdots,s)$ 的特征值均非零,即 $|J_i|\neq 0$ $(i=1,2\cdots s)$.

另设 t 为 J_0 中最大块的级数,它对应的初等因子为 λ^t,下证 $t\leqslant k$.

用反证法. 若 $t>k$,则由式①有

$$T^{-1}A^kT=\begin{bmatrix}J_0^k & & & \\ & J_1^k & & \\ & & \ddots & \\ & & & J_s^k\end{bmatrix}\Rightarrow T^{-1}A^{k+1}T=\begin{bmatrix}J_0^{k+1} & & & \\ & J_1^{k+1} & & \\ & & \ddots & \\ & & & J_s^{k+1}\end{bmatrix} \quad ②$$

这时由于 $J_0^k\neq 0$,所以

$$\text{秩}(J_0^k)>\text{秩}(J_0^{k+1}) \quad ③$$

但 $J_1,\cdots,J_s$ 都非奇异,所以

$$\text{秩}(J_i^k)=\text{秩}(J_i^{k+1})(i=1,2,\cdots,s) \quad ④$$

从而由式②～④,有

$$\text{秩}A^k>\text{秩}(A^{k+1}).$$

这与假设矛盾. 故 $t\leqslant k$. 即证零特征值对应的初等因子的次数不超过 k.

714.（中国科技大学） 证明:n 阶方阵 A 相似于对角方阵的充分必要条件是对每个数 ω,由 $(\omega E-A)^2 x=0$ 可以导出 $(\omega E-A)x=0$,其中 E 是单位方阵,x 是 n 维列向量.

证 设 V_1 是 $(\omega E-A)x=0$ 的解空间,V_2 是 $(\omega E-A)^2 x=0$ 的解空间,条件"$(\omega E-A)^2 x=0$ 可以导出 $(\omega E-A)x=0$"的含意是 $V_2\subseteq V_1$. 但总有 $V_1\subseteq V_2$. 因此本题可改为

$A\sim$ 对角阵 $\Leftrightarrow$ 对 $\forall\omega\in C$ 总有 $V_1=V_2$.

先证必要性. 设

$$T^{-1}AT=\begin{bmatrix}\lambda_1 & & \\ & \ddots & \\ & & \lambda_n\end{bmatrix} \quad ①$$

其中 $\lambda_1,\cdots,\lambda_n$ 为 A 的全部特征值.

当 $\omega\neq\lambda_i(i=1,2,\cdots,n)$ 时,有

$$T^{-1}(\omega E-A)T=\begin{bmatrix}\omega-\lambda_1 & & \\ & \ddots & \\ & & \omega-\lambda_n\end{bmatrix}$$

$$\Rightarrow T^{-1}(\omega E-A)^2 T=\begin{bmatrix}(\omega-\lambda_1)^2 & & \\ & \ddots & \\ & & (\omega-\lambda_n)^2\end{bmatrix}$$

可得秩$(\omega E-A)=$秩$(\omega E-A)^2$,于是

$$\dim V_1=n-秩(\omega E-A)=n-秩(\omega E-A)^2=\dim V_2 \quad ②$$

而 $V_1 \subseteq V_2$ ③

由式②,式③即证 $V_1=V_2$.

当 $\omega=\lambda_k$(还可能有多重特征值.证法类似)时,有

$$T^{-1}(\omega E-A)T=\begin{bmatrix}\lambda_k-\lambda_1 & & & & \\ & \ddots & & & \\ & & 0 & & \\ & & & \ddots & \\ & & & & \lambda_k-\lambda_n\end{bmatrix}$$

$$\Rightarrow T^{-1}(\omega E-A)^2 T=\begin{bmatrix}(\lambda_k-\lambda_1)^2 & & & & \\ & \ddots & & & \\ & & 0 & & \\ & & & \ddots & \\ & & & & (\lambda_k-\lambda_n)^2\end{bmatrix}$$

仍有 秩$(\omega E-A)=$秩$(\omega E-A)^2$. 所以

$$\dim V_1=\dim V_2,即 V_1=V_2$$

再证充分性. 设 $V_1=V_2$. 用反证法,若 A 不相似于对角阵,则由若由定理,一定存在若当形矩阵 J,则

$$T^{-1}AT=\begin{bmatrix}\lambda_1 & & & & & \\ & \ddots & & & & \\ & & \lambda_s & & & \\ & & & J_1 & & \\ & & & & \ddots & \\ & & & & & J_t\end{bmatrix} \quad ⑥$$

其中 $J_1=\begin{bmatrix}a & 1 & & \\ & \ddots & \ddots & \\ & & \ddots & 1 \\ & & & a\end{bmatrix}_{n_1\times n_1}, n_1>1.$

那么令 $\omega=a$,则

$$T^{-1}(aE-A)T=\begin{bmatrix} a-\lambda_1 & & & & & \\ & \ddots & & & & \\ & & a-\lambda_s & & & \\ & & & \begin{matrix}0 & 1 & & \\ & \ddots & \ddots & \\ & & & 1 \\ & & & 0\end{matrix} & & \\ & & & & \ddots & \\ & & & & & a_E-J_t \end{bmatrix} \quad ⑦$$

$$T^{-1}(aE-A)^2 T=\begin{bmatrix} (a-\lambda_1)^2 & & & & & \\ & \ddots & & & & \\ & & (a-\lambda_s)^2 & & & \\ & & & \begin{matrix}0 & 0 & 1 & & \\ & \ddots & \ddots & \ddots & \\ & & & & 1 \\ & & & & 0 \\ & & & & 0\end{matrix} & & \\ & & & & \ddots & \\ & & & & & (a_E-J_t)^2 \end{bmatrix} \quad ⑧$$

则由⑦,⑧知
$$秩(aE-A) > 秩(aE-A)^2$$

这与 $\dim V_1 < \dim V_2$, 故 $V_1 \neq V_2$ 矛盾. 所以 A 相似于对角阵.

715. (郑州大学) 设 A,B 是 n 级方阵, $f_B(\lambda)$ 是矩阵 B 的特征多项式. 证明: $f_B(A)$ 是可逆阵的充要条件是 A 与 B 没有相同的特征值.

证 设 A,B 的特征值分别为 $\lambda_1,\cdots,\lambda_n$ 和 $\mu_1,\cdots,\mu_n$. 则
$$f_B(\lambda) = |\lambda E - B| = (\lambda-\mu_1)(\lambda-\mu_2)\cdots(\lambda-\mu_n) \quad ①$$
$$\Rightarrow f_B(A) = (A-\mu_1 E)(A-\mu_2 E)\cdots(A-\mu_n E) \quad ②$$
$$|\lambda E - A| = f_A(\lambda) = (\lambda-\lambda_1)(\lambda-\lambda_2)\cdots(\lambda-\lambda_n) \quad ③$$
$$|A-\mu_i E| = (-1)^n |\mu_i E - A| = (-1)^n (\mu_i-\lambda_1)\cdots(\mu_i-\lambda_n)$$
$$= (\lambda_1-\mu_i)(\lambda_2-\mu_i)\cdots(\lambda_n-\mu_i)$$

故 $|f_B(A)| = |A-\mu_2 E|\cdots|A-\mu_n E|$
$$= \left[\prod_{i=1}^n (\lambda_i-\mu_1)\right]\left[\prod_{i=1}^n (\lambda_i-\mu_2)\right]\cdots\left[\prod_{i=1}^n (\lambda_i-\mu_n)\right]$$

故 $f_B(A)$ 可逆 $\Leftrightarrow |f_B(A)| \neq 0 \Leftrightarrow \lambda_i \neq \mu_j (i,j=1,2,\cdots,n)$.

注 当 A 是 n 方阵, B 是 m 级方阵, 上面结论仍成立. 证法同上.

716. (华中科技大学) 设 A,B 分别是复数域上 k 阶和 l 阶方阵, 并且 A,B 没有公共特征值. 证明: $AX=XB$ 只有一解 $X=0$.

证 x 是 $k \times l$ 矩阵, 由 $AX=XB$, 则
$$A^2 X = A(AX) = (AX)B = XB^2$$

用数学归纳法可证

$$A^m X = X B^m \quad (m \in \mathbf{N}) \qquad ①$$

设 $f(\lambda)=|\lambda E-A|$,由凯莱定理,可知 $f(A)=0$. 再由①可证

$$f(A)X = Xf(B) \qquad ②$$

所以 $Xf(B)=0$. 由上题知 $f(B)$ 可逆,故 $X=0$.

717.(中山大学) 设 A,B 为 $n\times n$ 矩阵,$C=AB-BA$,且 C 与 A,B 可交换. 证明:存在正整数 m,使 $C^m=0$.

证　用数学归纳法可证

$$AB^m - B^m A = mB^{m-1}C \quad (m \in \mathbf{N}) \qquad ①$$

当 $m=1$ 时,有

$$\text{式①左边} = AB - BA = C = 1 \times B^0 C \quad (B^0 = E)$$
$$= \text{式①右边}.$$

归纳假设结论对 $m=k-1$ 成立,即

$$AB^{k-1} - B^{k-1}A = (k-1)B^{k-2}C \qquad ②$$

再当 $m=k$ 时,将式②两边左乘 B 得

$$(k-1)B^{k-1}C = BAB^{k-1} - B^k A$$
$$= (AB-C)B^{k-1} - B^k A$$
$$= AB^k - B^k A - CB^{k-1} = AB^k - B^k A - B^{k-1}C$$

移项后即证

$$AB^k - B^k A = kB^{k-1}C$$

故式①对 $m=k$ 也成立,从而得证对一切自然数成立.

设 B 的特征多项式为

$$f(\lambda) = \lambda^n + b_{n-1}\lambda^{n-1} + \cdots + b_1\lambda + b_0 \qquad ③$$

那么 $f(B)=0$. 再由①知 $f'(B)C = Af(B) - f(B)A = 0$. 所以

$$0 = A[f'(B)C] - [f'(B)C]A$$
$$= [Af'(B)]C - [f'(B)A]C$$
$$= [Af'(B) - f'(B)A]C$$
$$= f''(B)C^2$$

继续下去可得

$$f^{(n)}(B)C^n = 0 \qquad ④$$

但 $f^{(n)}(\lambda)=n!$. 有 $f^{(n)}(B)=n!\,E$. 故

$$0 = f^{(n)}(B)C^n = n!\,C^n \Rightarrow C^n = 0$$

718.(复旦大学) 复数域上 $n\times n$ 矩阵 A,B,C 若 $AB-BA=C$,并且 C 可以与 A 和 B 交换. C 的特征值全为 0.

证　由上题知 $C^n=0$,从而 λ^n 为 C 的零化多项式. 所以 C 的特征值全为 0.

719.(四川财经学院) 若 λ_0 为 n 阶方阵 A 的 k 重特征根,则 λ_0 对应的 k 个特征向量 $Z_1, Z_2 \cdots, Z_k$ 线性无关的充要条件是秩 $(\lambda_0 E - A) = n - k$.

证 先证必要性. 令
$$V_{\lambda_0} = \{Z \mid AZ = \lambda_0 Z, Z \in P^n\}$$
因为 $Z_1, \cdots, Z_k \in V_{\lambda_0}$,且它们线性无关,所以
$$\dim V_{\lambda_0} \geq k \qquad ①$$
又由于几何重数 $\leq$ 代数重数,因此
$$\dim V_{\lambda_0} \leq k \qquad ②$$
于是由①,②有
$$\dim V_{\lambda_0} = k \qquad ③$$
但 $\dim V_{\lambda_0} = n - $ 秩 $(\lambda_0 E - A)$. 故
$$秩(\lambda_0 E - A) = n - \dim V_{\lambda_0} = n - k$$
再证充分性. 秩 $(\lambda_0 E - A) = n - k$. 则
$$\dim V_{\lambda_0} = n - 秩(\lambda_0 E - A) = k$$
取 V_{λ_0} 的一组基 $Z_1, Z_2, \cdots, Z_k$,即为所求.

720.(上海交通大学) 设方阵 $A_{n \times n}$ 与 $B_{m \times m}$ 的特征多项式互素,试证:满足 $AC = CB$ 的矩阵 C 必为零矩阵.

证 由第716题即证.

721.(南京大学) 设 $f(\lambda)$ 为 λ 的复系数多项式,n 阶复矩阵 A 的特征根都不是 $f(\lambda)$ 的零点,试证:$f(A)$ 的逆矩阵可表为 A 的多项式.

证 设 $\lambda_1, \lambda_2, \cdots, \lambda_n$ 为 A 的全部特征值,那么 $f(A)$ 的全部特征值为
$$f(\lambda_1), f(\lambda_2) \cdots, f(\lambda_n)$$
故 $|f(A)| = f(\lambda_1) f(\lambda_2) \cdots f(\lambda_n) \neq 0 \Rightarrow f(A)$ 可逆.

令 $B = f(A)$. 由第690题知,存在多项式
$$g(x) = b_m \lambda^m + \cdots + b_1 \lambda + b_0$$
使
$$f(A)^{-1} = B^{-1} = g(B) = b_m B^m + \cdots + b_1 B + b_0 E$$
$$= b_m [f(A)]^m + \cdots + b_1 [f(A)] + b_0 E$$
$$= C_t A^t + \cdots + C_1 A + C_0 E$$

722.(山东大学) 设 A, B 为 n 阶矩阵,$A^l = E$. 证明:
(1) A 相似于对角阵,且对角线元素皆为 l 次单位根.
(2) 设 $A^{l-1} B^{l-1} + A^{l-2} B^{l-2} + \cdots + AB + E = 0$,则 B 的特征值都是 l 次单位根.

证 (1)由假设知 A 有零化多项式 $g(x) = x^l - 1$. 且 $(g(\lambda), g'(\lambda)) = 1$. 所以 A 相似于对角阵. 进而设 λ 是 A 的特征值,则

$$\lambda^l = 1$$

即 A 的特征值均为 l 次单位根. 此即

$$T^{-1}AT = \begin{bmatrix} \lambda_1 & & \\ & \ddots & \\ & & \lambda_n \end{bmatrix}$$

且 $\lambda_i^l = 1 (i = 1, 2, \cdots, n)$.

(2) 已知

$$A^{l-1}B^{l-1} + A^{l-2}B^{l-2} + \cdots + AB + E = 0 \qquad ①$$

在式①两边左乘 A, 右乘 B, 并注意 $A^l = E$. 所以

$$B^l + A^{l-1}B^{l-1} + \cdots + A^2B^2 + AB = 0 \qquad ②$$

式②一式①得

$$B^l - E = 0 \Rightarrow B^l = E$$

则由上面(1)知, B 的特征值都是 l 次单位根.

723. (浙江大学) 设 A 是秩为 r 的 n 阶方阵.

(1) 证明: $A^2 = A$ 的充要条件是存在秩为 r 的 $n \times r$ 矩阵 C, 使得 $A = CB, BC = E_r$, 其中 E_r 为 r 阶单位阵;

(2) 当 $A^2 = A$ 时. 证明: $|2E - A| = 2^{n-r}, |A + E| = 2^r$.

证 (1) 先证必要性. 设 $A^2 = A$, 秩 $A = r$, 则存在可逆阵 T 使

$$A = T^{-1} \begin{bmatrix} E_r & 0 \\ 0 & 0 \end{bmatrix} T = T^{-1} \begin{bmatrix} E_r \\ 0 \end{bmatrix} \cdot [E_r, 0] T = CB$$

其中 $C = T^{-1} \begin{bmatrix} E_r \\ 0 \end{bmatrix} \in P^{n \times r}$, 且秩 $C = r$. $B = [E_r, 0] T$.

故 $BC = [E_r, 0] T T^{-1} \begin{bmatrix} E_r \\ 0 \end{bmatrix} = E_r$.

再证充分性. 设 $A = CB, BC = E_r$, 秩 $C = r$, 则

$$A^2 = (CB)(CB) = CB = A$$

(2) 设 $A^2 = A$, 且秩 $A = r$, 所以存在可逆阵 P, 使

$$P^{-1}AP = \begin{bmatrix} E_r & 0 \\ 0 & 0 \end{bmatrix} \Rightarrow P^{-1}(2E - A)P = \begin{bmatrix} E_r & 0 \\ 0 & 2E_{n-r} \end{bmatrix}$$

故 $|2E - A| = 2^{n-r}$. 又因为

$$P^{-1}(A + E)P = \begin{bmatrix} 2E_r & \\ & E_{n-r} \end{bmatrix}$$

故 $|A + E| = 2^r$.

724. (日本电气通信大学) 证明:n 阶阵 A 是幂等阵的充要条件是
$$秩 A + 秩(E-A) = n \qquad ①$$

证 先证必要性. 设 $A^2 = A$. 则存在可逆阵 T, 使
$$T^{-1}AT = \begin{bmatrix} E_r & 0 \\ 0 & 0 \end{bmatrix} \qquad ②$$

其中 $r = $ 秩 A. 则
$$T^{-1}(E-A)T = \begin{bmatrix} 0 & 0 \\ 0 & E_{n-r} \end{bmatrix} \qquad ③$$

于是秩$(E-A) = n-r$, 从而得证
$$秩 A + 秩(E-A) = n$$

再证充分性. 设秩 $A = r$, 由于秩 $A + $ 秩$(E-A) = n$, 秩 $A = r$, 则秩$(E-A) = n-r$. 再由满秩分解(见第 319 题)存在秩为 r 的 $n \times r$ 矩阵 F 与秩为 r 的 $r \times n$ 矩阵 G, 使 $A = FG$.
$$n-r = 秩(E-A) = 秩(E_n - FG) \qquad ④$$

构造矩阵 $H = \begin{bmatrix} E_n & F \\ G & E_r \end{bmatrix}$, 因为
$$\begin{bmatrix} E & -F \\ 0 & E \end{bmatrix} \begin{bmatrix} E_n & F \\ G & E_r \end{bmatrix} \begin{bmatrix} E_n & 0 \\ -G & E_r \end{bmatrix} = \begin{bmatrix} E_n - FG & 0 \\ 0 & E_r \end{bmatrix}$$

所以 秩 $H = $ 秩$(E_n - FG) + $ 秩 E_r ⑤

因为 $\begin{bmatrix} E & 0 \\ -G & E \end{bmatrix} \begin{bmatrix} E_n & F \\ G & E_r \end{bmatrix} \begin{bmatrix} E_n & -F \\ 0 & E_r \end{bmatrix} = \begin{bmatrix} E_n & 0 \\ 0 & E_r - GF \end{bmatrix}$

所以秩 $H = $ 秩 $E_n + $ 秩$(E_r - GF)$ ⑥

由式⑤, 式⑥得
$$秩(E-FG) + r = n + 秩(E_r - GF)$$

故 $(n-r) + r = n + $ 秩$(E_r - GF) \Rightarrow $ 秩$(E_r - GF) = 0$. 此即
$$GF = E_r \qquad ⑦$$

因此由式⑦, 即证
$$A^2 = (FG)(FG) = FG = A.$$

725. (自编) 设 $A, B \in C^{n \times n}$, $AB = BA$, 且 A, B 都可对角化, 证明:存在可逆阵 T, 使 $T^{-1}AT$ 与 $T^{-1}BT$ 同时为对角阵.

证 由于 A 可对角, 从而存在可逆阵 P, 使
$$P^{-1}AP = \begin{bmatrix} \lambda_1 E_{n1} & & & \\ & \lambda_2 E_{n2} & & \\ & & \ddots & \\ & & & \lambda_S E_{nS} \end{bmatrix} \qquad ①$$

其中 $\lambda_1, \lambda_2, \cdots, \lambda_3$ 互不相同, 且 $n_1 + n_2 + \cdots + n_s = n$.

由 $AB = BA$, 所以

$$(P^{-1}AP)(P^{-1}BP)=(P^{-1}BP)(P^{-1}AP). \qquad ②$$

再由式①,式②以及 $\lambda_1,\cdots,\lambda_s$ 互异,知

$$P^{-1}BP=\begin{bmatrix}B_1 & & & \\ & B_2 & & \\ & & \ddots & \\ & & & B_s\end{bmatrix} \qquad ③$$

为准对角阵,其中 B_k 为 $n_k\times n_k$ 矩阵.由于 B 可对角化,则它的初等因子都是一次式,再由式③知 B_k 的初等因子也都是一次式.所应存在可逆阵 $R_k(k=1,2,\cdots,s)$,使

$$R_k^{-1}B_kB_k \quad (k=1,2,\cdots,s)$$

为对角阵.

$$R=\begin{bmatrix}R_1 & & & \\ & R_2 & & \\ & & \ddots & \\ & & & R_s\end{bmatrix}$$

则 $R^{-1}\begin{bmatrix}B_1 & & \\ & \ddots & \\ & & B_s\end{bmatrix}R=\begin{bmatrix}\mu_1 & & \\ & \ddots & \\ & & \mu_n\end{bmatrix}$ 为对角阵.

再令 $T=PR$,则 T 可逆,且

$$T^{-1}AT=\begin{bmatrix}R_1^{-1} & & \\ & \ddots & \\ & & R_s^{-1}\end{bmatrix}\begin{bmatrix}\lambda_1 E & & \\ & \ddots & \\ & & R_s E\end{bmatrix}\begin{bmatrix}R_1 & & \\ & \ddots & \\ & & R_s\end{bmatrix}$$

$$=\begin{bmatrix}\lambda_1 E_1 & & \\ & \ddots & \\ & & \lambda_s E\end{bmatrix} 为对角阵 \qquad ④$$

$$T^{-1}BT=R^{-1}(P^{-1}BP)R=R^{-1}\begin{bmatrix}B_1 & & \\ & \ddots & \\ & & B_s\end{bmatrix}R=\begin{bmatrix}\mu_1 & & \\ & \ddots & \\ & & \mu_n\end{bmatrix} \qquad ⑤$$

由式④,式⑤即证.

726. (浙江大学) 设 A,B 是复数域上 n 阶方阵, $AB=BA$,又设存在某个正整数 k,使 $A^k=E,B^k=E$.证明:存在非退化矩阵 P,使 $P^{-1}AP$ 与 $P^{-1}BP$ 同时化为对角阵,且对角线上元素都是 1 的 k 次方根.

证 因为 $g(\lambda)=\lambda^k-1$ 都是 A,B 的零化多项式且 $g(x)$ 无重根,所以 A,B 都可对角化,由上题知存在可逆阵 T,使

$$T^{-1}AT=\begin{bmatrix}\lambda_1 & & \\ & \ddots & \\ & & \lambda_n\end{bmatrix},T^{-1}BT=\begin{bmatrix}\mu_1 & & \\ & \ddots & \\ & & \mu_n\end{bmatrix}$$

由于 $\lambda_i^k=1,\mu_i^k=1(i=1,2,\cdots,n)$,即证.

727. (北京师范大学) 设 σ,τ 是复数域上 n 维向量空间 V 的两个可对角化的线性复换,且 $\sigma\tau=\tau\sigma$. 证明:$\sigma\tau$ 也可以对角化.

证 取 $\varepsilon_1,\cdots,\varepsilon_n$ 为 V 的一组基,且
$$\sigma(\varepsilon_1,\cdots,\varepsilon_n)=(\varepsilon_1,\cdots,\varepsilon_n)A, \tau(\varepsilon_1,\cdots,\varepsilon_n)=(\varepsilon_1,\cdots,\varepsilon_n)B$$
$$\sigma\tau(\varepsilon_1,\cdots,\varepsilon_n)=(\varepsilon_1,\cdots,\varepsilon_n)AB$$
因为 $\sigma\tau=\tau\sigma$,所以 $AB=BA$.

又 σ,τ 可对角化,从而 A,B 都可对角化. 由上面第 725 题知,存在可逆阵 T,使
$$T^{-1}AT=\begin{bmatrix}\lambda_1 & & \\ & \ddots & \\ & & \lambda_n\end{bmatrix}, 则 T^{-1}BT=\begin{bmatrix}\mu_1 & & \\ & \ddots & \\ & & \mu_n\end{bmatrix}, 则$$

$$T^{-1}(AB)T=T^{-1}ATT^{-1}BT=\begin{bmatrix}\lambda_1\mu_1 & & \\ & \ddots & \\ & & \lambda_n\mu_n\end{bmatrix}$$

因此令 $(\alpha_1,\cdots,\alpha_n)=(\varepsilon_1,\cdots,\varepsilon_n)T$,则 $\alpha_1,\cdots,\alpha_n$ 也是 V 的一组基,且
$$\sigma\tau(\alpha_1,\cdots,\alpha_n)=(\alpha_1,\cdots,\alpha_n)T^{-1}(AB)T$$
$$=(\alpha_1,\cdots,\alpha_n)\begin{bmatrix}\lambda_1\mu_1 & & \\ & \ddots & \\ & & \lambda_n\mu_n\end{bmatrix}$$

即 $\sigma\tau$ 可以对角化.

728. (吉林工业大学) A,B 均为 n 阶实对称阵. 证明:能有 n 阶正交阵 T,使 $T'AT$ 与 $T'BT$ 同时为对角矩阵的充分必要条件是 $AB=BA$.

证 先证必要性. 若 T 为正交阵,使
$$T'AT=\begin{bmatrix}\lambda_1 & & \\ & \ddots & \\ & & \lambda_n\end{bmatrix}, T'BT=\begin{bmatrix}\mu_1 & & \\ & \ddots & \\ & & \mu_1\end{bmatrix}$$

则
$$T'ABT=\begin{bmatrix}\lambda_1\mu_1 & & \\ & \ddots & \\ & & \lambda_n\mu_n\end{bmatrix}=T'BAT$$

故 $AB=BA$.

再证充分性. 仿本节第 725 题可证. 只要将证明过程中的可逆阵都改为正交阵即可.

729. (福建师范大学) 设 A,B 与 AB 都是 n 级实对称阵,λ 是 AB 的一个特征根,则存在 A 的一个特征根 s,和 B 的一个特征根 t,使 $\lambda=st$.

证 $A'=A,B'=B$ 且 $AB=(AB)'=B'A'=BA$. 由上题知存在正交阵 T,使
$$T'AT=\begin{bmatrix}a_1 & & \\ & \ddots & \\ & & a_n\end{bmatrix}, T'BT=\begin{bmatrix}b_1 & & \\ & \ddots & \\ & & b_n\end{bmatrix}$$

$$T'ABT = \begin{bmatrix} a_1b_1 & & \\ & \ddots & \\ & & a_nb_n \end{bmatrix}$$

故 AB 的全部特征根为 $a_1b_1, a_2b_2, \cdots, a_nb_n$.

730.(山东大学) 设 A 与 B 是实正定矩阵,证明:AB 是正定矩阵的充要条件是 A 与 B 可换.

证 先必要性. 设 AB 是正定阵,从而是实对称阵. 所以
$$AB = (AB)' = B'A' = BA$$
再证充分性. 设 $AB = BA$,所以
$$(AB)' = B'A' = BA = AB$$
即 AB 是实对称阵. 由于 A, B 都是正定阵. 从而都可对角化,由第 725 题知存在可逆阵 T,使

$$T^{-1}AT = \begin{bmatrix} \lambda_1 & & \\ & \ddots & \\ & & \lambda_n \end{bmatrix}, 其中 \lambda_i > 0 \quad (i=1,2\cdots,n)$$

$$T^{-1}BT = \begin{bmatrix} \mu_1 & & \\ & \ddots & \\ & & \mu_n \end{bmatrix}, 其中 \mu_i > 0 \quad (i=1,2,\cdots,n)$$

故 $T^{-1}ABT = \begin{bmatrix} \lambda_1\mu_1 & & \\ & \ddots & \\ & & \lambda_n\mu_m \end{bmatrix}, 且 \lambda_i\mu_i > 0 (i=1,\cdots,n)$

即证 AB 为正定阵.

731.(中国科学院) 若 n 阶方阵 A, B, $A^2 = B^2 = I, AB = BA$. 试证:有非异方阵 P 存在,使 PAP^{-1} 知 PBP^{-1} 同时化为对角线上都是 -1 和 1,其余之皆为 0 的方阵.

证 因为 $g(x) = x^2 - 1$ 是 A, B 的零化多项式,$g(x)$ 无重根. 从而 A, B 都可对角化. 再由于 $AB = BA$. 由第 725 题,则存在可逆阵 P,使

$$PAP^{-1} = \begin{bmatrix} \lambda_1 & & \\ & \ddots & \\ & & \lambda_n \end{bmatrix}, PBP^{-1} = \begin{bmatrix} \mu_1 & & \\ & \ddots & \\ & & \mu_n \end{bmatrix}$$

由于 $A^2 = B^2 = I$,因此 $\lambda_i^2 = 1, \mu_i^2 = 1, (i=1,2,\cdots,n)$,从而可得
$$\lambda_i = \pm 1, \mu_i = \pm 1 \quad (i=1,2,\cdots,n)$$

732.(武汉大学) 设 S 为无限个 n 级矩阵所成集合,且 S 中任两个矩阵相乘是可交换的,又 S 中每个矩阵能与对角阵相似,试详细论证必有同一个满足矩阵 P,使对于 S 的任一矩阵 Z,恒有 $P^{-1}ZP$ 必为对角阵.

证 (1)先证明:当 $M = \{A_1, \cdots, A_m\} \subseteq S$ 时结论成立.

用数学归纳法. 当 $m=1$ 时,结论成立. 当 $m=2$ 时,由第 725 题结论也成立. 线归纳假设结论对 $m=k$ 成立. 再考虑 $m=k+1$ 时结论成立事实上,因为 A_1 与对角阵相似,从而存在可逆阵 T,使

$$T^{-1}A_1T=\begin{bmatrix}\lambda_1E_{n1}&&\\&\ddots&\\&&\lambda_sE_{ns}\end{bmatrix}\qquad ①$$

其中 $\lambda_1,\cdots,\lambda_s$ 互不相同,$n_1+\cdots+n_s=n$,E_k 为 k 级单位阵. 又因为
$$A_iA_j=A_jA_i\,(i,j=1,2,\cdots,k+1)\qquad ②$$
$$\Rightarrow (T^{-1}A_iT)(T^{-1}A_1T)=(T^{-1}A_1T)(T^{-1}A_iT)\,(i=2,\cdots,k+1)\qquad ③$$

由式①,③可得
$$T^{-1}A_iT=\begin{bmatrix}B_1^{(i)}&&\\&\ddots&\\&&B_s^{(i)}\end{bmatrix}\quad (i=2,\cdots,k+1)$$

为准对角阵,且 $B_k^{(i)}$ 与 E_{n_k} 是同级方阵.

因为 A_i 可对角化,从而 $B_k^{(i)}$ 都可对角化,是由式②有
$$B_k^{(i)}B_k^{(j)}=B_k^{(j)}B_k^{(i)}\quad (i,j=2,\cdots,k+1).\qquad ⑤$$

从而由归纳假设存在可逆阵 $Q_k\,(i=2,\cdots,k+1)$ 使
$$Q_k^{-1}B_k^{(i)}Q_k\quad (k=1,2,\cdots,s;i=2,\cdots,k+1)$$

为对角阵.

令 $T_1=\begin{bmatrix}Q_1&&\\&\ddots&\\&&Q_s\end{bmatrix}$,$P=TT_1$ 则 T_1P 都可逆,且使

$$P^{-1}A_iP=T_1^{-1}(T^{-1}A_iT)T_1=\begin{bmatrix}\mu_1^{(i)}&&\\&\ddots&\\&&\mu_n^{(i)}\end{bmatrix}(i=2,\cdots,k+1)$$

为对角阵.

$$P^{-1}A_1P=\begin{bmatrix}Q_1^{-1}&&\\&\ddots&\\&&Q_s^{-1}\end{bmatrix}(T^{-1}A_1T)\begin{bmatrix}Q_1&&\\&\ddots&\\&&Q_s\end{bmatrix}$$

$$=\begin{bmatrix}Q_1^{-1}&&\\&\ddots&\\&&Q_s^{-1}\end{bmatrix}\begin{bmatrix}\lambda_1E_{n_1}&&\\&\ddots&\\&&\lambda_sE_{n_s}\end{bmatrix}\begin{bmatrix}Q_1&&\\&\ddots&\\&&Q_s\end{bmatrix}$$

$$=\begin{bmatrix}\lambda_1E_{n_1}&&\\&\ddots&\\&&\lambda_sE_{n_s}\end{bmatrix}$$

也为对角阵. 此即结论对 $m=k+1$ 也成立.

综上可知结论对 S 是任意有限集成立.

(2) 再考虑 S 是无限集时. 由于 $\dim P^{n\times n}=n^2$. 而 $S\subseteq P^{n\times n}$. 从而 S 中必存在一个极大线性无关组

$$A_1, A_2, \cdots, A_m \qquad ⑥$$

其中 $m \leqslant n^2$. 则由上面(1)可知,存在满秩阵 P,使

$$P^{-1}A_1P, \cdots, P^{-1}A_mP \qquad ⑦$$

都是对角阵.

$\forall Z \in S$,那么

$$Z = k_1 A_1 + k_2 A_2 + \cdots + k_m A_m$$

$$P^{-1}ZP = k_1(P^{-1}A_1P) + k_2(P^{-1}A_2P) + \cdots + k_m(P^{-1}A_mP). \qquad ⑧$$

由⑦知, $P^{-1}ZP$ 也是对角阵.

733.(华中师范大学) 设 A 是数域 P 上的 n 阶非零非单位矩阵,秩 $A = r, A^2 = A$, 证明:对于满足 $1 \leqslant s \leqslant n-r$ 的整数 s,存在矩阵 B,使得 $AB = BA = 0$,并且

$$(A+B)^{s+1} = (A+B)^s \neq (A+B)^{s-1}$$

证 因为 $A^2 = A$,从而存在可逆阵 T,使

$$T^{-1}AT = \begin{bmatrix} E_r & 0 \\ 0 & 0 \end{bmatrix}, 1 \leqslant r \leqslant n-1$$

令 $B = T \begin{bmatrix} 0 & & \\ & 0 & \\ & & J \end{bmatrix} T^{-1}$,其中 $J = \begin{bmatrix} 0 & 1 & & \\ & \ddots & \ddots & \\ & & \ddots & 1 \\ & & & 0 \end{bmatrix}_{s \times s}$,则

$$T^{-1}BT = \begin{bmatrix} O_{r \times r} & & \\ & 0 & \\ & & J \end{bmatrix}$$

$$\Rightarrow T^{-1}ABT = T^{-1}ATT^{-1}BT = \begin{bmatrix} E_r & & \\ & 0 & \\ & & 0 \end{bmatrix} \begin{bmatrix} 0 & & \\ & 0 & \\ & & J \end{bmatrix} = 0$$

$$\Rightarrow AB = 0$$

且

$$T^{-1}BAT = T^{-1}BTT^{-1}AT$$

$$= \begin{bmatrix} 0 & & \\ & 0 & \\ & & J \end{bmatrix} \begin{bmatrix} E_{r \times r} & & \\ & 0 & \\ & & 0 \end{bmatrix} = 0$$

故 $BA = 0$. 此即 $AB = BA = 0$.

另外 $J^s = 0$,而 $J^{s-1} \neq 0$,则有

$$T^{-1}(A+B)^s T = T^{-1}(A+B)TT^{-1}(A+B)T \cdots T^{-1}(A+B)T (S\text{个})$$

$$= \begin{bmatrix} E_r & & \\ & 0 & \\ & & J \end{bmatrix}^s = \begin{bmatrix} E_r & & \\ & 0 & \\ & & 0 \end{bmatrix}$$

$$T^{-1}(A+B)^{s+1}T = \begin{bmatrix} E_r & & \\ & 0 & \\ & & J \end{bmatrix}^{s+1}$$

$$= \begin{bmatrix} E_r & & \\ & 0 & \\ & & 0 \end{bmatrix}$$

又因为
$$T^{-1}(A+B)^s T = T^{-1}(A+B)^{s+1}T$$
$$(A+B)^s = (A+B)^{s+1}$$

即
$$T^{-1}(A+B)^{s-1}T = \begin{bmatrix} E_r & & \\ & 0 & \\ & & J^{s-1} \end{bmatrix}$$

因为 $J^{s-1} = \begin{bmatrix} 0 & \cdots & 1 \\ \vdots & & \vdots \\ 0 & \cdots & 0 \end{bmatrix} \neq 0$,所以$(A+B)^{s-1} \neq (A+B)^s$.

扫码获取本书资源

> 万丈高楼平地起,打好基础最要紧。
> ——陈景润

第九章 欧氏空间、双线性函数

9.1 欧氏空间的概念、标准正交基

【考点综述】

1. 内积

设 V 是实数域 $\mathbf{R}$ 上线性空间,映射 $f:V\times V\longrightarrow \mathbf{R}$ 满足

(1) 对称性 $f(\alpha,\beta)=f(\beta,\alpha),\forall \alpha,\beta\in V$;

(2) 线性性 $f(k\alpha+l\beta,\gamma)=kf(\alpha,\gamma)+lf(\beta,\gamma),\forall \alpha,\beta,\gamma\in V,\forall k,l\in \mathbf{R}$;

(3) 非负规范性 $f(\alpha,\alpha)\geqslant 0,\forall \alpha\in V.$ 且 $f(\alpha,\alpha)=0\Leftrightarrow \alpha=0$;

称 f 为 V 的一个内积.

注 1) 将 $f(\alpha,\beta)$ 简记为 (α,β).

2) 线性性:(2)可等价于下面两条性质:

①齐次性:$(k\alpha,\beta)=k(\alpha,\beta)$;

②可加性:$(\alpha+\beta,\gamma)=(\alpha,\gamma)+(\beta,\gamma)$.

2. 欧氏空间

定义了内积的实线性空间 V,称为欧氏空间,不同的内积就是不同的欧氏空间.

3. 两个常用的欧氏空间

(1) $\mathbf{R}^n$ 中的普通内积. $\forall \alpha,\beta\in \mathbf{R}^n$ (无论是列向量,还是行向量),有

$$(\alpha,\beta)=a_1b_1+a_2b_2+\cdots+a_nb_n$$

(2) $C[a,b]$ 中的普通内积. $\forall f,g\in C[a,b]$,有

$$(f,g)=\int_a^b f(x)g(x)\mathrm{d}x$$

4. 长度与夹角

设 V 是欧氏空间.

(1) 长度. $\sqrt{(\alpha,\alpha)}$ 称为长度,记为 $|\alpha|$ (或 $\|\alpha\|$). 即

$$|\alpha|=\sqrt{(\alpha,\alpha)}$$

第九章 欧氏空间、双线性函数

在欧氏空间中长度为 0 的只有一个向量 0. 其余均大于 0.

(2)夹角. 设有非零向量 α,β, 称 $\cos^{-1}\dfrac{(\alpha,\beta)}{|\alpha||\beta|}$ 在 $[0,\pi)$ 内的角为 α 与 β 的夹角, 记为 $\langle\alpha,\beta\rangle$. 即

$$\langle\alpha,\beta\rangle=\cos^{-1}\dfrac{(\alpha,\beta)}{|\alpha||\beta|}$$

5. 标准正交基

(1) V 是欧氏空间, 若 $(\alpha,\beta)=0$, 称 α 与 β 正交, 记为 $\alpha\perp\beta$.

(2)正交向量组. 非零向量组 $\alpha_1,\cdots,\alpha_m\in V$(欧氏空间), 满足

$$(\alpha_i,\alpha_j)=0\,(i\neq j, i,j=1,2,\cdots,m)$$

称 $\alpha_1,\cdots,\alpha_m$ 为正交向量组.

(3)设 V 是 n 维欧氏空间, $\alpha_1,\cdots,\alpha_n$ 是 V 的一个正交向量组, 称为 V 的一组正交基.

(4)标准正交基. 设 V 是 n 纸欧氏空间, $\beta_1,\cdots,\beta_n\in V$ 满足

$$(\beta_i,\beta_j)=\begin{cases}1, & i=j\\ 0, & i\neq j\end{cases}$$

则称 $\beta_1,\cdots,\beta_n$ 为 V 的一组标准正变基.

6. 度量矩阵

(1)设 V 是 n 维欧氏空间, $\alpha_1,\cdots,\alpha_n$ 为 V 的一组基. 称

$$\begin{bmatrix}(\alpha_1,\alpha_1) & (\alpha_1,\alpha_2) & \cdots & (\alpha_1,\alpha_n)\\ (\alpha_1,\alpha_1) & (\alpha_2,\alpha_2) & \cdots & (\alpha_2,\alpha_n)\\ \vdots & \vdots & & \vdots\\ (\alpha_n,\alpha_1) & (\alpha_n,\alpha_2) & \cdots & (\alpha_n,\alpha_n)\end{bmatrix}\in\mathbf{R}^{n\times n}$$

扫码获取本书资源

为基 $\alpha_i,\alpha_2,\cdots,\alpha_n$ 的度量矩阵.

(2)度量矩阵是正定的.

(3)不同基的度量矩阵是合同的.

(4)正交基的度量矩阵是对角阵, 主对角元都大于 0.

(5)标准正交基的度量矩阵是单位阵.

7. 施密特正交化

n 维欧氏空间 V 中一组基, 都可通过施密特正交化方法变为 V 的一组标准正交基.

【经典题解】

734. (北京大学) (1)可用逆线性替换将二次型

$$f=x_1^2+2x_2^2+2x_1x_3+4x_2x_4+2x_3^2+3x_4^2$$

化为标准形;

(2)在实数域上 4 维向量空间 $\mathbf{R}^4$ 内定义向量内积如下: 若

$$\alpha=(x_1,x_2,x_3,x_4),\beta=(y_1,y_2,y_3,y_4)$$

则令

$$(\alpha,\beta)=(x_1,x_2,x_3,x_4)\begin{pmatrix}1&0&1&0\\0&2&0&2\\1&0&2&0\\0&2&0&3\end{pmatrix}\begin{pmatrix}y_1\\y_2\\y_3\\y_4\end{pmatrix} \qquad ①$$

证明:关于此内积 $\mathbf{R}^4$ 或为一个欧氏空间.

解 (1) 因为 $f=(x_1+x_3)^2+2(x_2+x_4)^2+x_3^2+x_4^2$. 令

$$\begin{pmatrix}y_1\\y_2\\y_3\\y_4\end{pmatrix}=\begin{pmatrix}1&0&1&0\\0&1&0&1\\0&0&1&0\\0&0&0&1\end{pmatrix}\begin{pmatrix}x_1\\x_2\\x_3\\x_4\end{pmatrix}$$

即作非退化线性替换

$$\begin{pmatrix}x_1\\x_2\\x_3\\x_4\end{pmatrix}=\begin{pmatrix}1&0&1&0\\0&1&0&1\\0&0&1&0\\0&0&0&1\end{pmatrix}^{-1}\begin{pmatrix}y_1\\y_2\\y_3\\y_4\end{pmatrix}=\begin{pmatrix}1&0&-1&0\\0&1&0&-1\\0&0&1&0\\0&0&0&1\end{pmatrix}\begin{pmatrix}y_1\\y_2\\y_3\\y_4\end{pmatrix}$$

则

$$f=y_1^2+2y_2^2+y_3^2+y_4^2$$

(2) 令 $A=\begin{pmatrix}1&0&1&0\\0&2&0&2\\1&0&2&0\\0&2&0&3\end{pmatrix}$,则 $A'=A$,并将式①改写为

$$(\alpha,\beta)=\alpha A\beta' \qquad ②$$

下证②为内积,那么 $\mathbf{R}^4$ 就是在此内积意义下的欧氏空间了.
$\forall \alpha,\beta,\gamma\in\mathbf{R}^4, \forall k\in\mathbf{R}$,有

1) $(\alpha,\beta)=\alpha A\beta'=(\alpha A\beta')'=\beta(A'\alpha')=\beta A\alpha'=(\beta,\alpha)$.

2) $(k\alpha,\beta)=(k\alpha)A\beta'=k(\alpha A\beta')=k(\alpha,\beta)$.

3) $(\alpha+\beta,\gamma)=(\alpha+\beta)A\gamma'=\alpha A\gamma'+\beta A\gamma'=(\alpha,\gamma)+(\beta,\gamma)$.

4) 因为 A 的 4 个顺序主子式

$$\Delta_1=1>0, \Delta_2=2>0, \Delta_3=2>0, \Delta_4=2>0$$

所以 A 为正定阵,于是 $\forall \alpha\in\mathbf{R}^4$,有 $(\alpha,\alpha)=\alpha A\alpha'\geqslant 0$,且

$$(\alpha,\alpha)=0 \iff \alpha=0$$

即证 (α,β) 是 $\mathbf{R}^4$ 的一个内积.

注 从上面证明可知,只要 A 是 n 阶正定阵,并对 $\forall \alpha,\beta\in\mathbf{R}^n$ 规定

$$(\alpha,\beta)=\alpha A\beta'$$

则 $\mathbf{R}^n$ 关于此内积构成一个 n 维欧氏空间.

735.(**昆明师范学院**) 设 A,B 是 n 阶实对称阵,定义

$$(A,B)=\mathrm{tr}AB \qquad ①$$

证明:所有 n 阶实对称阵所成 V 关于 (A,B) 成一欧氏空间.

(1)求 V 的维数;

(2)求使 $\mathrm{tr}A=0$ 的空间 S 的维数;

(3)求 $S^\perp$ 的维数.

证 首先可证 $V=\{A\in \mathbf{R}^{n\times n}\,|\,A'=A\}$ 是 $\mathbf{R}$ 上的一个线性空间.

再证①是 V 的内积,从而得证 V 是关于内积①的欧氏空间.

实事上 $\forall A,B,C\in V,\forall k\in R$,有

$$(A,B)=\mathrm{tr}AB=\mathrm{tr}BA=(B,A)$$

$$(A+B,C)=\mathrm{tr}(A+B)C=\mathrm{tr}AC+\mathrm{tr}BC=(A,C)+(B,C)$$

$$(kA,B)=\mathrm{tr}(kA)B=k\mathrm{tr}AB=k(A,B)$$

$$(A,A)=\mathrm{tr}A^2=\mathrm{tr}AA'=\sum_{i,j=1}^{n}a_{ij}^2\geqslant 0$$

$$(A,A)=0\Leftrightarrow \sum_{i,j=1}^{n}a_{ij}^2=0\Leftrightarrow A=0$$

此即证 V 是欧氏空间.

(1) 证 E_{ij} 是 (i,j) 元为 1,其余一元均为 0 的 n 阶方阵,那么可证

$$B_{11}=E_{11},B_{12}=E_{12}+E_{21},\cdots,B_{1n}=E_{1n}+E_{n1}$$

$$B_{22}=E_{22},\cdots,B_{2n}=E_{2n}+E_{n2},\cdots,B_{nn}=E_{nn}$$

为 V 的一组基,于是

$$\dim V=n+(n-1)+\cdots\cdots+1=\frac{n(n+1)}{2}$$

(2) 令 $S=\{A\in V\,|\,\mathrm{tr}A=0\}$,可证 S 是 V 的子空间,由于

$$\mathrm{tr}A=a_{11}+a_{22}+\cdots\cdots+a_{nn}=0$$

因此 $\dim S=\frac{n(n+1)}{2}-1$.

(3) 因为 $S\oplus S^\perp=V$,所以 $\frac{n(n+1)}{2}=\dim V=\dim S+\dim S^\perp$,故

$$\dim S^\perp=1$$

注 $S^\perp=\{kE_n\,|\,k\in k\}=L(E_n)$.

736. (华东纺织工学院) n 维欧氏空间 V 中向量 x,y 的内积记为 (x,y). T 是 V 的线性变换,规定二元函数

$$\langle x,y\rangle=(Tx,Ty)$$

问 $\langle x,y\rangle$ 是否为内积?

答 不一定. 例如 T 是零变换,若 $x\neq 0,x\in V$,则

$$\langle x,x\rangle=(Tx,Tx)=(0,0)=0$$

这与内积定义矛盾,所以 $\langle x,y\rangle$ 不是内积.

注 T 为可逆线性变换时,为内积.

737. (华中师范大学) 设 $\mathbf{R}$ 是实数域,

$$V = \left\{ \begin{bmatrix} a & b & c \\ 0 & a & b \\ 0 & 0 & a \end{bmatrix} \middle| a,b,c \in \mathbf{R} \right\}$$

证明：(1) V 关于矩阵加法和数量乘法构成 $\mathbf{R}$ 上线性空间；

(2) 任意 $A = \begin{bmatrix} a_1 & a_2 & a_3 \\ 0 & a_1 & a_2 \\ 0 & 0 & a_1 \end{bmatrix}, B = \begin{bmatrix} b_1 & b_2 & b_3 \\ 0 & b_1 & b_2 \\ 0 & 0 & b_1 \end{bmatrix} \in V$, 定义二元函数

$$(A,B) = a_1 b_1 + a_2 b_2 + a_3 b_3 \qquad \text{②}$$

则 V 是欧氏空间.

证法 1 (1) 已知 $\mathbf{R}^{3\times 3}$ 是 $\mathbf{R}$ 上线性空间, 因为 $O \in V$, 所以 V 是 $\mathbf{R}^{3\times 3}$ 的非空子集. 任取

$$x = \begin{bmatrix} x_1 & x_2 & x_3 \\ 0 & x_1 & x_2 \\ 0 & 0 & x_1 \end{bmatrix}, y = \begin{bmatrix} y_1 & y_2 & y_3 \\ 0 & y_1 & y_2 \\ 0 & 0 & y_1 \end{bmatrix} \in V, \forall k \in \mathbf{R}$$

因为 $x + y = \begin{bmatrix} x_1+y_1 & x_2+y_2 & x_3+y_3 \\ 0 & x_1+y_1 & x_2+y_2 \\ 0 & 0 & x_1+y_1 \end{bmatrix} \in V, \quad kx \in V,$

所以 V 是 $\mathbf{R}^{3\times 3}$ 的子空间, 从而 V 也是 $\mathbf{R}$ 上线性空间.

(2) 再证 ② 是 V 的内积. 事实上

$$(x,y) = x_1 y_2 + x_2 y_2 + x_3 y_3 = y_1 x_1 + y_2 x_2 + y_3 x_3 = (y,x)$$
$$(kx,y) = kx_1 y_2 + kx_2 y_2 + kx_3 y_3 = k(x,y)$$

再任取 $z = \begin{bmatrix} z_1 & z_2 & z_3 \\ 0 & z_1 & z_2 \\ 0 & 0 & z_1 \end{bmatrix}, \in V,$ 则

$$(x+y,z) = (x_1+y_1)z_1 + (x_2+y_2)z_2 + (x_3+y_3)z_3 = (x,z) + (y,z)$$
$$(x,x) = x_1^2 + x_2^2 + x_3^2 \geqslant 0$$
$$(x,x) = 0 \Leftrightarrow x_1^2 + x_2^2 + x_3^2 = 0 \Leftrightarrow x = 0$$

此即证 (x,y) 是 V 的内积, 从而 V 是 $\mathbf{R}$ 的一个欧氏空间.

证法 2 设 $C = \begin{bmatrix} 0 & 1 & 0 \\ 0 & 0 & 1 \\ 0 & 0 & 0 \end{bmatrix},$ 则 $C^2 = \begin{bmatrix} 0 & 0 & 1 \\ 0 & 0 & 0 \\ 0 & 0 & 0 \end{bmatrix} V = L(E, T, T^2), E, T, T^2$ 为的一组基.

$$A = (E, T, T^2) \begin{bmatrix} a_1 \\ a_2 \\ a_3 \end{bmatrix}, B = (E, T, T^2) \begin{bmatrix} b_1 \\ b_2 \\ b_3 \end{bmatrix},$$

设 $X = (a_1, a_2, a_3)^{\mathrm{T}}, Y = (b_1, b_2, b_3)^{\mathrm{T}},$ 则 X, Y 为 A, B 在基 E, T, T^2 下的坐标, $(X,Y) = a_1 b_1 + a_2 b_2 + a_3 b_3$ 为 R^3 上的内积, 因此 $(A,B) = (X,Y)$ 为内积.

738.（北京航空航天大学） 设 M 是 n 维欧氏空间 $\mathbf{R}^n$ 的一个子集（$\mathbf{R}^n$ 为所有形如 $x=(x_1\cdots,x_n)'$, $y=(y_1,\cdots,y_n)'$ 的实向量所构成的实线性空间，其上的内积为 $\langle x,y\rangle=\sum\limits_{i=1}^{n}x_iy_i$)，令

$$M^\perp=\{x\in\mathbf{R}^n\mid\langle x,y\rangle=0,\forall y\in M\} \quad ①$$

(1) 试证：$M^\perp$ 是 $\mathbf{R}^n$ 的一个线性子空间；

(2) 试证：当 M 为 $\mathbf{R}^n$ 的子空间时，$\mathbf{R}^n$ 可以表示 M 与 $M^\perp$ 的直和，即

$$\mathbf{R}^n=M\oplus M^\perp.$$

证 (1) $O\in M^\perp$，故 $M^\perp$ 是 $\mathbf{R}^n$ 的非空子集。

$\forall z_1,z_2\in M^\perp,\forall k\in\mathbf{R}$，那么

$$\langle z_1+z_2,y\rangle=\langle z_1,y\rangle+\langle z_2,y\rangle=0,\forall y\in M$$

故 $z_1+z_2\in M^\perp$。同理，有

$$\langle kz_1,y\rangle=k\langle z_1,y\rangle=0$$

故 $kz_1\in M^\perp$。此即证 $M^\perp$ 是 $\mathbf{R}^n$ 的线性子空间。

(2) 设 M 是 $\mathbf{R}^n$ 的子空间。

(ⅰ) 若 $M=\{O\}$，则 $M^\perp=\mathbf{R}^n$，这时 $\mathbf{R}^n=M\oplus M^\perp$.

(ⅱ) 若 $M=\mathbf{R}^n$，则 $M^\perp=\{O\}$，且 $\mathbf{R}^n=M\oplus M^\perp$.

(ⅲ) 若 $\dim M=s$，$0<s<n$，这时取 M 的一组正交基 $\varepsilon_1,\cdots,\varepsilon_s$，再扩大为 $\mathbf{R}^n$ 的一组正交基 $\varepsilon_1,\cdots,\varepsilon_s,\varepsilon_{s+1},\cdots,\varepsilon_n$，则 $M=L(\varepsilon_1,\cdots,\varepsilon_s)$.

可证

$$M^\perp=L(\varepsilon_{s+1},\cdots,\varepsilon_n) \quad ②$$

事实上，$\forall \alpha\in L(\varepsilon_{s+1},\cdots,\varepsilon_n)$，有

$$\alpha=l_{s+1}\varepsilon_{s+1}+\cdots+l_n\varepsilon_n$$

且 $\forall \beta\in M$，则

$$\beta=l_1\varepsilon_1+\cdots+\alpha_s\varepsilon_s$$

那么

$$\langle\alpha,\beta\rangle=\langle l_{s+1}\varepsilon_{s+1}+\cdots+l_n\varepsilon_n,l_1\varepsilon_1+\cdots+l_s\varepsilon_s\rangle$$
$$=\sum_{i=s+1}^{n}\sum_{j=1}^{s}l_il_j\langle\varepsilon_i\varepsilon_j\rangle=0$$

故 $\alpha\in M^\perp$，此即

$$L(\varepsilon_{s+1},\cdots,\varepsilon_n)\subseteq M^\perp \quad ③$$

反之，$\forall \delta\in M^\perp,\delta\in\mathbf{R}^n$，有

$$\delta=k_1\varepsilon_1+\cdots+k_s\varepsilon_s+k_{s+1}\varepsilon_{s+1}+\cdots+k_n\varepsilon_n.$$

且对 $\varepsilon_i\in M(i=1,2,\cdots,s)$ 有

$$0=\langle\varepsilon_i,\delta\rangle=k_i\langle\varepsilon_i,\varepsilon_i\rangle\Rightarrow k_i=0(i=1,2,\cdots,s)$$
$$\Rightarrow\delta=k_{s+1}\varepsilon_{s+1}+\cdots\cdots+k_n\varepsilon_n\in L(\varepsilon_{s+1},\cdots,\varepsilon_n)$$

此即

$$M^\perp\subseteq L(\varepsilon_{s+1},\cdots,\varepsilon_n) \quad ④$$

由式③式④即证式②. 故
$$\mathbf{R}^n = L(\varepsilon_1,\cdots,\varepsilon_s,\varepsilon_{s+1},\cdots,\varepsilon_n) = L(\varepsilon_1,\cdots,\varepsilon_s) \oplus L(\varepsilon_{s+1},\cdots,\varepsilon_n)$$

739.（四川大学） 在欧氏空间 V 中

(1) 若向量 α,β 等长,证明:$\alpha+\beta$ 与 $\alpha-\beta$ 正交,作出几何解释;

(2) 设 V 是 n 维的,S 是 V 的子空间,$S^\perp$ 是 V 中的一切与 S 正交的向量所成集合,证明:$S^\perp$ 是 V 的子空间,且

$$\text{维}(S) + \text{维}(S^\perp) = n \qquad ①$$
$$(S^\perp)^\perp = S \qquad ②$$

证 (1) 因为 $(\alpha,\alpha) = (\beta,\beta)$,所以
$$(\alpha+\beta,\alpha-\beta) = (\alpha,\alpha) + (\alpha,-\beta) + (\beta,\alpha) + (\beta,-\beta)$$
$$= (\alpha,\alpha) - (\beta,\beta) - (\alpha,\beta) + (\beta,\alpha) = 0$$

几何解释:表示菱形两对角线互相垂直.

(2) 由已知有 $S^\perp = \{\alpha \in V | (\alpha,\beta) = 0, \forall \beta \in S\}$,仿上题可证 $S^\perp$ 是 V 的子空间,且 $V = S \oplus S^\perp$,故①成立,且
$$V = S^\perp \oplus (S^\perp)^\perp$$
故 S 和 $(S^\perp)^\perp$ 是同一子空间 $S^\perp$ 的正交补,由正交补的唯一性,即证②.

740.（武汉大学） $\mathbf{R}$ 表示实数域,在欧氏空间
$$\mathbf{R}^4 = \{(a_1,a_2,a_3,a_4) | a_i \in \mathbf{R}\}$$
中,其内积为
$$\langle (a_1,a_2,a_3,a_4), (b_1,b_2,b_3,b_4) \rangle = \sum_{i=1}^{4} a_i b_i$$

令 $\alpha_1 = (1,0,0,0)$,$\alpha_2 = \left(0, \frac{1}{2}, \frac{1}{2}, \frac{1}{\sqrt{2}}\right)$,求 $\alpha_3,\alpha_4 \in \mathbf{R}^4$,使 $\alpha_1,\alpha_2,\alpha_3$ 为 $\mathbf{R}^4$ 的标准正交基.

解 令 $\alpha_3 = (x_1,x_2,x_3,x_4)$,则由 $\langle \alpha_1,\alpha_3 \rangle = 0$,$\langle \alpha_2,\alpha_3 \rangle = 0$,得
$$\begin{cases} x_1 = 0 \\ \dfrac{1}{2}x_2 + \dfrac{1}{2}x_3 + \dfrac{1}{\sqrt{2}}x_4 = 0 \end{cases}$$

解之得 $\alpha_3 = \left(0, \dfrac{1}{\sqrt{2}}, -\dfrac{1}{\sqrt{2}}, 0\right)$.

再令 $\alpha_4 = (y_1,y_2,y_3,y_4)$,由 $\langle \alpha_i,\alpha_4 \rangle = 0$,$(i=1,2,3)$.得
$$\begin{cases} y_1 = 0 \\ \dfrac{1}{2}y_2 + \dfrac{1}{2}y_3 + \dfrac{1}{\sqrt{2}}y_4 = 0 \\ \dfrac{1}{\sqrt{2}}y_2 - \dfrac{1}{\sqrt{2}}y_3 = 0 \end{cases}$$

解之得 $\alpha_4 = \dfrac{1}{2}(0,-1,-1,\sqrt{2})$,则 $\alpha_1,\alpha_2,\alpha_3,\alpha_4$ 为 $\mathbf{R}^4$ 的一组标准正交基.

第九章 欧氏空间、双线性函数

741.(武汉大学) 设 σ 是欧氏空间 V 的线性变换,τ 是 V 的一个变换,且 $\forall \alpha,\beta \in V$,都有 $(\sigma(\alpha),\beta)=(\alpha,\tau(\beta))$. 证明:

(1)τ 是 V 的线性变换;

(2)τ 的值域 $\mathrm{Im}\tau$ 等于 σ 的核 $\mathrm{Ker}\sigma$ 的正交补.

解 (1)$\forall \alpha,\xi,\eta \in V$,有
$$(\alpha,\tau(\xi+\eta))=(\sigma(\alpha),\xi+\eta)=(\sigma(\alpha),\xi)+(\sigma(\alpha),\eta)$$
$$=(\alpha,\tau(\xi))+(\alpha,\tau(\eta))=(\alpha,\tau(\xi)+\tau(\eta))$$

于是,有 $\tau(\xi+\eta)=\tau(\xi)+\tau(\eta)$.

同理可证:$\forall \lambda \in \mathbf{R},\forall \alpha \in V$,有 $\tau(\lambda\alpha)=\lambda\tau(\alpha)$. 因此 τ 是 V 的线性变换.

(2)欲证 $\mathrm{Im}\tau=(\mathrm{Ker}\sigma)^\perp$,可等价地证明 $\mathrm{Ker}\sigma=(\mathrm{Im}\tau)^\perp$.

$\forall \alpha \in \mathrm{Ker}\sigma, \beta \in \mathrm{Im}\tau$,则 $\sigma(\alpha)=0$,且存在 $\xi \in V$,使得 $\beta=\tau(\xi)$,所以
$$(\alpha,\beta)=(\alpha,\tau(\xi))=(\sigma(\alpha),\xi)=0$$

故 $\alpha \perp \mathrm{Im}\tau$,即 $\alpha \in (\mathrm{Im}\tau)^\perp$,因此,$\mathrm{Ker}\sigma \subseteq (\mathrm{Im}\tau)^\perp$.

另一方面,$\forall \alpha \in (\mathrm{Im}\tau)^\perp$,记 $\beta=\tau(\sigma(\alpha))$,则 $\beta \in \mathrm{Im}\tau$,故有 $(\alpha,\beta)=0$. 因为
$$(\sigma(\alpha),\sigma(\alpha))=(\alpha,\tau(\sigma(\alpha)))=(\alpha,\beta)=0$$

所以 $\sigma(\alpha)=0, \alpha \in \mathrm{Ker}\sigma$,故 $(\mathrm{Im}\tau)^\perp \subseteq \mathrm{Ker}\sigma$. 因此,$\mathrm{Ker}\sigma=(\mathrm{Im}\tau)^\perp$.

742.(日本广岛大学) W 是有限维实空间,已定义内积 $(\cdot,\cdot)$,当 V_1,V_2 是 W 的子空间时,试证:

(1)设和 V_1 中任一矢量都正交的矢量全体组成的集合为 $V_1^\perp$ 时,则 $V_1^\perp$ 为 W 的子空间;

(2)$W=V_1 \oplus V_1^\perp$;

(3)$(V_1^\perp)^\perp=V_1$;

(4)$(V_1+V_2)^\perp=V_1^\perp \cap V_2^\perp$.

证 (1) 在本节第 739 题中已证.

(2)先证
$$V_1 \cap V_1^\perp=\{0\} \qquad ①$$

$\forall \alpha \in V_1 \cap V_1^\perp=\{0\}$,有
$$\alpha \in V_1, \alpha \in V_1^\perp$$

故 $0=(\alpha,\alpha)$,即 $\alpha=0$.

又因为
$$V_1+V_1^\perp \subseteq W \qquad ②$$

且由第 739 题知
$$\dim V_1+\dim V_1^\perp=\dim W \qquad ③$$

所以由式①,式②,式③即证 $W=V_1 \oplus V_1^\perp$.

(3)在第 739 题中已证.

(4)$\forall \alpha \in (V_1+V_2)^\perp, \forall \beta \in V_1$,则 $\beta \in (V_1+V_2)$,故 $(\alpha,\beta)=0$. 由 β 的任意性,知 $\alpha \in V_1^\perp$,此即

$$(V_1+V_2)^\perp \subseteq V_1^\perp \qquad ④$$

类似可证

$$(V_1+V_2)^\perp \subseteq V_2^\perp \qquad ⑤$$

由式④,式⑤即证 $(V_1+V_2)^\perp \subseteq V_1^\perp \cap V_2^\perp$.

反之,$\forall \delta \in V_1^\perp \cap V_2^\perp$,则 $\delta \in V_1^\perp, \delta \in V_2^\perp$,于是

$$\forall \gamma \in V_1+V_2, \gamma=\gamma_1+\gamma_2, \gamma_1 \in V_1, \gamma_2 \in V_2$$

因为 $\delta \in V_1^\perp$,所以 $(\delta,\gamma_1)=0$. 同理 $(\delta,\gamma_2)=0$. 故

$$(\delta,\gamma)=(\delta,\gamma_1+\gamma_2)=(\delta,\gamma_1)+(\delta,\gamma_2)=0$$

由 γ 任意性,知 $\delta \in (V_1+V_2)^\perp$,此即

$$V_1^\perp \cap V_2^\perp \subseteq (V_1^\perp+V_2^\perp) \qquad ⑦$$

由式⑥,式⑦即证 $(V_1+V_2)^\perp = V_1^\perp \cap V_2^\perp$.

743.(湖北大学) 证明:n 欧氏空间的每个子空间 V_1 的补空间是唯一的.

证 先证存在性, 设 $\dim V_1 = m$,则

当 $m=0, V_1^\perp = V$.

当 $m=n$ 时, $V_1^\perp = \{0\}$.

当 $0<m<n$ 时,取 V_1 的一组正交基 $\varepsilon_1,\cdots,\varepsilon_m$,再扩大为 V 的一组正交基 $\varepsilon_1,\cdots,\varepsilon_m,\varepsilon_{m+1},\cdots,\varepsilon_n$,则

$$V_1^\perp = L(\varepsilon_{m+1},\cdots,\varepsilon_n)$$

再证唯一性, 设 V_2, V_3 都是 V_1 的正交补,则

$$V=V_1 \oplus V_2, \quad V=V_1 \oplus V_3 \qquad ①$$

于是,对 $\forall \alpha_2 \in V_2$,由①有 $\alpha_2 = \alpha_1+\alpha_3$,其中 $\alpha_1 \in V_1, \alpha_3 \in V_3$. 且

$$0=(\alpha_2,\alpha_1)=(\alpha_1+\alpha_3,\alpha_1)=(\alpha_1,\alpha_1)+(\alpha_3,\alpha_1)=(\alpha_1,\alpha_1)$$

故 $\alpha_1=0 \Rightarrow \alpha_2=\alpha_3 \in V_3$,此即 $V_2 \subseteq V_3$.

类似可证 $V_3 \subseteq V_2$,故 $V_2=V_3$.

注 由基 $1,x,x^2,x^3$ 出发,施密特正交化,上的内积在得正交基 $1,f_1(x),f_2(x),f_3(x)$,则

$$W^\perp = L(f_1(x),f_2(x),f_3(x)).$$

744.(北京大学) 用 $\mathbf{R}[X]_4$ 表示实数域 $\mathbf{R}$ 上次数小于 4 的一元多项式组成的集合,它是一个欧几里得空间,其上的内积为

$$(f,g)=\int_0^1 f(x)g(x)dx$$

设 W 是由零次多项式组成的子空间,求 $W^\perp$ 以及它的一个基.

解 因为 $W=L(1)$,所以 $\dim W^\perp = 3$. 令

$$f_1(x)=1-\frac{x}{2}, f_2(x)=\frac{x}{2}-\frac{x^2}{3}, f_3(x)=\frac{x^2}{3}-\frac{x^3}{4}$$

先证 $f_1(x),f_2(x),f_3(x)$ 线性无关.

令 $k_1 f_1(x)+k_2 f_2(x)+k_3 f_3(x)=0$,可得

第九章 欧氏空间、双线性函数

$$k_1 + \frac{1}{2}(k_2-k_1)x + \frac{1}{3}(k_3-k_2)x^2 - \frac{1}{4}k_3 x^3 = 0$$

则 $k_1 = k_2 = k_3 = 0$,所以 $f_1(x), f_2(x), f_3(x)$ 线性无关. 又

$$(1, f_1(x)) = \int_0^1 f_1(x)dx = \int_0^1 (1-\frac{x}{2})dx = [x-x^2]_0^1 = 0$$

$$(1, f_2(x)) = \int_0^1 (\frac{x}{2} - \frac{x^2}{3})dx = (x^2 - x^3)\Big|_0^1 = 0$$

$$(1, f_3(x)) = \int_0^1 (\frac{x^2}{3} - \frac{x^3}{4})dx = (x^3 - x^4)\Big|_0^1 = 0$$

故 $f_1(x), f_2(x), f_3(x) \in W^\perp$,从而

$$W^\perp = L(f_1(x), f_2(x), f_3(x))$$

且 $f_1(x), f_2(x), f_3(x)$ 为 $W^\perp$ 的一个基.

745.(**华中师范大学**) 设 **R** 是实数域

$$V = \mathbf{R}[x]_4, \quad V_1 = L(1, x), \quad V_2 = L(x^2 - \frac{1}{3}, x^3 - \frac{3}{5}x)$$

是 V 的子空间,在 V 中定义内积

$$(f, g) = \int_{-1}^1 f(x)g(x)dx$$

证明: V_1 与 V_2 互为正交补.

证 首先可证 $1, x, x^2 - \frac{1}{3}, x^3 - \frac{3}{5}x$ 线性无关. 故 $V = V_1 + V_2$. 又因为

$$(1, x^2 - \frac{1}{3}) = \int_{-1}^1 (x^2 - \frac{1}{3})dx = (\frac{1}{3}x^3 - \frac{1}{3}x)\Big|_{-1}^1 = 0$$

$$(1, x^3 - \frac{3}{5}x) = \int_{-1}^1 (x^3 - \frac{3}{5}x)dx = 0(\text{奇函数})$$

$$(x, x^2 - \frac{1}{3}) = \int_{-1}^1 (x^3 - \frac{1}{3}x)dx = 0(\text{奇函数})$$

$$(x, x^3 - \frac{3}{5}x) = \int_{-1}^1 (x^4 - \frac{3}{5}x^2)dx = (\frac{1}{5}x^5 - \frac{1}{5}x^3)\Big|_{-1}^1 = 0$$

于是 $\forall \alpha \in V_1, \forall \beta \in V_2$,有

$$\alpha = l_1 \cdot 1 + l_2 x, \quad \beta = l_3(x^2 - \frac{1}{3}) + l_4(x^3 - \frac{3}{5})$$

且

$$(\alpha, \beta) = \int_{-1}^1 \alpha\beta dx = 0.$$

故 $V_1 \perp V_2$,从而得证 V_1 与 V_2 互为正交补.

746.(**华中师范大学**) 求齐次线性方程组

$$\begin{cases} 2x_1 + x_2 - x_3 + x_4 - 3x_5 = 0 \\ x_1 + x_2 - x_3 + x_5 = 0 \end{cases}$$

的解空间的一组标准正交基.

解 $\begin{pmatrix} 2 & 1 & -1 & 1 & -3 \\ 1 & 1 & -1 & 0 & 1 \end{pmatrix} \rightarrow \begin{pmatrix} 1 & 0 & 0 & 1 & -4 \\ 0 & 1 & -1 & -1 & 5 \end{pmatrix}$

原方程组与下面方程组同解

$$\begin{cases} x_1 + x_4 - 4x_5 = 0 \\ x_2 - x_3 - x_4 + 5x_5 = 0 \end{cases} \qquad ①$$

所以方程组①有基础解系

$$\begin{cases} \alpha_1 = (0,1,1,0,0)^T \\ \alpha_2 = (-1,1,0,1,0)^T \\ \alpha_3 = (4,-5,0,0,1)^T \end{cases}$$

设 V 为原方程的解空间,则 $V = L(\alpha_1, \alpha_2, \alpha_3)$. 将 $\alpha_1, \alpha_2, \alpha_3$ 正交化,得

$$\begin{cases} \beta_1 = (0,1,1,0,0)^T \\ \beta_2 = (-1, \frac{1}{2}, -\frac{1}{2}, 1, 0)^T \\ \beta_3 = \frac{1}{5}(7,-6,6,13,5)^T \end{cases}$$

单位化,得

$$\begin{cases} \gamma_1 = \frac{1}{\sqrt{2}}(0,1,1,0,0)^T \\ \gamma_2 = \frac{\sqrt{2}}{\sqrt{5}}(-1, \frac{1}{2}, -\frac{1}{2}, 1, 0)^T \\ \gamma_3 = \frac{\sqrt{5}}{5\sqrt{63}}(7,-6,6,13,5)^T \end{cases}$$

故 $\gamma_1, \gamma_2, \gamma_3$ 为解空间 V 的一组标准正交基.

747. (华中师范大学) 求齐次线性方程组

$$\begin{cases} x_1 - 2x_2 + 3x_3 - 4x_4 = 0 \qquad ① \\ x_1 + 5x_2 + 3x_3 + 3x_4 = 0 \qquad ② \end{cases}$$

的解空间 V,并写出 V 在 $\mathbf{R}^4$ 中的正交补 $V^\perp$.

解 (1) 式②$-$式①得 $x_2 + x_4 = 0$,所以原方程与

$$\begin{cases} x_1 - 2x_2 + 3x_3 - 4x_4 = 0 \\ x_2 + x_4 = 0 \end{cases} \qquad ③$$

同解,故原方程组的基础解系为

$$\alpha_1 = (-3, 0, 1, 0)'$$
$$\alpha_2 = (2, -1, 0, 1)'$$

且 $V = L(\alpha_1, \alpha_2)$.

(2) 设 $\beta = (y_1, y_2, y_3, y_4)' \in V^\perp$,则 β 与 α_1, α_2 皆正交,即

第九章 欧氏空间、双线性函数

$$\begin{cases} -3y_1 + y_3 = 0 \\ 2y_1 + y_2 + y_4 = 0 \end{cases}$$

解之得

$$\beta_1 = (1,0,3,0)', \beta_2 = (0,1,0,1)'$$

因此 $V^\perp = L(\beta_1, \beta_2)$ 且 $\dim V^\perp = 2$.

748. (武汉测绘科技大学) 在 n 维欧氏空间 $\mathbf{R}^n$ 中,定义向量

$$\alpha = (a_1, \cdots, a_n), \beta = (b_1, \cdots, b_n)$$

正交为 $\sum\limits_{i=1}^n a_i b_i = 0$. 试证:若 $\alpha_1, \alpha_2, \cdots, \alpha_{n-1}$ 是 $\mathbf{R}^n$ 中 $n-1$ 个线性无关的向量,而向量 β_1, β_2 分别与 $\alpha_1, \cdots, \alpha_{n-1}$ 正交,则 β_1, β_2 线性相关.

证 令 $V_1 = L(\alpha_1, \cdots, \alpha_{n-1})$,则 $\dim V_1 = n-1$. 故

$$\dim V_1^\perp = n - \dim V_1 = 1$$

而 $\beta_1, \beta_2 \in V_1^\perp$,故 β_1, β_2 必线性相关.

749. (苏州大学) 设欧氏空间中有 $\beta, \alpha_1, \alpha_2, \cdots, \alpha_n$,其中

$$\beta \neq 0, W_1 = L(\alpha_1, \alpha_2, \cdots, \alpha_n), W_2 = L(\beta, \alpha_1, \alpha_2, \cdots, \alpha_n)$$

证明:如果 $(\beta, \alpha_i) = 0$,那么 $\dim W_2 \neq \dim W_1$.

证 依题意显然有 $W_1 \subset W_2$,假设 $\dim W_2 = \dim W_1$,则 $W_1 = W_2$. 于是 $\beta \in W_1$,这说明 β 可被 $\alpha_1, \alpha_2, \cdots, \alpha_n$ 线性表出. 记

$$\beta = k_1 \alpha_1 + k_2 \alpha_2 + \cdots + k_n \alpha_n$$

对上式两边同时用 β 作内积,并由 $(\beta, \alpha_i) = 0$,得 $(\beta, \beta) = 0$,于是 $\beta = 0$,与题设矛盾,故原命题 $\dim W_2 \neq \dim W_1$ 成立.

750. (中山大学) 设 V_1, V_2 是 n 维欧氏空间 V 的线性子空间,且 V_1 的维数小于 V_2 的维数,证明:V_2 中必有一非零向量正交于 V_1 中一切向量.

证 设 $\dim V_1 = s, \dim V_2 = t$,且 $s < t$,那么

$$\dim V_1^\perp = n - s$$

令 $V_3 = V_2 \cap V_1^\perp$,则

$$\dim(V_2 + V_1^\perp) = \dim V_2 + \dim V_1^\perp - \dim(V_2 \cap V_1^\perp)$$
$$= t + (n-s) - \dim V_3 \qquad ①$$

但

$$\dim(V_2 + V_1^\perp) \leq \dim V = n \qquad ②$$

由式①式②,有

$$t + (n-s) - \dim V_3 \leq n$$

所以 $\dim V_3 \geq t - s > 0$. 即 $V_2 \cap V_1^\perp \neq \{O\}$,从而存在非零向量 $\alpha \in V_2 \cap V_1^\perp$,即证.

751. (北京邮电学院) 设 $\{\alpha_1, \alpha_2, \cdots, \alpha_n\}$ 是欧氏空间的一组线性无关的向量,$\{\beta_1, \beta_2, \cdots, \beta_n\}$ 是由这组向量通过正交化方法所得的正交组. 证明:这两个向量组的格

兰姆(Gram)行列式相等,即
$$G(\alpha_1,\alpha_2,\cdots,\alpha_n)=G(\beta_1,\beta_2,\cdots,\beta_n)$$
$$=(\beta_1,\beta_1)(\beta_2,\beta_2)\cdots(\beta_n,\beta_n)$$

其中
$$G(\alpha_1,\alpha_2,\cdots,\alpha_n)=\begin{vmatrix}(\alpha_1,\alpha_1)&(\alpha_1,\alpha_2)&\cdots&(\alpha_1,\alpha_n)\\(\alpha_2,\alpha_1)&(\alpha_2,\alpha_2)&\cdots&(\alpha_2,\alpha_n)\\\vdots&\vdots&&\vdots\\(\alpha_n,\alpha_1)&(\alpha_n,\alpha_2)&\cdots&(\alpha_n,\alpha_n)\end{vmatrix}$$

证 由正交性知 $(\beta_i,\beta_j)=0 (i\neq j)$,所以
$$G(\beta_1,\cdots,\beta_n)=\begin{vmatrix}(\beta_1,\beta_1)&&\\&\ddots&\\&&(\beta_n,\beta_n)\end{vmatrix}=(\beta_1,\beta_1)\cdots(\beta_n,\beta_n) \quad ①$$

由正交化方法知
$$\alpha_i=t_{i1}\beta_1+t_{i2}\beta_2+\cdots\cdots+t_{i,i-1}\beta_{i-1}+\beta_i$$

其中 $t_{ij}=\dfrac{(\alpha_i,\beta_j)}{(\beta_i,\beta_j)}(j=1,2,\cdots,i-1;i=1,2,\cdots,n)$.所以

$$(\alpha_i,\alpha_j)=(\sum_{k=1}^{i-1}t_{ik}\beta_k+\beta_i,\sum_{k=1}^{j-1}t_{jk}\beta_k+\beta_j)$$

$$=(t_{i1},\cdots,t_{i,i-1},1,0,\cdots,0)\begin{bmatrix}(\beta_1,\beta_1)&&\\&\ddots&\\&&(\beta_n,\beta_n)\end{bmatrix}\begin{bmatrix}t_{j1}\\\vdots\\t_{j,j-1}\\1\\0\\\vdots\\0\end{bmatrix}$$

$$\begin{bmatrix}(\alpha_1,\alpha_1)\cdots(\alpha_1,\alpha_n)\\\vdots\ddots\vdots\\(\alpha_n,\alpha_1)\cdots(\alpha_n,\alpha_n)\end{bmatrix}=T'\begin{bmatrix}(\beta_1,\beta_1)&&\\&\ddots&\\&&(\beta_n,\beta_n)\end{bmatrix}T \quad ②$$

其中
$$T=\begin{bmatrix}1&t_{21}&\cdots&t_{n1}\\0&1&\cdots&t_{n2}\\\vdots&\vdots&&\vdots\\0&0&\cdots&1\end{bmatrix}$$

$$G(\alpha_1,\cdots,\alpha_n)=|T'|\begin{bmatrix}(\beta_1,\beta_1)&&\\&\ddots&\\&&(\beta_n,\beta_n)\end{bmatrix}|T|$$
$$=(\beta_1,\beta_1)(\beta_2,\beta_2)\cdots(\beta_n,\beta_n) \quad ③$$

由式①,式③即证结论.

第九章 欧氏空间、双线性函数

752.（日本庆垫义应大学） (1)在内积空间中,当给定线性无关的矢量 $x_1, x_2, \cdots, x_n$ 时,试用 Gram－Schmidt 步骤构造正交系;

(2)在三维欧氏(Euclid)空间 $\mathbf{R}^3$ 中,从已知三个矢量
$$\beta_1=(3,0,4), \beta_2=(-1,0,7), \beta_3=(2,9,11)$$
使用(1)的方法,求正交基 $\alpha_1, \alpha_2, \alpha_3$.

解 (1) 令
$$\begin{cases} y_1 = x_1 \\ y_2 = x_2 - \dfrac{(x_2, y_1)}{(y_1, y_1)} y_1 \\ \cdots\cdots \\ y_n = x_n - \dfrac{(x_n, y_1)}{(y_1, y_1)} y_1 - \dfrac{(x_n, y_2)}{(y_2, y_2)} y_2 - \cdots - \dfrac{(x_n, y_{n-1})}{(y_{n-1}, y_{n-1})} y_{n-1} \end{cases}$$

则 $y_1, y_2, \cdots, y_n$ 为所求正交向量系.

(2)按上述步骤有
$$\begin{cases} \alpha_1 = \beta_1 = (3,0,4) \\ \alpha_2 = \beta_2 - \dfrac{(\beta_2, \alpha_1)}{(\alpha_1, \alpha_1)} \alpha_1 = (-4,0,3) \\ \alpha_3 = \beta_3 - \dfrac{(\beta_3, \alpha_1)}{(\alpha_1, \alpha_1)} \alpha_1 - \dfrac{(\beta_3, \alpha_2)}{(\alpha_2, \alpha_2)} \alpha_2 = (0,3,0) \end{cases}$$

753.（日本広島大学） (1)试求将
$$A = \begin{bmatrix} 2 & 1 & 1 \\ 1 & 2 & 1 \\ 1 & 1 & 2 \end{bmatrix}$$
对角化的正交阵;

(2)关于矩阵 $e^{i\pi \frac{A}{2}}$,求使它对角化的正交阵.

解 (1) 计算可得 $|\lambda E - A| = (\lambda-1)^2(\lambda-4)$,则有
$$\lambda_1 = \lambda_2 = 1, \lambda_3 = 4$$
求出 A 属于1的线性无关特征向量为
$$\alpha_1 = (-1,1,0)', \quad \alpha_2 = (-1,0,1)'$$
正交单位化得
$$\beta_1 = \frac{1}{\sqrt{2}}(-1,1,0)', \quad \beta_2 = \frac{1}{\sqrt{6}}(-1,-1,2)'$$
再求 A 属于4的单位特征向量
$$\beta_3 = \frac{1}{\sqrt{3}}(1,1,1)'$$
令 $T = (\beta_1, \beta_2, \beta_3)$,则

$$T = \begin{bmatrix} -\frac{1}{\sqrt{2}} & \frac{-1}{\sqrt{6}} & \frac{1}{\sqrt{3}} \\ \frac{1}{\sqrt{2}} & \frac{-1}{\sqrt{6}} & \frac{1}{\sqrt{3}} \\ 0 & \frac{2}{\sqrt{6}} & \frac{1}{\sqrt{3}} \end{bmatrix}$$

为正交阵,且

$$T^{-1}AT = \begin{bmatrix} 1 & & \\ & 1 & \\ & & 4 \end{bmatrix}$$

(2) 定义

$$e^A = E + A + \frac{1}{2!}A^2 + \cdots = \lim_{n \to \infty} S_n \qquad ②$$

可得 $e^{i\pi\frac{A}{2}} = E + \frac{i\pi}{2}A + \frac{(\frac{i\pi}{2})^2}{2!}A^2 + \cdots + \frac{(\frac{i\pi}{2})^n}{n!}A^n + \cdots = \lim_{n \to \infty} S_n.$ 其中

$$S_n = E + \frac{i\pi}{2}A + \frac{(\frac{i\pi}{2})^2}{2!}A^2 + \cdots + \frac{(\frac{i\pi}{2})^n}{n!}A^n \qquad ③$$

$$\Rightarrow T^{-1}S_n T = \begin{bmatrix} 1 & & \\ & 1 & \\ & & 1 \end{bmatrix} + \frac{i\pi}{2}\begin{bmatrix} 1 & & \\ & 1 & \\ & & 4 \end{bmatrix} + \cdots + \frac{(\frac{i\pi}{2})^n}{n!}\begin{bmatrix} 1 & & \\ & 1 & \\ & & 4^n \end{bmatrix}$$

$$T^{-1}e^{i\pi\frac{A}{2}}T = \lim_{n \to \infty} T^{-1}S_n T$$

$$= \begin{bmatrix} \sum_{n=0}^{\infty} \frac{(\frac{i\pi}{2})^n}{n!} & & \\ & \sum_{n=0}^{\infty} \frac{(\frac{i\pi}{2})^n}{n!} & \\ & & \sum_{n=0}^{\infty} \frac{(2\pi i)^n}{n!} \end{bmatrix} = \begin{bmatrix} e^{\frac{\pi i}{2}} & & \\ & e^{\frac{\pi i}{2}} & \\ & & e^{2\pi i} \end{bmatrix} = \begin{bmatrix} i & & \\ & i & \\ & & 1 \end{bmatrix}$$

9.2 正交变换、酉变换

【考点综述】

1. 正交变换

(1)正交变换:设 A 是 n 维欧氏空间 V 的线性变换,满足

$$(A\alpha, A\beta) = (\alpha, \beta). \quad \forall \alpha, \beta \in V$$

则称 A 为 V 的正交变换.

(2)等价条件:设 A 是 n 维欧氏空间 V 的线性变换,满足下列条件之一也是正交变换:

1)$|A\alpha|=|\alpha|, \forall \alpha \in V$.

2)若 $\varepsilon_1,\cdots,\varepsilon_n$ 是标准正交基,则 $A\varepsilon_1,\cdots,A\varepsilon_n$ 也是标准正交基.

3)A 在某一组标准正交基下矩阵是正交阵.

4)A 在任一组标准正交基下矩阵是正交阵.

(3)正交变换的分类:设 σ 是 n 维欧氏空间 V 的正交变换,且 σ 在某一组标准正交基下的矩阵为 A.

1)当$|A|=1$ 时,称 A 为第一类正交变换(旋转).

2)当$|A|=-1$ 时,称 A 为第二类正交变换(镜面反射).

2. 正交子空间

(1)设 V_1 是欧氏空间 V 的子空间,若满足
$$(\alpha,\beta)=0, \forall \beta \in V_1$$
则称 α 与 V_1 正交,记为 $\alpha \perp V_1$.

(2)设 V_1, V_2 是欧氏空间 V 的两个子空间. 若满足
$$(\alpha,\beta)=0 \ \forall \alpha \in V_1, \beta \in V_2$$
则称 V_1 与 V_2 正交记为 $V_1 \perp V_2$.

3. 正交补

①设 V_1, V_2 是欧氏空间 V 的两个子空间,若满足
$$V_1+V_2=V, V_1 \perp V_2$$
则称 V_2 为 V_1 的正交补(V_1 也是 V_2 的正交补),记为 $V_2=V_1^\perp$.

②欧氏空间 V 的每一子空间 V_1,都有唯一的正交补.

4. 酉变换

(1)酉空间. 设 V 是复数域上 C 上线性空间,有映射$(\alpha,\beta):V \times V \to C$,满足

1)$(\alpha,\beta)=\overline{(\beta,\alpha)}, \forall \alpha,\beta \in V$.

2)$(k\alpha,\beta)=k(\alpha,\beta), \forall \alpha,\beta \in V, \forall k \in C$.

3)$(\alpha+\beta,r)=(\alpha,r)+(\beta,r), \forall \alpha,\beta,r \in V$.

4)(α,α) 是非负实数,$(\alpha,\alpha)=0$ 当且仅当 $\alpha=0$.

则称 V 为酉空间.

(2)酉变换. 设 V 是 C 上酉空间,A 是 V 的线性变换,满足
$$(A\alpha,A\beta)=(\alpha,\beta), \forall \alpha,\beta \in V$$
则称 A 是 V 的酉变换.

(3)三类特殊矩阵

1)厄米特矩阵,设 $A \in C^{n \times n}$,若 $\overline{A'}=A$,则称 A 为厄米特矩阵.

2)酉矩阵,设 $A \in C^{n \times n}$,若 $\overline{A'}A=E$,则称 A 为酉矩阵.

3)正规阵,设 $A \in C^{n \times n}$,若 $\overline{A'}A=A\overline{A'}$,则称 A 为正规阵.

显然厄米特矩阵,酉阵都是正规阵.

4) 凡是正规阵都酉相似于对角阵,从而厄米特阵,酉矩阵都酉相似于对角阵.

【经典题解】

754. (东北师范大学) 设 σ 是欧氏空间 V 的线性变换,试证下面命题等价:

(1) σ 为正交变换;

(2) σ 保持向量长度不变,即对 $\alpha \in V, |\sigma(\alpha)| = |\alpha|$;

(3) 若 $e_1, \cdots, e_n$ 为标准正交基底,则 $\sigma e_1, \cdots, \sigma e_n$ 也是标准正交基底.

证 (1)$\Rightarrow$(2). 设 $(\sigma\alpha, \sigma\alpha) = (\alpha, \beta), \forall \alpha, \beta \in V$, 则
$$|\sigma\alpha|^2 = (\sigma\alpha, \sigma\alpha) = (\alpha, \alpha) = |\alpha|^2$$
两边开方,并注意向量长度非负,可得
$$|\sigma\alpha| = |\alpha|, \forall \alpha \in V$$

(2)$\Rightarrow$(3). 设 $|\sigma\alpha| = |\alpha|, \forall \alpha \in V, e_1, \cdots, e_n$ 为 V 的一组标准正交基,则
$$(e_i, e_j) = \begin{cases} 1(i=j) \\ 0(i \neq j) \end{cases}$$
且有
$$|\sigma e_i| = |e_i| = 1(i=1,2,\cdots,n), |\sigma(e_i + e_j)| = |e_i + e_j|$$
可得 $|\sigma(e_i + e_j)|^2 = |e_i + e_j|^2$,由此即有
$$(\sigma(e_i + e_j), \sigma(e_i + e_j)) = (e_i + e_j, e_i + e_j)$$
$$(\sigma(e_i) + \sigma(e_j), \sigma e_i + \sigma e_j) = |e_i|^2 + |e_j|^2$$
$$|\sigma e_i|^2 + |\sigma e_j|^2 + 2(\sigma e_i, \sigma e_j) = 2$$
从而 $2 + 2(\sigma e_i, \sigma e_j) = 2$ 此即 $(\sigma(e_i), (\sigma e_j)) = 0$. 故
$$(\sigma(e_i), \sigma(e_j)) = \begin{cases} 1(i=j) \\ 0(i \neq j) \end{cases}$$
即证 $\sigma(e_1), \cdots, \sigma(e_n)$ 也是一组标准正交基.

(3)$\Rightarrow$(1). 取 $e_1, \cdots, e_n$ 为 V 的一组标准正交基,则 $\sigma e_1, \cdots, \sigma e_n$ 也是标准正交基,且设
$$\sigma(e_1, \cdots, e_n) = (e_1, \cdots, e_n)A \qquad ①$$
下证 A 为正交阵,令 $A = (A_1, \cdots, A_n)$,其中 A_i 为 A 的列向量,由①知
$$\sigma(e_i) = (e_1, \cdots, e_n)A_i$$
$$(A_i, A_j) = A_i'A_j = (\sigma e_i, \sigma e_j) = \begin{cases} 1(i=j) \\ 0(i \neq j) \end{cases}$$
故 A 为正交阵.

$\forall \alpha, \beta \in V$,证 $\alpha = (e_1, \cdots, e_n)B_1, \beta = (e_1, \cdots, e_n)C_1$,其中 $B_1, C_1 \in \mathbf{R}^n$,则由 $e_1, \cdots, e_n$ 是标准交基,有
$$(\alpha, \beta) = B_1'C_1 \qquad ②$$
$$\sigma\alpha = (\sigma e_1, \cdots, \sigma e_n)B_1, \sigma\beta = (\sigma e_1, \cdots, \sigma e_n)C_1$$
因为 $\sigma e_1, \cdots, \sigma e_n$ 也是标准正交基,所以

第九章 欧氏空间、双线性函数

$$(\sigma\alpha, \sigma\beta) = B_1'C_1 \quad ③$$

由式②,③有

$$(\sigma\alpha, \sigma\beta) = (\alpha, \beta), \quad \forall \alpha, \beta \in V$$

故 σ 是正交变换.

755.(西北大学) 求证:欧氏空间中保持内积不变的变换是正交变换.

证 设 A 是欧氏空间 V 的一个变换,满足

$$(A\alpha, A\beta) = (\alpha, \beta), \forall \alpha, \beta \in V \quad ①$$

只要证明:A 是 V 的线性变换,那么由上题充分性即证. $\forall \alpha, \beta \in V$,有

$$(A(\alpha+\beta) - A\alpha - A\beta, A(\alpha+\beta) - A\alpha - A\beta)$$
$$= (A(\alpha+\beta), A(\alpha+\beta)) - 2(A(\alpha+\beta), A\alpha) - 2(A(\alpha+\beta), A\beta)$$
$$\quad + 2(A\alpha, A\beta) + (A\alpha, A\alpha) + (A\beta, A\beta)$$
$$= (\alpha+\beta, \alpha+\beta) - 2(\alpha+\beta, \alpha) - 2(\alpha+\beta, \beta) + 2(\alpha, \beta) + (\beta, \beta) + (\alpha, \alpha)$$
$$= (\alpha, \alpha) + (\beta, \beta) + 2(\alpha, \beta) - 2(\alpha, \alpha) - 2(\alpha, \beta) - 2(\beta, \alpha) - 2(\beta, \beta)$$
$$\quad + 2(\alpha, \beta) + (\alpha, \alpha) + (\beta, \beta) = 0$$

所以 $A(\alpha+\beta) - A\alpha - A\beta = 0$. 此即

$$A(\alpha+\beta) = A\alpha + A\beta \quad ①$$

同理,由 $(A(k\alpha) - kA\alpha, A(k\alpha) - kA\alpha) = 0$,可证

$$A(k\alpha) = kA\alpha, \forall k \in \mathbf{R}, \forall \alpha \in V \quad ②$$

由式①,②即证 A 是 V 的线性变换,又保持内积不变,从而 A 是 V 的正交变换.

756.(武汉大学) 设 $f: \mathbf{R}^{n\times n} \to \mathbf{R}$ 是由 $\mathbf{R}^{n\times n}$ 到实数域 $\mathbf{R}$ 的线性映射.

(1)给出 $\mathbf{R}^{n\times n}$ 的一个基,使得 $\mathbf{R}^{n\times n}$ 中的任一矩阵 A 在这个基下的坐标恰好就是 A 的元素;

(2)证明:存在唯一的 $C \in \mathbf{R}^{n\times n}$,使得 $f(A) = \mathrm{tr}(AC), \forall A \in \mathbf{R}^{n\times n}$;

(3)证明:若 $\forall A, B \in \mathbf{R}^{n\times n}$,$f(AB) = f(BA)$,则存在 $\lambda \in \mathbf{R}$,使得 $f(A) = \lambda \mathrm{tr}(A)$, $\forall A \in \mathbf{R}^{n\times n}$. 这里,$\mathrm{tr}(A)$ 是矩阵 A 的迹,即 $(A) = (a_{ij})$ 的对角元之和 $\mathrm{tr}(A) = \sum_{i=1}^{n} a_{ii}$.

解 (1)取 $\mathbf{R}^{n\times n}$ 的自然基 $\{E_{ij}, i, j = 1, 2, \cdots, n\}$,其中 E_{ij} 是 (ij) 元等于 1,其他元均为 0 的 n 阶矩阵,则 $\forall A \in \mathbf{R}^{n\times n}$,有 A 在这个基下的坐标恰好就是 A 的全部元素.

(2)令 $c_{ji} = f(E_{ij})$,则 $C = (c_{ij}) \in \mathbf{R}^{n\times n}$. $\forall A = (a_{ij}) \in \mathbf{R}^{n\times n}$,有

$$f(A) = \sum_{i=1}^{n}\sum_{j=1}^{n} a_{ij} f(E_{ij}) = \sum_{i=1}^{n}\sum_{j=1}^{n} a_{ij} c_{ji} = \mathrm{tr}(AC)$$

若 $C_1 \in \mathbf{R}^{n\times n}$,使 $f(A) = \mathrm{tr}(AC_1)$,则 $\mathrm{tr}(A(C - C_1)) = 0$,利用 A 的任意性即得 $C = C_1$.

(3)设 W 是 $\mathbf{R}^{n\times n}$ 中全体迹为零的矩阵构成的子空间,易知 $\dim W = n^2 - 1$,且

$$\{E_{ij}, i \neq j, i, j = 1, 2, \cdots, n\} \cup \{E_{ii} - E_{nn}, i = 1, 2, \cdots, n-1\}$$

是 W 的一个基. 注意到题设条件 $\forall A, B \in \mathbf{R}^{n\times n}, f(AB) = f(BA)$,以及

$$E_{ij} = E_{ij}E_{jj} - E_{jj}E_{ij}, i \neq j$$
$$E_{ii} - E_{nn} = E_{in}E_{ni} - E_{ni}E_{in}, i = 1, 2, \cdots, n-1$$

可知,$\forall B\in W$,有 $f(B)=0$. 因此,$\forall A\in \mathbf{R}^{n\times n}$,由于 $A-\frac{1}{n}\mathrm{tr}(A)E\in W$,所以
$$f(A-\frac{1}{n}\mathrm{tr}(A)E)=0,\text{即 } f(A)=\frac{1}{n}\mathrm{tr}(A)f(E)=\lambda\mathrm{tr}(A)$$
其中 $\lambda=\frac{1}{n}f(E)\in \mathbf{R}$.

757.（中国人民大学） 有以下结论：
(A) 在欧氏空间中保持距离不变的变换一定是正交变换.
(B) 在欧氏空间中两个正交变换的积仍是正交变换.
(C) 欧氏空间中保持向量长度不变的线性变换是正交变换.
(D) 欧氏空间中保持向量内积不变的线性变换是正交变换.
其中正确的是_____（填序号）.

答 (B),(C),(D).

(A) 错,见下题.

下证(B)正确,设 σ,τ 是欧氏空间 V 的两个正交变换,则对 $\forall \alpha,\beta\in V$. 有
$$((\sigma\tau)(\alpha),(\sigma\tau)(\beta))=(\sigma(\tau\alpha),\sigma(\tau\beta))=(\tau\alpha,\tau\beta)=(\alpha,\beta)$$
由于 $\sigma\tau$ 保持内积不变,因此 $\sigma\tau$ 是 V 的正交变换.

(C) 的正确性见第 747 题.

(D) 的正确性见第 748 题.

758.（中国人民大学） 欧氏空间 V 中保持向量长度不变的变换是否一定是正交变换？如果是给出证明,不是举出反例.

答 不一定是正交变换. 反例如下.

设 $\mathbf{R}^2=\{(x,y)|x,y\in \mathbf{R}\}$,内积如通常所述,定义 $T:\mathbf{R}^2\to \mathbf{R}^2$,则
$$T(x,y)=(\frac{1}{\sqrt{2}}\sqrt{x^2+y^2},\frac{1}{\sqrt{2}}\sqrt{x^2+y^2}),\forall (x,y)\in \mathbf{R}^2 \qquad ①$$
令 $\alpha=(x,y)\in \mathbf{R}^2$,则由式①知
$$|T\alpha|^2=\frac{x^2+y^2}{2}+\frac{x^2+y^2}{2}=x^2+y^2=|\alpha|^2$$
得 $|T\alpha|=|\alpha|$,$\forall \alpha\in V$,即 T 保持长度不变,但 T 不是线性变换.

设 $\beta=(2,1)$,则 $\beta=\alpha_1+\alpha_2$,其中 $\alpha_1=(1,0)$,$\alpha_2=(1,1)$,于是
$$T\beta=(\sqrt{\frac{5}{2}},\sqrt{\frac{5}{2}}),\quad T\alpha_1=(\frac{1}{\sqrt{2}},\frac{1}{\sqrt{2}}),\quad T\alpha_2=(1,1)$$
所以 $T\beta\neq T\alpha_1+T\alpha_2$. 从而 T 不是正交变换.

注 不一定是线性变换

759.（中国人民大学） 设 T 是 n 维欧氏空间 V 的一个线性变换,若 T 对一组基 $\varepsilon_1,\cdots,\varepsilon_n$ 有
$$(T\varepsilon_i,T\varepsilon_i)=(\varepsilon_i,\varepsilon_i)\quad (i=1,2,\cdots,n) \qquad ①$$
问 T 是否为正交变换？对,给出证明,不对,请举出反例.

答 不一定是正交变换, 反例如下.

设 $V=\mathbf{R}^2=\{(x,y)|x,y\in\mathbf{R}\}$,内积如通常所述,取 V 的一组标准正交基 $\varepsilon_1=(1,0), \varepsilon_2=(0,1)$,并定义 $T:\mathbf{R}^2\to\mathbf{R}^2$ 如下:
$$T(\varepsilon_1,\varepsilon_2)=(\varepsilon_1,\varepsilon_2)A \qquad ②$$

其中 $A=\begin{bmatrix}1&1\\0&0\end{bmatrix}$,由于 V 的全体线性变换所成集合与 $\mathbf{R}^{2\times2}$ 是一一对应的,所以由②定义的 T 是 V 的一个线性变换,且

$$T\varepsilon_1=\varepsilon_1, T\varepsilon_2=\varepsilon_1, \Rightarrow (T\varepsilon_1,T\varepsilon_1)=(\varepsilon_1,\varepsilon_1) \qquad ③$$
$$(T\varepsilon_2,T\varepsilon_2)=(\varepsilon_1,\varepsilon_1)=1=(\varepsilon_2,\varepsilon_2) \qquad ④$$

由式③,式④知式①成立.

但 T 不是正交变换,因 $(T\varepsilon_1,T\varepsilon_2)=(\varepsilon_1,\varepsilon_1)=1$,而 $(\varepsilon_1,\varepsilon_2)=0$,所以
$$(T\varepsilon_1,T\varepsilon_2)\neq(\varepsilon_1,\varepsilon_2)$$

即不能保持内积不变.

注 T 不是正交变换还可以用式②说明,如果 T 是正交变换,那么在标准正交基 $\varepsilon_1,\varepsilon_2$ 下矩阵 A 应当是正交阵,但 A 不是正交阵,所以 T 不是正交变换.

760.(浙江工学院) 已知
$$\alpha_1=(1,1,1)', \alpha_2=(1,2,3)', \alpha_3=(1,0,0)'$$

证明:$\alpha_1,\alpha_2,\alpha_3$ 是 $\mathbf{R}^3$ 的一组基,并将 $\alpha_1,\alpha_2,\alpha_3$ 改造成为正交基 e_1,e_2,e_3,若一线性变换 σ 在 $\alpha_1,\alpha_2,\alpha_3$ 下矩阵为

$$A=\begin{bmatrix}0&0&0\\0&1&0\\0&0&0\end{bmatrix}$$

问 σ 在基 e_1,e_2,e_3 下的矩阵是什么?

证 令 $B=(\alpha_1,\alpha_2,\alpha_3)$,有
$$|B|=\begin{vmatrix}1&1&1\\1&2&0\\1&3&0\end{vmatrix}=1$$

则 B 可逆,即 $\alpha_1,\alpha_2,\alpha_3$ 线性无关,从而为 $\mathbf{R}^3$ 的一组基.

应用施密特正交化法,令

$$\begin{cases}e_1=\alpha_1\\ e_2=\alpha_2-\dfrac{(\alpha_2,e_1)}{(e_1,e_1)}e_1=\alpha_2-2e_1=(-1,0,1)'\\ e_3=\alpha_3-\dfrac{(\alpha_3,e_1)}{(e_1,e_1)}e_1-\dfrac{(\alpha_3,e_2)}{(e_2,e_2)}e_2=\alpha_3-\dfrac{1}{3}e_1+\dfrac{1}{2}e_2\end{cases} \qquad ①$$

得 $\mathbf{R}^3$ 的一组正交基.

由式①有

$$(\alpha_1,\alpha_2,\alpha_3)=(e_1,e_2,e_3)\begin{bmatrix}1&2&\dfrac{1}{3}\\0&1&-\dfrac{1}{2}\\0&0&1\end{bmatrix}$$

$$\Rightarrow (e_1,e_2,e_3)=(\alpha_1,\alpha_2,\alpha_3)\begin{bmatrix} 1 & 2 & \frac{1}{3} \\ 0 & 1 & -\frac{1}{2} \\ 0 & 0 & 1 \end{bmatrix}^{-1}$$

设 σ 在 e_1,e_2,e_3 下的矩阵为 C,则

$$C=\begin{bmatrix} 1 & 2 & \frac{1}{3} \\ 0 & 1 & -\frac{1}{2} \\ 0 & 0 & 1 \end{bmatrix}\begin{bmatrix} 0 & 0 & 0 \\ 0 & 1 & 0 \\ 0 & 0 & 0 \end{bmatrix}\begin{bmatrix} 1 & 2 & \frac{1}{3} \\ 0 & 1 & -\frac{1}{2} \\ 0 & 0 & 1 \end{bmatrix}^{-1}=\begin{bmatrix} 0 & 2 & 1 \\ 0 & 1 & \frac{1}{2} \\ 0 & 0 & 0 \end{bmatrix}$$

761.(北京大学) 设 $\underline{A}$ 是 n 维欧氏空间 V 的一个线性变换,满足

$$(\underline{A}\alpha,\beta)=-(\alpha,\underline{A}\beta),\forall \alpha,\beta\in V \qquad ①$$

(1)若 λ 是 $\underline{A}$ 的一个特征值,证明:$\lambda=0$;

(2)证明:V 内存在一组标准正交基,使 $\underline{A}^2$ 在此组基下的矩阵为对角矩阵;

(3)设 $\underline{A}$ 在 V 的某组标准正交基下的矩阵为 A,证明:把 A 看作复数域 C 上的 n 阶方阵,其特征值必为 0 或纯虚数.

证 (1)设 λ 是 $\underline{A}$ 的特征值,其相应特征向量为 α,则 $\underline{A}\alpha=\lambda\alpha$,由式①得

$$(\underline{A}\alpha,\alpha)=-(\alpha,\underline{A}\alpha),\Rightarrow(\lambda\alpha,\alpha)=-(\alpha,\lambda\alpha).$$

所以

$$2\lambda(\alpha,\alpha)=0 \qquad ②$$

由于 $\alpha\neq 0$,因此 $(\alpha,\alpha)>0$.再由②得 $\lambda=0$.

(2)由于 $\underline{A}$ 是反对称变换,可以证明在经一组标准正交基 $\varepsilon_1,\cdots,\varepsilon_n$ 下矩阵为实反对称阵,设

$$\underline{A}\varepsilon_i=a_{i1}\varepsilon_1+a_{i2}\varepsilon_2+\cdots+a_{in}\varepsilon_n \quad (i=1,2,\cdots,n)$$

则 $(\underline{A}\varepsilon_i,\varepsilon_j)=-(\varepsilon_i,\underline{A}\varepsilon_j)$,即

$$a_{ij}=\begin{cases} 0, & i=j \\ -a_{ji} & i\neq j \end{cases}\quad (i,j=1,2,\cdots,n)$$

于是 $\underline{A}$ 在标准正交基 $\varepsilon_1,\cdots,\varepsilon_n$ 下矩阵为实反对矩阵

$$A=\begin{bmatrix} 0 & a_{12} & \cdots & a_{1n} \\ -a_{12} & 0 & \cdots & a_{2n} \\ \vdots & \vdots & & \vdots \\ -a_{1n} & -a_{2n} & \cdots & 0 \end{bmatrix}$$

此即 $A'=-A$.

$\underline{A}^2$ 在标准正交基 $\varepsilon_1,\cdots,\varepsilon_n$ 下的矩阵为 $A^2=-AA'$,其中 AA' 为实对称矩阵,从而存在正交阵 T,使

$$AA' = T\begin{bmatrix} \lambda_1 & & \\ & \ddots & \\ & & \lambda_n \end{bmatrix}T^{-1} \Rightarrow A^2 = -AA' = T\begin{bmatrix} -\lambda_1 & & \\ & \ddots & \\ & & -\lambda_n \end{bmatrix}T^{-1}$$

令 $(\beta_1, \cdots, \beta_n) = (\varepsilon_1, \cdots, \varepsilon_n)T$,由于 T 是正交阵,因此 $\beta_1, \cdots, \beta_n$ 也是一组标准正交基,故

$$\underline{A}^2(\beta_1, \cdots, \beta_n) = (\beta_1, \cdots, \beta_n)T^{-1}A^2T$$
$$= (\beta_1, \cdots, \beta_2)\begin{bmatrix} -\lambda_1 & & \\ & \ddots & \\ & & -\lambda_n \end{bmatrix}$$

(3) 因为 A 是实反对称阵,而实反对称阵的特征值只能是 0 或纯虚数. 即证.

注 满足①式的线性变换,称为反对称变换.

762.（北京大学） 设 V 是 n 维欧氏空间,$\underline{A}$ 是 V 内的线性变换,如果 $\underline{A}$ 既是正交变换,又是对称变换,证明:$\underline{A}^2$ 是一个恒等变换.

证 (1) 先证明:$\underline{A}$ 是对称变换 $\Leftrightarrow \underline{A}$ 在任一标准正交基下的矩阵是对称阵.

先证必要性,设 $\underline{A}$ 是对称变换,即
$$(\underline{A}\alpha, \beta) = (\alpha, \underline{A}\beta), \quad \forall \alpha, \beta \in V$$

任取 V 的一组标准正交基,$\varepsilon_1, \cdots, \varepsilon_n$,设
$$\underline{A}\varepsilon_i = k_{i1}\varepsilon_1 + \cdots + k_{in}\varepsilon_n \quad (i=1,2,\cdots,n)$$

则
$$(\underline{A}\varepsilon_i, \varepsilon_j) = k_{ij}, (\varepsilon_i, \underline{A}\varepsilon_j) = k_{ji} (i,j=1,2,\cdots,n)$$

因为 $(\underline{A}\varepsilon_i, \varepsilon_j) = (\varepsilon_i, \underline{A}\varepsilon_j)$,所以 $k_{ij} = k_{ji} \quad (i,j=1,2,\cdots,n)$

即证 $\underline{A}$ 在标准正交基 $\varepsilon_1, \cdots, \varepsilon_n$ 下矩阵 $A = (k_{ij})_{n \times n}$ 是对称阵.

再证充分性,设 $\underline{A}$ 在标准正交基 $\alpha_1, \cdots, \alpha_n$ 下的矩阵 $A = (a_{ij})$ 是对称阵,即
$$a_{ij} = a_{ji} \quad (i,j=1,2,\cdots,n)$$
$$\Rightarrow (\underline{A}\alpha_i, \alpha_j) = a_{ij} = a_{ji} = (\alpha_i, \underline{A}\alpha_j) \quad (i,j=1,2,\cdots,n)$$

于是 $\forall \beta, \gamma \in V$,且 $\beta = b_1\alpha_1 + \cdots + b_n\alpha_n, \gamma = c_1\alpha_1 + \cdots + c_n\alpha_n$,有
$$(\underline{A}\beta, \gamma) = \sum_{i,j=1}^{n} b_i c_j(\underline{A}\alpha_i, \alpha_j) = \sum_{i,j=1}^{n} b_i c_j(\alpha_i, \underline{A}\alpha_j) = (\beta, \underline{A}\gamma)$$

故 $\underline{A}$ 是对称变换.

(2) 已知 $\underline{A}$ 既是正交变换,又是对称变换,取 V 的一组标准正交基 $\varepsilon_1, \cdots, \varepsilon_n$,且
$$\underline{A}(\varepsilon_1, \cdots, \varepsilon_n) = (\varepsilon_1, \cdots, \varepsilon_n)D$$

则 D 既是正交阵,又是对称阵,且 $\underline{A}^2$ 在基 $\varepsilon_1, \cdots, \varepsilon_n$ 下矩阵为 D^2,但
$$D^2 = DD' = E$$

故 $\underline{A}^2$ 是恒等变换,即 $\underline{A}^2 = E$(恒等变换)

注 本题附带证明了欧氏空间中对称变换在任一组标准正交基下的矩阵是实对称阵.

763.（华中师范大学） 设 T_1, T_2 是 n 维欧氏空间 V 的两个线性变换,且有

$$(T_1\alpha, T_1\alpha) = (T_2\alpha, T_2\alpha), \forall \alpha \in V \qquad ①$$

证明:在 V 中存在正交变换 S,使 $ST_1 = T_2$.

证 (1)先证:
$$(T_1\alpha, T_1\beta) = (T_2\alpha, T_2\beta), \forall \alpha, \beta \in V \qquad ②$$

因为 $(T_1(\alpha+\beta), T_1(\alpha+\beta)) = (T_1\alpha, T_1\alpha) + (T_1\beta, T_1\beta) + 2(T_1\alpha, T_1\beta)$

$(T_2(\alpha+\beta), T_2(\alpha+\beta)) = (T_2\alpha, T_2\alpha) + (T_2\beta, T_2\beta) + 2(T_2\alpha, T_2\beta)$

所以得证式②.

(2)再证:设 $\alpha_1, \cdots, \alpha_m$ 和 $\beta_1, \cdots, \beta_m$ 是 n 维欧氏空间中两个向量组,则存在正交变换 σ,使
$$\sigma\alpha_i = \beta_i \ (i = 1, 2, \cdots, m)$$
的充分必要条件是
$$(\alpha_i, \alpha_j) = (\beta_i, \beta_j) \quad (i, j = 1, 2, \cdots, m) \qquad ③$$

先证必要性,设 σ 是正交变换,且有式③成立,则
$$(\beta_i, \beta_j) = (\sigma\alpha_i, \sigma\alpha_j) = (\alpha_i, \alpha_j) \quad (i, j = 1, 2, \cdots, m)$$

再证充分性. 设 $\alpha_1, \cdots, \alpha_r$ 为 $\alpha_1, \alpha_2, \cdots, \alpha_m$ 的一个极大线性无关组,由条件③可证 $\beta_1, \cdots, \beta_r$ 也是 $\beta_1, \beta_2, \cdots, \beta_m$ 的极大线性无关组.

首先,因为 $\alpha_1, \cdots, \alpha_r$ 线性无关,所以 $G(\alpha_1, \cdots, \alpha_r) \neq 0$,而由③知 $G(\beta_1, \cdots, \beta_r) = G(\alpha_1, \cdots, \alpha_r) \neq 0$,故 $\beta_1, \cdots, \beta_r$ 线性无关.

任取 β_s,由于 $\alpha_s = \sum_{i=1}^{r} k_i \alpha_i$,作 $\sum_{i=j}^{r} k_i \beta_i$,那么由③可证得
$$\left(\beta_s - \sum_{i=1}^{r} k_i \beta_i, \beta_s - \sum_{i=1}^{r} k_i \beta_i\right) = \left(\alpha_s - \sum_{i=1}^{r} k_i \alpha_i, \alpha_s - \sum_{i=1}^{r} k_i \alpha_i\right) = 0$$

故 $\beta_s = \sum_{i=1}^{r} k_i \beta_i$.由 s 的任意性,知 $\beta_1, \cdots, \beta_r$ 为 $\beta_1, \cdots, \beta_m$ 的一个极大线性无关组.

用施密特正交化方法将 $\alpha_1, \cdots, \alpha_r$ 正交单位化,得 $\varepsilon_1, \cdots, \varepsilon_r$,则
$$(\varepsilon_1, \cdots, \varepsilon_r) = (\alpha_1, \cdots, \alpha_r)T$$

其中 $T = \begin{bmatrix} t_{11} & \cdots & t_{1r} \\ & \ddots & \vdots \\ 0 & & t_{rr} \end{bmatrix}$,且 $t_{ii} > 0 (i = 1, 2, \cdots, r)$.

令 $(\eta_1, \cdots, \eta_r) = (\beta_1, \cdots, \beta_r)T$,则可证 $\eta_1, \cdots, \eta_r$ 也是正交单位向量组. 分别将 $\varepsilon_1, \cdots, \varepsilon_r$ 和 $\eta_1, \cdots, \eta_r$ 扩大为 V 的两组标准正交基
$$\varepsilon_1, \cdots, \varepsilon_r, \varepsilon_{r+1}, \cdots, \varepsilon_n \text{ 和 } \eta_1, \cdots, \eta_r, \eta_{r+1}, \cdots, \eta_n$$

定义 $\sigma: V \to V$,如下,使
$$\sigma\varepsilon_i = \eta_i \quad (i = 1, 2, \cdots, n)$$

则可证 σ 为正交变换,且
$$(\beta_1, \cdots, \beta_r)T = (\eta_1, \cdots, \eta_r) = (\sigma\varepsilon_1, \cdots, \sigma\varepsilon_r) = (\sigma\alpha_1, \cdots, \sigma\alpha_r)T$$

故 $\sigma\alpha_i = \beta_i (i = 1, 2, \cdots, r)$.

从而可证

(3) 最后证明：存在正交变换 S，使 $ST_1=T_2$.

取 V 的一组基 $\alpha_1, \alpha_2, \cdots, \alpha_n$，得 V 的两个向量组 $T_1\alpha_1, \cdots, T_1\alpha_n$ 和 $T_2\alpha_1, \cdots, T_2\alpha_n$，由式②有
$$(T_1\alpha_i, T_1\alpha_j)=(T_2\alpha_i, T_2\alpha_j) \quad (i,j=1,2,\cdots,n) \qquad ③$$

从而由上面(2)的充分性，可知存在正交变换 S，使
$$S[T_1(\alpha_i)]=T_2(\alpha_i) \quad (i=1,2,\cdots,n) \qquad ④$$

$\forall \alpha \in V$，设 $\alpha=k_1\alpha_1+\cdots+k_n\alpha_n$，则
$$ST_1(\alpha)=k_1ST_1(\alpha_1)+\cdots+k_nST_1(\alpha_n)$$
$$=k_1T_2\alpha_1+\cdots+k_nT_2\alpha_n=T_2(k_1\alpha_1+\cdots+k_n\alpha_n)$$
$$=T_2(\alpha)$$

由 α 的任意性，知 $ST_1=T_2$.

764.（哈尔滨师范大学） 设 η 是 n 维欧氏空间 V 中一个单位向量，定义
$$\sigma\alpha=\alpha-2(\eta,\alpha)\eta, \forall \alpha \in V \qquad ①$$

证明：σ 是第二类（行列式等于 -1）的正交变换.

证 先证 σ 是 V 的线性变换. $\forall \alpha,\beta \in V, \forall \alpha \in \mathbf{R}$，由①有
$$\sigma(\alpha+\beta)=(\alpha+\beta)-2(\eta,\alpha+\beta)\eta$$
$$=[\alpha-2(\eta,\alpha)\eta]+[\beta-2(\eta,\beta)\eta]$$
$$=\sigma\alpha+\sigma\beta$$
$$\sigma(k\alpha)=k\alpha-2(\eta,k\alpha)\eta=k[\alpha-2(\eta,\alpha)\eta]=k\sigma(\alpha)$$

故 σ 是线性变换.

由 η 是单位向量，从 η 出发扩充为 V 的一组标准正交基 $\eta, \varepsilon_2, \cdots, \varepsilon_n$，则由①知
$$\sigma\eta=\eta-2(\eta,\eta)\eta=-\eta$$
$$\sigma\varepsilon_i=\varepsilon_i-2(\eta,\varepsilon_i)\eta=\varepsilon_i \quad (i=2,3,\cdots n)$$
$$\sigma(\eta,\varepsilon_2,\cdots,\varepsilon_n)=(\eta,\varepsilon_2,\cdots,\varepsilon_n)A$$

其中 $A=\begin{bmatrix} -1 & & & \\ & 1 & & \\ & & \ddots & \\ & & & 1 \end{bmatrix}$  为正交阵，故 σ 是正交变换.

再由 $|A|=-1$ 知 σ 是第二类正交变换.

注 镜面反射.

765.（湖北大学） 设 σ 是 n 维欧氏空间 V 的一个反对称线性变换，证明：

(1) $\sigma \pm I_v$（I_v 是恒等变换）为可逆变换；

(2) $\tau=(\sigma-I_v)(\sigma+I_v)^{-1}$ 为正交变换.

证 (1) 取 V 的一组标准正交基 $\varepsilon_1, \cdots, \varepsilon_n$，由本节第 761 题知，$\sigma$ 在此组基下矩阵为反对称阵 A，从而 $\sigma \pm I_v$ 在这组基下矩阵为 $A \pm E$. 由于 A 的特征值只能是 ωi（$\omega \in \mathbf{R}$）形状，± 1 都不是它的特征值. 所以

$$|E-A|\neq 0, |-E-A|\neq 0$$

从而$|A-E|\neq 0, |A+E|\neq 0$,即证$\sigma\pm I_v$是可逆变换.

(2)令$B=(A-E)(A+E)^{-1}$,则
$$B'B=[(A-E)(A+E)^{-1}]'(A-E)(A+E)^{-1}]$$
$$=(-A+E)^{-1}(-A-E)(A-E)(A+E)^{-1}$$
$$=(A-E)^{-1}(A+E)(A-E)(A+E)^{-1}$$
$$=E$$

即证B为正交阵,从而$(\sigma-I_v)(\sigma+I_v)^{-1}$为正交变换.

766. (中国科技大学) 设V是有限维欧氏空间,内积记为(α,β),设T是V的一个正交变换,记
$$V_1=\{\alpha|T\alpha=\alpha,\alpha\in V\}, \quad V_2=\{\alpha-T\alpha|\alpha\in V\}$$

显然V_1和V_2都是V的子空间,试证明:$V=V_1\oplus V_2$.

证 先证
$$V_1\cap V_2=\{0\} \qquad ①$$

$\forall \alpha\in V_1\cap V_2$,则$\alpha=T\alpha,\alpha=\beta-T\beta,\beta\in V$. 于是
$$(\alpha,\alpha)=(\alpha,\beta-T\beta)=(\alpha,\beta)-(\alpha,T\beta)$$
$$=(\alpha,\beta)-(T\alpha,T\beta)=(\alpha,\beta)-(\alpha,\beta)=0$$

因此$\alpha=0$,即证式①.

设
$$V_1=\{\alpha|(I-T)\alpha=0\}=(I-T)^{-1}(0) \qquad ②$$

其中I为V的恒等变换.
$$V_2=\{(I-T)\alpha|\alpha\in V\}=(I-T)V$$

因为
$$V_1+V_2\subseteq V \qquad ③$$
$$\dim V_1+\dim V_2=\dim(I-T)^{-1}(0)+\dim(I-T)V=n \qquad ④$$

由式①,式③,式④即证$V=V_1\oplus V_2$.

767. (浙江大学) 设V_1是有限维欧氏空间V的子空间,$V_1^\perp$是V_1的正交外,即$V=V_1\oplus V_1^\perp$,定义V到V_1的投影变换σ如下:对任意$x\in V$,有$x=x_1+x_2,x_1\in V_1$,$x_2\in V_1^\perp$,$\sigma x=x_1$,证明:

(1)σ是V上的线性变换;

(2)σ是满足$\sigma^2=\sigma$的对称变换.

证 (1) $\forall x,y\in V, \forall k\in R$,设
$$x=x_1+x_2, y=y_1+y_2$$

其中$x_1,y_1\in V_1, x_2,y_2\in V_1^\perp$. 则
$$\sigma(x+y)=x_1+y_1=\sigma x+\sigma y$$
$$\sigma(kx)=kx_1=k\sigma x$$

即证σ是V的线性变换.

(2) $\forall x \in V$, 若 $x = x_1 + x_2$, 其中 $x_1 \in V_1, x_2 \in V_1^{\perp}$, 则
$$\sigma^2 x = \sigma x_1 = x_1 = \sigma x$$
可得 $\sigma^2 = \sigma$.

$\forall x, y \in V, x = x_1 + x_2, y = y_1 + y_2$, 其中 $x_1, y_1 \in V_1, x_2, y_2 \in V_1^{\perp}$.
$$(\sigma x, y) = (x_1, y_1 + y_2) = (x_1, y_1) + (x_1, y_2) = (x_1, y_1) \qquad ①$$
$$(x, \sigma y) = (x_1 + x_2, y_1) = (x_1, y_1) + (x_2, y_1) = (x_1, y_1) \qquad ②$$
由式①,式②得
$$(\sigma x, y) = (x, \sigma y)$$
故 σ 是对称变换.

768.(云南大学) 设 σ 是 n 维欧氏空间的线性变换, σ^* 是同一空间 V 的变换, 且对 $\forall \alpha, \beta \in V$ 有
$$(\sigma \alpha, \beta) = (\alpha, \sigma^* \beta). \qquad ①$$
证明(1) σ^* 是线性变换;
(2) σ 的核等于 σ^* 的值域的正交补.

证 (1) $\forall \alpha, \beta \in V, \forall k \in \mathbf{R}$, 由式①有
$$(\alpha, \sigma^*(\alpha + \beta) - \sigma^* \alpha - \sigma^* \beta) = (\sigma \alpha, \alpha + \beta) - (\sigma \alpha, \alpha) - (\sigma \alpha, \beta) = 0. \qquad ②$$
由 α 的任意性,特别令
$$\alpha = \sigma^*(\alpha + \beta) - \sigma^* \alpha - \sigma^* \beta$$
则式②仍成立, 故 $\alpha = 0$, 此即
$$\sigma^*(\alpha + \beta) = \sigma^* \alpha + \sigma^* \beta$$
类似可证 $\sigma^*(k\alpha) = k\sigma^* \alpha$. 所以 σ^* 是 V 的线性变换.

(2) 下证
$$\sigma^{-1}(0) = (\sigma^* V)^{\perp} \qquad ③$$
$\forall \alpha \in \sigma^{-1}(0)$, 故 $\sigma \alpha = 0$. $\forall \sigma^* \beta \in \sigma^* V$. 由①有
$$(\alpha, \sigma^* \beta) = (\sigma \alpha, \beta) = (0, \beta) = 0 \qquad ④$$
由式④知 $\alpha \perp \sigma^* V$, 即 $\alpha \in (\sigma^* V)^{\perp}$. 此即
$$\sigma^{-1}(0) \subseteq (\sigma^* V)^{\perp} \qquad ⑤$$
反之, $\forall \delta \in (\sigma^* V)^{\perp}, \forall \beta \in V$, 则
$$(\sigma \delta, \beta) = (\delta, \sigma^* \beta) = 0 \qquad ⑥$$
由 β 的任意性, 特别令 $\beta = \sigma \delta$, 由式⑥即知 $\sigma \delta = 0$. 所以 $\delta \in \sigma^{-1}(0)$. 此即
$$(\sigma^* V)^{\perp} \subseteq \sigma^{-1}(0) \qquad ⑦$$
由式⑤,式⑦即证 $\sigma^{-1}(0) = (\sigma^* V)^{\perp}$.

769.(聊城师范学院) 如果欧氏空间 V 的线性变换 T, 都有
$$(T\alpha, \beta) = (\alpha, T\beta), \forall \alpha, \beta \in V \qquad ①$$
则称 T 为 V 的对称变换, 证明: n 维欧氏空间 V 的对称变换, 对 V 中任意 α, 都有 $(T\alpha, \alpha) \geqslant 0$ 的充要条件是 T 的特征根全是非负实数.

证 由 T 是对称变换, 取 V 的一组标准正交基 $\varepsilon_1, \cdots, \varepsilon_n$ 且设

$$T(\varepsilon_1,\cdots,\varepsilon_n)=(\varepsilon_1,\cdots,\varepsilon_n)A \qquad ②$$

则 $A'=A\in \mathbf{R}^{m\times n}$.

$\forall \alpha=x_1\varepsilon_1+\cdots+x_n\varepsilon_n\in V$,令 $X=(x_1,\cdots,x_n)'$,则

$$(T\alpha,\alpha)=(x_1 T\varepsilon_1+\cdots+x_n T\varepsilon_n, x_1\varepsilon_1+\cdots+x_n\varepsilon_n)$$
$$=(x_1,\cdots,x_n)A(x_1,\cdots,x_n)'=X'AX$$

故

$$(T\alpha,\alpha)\geq 0 \Leftrightarrow X'AX\geq 0 \Leftrightarrow A \text{ 是半正定阵}$$
$$\Leftrightarrow A \text{ 的特征根都为非负实数}$$
$$\Leftrightarrow T \text{ 的特征根都为非负实数}$$

770. (**南京大学**) 设 V 是 n 维欧氏空间,L_1 为 V 的子空间,V 中的向量 Z 不在 L_1 中,问是否存在 $Z_0\in L_1$,使 $Z-Z_0$ 与 L_1 的任何向量都正交?如不存在,举出例子,如存在,说明理由,并讨论其唯一性.

解 这样的 Z_0 存在且唯一,现在给出证明.

设 $\dim L_1=r$,由题设知 $r<n$(否则不可能有 $Z\notin L_1$)取 L_1 的一组正交基 $\alpha_1,\cdots,\alpha_r$,并扩大为 V 的一组正交基 $\alpha_1,\cdots,\alpha_r,\alpha_{r+1},\cdots,\alpha_n$,则

$$L_1=L(\alpha_1,\cdots,\alpha_r), L_1^\perp=L(\alpha_{r+1},\cdots,\alpha_n).$$

设 $Z=k_1\alpha_1+\cdots+k_r\alpha_r+k_{r+1}\alpha_{r+1}+\cdots+k_n\alpha_n\notin L_1$,则 $k_{r+1},\cdots,k_n$ 不全为零,现在令

$$Z_0=k_1\alpha_1+\cdots+k_r\alpha_r$$

则 $Z_0\in L_1$,且

$$Z-Z_0=k_{r+1}\alpha_{r+1}+\cdots+k_n\alpha_n\in L_1^\perp,$$
$$Z=k_1\alpha_1+\cdots+k_r\alpha_r+k_{r+1}\alpha_{r+1}+\cdots+k_n\alpha_n. \qquad ①$$

下证唯一性,若还有 $Z_1\in L_1, Z_1=y_1\alpha_1+\cdots+y_r\alpha_r$,且 $Z-Z_1\in L_1^\perp$.

则 $Z-Z_1=y_{r+1}\alpha_{r+1}+\cdots+y_n\alpha_n$.可得

$$Z=y_1\alpha_1+\cdots+y_r\alpha_r+y_{r+1}\alpha_{r+1}+\cdots+y_n\alpha_n. \qquad ②$$

由式①,②及表示法唯一,知 $y_i=k_i(i=1,2,\cdots,n)$,故 $Z_0=Z_1$.

注 Z_0 为 Z 在 L_1 上的投影.

771. (**北京大学**) 设 φ 是 n 维欧氏空间 V 的一个线性变换,V 的线性变换 φ^* 称为 φ 的伴随变换,如果

$$(\varphi(\alpha),\beta)=(\alpha,\varphi^*(\beta)), \forall \alpha,\beta\in V \qquad ①$$

(1)设 φ 在 V 的一组标准正交基下的矩阵为 A,证明:φ^* 在这组标准正交基下的矩阵为 A';

(2)证明:$\varphi^* V=(\varphi^{-1}(0))^\perp$,其中 $\varphi^* V$ 为 φ^* 的值域,$\varphi^{-1}(0)$ 为 φ 的核.

证 (1) 设 $\varepsilon_1,\cdots,\varepsilon_n$ 为 V 的一组标准正交基,且

$$\varphi(\varepsilon_1,\cdots,\varepsilon_n)=(\varepsilon_1,\cdots,\varepsilon_n)A,\text{其中 } A=(a_{ij})_{n\times n}$$

再设 $\varphi^*(\varepsilon_1,\cdots,\varepsilon_n)=(\varepsilon_1,\cdots,\varepsilon_n)B$,其中 $B=(b_{ij})_{n\times n}$.则

$$a_{ji} = (a_{1i}\varepsilon_1 + \cdots + a_{ni}\varepsilon_n, \varepsilon_j) = (\varphi(\varepsilon_i), \varepsilon_j)$$
$$= (\varepsilon_i, \varphi^*(\varepsilon_j)) = (\varepsilon_i, b_{1j}\varepsilon_1 + \cdots + b_{nj}\varepsilon_n)$$
$$= b_{ij} \quad (i,j = 1, 2, \cdots, n)$$

故 $B = A'$.

(2) 设 $\dim \varphi^{-1}(0) = m$，任取 $\varphi^{-1}(0)$ 的一组标准正交基 $\alpha_1, \cdots, \alpha_m$，再扩充为 V 的一组标准正交基 $\alpha_1, \cdots, \alpha_m, \alpha_{m+1}, \cdots, \alpha_n$. 则

$$\varphi^{-1}(0) = L(\alpha_1, \cdots, \alpha_m), (\varphi^{-1}(0))^\perp = L(\alpha_{m+1}, \cdots, \alpha_n)$$

且

$$\varphi(\alpha_1, \cdots, \alpha_n) = (\alpha_1, \cdots, \alpha_n) \begin{bmatrix} 0 & \cdots & 0 & a_{1,m+1} & \cdots & a_{1n} \\ \vdots & & \vdots & \vdots & & \vdots \\ 0 & \cdots & 0 & a_{n,m+1} & \cdots & a_{nn} \end{bmatrix} \quad ②$$

由 (1) 知

$$\varphi^*(\alpha_1, \cdots, \alpha_n) = (\alpha_1, \cdots, \alpha_n) \begin{bmatrix} 0 & \cdots & 0 \\ \vdots & & \vdots \\ 0 & \cdots & 0 \\ a_{1,m+1} & \cdots & a_{n,m+1} \\ \vdots & & \vdots \\ a_{1n} & \cdots & a_{1n} \end{bmatrix} \quad ③$$

于是 $\forall \beta \in \varphi^* V$，有 $\beta = \varphi^*(\theta)$，其中 $\theta \in V$，则

$$\theta = c_1\alpha_1 + \cdots + c_n\alpha_n$$
$$\varphi^*(\theta) = c_1\varphi^*(\alpha_1) + \cdots + c_n\varphi^*(\alpha_n)$$

由式 ③ 知，$\varphi^*(\theta) \in L(\alpha_{m+1}, \cdots, \alpha_n)$，故 $\beta \in L(\alpha_{m+1}, \cdots, \alpha_n) = (\varphi^*(0))^\perp$.

此即

$$\varphi^* V \subseteq (\varphi^{-1}(0))^\perp \quad ④$$

$$\dim \varphi^* V = 秩 B = 秩 A' = \dim \varphi V = n - \dim \varphi^{-1}(0) = \dim(\varphi^{-1}(0))^{-1} \quad ⑤$$

由 ④，⑤ 即证 $\varphi^* V = (\varphi^{-1}(0))^\perp$.

772.（南京师范大学） 设 V_1, V_2 是欧几里得空间 V 的两个子空间，证明：

$$(V_1 + V_2)^\perp = V_1^\perp \cap V_2^\perp, (V_1 \cap V_2)^\perp = V_1^\perp + V_2^\perp$$

证 1) 设 $x \in (V_1 + V_2)^\perp$，则有 $(x, x_1) = 0, (x, x_2) = 0, x_1 \in V_1, x_2 \in V_2$，即

$$x \in V_1^\perp, x \in V_2^\perp \Leftrightarrow x \in V_1^\perp \cap V_2^\perp \Rightarrow (V_1 + V_2)^\perp \subseteq V_1^\perp \cap V_2^\perp$$

另一方面，$\forall x \in V_1^\perp \cap V_2^\perp, \forall x' \in V_1 + V_2$，存在 $x_1 \in V_1, x_2 \in V_2, x_1 + x_2 = x'$.

因为 $(x, x_1) = 0, (x, x_2) = 0$，所以 $(x, x_1 + x_2) = 0$，即 $x \in (V_1 + V_2)^\perp$.

即证 $V_1^\perp \cap V_2^\perp \subseteq (V_1 + V_2)^\perp$. 从而有 $(V_1 + V_2)^\perp = V_1^\perp \cap V_2^\perp$.

2) 因 $(V^\perp)^\perp = V$，结合 1) 中的结论，有

$$(V_1^\perp + V_2^\perp)^\perp = (V_1^\perp)^\perp \cap (V_2^\perp)^\perp = V_1 \cap V_2$$

即证 $(V_1 \cap V_2)^\perp = ((V_1^\perp + V_2^\perp)^\perp)^\perp = V_1^\perp + V_2^\perp$.

773.**(南开大学)** 设 $\mathbf{R}^4$ 是具有通常内积的欧氏空间,W 是 $\mathbf{R}^4$ 的子空间.

(1)如 W 是下列方程组
$$\begin{cases} 2x_1+x_2+3x_3-x_4=0 \\ 3x_1+2x_2-2x_4=0 \\ 3x_1+x_2+9x_3-x_4=0 \end{cases}$$

的解空间,求 $W=?$ W 在 $\mathbf{R}^4$ 中的正交补 $W^\perp=?$

(2)求 W 和 $W^\perp$ 的标准正交基.

解 (1)原方程组的系数矩阵为

$$\begin{pmatrix} 2 & 1 & 3 & -1 \\ 3 & 2 & 0 & -2 \\ 3 & 1 & 9 & -1 \end{pmatrix} \rightarrow \begin{pmatrix} 2 & 1 & 3 & -1 \\ 3 & 0 & 18 & 0 \\ 0 & -1 & 9 & 1 \end{pmatrix}$$

$$\rightarrow \begin{pmatrix} 2 & 0 & 12 & 0 \\ 0 & 0 & 0 & 0 \\ 0 & -1 & 9 & 1 \end{pmatrix} \rightarrow \begin{pmatrix} 1 & 0 & 6 & 0 \\ 0 & -1 & 9 & 1 \\ 0 & 0 & 0 & 0 \end{pmatrix}$$

故原方程组 $\Leftrightarrow \begin{cases} x_1+6x_3=0 \\ -x_2+9x_3+x_4=0 \end{cases} \Leftrightarrow \begin{cases} x_1=-6x_3 \\ x_2=9x_3+x_4 \end{cases}.$

分别令 $\begin{pmatrix} x_3 \\ x_4 \end{pmatrix} = \begin{pmatrix} 0 \\ 1 \end{pmatrix}, \begin{pmatrix} x_3 \\ x_4 \end{pmatrix} = \begin{pmatrix} 1 \\ 0 \end{pmatrix}$,可得

$$\begin{cases} x_1=0 \\ x_2=1 \end{cases}, \begin{cases} x_1=-6 \\ x_2=9 \end{cases}$$

故原方程组的子空间 $W=L(\alpha_1,\alpha_2)$,其中

$$\alpha_1=\begin{pmatrix} 0 \\ 1 \\ 0 \\ 1 \end{pmatrix}, \quad \alpha_2=\begin{pmatrix} -6 \\ 9 \\ 1 \\ 0 \end{pmatrix}$$

设 $W^\perp$ 的任一向量为 $\beta=\begin{pmatrix} y_1 \\ y_2 \\ y_3 \\ y_4 \end{pmatrix}$,则由 $(\alpha_1,\beta)=0,(\alpha_2,\beta)=0$ 可得

$$\begin{cases} y_2+y_4=0 \\ -6y_1+9y_2+y_3=0 \end{cases}$$

解之,可得两个线性无关的向量为

$$\beta_1=\begin{pmatrix} \frac{1}{6} \\ 0 \\ 1 \\ 0 \end{pmatrix}, \quad \beta_2=\begin{pmatrix} -\frac{3}{2} \\ -1 \\ 0 \\ 1 \end{pmatrix}$$

第九章 欧氏空间、双线性函数

从而有
$$W^\perp = L(\beta_1, \beta_2)$$

(2) 先把 α_1, α_2 正交化,得

$$\alpha'_1 = \alpha_1$$

$$\alpha'_2 = \alpha_2 - \frac{(\alpha_2, \alpha'_1)}{(\alpha'_1, \alpha'_1)}\alpha'_1 = \begin{pmatrix} -6 \\ 9 \\ 1 \\ 0 \end{pmatrix} - \frac{9}{2}\begin{pmatrix} 0 \\ 1 \\ 0 \\ 1 \end{pmatrix} = \begin{pmatrix} -6 \\ 9/2 \\ 1 \\ -9/2 \end{pmatrix}$$

再单位化得

$$\alpha''_1 = \frac{\alpha'_1}{|\alpha'_1|} = \frac{\sqrt{2}}{2}\begin{pmatrix} 0 \\ 1 \\ 0 \\ 1 \end{pmatrix} = \begin{pmatrix} 0 \\ \frac{\sqrt{2}}{2} \\ 0 \\ \frac{\sqrt{2}}{2} \end{pmatrix}$$

$$\alpha''_2 = \frac{\alpha''_2}{|\alpha''_2|} = \frac{\sqrt{310}}{155}\begin{pmatrix} -6 \\ 9/2 \\ 1 \\ -9/2 \end{pmatrix}$$

所以 W 的标准正交基为 α_1'', α_2''.

再把 β_1, β_2 正交化:

$$\beta'_1 = \beta_1$$

$$\beta'_2 = \beta_2 - \frac{(\beta_2, \beta'_1)}{(\beta'_1, \beta'_1)}\beta'_1 = \begin{pmatrix} -\frac{3}{2} \\ -1 \\ 0 \\ 1 \end{pmatrix} - \frac{-\frac{1}{4}}{\frac{37}{36}}\begin{pmatrix} \frac{1}{6} \\ 0 \\ 1 \\ 0 \end{pmatrix} = \begin{pmatrix} -\frac{59}{37} \\ -1 \\ \frac{9}{37} \\ 1 \end{pmatrix}$$

再单位化

$$\beta_1'' = \frac{\beta'_1}{|\beta'_1|} = \frac{6\sqrt{37}}{37}\begin{pmatrix} \frac{1}{6} \\ 0 \\ 1 \\ 0 \end{pmatrix}$$

$$\beta_2''=\frac{\beta_2'}{|\beta_2'|}=\frac{1}{\frac{30\sqrt{7}}{37}}\begin{pmatrix}-\frac{59}{37}\\-1\\\frac{9}{37}\\1\end{pmatrix}=\frac{37\sqrt{7}}{210}\begin{pmatrix}-\frac{59}{37}\\-1\\\frac{9}{37}\\1\end{pmatrix}$$

故 $W^\perp$ 的标准正交基为 β_1'', β_2''.

774. (山东师范大学) 已知 T 为欧氏空间 V 的对称变换,求证: TV 是 $T^{-1}(0)$ 的正交补.

证 $\forall T\alpha\in TV, \forall \beta\in T^{-1}(0)$, 则 $T\beta=0$, 于是
$$(T\alpha,\beta)=(\alpha,T\beta)=(\alpha,0)=0.$$
所以 $T\alpha\perp T^{-1}(0)$, 此即 $T\alpha\in[T^{-1}(0)]^\perp$. 从而 $TV\subseteq[T^{-1}(0)]^\perp$. 又因为
$$\dim TV=n-\dim T^{-1}(0)=\dim[T^{-1}(0)]^\perp$$
即证 $TV=[T^{-1}(0)]^\perp$.

注 由该题的证明立即可得:

(**苏州大学**) 设 σ 是 n 维欧氏空间中的一个对称变换,则
$$V=\mathrm{Ker}\sigma\oplus\sigma(V).$$

775. (辽宁大学) 若 n 阶方阵 A 满足 $A\overline{A}'=\overline{A}'A$, 称 A 为正规阵, 证明: A 为正规阵的充要条件是 A 与对角阵酉相似.

证 先证充分性, 设有酉矩阵 U, 使
$$U^{-1}AU=B$$
其中 B 为对角阵, 则 $B\overline{B}'=\overline{B}'B$. 且
$$B\overline{B}'=U^{-1}AU\overline{U}'\overline{A}'(\overline{U^{-1}})'=U^{-1}A\overline{A}'U$$
$$\overline{B}'B=U^{-1}\overline{A}'AU$$
即证 $A\overline{A}'=\overline{A}'A$, 即 A 为正规阵.

再证必要性, 用数学归纳法证, 当 $n=1$ 时, 结论显然成立.

归纳假设结论对 $n-1$ 成立, 再证 n 时结论成立.

事实上, 设 λ_1 为 A 的一个特征值, 取 α_1 为 λ_1 相应的单位特征向量, 令 $U_1=(\alpha_1,\cdots,\alpha_n)$ 为酉矩阵 (即从 α_1 扩充为 C^n 的一组标准正交基 $\alpha_1,\alpha_2,\cdots,\alpha_n$). 则
$$U_1^{-1}AU_1=\begin{bmatrix}\lambda_1 & \alpha\\ 0 & D\end{bmatrix}=A_1$$
其中 $\alpha=(c_2,\cdots,c_n)$. 由 A 为正规阵, 可得 A_1 也是正规阵, 即
$$\overline{A_1'}A_1=A_1\overline{A_1'}$$
于是有
$$\begin{cases}\overline{\lambda_1}\lambda_1=\overline{\lambda_1}\lambda_1+\overline{c_2}c_2+\cdots+\overline{c_n}c_n\\ \overline{D'}D=D\overline{D'}\end{cases}$$

由此可得 $c_2=\cdots=c_n=0$. 从而有
$$U_1^{-1}AU_1=\begin{bmatrix}\lambda_1 & 0 \\ 0 & D\end{bmatrix}=A_1$$
由归纳假设,存在 $n-1$ 阶酉矩阵 γ,使
$$\gamma^{-1}D\gamma=\begin{bmatrix}\lambda_2 & & \\ & \ddots & \\ & & \lambda_n\end{bmatrix}$$
再令 $U_2=\begin{bmatrix}1 & 0 \\ 0 & \gamma\end{bmatrix}\in\mathbf{C}^{n\times n}$,则 U_2 为酉矩阵.

令 $U=U_1U_2$,则 U 为酉矩阵,且
$$U^{-1}AU=\begin{bmatrix}\lambda_1 & & \\ & \ddots & \\ & & \lambda_n\end{bmatrix}$$
其中 $\lambda_1,\cdots,\lambda_n$ 为 A 的全部特征值.

776.(武汉大学) 证明:正交阵 A 酉相似于对角阵,且对角线元素为 $1,-1$ 或 $\cos\beta+i\sin\theta$.

证 因为 $A\overline{A}'=\overline{A}'A=E$,所以 A 为正规阵,由上题知存在 n 阶酉矩阵 T,使
$$T^{-1}AT=\begin{bmatrix}\lambda_1 & & \\ & \ddots & \\ & & \lambda_n\end{bmatrix}$$
而正交阵是酉矩阵,其特征值的模等于 1,所以 $\lambda_i=1,-1$ 或 $\cos\theta+i\sin\theta$.

777.(复旦大学) $n\times n$ 实矩阵 A 和 B,证明:A 和 B 实相似的充要条件是复相似.

证 必要性显然.

现证充分性,设 A 与 B 复相似,即存在复可逆阵 $T=M+iH$,使
$$T^{-1}AT=B \qquad \text{①}$$
其中 M 和 H 都是 n 阶实方阵,由①有 $AT=TB$,此即
$$AM+iAH=MH+iHB\Rightarrow AM=MB,AH=HB \qquad \text{②}$$
因为 $|T|=|M+iH|\neq 0$,故 $|M+\lambda H|$ 不是零多项式,它在复数域上仅有有限个根,从而存在实数 a,使 $|M+aH|\neq 0$,令 $P=M+aH$,则 P 是实可逆阵,且由式③有
$$AP=AM+aAH=MB+aHB=PB,\Rightarrow P^{-1}AP=B$$

778.(日本早稻田大学) 设 $A=(a_{ij})$ 为复 $n\times n$ 矩阵.

(1)证明:$H=\overline{A}'A$ 是厄米特矩阵;

(2)证明:H 的特征值全非负;

(3)设 $\overline{A}'A=A\overline{A}'$,这时若选适当酉矩阵 U,则可知 $\overline{U}^{-1}AU=\Lambda$($\Lambda$ 为对角阵),现使用这一结论证明:设 A 的特征值为 $\lambda_1,\cdots,\lambda_n$,则等式

$$\sum_{i=1}^{n}\lambda_i^2 = \sum_{i,k=1}^{n}|a_{ik}|^2$$

成立.

证 (1) $\overline{H}' = (\overline{\overline{A}'A})' = \overline{A}'A = H$. 故 H 是厄米矩阵.

(2) 设 λ 为 H 的特征值,其相应单位特征向量为 β,则
$$H\beta = \lambda\beta \qquad ①$$
因为 $H = \overline{A}'A$,若令 $A\beta = (y_1, \cdots, y_n)'$,则
$$\overline{\beta}'H\beta = \overline{\beta}'\overline{A}'A\beta = \overline{(A\beta)}'(A\beta) = |y_1|^2 + \cdots + |y_n|^2 \geq 0 \qquad ②$$
另一方面,由式①有
$$\overline{\beta}'H\beta = \overline{\beta}'\lambda\beta = \lambda\overline{\beta}'\beta = \lambda|\beta|^2 = \lambda \qquad ③$$
由式②,③有 $\lambda \geq 0$.

(3) 由已知条件知
$$U^{-1}AU = \begin{bmatrix} \lambda_1 & & \\ & \ddots & \\ & & \lambda_n \end{bmatrix} \Rightarrow U^{-1}\overline{A}'U = \begin{bmatrix} \overline{\lambda_1} & & \\ & \ddots & \\ & & \overline{\lambda_n} \end{bmatrix}$$

$$\Rightarrow U^{-1}\overline{A}'AU = U^{-1}\overline{A}'U\,U^{-1}AU = \begin{bmatrix} \lambda_1^2 & & \\ & \ddots & \\ & & \lambda_n^2 \end{bmatrix}$$

故 $\sum\limits_{j,k=1}^{n}|a_{jk}|^2 = \operatorname{tr}\overline{A}'A = \operatorname{tr}\begin{bmatrix} \lambda_1^2 & & \\ & \ddots & \\ & & \lambda_n^2 \end{bmatrix} = \sum\limits_{i=1}^{n}\lambda_i^2$.

779.(**日本大阪府立大学**) 有两个厄米特矩阵 A 和 B,使 $AB = BA$ 成立的充分必要条件是存在一个酉矩阵 U,使 $\Lambda_1 = U^{-1}AU, \Lambda_2 = U^{-1}BU$ 为对角阵.

证 先证充分性,设存在酉矩阵 U,使
$$U^{-1}AU = \begin{bmatrix} \lambda_1 & & \\ & \ddots & \\ & & \lambda_n \end{bmatrix}, U^{-1}BU = \begin{bmatrix} \mu_1 & & \\ & \ddots & \\ & & \mu_n \end{bmatrix}$$

$$\Rightarrow U^{-1}ABU = \begin{bmatrix} \lambda_1\mu_1 & & \\ & \ddots & \\ & & \lambda_n\mu_n \end{bmatrix} = U^{-1}BAU$$

故 $AB = BA$.

再证必要性,因为 $\overline{A}' = A$,所以 $A\overline{A}' = \overline{A}'A = A^2$,即 A 为正规阵,从而存在酉矩阵 U_1,使
$$U_1^{-1}AU_1 = \begin{bmatrix} \lambda_1 E_{n_1} & & \\ & \ddots & \\ & & \lambda_s E_{n_s} \end{bmatrix} \qquad ①$$

其中 $n_1+\cdots+n_s=n$. 由 $AB=BA$,有
$$(U_1^{-1}AU_1)(U_1^{-1}BU_1)=(U_1^{-1}BU_1)(U_1^{-1}AU_1) \qquad ②$$
故由式①,②可得
$$U_1^{-1}BU_1=\begin{bmatrix}B_1 & & \\ & \ddots & \\ & & B_s\end{bmatrix}$$

因为 $\overline{B}'=B$ 可对角化,且 $\overline{B_i}'=B_i(i=1,2,\cdots,s)$,从而 $B_1,\cdots,B_s$ 可对角化. 于是存在酉矩阵 M_i 使
$$M_i^{-1}B_iM_i=R_i(对角阵), i=1,2,\cdots,n$$
令 $U_2=\begin{bmatrix}M_1 & & \\ & \ddots & \\ & & M_s\end{bmatrix}$,则 U_2 为 n 阶酉矩阵,且
$$U_2^{-1}\begin{bmatrix}B_1 & & \\ & \ddots & \\ & & B_s\end{bmatrix}U_2=\Lambda_2$$

为对角阵,令 $U=U_1U_2$,则 U 是两个酉矩阵之积,仍为酉矩阵,且
$$U^{-1}AU=\begin{bmatrix}\lambda_1 E_{n_1} & & \\ & \ddots & \\ & & \lambda_s E_{n_s}\end{bmatrix}=\Lambda_1.$$
$$U^{-1}BU=\Lambda_2.$$

注 类似于725题,复数域上的结果.

780.(湖南大学) 设 T 是酉空间 V 的一个线性变换,证明:下面四个命题互相等价.

(1) T 是酉变换;

(2) T 是同构映射;

(3) 如果 $\varepsilon_1,\cdots,\varepsilon_n$ 是标准正交基,那么 $T\varepsilon_1,\cdots,T\varepsilon_n$ 也是标准正交基;

(4) T 在任一组标准正交基下的矩阵为酉矩阵.

证 (1)$\Rightarrow$(3). 设 T 是酉变换,即
$$(T\alpha,T\beta)=(\alpha,\beta), \forall \alpha,\beta\in V \qquad ①$$
取 $\varepsilon_1,\cdots,\varepsilon_n$ 为 V 的一组标准正交基,且
$$T(\varepsilon_1,\cdots,\varepsilon_n)=(\varepsilon_1,\cdots,\varepsilon_n)A \qquad ②$$
令 $A=(A_1,\cdots,A_n)$, A_i 为 A 的列向量,由式①有
$$(T\varepsilon_i,T\varepsilon_j)=(\varepsilon_i,\varepsilon_j)=\begin{cases}1, i=j \\ 0, i\neq j\end{cases} \qquad ③$$

所以 $T\varepsilon_1,\cdots,T\varepsilon_n$ 也是标准正交基.

(3)$\Rightarrow$(4). 任取 V 的一组标准正交基 $\alpha_1,\cdots,\alpha_n$,由(3)知 $T\alpha_1,\cdots,T\alpha_n$ 也是标准正

交基,且
$$T(\alpha_1,\cdots,\alpha_n)=(\alpha_1,\cdots,\alpha_n)B \quad ④$$
令 $B=(B_1,\cdots,B_n)$,其中 B_i 为列向量,则
$$\overline{B'_i}B_j=(T\alpha_i,T\alpha_j)=\begin{cases}1,i=j\\0,i\neq j\end{cases} \quad ⑤$$
由式⑤知 B 为酉矩阵.

(4)⇒(2). 取 V 的一组标准正交基 $\varepsilon_1,\cdots,\varepsilon_n$,设
$$T(\varepsilon_1,\cdots,\varepsilon_n)=(\varepsilon_1,\cdots,\varepsilon_n)D \quad ⑥$$
由(4)知 D 为酉矩阵,令 $D=(D_1,\cdots,D_n)$,其中 D_i 为列向量. 则
$$(T\varepsilon_i,T\varepsilon_j)=\overline{D'_i}D_j=\begin{cases}1 & (i=j)\\0 & (i\neq j)\end{cases} \quad ⑦$$
由式⑦知 $T\varepsilon_1,\cdots,T\varepsilon_n$ 为标准正交基.

由于 D 是酉矩阵,因此 $|D|=\pm 1$,D 可逆. 故 T 是 V 到 V 的双射.

$\forall \alpha,\beta\in V,\forall k\in C$,有 $\alpha=(\varepsilon_1,\cdots,\varepsilon_n)x,\beta=(\varepsilon_1,\cdots,\varepsilon_n)y$. 且
$$T\alpha=[T(\varepsilon_1,\cdots,\varepsilon_n)]x=(\varepsilon_1,\cdots,\varepsilon_n)(Dx) \quad ⑧$$
$$T\beta=(\varepsilon_1,\cdots,\varepsilon_n)Dy \quad ⑨$$
可得
$$T(\alpha+\beta)=(\varepsilon_1,\cdots,\varepsilon_n)(Dx+Dy)=T\alpha+T\beta$$
$$T(k\alpha)=(\varepsilon_1,\cdots,\varepsilon_n)kD=k(\varepsilon_1,\cdots,\varepsilon_n)D=kT\alpha$$
由式③,④知
$$(T\alpha,T\beta)=\overline{(Dx)'}(Dy)=\overline{x'}y.\ (\alpha,\beta)=\overline{x'}y$$
故
$$(T\alpha,T\beta)=(\alpha,\beta),\forall \alpha,\beta\in \gamma$$
综上所述,T 是 V 的同构映射.

(2)⇒(1). 设 T 是 V 的同构映射,从而有式①成立,所以 T 是酉变换.

9.3 双线性函数

【考点综述】

1. 线性函数

(1)线性函数,设 V 是数域 P 上的线性空间,映射 $f:V\to \mathbf{R}$ 满足

1) $f(\alpha+\beta)=f(\alpha)+f(\beta),\forall \alpha,\beta\in V.$

2) $f(k\alpha)=kf(\alpha),\forall \alpha\in V,\forall k\in P.$

则映射 f 为 V 上的一个线性函数.

(2)线性函数空间,设 V 是数域 P 上的线性空间. V 上全体线性函数的集合记为

第九章 欧氏空间、双线性函数

$L(V,P)$.定义

1)加法$(f+g)(\alpha)=f(\alpha)+g(\alpha),\forall f,g\in L(V,P),\forall \alpha\in V.$

2)数乘$(kf)(\alpha)=k\cdot f(\alpha),\forall k\in P,\forall f\in L(V,P).$

则$L(V,P)$也是P上的线性空间,并称$L(V,P)$为V的对偶空间.

(3)对偶基.设$\varepsilon_1,\varepsilon_2,\cdots,\varepsilon_n$为$V$的一组基.定义

$$f_i(\varepsilon_j)=\begin{cases}1 & j=i \\ 0, & j\neq i\end{cases}(i=1,2,\cdots,n)$$

则$f_1,f_2,\cdots,f_n$是$L(V,P)$的一组基.称$f_1,\cdots,f_n$为$\varepsilon_1,\cdots,\varepsilon_n$的对偶基.

(4)设V中一组基$\varepsilon_1,\cdots,\varepsilon_n$到另一组基$\eta_1,\cdots,\eta_n$的过渡矩阵为$A$,它们的对偶基分别是$f_1,f_2,\cdots,f_n$和$g_1,g_2,\cdots,g_n$.且

$$(g_1,g_2,\cdots,g_n)=(f_1,f_2,\cdots,f_n)B$$

则

$$B=(A^{-1})'$$

2. 双线性函数

(1)V是P上线性空间,映射$f:V\times V\to P$,满足

1)$f(\alpha,k_1\beta_1+k_2\beta_2)=k_1f(\alpha,\beta_1)+k_2f(\alpha,\beta_2),$

2)$f(l_1\alpha_1+l_2\alpha_2,\beta)=l_1f(\alpha_1,\beta)+l_2f(\alpha_2,\beta).$

其中$\alpha,\beta,\alpha_1,\alpha_2,\beta_1,\beta_2$是$V$中任意向量,$k_1,k_2,l_1,l_2$是$P$中任意数,则称$f$为$V$上的一个双线性函数.

(2)设$\varepsilon_1,\cdots,\varepsilon_n$为$V$的一组基,$f$是$V$的双线性函数,称$A=(a_{ij})\in P^{n\times n}$为$f$在基$\varepsilon_1,\cdots,\varepsilon_n$下的度量矩阵,其中$a_{ij}=f(\varepsilon_i,\varepsilon_j)(i,j=1,2,\cdots,n).$

(3)V上全体双线函数与$P^{n\times n}$是一一对应的(不同基对应方式是不同的).

(4)双线性函数在不同基下的度量矩阵是合同的.

【经典题解】

781.(北京航空航天大学) 试证:n维欧氏空间的内积是一个双线性函数.

证 因为(α,β)是V上一个二元函数,且$\forall \alpha,\beta_1,\beta_2\in V,\forall k_1,k_2\in\mathbf{R}$,有

$$(\alpha,k_1\beta+k_2\beta_2)=k_1(\alpha,\beta_1)+k_2(\alpha,\beta_2)$$

$$(k_1\beta_1+k_2\beta_2,\alpha)=k_1(\beta_1,\alpha)+k_2(\beta_2,\alpha)$$

所以(α,β)是一个双线性函数.

782.(北京大学) 设实数域上矩阵$A=\begin{bmatrix}1 & 0 & 1 \\ 0 & 6 & -2 \\ 1 & -2 & 2\end{bmatrix}.$

(1)判定A是否为正定阵,要求写出理由.

(2)设V是实数域上的3维线性空间,V上的一个双线性函数$f(\alpha,\beta)$在V的一个基$\alpha_1,\alpha_2,\alpha_3$下的度量矩阵为$A$,证明:$f(\alpha,\beta)$是$V$的一个内积;并且求出$V$对于这

个内积所成的欧氏空间的一个标准正交基.

解 (1)实对称阵 A 的三个顺序主子式为
$$\Delta_1=1>0, \Delta_2=6>0, \Delta_3=2>0$$
故 A 为正定阵.

(2)任取
$$\beta_1=(\alpha_1,\alpha_2,\alpha_3)x, \beta_2=(\alpha_1,\alpha_2,\alpha_3)y, \gamma=(\alpha_1,\alpha_2,\alpha_3)z \in V, \forall k \in \mathbf{R}.$$

1) $f(\beta_1,\beta_2)=x'Ay=(x'Ay)'=y'Ax=f(\beta_2,\beta_1)$.

2) $f(k\beta_1,\beta_2)=(kx)'Ay=k(x'Ay)=kf(\beta_1,\beta_2)$.

3) $f(\beta_1+\beta_2,\gamma)=(x+y)'Ax=x'Axx+y'Ax=f(\beta_1,\gamma)+f(\beta_2,\gamma)$.

4) $f(\beta_1,\beta_1)=x'Ax \geq 0$(因为 A 正定).
$$f(\beta_1,\beta_1)=0 \Leftrightarrow x'Ax \geq 0 \Leftrightarrow x=0 \Leftrightarrow \beta_1=0$$

所以 $f(\alpha,\beta)$ 是 V 的内积.

令 $x'Ax=f(x_1,x_2,x_3)$,那么
$$\begin{aligned}f(x_1,x_2,x_3)&=x_1^2+6x_2^2+2x_1x_3-4x_2x_3+2x_3^2\\&=(x_1^2+2x_1x_3+x_3^2)+x_3^2-2x_3(2x_2)+4x_2^2+2x_2^2\\&=(x_1+x_3)^2+(2x_2-x_3)^2+2x_1^2\end{aligned}$$

令 $\begin{bmatrix}y_1\\y_2\\y_3\end{bmatrix}=\begin{bmatrix}1&0&1\\0&2&-1\\0&\sqrt{2}&0\end{bmatrix}\begin{bmatrix}x_1\\x_2\\x_3\end{bmatrix}$,则
$$f=y_1^2+y_2^2+y_3^2$$

且
$$\begin{bmatrix}x_1\\x_2\\x_3\end{bmatrix}=\begin{bmatrix}1&0&1\\0&2&-1\\0&\sqrt{2}&0\end{bmatrix}^{-1}\begin{bmatrix}y_1\\y_2\\y_3\end{bmatrix}=\begin{bmatrix}1&0&1\\0&2&-1\\0&\sqrt{2}&0\end{bmatrix}\begin{bmatrix}y_1\\y_2\\y_3\end{bmatrix}$$

使
$$T'AT=E$$

其中 $T=\begin{bmatrix}1&0&1\\0&2&-1\\0&\sqrt{2}&0\end{bmatrix}$

令
$$(\gamma_1,\gamma_2,\gamma_3)=(\alpha_1,\alpha_2,\alpha_3)T$$

则 $\gamma_1,\gamma_2,\gamma_3$ 就是 V 的一个标准正交基. 事实上,设 $f(\alpha,\beta)$ 在 $\gamma_1,\gamma_2,\gamma_3$ 下矩阵 B,则有
$$B=T'AT=E$$

783.(华中师范大学) 设 $\alpha_1,\alpha_2,\cdots,\alpha_s(1<s<n)$ 是 n 维欧氏空间 V 的 s 个单位正交向量组成的向量组.

$$W=\{k_1\alpha_1+k_2\alpha_2+\cdots+k_s\alpha_s \mid \sum_{i=1}^{s}k_i=0\}$$

(1)证明:W 是欧氏空间 V 的子空间;

(2)求 W 的基与维数;

(3)求 W 的正交补.

解 (1) 因为 $0=0\alpha_1+0\alpha_2+\cdots+0\alpha_s\in W$,所以 W 非空.

$\forall \beta,\sigma\in W, \forall k\in \mathbf{R}$,有

$$\beta=k_1\alpha_1+\cdots+k_s\alpha_s, \text{其中} \sum_{i=1}^{s}k_i=0$$

$$\sigma=l_1\alpha_1+\cdots+l_s\alpha_s, \text{其中} \sum_{i=1}^{s}l_i=0$$

$$\Rightarrow \beta+\sigma=(k_1+l_1)\alpha_1+\cdots+(k_s+l_s)\alpha_s, \text{其中} \sum_{i=1}^{s}(k_i+l_i)=0$$

所以 $\beta+\sigma\in W$. 又因为

$$k\beta=kk_1\alpha_1+\cdots+kk_s\alpha_s$$

其中 $\sum_{i=1}^{s}kk_i=k\sum_{i=1}^{s}k_i=0$. 所以 $k\beta\in W$. 此即证明 W 是 V 的子空间.

(2)因为 $\alpha_2-\alpha_1, \alpha_3-\alpha_1, \cdots, \alpha_s-\alpha_1\in W$. 再证它们线性无关,令

$$k_2(\alpha_2-\alpha_1)+k_3(\alpha_3-\alpha_1)+\cdots+k_s(\alpha_s-\alpha_1)=0$$

$$\Rightarrow k_2\alpha_2+k_3\alpha_3+\cdots+k_s\alpha_s+(-k_2-k_3-\cdots-k_s)\alpha_1=0$$

$$\Rightarrow k_2=k_3=\cdots=k_s=0$$

$\forall \beta\in W$,可证 β 能由 $\alpha_2-\alpha_1, \alpha_3-\alpha_1, \cdots, \alpha_s-\alpha_1$ 线性表出. 事实上,设

$$\beta=k_1\alpha_1+k_2\alpha_2+\cdots+k_s\alpha_s$$

则 $\sum_{i=1}^{s}k_i=0$. 可得

$$\beta=k_2(\alpha_2-\alpha_1)+\cdots+k_s(\alpha_s-\alpha_1)+(k_1+k_2+\cdots+k_s)\alpha_1$$
$$=k_2(\alpha_2-\alpha_1)+\cdots+k_s(\alpha_s-\alpha_1)$$

综上得证 $\alpha_2-\alpha_1, \alpha_3-\alpha_1, \cdots, \alpha_s-\alpha_1$ 为 W 的一组基,故 $\dim W=s-1$.

(3)解法1 用 Schmidt 方法.

将 $\alpha_2-\alpha_1, \alpha_3-\alpha_1, \cdots, \alpha_s-\alpha_1$ 正交化得 $\varepsilon_1, \cdots, \varepsilon_{s-1}$,则

$$W=L(\varepsilon_1, \cdots, \varepsilon_{s-1}).$$

再将它扩大为 V 的一组正交基 $\varepsilon_1, \cdots, \varepsilon_{s-1}, \varepsilon_s, \cdots \varepsilon_n$,则

$$W^\perp=L(\varepsilon_s, \varepsilon_{s+1}, \cdots, \varepsilon_n)$$

解法2 $\alpha_1, \cdots, \alpha_s$ 扩充为 V 的一组规范正交基:
$\alpha_1, \cdots, \alpha_s, \alpha_{s+1}, \cdots, \alpha_n$. 取 $\beta=\alpha_1+\cdots+\alpha_s$,

则 $V^\perp=L(\beta, \alpha_{s+1}, \cdots, \alpha_n)$.

784. (**华中师范大学**) 设 $\varepsilon_1, \varepsilon_2, \varepsilon_3$ 是数域 P 上线性空间 V 的一组基,f_1, f_2, f_3 是 $\varepsilon_1, \varepsilon_2, \varepsilon_3$ 的对偶基,令

$$\alpha_1=\varepsilon_1+\varepsilon_2+\varepsilon_3, \alpha_2=\varepsilon_2+\varepsilon_3, \alpha_3=\varepsilon_3$$

(1)证明:$\alpha_1,\alpha_2,\alpha_3$ 是 V 的基;

(2)求 $\alpha_1,\alpha_2,\alpha_3$ 的对偶基,并用 f_1,f_2,f_3 表示 $\alpha_1,\alpha_2,\alpha_3$ 的对偶基.

解 (1)设 $(\alpha_1,\alpha_2,\alpha_3)=(\varepsilon_1,\varepsilon_2,\varepsilon_3)A$,则

$$A=\begin{bmatrix}1 & 0 & 0\\ 1 & 1 & 0\\ 1 & 1 & 1\end{bmatrix}$$

因为 $|A|\neq 0$,所以 $\alpha_1,\alpha_2,\alpha_3$ 为 V 的一组基,且 A 为基 $\varepsilon_1,\varepsilon_2,\varepsilon_3$ 到 $\alpha_1,\alpha_2,\alpha_3$ 的过渡矩阵.

(2)设 $\alpha_1,\alpha_2,\alpha_3$ 的对偶基为 g_1,g_2,g_3,则

$$g_1(\alpha_i)=\begin{cases}1(i=1)\\ 0(i=2,3)\end{cases}$$

$$g_2(\alpha_i)=\begin{cases}1(i=2)\\ 0(i=1,3)\end{cases}$$

$$g_3(\alpha_i)=\begin{cases}1(i=3)\\ 0(i=1,2)\end{cases}$$

即对 $\forall \beta\in V, \beta=x_1\alpha_1+x_2\alpha_2+x_3\alpha_3$,有

$$g_1(\beta)=x_1, g_2(\beta)=x_2, g_3(\beta)=x_3$$

再设 $(g_1,g_2,g_3)=(f_1,f_2,f_3)B$,则

$$B=(A')^{-1}=\begin{bmatrix}1 & -1 & 0\\ 0 & 1 & -1\\ 0 & 0 & 1\end{bmatrix}$$

即

$$\begin{cases}g_1=f_1\\ g_2=f_2-f_1\\ g_3=f_3-f_2\end{cases}$$

785.(北京大学) 设 f 为双线性函数,且对任意的 α,β,γ 都有

$$f(\alpha,\beta)f(\gamma,\alpha)=f(\beta,\alpha)f(\alpha,\gamma)$$

求证:f 为对称的或反对称的.

解 令 $\gamma=\alpha$,有 $f(\alpha,\beta)f(\alpha,\alpha)=f(\beta,\alpha)f(\alpha,\alpha)$.

(1)若 $f(\alpha,\alpha)\neq 0$,则 $\forall \alpha,\beta$,有 $f(\alpha,\beta)=f(\beta,\alpha)$,即 f 为对称的.

(2)若 $\forall \alpha$,都有 $f(\alpha,\alpha)=0$,则 $\forall \alpha,\beta$,有 $f(\alpha-\beta,\alpha-\beta)=0$,从而有

$$f(\alpha,\alpha)-f(\alpha,\beta)-f(\beta,\alpha)+f(\beta,\beta)=0$$

故得 $f(\alpha,\beta)=-f(\beta,\alpha)$,即 f 为反对称的.

参 考 文 献

[1] 钱吉林. 高等代数题解精粹[M]. 2版. 北京:中央民族大学出版社,2010.
[2] 同济大学数学系. 高等数学[M]. 7版. 北京:高等教育出版社,2014.
[3] 张三霞,郭金海. 数域在多项式整除和求根中的应用[J]. 高等数学研究,2010.